矿物加工技术

（第7版）

B. A. 威尔斯　T. J. 纳皮尔·马恩　著

印万忠　丁亚卓　刘　杰
朱德山　马明生　武慧芳　译

北　京
冶金工业出版社
2011

北京市版权局著作权合同登记号　图字:01－2010－6499号

图书在版编目(CIP)数据

矿物加工技术:第7版/威尔斯,纳皮尔·马恩著;印万忠等译.
—北京:冶金工业出版社,2011.2
书名原文:Wills' Mineral Processing Technology,7th Edition
ISBN 978-7-5024-5437-1

Ⅰ.①矿…　Ⅱ.①威…　②纳…　③印…　Ⅲ.①选矿　Ⅳ.①TD9

中国版本图书馆CIP数据核字(2011)第005583号

出 版 人　曹胜利
地　　址　北京北河沿大街嵩祝院北巷39号,邮编100009
电　　话　(010)64027926　电子信箱　yjcbs@cnmip.com.cn
责任编辑　李　雪　美术编辑　李　新　版式设计　孙跃红
责任校对　王永欣　责任印制　牛晓波
ISBN 978-7-5024-5437-1
北京虎彩文化传播有限公司印刷;冶金工业出版社发行;各地新华书店经销
2011年2月第1版,2011年2月第1次印刷
169 mm×239 mm;34.5印张;673千字;528页
65.00元
冶金工业出版社发行部　电话:(010)64044283　传真:(010)64027893
冶金书店　地址:北京东四西大街46号(100010)　电话:(010)65289081(兼传真)
(本书如有印装质量问题,本社发行部负责退换)

译 者 序

威尔斯的《矿物加工技术》自从问世以来，已经经历了三十几年的时间，到现在已经是第7版了，在不同版本中，作者都补充了矿物加工工程专业领域最新的技术、工艺与装备。尤其是第7版，在删除原书稿中落后的一些内容和保留书稿精华的基础上，增加了更多的新技术、新装备与新工艺，特别是大量地引用了一些工程实例来阐述矿物加工工程专业的理论与技术。

一直以来，威尔斯的《矿物加工技术》一直是世界矿物加工工程专业本科生的经典教材，有的直接作为授课教材，有的作为补充材料。在中国，有矿物加工工程专业的大部分院校，均将该书作为首选的补充教材和专业英语读物，甚至一些中文专业教科书对该书中的一些内容也有引用。因此，本译著可作为矿物加工工程专业本科生、研究生和工程技术人员的主要补充教材和参考书。

本书翻译时，邀请了有过国外学习和工作经历的矿物加工工程专业教师以及具有较高专业英语水平的人员共同翻译，具体工作分配如下：第1章由马明生翻译，第2～5章由丁亚卓翻译，第6～10章和附录由刘杰翻译，第11章由印万忠翻译，第12章由印万忠、武慧芳翻译，第13～16章由朱德山翻译。全书由印万忠教授负责审核、整理和修改。

本书在翻译过程中较多地参考了过去的译作，同时得到了东北大学各级领导的关怀和帮助，一些矿物加工专业博士生也参与了部分审稿工作，另外，还得到了冶金工业出版社的大力协助，在此对他们一并表示衷心的感谢。

由于译者水平有限，书中不妥之处，敬请广大读者指正。

译者：[signature]

2010 年 11 月

第7版前言

尽管矿业是一个成熟的行业，但是如何获得更大的经济效益持续驱动着这个行业的技术创新和变革，在矿物加工领域，设备供应商、研究学者甚至操作工人都在不断改进选矿技术，使其更加高效并不断降低选矿厂的运营成本。近年来，选矿技术的进步主要体现在新设备以及新建选矿厂的实践上。任何教材都需要反映这些进步。B. A. Wills的经典教材也不例外。

《矿物加工技术》已经出版了近30年，成为行业内使用最广泛的英语教材。1997年出版了该书第6版，Barry和出版商认为又到了对教材更新的时候了。他们和昆士兰大学的Julius Kruttschnitt矿物研究中心接洽商讨这个富有挑战性的任务。

我和我的同事诚惶诚恐地接受了这项工作。正因为这本书当之无愧的声誉和功用已是岌岌可危，所以很明显，改版是非常必要的。修改好别人的教材不是一件轻松的事，而且有“把洗澡的婴儿随洗澡水一起倒掉”的危险。

《矿物加工技术》的价值在于它以现场的例子对矿物加工理论与实践进行了清晰的阐述。它满足了矿物加工专业学生以及从其他学科转到矿物加工学科的学生的学习需要，他们把这本书作为对现有选矿设备和实践的参考。这本教材照顾到这些不同读者的需求，有些内容不仅被保留下来，而且做了进一步的增加，这是非常重要的。我们因此也调整了修改本书的指导方针。

第7版本实际上是一个修订版,并不是完全的重写。之所以这样说是基于"如果它没坏,就不修它"的观念。书中每一个图表、流程、引用或篇章的取舍都是按以下原则考虑的:如果它反映了现行的知识和实践,就会被原封不动地保留(或者在需要的地方稍作修改)。如果它已经完全落后了,就会被删除,除非其表述了一些有用的理论或者记录了一段应用的历史。如果认为引入一些新知识和新实践对保持本书的销量极为重要,那么就会对此展开论述。所以,有的章节相对完整的保留下来,而另一些内容则有实质的改变。

还需要特别说明的是关于对一些特殊设备、选矿厂和流程的详尽引用。所引证之处均是有根据的,这是为了对本书的结构做最小的改变。针对部分已经过时的错误内容,或者在新的代替技术已经成为行业主流之处,增加了相应的新内容。

为了达到 B. A. Wills 原书的编撰水平,有数十人参与了该书最新版本的编撰工作。我由衷感谢在 JKMRC(Julius Kruttschnitt 矿物研究中心)及其他各地工作的同事们,他们花费了宝贵的时间,分享了自己的知识和经验,完成了这项工作,他们的工作很不简单。本书每章都是由该领域专家编撰的(内容较多的章节由几个人完成)。我还要感谢 Elsevier 的编辑人员,尤其是 Miranda Turner 和 Helen Eaton,感谢他们的支持和耐心,以及 B. A. Wills 的鼓励。我的工作是对其中一些章节进行了编著,并限制了一些独特风格的自由发挥,以及协调整本书出版。引用喜剧天才大师 Spike Milligan 的话:我最后一次编辑一本书后,我发誓我绝不会再编辑一次。这本书就是。

Tim Napier-Munn
2005年11月

Contributors

Chapters 1,4,9,11,14	Prof. Tim Napier-Munn(JKMRC)
Chapters 2 and 16	Dr Glen Corder(JKTech)
Chapter 3	Dr Rob Morrison(JKMRC) and Dr Michael Dunglison(JKTech)
Chapters 5 and 6	Dr Toni Kojovic(JKMRC)
Chapter 7	Dr Frank Shi(JKMRC)
Chapter 8	Marko Hilden(JKMRC) and Dean David(GRD Minproc, formerly with JKTech)
Chapters 10,13 and 15	Dr Peter Holtham(JKMRC)
Chapter 12	Dr Dan Alexander(JKTech), Dr Emmy Manlapig(JKMRC), Dr Dee Bradshaw(Dept. Chemical Engineering, University of Cape Town) and Dr Greg Harbort(JKTech)
Appendix Ⅲ	Dr Michael Dunglison(JKTech)

Acknowledgements

The author acknowledges with thanks the assistance given by the following companies and publishers in permitting the reproduction of illustrations from their publications:

Mount Isa Mines Ltd. ,for Fig. 1. 2f.

Palabora Mining Co. ,for Figs. 1. 2g,12. 67,12. 68.

AIMME,New York, for Figs. 1. 8, 2. 7, 2. 8, from *Mineral Processing Plant Design* (ed. Mular and Bhappu).

Universal Engineering Corp. ,for Fig. 2. 10.

Newell Dunford Engineering Ltd. ,for Fig. 2. 11.

The Galigher Co. ,for Fig. 3. 1.

Wiley Publishing Co. , New York, for Figs. 3. 2, 9. 8, 10. 25, from *Handbook of Mineral Dressing* by A. F. Taggart.

Outokumpu Technology Minerals Oy,for Figs. 3. 3,3. 7,3. 19,12. 52.

Sepor Inc. ,for Fig. 3. 5.

Thermo Electron Corporation,for Figs. 3. 8,4. 16.

Gunson's Sortex Ltd. ,for Figs. 3. 9.

George Kent Ltd. ,for Fig. 3. 10.

Kay-Ray Inc. ,for Fig. 3. 11.

JKMRC,The University of Queensland, for Figs. 3. 21, 4. 15, 6. 23, 9. 13, 9. 25, from "Mineral Comminution Circuits-Their Operation and Optimisation"; Napier-Munn, Morrell, Morrison, Kojovic(1996).

JKMRC and JKTech Pty Ltd. , for Figs. 4. 13, 5. 5, 6. 19, 6. 29, 7. 24, 7. 47, 8. 3, 8. 6, 9. 17, 9. 26, 12. 15, 12. 16, 12. 19, 12. 40, 12. 44, 13. 10, 14. 1, 14. 2, 14. 3.

Warman International Ltd. ,for Figs. 4. 11,4. 12.

Chapman & Hall Ltd. , London, for Figs. 4. 14, from *Particle Size Measurement* by T. Allen.

Split Engineering,for Figs. 4. 17,6. 33.

CSIRO(Dr. Paul Cleary),for Figs. 5. 4,elements of Fig. 5. 5,8. 4.

Pegson Ltd. ,for Figs. 6. 6 ,7. 16 ,7. 17 ,7. 18.

Fuller Co. ,for Fig. 6. 7(b).

Rexnord-Nordberg Machinery,for Figs. 6. 9 ,6. 10 ,6. 12 ,6. 13 ,6. 17 ,6. 18.

Faro Technologies,for Fig. 6. 15.

Rio Tinto Technical Services,for Fig. 6. 16.

Pergamon Press Ltd. ,for Figs. 6. 20 ,from *Chemical Engineering*, Vol. 2 ,by J. M. Coulson and J. F. Richardson.

Humboldt Wedag Australia,for elements of Fig. 6. 24.

Koeppern Machinery Australia,for elements of Fig. 6. 24.

Polysius AG,for elements of Fig. 6. 24.

Humboldt-Wedag Ltd. ,for Figs. 6. 26 ,7. 28 ,13. 13 ,13. 14 ,13. 15 ,13. 19.

Tidco Croft Ltd. ,for Figs. 6. 27 ,6. 28.

GEC Mechanical Handling Ltd. ,for Fig. 6. 30.

Teck Cominco,Highland Valley Copper,for Figs. 6. 34 ,6. 35.

Joy Manufacturing Co. (Denver Equipment Div.),for Figs. 7. 4 ,7. 7 ,7. 9 ,7. 12 ,10. 11 , 12. 20.

Head Wrightson Ltd. ,for Figs. 7. 5 ,7. 11 ,7. 13.

Newcrest Mining,for Figs. 7. 10 ,7. 22.

Koppers Co. Inc. ,for Fig. 7. 6.

Morgardshammer,for Fig. 7. 8.

Allis-Chalmers Ltd. ,for Fig. 7. 15.

NEI International Combustion for Figs. 7. 23 ,7. 33 ,7. 34.

Latchireddi,Dr. Sanjeeva,for Fig. 7. 26.

John Wiley and Sons, for Fig. 7. 27 from "Handbook of Mineral Dressing"; Taggart (1945).

Mineral Processing Systems Inc. ,for Fig. 7. 29.

Xstrata Technology,for Figs. 7. 30 ,7. 31 ,12. 39.

Metso Minerals,for Figs. 7. 32 ,8. 5 ,8. 7 ,8. 12 ,8. 15 ,8. 21.

Schenk Australia,for Figs. 8. 8 ,8. 9.

Omni Crushing and Screening,for Fig. 8. 10.

Pennsylvania Crusher,for Fig. 8. 14.

Delkor,for Fig. 8. 17.

R. O. Stokes & Co. Ltd. ,for Figs. 9. 6 ,9. 7.

Wemco,G. B. ,for Figs. 9. 9 ,9. 11 ,11. 2 ,11. 3 ,11. 4 ,12. 46 ,12. 48.

Dorr-Oliver,for Figs. 9. 10 ,15. 18 ,15. 22.

IHC(Holland) ,for Figs. 10. 12,10. 13,10. 14.

Gekko Systems,for Fig. 10. 15.

Applied Science Publishers Ltd. (London) ,for Figs. 10. 18,10. 30,12. 17 from *Mineral Processing* by E. J. Pryor.

Mineral Deposits Ltd. ,for Figs. 10. 21,13. 23,13. 24.

Humphreys Engineering Co. ,for Figs. 10. 22,10. 23.

Wilfley Mining Machinery Co. ,for Fig. 10. 29.

Falcon Concentrators,for Fig. 10. 31.

South African Coal Processing Society. Johannesburg, for Fig. 11. 5, from *Coal Preparation Course.*

NCB, for Fig. 11. 8.

Minerals Separation Corps. ,for Figs. 11. 10,11. 12.

Dorr-Oliver Eimco,for Figs. 12. 50,12. 51.

Boxmag-Rapid Ltd. ,for Fig. 13. 6.

Eriez Magnetics,for Figs. 13. 7,13. 9,13. 19.

Sala,for Fig. 13. 8.

Dings Magnetic Separator Co. ,for Fig. 13. 11.

Ultrasort Pty Ltd. ,for Fig. 14. 4.

Envirotech Corp. ,for Figs. 15. 6,15. 7,15. 13.

Clarke Chapman Ltd. (International Combustion Div.) ,for Figs. 15. 14,15. 15.

Rauma-Repola Oy,for Figs. 15. 16,15. 17.

Filtres Vernay,for Fig. 15. 20.

Krauss-Maffei Ltd. ,for Fig. 15. 23.

Krebs Engineers,for Fig. 16. 3.

Acknowledgements are also due to the following for illustrations taken from technical papers:

H. Heywood,for Fig. 4. 6,from *Symposium on Particle Size Analysis* (Inst. of Chem. Eng. , 1947).

A. C. Partridge,for Figs. 5. 1 and 5. 2,from *Mine & Quarry*,July/Aug. 1978.

L. R. Plitt,for Fig. 9. 15,from *Canadian Mining and Metallurgical Bulletin*,Dec. 1976.

V. G. Renner and H. E. Cohen,for Fig. 9. 16,from *Trans. IMM*,Sect. C. June 1978.

R. E. Zimmerman,for Figs. 10. 16,10. 17,from *Mining Congress Journal*,March 1981.

R. L. Terry,for Fig,10. 26,from *Minerals Processing*,July/Aug. 1974.

T. Cienski and V. Coffin, for Fig. 12. 38, from *Canadian Mining Journal*, March 1981.

P. Young, for Figs. 12. 43, 12. 53, from *Mining Magazine*, January 1982.

F. Kitzinger et al. , for Fig. 12. 62, from *Mining Engineering*, April 1979.

J. H. Fewings et al. , for Fig. 12. 64, from *Proc. 13th Int. Min. Proc. Cong.* , Warsaw, 1979.

J. E. Lawyer and D. M. Hopstock, for Fig. 13. 17, from *Minerals Science Engineering*, Vol. 6, 1974.

R. W. Shilling and E. R. May, for Fig. 16. 7, from *Mining Congress Journal*, Vol. 63, 1977.

C. G. Down and J. Stocks, for Fig. 16. 8, from *Mining Magazine*, July 1977.

Figs. 4. 1, 4. 3 and 4. 10 from BS410:1976 and BS3406 Part 2:1963, are reproduced by permission of BSI, 2 Park Street, London W1A 2BS, from whom complete copies of the publications can be obtained.

Secretarial assistance — Vynette Holliday and Libby Hill (JKMRC)

Other acknowledge ments — Prof. J-P Franzidis (JKMRC) and Evie Franzidis for their work on an earlier incarnation of this project.

Dr Andrew Thornton and Bob Yench of Mipac for help with aspects of process control.

The Julius Kruttschnitt Mineral Research Centre, The University of Queensland, for administrative support. The logos of the University of Queensland and the JKMRC are published by permission of the University of Queensland and the Director, JKMRC.

目 录

1 绪论 …… 1

1.1 矿物与矿石 …… 1

1.1.1 矿物 …… 1

1.1.2 金属矿选矿 …… 2

1.1.3 非金属矿 …… 7

1.1.4 尾矿处理 …… 7

1.2 矿物加工方法 …… 7

1.2.1 选矿流程 …… 13

1.2.2 磨矿成本 …… 14

1.3 选矿效率 …… 15

1.3.1 矿物解离 …… 15

1.3.2 矿浆浓缩 …… 16

1.4 锡选矿经济分析 …… 21

1.5 铜矿选矿经济概算 …… 24

1.6 经济效益 …… 28

参考文献 …… 30

2 矿石的装运 …… 34

2.1 引言 …… 34

2.2 除杂 …… 34

2.3 矿石的输送 …… 36

2.4 矿石的储存 …… 39

2.5 给矿 …… 41

参考文献 …… 43

3 金属平衡、控制与仿真 …… 44

3.1 引言 …… 44

3.2 样品与称重 …… 44

3.2.1　含水矿样 …… 45
3.2.2　取样 …… 45
3.2.3　取样系统 …… 48
3.2.4　矿样缩分方法 …… 52
3.2.5　在线分析 …… 53
3.2.6　在线灰分检测 …… 56
3.2.7　在线粒度检测 …… 57
3.2.8　矿石称重 …… 57
3.3　矿浆流 …… 58
3.4　在线测量质量流的装备 …… 61
3.5　选矿流程的自动控制 …… 63
3.6　神经网络 …… 71
3.7　专家系统 …… 71
3.8　流程设计与计算机仿真优化 …… 72
3.9　质量平衡方法 …… 74
3.9.1　金属平衡 …… 75
3.9.2　数质量平衡中粒度分析的应用 …… 78
3.9.3　在质量平衡中使用固液比 …… 79
3.9.4　两产品公式的局限 …… 83
3.9.5　回收率公式的敏感 …… 83
3.9.6　质量公式的敏感 …… 85
3.9.7　两产品回收率计算精确度的最大化 …… 86
3.9.8　复杂流程的质量平衡 …… 87
3.9.9　额外数据的调整 …… 96
3.9.10　称重调整 …… 101
3.10　实验室与工业试验的设计 …… 103
参考文献 …… 104

4　粒度分析 …… 110

4.1　粒度和形状 …… 110
4.2　筛析 …… 111
4.2.1　试验筛 …… 112
4.2.2　筛孔尺寸的选择 …… 114
4.2.3　试验方法 …… 114
4.2.4　筛析结果的处理 …… 115

4.3　微筛分 …… 119
4.3.1　斯托克斯等效直径 …… 120
4.3.2　沉降法 …… 121
4.3.3　淘析技术 …… 124
4.3.4　显微粒度分析和图像分析 …… 126
4.3.5　电阻法 …… 127
4.3.6　激光衍射装置 …… 128
4.3.7　在线粒度分析 …… 129
参考文献 …… 130

5　破碎 …… 133

5.1　引言 …… 133
5.2　破碎原理 …… 134
5.3　粉碎理论 …… 135
5.4　可磨性 …… 137
5.5　粉碎工艺与粉碎闭路的模拟 …… 139
参考文献 …… 142

6　破碎机 …… 145

6.1　引言 …… 145
6.2　粗碎机 …… 147
6.2.1　颚式破碎机 …… 147
6.2.2　双肘板布莱克破碎机 …… 147
6.2.3　单肘板颚式破碎机 …… 149
6.2.4　颚式破碎机的结构 …… 150
6.2.5　旋回破碎机 …… 151
6.2.6　旋回破碎机的结构 …… 153
6.3　二次破碎机 …… 155
6.3.1　圆锥破碎机 …… 155
6.3.2　盘式旋回破碎机 …… 159
6.3.3　Rhodax 破碎机 …… 161
6.3.4　辊式破碎机 …… 162
6.3.5　冲击式破碎机 …… 166
6.3.6　巴马克破碎机 …… 168
6.3.7　滚筒破煤机 …… 170

6.4　破碎流程和控制 …… 170
参考文献 …… 175

7　磨矿 …… 178

7.1　引言 …… 178
7.2　转筒磨机内料荷的运动状态 …… 179
7.3　转筒磨机 …… 182
7.3.1　磨机的结构 …… 182
7.3.2　磨机的类型 …… 189
7.4　磨矿流程 …… 206
7.5　磨矿流程控制 …… 213
参考文献 …… 220

8　工业筛分 …… 227

8.1　引言 …… 227
8.2　筛分性能 …… 227
8.3　筛分性能的影响因素 …… 229
8.3.1　粒度 …… 229
8.3.2　给料速度 …… 230
8.3.3　筛子倾角 …… 230
8.3.4　颗粒形状 …… 231
8.3.5　有效筛分面积 …… 231
8.3.6　振动 …… 231
8.3.7　水分 …… 232
8.4　筛子的数学模型 …… 232
8.4.1　现象学模型 …… 232
8.4.2　经验模型 …… 233
8.4.3　数值模型 …… 233
8.5　筛子类型 …… 234
8.5.1　振动筛 …… 234
8.5.2　其他类型筛 …… 239
8.6　筛面 …… 243
8.6.1　螺栓固定筛面 …… 243
8.6.2　拉张筛面 …… 244
8.6.3　自洁式金属筛网 …… 244

8.6.4　拉张橡胶垫和聚氨酯垫 …… 244
8.6.5　组装筛面 …… 245
8.6.6　编织金属丝筛网和楔形金属丝筛网 …… 246
参考文献 …… 246

9　分级 …… 248

9.1　引言 …… 248
9.2　分级原理 …… 248
9.2.1　自由沉降 …… 249
9.2.2　干涉沉降 …… 251
9.3　分级机类型 …… 252
9.3.1　水力分级机 …… 252
9.3.2　水平流分级机 …… 255
9.3.3　水力旋流器 …… 258
参考文献 …… 272

10　重选 …… 275

10.1　引言 …… 275
10.2　重选原理 …… 275
10.3　重选设备 …… 276
10.3.1　跳汰机 …… 277
10.3.2　尖缩溜槽和圆锥选矿机 …… 285
10.3.3　螺旋溜槽 …… 287
10.3.4　摇床 …… 288
10.3.5　离心选矿机 …… 293
10.3.6　金矿选矿机 …… 295
参考文献 …… 295

11　重介质分选 …… 299

11.1　引言 …… 299
11.2　重介质 …… 300
11.2.1　重液 …… 300
11.2.2　重悬浮液 …… 301
11.3　分选设备 …… 302
11.3.1　重力型分选设备 …… 302

11.3.2　离心力型分选设备 …… 305
11.4　重介质分选流程 …… 309
11.4.1　典型的重介质分选过程 …… 311
11.4.2　实验室重液试验 …… 312
11.5　重介质分选效率 …… 316
11.5.1　分配曲线的绘制 …… 318
11.5.2　有机效率 …… 322
参考文献 …… 323

12　泡沫浮选 …… 326

12.1　引言 …… 326
12.2　浮选原理 …… 326
12.3　矿物的分类 …… 328
12.4　捕收剂 …… 330
12.4.1　阴离子捕收剂 …… 332
12.4.2　阳离子捕收剂 …… 336
12.5　起泡剂 …… 336
12.6　调整剂 …… 338
12.7　活化剂 …… 338
12.8　抑制剂 …… 340
12.8.1　无机抑制剂 …… 340
12.8.2　聚合抑制剂 …… 343
12.9　pH 值的重要性 …… 343
12.10　矿浆电位的重要性 …… 345
12.11　气泡发生和泡沫性能的重要性 …… 347
12.12　夹带现象 …… 349
12.13　浮选工程 …… 349
12.13.1　实验室浮选试验 …… 350
12.13.2　半工业试验 …… 354
12.14　浮选机 …… 370
12.15　电解浮选 …… 381
12.16　凝聚－表层浮选 …… 382
12.17　浮选厂生产实践 …… 383
12.17.1　矿石与矿浆的准备 …… 383
12.17.2　药剂与调浆 …… 386

12.17.3 浮选厂的控制 …… 388
12.17.4 氧化铜矿石浮选 …… 402
12.17.5 铅锌矿石的浮选 …… 402
12.17.6 铜锌矿石和铜铅锌矿石的浮选 …… 407
12.17.7 镍矿石的浮选 …… 413
12.17.8 铂矿石的浮选 …… 414
12.17.9 铁矿石的浮选 …… 414
12.17.10 煤炭的浮选 …… 415
参考文献 …… 415

13 磁选和电选 …… 431

13.1 引言 …… 431
13.2 磁选 …… 431
13.2.1 磁选机设计 …… 434
13.2.2 磁选机类型 …… 435
13.3 电选 …… 445
参考文献 …… 452

14 拣选 …… 455

14.1 引言 …… 455
14.2 电子拣选原理 …… 455
14.3 应用实例 …… 457
参考文献 …… 459

15 脱水 …… 461

15.1 引言 …… 461
15.2 沉降 …… 461
15.3 凝聚和絮凝 …… 461
15.4 选择性絮凝 …… 465
15.5 重力沉降 …… 465
15.6 高效浓密机 …… 473
15.7 离心沉降 …… 474
15.8 过滤 …… 475
15.8.1 过滤介质 …… 476
15.8.2 过滤试验 …… 476

15.8.3　过滤机形式 …… 477
15.9　干燥 …… 483
参考文献 …… 484

16　尾矿处理 …… 487

16.1　引言 …… 487
16.2　尾矿处理方法 …… 487
16.3　尾矿坝 …… 488
参考文献 …… 495

附录Ⅰ　金属矿物 …… 497

附录Ⅱ　常见非金属矿物 …… 508

附录Ⅲ　第3章中各公式对应的Excel电子表格 …… 515

索引 …… 522

1 绪 论

1.1 矿物与矿石

1.1.1 矿物

自然界的金属一般赋存于陆相或海相矿床中。这两类矿床是金属分别在陆地或海洋两种不同环境下与氧、硫及 CO_2 等发生反应形成的。金或铂一般以自然金、铂或金属的形式存在;银、铜或汞多以硫化物、碳酸盐或氯化物形式存在。活性大的金属通常以化合物形式存在,如铁多以氧化物或硫化物形式存在;又如铝或铍多以硅酸盐形式存在。矿物就是自然界中金属或非金属的化合物所形成的集合体,一般以其组成进行命名(如 PbS 命名为方铅矿,ZnS 命名为闪锌矿,SnO_2 命名为锡石)。

矿物的狭义定义为具有特定化学组成及原子结构的无机物,在某些情况下,该定义也可有适当灵活性。很多矿物具有类质同象的特点。例如橄榄石,其分子式为 $(Mg,Fe)_2SiO_4$,当 Mg^{2+}、Fe^{2+} 的比例改变后,Mg 和 Fe 原子数之和与 Si、O 原子数之和的比值不变。矿物晶体结构不发生改变。也有一类矿物具有同质多晶的特点,即具有相同的分子组成,但由于晶体结构不同所以矿物的性质尤其是物理性质差异明显。例如石墨和金刚石都是由碳原子组成的,但两种矿物中碳原子的排列方式上的差异使得两种矿物的性质截然不同。

矿物的广义定义为地壳中凡是具有经济价值的物质都可称为矿物。从狭义的矿物定义上来看,煤、白垩、黏土及花岗岩都不属于矿物,但是它们都具有经济价值且从地壳中开采而得,从广义上看它们也可称为矿物。

地壳中一种或多种矿物的集合体称为岩石。例如,花岗岩是地壳中数量最大的一种火成岩,它是由高温岩浆冷却形成的。石英、长石和云母三种主要矿物以各种比例组成花岗岩。

从地质学角度来说,煤不属于矿物。它是由有机物质经过长时间的地质作用而形成的具有层状构造的集合体。大多数煤层都是由 300 万年前覆盖于地球大部分地区的热带森林随着地质条件的变迁逐渐腐烂进而形成今天我们所见到的煤矿。煤层的形成初期,腐烂的有机质形成厚厚的泥煤层。随着时间的延续,厚厚的泥煤层在砂岩、泥浆等掺入下并经过高温和高压条件下的蚀变作用逐渐形成沉积岩,也就是现在的煤矿。煤的等级就是由这一蚀变程度所决定的,蚀变程度最低的是褐煤,蚀变程度最高的基本上是纯石墨质的无烟煤。

1.1.2 金属矿选矿

18 世纪工业革命以来，全世界的工业化进程不断加快，作为推进工业文明进步的矿产资源的需求量也随之上升。仅在刚刚过去的 20 世纪里，铜的生产量从世纪初到世纪末增长了 27 个数量级，铝金属则增加了 3800 个数量级。图 1.1 给出了 1900 ~ 2002 年铝、铜和锌的产量变化情况（数据来源于 USGS，2005）。从图 1.1 可以看出从 20 世纪 70 年代开始，原油价格的起伏直接影响到金属产品的产量增长。在 1973 ~ 1974 年这两年间，由于欧佩克（OPEC）所主导的原油价格上涨导致这几种金属产量的增长在一定程度上受到影响，而且这一影响为第二次世界大战后所鲜见。1979 年到 1981 年这一段时间，伊朗爆发的伊斯兰革命和两伊战争使原油价格猛涨到 50 美元/桶，最终导致全球性经济衰退，图 1.1 中的数据显示出这一阶段三种金属产品的产量急剧下滑。在 1985 ~ 1986 年这一短暂时间里，石油产量过剩导致原油价格从 1985 年 12 月的 26 美元/桶降至 15 美元/桶，表现为三种金属产量有大幅上升。1990 年的海湾战争导致石油价格由当年 7 月的 16 美元/桶升至当年 10 月的 42 美元/桶，尽管当年全球消耗能源的 20% 是天然气。表现为从该年初的一段时间里，三种金属产量增加节奏放缓而且铝金属的产量出现了下滑。

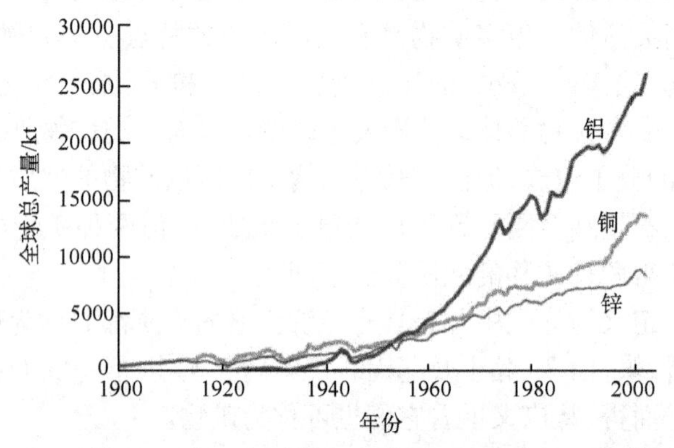

图 1.1 1900 ~ 2002 年铝、铜、锌全球年总产量走势

从 1999 年开始，亚洲金融危机导致原油跌至 10 美元/桶的情况得到改变，并逐步上升至 2005 年的 60 美元/桶，这一情况的改变主要是由中国所引领的亚洲经济振兴对原油等能源产品大量需求所致。可以看出的是，图 1.1 所示数据在这一时期呈现较快的上升态势。

正如前述，由于石油价格对世界经济和附带的对金属需求量都具有深远影响，原油价格直接影响到金属产品的产量，相关数据（Dahlstrom，1986）表明单位铜的价格中有 35% 用以抵消生产能源成本。

除去前述原油对金属产品产量的影响，市场供需平衡对产量的影响更为重要。到目前为止，金属主要来源于新开采的矿石和回收资源。某些金属则主要来源于资源回收重新冶炼，例如60%的铅来源于回收再冶炼。虽然如此，还是有一些人悲观地认为所有的矿产资源将被耗尽，如“罗马俱乐部”在1972年发表的《Limits to Growth》报告悲观地指出全球的金矿将在1981年采尽，锌矿将在1990年被采尽，石油将在1992年干涸（Meadows等，1972）。但事实并不是如此可怕，随着20世纪后叶科学技术的快速发展，人类不断发现新的矿产资源并且不断降低金属产品生产成本，进而获得足够的金属产品。随着金属产品的产量增加，单位产品价格呈现不断下降的趋势（当然要扣除物价变化因素）。然而对于从事资源开发的企业来说，他们的收益率必然会受到冲击，特别对于非洲和南美的一些以矿业为主导产业的国家，金属价格下降对其经济产生的不良影响更为深远。

客观上讲，矿产资源是有限的，在此前提下不断发展边界矿床开采技术以及研发可替代金属的材料技术还是能够解决金属供需平衡的问题。从这个角度来看，黄金具有它的特殊性和不可替代性。具体来说，自公元6世纪起，扣除物价上涨因素，黄金作为一般等价物以及货币工具的价值没有发生任何变化（Humphreys，1999）。

表1.1列出了地壳中各种金属的丰度和地表以下3.5km的地壳范围内各金属的实际含量。地壳中的岩石在风化作用下使金属进入到海洋中，使得海洋中部分金属丰度与地壳中的相同。需要注意的是，岩石被酸雨侵蚀后部分金属随之汇入海洋，加上风化搬运作用进入海洋的金属，如表1.2（Chi-Lung，1970）所列数据表明海洋中某些金属丰度稍大于其在地壳中的丰度。19世纪初发现锰结核（Mukherjee等，2004）以来，人类还发现热液火山中赋存了大量金属。有迹象表明对于上述两种海洋矿产的开发已列入议程（Scott，2001）。

从表1.1可以看出包括氧元素在内的8种元素的丰度总和为99%，其中氧和硅的丰度之和达到74.6%。对于现代工业大量消耗的金属元素，只有Al、Fe和Mg三种重要金属元素的丰度达到2%以上；其他有用金属元素丰度都在0.1%以下，例如铜的丰度仅为0.0055%。从表1.1还可以看出，我们通常说的稀有金属元素（如Ce、Th等）的丰度实际上要比所谓的普通金属铅或锌的丰度要大。

表1.1　海洋金属丰度（地壳3.5km处）

<table>
<tr><th>元　素</th><th>丰度/%</th><th>地壳3.5km
深处的总量/t</th><th>元　素</th><th>丰度/%</th><th>地壳3.5km
深处的总量/t</th></tr>
<tr><td>O</td><td>46.4</td><td rowspan="7">$10^{16} \sim 10^{18}$</td><td>V</td><td>0.014</td><td rowspan="2">$10^{14} \sim 10^{15}$</td></tr>
<tr><td>Si</td><td>28.2</td><td>Cr</td><td>0.010</td></tr>
<tr><td>Al</td><td>8.2</td><td>Ni</td><td>0.0075</td><td rowspan="5">$10^{13} \sim 10^{14}$</td></tr>
<tr><td>Fe</td><td>5.6</td><td>Zn</td><td>0.0070</td></tr>
<tr><td>Ca</td><td>4.1</td><td>Cu</td><td>0.0055</td></tr>
<tr><td>Na</td><td>2.4</td><td>Co</td><td>0.0025</td></tr>
<tr><td>Mg</td><td>2.3</td><td>Pb</td><td>0.0013</td></tr>
</table>

续表 1.1

元　素	丰度/%	地壳 3.5 km 深处的总量/t	元　素	丰度/%	地壳 3.5 km 深处的总量/t
K	2.1	$10^{16} \sim 10^{18}$	U	0.00027	$10^{11} \sim 10^{13}$
Ti	0.57	$10^{15} \sim 10^{16}$	Sn	0.00020	
Mn	0.095		W	0.00015	
Ba	0.043	$10^{14} \sim 10^{16}$	Hg	8×10^{-6}	
Sr	0.038		Ag	7×10^{-6}	
稀土金属	0.023		Au	$< 5 \times 10^{-6}$	$< 10^{11}$
Zr	0.017		铂族金属	$< 5 \times 10^{-6}$	

表 1.2　海洋中金属丰度

元　素	海水中总量/t	元　素	海水中总量/t
Mg	$10^{15} \sim 10^{16}$	V	$10^{9} \sim 10^{10}$
Si	$10^{12} \sim 10^{13}$	Ti	
Al	$10^{10} \sim 10^{11}$	Co	$10^{12} \sim 10^{13}$
Fe		Ag	
Mo		W	
Zn		Cr	$< 10^{8}$
Sn	$10^{9} \sim 10^{10}$	Au	
U		Zr	
Cu		Pt	
Ni			

需要指出的是，如果赋存有用金属的矿石在地球上不均匀地分布也就是说金属分布不均匀，这势必导致获取该金属是一个高成本的过程。在自然界，矿藏的产地是由矿物形成过程中地质条件所决定的。通常情况下，某一金属矿物大多赋存于某一特定的岩石中，如锡石多在花岗岩中，也有的赋存于火成岩或沉积岩中。沉积岩就是在搬运作用及水、冰或化学腐蚀作用下所形成的岩石。在风化作用下，花岗岩中的锡石经过搬运和变质作用后形成冲积矿床。

搬运和风化等地质作用使矿床中的金属含量不断上升，因此我们今天可以从一些矿床中获取一些有价值的金属。之所以我们人类可以从矿床中获取矿物，除了上述的地质变迁对金属的积聚作用外，还有一个至为重要的原因是技术的不断进步。在自然界，大多数矿石都是由有用矿物和脉石组成的。在自然矿中金属是以元素的形式存在；如自然硫矿中金属是以硫化物形式存在，氧化矿中的金属可以是氧化物、硫化物、硅酸盐、碳酸盐或水化物的形式存在。复杂矿中会存在多种有用金属。其特点是:矿物粒度范围宽,多为单一固溶体相或多种矿物的复合体。如方铅矿和闪锌矿。一般以伴生形式存在,CuS 矿中伴生有少量闪锌矿,FeS 矿中也常伴生有 CuS 等硫化矿物。

利用脉石性质的差异可对矿石进行分类,如将矿石分为高钙型或高硅型。实际上我们在描述一种矿物时更多的是讲它的有用金属含量有多少而不是它的脉石成分是什么。矿石中有用金属的最低品位决定了该矿石是否可资源化利用。一般情况下,有色金属矿中金属品位有的低至 1% 或更低。矿石的可采性取决于矿石是否有开采价值,而这一价值则决定于矿石中金属含量及金属价格。金含量达到 0.0001% 的金矿就可视为可采矿;但是铁矿的可采品位一般为 45%,低于这一品位则视为低品位矿。举例来说,在铜价为 2000 英镑/t 和钼价为 18000 英镑/t 的情况下,如果有一矿石其铜和钼的品位分别为 1% 和 0.015%,则矿石所含有的价值为 22 英镑/t。下式可用于判断开采一矿床是否具有经济上的可行性:

吨矿所含有价值 > 吨矿的(开采和选矿成本 + 损耗 + 其他成本)

上式的主要控制因素是采矿成本,最低仅为几便士/t、最高则要 50 英镑/t。只有在矿床可采矿量极大的情况下,才可以采取高吨位开采。这是因为高吨位开采的经营成本虽然低但内部资本成本高,需要很多年才能收回。反之,对于一些矿体小、可采量不大的矿山,虽然内部资本投入小,但吨矿开采成本却很高(Ottley, 1991)。

开采冲积矿床是采矿业中成本最低的,故可以在矿石价值低、开采品位低及金属价格不高的情况下进行大规模开采。东南亚地区的锡矿虽然 Sn 金属品位仅为 0.01%,但是由于该地区此类金属多赋存于冲积矿床,吨矿价值虽低于 1 英镑,但采取冲积矿床开采方式还是具有经济可行性的。

对于一些低品位的铜矿,其单位矿石价值低,可采取露天或地下开采方式有选择地将有用矿石开采出来。对于东南亚冲积锡矿床,如果采取地下开采方式,吨矿开采成本为 30 英镑,根本不具经济可行性;当时对于 Sn 品位为 1.5% 的硬岩矿床,由于其吨矿价值为 50 英镑,因此采用地下开采方式。

火法冶金、湿法冶金及电冶金是三种常用的冶金工艺。一般情况下采用其中一种工艺或多种冶金工艺联合生产的方式进行冶金生产,最常用的冶金工艺为火法冶金。冶金过程是一个消耗大量能源的过程,仅以铜冶炼为例,每处理 1t 铜矿要消耗电能为 1500 ~ 2000kW · h,大约为 85 英镑/t。

冶炼厂通常建在远离采场的地方,但是这些地方通常是能源价格相对低而且水、陆交通便利。一般来说,矿石及能源的运输成本要远高于矿石本身的价值。为了降低矿石运输和冶炼成本,通常在采场附近建有包括磨矿和富集在内的选矿车间。通过选矿能以相对低的成本从矿石中提取出有价值的矿物。选矿获得高品位矿石后可以有效降低运输和冶炼成本。

物理方法选矿与化学方法相比，具有能耗低的优点。举例来说，通过选矿，铜精矿品位由原矿的1%升至25%需耗电20～50 kW·h，但会使运输成本下降24倍、吨精矿冶炼能耗降低60～80 kW·h。需要指出的是，能够有效降低冶炼能耗更为重要，所以在选择选矿方式时不但要考虑能耗指标还要想到精矿的品位是否能够满足低能耗冶炼。

选矿不但能降低冶炼能耗还能降低冶炼过程中的金属损失。也就是说，精矿品位高则渣量小，所以渣中金属总量亦小。单从技术角度来看是能够实现冶炼低品位矿石，但是随之带来的问题是产品多掺有杂质，因此选矿的另一重要作用就是去除矿石中的杂质金属。例如，锡矿选矿主要目的是去除难以在冶炼中去除的毒砂。

从矿石运输及冶金等经济指标来看，选矿的确能够有效降低相应的成本，前提是能够有效减少磨矿损耗和降低磨矿成本。磨矿成本因生产规模和所采用的磨矿工艺而各有高低。对于规模较大的生产过程，虽然前期资本投入大但单位生产的劳动力及能耗成本低，其中劳动力成本主要取决于生产规模。因此在生产规模确定后，选矿的单位生产成本主要是能耗所决定的。对于处理能力为10000 t/d 的选厂，能耗成本占总成本的25%以上。

尾矿金属损失率为评判矿床开采可行性的另一准则。这一损失主要是由矿石的矿物学、分布情况以及选矿技术所决定的。利用浮选工艺则可以处理低品位铜矿并有效降低尾矿金属损失率。赞比亚恩昌加联合铜矿公司(Nchanga Consolidated Copper Mines, Zambia)利用溶萃法实现了年处理浮选尾矿900万吨并利用尾矿生产铜80万吨(Anon.,1979)。

选矿所解决的问题不光是将有用矿物和脉石分离开来，还用于将多金属矿的各种有用矿物分离开来。例如，斑岩铜矿中伴生着钼矿，同时又是获取钼金属的主要矿物。在冶炼过程中很难分离铜、钼两种金属，因此必须在选矿过程中使两种金属矿物实现分离。又如硫化矿中多是铜、铅及锌三种矿物伴生，矿石必须经过分选得到三种金属精矿后才能进行分别冶炼。通过选矿获得极低杂质金属含量或完全没有金属杂质的精矿从经济上是不可行的，因此选矿会有一定程度的金属损失。在冶炼某一精矿时，精矿中的杂质金属也被同时冶炼，则这一杂质金属的价值就无法得到体现。铜精矿中伴生的铅很难被完全分离，冶炼后所得产品不但无法体现铅的价值，还影响了产品的价格。将多金属矿进行有效分选并得到杂质含量极低的精矿并能保证经济可行性是矿物加工技术的主要目标。

冶金效率和磨矿成本是选矿工艺的重要指标。对于一种价值低的矿石，在前期需要粉碎大量的矿石时，若能有效降低单位产品的磨矿成本，开采并利用这一矿石在经济上还是具有可行性。对于这些低价矿石，通过使用更昂贵的方法或药剂进行效率较高的冶炼是不可行的，除非矿石中的金属具有很高价值。

除了上述选矿成本和金属损耗所带来的成本，一些间接成本也是决定采矿、选矿及冶炼是否具有经济可行性的因素。其中间接成本有:电力、水、运输以及尾矿处理成本。间接成本的大小主要取决于矿床规模和所处的地理位置、税率、矿区土地使用费、投资需求、研发、医疗及安全成本等。

1.1.3 非金属矿

根据矿物的用途,有价矿石可分为金属矿和非金属矿。某些矿物经采选后会有多种用途,如铝矾土。利用铝矾土作为原料冶炼金属铝时,铝矾土是一种金属矿;利用铝矾土生产耐火材料时,它是一种非金属矿。很多金属矿和非金属矿伴生在一起(附录Ⅱ),经过采、选后可分别得到金属矿和非金属矿。如方铅矿被当作金属矿开采并选矿,在这一过程中我们还能够获得萤石和重晶石两种非金属矿。

金刚石矿是目前人类所开采的矿石中品位最低的。澳大利亚西部地区的 Argyle 矿是世界上品位最高的金刚石矿,其品位也就仅为 $2 \times 10^{-4}\%$;位于非洲的最贫的金刚石矿床,其品位仅为 $1 \times 10^{-6}\%$。金刚石矿石开采主要是为了从中获得宝石级的钻石,还有一些不能作为宝石的金刚石则被加工成各种工业产品(如切削刀具等,但是现在这些工业所使用的金刚石主要以人工合成的方式获取)。

1.1.4 尾矿处理

随着选矿技术不断发展和新技术的出现,尾矿及废弃物这些潜在资源中所含有的有用矿物可以被分选或分离出来。这一做法可以有效降低由于尾矿堆存对环境的影响。

由于尾矿不需要进行开采和耗能巨大的粉磨作业,因此与原矿相比尾矿再选成本很低。世界上有很多进行尾矿再选的企业,如南非东兰德金铀公司(ERGO)经过28 年共处理8 亿7 千万吨含金尾矿并生产出250t 黄金后于2005 年关闭了位于约翰内斯堡的尾矿再选厂。同样在南非,世界上钻石主产区金伯利地区已于2005 年停止了金刚石地下开采,在这一地区现在主要依靠尾矿再选进行金刚石生产。在南非还有很多企业进行铂族金属及铬尾矿再选生产。

除了以上对钻石、黄金及铂族金属等贵金属尾矿再选以外,很多国家已经开始或计划进行煤、铜、钴及铀等矿产资源的尾矿再选工作,如澳大利亚进行了从尾矿中选煤生产(Clark,1997),印度从铜尾矿中回收铀,赞比亚从 Bwana Mkubwa 尾矿中回收铜。刚果民主共和国科卢韦齐尾矿工程计划处理已排放50 年的铜尾矿,从中回收金属铜和钴。在欧洲,借鉴干法选矿工艺进行废弃物和垃圾资源化处理已经成为了一个不断发展的行业(Hoberg,1993;Furuyamu 等,2003)。

1.2 矿物加工方法

矿物加工也称为选矿,即将开采所得原矿中有用矿物和脉石分离并得到精矿的过程。矿物加工包括调整矿石粒度、有用矿物和脉石的物理分离、生产精矿及尾矿。矿物加工是现代矿业工程中必不可少的工艺过程,但在一个世纪前所谓的选矿仅限于重力选矿和手工拣选两种工艺方法。在20世纪这一百年里,选矿在理论和技术方面都得到了前所未有的发展,尤其是物理分选技术实现了金属矿物选矿的经济可行性(Wills and Atkinson,1991)。

随着科学技术尤其是选矿技术的不断进步,湿法冶金及火法冶金逐渐成为研究和实践的重要内容(Gilchrist,1989)。通过这两种冶金工艺可以明显提高回收率。一些含有铜、铅、锌或稀有金属的复杂矿物,利用化学分选方法如浸出工艺可实现矿物分选(Gray,1984;Barbery,1986)。一些新技术如直接还原法可实现直接利用矿石进行熔融冶炼金属。但前述的浸出工艺和直接还原工艺生产成本相对传统选矿方法要高得多,只有在产品价格高或能够降低生产成本的前提下才能进行工业化实践。对于多金属矿物,选矿的主要任务是将不同金属矿物有效分离,所要解决的另一问题是实现对冶炼有影响的杂质和目标矿物的分离。

矿物的解离和矿物的富集是构成选矿的两个主要部分。前者的主要目的是将有用矿物和脉石分离开,所采用的工艺过程为将矿石破碎并粉磨至一定粒度,产物为有用矿物颗粒和脉石矿物颗粒的混合物。磨矿是选矿过程中至关重要的环节,是实现有用矿物与脉石的解离以及多种有用矿物分离的过程,但其能耗也是整个选矿过程中最高的,约占总能耗的50%。只有将矿石粉磨到一定细的粒度才能实现脉石中目标金属含量为最低。但矿石粉磨过细则会造成生产成本上升及部分"泥状"有用矿物会被当作尾矿排掉的缺点。因此需从磨矿成本和金属损失两个方面来确定磨矿的工艺和参数。对于矿物嵌布粒度极小且分散程度大的低品位矿石,磨矿能耗及金属损耗率指标都会很高。对于相同的矿石,如果有用矿物和脉石在一些性质上具有很大的差异也会使两个指标下降。

工艺矿物学研究是选择并确定选矿工艺的重要前提,包括有用矿物和脉石矿物的性质以及矿物的显微组织研究。矿物的显微组织包括矿物粒径、分布以及形状等特征。根据矿石的工艺矿物学特点,我们可以大致确定磨矿、精矿富集等选矿参数,并对矿物分离的难易程度和精矿品位进行初步估计(Hausen,1991;Guerney等,2003;Baum等,2004)。根据对精矿和尾矿所进行的显微镜下观察可以得出矿物的解离程度以及选矿效率等工艺参数,如对矿物不完全解离的原因进行镜下观察和分析(如图1.2a~i)。常规的光学显微分析方法是利用双目光学显微镜对矿物标本的光薄片进行镜下观察。随着科学技术的进步,一些先进的分析仪器如基于扫描电子显微技术(SEM)的矿物解离分析仪(MLA)(Gu,2003)和矿物定量分析仪(QEMSCAN)被应用到矿物显微分析中(Gottlib等,2000)。

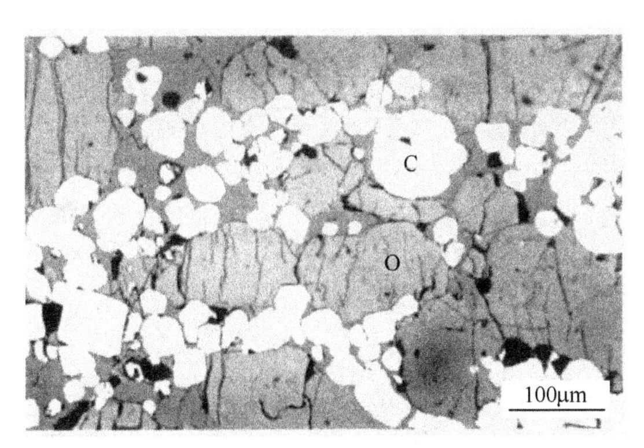

图 1.2a　铬铁矿,形貌紧密的粗颗粒
铬铁矿(C)从橄榄石(O)脉石中解离

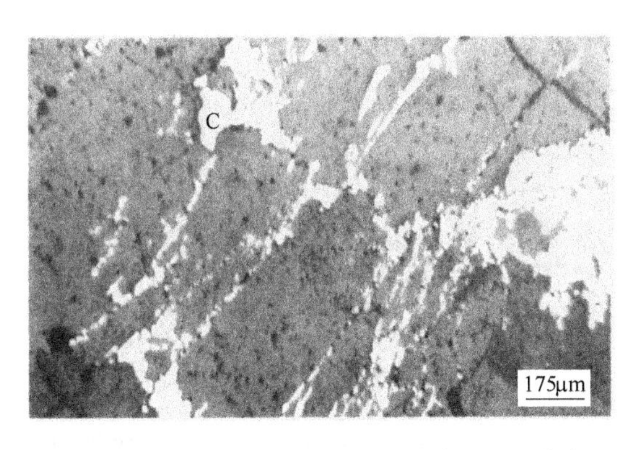

图 1.2b　北美斑岩铜矿,黄铜矿(C)沿着裂隙呈链状分布在石英中。
由于这种分布情况,两种矿物很难解离。可利用泡沫
浮选工艺分选出石英颗粒包裹的黄铜矿

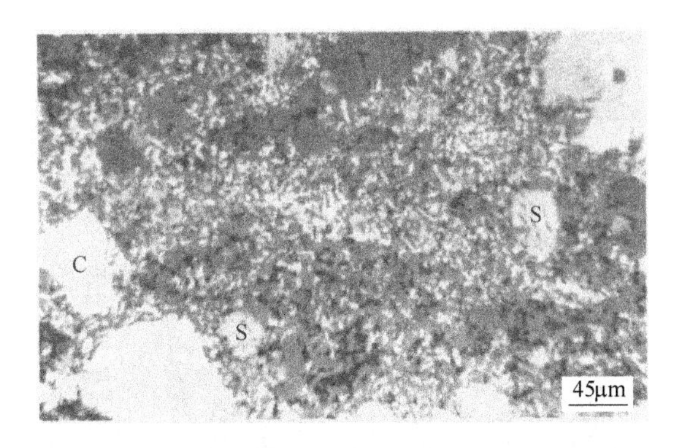

图 1.2c　Wheal Jane, Cornwall 混合硫化矿,
黄铜矿(C)和闪锌矿(S)以浸染形式分布于
电气石(T)中,解离难度较大

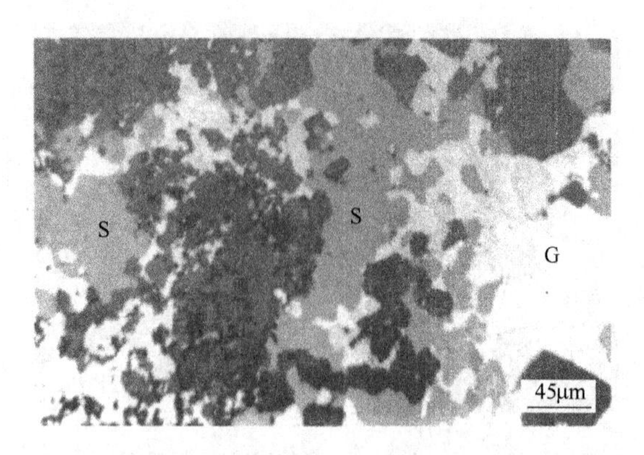

图 1. 2d　澳大利亚 Hilton 铅锌矿，方铅矿（G）与闪锌矿（S）共生。
难于实现铅、锌的完全分离，精矿中多伴有杂质金属

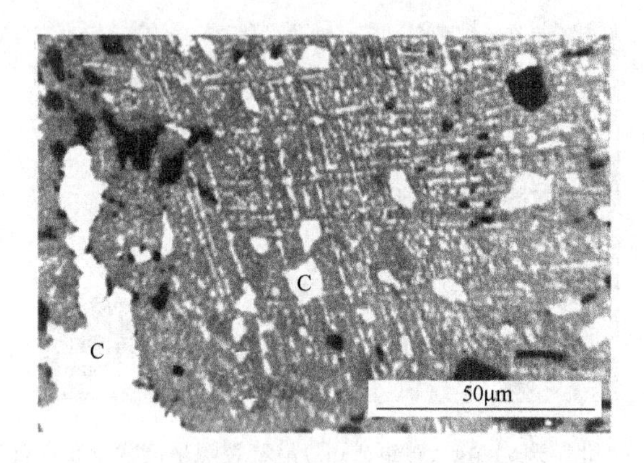

图 1. 2e　铜锌矿，闪锌矿沿解理面包裹着小颗粒的黄铜矿（C）。
在磨矿过程中矿物破裂将优先沿着结合程度低的解离面发生，
使闪锌矿表面出现片状黄铜矿，进而在浮选中使闪锌矿的抑制较为困难

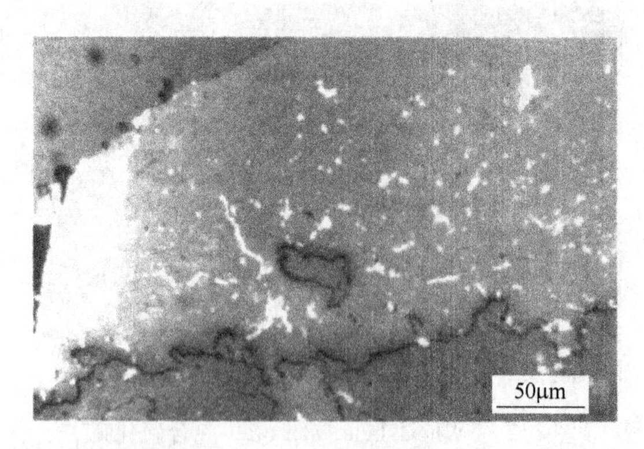

图 1. 2f　铅锌矿中细颗粒的自然银以脉状和包裹状分布在碳酸盐岩石中。
利用重介质选矿工艺分选矿物会导致较高的银损失

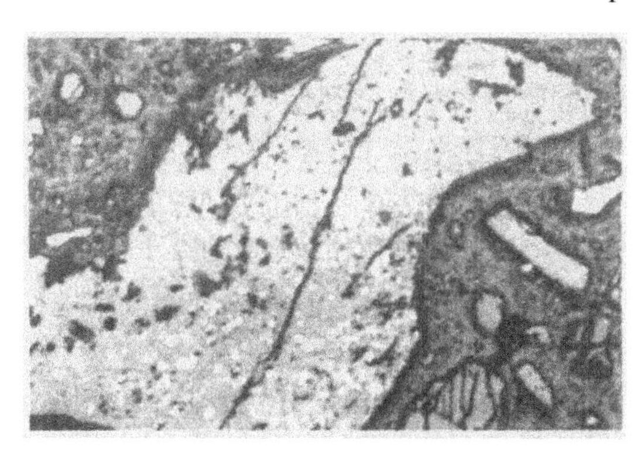

图1.2g　南非 Palabora 铜矿浮选尾矿，脉石中包裹着均匀分布的细颗粒黄铜矿。黄铜矿的粒径最大为 20 μm，难以再利用磨矿方法进行矿物解离

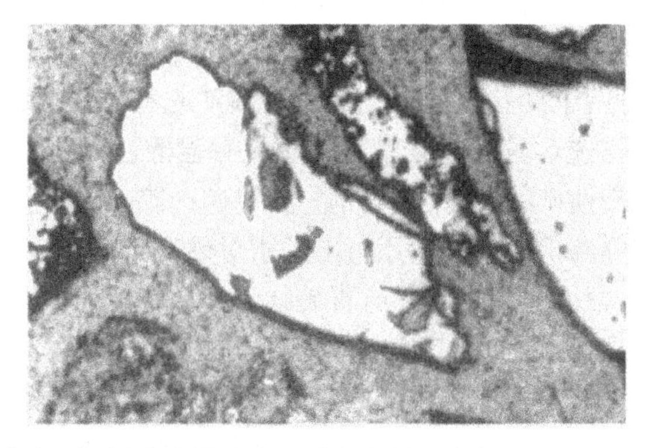

图 1.2h　重选流程锡尾矿，深灰色的石英包裹着浅灰色的锡石。由于重选工艺的影响，本应进入磨矿环节的粒度为 20 μm 的细矿粒被排到尾矿中。可利用浮选方法对尾矿进行进一步分离

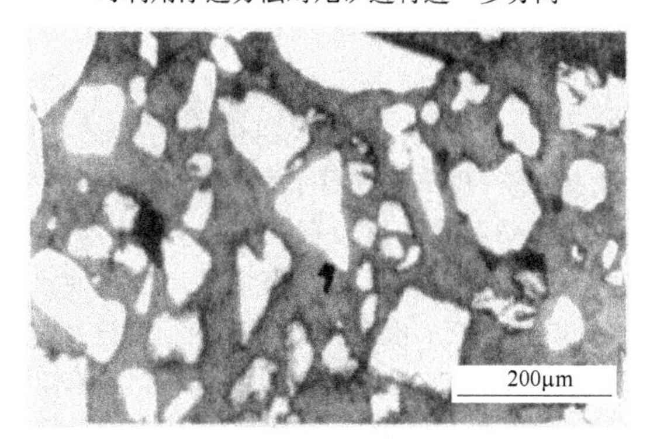

图 1.2i　60% 锡精矿，精矿主要由白色的毒砂组成，并伴有少量的浅灰色的锡石和包裹在锡石外面的深灰色脉石

几种主要的物理选矿方法为：

（1）拣选，根据各矿石的光学或其他性质上的差异将不同矿石分类，最初是用

手选的方式进行，现在主要利用机械设备完成（具体内容见第 14 章）。

（2）重选，根据不同矿物之间存在的密度差异将矿物分离的方法。在古代，人们发现利用不同矿物在水中运动方式的差异将矿石分选开。伴随着人类社会的不断发展和技术的不断进步，现在人们可以利用不同类型的重选设备实现矿物分选。在重介质分离过程中，不同类型矿物颗粒在重液中处于悬浮或下沉的状态，进而实现不同矿物的分选。重选广泛用于煤矿、铁矿、金刚石矿的选矿以及金属矿预选。

（3）浮选，浮选是根据矿物颗粒表面物理化学性质的不同，从矿石中分离有用矿物的技术方法。浮选时使用各种药剂来调节浮选物料和浮选介质的物理化学特性，以扩大浮选物料间的疏水－亲水性（即可浮性）差别。通过在矿浆中加入药剂可实现有用矿物具有亲气性、脉石矿物具有亲水性（疏气性），具有亲气性的有用矿物伴随气泡上升到矿浆表面进而实现这两种矿物的分离。

（4）磁选，根据矿物颗粒间磁性的差异，进行矿物分离的选矿方法。磁选主要用于铁矿选矿，也可用于具有顺磁性的有色金属矿选矿。根据磁选机的磁场强弱可分为弱磁选和强磁选。弱磁选可以实现对具有强磁性矿物如磁铁矿进行分选；强磁选则用于对顺磁性矿物进行分选，例如在锡矿选矿中，利用强磁选将钨锰铁矿和磁铁矿从锡矿中分离出来。磁选还可应用于对砂矿床等非金属矿进行分选。

（5）高压电选，根据有用矿物和脉石矿物颗粒导电性的不同，在高压电场中进行分选的方法。根据该工艺的特点，理论上高压电选可以用于所有矿物的分选。但是该方法主要应用在重砂选矿中。该工艺对入选矿物的干燥程度和周围空气的湿度都有很苛刻的要求。制约该工艺应用的首要问题是成本过高。

在选矿生产中，常用以上两种或多于两种选矿方法联用的工艺进行生产。重选是上述工艺中成本最低的工艺方法，是分离脉石矿物的主要方法。在重选基础上，再使用其他选矿工艺才能实现获得精矿的目标。对于矿物嵌布粒度小，尤其是矿物组成复杂的矿石，很难使用重选—浮选工艺进行选矿。如 1955 年澳大利亚发现的 McArthur 河铅锌矿，它是世界上已探明最大的铅锌矿床。该矿总储量为 123Mt，各金属品位为 Zn13%、Pb6%、Ag60 g/t（2003）。从 1955 年开始的 35 年间由于选矿工艺条件的制约，该矿山一直没有实现工业化生产，因为该矿石中矿物的嵌布粒度太细了。直到 1995 年 IsaMill 磨矿技术的出现才使该矿工业生产成为现实（Pease，2005）。其选矿厂生产的混合铅锌精矿的细度达到 $-7\ \mu m$ 占 80%，并利用多段浮选工艺实现最终的分选。该案例表明，随着选矿技术不断发展，以前不能经济开发的矿藏目前也能开发。目前，已有研究人员提出采用 Albion 充气浸出工艺直接处理精矿（Anon.，2002）。

对于一些难选矿，也可采用火法或湿法冶金方法进行前期处理，然后再利用其他选矿工艺如磁选进行选矿（Iwasaki 和 Prasad，1989）。最常见的是利用磁化焙烧工艺处理非磁性铁矿物使其转变成磁铁矿，然后使用磁选获得最终精矿产品（Parsonage,1988)。

对于一些矿物组成复杂的矿物,如含有硫化物和氧化物的铜矿石,可以通过湿法冶金的方法预处理,来提高矿物浮游性。该浸出—沉淀—浮选工艺最早由美国Miami Copper Co. 公司在1929~1934年间开发,并已用于实际工业生产。其特点为首先利用硫酸溶浸矿石,矿石中的氧化物溶解于硫酸,然后在溶液中加入金属铁,此时溶液中的铜沉淀为“沉积铜”。这种沉积铜和不能被酸溶解的硫化矿物一起被浮选上来。后来这种工艺以及以此为基础的改进工艺被推广到几个美国的选铜厂,但被更广泛应用于提高氧化矿浮游性的方法是用硫化钠对矿物表面进行硫化反应。这个“硫化”工艺改变了矿物的浮游性,使其有效的以一种假硫化物的形式上浮,这种矿物表面化学变化被广泛地应用在浮选(第12章)。例如,当闪锌矿表面与硫酸铜发生作用后,闪锌矿与黄铜矿的浮游性就很接近了。

近年来,随着生物技术的发展,一些技术方法也逐渐应用到选矿研究和实践中。如利用细菌分选硫化矿(Brierley,2001;Hansford 和 Vagas,2001)。如在硫化金矿选矿中使用嗜酸氧化亚铁硫杆菌提高硫化矿的氧化速度,其原理为该细菌能够破坏Au-S的晶格,使金暴露并加快金的氧化速度(Lazer 等, 1986)。该技术现已应用于工业生产并具有较好的实践意义,这表明选定合适的细菌完全可实现某些难选或复杂矿石的分选(Simth 等, 1991)。有研究表明某些细菌具有沉淀煤中FeS的作用。也有研究表明某些细菌可用于浮选中,并具有工业应用价值。

对于嵌布粒度极细的矿石,具有磨矿能耗高且尾矿金属损失率高的缺点。近年来,很多研究侧重于通过提高矿物解离度来降低尾矿金属损失率。也有研究侧重于通过研发并改进磨矿设备来降低尾矿金属损失率。具体实现方案为利用高剪切条件下矿物具有集聚性的特点,先使矿粒选择性絮凝后再用浮选的方法实现矿物分选(Bilgen 和 Wills,1991),即在剧烈搅拌条件下使疏水性矿粒聚集在一起达到分选目的。选择性絮凝工艺现已应用到选煤生产实践中(Capes,1989;Huethenhain,1991),该工艺称为油团聚。该工艺中,首先将不混溶液(如烃)加到悬浮液中,在搅拌作用下,油分布到亲油(疏水)表面并在颗粒间形成连接桥使颗粒聚积。通过加入浮选药剂就可以调整某些矿物的亲油性。但是值得提出的是,油团聚工艺只能在实验室规模上进行超细矿物分选(Hause 和 Veal,1989)。

1.2.1 选矿流程

选矿流程图是用图形的方式表示选厂的工艺流程。图1.3是一个简单的选矿流程图。图中第一个框图“粉碎”包括碎矿、磨矿和初抛等过程;第二个框图的“分离”包括产出精矿和尾矿;最后的“产品处理”是指产品的运输等。

图1.4所示的线型流程图主要用以表示包括具体设备、工艺布置等具体内容的选矿工艺。

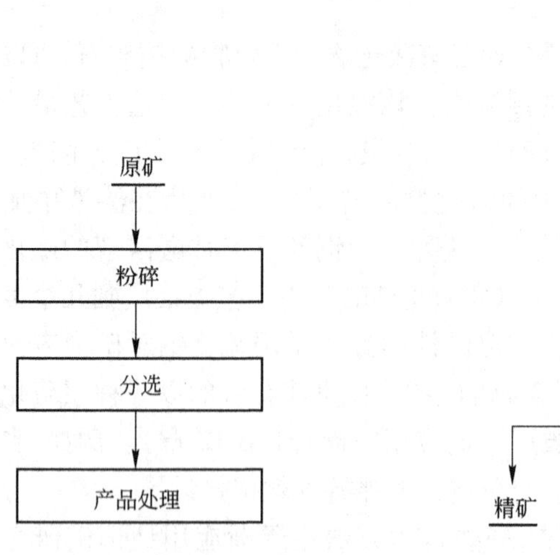

图 1.3 简单选矿流程

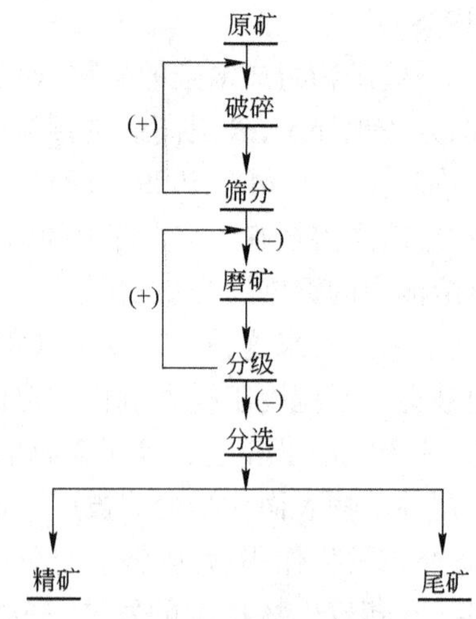

图 1.4 线型选矿流程
(+)表示筛上产品;(−)表示筛下产品

1.2.2 磨矿成本

对于一个选厂,在保证选矿回收率的同时还要考虑磨矿成本的问题,若原矿为低品位矿石,这一问题更显重要。磨矿成本由运行成本和维护成本两部分构成,具体又可分为劳动力成本、原料成本及能耗成本等。由于选厂所在地的劳动力、水、电价格上的差异,磨矿成本费用很难界定在某一数值范围内。表 1.3 列出了处理量为 100000 t/d 的选厂各生产部门的成本情况。

表 1.3 处理量为 100000 t/d 的选厂每公吨原矿加工成本明细

工 序	成本/公吨	比例/%
破 碎	0.088	2.8
磨 矿	1.482	47.0
浮 选	0.510	16.2
浓 缩	0.111	3.5
过 滤	0.089	2.8
尾 矿	0.161	5.1
药 剂	0.016	0.5
矿浆输送	0.045	1.4
水	0.252	8.0
劳动力	0.048	1.5
技术维护	0.026	0.8
管理维护	0.052	1.6
管 理	0.020	0.6
其他费用	0.254	8.1
总 计	3.154	100

1.3 选矿效率

1.3.1 矿物解离

粉碎的作用是将矿石粉碎到一定粒度并实现有用矿物和脉石矿物的有效分离,即解离。粉碎是保证后续选矿工艺操作简便、成本低的前提,同时也是保证精矿冶炼低能耗运行的前提。湿法冶金如浸出工艺只要求有用矿物能够与浸出液有效接触即可,但是对于选别高品位精矿首先必须实现矿物有效解离才能再进行后续的浸出工艺。

图 1.5 用网格化的形式表示了矿石中的脉石包裹有用矿物的情况。图中将有用矿物分成六个小格,每个小格中既有有用矿物也有脉石,可以看出即使将矿石破碎并研磨得再细,也不能实现矿物的完全解离。图中既有脉石又有有用矿物的小格称为中矿,只有进一步的磨矿才能实现中矿的解离。单体有用矿物质量与有用矿物总质量之比称为解离度。有用矿物和脉石结合程度较弱的矿石,其解离度高,如沉积岩。但是对于二者结合程度较高的硬岩型矿石,其解离度很低。造成硬岩矿石解离度低的主要原因是,矿石中呈单体形式的有用矿物含量低且在磨矿过程中矿物的破裂主要沿着矿石的裂缝展开,破碎产物的脉石含量仍然很高。对于这一类矿石,已经有多种提高解离度的方案,如在矿物晶界处施加外力使破碎产物多为单体有用矿物(Wills 和 Atkinson,1993)。

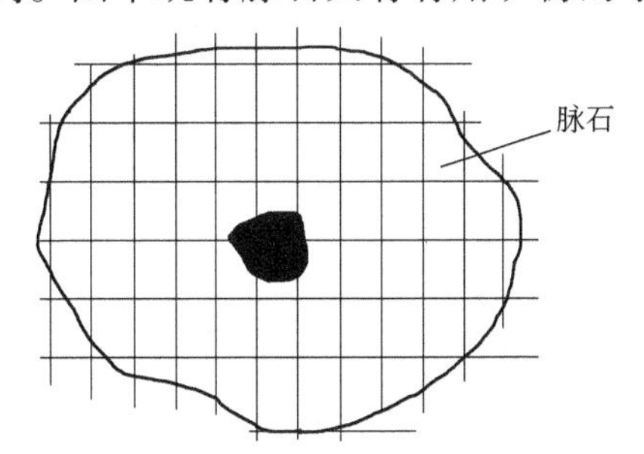

图 1.5 脉石包裹有用矿物示意图

很多研究者在对矿物解离度量化的基础上预测破碎分离过程中该矿物的解离行为(Barbery,1991)。Gaudin(1939)通过建立模型对解离度进行了计算,King(1982)给出了在不同粒度范围内的矿物解离度的精确表达函数及模型。但是这些模型都是建立在假定的基础之上,例如假定矿石具某一特定的矿物构造等。Austin 和 Luckie(1988)曾指出已有的二元矿物解离度模型还不能有效应用于实际的磨矿生产中,模型的实践价值较低。Gay(2004)提出了一个多元系矿物解离度模型,与建立在假定基础上的模型不同的是该模型是以 MLA 和 QEMSCAN 技术为基础来分析选厂生产过程中矿物的解离度(Gay,2004a,b)。

在某些特定的选矿生产环节中,生产指标与矿物的解离度毫无关系,如重选或磁选工艺过程中只要实现不同密度的矿物或磁性与非磁性矿物的分离即可。就重选和磁选而言,脉石中是否包含有用矿物对矿粒密度及磁化率的影响是很明显的。若为实现较高的解离度,可通过进一步磨矿来实现,但这一过程会降低整个选矿工艺的效率。对于浮选来说,矿物的解离度与生产指标也无明显关系,因为该工艺对入选矿物的要求是有用矿物的表面最大程度的暴露于浮选药剂中即可。

在实际生产中,一般通过实验室试验及半工业试验来确定最佳矿物解离度,并在此基础上设计合适的工业化选矿工艺。检验工业化选矿生产的具体指标为:精矿以有用矿物为主,允许含有一定量的中矿及包裹有用矿物的脉石;尾矿以脉石为主。图1.6是一典型矿粒的断面,图中A区域表示有用矿物,AA区域表示与脉石连生在一起的有用矿物。图中右侧表示经粉磨后矿石组成形式:类型1中绝大部分为有用矿物,脉石含量较低,属于精矿;类型2和类型3为中矿,类型3进行再磨的经济性要好于类型2;类型4主要以脉石为主,有用矿物含量极低,属于尾矿。

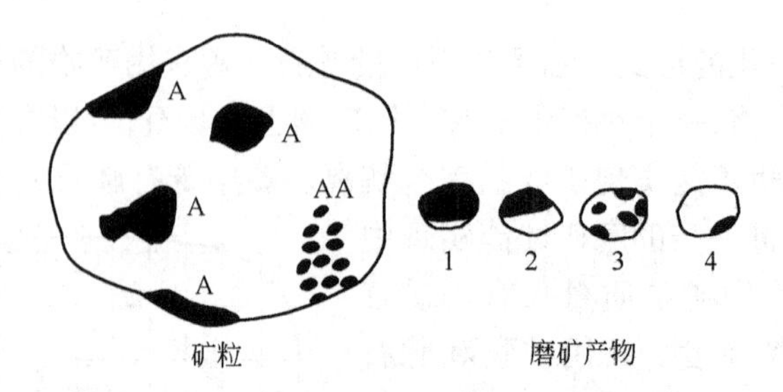

图1.6 矿粒断面

从图1.5可以看出,低品位原矿经粉磨后解离出的脉石矿物主要以粗颗粒为主。在一定条件下,较粗的磨矿粒度更具有经济可行性。如图1.7所示,对于某些选厂来说,粗磨后可将粒度大的中矿及尾矿抛掉,其中的中矿可经过再磨、再选生产精矿。这样一来,可以减少磨矿量,有效降低成本。这一工艺方案适用于脉石易于分离且中矿脉石含量较低的矿石。本书第11章具体介绍了以这一工艺方案为基础的重介质预选技术。

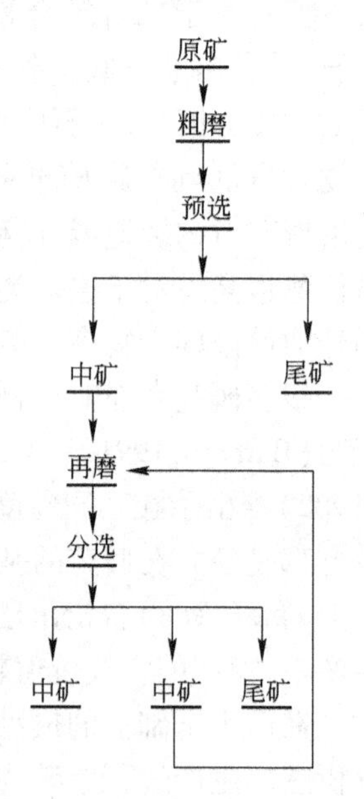

图1.7 两段选矿工艺流程

1.3.2 矿浆浓缩

选矿的目的就是把原矿分离成两种或多种产品,如以有用矿物为主的精矿、以脉石为主的尾矿以及兼有有用矿物和脉石的中矿。但在实际生产中很难实现各种产品的有效分离,致使大量的中矿产出。这一情况在分离极细矿粒时尤为明显,一般来说该类矿粒分离效果很差,大量的有用矿物进入了中矿和尾矿中。遗憾的是,解决这一问题的技术进展极其缓慢。例如,在选锡过程中通常将10 μm以下的入选物料直接排入到尾矿中,在20世纪70年代,玻利维亚50%的锡矿、美国佛罗里达30%的磷矿、全世界20%的钨矿被当作尾矿排掉。同样被当作尾矿排掉的还有铜矿、铀矿、萤石、铝矾土、锌矿及铁矿(Somasundaran,1986)。

图1.8给出了适用于不同选矿方法的粒度范围(Mills,1978)。从该图可以看出大多数选矿方法难以实现超细粒度矿物的分选,最典型的是重选。浮选作为最重要的选矿方法,也只能对粒度范围10 μm以下1 μm以上的矿物进行分选。需要指出的是,矿石的矿物学性质也是影响分选粒度的主要因素。对于天然铜矿,完全可以实现精矿品位达到100%,但是对于黄铜矿,其精矿的最高品位也仅为34.5%。回收率是指精矿中的金属量与原矿中金属量的比值,90%的回收率就是说原矿中的金属有90%进入了精矿、10%进入了尾矿。在非金属矿选矿中,回收率是指进入到精矿中的目标矿物的比例。

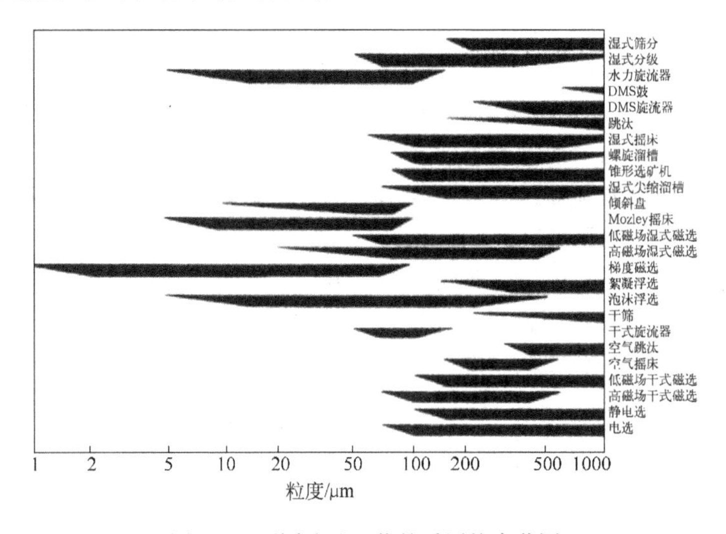

图1.8 不同选矿工艺的适用粒度范围

选矿比指入选的原矿重量与选出的精矿重量之比,是衡量选矿效率的重要参数。该比值随精矿品位的上升而增大。品位是指原矿和最终产品的金属含量或有用矿物的含量。一般情况下,品位用百分比来表示,对于金矿等极低品位的矿石,其品位用10^{-4}%或g/t来表示。对于一些以氧化物形式计量的金属,如WO_3、U_3O_8,其品位则用WO_3和U_3O_8的百分含量来表示;对于非金属矿物,如CaF_2,其品位是指有用矿物的含量并用CaF_2的百分含量来表示;金刚石的品位用克拉 q/100 t来表示其品位;煤矿的品位是按灰分含量来表示。大多数的发电厂一般选用灰分在15%~20%的动力煤作为燃料,炼钢用焦煤的灰分一般低于10%。

富集比是指精矿品位和原矿品位之比,是衡量选矿效率的另一参数。

选矿比和回收率之间并无直接关系,但需要综合两个参数值才能对某一选矿工艺进行全面的评价。例如,从一堆铅矿中拣选出方铅矿,这样一来选后所得精矿的品位和选矿比都很高,但回收率很低。还如某一选矿工艺可实现回收率达到99%,但精矿中有60%的脉石。也就是说对于某些特殊矿石,不用选矿也能实现回收率达到100%。一般来说,无论采用何种选矿工艺,回收率和精矿品位之间都呈反比的关系。如果想得到高品位精矿,则回收率会很低;反之,如果想获得较高的回收率,则精矿品位和选矿比都会很低。因此在对某一选矿工艺进行评价时,需要针对不同矿石将回收率及选矿比的数值进行分级:高品位非金属矿的最佳选矿比在2~1之间;铜矿的最佳选矿比在50~1之间;金刚石矿的选矿比可达几百万之巨。磨矿就是基于同时实现高选矿比和高回收率。

精矿品位和回收率都是影响冶金效率的因素,二者的对应关系可用曲线来表示。图1.9是一个典型的精矿品位和回收率的关系曲线。根据该曲线所示的品位-回收率关系,选取二者都为最大值的一点来确定最佳选矿工艺。冶金生产中一般同时利用精矿品位和回收率作为预估冶金效率的重要参数。在对比一组选矿工艺并选取最佳工艺参数时,当某一选矿工艺的精矿品位和回收率都很大时,则该工艺为最佳选矿工艺;但是当品位高、回收率低时,就很难说该工艺是否为最佳工艺。由于很难对两组品位-回收率数值相近的冶金效率进行量化分析,很多研究者试图利用归一化方法来预估品位-回收率对冶金效率的影响。Schulz(1970)提出了如下式所示的分选效率公式:

$$分选效率 = R_m - R_g \tag{1.1}$$

式中 R_m——有用矿物回收率,%;

R_g——精矿中脉石回收率,%。

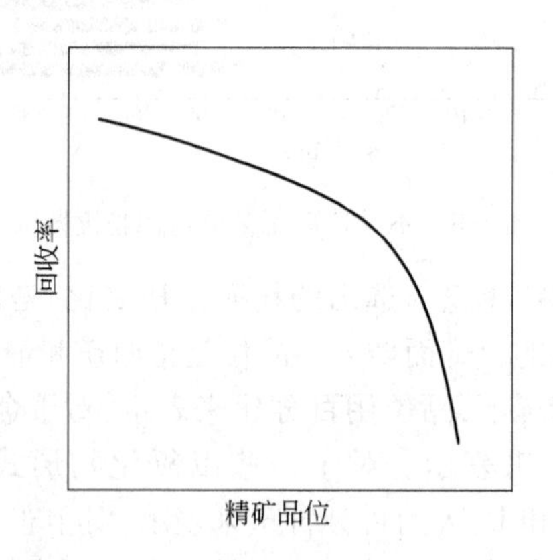

图1.9 品位-回收率曲线

假设质量为C的入选原矿,其金属品位为f(%)、精矿品位为c(%)、尾矿品位为t(%),则有:

$$R_m = 100Cc/f \tag{1.2}$$

即有用矿物回收率等于金属回收率。

精矿中的脉石含量如下式所示:

$$脉石含量 = 100(m-c)/m$$

可有 $R_g = C \times$(精矿中的脉石含量/原矿中脉石含量)$= 100C(m - c)/(m - f)$。式 1.1 可表示为:

$$R_m - R_g = 100Cc/f - 100C(m - c)/(m - f) \\ = 100Cm(c - f)/[(m - f)f] \quad (1.3)$$

例 1.1

锡原矿品位为 1%,精矿品位和回收率分别为:

高品位精矿　　　品位 63%、回收率 62%;

中品位精矿　　　品位 42%、回收率 72%;

低品位精矿　　　品位 21%、回收率 78%。

确定最佳选矿工艺方案。

解:

假设原矿中金属锡都是以锡石 SnO_2 形式存在,锡石中 Sn 的质量分数为 78.6%。对于以锡石为组成形式的原矿,其回收率为 $100 \times C \times$ 精矿品位/原矿品位。对于上述高品位精矿则有:

$$C \times 63 \times 100/1 = 62,\ \text{可得}\ C = 9.841 \times 10^{-3}$$

由式 1.3 可得:

$$R_m - R_g = 0.984 \times 78.6 \times (63 - 1)/[(78.6 - 1) \times 1] = 61.8\%$$

同理可得中品位精矿的 C 值为:

$$C \times 42 \times 100/1 = 72, C = 1.714 \times 10^{-2}$$

$$R_m - R_g = 71.2\%$$

经计算可得低品位精矿的 C 和 $R_m - R_g$ 分别为 3.714×10^{-2} 和 75.2%。

以上计算结果表明低品位精矿的分选效率最高。

从工艺角度来看,分选效率只是选取最佳工艺条件的重要参考依据,并不能作为评判选矿过程经济收益的参考依据。从经济角度来看,选矿生产的目的是提高矿石的经济收益,从这一角度来看,从精矿回收率－品位关系曲线选取最优参数是为了实现每吨原矿经选矿后获得最大的经济收益。这一经济收益与产品价格、运输成本及冶炼费用等有关,尤其是后者又与输入的精矿品位密切相关。冶炼费用和精矿品位关系为:高品位精矿的冶炼费用低,但低回收率又使得整体的经济收益偏低;低品位高回收率精矿可实现较高的经济收益,但是该类矿石运输和冶炼成本偏高。另外精矿的杂质含量也是影响经济收益的重要因素。对于不同回收率－品位的精矿冶炼净收益(NSR)可用下式来计算:

$$\text{NSR} = \text{金属价值} - (\text{冶炼费} + \text{运输成本})$$

图 1.10 给出了 NSR、金属价值、冶炼费及运输成本与精矿品位的关系曲线。从图 1.10 可以看出,对应着最大净收益值的品位为最优精矿品位。为了实现最大净收益,需要在选矿生产中严格做到精矿品位达到最优品位。从图中可以看出如

果精矿品位稍微偏离最优品位可能仅使每吨原矿净收益下降几个芬尼，但是对于生产能力较大的冶炼企业会造成巨大的经济损失。图 1.10 还表明金属价格、冶炼费用也是影响净收益的重要因素。从图 1.11 可以看出，如果金属价格上涨，最优品位数值将随之下降。

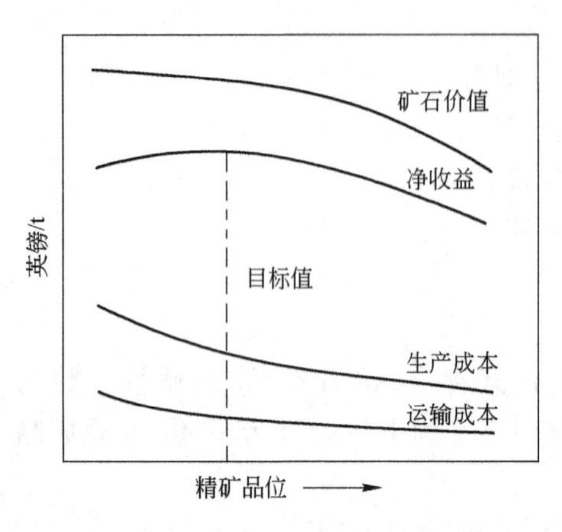

图 1.10　成本及净收益与精矿品位关系

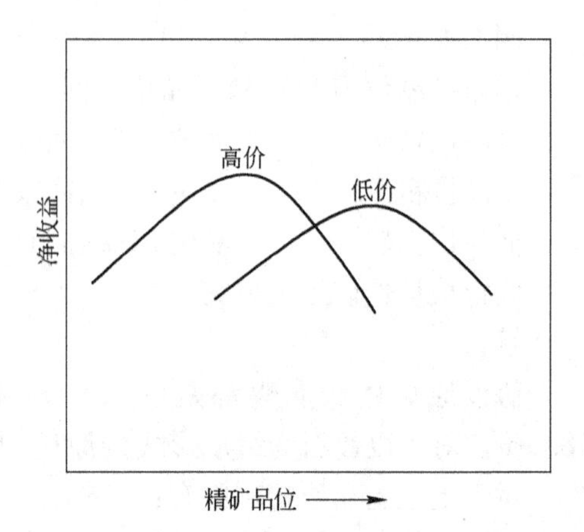

图 1.11　金属价格对精矿品位 - NSR 关系的影响

影响采矿和选矿生产收益的主要因素是精矿能以合理的价格售于冶炼企业。对于冶炼企业来说，它会参照如伦敦金属交易所（LME）等交易市场的价格进行精矿交割。冶炼企业将精矿冶炼成金属产品并销售以获取一定的收益。在矿石经过开采、选矿、冶炼这一系列工序后，矿石中金属的价值分别为采选企业及冶炼企业获得，每个企业获得的比例是按照他们之间协商后达成的具体协议来分配。表 1.4 是某一冶炼厂购买低品位锡精矿的简要合同。合同中的第一条约定了精矿的金属品位以及对有害杂质砷的含量要求，并指出冶炼企业会根据多个取样化验结果来估算精矿的价格。若多个化验结果比较接近，则可按这一化验结果进行估价；但是出现偏差加大的情况时，就要重新选取试样进行化验直至化验结果稳定后再进行估价。

表 1.4　锡冶炼合同

材　料	锡精矿、Sn 品位不低于 15%、不含有害杂质、精矿中需含有一定水分以避免卸料过程中尘土进入原料中
品　质	全部为精矿
估　价	锡的估价以伦敦金属交易所最低价为准
精矿定价	以精矿全部到厂后的第 7 个交易日的价格为准
生产费用	每吨干精矿 385 英镑
含水减付费用	24 英镑/t
惩罚条款	精矿若含有砷，每吨减付 40 英镑

续表 1.4

每手交易费	每 17 t 为一手,交易费为 175 英镑
运　输	常规数量范围内可自主调整运输量,运载方式按双方协议执行

通过不同时期签订的精矿交易合同,我们可以从副产品价格及金属产品价格的变动来分析在某一时间段内生产某一金属的经济收益变化原因。

1.4 锡选矿经济分析

本节以锡为例,阐述金属的价格波动对矿业及矿业技术的影响。在 19 世纪中叶西南英格兰地区提供了世界上一半的锡,但是到了 19 世纪 70 年代这一地位被马来西亚和澳大利亚所取代。从 19 世纪 70 年代到 19 世纪末的 30 年间,英国的 300 个锡矿山被关闭,仅剩 9 个矿山进行生产。而这一时期,东南亚地区提供了占全世界 80% 的锡矿。

与铜、锌和铅等金属不同的是,锡的产量上升缓慢,最高产量也仅为 250000 t/y。在 20 世纪前半叶,锡的价格波动较小,一般在 10 ~ 15 美元/t 间波动(按 1998 年美元购买力计算),图 1.12 给出了 1900 ~ 2002 年这一百多年间金属锡的价格走势(USGS,2005 年统计数据)。从 1956 年起,国际锡金属委员会(ITC)借鉴戴比尔斯(De Beers)在钻石贸易中成功经验开始对金属锡的价格进行调控。其调控手段为:在锡价格持续上升时,ITC 通过抛售大量储备锡来压低价格;在价格低时,大量购进并予以存储。

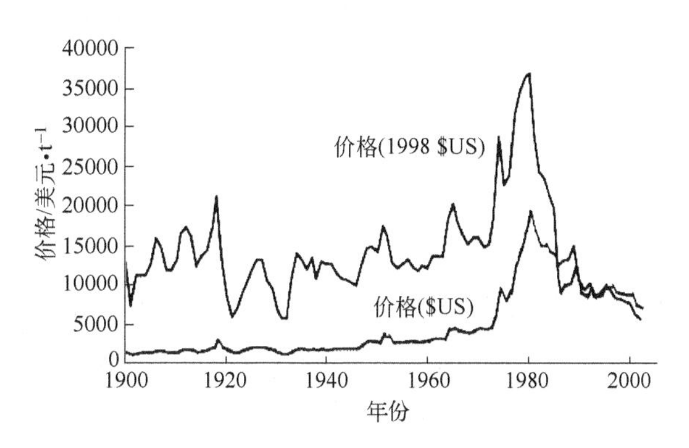

图 1.12　1900 ~ 2002 年锡价走势

在 20 世纪 70 年代的世界经济衰退期,锡金属价格被人为提高,随之而来的是扩大产量和锡金属消费量减少并利用铝来代替镀锡钢来生产金属容器。虽然 ITC 采取了多个严格措施来调整其成员国的锡产量,但是这些举措仍无法平抑锡的价格上涨。出现这一现象的主要原因是锡主产国马来西亚以该国货币令吉对锡进行定价,而 LME 却以英镑进行结算。马来西亚令吉是一个与美元采取浮动汇率的货币,因此由于该货币与美元和英镑汇率上的差异,锡的价格在1982~1984年间居高不下。但从1985年起美元逐渐疲软,以令吉定价的锡价格也随之下降。由于消耗掉了所有资金,BSM于1985年10月声明ITC不再买入锡及对锡的价格不再进行任何调控。这一声明导致锡的价格狂跌至8140英镑/t,至此LME停止了所有的交易。到了1986年,由于锡的价格不断下降,导致世界上多数锡矿停产,但是停产并没有遏止锡价的下降。有评论指出造成20世纪80年代锡产业崩盘的主要原因是由锡选矿成本居高不下造成的。同样在今天,选矿成本也是影响矿业及冶金产品的价格的重要因素。

从选矿角度来看,很容易实现利用冲积锡矿生产品位为70%的精矿。利用这一高品位的精矿作为原料熔炼金属不存在任何问题而且生产费用相对来说也很低。高品位矿的运输成本相对低,因此可实现将精矿的异地冶炼。正是这一缘故,在过去都是利用高品位锡精矿进行冶炼,但高涨的锡价格使这一生产方式逐渐演变为以低品位精矿作为原料进行冶金生产。生产低品位精矿具有金属回收率高的优点,然而以低品位精矿冶炼锡却带来了新的难题,即精矿运输和冶炼成本高。

若某一选厂的锡原矿品位为1%,如果生产如下三种精矿产品:

高品位　　　　品位63%,回收率62%

中品位　　　　品位42%,回收率72%

低品位　　　　品位21%,回收率78%

假设该选厂所用原矿为自采矿,故原矿入厂成本可不计;干精矿从选厂到冶炼厂的运输成本为20英镑/t。利用表1.4所列数据可大致计算出以低品位精矿进行冶炼的每吨原矿收益情况。

按照前述,将品位为1%的1t原矿选后可得17.14kg品位为42%、回收率为72%的中品位精矿。利用这种精矿进行冶炼,其成本为:

$$P \times 17.14 \times (42-1)/100000$$

式中　P——锡的价格,英镑/t。

当锡价P为8500英镑/t时,冶炼成本为59.73英镑/t。冶炼加工费为385英镑×精矿质量=6.59英镑,运输成本为0.34英镑。每吨精矿冶炼后所得净收益为59.73-(6.59+0.34)=52.80英镑。按原矿中锡的品位计算,吨矿价值为85英镑,但实际上经过冶炼后收益仅为这一数值的62%。

由于低品位精矿的回收率高,因此用其进行冶炼可以获得较高的产品收益,存在的问题是精矿运输和冶炼成本高。利用上面的计算方法可得利用品位为21%、回收率为78%的锡精矿冶炼产品的收益为63.14英镑,所要扣除加工费和运输费用合计为15.04英镑,每吨精矿净收益为48.10英镑。

通过比较上述两种精矿的冶炼产品净收益可知,以低品位精矿进行冶炼所得产品的毛收益虽然高于高品位精矿,但是综合精矿运输和冶炼两个成本后,以高品位精矿(品位为63%)进行冶炼的产品净收益要明显高于低品位精矿(品位为21%)。

如果生产1吨精矿所发生的选矿生产费、运费和恒定支出总计为50英镑,按精矿金属量计算可得到的收益为51.86英镑的情况下,每吨原矿的收益仅为0.69英镑。由此可得每吨精矿的净收益为51.17英镑。可以看出,在金属价格不出现下滑的情况下,某冶炼厂所用精矿由低品位改为高品位后,其收益能够明显上升。如果出现锡价下跌,冶炼厂为了正常生产,只能采取压低自身生产成本而不改变精矿合同价格,这样一来采矿仍可保持其收益不变。

锡价为6500英镑/t时,以品位为42%的精矿进行冶炼,每吨原矿可获得净收益为38.75英镑;以63%的精矿冶炼每吨原矿净收益为38.96英镑。比较可知,利用两种不同品位精矿冶炼每吨原矿的净收益差值仅为0.21英镑,但是对于一个原矿处理量为500 t的选厂,每年的收益差为38325英镑。对于一个选厂来说,只有不断调整生产和营销策略才能在金属价格波动的市场条件下实现收益的最大化。

一个矿山的收益是净收益扣除采矿和选矿的成本后所得到的数值。采选成本由直接成本和间接成本两部分构成,直接成本包括生产费、维护保养费、原料和燃料费;间接成本包括工资、管理费、研发费、职工医疗费和安全费。仅以磨矿生产为例,由于生产规模和所用工艺的不同,生产成本上会出现很大的差异。开发一个储量很大的矿山,需要一个很大的前期资本投入,但是正常生产开始后,其劳动力和生产成本要远小于小规模矿山。采矿成本由于开采方式的不同也有极大的差异,一般来说地下采矿成本要远高于露天采矿成本。

举例来说,一个矿山的采矿及选矿成本分别为每吨原矿40英镑和每吨原矿8英镑,在锡价为8500英镑/t时,选矿能力为500 t/d(精矿)的选厂生产42%品位精矿的年收益为867000英镑;当锡价跌至6500英镑/t时,每处理1吨原矿,损失9.04英镑。图1.13为锡价为8500英镑/t时,生产收支情况。通过图中所列数据,经计算可得每吨原矿选冶所得收益为:

矿石保有价值 -(成本 + 损失)= 85 -(40 + 8 + 23.80 + 8.4)= 4.8 英镑

按精矿回收率计算可得,由每吨原矿获得的实际金属锡量为0.0072 t,则原矿价值为61.20英镑/t,则生产1t锡的实际成本为(61.20 - 4.8)/0.0072 = 7833英镑。

图1.13还给出了包含在尾矿内的金属所产生的损失。可以看出,对于本身价值大的矿石,提高精矿回收率尤为重要,但是提高精矿回收率就需要投入更多的生产成本。这样一来,平衡回收率和成本之间的矛盾成为生产管理者的主要工作。还是以1%品位的原矿进行选矿,选得品位为42%、回收率73%的精矿,在不考虑生产成本变动的情况下,可实现每吨原矿获得62.05英镑的实际价值。按此计算,每生产1t锡的生产成本为(62.05 - 5.53)/0.0073 = 7724英镑。

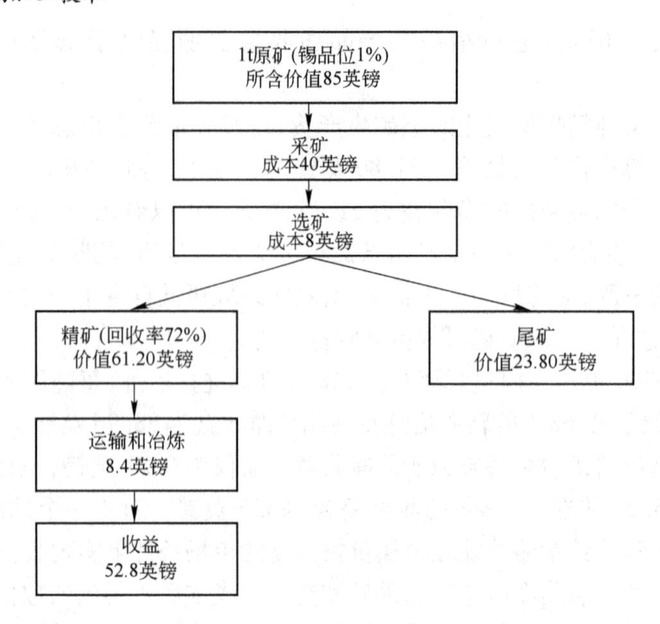

图 1.13　脉锡矿选冶收支情况

对于硬岩型锡矿,由于选矿成本高、尾矿金属损失率大,有数据显示 1985 年当年 Corwall 和玻利维亚硬岩型锡矿的生产成本为每吨原矿 7500 英镑。与此同时,马来西亚、泰国和印度尼西亚等东南亚地区每吨砂锡矿原矿的生产成本仅为 6000 英镑。东南亚地区的砂锡矿的矿石本身价值很低,仅为 1 ~2 英镑/t,但是该类矿石适合大规模挖掘型开采、选冶成本低、尾矿金属损失率小,能够以较低成本生产出高品位和高回收率的精矿,因此生产总成本明显低于硬岩型锡矿。也是在 1985 年,巴西的砂锡型矿的生产成本创造了世界范围内的最低值,仅为 2200 英镑/t(Anon. ,1985a)。

1.5　铜矿选矿经济概算

在 1835 年,英国是世界上最大产铜国,产量达到 15000 t/y,约为全球总产量的 1/2。英国保持这一领先地位持续到 19 世纪 60 年代,其后逐渐被 Devon 和 Cornwall 这两个美洲地区的铜矿所取代。1867 年美国年产铜 10000 t,随着产量不断上升,截至 1900 年这一数值上升为 250000 t/y,在 20 世纪 50 年代又上升至 1000000 t/y,这一时期智利和赞比亚也是世界上铜主产国。统计数据显示 21 世纪初全球年产铜 15000000 t。

图 1.14 为 1900 ~2002 年 100 年来铜的价格变化情况。从图中价格曲线可以看出从 1930 年开始到 20 世纪 70 年代石油危机爆发近 40 年的时间里,铜的价格持续上涨;石油危机后的几十年间铜的价格又呈现逐步下降的态势,其中 2002 年铜的平均价格跌至最低点。石油危机后出现的铜价持续下跌导致一些高成本生产铜的生产企业停止生产,如多数美国的铜生产企业在成本居高不下的情况停止了

生产；在这一时期，智利的铜生产企业由于成本上的优势得以继续进行大规模的生产。从2002年开始到2005年中这一段时期，由于中国经济高速发展对铜资源的大量需求使得铜价一度上涨至3500美元/t。

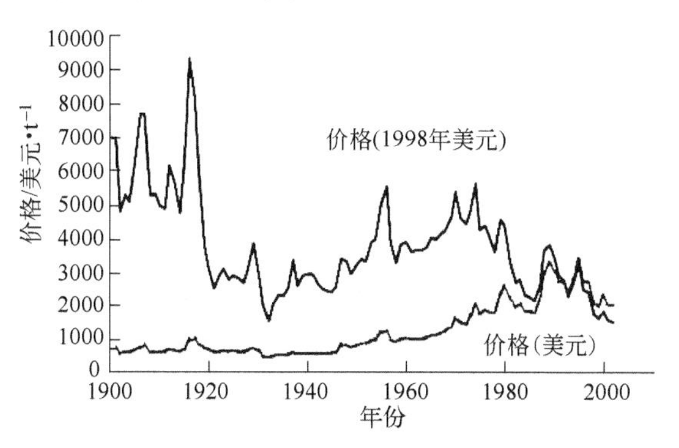

图1.14 1900～2002年铜价格变化曲线

智利之所以能够在低铜价的情况下仍然保证规模化生产，其主要原因是该国的铜生产企业生产规模大、不断改进生产技术保证了企业以较高的生产效率进行生产。对于一个生产企业，除了要做到前述规模化生产和技术的不断进步以外，还要对矿石中的其他金属进行回收利用来创造更多的经济效益。必和必拓 Olympic Dam 主要生产铜和铀，同时还生产金和银两种副产品；力拓 Kennecott Utah 铜矿在生产铜的同时还生产钼。

表1.5列出了铜冶炼的简要合同，与按锡冶炼合同计算经济效益的方法可计算铜的相关经济效益数据。若以品位为0.6%的斑铜矿为原矿选出品位25%、回收率85%的铜精矿，则每吨原矿选后可得该精矿为20.4kg。如果按铜价为980英镑/t计算可得：

$$每吨原矿可获取铜的价值 = 20.4 \times 0.24 \times 980/1000 = 4.8 英镑$$

$$生产费 = 30 \times 20.4/1000 = 0.61 英镑$$

$$精炼费 = 115 \times 20.4 \times 0.24/1000 = 0.56 英镑$$

假设每吨精矿运费为20英镑，以每吨原矿来计算总支出为0.61+0.56+0.41=1.58英镑，净收益为4.8−1.58=3.22英镑。

表1.5 铜冶炼简要合同

		交易方式
收 入	铜	以 LME 价格交易
	银	原矿品位大于30 g/t，按 LME 银价的90%进行交易
	金	原矿品位大于1 g/t，按 LME 金价的95%进行交易
支 出	生产成本	每吨精矿30英镑
	精炼成本	吨铜115英镑

表 1. 5 为冶炼厂购置精矿合同，对于采矿、磨矿等成本根本不能列入该合同中。这就表明某一矿山只有降低其运营成本才能够获得较大收益。若某一露天矿开采成本为 1. 25 英镑/t、磨矿成本 2 英镑/t、间接成本 2 英镑/t，则该矿山每处理 1t 原矿损失 2. 03 英镑。图 1. 15 以框图列出了该矿山收支情况。由于每吨原矿通过选矿后可得 0. 0051t 铜，折合自由市场价值为 5 英镑。吨铜实际生产成本为(5 + 2. 03)/0. 0051 = 1378 英镑/t。

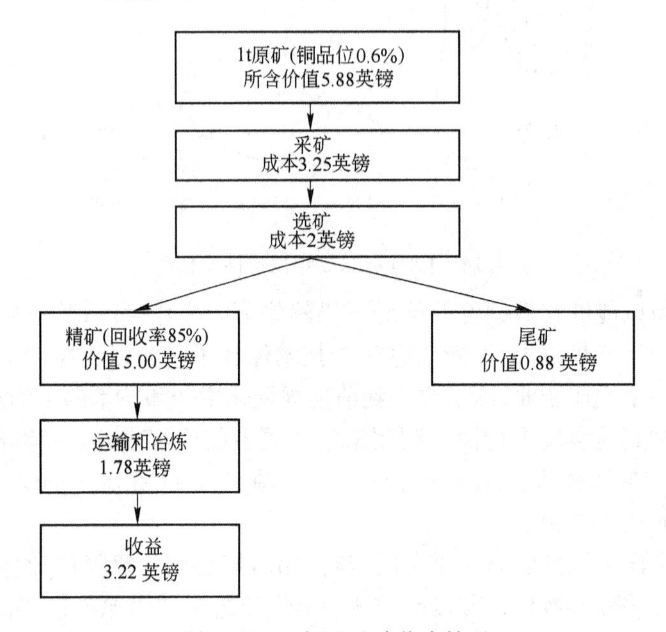

图 1. 15　斑铜矿选冶收支情况

若矿石具有可观的次要金属含量，并能够将之利用，这样一来可有效降低生产成本。如果上面所述铜精矿还含有金 25 g/t、银 70 g/t，按金价为 230 英镑/盎司、银 4. 5 英镑/盎司计，由金增加的收益为：

$$20.4/1000 \times 25/31.1035 \times 0.95 \times 230 = 3.58 \text{ 英镑}$$

由银增加的收益为：

$$20.4/1000 \times 70/31.1035 \times 0.95 \times 4.5 = 0.19 \text{ 英镑}$$

加上这两项收益后的每吨原矿冶炼净收益为 6. 99 英镑，矿山可得收益为 1. 74 英镑。这样一来，每吨铜实际生产成本 639. 22 英镑。可以看出，铜生产企业只有加大回收并利用次要金属元素的力度，才能降低成本提高收益。根据上面的计算结果，黄金的收益占总收益的 42%，铜的占 56%（Sassos，1983）。

表 1. 6 列出了世界主要铜矿在 1985 年时的实际生产成本数据（Anon.，1985b）。可以看出，除了具有金品位很高的 Bougaunville 铜矿和具有很多种重金属的 Palabora 铜矿外，只有南美地区的斑岩铜矿具有开采的经济可行性。南美地区

铜矿品位高(平均为1.2%)、生产成本低,在生产铜的同时还能够生产钼;而北美地区的斑岩铜矿平均品位仅为0.6%,生产成本自然高于南美地区的铜矿。以Nchanga铜矿为例,该矿虽然品位高但矿石中基本没有可利用的次要金属元素,而且生产成本高,因此该矿在当年仍处于亏损的状态。在当年的经济形势下,只有具备投入巨资进行大规模矿山开采,并且矿石能够有可观的次要金属含量这两个条件才能确保矿山生产具有一定的经济效益。如1984年投产的巴布亚新几内亚的Ok Tedi矿,首先进行了顶部高品位金矿的采选工作。

表1.6 1985年世界主要铜矿实际生产成本

铜 矿	国 家	实际生产成本/英镑·t^{-1}
Chuquicamata	智 利	589
El Teniente	智 利	622
Bougainville	巴布亚新几内亚	664
Palabora	南 非	725
Andina	智 利	755
Cuajone	秘 鲁	876
El Salvador	智 利	906
Toquepala	秘 鲁	1012
Inspiration	美 国	1148
San Manuel	美 国	1163
Morenci	美 国	1193
Twin Buttes	美 国	1208
Utah/Bingham	美 国	1329
Nchanga	赞比亚	1374
Gecamines	扎伊尔	1374

就目前来看,铜矿选矿的利润率很低,因此只有通过不断改进磨矿工艺流程并选取最佳浮选药剂,进而降低成本和金属损失率才能保证选矿能够有一定的利润空间。对于一些大规模选厂,每吨原矿的选矿成本小幅度下降都会给选厂贡献巨大的利润。

由图1.15可知,精矿的金属价值为每吨精矿5英镑、浮选每吨尾矿所含金属的价值达到0.88英镑,而每吨精矿的冶炼成本仅为3.22英镑。通过计算可得,经过采、选、冶等工艺产出的铜产品,矿山仅将原矿中总价值的64.4%转变为真实收益。按原矿的品位计,以图1.15的数据计算可得每吨原矿的金属损失价值为0.57英镑。若使精矿回收率提高0.5%,按原矿来计算,每吨原矿冶炼净收益会提高

0.01 英镑。对于一个日产 50000 t 的矿山,冶炼净收益总值为 500 英镑/d。对于选厂来说,可以通过选取更为有效的浮选药剂或加大原有药剂的加入量来提高精矿的回收率,但是前提是药剂成本要低于回收率提高所带来的净收益。

对于本身价值低的矿石,降低磨矿成本并提高冶炼效率是保证生产获利的重要保证。对于一个大型铜矿,磨矿成本占总生产成本比例最大,约为浮选药剂成本的 10 倍、能耗成本的 4 倍。由于磨矿能耗占总能耗的比例最大,因此磨矿工艺对冶炼效率的影响也是最大的。从选矿的角度来看,通过磨矿可以实现有用矿物和脉石的有效解离,但不是说不计成本的追求矿物和脉石的完全解离。磨矿成本包括能耗和磨矿介质损耗两个方面。在磨矿过程中,磨球消耗成本与磨矿总能耗成本基本相同。图 1.16 为磨矿细度与冶炼净收益及低品位铜矿磨矿成本的关系。通过图中关系曲线可以看出,当磨矿细度大于等于 105 μm 时,整个生产就会赔本。

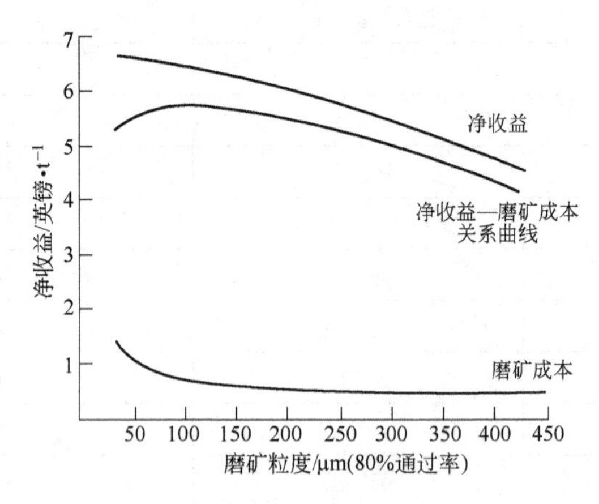

图 1.16　磨矿粒度与净收益关系曲线

1.6　经济效益

以往的生产数据表明在进行冶金生产过程中首先要考虑生产工艺的经济可行性,在此基础上再确定精矿的最佳品位和回收率。反过来说,只有在金属价格、冶炼成本等经济因素确定的情况下才能确定某一品位、回收率的精矿的最高冶炼净收益。在评价某一冶炼生产的经济效益时,最主要的经济指标是每吨精矿冶炼后的实际净收益值和理论净收益。实际净收益与前述金属价格、运输费用、冶炼成本等经济指标有着密切关系。理论净收益,是指精矿回收率为 100% 时的冶炼净收益。

例 1.2

根据表 1.4 所列的精矿交易合同计算以品位为 1% 的原矿生产品位为 42%、回收率为 72% 的精矿时,选厂的经济效益。精矿运输费用为 20 英镑/t,锡的价格为 8500 英镑/t。

解：

由前述可知选厂可实现净收益值为每吨精矿 52.8 英镑。

假设选矿可实现锡的回收率为 100%，并得到品位为 78.6% 的精矿。

则有：

每吨原矿可选出 12.72 kg 精矿。

按原矿计算：

$$每吨原矿运输费用 = 12.71 \times 20/1000 = 0.25\ 英镑$$

$$每吨原矿冶炼费 = 385 \times 12.72/1000 = 4.90\ 英镑$$

$$每吨精矿价格 = 12.72 \times (78.6 - 1) \times 8500/100000 = 83.90\ 英镑$$

$$冶炼净收益 = 83.90 - 4.90 - 0.25 = 78.75$$

$$收益率 = 100 \times 52.80/78.75 = 67.0\%$$

近年来，一些选矿企业为了获得经济效益最大化，进行了大量的选矿工艺条件探索和实践（第 3 章和第 12 章对这一内容具体介绍）。在现代选冶生产中，工程师需要解决的首要问题是确定在采用产出多种精矿的复杂浮选工艺时，如何控制每种精矿的杂质含量。具体来说，某一选矿流程同时生产铜精矿和锌精矿，但铜精矿中会含有一定量的锌，反之亦然；在冶炼铜时，锌一般都会进入渣中并被排掉，因此需要确定铜精矿中锌的最大容许含量并加以控制。控制办法就是在浮选工艺中提高药剂的加入量。但是这样做虽然能够降低铜精矿或锌精矿的杂质含量，但同时却降低了精矿的回收率。

例 1.3

某铜锌选厂原矿和精矿品位等数据如下：

原矿铜品位 0.7%，锌品位 1.94%

铜精矿铜品位 24.6%，锌品位 3.40%

锌精矿铜品位 0.4%，锌品位 49.7%

以质量计，原矿的 2.6% 进入铜精矿、3.5% 进入锌精矿。根据下列条件计算选厂的收益：

铜价：1000 英镑/t

冶炼金属铜回收率：90%

吨精矿冶炼费用：30 英镑

吨精矿运输费用：20 英镑

锌价：400 英镑/t

冶炼金属锌回收率：85%

吨精矿冶炼费用：100 英镑

吨精矿运输费用：20 英镑

解：

1. 假设选矿回收率为 100% 情况下：

(1)假设原矿中铜都是以黄铜矿形式存在，铜的最高品位为 34.6%。

设 C 为 1t 原矿选后所得精矿质量，对于回收率为 100% 的精矿有：

$$34.6 \times C \times 100/(0.7 \times 1000) = 100$$

可得 $C = 20.2\,\text{kg}$

按 1t 原矿计

运输费 = 20 × 20.2/1000 = 0.4 英镑

冶炼费 = 30 × 20.2/1000 = 0.61 英镑

收入 = 20.2 × 0.364 × 1000 × 0.9/1000 = 6.29 英镑

净收益 = 5 英镑

(2)假设原矿中锌都是以闪锌矿形式存在，锌的最高品位为 67.1%。

设 Z 为 1t 原矿选后所得精矿质量，对于回收率为 100% 的精矿有：

$$67.1 \times Z \times 100/(0.7 \times 1000) = 100$$

可得 $Z = 28.9\,\text{kg}$

按 1t 原矿计

运输费 = 20 × 28.9/1000 = 0.58 英镑

冶炼费 = 100 × 28.9/1000 = 2.89 英镑

收入 = 28.9 × 0.671 × 400 × 0.85/1000 = 6.59 英镑

净收益 = 3.12 英镑

选厂的总净收益 = 5.28 + 3.12 = 8.4 英镑

2. 实际情况

按 1t 原矿计：

铜冶炼净收益 = 4.46 英镑

锌冶炼净收益 = 1.71 英镑

冶炼总净收益 = 6.17 英镑

冶炼总收益率 = 100 × 6.17/8.40 = 73.5%

参考文献

[1] Anon. (1979). Nchanga Consolidated Copper Mines, Engng. Min. J., 180(Nov.), 150.

[2] Anon. (1985a). Tin-paying the price, Min. J. (Dec. 27), 477.

[3] Anon. (1985b). Room for improvement at Chuquica-mata, Min. J. (Sept. 27), 249.

[4] Anon. (1992). Mining activity in the Western World, Mining Mag., 166, 34.

[5] Anon. (2002). Albion process progress, Min. J. (Nov. 8th), 324.

[6] Austin, L. G. and Luckie, P. T. (1988). Problems of quantifying mineral liberation: A review, Particle & Particle Systems Characterisation, 5(3), Sep., 122 – 129.

[7] Barbery, G. (1986). Complex sulphide ores-processing options, in Mineral Processing at a Crossroads-problems and prospects, ed. B. A. Wills and R. W. Barley, Martinus Nijhoff, Dordrecht, 157.

[8] Barbery, G. (1991). Mineral Liberation, Les Editions GB, Quebec. Baum, W., Lotter, N. O., and Whittaker, P. J. (2004).

[9] Process mineralogy-A new generation for ore characterisation and plant optimisation, 2003 SME Annual Meeting (Feb.), Denver, Preprint 04-12.

[10] Bilgen, S. and Wills, B. A. (1991). Shear flocculation a review. Minerals Engng., 4(3 - 4), 483.

[11] Brierley, J. A. and Brierley, C. L. (2001). Present and future commercial applications of biohydrometallurgy, Hydrometallurgy, 59(2 - 3), Feb., 233 - 239.

[12] Buchanan, D. T. (1984). The McArthur river deposit. The Aus. IMM Conference Darwin, N. T., 49.

[13] Capes, C. E. (1989). Liquid phase agglomeration: Process opportunities for economic and environmental challenges, in Challenges in Mineral Processing, ed.

[14] K. V. S. Sastry and M. C. Fuerstenau (eds), SME, Inc., Littleton, 237.

[15] Clark, K. (1997). The business of fine coal tailings recovery, The Australian Coal Review (Jul.), 24 - 27.

[16] Dahlstrom, D. A. (1986). Impact of changing energy economics on mineral processing, Mining Engng., 38(Jan.), 45. Down, C. G. and Stocks, J. (1977). Positive uses of mill tailings, Min. Mag. (Sept.), 213.

[17] EIA. (2005). http://www.eia.doe.gov/emeu/cabs/chron.html(accessed Aug. 2005).

[18] Furuyama, T., et al. (2003). Development of a processing system of shredded automobile residues, in Proc. XXII Int. Miner. Proc. Cong., ed. Lorenzen and Bradshaw, SAIMM, Cape Town, 1805 - 1813.

[19] Gaudin, A. M. (1939). Principles of Mineral Dressing, McGraw-Hill, London.

[20] Gay, S. L. (2004a). A liberation model for comminution based on probability theory, Minerals Engng., 17(4), Apr., 525 - 534.

[21] Gay, S. L., (2004b). Simple texture-based liberation modelling of ores, Minerals Engng., 17 (11 - 12), Nov./Dec., 1209 - 1216.

[22] Gilchrist, J. D. (1989). Extraction Metallurgy, 3rd edn, Pergamon Press, Oxford.

[23] Gottlieb, P., Wilkie, G., Sutherland, D., Ho-Tun, E., Suthers, S., Perera, K., Jenkins, B., Spencer, S., Butcher, A., and Rayner, J. (2000). Using quantitative electron microscopy for process mineral applications, Journal of Minerals Metals & Materials Soc., 52(4), 24 - 25.

[24] Gray, P. M. J. (1984). Metallurgy of the complex sulphide ores, Mining Mag. (Oct.), 315. Gu, Y. (2003). Automated scanning electron microscope based mineral liberation analysis an introduction to JKMRC/FEI Mineral Liberation Analyser, Journal of Minerals & Materials Characterisation & Engineering, 2(1), 33 - 41.

[25] Guerney, P. J. , Laplante, A. R. , and O'Leary, S. (2003). Gravity recoverable gold and the Mineral Liberation Analyser, Proc. 35th Annual Meeting of the Canadian Mineral Processors, CMP, CIMMP, Ontario (Jan.),401 -416.

[26] Hansford, G. S. and Vargas, T. (2001). Chemical and electrochemical basis of bioleaching processes,Hydrometallurgy, 59(2 -3), Feb. , 135 -145.

[27] Hausen, D. M. (1991). The role of mineralogy in mineral beneficiation, in Evaluation and Optimization of Metallurgical Performance, ed. D. Malhotra et al. ,SME Inc. , Chapter 17.

[28] Hoberg, H. (1993). Applications of mineral processing in waste treatment and scrap recycling, XVIII IMPC,Sydney, Vol. 1, AuslMM. 27.

[29] House, C. I. and Veal, C. J. (1989). Selective recovery of chalcopyrite by spherical agglomeration, Minerals Engng. , 2(2), 171.

[30] Huettenhain, H. (1991). Advanced physical fine coal cleaning "spherical agglomeration", Proc. 16th Int. Conf. on Coal and Slurry Tech. , 335.

[31] Humphreys, D. S. C. (1999). What future for the mining industry? Minerals Industry International, IMM,London (Jul.), 191 -196.

[32] Iwasaki, I. and Prasad, M. S. (1989). Processing techniques for difficult-to-treat ores by combining chemical metallurgy and mineral processing, Mineral Processing and Extractive Metallurgy Review, 4, 241.

[33] King, R. P. (1982). The prediction of mineral liberation from mineralogical textures, XIVth International Mineral Process Congress, paper VII-1, CIM, Toronto, Canada.

[34] Lazer, M. T. , et al. (1986). The release of refractory gold from sulphide minerals during bacterial leaching, in Gold 100, Proc. Of the Int. Conf. on Gold, Vol. 2, S. A. I. M. M. , Johannesburg, 235.

[35] Lee Tan Yaa Chi-Lung, (1970). Abundance of the chemical elements in the Earth's crust, Int. Geology Rev. ,12, 778.

[36] Meadows, D. H. , et al. (1972). The Limits to Growth, Universal Books, New York.

[37] Mills, C. (1978). Process design, scale-up and plant design for gravity concentration, in Mineral Processing Plant Design, ed. A. L. Mular and R. B. Bhappu, AIMME, New York.

[38] Mukherjee, A. , Raichur, A. M. , Natarajan, K. A. , and Modak, J. M. (2004). Recent developments in processing ocean manganese nodules-A critical review. Mineral Processing and Extractive Metallurgy Review, 25(2), Apr. /Jun. , 91 -127.

[39] Ottley, D. J. (1991). Small capacity processing plants, Mining Mag. , 165(Nov.), 316.

[40] Parsonage, P. (1988). Principles of mineral separation by selective magnetic coating, Int. J. Min. Proc. ,24(Nov.), 269.

[41] Pease, J. (2005). Fine grinding as enabling technology The IsaMill. 6th Annual Crushing and Grinding Conference, Mar. , Perth (IIR: www. iir. com. au).

[42] Schulz, N. F. (1970). Separation efficiency, Trans. SME AIME,247(Mar.), 56.

[43] Scott, S. D. (2001). Deep ocean mining. Geoscience Canada, 28(2), Jun. , 87 -96.

[44] Smith, R. W. , et al. (1991). Mineral bioprocessing and the future, Minerals Engng. 4(7 -

11), 1127.

[45] Somasundaran, P. (1986). An overview of the ultra-fine problem, in Mineral Processing at a Crossroads problems and prospects, ed. B. A. Wills and R. W. Barley, Martinus Nijhoff Publishers, Dordrecht, 1.

[46] Sutherland, D. N. and Gottlieb, P. (1991). Application of automated quantitative mineralogy in mineral processing, Minerals Engng., 4(7－11), 753.

[47] Sutherland, D., et al. (1991). Assessment of ore processing characteristics using automated mineralogy, Proc. XVII IMPC Dresden, Vol. Ⅲ, Bergakademie Freiberg, 353.

[48] Sutherland, D., et al. (1993). The measurement of liberation in section, XVIII IMPC, Sydney, Vol. 2, AusIMM, 471.

[49] Taylor, S. R. (1964). Abundance of chemical elements in the continental crust, Geochim. Cosmochim. Acta., 28, 1280.

[50] USGS (2005)-http://minerals.usgs.gov/minerals/pubs/of01－006/(accessed Augu. 2005).

[51] Warner, N. A. (1989). Advanced technology for smelting McArthur River ore, Minerals Engng., 2(1), 3.

[52] Wills, B. A. and Atkinson, K. (1991). The development of minerals engineering in the 20th century, Minerals Engng., 4(7－11), 643.

[53] Wills, B. A. and Atkinson, K. (1993). Some observations on the fracture and liberation of mineral assemblies, Minerals Engng., 6(7), 697.

2 矿石的装运

2.1 引言

矿石的装运,包括选厂同一工段内及各选别作业工段之间运输、储存、给矿和洗矿过程,其费用大概占矿石原料交付价格的30% ~60%。

原矿的物理性质变化多样,有易碎的矿石,甚至是砂矿,也有硬度如花岗岩的大块矿石,所以矿山采用的采矿方法和矿石的装运方法也不尽相同。易碎矿石可以用卡车、运输皮带甚至溜槽运输;而大块坚硬的矿石则可能需要单独爆破。微秒延爆雷管和塑性炸药的发展,使开采出的矿石在粒度上得到了更好的控制,那些偶尔出现的大块矿石也能更容易地爆破。同时,破碎机规格逐渐大型化使某些粗碎设备能够处理直径2m以上的块矿。

露天开采出的矿石粒度大小不一,最大块矿常常直径可达1.5m。露天开采的矿石经爆破后直接装载到卡车上(卡车的载重量可以达到200t),并直接送入破碎机。储存这种矿石往往是不实际的,因为其粒度范围宽,储存时容易引起粒度离析,即细粒级物料通过粗粒级物料之间的间隙向下流动。大块矿石又很难挪动,因此,常常省掉复杂的贮存和给矿设备,而由卡车直接将矿石卸入粗碎机给矿口。

地下开采的生产周期复杂,在一个工作日中,一般是第一个班组进行打眼、爆破,而由另两个班组将矿石提升至地表。矿石经过溜槽和轨道矿车运出装卸至箕斗中,重达30t的矿石被提升至地表。为便于这一阶段的装运作业,大块矿石往往用粗碎机在井下破碎,粗碎后的矿石提升至地表。这比露天采场的装运矿石简单,且贮存和给矿作业也比露采矿石容易,但贮存和给矿设施必不可少,因为矿石是间歇地由箕斗提升至地表。

2.2 除杂

矿石从矿山运送至选厂,通常含有少量对选厂设备和工艺有害的物料。例如从采矿机械上脱落的大片铁件和钢件,这些物料会阻塞破碎机。碎木对于很多选厂都是大问题,因为木屑会被磨成浆屑,容易堵塞筛网。木屑也会阻塞浮选槽的进料口,吸附、消耗浮选药剂,并分解出使有用矿物不能上浮的抑制成分。

矿石中的黏土和矿泥对筛分、分级和浓缩作业会产生不利影响,也会消耗浮选药剂。在选矿前必须尽可能的除去这些杂质。随着大处理量机械化拣选设备的发展,运输皮带旁进行人工手选的方法逐渐被淘汰,但是在劳动力充足且廉价的地方仍有使用手选的选厂。悬挂式电磁铁(见图2.1)可以去除运输带上的大块铁件和废钢件,从而保护了破碎机,电磁铁还可以定期摆动离开皮带卸下这些铁件。但是这类电磁铁不能用于从含磁铁矿之类的磁性矿石中除铁,也不能从矿石中除去有色金属和非磁性废钢。此时,可在运输皮带上方或者周围安装检测物料电导率的金属探测器。矿石的电导率比金属小得多,因此可通过给定一个电磁场,探测运输物料中因夹杂金属所引起的电导率波动。

当物料中存在金属物体时,就会启动报警信号,皮带就自动停止,以清除金属件。对于非磁性矿石,金属探测器前装一台重型防护磁铁是有好处的,可以除去有铁磁性的铁件,尽可能减少皮带停车的次数。

图2.1 悬挂式电磁铁

大块的碎木在通过破碎机时会被压扁,可以用振动除屑筛去除。所用除屑筛的孔径要稍大于破碎机排矿的最大粒径,以使矿石能通过筛孔落下,而扁平的木片则留在筛上并单独收集起来。木屑还可以用球磨机排矿矿浆通过细筛的方法进一步除去。同上,矿物颗粒通过筛孔,而木屑则聚集在筛面上,定期清除。

对原矿进行洗矿可以除去矿石颗粒表面的污物,有利于拣选作业。更重要的是,洗矿可以除去以细粒物料或者矿泥形式存在的脉石矿物。

洗矿一般在粗碎后进行,矿石在粗碎后所得粒度有利于洗矿作业。但洗矿必须安排在中碎之前,因为矿泥会严重干扰中碎作业。

矿石在机械振动筛上会受到上方高压水枪的喷射。筛孔通常与磨矿的给矿粒度相近,其原因非常简单。在图2.2所示的流程中,筛上物料,即“洗过的矿石”,回到二段破碎机。筛下物料经机械分级机或水力旋流器或二者兼用(见第9章)分成粗粒级和细粒级。用机械分级机进行预先分级更有利,因为它比水力旋流器更能稳定料浆的波动,适合处理粗粒物料。

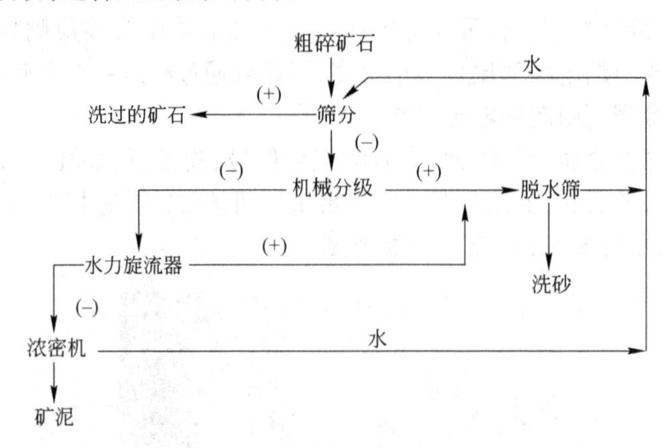

图2.2 典型的洗矿流程

分级作业的粗粒物料称为“洗砂”,或直接进入球磨机,或由振动脱水筛脱水后给入粉矿仓。这样,就减轻了破碎工段的很大一部分负荷。

分级作业的细粒物料,即矿泥,可以用大直径沉降池即浓密机进行脱水浓密。浓密机底流的高浓度矿浆,可用泵打入尾矿坝,如果含有用矿物,可直接给入选别工段,这样可减轻球磨工段的负荷。图2.2所示流程中,浓密机溢流水给入高压喷水器,大多数选厂都如此循环利用。因此需要考虑在此流程中清除木屑,因为木屑会漂在浓密机溢流中,阻塞喷水器的喷嘴。只有用细筛将其截留,才能避免这一后果。

2.3 矿石的输送

对于年处理量400万吨的选矿厂,意味着平均每分钟要处理原矿28 t,每分钟消耗生产用水75 m^3。因此,选厂水平布置和高差布置要尽量紧凑,且所有生产工序补加水后要以最适宜的矿浆浓度进行生产操作。最大限度利用矿浆重力自流,并在各工段之间缩短输送距离是选矿厂设计基本的指导思想。干矿石可用斜槽输送,但溜槽应具有足够的坡度以利于滑动,并避免急转弯。干净的固体可在坡度为15°~25°的钢面上滑行,但是对于大多数矿石的输送一般使用45°~55°的工作倾角。而如果倾角太陡,矿石的输送又很难控制。

运输松散物料的最常用方法是皮带输送。目前使用的最大皮带机输送能力达到了20000 t/h,单程长度超过了1.5 km,运输速度达到了10 m/s。标准橡胶运输带可根据驱动拉力和负载压力为基础设计足够的强度。运输橡胶带可用棉、尼龙或钢丝绳制成,它们与橡胶基质牢固的粘合在一起,并用一层硫化橡胶密实覆盖。

安装槽形托辊可提高皮带机的输送能力。这些托辊支撑着胶带,且使胶带边缘升高,形成槽形的断面。三个或五个托辊为一组,给料处的托辊以橡胶垫保护,减少冲击磨损。胶带托辊的间距尽量加大,但要避免严重下垂。环形皮带由水平尾轮支撑返回,尾轮两边要比皮带宽几英寸。

为了减少无滑动的运动,皮带与驱动轮要良好的接触。180°的半圆接触往往不能达到这个目的,需使用"制动轮"驱动或者"串联"驱动布置来实现皮带与驱动轮的良好接触(图2.3)。

皮带机需要带有某一形式的拉紧装置调节皮带的松紧,以防止托辊之间皮带的松弛下沉以及驱动轮打滑。大多数选厂使用重力拉紧布置,来实现连续调紧(见图2.4)。随着液压装置应用范围扩大及精确控制胶带张力的需求不断扩大,对长胶带机的启动和停机进行控制,需使用负载单元控制的电动牵引装置。

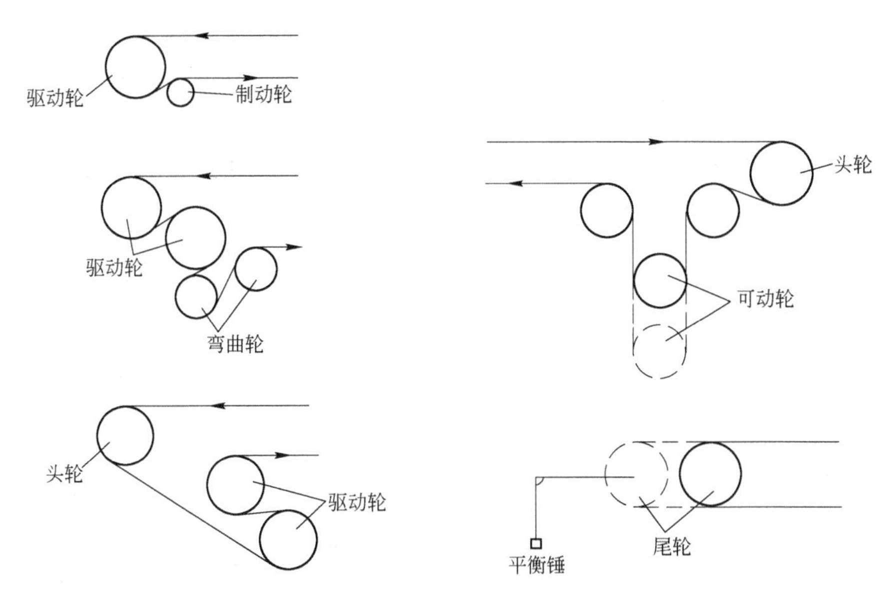

图2.3 皮带机传动布置

图2.4 皮带机拉紧装置

控制技术的进步使皮带运输系统的稳定性不断提高,进而实现了高度的装置自动保护系统。多级皮带机包含一个连锁装置,其中任何一台皮带机发生故障,其他所有皮带机将全部停止运行。皮带卸料设备与皮带的连锁同样重要。只有停止了运输系统中所有设备的进料作业,才能停止设备的运行;同样,一台皮带机的电机发生故障应立即使前面的全部皮带机和运行着的设备自动停车。

有几种方法能最大限度减小卸矿对皮带机的冲击。图2.5所示即为一种典型的布置,图中,细粒级部分用筛子搭在皮带机上,把稍大块的矿石垫起来起到缓冲作用。

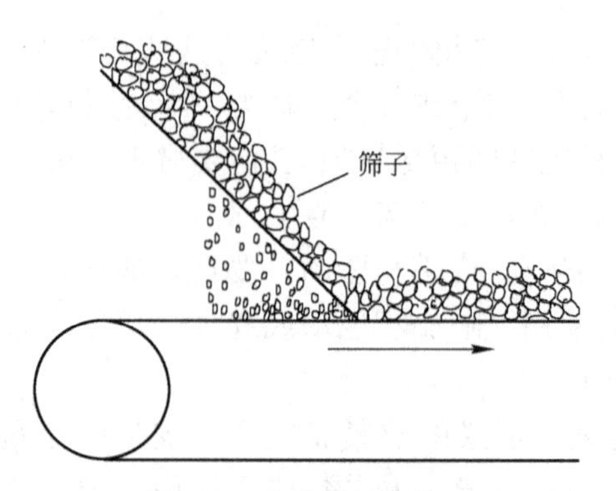

图 2.5　皮带机卸矿装置

这种装置要求给料槽必须将物料卸到皮带机的中间，且卸料速度要与皮带机运动速度接近，最好相同。但实际生产中此条件很难实现，尤其是处理含水物料或者黏性物料。在条件允许的地方，给料的角度越大越好，这样可以逐渐调小给料角度使物料以允许的最佳速度卸到皮带上。对密度大或者块状物料，严禁垂直冲击皮带机，一般由液压远程控制的转换溜槽挡板引导物料。

皮带机可以在头轮处卸料，也可以在头轮之前卸料。在头轮之前需要用到卸料装置，即卸料器。皮带滚筒可使皮带反向折回，这就是一个排料点。卸料器往往安装有轮子，且可以在皮带上沿轨道移动，可将物料卸入长形矿仓的不同位置或几个不同的矿仓，且卸矿机的卸矿溜槽可布置在皮带机的一侧或者两侧。卸矿机可以手动或者带双向绞滚的头尾索来回移动，也可以用电动机驱动。卸料器也可以是自动的，胶带驱动装置的电动机使其前后移动。

图 2.6　重力斗式提升机

梭式皮带是双向运输皮带机的辅助设备，装在小车上，可沿皮带机运行方向来回移动，并在给料点的两侧卸料。布料范围大约是皮带机长度的两倍。对于永久性料仓，梭式胶带往往优于卸料器，因为它需要的空间小，不需要反向弯曲，便于在胶带机上安装。

当空间狭小不能安装皮带机时，可使用斗提机（图 2.6）。这种斗提机水平运输和垂直运输的速度均不能太快。斗提机由一系列竖直方向的提升斗组成，提升斗均由销子固定在两条环形的输送链条上，由链齿轮驱动沿轨道运转。提升斗置于枢轴上，总能保持直立状态，通过斜台接合吊斗上的滑块使吊斗转入卸料位置进行卸料。

“三明治”输送系统可用于坡度为30°~90°的物料输送。物料像三明治一样被牢固的夹在两条输送带中间,即使输送带停止或侧滑时,也能保持物料不滑动,这是由于皮带对物料层施以一定的压力使保持原位,且物料必须有一个合理的内摩擦角。三明治输送系统与传统输送机相比优点是可以在相同的输送速度下以较陡的输送角输送物料(三明治输送机,2005)。

螺旋输送机可以输送干式或湿式物料。物料在槽型通道内由安装在中轴上的旋转叶轮向前推进。螺旋输送机的运动可使不同物料任意的混合,也可使物料在0°~90°范围内以任意角度输送。但螺旋输送机的最大问题是它的输送能力小,最大只能有大约300 m^3/h(Perry 和 Green,1997)。

现代选矿厂里,物料干式输送至磨矿工段后,均实现了矿浆水力输送。矿浆可凭重力流经开放式的自流槽。溜槽是断面为矩形、三角形或半圆形的缓坡斜槽,物料在溜槽中悬浮流动,或滑动,也可以滚动。溜槽角度需要依据物料的粒度、料浆的浓度以及物料的密度而进行调整。料浆深度的影响是复杂的,如果颗粒是悬浮状态,深槽就有优势,因为可以提高矿浆的输送量,如果是滚动输送物料,较厚的物料流就可能不利。

任何规模的选矿厂,都需要使用砂浆泵输送矿浆。管道应尽量笔直以避免拐弯处磨损。凡缓慢输送使物料沉降并阻塞的地方,使用直径较大的管道是危险的。管路设计与安装设计有很多复杂的因素,包括固液比、矿浆平均密度、固体物料的密度、粒级分布与颗粒形状,以及流速等(Loretto 和 Laker,1978)。

离心泵价格便宜、维修费用低,且占地面积小(Wilso,1981;Pearse,1985)。一般所用的单级输送泵,提升高度为30 m,最大提升高度为100 m。它们的主要缺点是叶轮的高速旋转可能导致叶轮和腔体的严重磨损,尤其在输送粗砂时,磨损更为严重。

2.4 矿石的储存

由于采场和选矿厂中不同工段工作制度不完全相同使得矿石储存极为重要。某些工段在各工段间就需要储矿装备,否则,生产过程就会被迫中断,影响经济效益。

储矿量取决于选厂整体的装备,设备的运转规程和各设备的正常停车和事故停车的频率和持续时间。

大部分矿山,一天中只有部分时间需要运输矿石。另一方面,磨矿和选别作业在连续生产时才会最有效率。矿山运营中,选厂生产最不希望中断,粗碎设备比细碎设备、球磨机和选别设备更容易阻塞和损坏。因此,矿山和粗碎厂的每小时处理能力应该比细碎和磨矿车间的大一些,应在它们之间修建矿石储存场。矿山停产时间,无论计划停产还是事故停产,通常不会超过24 h。此时,如果有备件供应,粗碎厂可在这一时间内完成检修。因此,如果选矿厂储存了可供24 h生产所用的粗碎后的矿石,则只要矿山和粗碎厂停车时间不超过24 h,选厂就能保持连续运转。当需考虑到选矿厂自身的停车状况时粗碎厂和选矿厂之间的储矿场必须在任何时候都备有容纳一天来矿的空余场地。但是对于许多现代特大型选矿厂,从经济上考虑,是不现实的;目前设计带有较小储矿场的选矿厂,供矿能力往往小于两个生产班组所需的矿量。其原因是,储矿对于矿石本身并无益处,而在某些情况下会使矿石氧化而产生不利影响。不稳定的硫化矿必须尽快处理,湿矿不能暴露在太冷的气温下,因为它会冻结而难以运输。

储矿的优点是可以对不同矿石进行配矿,以均匀给料。卸料器和梭式胶带机均可用来混合储矿场的物料。如果卸料装置沿矿堆来回穿梭,则物料一层一层堆积,反复翻滚时便可以混匀。如果卸料装置将不同质量的矿石卸成单独的矿堆,并将卸矿胶带运输机的给料器的料流加以组合,可达到混矿目的。

根据所处理物料的性质,用储矿场,矿仓或者储槽作为储矿设施。储矿场通常用于户外储存品位低的粗块物料。设计储矿场时,需要知道矿石的安息角、破碎矿石的体积以及重量。

虽然储矿场的物料可以由前段式装载机或斗轮式装运机装运,但最经济的方法是采用隧道装运系统,因为它要求的操作人员最少。这特别适于配矿,因为可由排矿口的任何组合给矿。锥形储矿场可由经过中心的隧道装运,由一个或者多个排矿口经过闸门或给矿机向装运胶带卸矿。可装运的物料,或称有效储矿量,约占总容积的20% ~25%(图2.7)。延展的储矿场亦用类似的方法排料,其有效储量占总容积的30% ~35%(图2.8)。

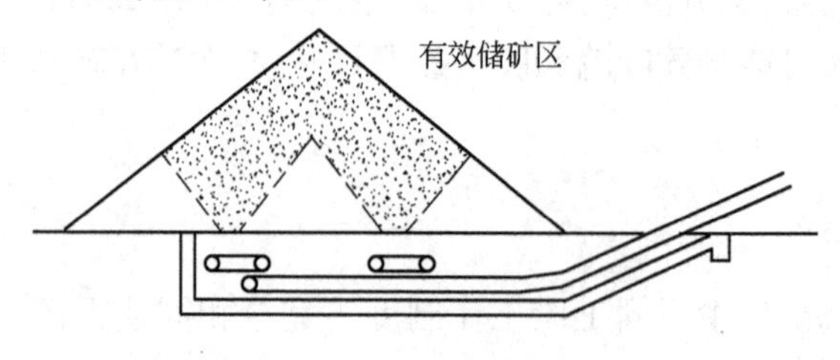

图2.7 锥形储矿场排料

为了将破碎后的矿石连续给入磨矿工段,另用木制、混凝土或者钢结构给料器输送粗块物料。它们必须容易给料,必须能连续的通过卸料阀门排除,且没有挂料和粗细块矿离析的可能。排矿必须适当,如果矿仓大,则必须有若干点可供排矿。平地矿仓不能全部卸空,总会保留相当一部分死矿。然而,这部分死矿形成垫衬,可防止仓底磨损;且这种矿仓容易建造。但平底矿仓不得用于储存易氧化的矿石,因这类矿石久置矿仓内会严重变质,导致易变质矿石会与新矿混在一起。此时,使用斜底矿仓较好。

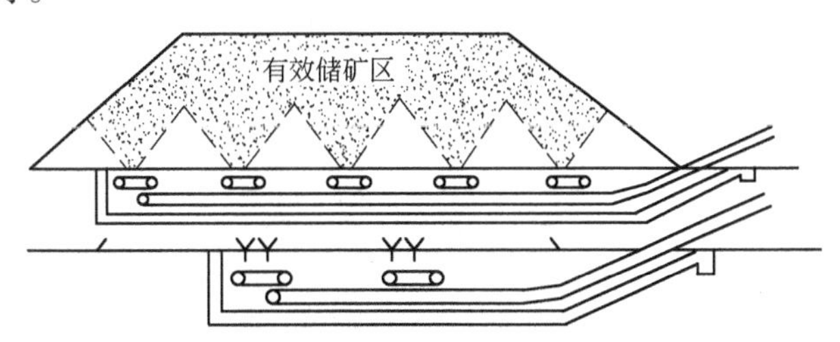

图 2.8 延展的储矿场排料

大规模储存矿浆不如干矿储存易行。调和槽用于储存细粒悬浮溶液以保证进行化学反应的时间。这些槽子必须不断搅拌,其目的不仅为了混合,也是为了防止沉降和阻塞。当必须缓冲给矿量在操作中的少许波动时,在矿浆流动线路中设置缓冲箱,其中的矿浆可采用搅拌、鼓风以及通过泵的循环来搅动。

2.5 给矿

凡需均匀地给出干矿或湿矿时,都必须采用给矿机,因为采用不同类型的机械调节,矿石不可能从任何一种储矿设施中经阀门均匀的排出。

给矿实际上是一种运输作业,只是运输距离短一些,而且需要严格调整矿石的通过量。如果后续作业具有相同的速度,则不需要使用给矿机。然而,在主要作业被储矿设施中断处,就必须安装给矿机。

典型的给矿机是由小矿仓、闸门和运输机组成的,小矿仓可能是大矿仓的一个组成部分。给矿机有多种类型,常见的有板式、带式、链式、辊式、回转式、转盘式和振动式给矿机。

在粗碎阶段,当矿石到达地表后,通常要尽快地破碎。箕斗、矿车、卡车和其他运矿车辆都是间断到达的,而碎矿机一旦启动就要连续给矿。缓冲矿仓提供合适的储存空间,可接受所有的间断来矿并以可控速度通过闸门连续地排矿。链式给矿机(图 2.9)有时用于控制矿仓均匀排矿。

罗斯链式给矿机有由若干重质连环组成的链帘,它安置在矿仓出口处的矿石上,大致呈安息角。给矿速度通过链轮自动或人工控制;链环运动时,其下的矿石就开始滑动。

在已破碎的矿块之间保持一定量的空隙可以保证粗碎机的正常作业。如果矿仓中已发生粗粒和细粒物料的离析,又不预先除去细粒而将全部矿石给入颚式破碎机,就可能产生危险。细粒可能穿过破碎机的上层区落入最终粒度区,从而填满空隙。无论达到最终粒度区的粉料有多少,只要超过排矿量就有造成压实块矿的倾向。这种所谓破碎腔压实现象就像破碎机中掉入杂铁一样危险,对机器可能引起严重的损害。因此,通过碎矿机的给矿要过筛,破碎机前一般设置称作格筛的重型筛分机,除去细粒和筛下产品。

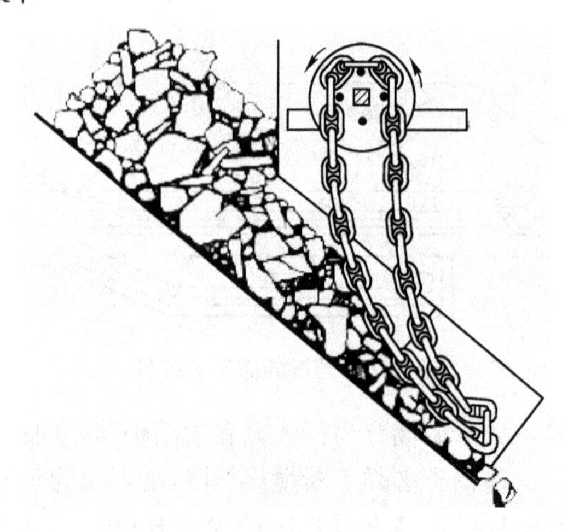

图 2.9　链式给矿机

目前已研制出将过筛和给料合为一个工序的粗碎给矿机，如振动格筛给矿机。椭圆棒条给矿机（图 2.10），由椭圆形钢棒构成，这些钢棒又是受矿漏斗的底，安装时椭圆形的长轴交替出于垂直和水平状态。物料直接卸到同时向同一方向转动的钢棒上，所以空隙保持不变，一根钢棒下转，相邻一根则上转，从而使矿石产生摇动和滚动。这种结构使细粒松脱，穿过矿堆直接落入运输胶带上，而筛上物料则向前运动至碎矿机。这种形式的给矿机更适于处理高黏土或湿料，而不适用于硬质磨蚀性矿石。

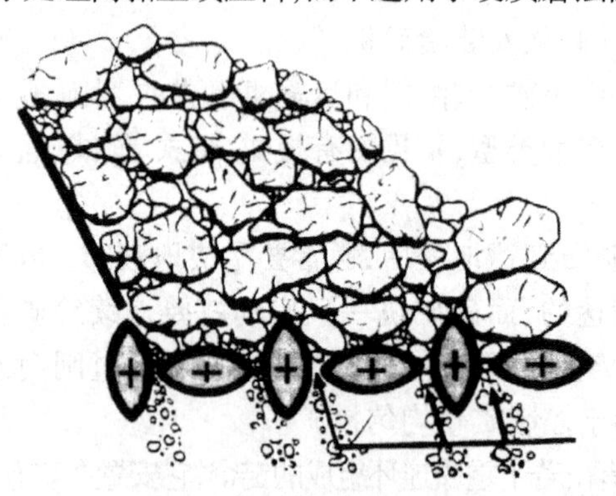

图 2.10　椭圆棒条给矿机断面图

板式给矿机（图 2.11）用于输送粗粒矿石，是颚式破碎机给矿最常用的给矿机型之一。其结构牢固，由一连串高碳钢或锰钢盘组成，钢盘用螺栓固定在钢链轮上转动的重型链条上。通过一个可调闸门改变给矿速度或料层高度，就可控制给矿机的排矿速度。

上述板式给矿机所需驱动功率小，且给料比较稳定和均匀，往往优于往复式铁板给矿机，后者借助于速度和幅度可调的冲程推进矿仓底上的矿石。

胶带给矿机实质上是一种短胶带运输机，用于控制倾斜溜槽的排料。经常用它们取代板式运输机来运输细粒物料，而且正日益广泛的用于粗粒的粗碎矿石产品。此种给矿机已装设在加拿大不列颠哥伦比亚的西米尔卡明选厂和南非的帕拉波拉选厂，输送破碎矿石。这类给矿机宽 2.45 m，安装高度较低，费用较低，且输送速度可比板式给矿机高得多。

图 2.11 板式给矿机

参考文献

[1] "Bulk Materials Handling" (2005), viewed 27 July 2005, http://www.bateman-bulk.com/.

[2] Dietiker, F. D. (1978). Belt conveyor selection and stockpiling and reclaiming applications, in Mineral Processing Plant Design, ed. A. L. Mular and R. B. Bhappu, AIMME, New York.

[3] Loretto, J. C. and Laker, E. T. (1978). Process piping and slurry transportation, in Mineral Processing Plant Design, ed. A. L. Mular and R. B. Bhappu, AIMME, New York.

[4] Pearse, G. (1985). Pumps for the minerals industry, Min. Mag. (Apr.), 299.

[5] Perry, R. H. and Green, D. W. (eds) (1997). Perry's Chemical Engineers' Handbook, 7th edn, McGraw-Hill International Edition, New York.

[6] "Sandwich Conveyors" (2005), viewed 15 July 2005, http://www.ckit.co.za/.

[7] White, L. (1976). Processing responding to new demands, Engng. Min. J. (Jun.), 219.

[8] Wilson, G. (1981). Selecting centrifugal slurry pumps to resist abrasive wear, Mining Engng., 33(Sept.), 1323.

3 金属平衡、控制与仿真

3.1 引言

金属平衡计算对所有选矿厂的高效运营起到了重要的作用。它不仅用于确定选矿厂各种产品的产量以及有用矿物的含量，而且需要根据计算结果确定品位和回收率，并根据其指标状况调整操作条件，以保持各工段最佳的选矿效率。

为了达到金属平衡的目标，有必要从现场流程中收集可靠的数据（即流程考察——译者注）。本章主要讨论生产数据的收集、分析和使用。

要得到良好的冶金平衡和控制系统，需要从流程中高效和有代表性地取样，在此基础上，对数据进行精确地分析，并对重要的矿浆流量进行可靠和准确的测定。

用计算机控制选矿厂需要对这些参数进行连续的测量，20 世纪 70 年代初期实时在线传感器的开发利用，如磁流量计、核子密度计、化学分析仪以及粒度分析仪对这一领域的快速发展做出了重要的贡献，当然，微处理芯片成本的降低以及可靠性的不断增加使其在此领域迅速推广。

计算机仿真在流程设计与优化方面也得到了迅速的认可和应用，很有可能成为矿物加工领域主要的工具。生产实践中需要对理论数据与经验数据进行综合的判断才能做出正确的决策。尽管具体积累经验数据的方法超出了本书的范围，但值得注意的是，将生产成本与工艺流程及设备联合考虑，有助于寻找理论数据与经验数据之间的关系。一个合理近似的对应关系，更能容易地分析工艺流程改变前后成本和利润的变化。

3.2 样品与称重

理想状态下，称重与制样应在物料经选矿处理前进行，即应该在原矿进入粗碎机之前进行取样。技术人员可以做到准确的称重，但是做不到精确的取样，因为所处理的物料，粒度范围较大，且不均匀。由于所有计算都是基于干物料的重量，所以对含水物料的计算就很有难度。原矿和粗碎矿石容易产生离析现象，而且细粒与粗粒物料的品位和湿度很可能有差别。如果要达到所要求的精确度，矿样的重量要至少为矿石总重量的 5%。这些矿样需要阶段破碎降低粒度，并经过每段破碎后的分样来得到重量合适的样品，用于不同的试验或化验。

又因为粗粒矿石的取样装置投资较高，所以，对粗粒矿石精确取样和称重只限于以下情况：两种矿石需要单独考察，而又不能平行运行两个破碎系统。所以在条件允许的情况下,称重和取样都是在将矿石破碎到尽可能细的状态后进行。

3.2.1 含水矿样

所有金属平衡计算都要求准确知道所处理物料的干重,而实际物料可能含有不同量的水分,因此必须取样以精确测定水分。含水矿样和分析用矿样最好都用同样重量的物料制备,并且都取自称重设备附近的一点。如果处理得当,可以将因含水多少所产生的误差减小到最低程度,实践中往往使用手铲取样。手铲取样是各种取样方法中,最不准确的一种方式,然而却是最简便易行的。手铲取样是从大量物料的各点任意选取少量物料,然后将其混合,作为最终试样。手铲取样能保证迅速收集矿样并将其置于密封容器内,其前提是,因方法粗糙而产生的误差要小于精确取样期间物料长时间暴露于空气使水分损失而造成的误差。

测定湿度的手铲矿样常在物料通过称重装置后从运输胶带的末端采样。试样马上称量得到湿重,在适当温度下干燥完全后,再称重,得到干重。差值就是水分,由下式表示:

$$含水率 = \frac{湿重 - 干重}{湿重} \times 100\% \tag{3.1}$$

干燥温度不能太高,以保证矿物不发生分解或其它物理化学变化。硫化矿加热时尤其易于氧化脱硫,矿样的烘干温度不应超过105℃。

3.2.2 取样

取样是从原料中选取少量具有代表性物料的方法。试样具有真正的代表性至关重要。

只要条件允许,取样的粒度都应与生产流程所要求的最小粒度一致。例如,磨矿后的矿浆就比粗碎给矿更容易取样,取样结果也更精确。

实践中,为了尽量保持物料的稳定,如皮带机运输物料的粒度,速度及坡度变化而造成的物料中颗粒沉降等,最好的方法是在物料处于运动状态并在自由降落卸料点上与矿流成直角截取矿样。由于矿流中可能有离析和组成的变化,最好是从整体矿流中取样。当取样器以均匀连续横断矿流移动时,所取的样品就代表整个矿流的一小部分。如果取样器隔一定时间通过矿流,则认为取得的间隔矿样代表取样时间内的矿流。

取样与概率有关,间隔矿样频率越高,最终试样就越精确。常使用吉氏(Gy)和史密斯(Smith)发明的取样方法来求出给定精确度所需试样的多少。该方法考虑了物料的粒度、矿物含量和解离度以及颗粒形状。

吉氏基本取样公式可以写成:

$$\frac{ML}{M-L} = \frac{Cd^3}{s^2} \tag{3.2}$$

式中 M——所需试样最小重量,g;

C——待取样物料中的取样常数,g/cm^3;

d——待取样物料中最大块的粒度,cm;

s——试样分析可允许的统计误差或取样误差的尺度。

大多数情况下,M 远小于 L,因此式 3.2 可以近似为:

$$M = \frac{Cd^3}{s^2} \tag{3.3}$$

s 用于获得取样分析结果的置信度。代表由矿石所取大量试样随机分析频率数据的正常分布曲线的标准偏差为 s,方差即为 s^2(Gy,1979)。

假定正常分布为:100 个试样分析中有 67 个结果介于真实数据的 $\pm s$ 之间,有 95 个结果介于真实数据的 $\pm 2s$ 之间,有 99 个结果介于真实数据的 $\pm 3s$ 之间。由于取样是一个统计问题,永远不可能通过反复取样来保证绝对置信,故对于大多数实际情况,100 次中有 95 次介于指定范围的概率就是合格的概率水平。表 3.1 显示了对一种含 50% 有用物质的原矿进行的随机无偏取样的计算机模拟。很明显不可能保证分析结果会在规定范围内,但是取样越多,置信度越高。且采样次数不足的影响也做了清楚的说明。

表 3.1 一种假定品位为 50% 的矿石取样结果。这种矿石经过 100 次取样称重,并化验品位。表中显示了矿石品位误差 5% 以内的化验次数,此时极限误差最大,取 100 个矿样的平均分析结果

矿样质量/g	平均品位/%	误差 5% 以内的次数	极限误差/%
10	46.7	14	88.55
100	49.7	24	45.60
500	50.35	37	18.38
1000	50.08	74	14.80
2500	50.18	86	9.94
3500	49.82	93	7.09
5000	50.12	98	5.10
10000	49.97	99	5.01

由吉氏公式求得的实际方差可能有别于实践中所得的方差,因为通常必须进行一系列取样操作以获得分析试样,且分析中也有误差。因此,实际方差(或总方差)是各种方差之和,即:

$$S_t^2 = S^2 + S_s^2 + S_a^2$$

S_s 值(取样方差)和 S_a 值(分析方差)通常会很低,但可采用下列方法确定相应值:分析同一试样的一大部分样品(至少50个)以得出 S_a^2,以相同方法截取等量试样并分析每一试样以得出($S_a^2+S_s^2$)。但是选厂日常的取样,S^2 可以假定等于 S_t^2。并且,在实践中,经常取化验样重量的2~3倍,以备不时之需,当然,也不能过度取样,避免处理和制备矿样过程中的麻烦。

取样常数 C 因取样物料的不同而有所差异,考虑的主要因素为有用矿物的含量和解离度,以下式表示:

$$C = fglm$$

式中,f 为形状因子,取0.5,对金矿取0.2;g 为颗粒分布因子,设按重量95%的物料粒度小于 d(cm),按重量95%的物料粒度大于 d'(cm),取值如下:

$$d/d' > 4 \qquad g = 0.25$$
$$d/d' = 2 \sim 4 \qquad g = 0.5$$
$$d/d' < 2 \qquad g = 0.75$$
$$d/d' = 1 \qquad g = 1$$

l 为解离因子,其值介于0和1.0之间,完全均匀物料取0,完全不均匀物料取1.0;吉尔基于待取样矿石中最大块矿的尺寸 d,设计了如下的表格。d 可用物料90%~95%通过的筛网尺寸代替。L 在实际应用中是矿物已经达到必要解离的粒度,单位cm。这可以通过显微镜观察测定。l 的取值可对照 d/L 值从下表中估计,也可相应对照 d/L 值,或依据公式计算:

$$l = \left(\frac{L}{d}\right)^{1/2}$$

d/L	<1	1~4	4~10	10~40	40~100	100~400	>400
l	1	0.8	0.4	0.2	0.1	0.05	0.02

m 是矿物组成因子,可用下式计算得到:

$$m = \frac{1-a}{a}[(1-a)r + at]$$

其中 r 和 t 分别为有用矿物与脉石矿物的平均密度,a 为待取样物料中有用矿物的平均含量。这一数值可由化验一定数量的样品确定。现代电子显微镜可以直接测量大多数这种属性。对取样常数要了解更多细致的信息,请参考理曼1998年的专著。

吉氏公式假定,试样的采集是随机和无倾向性的,该公式最适用于胶带运输机输送的矿流或矿浆流,而不适于料堆,因为料堆的部分区域难以插入取样器。

公式给出了理论上取样必须的最小质量,但是并没有说明矿样是如何采集的。在矿流中取样,每次截取物料的质量以及每次截取矿样的时间间隔,必须能保证取得的矿样有足够的代表性。

吉氏公式适用于最细粒物料的取样。

例如，设某一铅矿石中约含5%的Pb，该矿石需例行取样分析，其置信度100次中有95次在±0.1% Pb。在 -150 μm 粒度下，方铅矿基本上与石英脉石解离。

如果破碎时取样，此时最大块矿为25 mm，则：

$$d = 2.5\ \text{cm}$$

$2s = 0.1/5 = 0.02$，因此，$s = 0.01$。

$$l = (0.015/2.5)^{1/2} = 0.077$$

假设方铅矿的化学式为PbS，则矿石的方铅矿矿物含量为5.8%。

因此，$a = 0.058$，$r = 7.5$，$t = 2.65$。

则
$$m = 117.8\ \text{g/cm}^3$$

$$C = fglm = 0.5 \times 0.25 \times 0.077 \times 117.8 = 1.13\ \text{g/cm}^3$$

$$M = Cd^3/s^2 = 176.6\ \text{kg}$$

因此，在实践中约需要采矿样350 kg，以求获得所需的置信度，而且在化验和手工取样的误差范围之内。此处尚未考虑化验前试样的进一步缩分。

但是，如果是将矿石磨矿至解离的粒度，在矿浆流中取样，那么 $d = 0.015$ cm，假设是接近完全的分级，$C = 0.5 \times 0.5 \times 1 \times 117.8 = 29.46\ \text{g/cm}^3$，则 $M = 1$ g。

然而，如此少的试样在矿浆中难以截取以供分析之用，因它未考虑到随时间推移而在矿流中发生的偏析、品位和粒度等的变化。但是，这可用来指导取样器每次通过应截取的间隔试样，取样之间的间隔决定于矿浆的波动。

3.2.3 取样系统

大多自动取样机是用取样装置在皮带机或矿浆管中移动，当物料或矿浆通过时完成取样。下列几点应受到重视：

（1）取样装置或截取器的工作面要与矿流成直角。

（2）截矿器要能截取整个矿流。

（3）截矿器要匀速运动。

（4）截矿口要足够大，样品能进入。

截矿器宽度（w）要保证能得到足够的试样，但不能太窄，以免最大矿粒难以进入。碰到边缘的颗粒很可能弹回而收集不到，所以，有效宽度是 $w - d$，其中 d 是颗粒直径。因此，小颗粒的有效宽度比大颗粒的大。为了使这一误差减小到合理程度，截矿器宽度与最大颗粒直径之比要尽量大一些，最小为20:1。

所有的取样系统都要求有一个初次取样装置或截矿器，以及一个将收集到的物料运送到适当地点进行破碎和进一步缩分的装置（图3.1）。

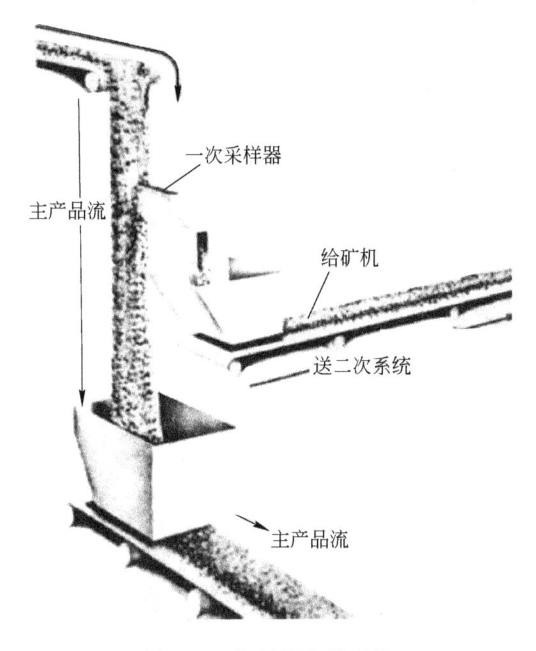

图 3.1 典型的取样系统

矿样截取器有许多不同的类型,如费岑(Vezin)取样器(图 3.2)广泛用于对下落矿流的取样。

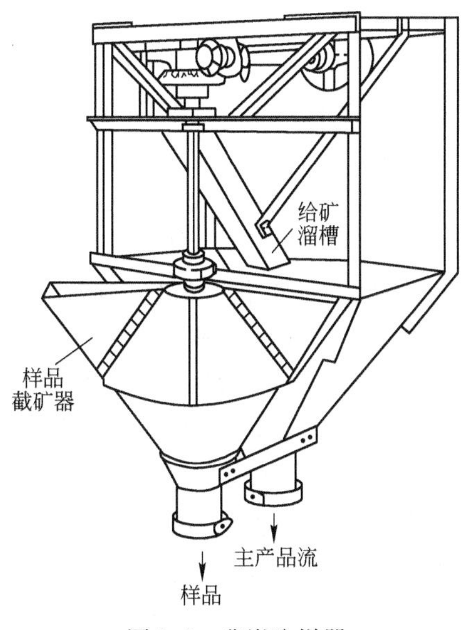

图 3.2 费岑取样器

费岑取样器有一旋转的环扇形截矿器,其大小能截取整个矿流,并将试样送至单独的样品槽中。图 3.3 展示了 4 种类型的奥托昆普矿浆取样机,这类取样机目前通常用于在线检测系统的样品采集与运送。目前一些选厂使用一种叫提升阀的自动取样器(卡松,1973 年)。该取样器主要由一个直接浸入矿浆管中的气动活塞构成;矿浆管通常为载运矿浆流的总管道;活塞处于敞开状态,矿浆流进取样器完成取样,活塞处于闭合状态则阻止矿浆进入取样管。根据具体情况,可通过自动定时器、试样液面控制器或其它方式控制活塞的启闭周期,每次所采的试样量由阀体脱离阀座的时间决定。

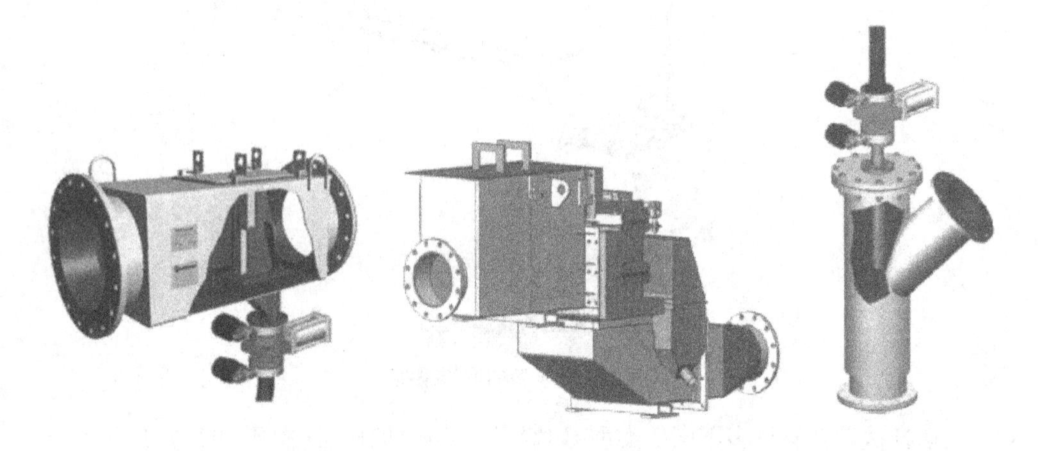

图 3.3　奥托昆普自动单阶段、多阶段样品截取器和管道取样器

近年来,选矿厂的规模逐渐扩大。20 世纪 70 年代,日处理量 10 万吨的选厂,要布置 10 到 20 个磨矿系列。到了 20 世纪 90 年代末,单一系列日处理量就能达到 10 万吨甚至更多。

5000 t/h 或者流量更大的矿浆基本上不可能人工取样。而用静态或者动态的取样机均可对大流量的矿浆进行取样操作。对于输送大矿块的皮带机取样,可以采取一些措施降低取样的劳动量,即简化大矿块的取样,减少大矿块的数量,只要达到足够的准确性即可。含有 n 块矿块的某一样品的粒度偏差可简化为 n。因此要达到 10% 的相对标准偏差,只需取 100 块该粒度范围的矿块即可。欲了解这一技术的详细信息,请参考 Napier-Munn 等人 1996 年专著的第五章。这些文献资料对碎磨流程中的取样提供了很多有益的建议。

大宗样品需要进行彻底的干燥、混合、缩分及破碎等步骤,直到制备出粒度适合化验的样品。缩分过程,原则上与上面讨论的收集干矿总样品的原则相同。为了获得最佳的化验结果,大宗样品的备样要尽可能均一。如果物料达到了完全均匀,则用这种取样方法获得的每一个小样都能代表该物料。粗粒级的矿石和精矿不如细粒级的均匀,因此,为了使试样更有代表性,如物料粒度较粗,则需要多取一些样。有可能的话,取样前要经过破碎作业减小颗粒粒度,破碎的段数取决于原试样的粒度及所用碎矿设备。试样缩分每个阶段所需的质量以及基本偏差均可用吉氏公式来确定。以之前讨论过的铅矿石为例,样品取自闭路破碎产品,最大粒度为25 mm。

取样过程中,所取的每一矿样,都代表着取样时矿石的性质,取样后矿样送至二次取样系统用自动分样机或者手工操作进行缩分和取样。

假设矿样经过三段破碎,分别碎至5 mm、1 mm,最后研磨至40 μm,每碎一次均进行取样操作。这样,总共有四次取样,取样所产生的总误差方差等于每一阶段所产生误差的方差之和。即

$$S_t^2 = S_1^2 + S_2^2 + S_3^2 + S_4^2$$

如果假设每一段的方差都是相等的,则

$$S_t^2 = 4S_1^2$$

因此

$$S_1^2 = S_2^2 = S_3^2 = S_4^2 = S_t^2/4$$

因为化验时,Pb品位的置信区间是5% ±0.1%,即100次结果中,有95次能达到:

$$S_t = 0.01$$

因此

$$S_1^2 = S_2^2 = S_3^2 = S_4^2 = 0.25 \times 10^{-4}$$

对于初碎,最大粒度25 mm,所需矿样量为:

$$M = \frac{1.13 \times 2.5^3}{0.25 \times 10^{-4}} = 706.3\ \text{kg}$$

对于中碎,粒度5 mm,所需矿样为:

$$M = 12.8\ \text{kg}$$

对于细碎,粒度1 mm,所需矿样为:

$$M = 228.2\ \text{g}$$

对于细磨,粒度40 μm,所需矿样为:

$$M = 0.04\ \text{g}$$

制样系统应该以这些原则进行设计。例如,为适应误差要求,可取以下各重量得到矿样:由碎矿流程中每班取出1.5 t矿石,碎至5 mm,取25 kg的试样;该试样进一步碎至1 mm,取500 g的试样;后者细磨至40 μm,取0.5 g左右送化验。

样品重量计算是基于每次取样时统计误差是相等的。初碎矿样的重量可以减少,但必须多于后续细碎产品经过计算后所需的重量。例如,对于在上述例子中,最后的化验样品取0.5 g,这一矿样的选取应该高于由吉氏公式计算出的样品重量。因为$S_t^2 = S_1^2 + S_2^2 + S_3^2 + S_4^2$,这就意味着,如果最后一段统计误差相对较低,那么就允许前一段取样可以有大一些的误差。已知基本误差、粒径(取样阶段)和其他条件,可以制作一个Excel电子表格来计算所需取样量,也可以反过来根据已经

完成的取样操作,计算误差。详细内容见附录Ⅲ。表 3.2 是增加较细粒级矿样的取样量后,对之前初碎矿样取样的要求量(取 2 倍安全系数)。

表 3.2

	第一段/kg	第二段/kg	第三段/g	第四段/g
每段取样误差相等	1412.6	25.6	456.4	0.08
2、3、4 段取样调整后	570.1	50.0	500.0	1.0

3.2.4 矿样缩分方法

下面介绍几种矿样缩分的方法。

堆锥四分法。这是一个古老的考尼什(Cornish)分样方法,该法是将物料堆成圆锥形,圆锥径向对称,将圆锥压平,用十字形金属截取器分割,得到 4 个相同的样品。取两个对角的样品,另两个对角抛弃。如此选得的样品还可用此法进一步缩分,如此反复,直到产生所要求粒度的样品为止。尽管每次缩分后进行破碎可提高准确性,但这种方法与操作人员的熟练程度有很大关系,不适合于精确取样。

琼斯格槽缩样器(Jones riffle)。该缩分设备(图 3.4)是一个敞开的 V 形箱,在箱内与轴向的正交方向装配了若干个溜槽,形成面积相等的一排矩形缝隙,交替向放在槽子两端的圆盘供样。将试验室试样导入溜槽,经缝隙分成相等的几份,重复若干次,直到获得所需要的试样为止。

图 3.4 琼斯格槽缩样器

图 3.5 所示赛普旋转分样器是一种更有效的分样设备,它利用振动给料机将大量的待分样品布于若干楔形容器内。这种装置有时叫做"螺旋格槽"或"旋转格槽",是对干燥的颗粒物料和粉料进行取样操作并得到有代表性矿样的方法中最精确的。

取样后,要马上对矿石或精矿样品进行分析或化验,以取得物料的准确化学成分。化学分析非常重要,因为要通过化验来调整操作参数,计算生产能力和储量,且用来计算利润。现代的分析方法复杂而精确,包括化学分析、X 射线荧光光谱分析、原子吸收光谱分析和中子激活技术。分析方法本书不做介绍。

3.2.5　在线分析

实现选矿厂生产中物料流连续监测，矿浆流的X射线荧光在线分析技术在20世纪60年代初得到了发展。在线检测要求对矿浆中待测元素含量变化进行准确、快速和连续地探测，而避免了在实验室进行离线化验分析导致的延误。这一方法也使熟练的操作人员从常规样品的分析化验中解脱出来，进行更有成效的工作。在线化学分析在选矿厂自动控制领域的所有内容可在其他众多书籍中查阅（理曼，1981年；库伯，1984年；卡瓦特拉和库伯，1986年；布拉登等人，2002年）。

图3.5　赛普旋转分样器

图3.6为在线分析仪的原理。分析仪由一个放射源构成，放射线被试样吸收并使试样发出每种元素的特征荧光反应射线。这种射线进入探测器，探测器检测到试样中某一元素的特征射线后发出定量输出信号。根据探测器的输出信号可以得到分析结果，以控制调整工艺参数。

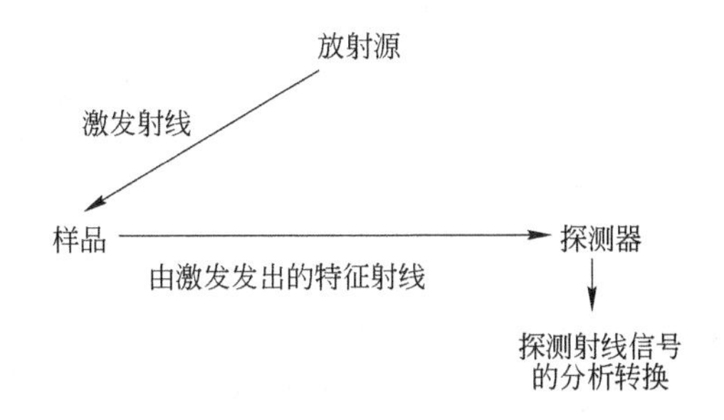

图3.6　在线分析仪的原理图

X射线荧光分析有两种实际应用方法，即X射线集中系统（在料流上方）及探针系统（在料流中）。集中系统处于物料上方，可将几处矿浆矿样输送至安装全套设备的中心，用一个单一高能激发源进行分析。探针系统处于料流内，利用安装在料流内或者附近的传感器，使用方便的低能激发源（通常是放射性同位素）对料流进行在线检测。这种方法不需要将代表性矿样输送至分析设备，较为便利。放射源与探测器装配在一起，置于一个紧凑的装置中，称为探头。

集中系统通常安装在大选厂中以连续监控不同的矿浆流，而矿浆流少一些的小厂可安装投资较低的探头系统。

在线X射线分析系统也存在一些问题,主要问题是如何保证射线检测的样品能代表整体料流,而且如何保证反馈射线检测到的是该试样有代表性的部分。激发射线先通过一个塑料膜窗口,然后穿透与该窗口接触的矿浆相互作用。反馈射线从相反的路径返回探测器,大部分射线被深度几个毫米的矿样吸收,因此直接接触薄膜窗口的矿浆层对分析结果的影响最大。分析的准确性和可靠性就取决于这层矿浆是否能代表整个矿浆流。薄膜窗口表面与矿浆的相互作用会造成此处矿浆发生离析。可以在X射线集中系统分析仪中使用高湍流溜槽消除这种现象。将探头设置在待测主矿浆流附近,可显著降低取样和输送的操作成本及设计的复杂性,但要注意探头测量界面上代表性矿样须处于湍流状态。

在线分析可使用多种不同类型的取样系统。奥托昆普公司的库里厄300分析仪有一种典型的取样装置,这是一种最老式的也是最为人熟知的一种过程分析仪。这个系统从每一待测矿浆点连续的取样。根据流量,可将矿浆分成2~3部分,从而得到最终样品。每条矿浆流经一个单独的分析槽,此处荧光经过增强放大,穿过薄膜窗口测试分析槽中的样品,每条矿浆流的测量时间为20s。该系统最多能建立28条取样回路,如果将两条矿浆流混入一个检测槽中,也能有14个取样回路。XRF测量探头中有X射线管和晶体分光计通道,安装在一个移动车上,可在14条样品槽的旁边来回移动,依次分析每一矿浆样品(图3.7)。这一系统可以分析多达7种元素,附加可以测量矿浆浓度,完成一个循环需要7min,即分析每个矿样的化验结果7min或者14min更新一次(取决于系统的型号,14回路或28回路)。

库里厄300是库里厄6SL的升级产品(图3.7),可安装在12~18条矿浆流上,处理24个样品。主采样器截取一部分矿浆流,运送至多路分样器进行二次取样。探头将高性能的波长和能量色散X射线荧光方法结合起来,对设备的稳定性和自我诊断进行自动参照测量。内置有校准取样器帮助操作员从待测矿浆中取到代表性矿样和可重复的矿样供实验室化验,与在线检测做对比。

测量过程全部通过编程实现。主矿浆流可以更频繁的监测,而对尾矿矿浆的测量时间间隔可以增加。样品之间的转换时间被用于内部参照测量,用来实时检测和自动偏移调整。

另一种方法是在矿浆中放置以同位素作为X射线源的探头。这些探头可以测量单一元素也可以测量多种元素(最多8种,附加测量料浆浓度)。充分搅拌分析区的矿浆可以提高分析结果的精确度。

矿浆在线取样器与分析探头带有固体冷冻探测器(液氮),在精度上与传统的X射线激发系统相当,且能同时对多路矿浆进行同时分析。这种装置AMDEL研究中心技术领先,目前已由Thermo Gamma-Metrics公司市场化运作。图3.8为TGM公司的在线检测系统——带取样系统的专门检测设备。

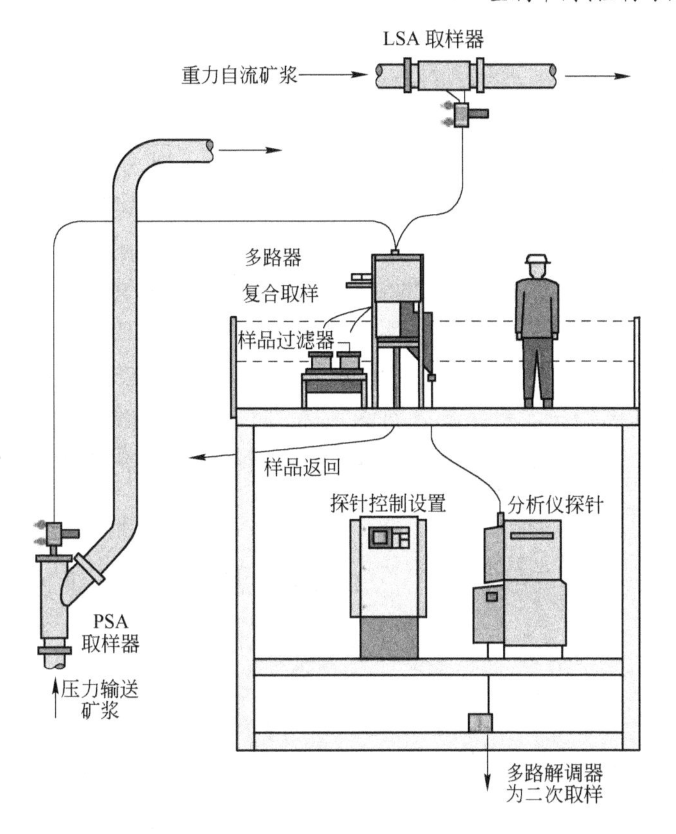

图3.7 奥托昆普库里厄6SL 在线检测分析仪,压力管道取样器(PSA)和竖直取样器(LSA)

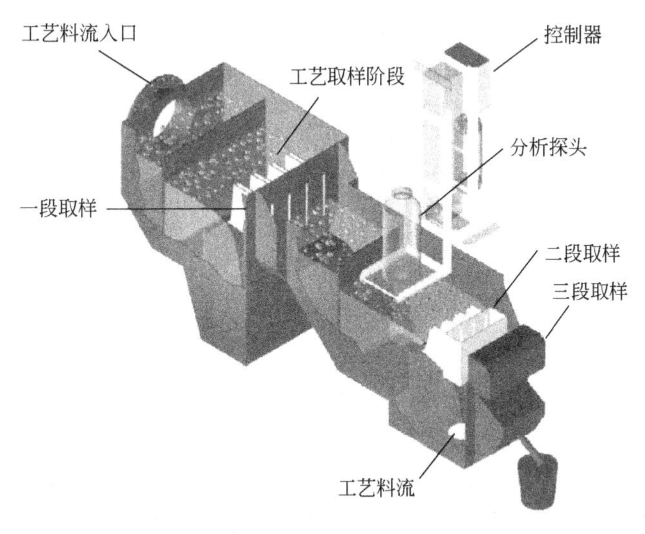

图3.8 Thermo Gamma-Metrics AnStat

3.2.6 在线灰分检测

煤炭灰分含量在线检测在选煤厂不断得到应用，以自动控制产品中灰分含量的稳定。监控器操作原理为当 X 射线照射到物料时，一部分射线被吸收，一部分则被反射。煤的主要化学成分碳和氢，原子序数较低，煤中灰分的主要化学成分为硅、铝、铁，原子序数较高，低原子序数的元素对 X 射线的吸收要比高原子序数的元素弱。因此，吸收系数随原子序数的变化可直接用于灰分的测定。

图 3.9 为众多灰分检测仪中一种较为典型的产品。有代表性的样品被收集后进行破碎，连续的料流给入监控器的显示元件，此处物料被压缩成紧密均一的煤层，表面平滑，密度均一。每层的表面受到钚 238 同位素的 X 射线照射，根据样品的元素组成，射线按比例被吸收或反向散射，反向散射的射线用正比例计数器加以测定。

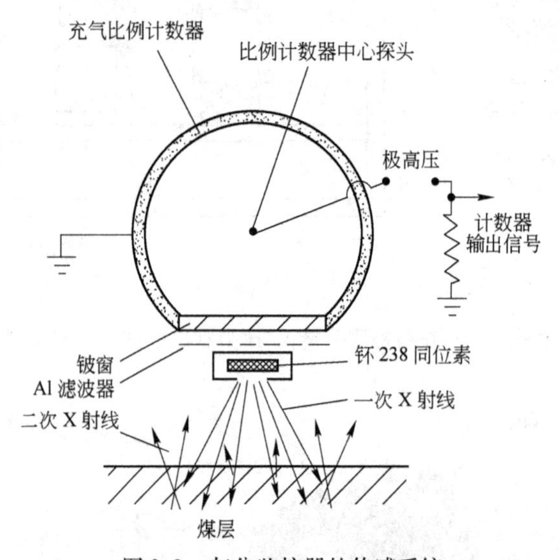

图 3.9　灰分监控器的传感系统

在钚 238 同位素的低能级（15 ~ 17keV）下，元素铁被激发而产生荧光 X 射线，这类射线可被过滤、计数和补偿。当反向散射和荧光 X 射线通过铝滤波器后，正比例计数器同时检测这两种射线。铝滤波器有限吸收荧光 X 射线，滤波器的厚度预先选定以适应铁含量及其变化。正比例计数器将射线转换为脉冲电信号，该信号随后被放大并在电子元件中计数。电脉冲的计数率转换成电压显示出来，用于过程控制。

目前，传感器要可以测量水煤浆中的灰分，这就需要研发控制煤泥浮选的有效方法，因为在线灰分检测设备的进步，加上对浮选过程行为的深入理解，对煤泥浮选的控制策略也不断的成熟。

3.2.7 在线粒度检测

目前,用合适的设备已经可以测量皮带机上粗粒块矿或者矿浆中细粒物料的粒度。这部分内容可查阅本书第4章。

3.2.8 矿石称重

有很多方法可用于测定选矿厂各工段的矿石给料量或通过量,主要是为了对运动中的物料进行称重。连续称重比间断称重更有优势,因为它能在物料流不中断的情况下,对大量物料进行称重。近年来,连续称重设备的准确性和可靠性有了很大的提高。但是,静态称重设备的准确性更高,在许多场合下仍然使用。

皮带秤或称重机是最常见的连续称重装置。它由装在桥秤上的一个或者多个运输机托辊构成。皮带的负载由桥秤通过一个杠杆系统或直接传递给传感装置,该装置有电动、机械、液压或风动几种作用方式。负载传感装置的信号往往与表示皮带速度的另一个信号合并。经过物料质量和皮带速度传感器数据的联合运算,就得到了经过皮带秤的物料流量。用一台累加器可将流量信号与时间综合起来,经皮带秤运载的总质量可记录在数字显示装置上。精确度一般为皮带秤最大负载的1% ~2%。

皮带秤要定期检查,将已知重物通过皮带秤,或在皮带空负荷运转时用已知质量和长度的滚链从悬垂部分的固定点上垂下。大部分简易选厂只用一台标准秤,如果使用自动秤,则可能安放在碎矿和磨矿工段之间的某一方便的地点,通常皮带秤安装在粉矿仓的给料皮带上,因为它正常运载了选矿厂的全部给矿。

精矿的称重往往在脱水之后、物料离厂之前进行。可以用地磅称量装运精矿的火车、卡车或矿车。地磅处可能需要一名操作人员操作秤杆,并以适当形式将重量记录下来。负载卸下后,必须确定卡车皮(空)重。如果操作人员精心操作并准确记录,则此法的误差在0.5%以内。如果是自动记录秤,操作人员仅仅进行称重操作,然后旋转自动穿孔卡的螺栓并记录重量。现在磅秤可对通过平台的运矿列车自动称重,除偶尔的校准外,完全排除了出现认为误差的可能性。当然,称重的同时要采集样品测定含水率。只要有可能,分析试样要在精矿装入卡车前从流动中的物料中采集,方法如前所述。从汽车或者集装箱中取样非常不理想,这是因为在装卸和运动过程中,会发生严重的离析。应该按预先规定的取样布点,在运载精矿的卡车上“钻孔”取样。取一只样品探管,在精矿表层垂直插到底,取得的样品是圆柱体,高度与精矿在卡车上的厚度一致。这可避免只取出表面的颗粒,也可避免由于振动使物料发生严重离析后取样的不准确。

选厂很少对尾矿称重。尾矿量根据给矿和精矿的差值即可计算出来。尾矿的准确取样很重要,而且用自动取样器也容易做到准确取样。

3.3 矿浆流

磨矿工段之后的大多数矿物加工工艺都是对矿浆进行选别,水和固体混合物用泵和管道输送。输送过程中水起到运输介质的作用,因此对矿浆流的称重就不那么重要了。重要的是对矿浆体积进行测量,因为矿浆体积会影响矿浆在各选别工段的停留时间。选矿厂的金属平衡,要特别注意矿浆中的干矿量。如果体积流速不大,可以将矿浆用泵打入一个合适的容器中,记录矿浆充满该容器的时间。体积除以时间就是矿浆的流速。这对大多数试验室试验以及中试试验是理想的方法,但是对大规模的选厂是不实际的,因此通常有必要使用在线设备测量流速。

体积流量对计算选别时间非常重要。例如,如果 120 m^3/h 的矿浆给入容积 20 m^3 的浮选调浆槽中,那么平均计算,物料在调浆槽中的停留时间就是:

$$调浆槽体积/流速 = 20 \times 60/120 = 10\ min$$

矿浆密度很容易测量,只需测出单位体积的矿浆重量即可(kg/m^3)。与之前所叙述一样,对于大流量的矿浆,通常由在线设备连续测量。小流量的矿浆则给入已知体积的容器内,之后直接可以通过称重得到矿浆的密度。这可能是对选厂生产进行评估最普通的方法,而且可以利用体积已知的密度壶,当密度壶充满矿浆时,在有特殊刻度的天平上称重就可以直接读出矿浆的密度。

矿浆的组成经常用固体含量% 表示(含水率即 100% - 固体%),通过矿浆的取样、称重、干燥、再称重,比较湿矿和干矿的重量(公式 3.1)。这个过程很花费时间,但是,大多数计算固体含量的方法都需要知道矿浆中固体物料的密度。有很多方法可以测定物料的密度,每一种方法都有相对的优点和缺点。总体来讲,标准密度瓶目前看来是一种简便、准确的方法,当然使用时要很细心。密度瓶容积为 25 ~50 mL,需要遵从如下步骤:

(1) 用丙酮清洗密度瓶以除去油脂。

(2) 在 40℃ 干燥。

(3) 冷却后,用精确分析天平称量瓶子和塞子的重量,记录为 M1。

(4) 将样品彻底脱水烘干。

(5) 在瓶中加入大约 5 ~10 g 样品,再称重,记录为 M2。

(6) 加入重蒸馏水至一半。如果矿样中出现矿泥(-45 μm 的颗粒),那么在润湿矿物表面时可能会出现问题。这种现象可能会发生在某些疏水性矿物上,这会导致读取密度时,数值偏低。可以通过加入一滴润湿剂来减少这种现象,当然,该类润湿剂不会明显地影响水的密度。

(7) 将密度瓶放入干燥器以除去样品中携带的空气。这个步骤对防止度数偏低很有必要。

(8) 将容器排空 2 min 以上。将密度瓶从干燥器中取出,加满蒸馏水(此时不要塞入塞子)。

(9) 接近天平时,插入塞子,让塞子凭自重落入瓶颈处,部分水就会被塞子排出,擦掉这些多余的水。称重,记录为 M3。

(10) 将矿样从瓶中洗净。

(11) 将密度瓶重新加满重蒸馏水,重复步骤 9,称重,记录为 M4。

(12) 记录所用蒸馏水的温度,因为精确的结果,需要进行温度校正。

物料的密度用下式计算:

$$s = \frac{M2 - M1}{(M4 - M1) - (M3 - M2)} \times Df \quad \mathrm{kg/m^3} \tag{3.4}$$

其中 Df 为所用液体的密度。

知道了矿浆和干矿的密度,矿浆的固体质量百分含量就可计算出来。矿浆的总体积为固体物料和水的体积之和,因此,对 1 m^3 的矿浆来说:

$$1 = \frac{xD}{100s} + (100 - x)\frac{D}{100w} \tag{3.5}$$

式中,x 为矿浆的固体质量百分含量;D 为矿浆密度(kg/m^3);s 为固体的密度(kg/m^3);w 为水的密度。

设水的密度为 1000 kg/m^3,为了精确计算,式 3.5 可写成:

$$x = \frac{100s(D - 1000)}{D(s - 1000)} \tag{3.6}$$

测出矿浆的体积流速(F m^3/h)、矿浆密度(D kg/m^3)和物料密度(s kg/m^3)后,就可以计算矿浆的重量(FD kg/h)了,更重要的是,计算矿浆中干矿量的质量流速 M kg/h:

$$M = FDx/100 \tag{3.7}$$

或结合式 3.6 和式 3.7 可得:

$$M = \frac{Fs(D - 1000)}{s - 1000} \quad \mathrm{kg/h} \tag{3.8}$$

例 3.1

矿浆流中物料为石英,流入 1L 的密度壶中。7 s 后充满,矿浆密度用刻度天平测得 1400 kg/m^3。计算固体质量百分含量和矿浆中石英的质量流速。

解:

石英的密度为 2650 kg/m^3。因此,根据公式 3.6,物料的固体质量百分含量为:

$$x = \frac{100 \times 2650 \times (1400 - 1000)}{1400 \times (2650 - 1000)} = 45.9\%$$

体积流速为:

$$F = \frac{1}{7}\ \mathrm{L/s}$$

$$=\frac{3600}{7000}\text{m}^3/\text{h}$$
$$=0.51\ \text{m}^3/\text{h}$$

因此,质量流速为:

$$M=\frac{0.51\times1400\times45.9}{100}$$
$$=330.5\ \text{kg/h}$$

例 3.2

两股矿浆流给入渣浆泵。第一股矿浆流的流速为 5.0 m^3/h,固体质量百分含量为 40%。另一股矿浆流的流速为 3.4 m^3/h,固体质量百分含量为 55%。计算每小时通过渣浆泵的干矿量(固体密度为 3000 kg/m^3)。

解:

1 号矿浆流流速为 5 m^3/h,固体质量百分含量为 40%,因此,根据公式 3.6

$$D=\frac{1000\times100s}{s(100-x)+1000x} \tag{3.9}$$
$$=\frac{1000\times100\times3000}{3000\times60+1000\times40}$$
$$=1364\ \text{kg/m}^3$$

因此,根据公式 3.8,1 号矿浆的固体质量流速为:

$$\frac{5.0\times3000\times(1364-1000)}{3000-1000}\ \text{kg/h}$$
$$=2.73\ \text{t/h}$$

2 号矿浆流速为 3.4 m^3/h,固体质量百分含量为 55%。根据公式 3.9,矿浆的密度为 1579 kg/m^3。因此,从公式 3.8 可知,2 号矿浆的质量流速为 1.82 t/h。通过泵的干矿量为:

$$1.82+2.73=4.55\ \text{t/h}$$

在一些情况下,需要知道矿浆的固体体积百分比。这个参数有时候用于计算工段分选工艺的数学模型。

$$\text{固体体积百分比}=\frac{xD}{s} \tag{3.10}$$

在磨矿计算过程中,还会用到矿浆的液固比,或称稀释比。该参数是如下定义的:

$$\text{稀释比}=\frac{100-x}{x} \tag{3.11}$$

因为稀释比与矿浆中固体重量的乘积等于矿浆中水的质量,故该参数也是非常重要的。

例 3.3

浮选厂每小时处理原矿 500 t。给矿矿浆中,固体质量百分含量为 40%,浮选前加入药剂调浆 5 min，计算所需调浆槽的体积（固体密度 2700 kg/m³）。

解：

矿浆中固体物料的体积流速 = 质量流速/密度

$$= 500 \times 1000/2700$$

$$= 185.2\ \mathrm{m^3/h}$$

矿浆中水的质量流速 = 固体物料的质量流速 × 稀释比

$$= 500 \times (100 - 40)/40$$

$$= 750\ \mathrm{t/h}$$

因此，水的体积流速为 750 t/h。

$$矿浆的体积流速 = 750 + 185.2 = 935.2\ \mathrm{m^3/h}$$

因此，对于停留时间为 5 min 的调浆槽，需要容积为：

$$935.2 \times 5/60 = 77.9\ \mathrm{m^3}$$

例 3.4

计算例 3.2 泵池中的矿浆固体物料的百分含量。

解：

1 号矿浆的固体物料质量流速为 2.73 t/h。矿浆中固体物料的质量百分含量是 40%，因此水的质量流量为：

$$2.73 \times 60/40 = 4.10\ \mathrm{t/h}$$

同样，2 号矿浆水的质量流速为：

$$1.82 \times 45/55 = 1.49\ \mathrm{t/h}$$

总的矿浆输送量为：

$$2.73 + 4.10 + 1.82 + 1.49 = 10.14\ \mathrm{t/h}$$

因此固体物料的质量百分含量为：

$$4.55 \times 100/10.14 = 44.9\%$$

3.4 在线测量质量流的装备

许多现代选厂都使用质量流集成系统，从矿浆流中得到干矿量并连续记录下来。

质量流测试系统基本上包括电磁流量计和带放射源的密度计，安装到向上输送矿浆流的垂直管线上。

电磁流量计（图 3.10）的基本操作原则是基于法拉第的电磁感应原理，即当导体在磁场中运动时，导体中的感应电压与导体的运动速度成正比。假设矿浆完全充满管道，速度就会与流量成正比。通常，大多数液体溶液都是导体，当液体流过流量计管时，切割了磁场，在液体中就会产生电动势，两个小型测量电极安装在与管孔平齐的位置上，对电动势进行测量，流速就会被记录在图表中，或者连续的记录在积分器上。圈式绕组由单向交流电源激发，在管外排布，在圆孔周围提供均匀磁场。这个设备与传统流量测量装置相比有很多优点,其中比较显著的是:不会阻碍矿浆输送;可处理矿浆和有危险的液体;不受液体密度、黏度、pH 值、压力或温度变化的影响。

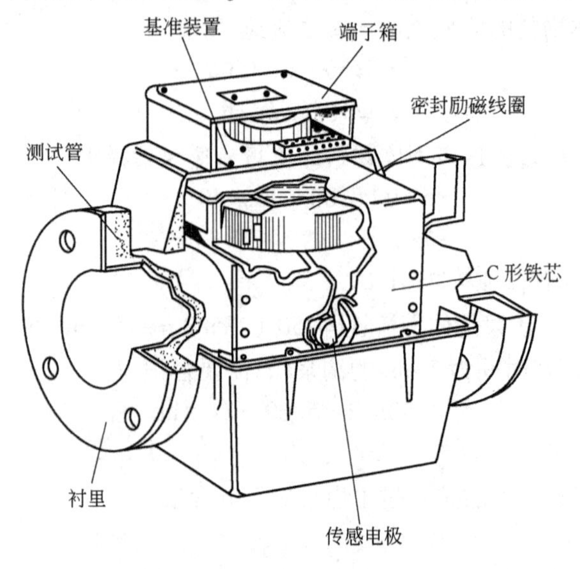

图 3.10　电磁流量计

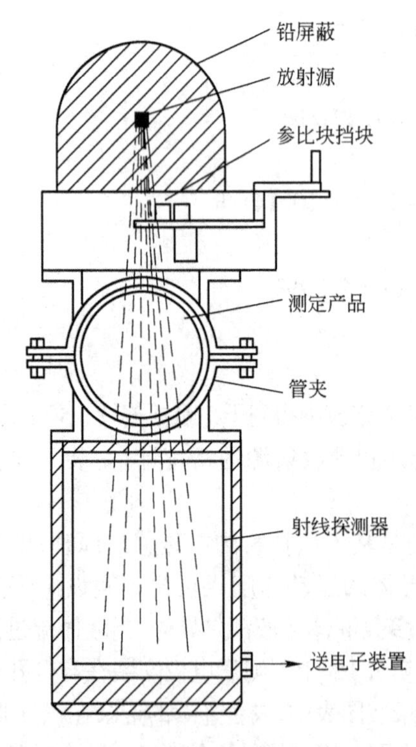

图 3.11　核子密度计

更进一步的研究成果是直流电磁流量计,该系统是采用了脉冲或方形波电流的激发,更稳定,并减少了零位误差。

目前生产中还使用了两种超声波流量计。第一种是将不连续物体(颗粒或气泡)的超声波信号反射入超声波发射和接收的传感器。反射的信号频率会因为多普勒效应而发生变化,该频率与流速成一定比例关系;这类设备通常被称为“多普勒流量计”。因为传感器可在矿浆管外合适的部位安装,因此这类设备非常便捷。

另外一种流量计在倾斜的管路上使用同步脉冲。这类流量计依靠几何学和时间的准确性,具有精确度高的特点。

矿浆的密度可用核子密度计连续地自动测量(图 3.11)。核子密度计的

放射源发射 γ 射线，穿过管壁和矿浆后，射线强度与矿浆密度成反比关系。射线由高效电离箱探测，所发出的电信号直接作为矿浆密度记录下来。使用闪烁探测器的全数字测量设备也已经广泛用于金属平衡计算、控制和仿真。必须先从管道中取样，做传统的密度分析试验，以对该设备进行调校。

质量流系统将流速和矿浆密度组合到一起，前者是由电磁流量计测得，后者是对流经管道的干矿量进行连续的记录，假定矿浆中的固体密度是已知的。该系统可以稳定、精确地对矿浆流称重，完全消除了因操作员的失误和矿样含水造成的误差。另一个优点是该系统可将取样地点，如提升阀阀门，与质量流系统合并到同一位置。质量流系统目前可行性不强，尤其是浮选产品中含有大量气泡，会导致流速和密度数值偏差。

3.5 选矿流程的自动控制

选矿厂的自动控制领域在 20 世纪 70 年代初取得了重要的进展，尤其是对磨矿和浮选的自动控制。取得这些飞速进步的主要原因是：

（1）过程控制体系装备的可靠性有了进步。在线传感器如流量计、密度计和化学成分分析仪非常的重要，在线的粒度分析仪也成功的应用于磨矿流程控制。其它重要的传感器有 pH 计、料位和压力传感器，所有这些装备对过程变量的检测起到了信号连接作用。这使得最终的控制元件，如伺服阀、变速电机和泵，可基于控制器的信号操纵过程变量。这些传感器和最终控制元件还在其它许多行业得到了应用。

（2）复杂数字电脑价格低廉。20 世纪 70 年代，计算机的实际成本每年都会减少一半，微处理器的发展使功能强大的计算机能安装在不断变小的电子元件上。高级语言的发展使软件的应用越来越容易，对选矿流程控制策略的变革提供了更灵活的渠道。

（3）对工艺过程有了更彻底的掌握。这使得各种重要的工艺单元操作的数学建模更加完备。许多数学模型都是纯理论的研究，脱离了生产实际，因此限制了其在自动控制方面的应用。最成功的数学模型则都是结合经验数据和生产实践得到了较好的发展。通常情况下，数学模型得到了改进，从而对工艺过程的理解逐步深化，进而改善了系统的控制技术。

（4）球磨机和浮选机的大型化有利于自动控制，减少了所需检测设备的数量。

安装自动控制系统后，计算成本和利润的财务模型也得到了发展，有报道称安装自动控制系统后，选厂节能效果明显、冶金效率和产量提高以及药剂用量减少，而且选厂的生产更加稳定。

乌尔索和萨斯特瑞(1981 年)以及爱德华等人(2002 年)对选矿工艺控制的理念、术语和实践进行了全面的评述，在本章进行简要的概述，在后面的相关章节也有介绍。

控制系统的基本功能是对选矿工艺过程进行稳定控制，保持选厂按生产计划运行，防止或者补偿对生产的干扰。最终的目的不仅仅是稳定生产，而且要做到优化工艺参数，使经济效益最大化。

为了实现这些目标，设置了各种控制级别，以建立“分布式层级计算机系统”。最低级别为常规控制，此时工艺参数由设置点的各种单独控制回路自动调整。

简单的反馈控制回路能通过泵来控制矿浆，如图3.12所示。

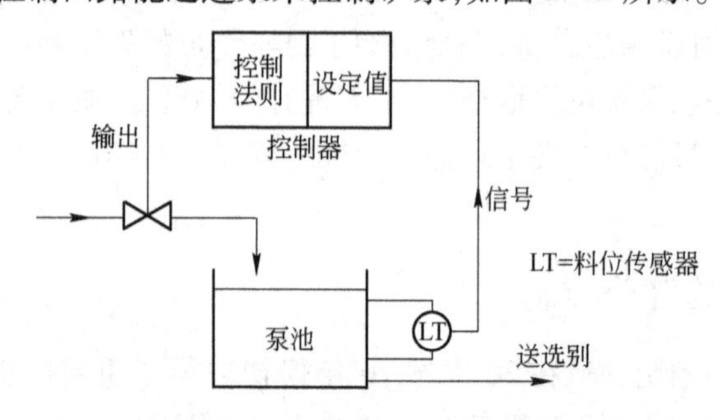

图3.12 简单的反馈控制回路

反馈控制（或称闭路控制）是目前在生产实践中应用最广泛的。料位传感器的信号给入控制系统，所得到的测量值与期望值或设定值进行比较。控制系统根据测量值与期望值之间的差异随即发出信号调整给料阀的开口大小。输出信号由标准控制法则控制，该法则最常见的是一个比例项加上一个积分项再加上一个微分项（PID）的求和运算。PID，或称“三项”控制系统，根据如下公式发出处理信号：

$$m = K_c[e + 1/T_i\int e\mathrm{d}t + T_d\mathrm{d}e/\mathrm{d}t]$$

式中 m——控制系统输出值；

K_c——比例系数（增益）；

e——设定值与测量值之间的偏差；

T_i——积分时间常数；

T_d——微分时间常数；

t——时间。

三项控制系统产生的输出信号目的是改变工艺参数使e值减小到0。K_ce项是对偏差值e的正比作用，在比例常数（或称增益）的作用下，等于K_c。这是比例控制器的一个特点，在单一负荷条件下，能够产生精确地修正。在其他所有负荷条件下，设定值与修正输出值一定要有一些偏差，这称为“校正”。

校正可以用公式中的第二项消除，$K_c/T_i\int e\mathrm{d}t$，这是个积分项，或称“重设控制”。这个积分项以一定速度改变被操纵变量m的值，被测变量与设定值的偏差和积分项的改变速度成比例关系。这样，如果偏差翻倍，则最终控制对象（如阀门、给矿机或泵）也最快速度地做出反应，通过量或处理量也翻倍。当被测值就是其设定值,如 $e=0$,此时最终控制元件保持静止,对时间的积分,T_i 是偏差改变过程中操控变量的时间变化,通常被称为“重设速度”(每次重复积分时间的倒数),定义为控制响应中比例项的每分钟覆盖次数。

如果负荷发生较大的和持续的变化,那么积分项的控制就会出现问题,因为此时变量的测定值与设定值有长时间较大的偏差。例如,整个生产自动启动时,就会出现这样的状况,此时积分项的作用就会远远超过控制变量的预设值。在启动时被测变量是0,所以控制输出的数值就是最大值,此时测量值与预设值的差值就最大。控制元素直到实测值超过预设值时才会关闭。微分项的作用减少了控制器输出数值与速度对时间微分变化的比例,避免了实测值远远超过设定值。但是当连续操作时积分项和微分项就会相互影响,且大多数实际应用的控制系统只使用比例项和积分项,这就是所谓的“PI 控制系统”。

常数 K_c 和 T_i(和 T_a)在控制系统上可以根据工艺参数的条件进行调整,工艺输出的实际值与预设值的偏差等参数是上述常数调整目标的依据,并能够最快地得到修正。例如,如果控制系统得到的增加值(K_c)较小,那么控制响应就会很小,过程的稳定时间也会相当长。但是,如果增加值超过某一范围时,系统就会变得不稳定。较高的增加值会使输出数值更好地与设定值匹配,使控制系统比实际需要更大地调整控制作用。当反应到输出数值时,就会超过预设值,并且偏差不仅仅是逆转,而且比初始状态更大。控制作用此时也会逆转,再一次调整过渡,因为系统的瞬变特点会有一定的延迟,输出值会比之前更多地逆转。增加值通常会在振动开始时达到最优值。在大多数控制系统中,对时间的积分(T_i)也有同样的规律,或比前述的振动要稍弱一些。建立控制参数最优值的经验规则是从齐格勒和尼克尔的原始工作中演变而来的。

在实际应用中使用数字计算机更合适的代替方式是:

$$m_i = K_1 e_i + K_2 e_i \Delta t + K_3 \left(\frac{e_{i-1} - e_i}{\Delta t} \right)$$

式中 脚标 i 指时间阶段 Δt,与过程响应相比较小;

K_1——控制增益,与之前相同;

K_2——积分时间的逆向常数;

K_3——微分时间常数。

尽管各种工艺可能由独立的模拟控制系统控制,目前通过一台工艺计算机在预设点对变量进行控制已经越来越普遍。这种直接数据控制要求测量装置的模拟信号通过模拟 - 数字转换机转换成数字脉冲,且电脑中的数字信号被转换成模拟信号传输给转换器,转换器将模拟信号转换成机械动作,以操作控制装置。

尽管预设值可能由人工调整,但是通过不同层级中的其他电脑自动控制预设值的做法更为可取。管理级或者串联级的控制可以使用反馈循环,如在浮选过程中的给药规则与浮选尾矿的金属含量相互响应(见图3.13)。

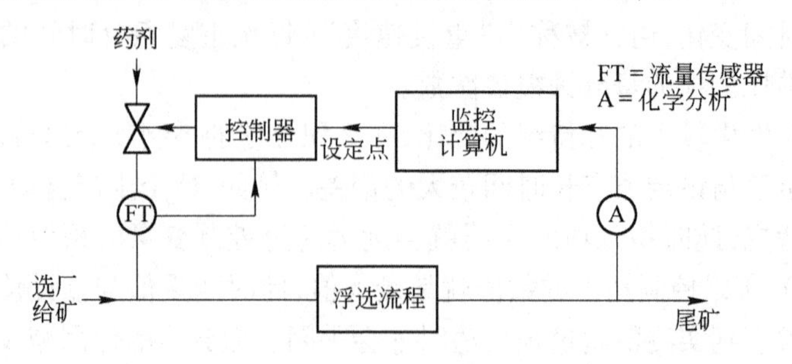

图3.13 带监控的反馈回路

尾矿金属含量的变化由管理级计算机监控,用工艺运算规则,修正常规控制回路中工艺计算机的预设值。开发运算法则,使之能适应石英矿石类型的变化,并能规定最大和最小药剂添加量的限度,这个浮选控制的难题仍然没有完全被攻克。

反馈控制回路的缺点是只在系统干扰发生之后才会对干扰进行补偿,且工艺流程在控制信号和测量信号之间有一定的滞留时间,当滞留时间与控制时间延迟大致相等时控制系统对操纵变量的控制效果才显现出来。

前馈控制回路解决了这个缺点,已经在浮选工艺中得到了应用,控制添加一种特效药剂。这种控制回路的示意图见图3.14。

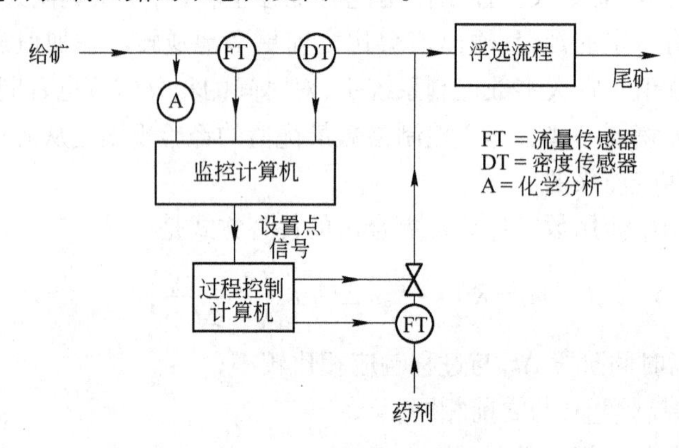

图3.14 前馈控制系统

矿浆流速和密度用电磁流量计和密度计分别测量,所得两种信号经过计算得到固体干矿的质量流量,化学分析的信号与以上数据综合处理,得到有用矿物金属的工艺质量流速,得到的结果用于计算所需的药剂用量,以保持生产单位重量的金属所需要的药剂添加量常数。新的设定值与药剂流速的测定值进行比较,并以前述方法进行调整。此类控制回路的成功应用依靠控制变量(如药剂流)与变量测量值(金属流速)之间一贯的和可预测的关系,而当选矿厂给矿发生明显变化时,控制就会失败。因为药剂量的基础是矿石中的矿物含量,而且这只能从金属含量中推算出来，因此矿石工艺矿物学的变化或循环药剂浓度的变化会引起不可测的干扰，这对于此类单纯的前馈回路是无法进行补偿调整的，因此有时要结合反馈数据进行调整，即不存在适合所有矿石和工艺的自动控制方法。

图3.15是一种简单的前馈/反馈系统，用于控制药剂添加量，以保持最适宜的尾矿金属损失。

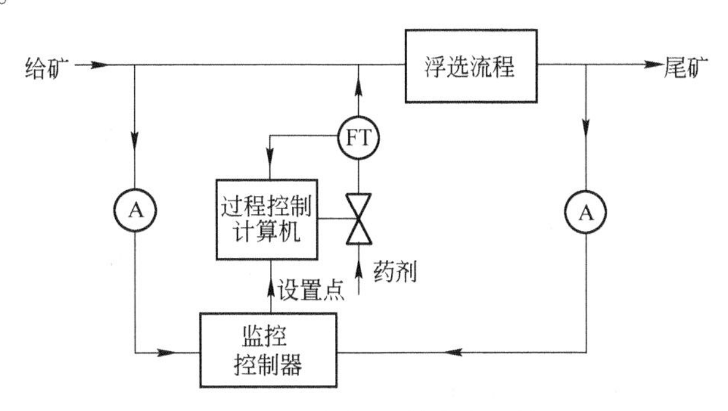

图3.15　前馈/反馈控制系统

最适宜的尾矿金属损失用原矿的化验结果和前馈运算法则计算得到。药剂添加量受预设值控制，并根据计算值与实际尾矿化验结果之间的差异进行调整。该系统的缺点是，由于结合了简单的反馈回路，给矿品位和尾矿品位之间变化的响应有一定的时间延迟（即给矿后需要经过长时间的选别才能得到精矿和尾矿，测得的尾矿品位并不是同时测得的原矿经过分选得到的产品——译者注）。

用PI或PID型控制系统进行单一变量控制，尽管这是大多数工艺控制的方法，但是也有一定的局限。其中之一就是在工艺的全程控制中，各种控制回路之间有严重的相互作用现象，或称"耦合行为"。正常的去耦技术，可能导致系统"失调"，如减缓其中一个控制回路响应，只能部分消除这种相互作用，多变量控制可能是解决问题的办法之一，这种控制方法是在控制系统的设计中对相互作用进行特殊的调整。

单独的PI控制也有很大的局限性，主要因为选矿过程的长时间延迟；除非控制系统失衡，控制系统的输出数据还不至于引起生产波动。失衡的PI控制系统的响应会非常慢，对于许多工艺都不太适合，因为输出数据的波动导致工艺的混乱，所以对于存在长时间延迟的选厂（选别流程较长——译者注），PI控制系统都会加入动态校正。

PI控制器的调整是一种复合调整，因为大多数选厂生产都是非线性的，且控制系统中通常会遇到过程响应的变化，这经常是由矿石性质的变化引起的。有些波动因素，如矿石硬度、矿浆黏度和解离特性等等，都是很难甚至无法检测的。在这样的情况下，必要的控制器增益设置就是变化的，强迫固定增益使之适合工艺过程结果数据的动态平均运行状况，会导致糟糕的控制效果。为了克服这些缺陷，一系列的"现代"模型控制技术得到了开发应用，不只是自动调整控制器，而且还能优化和控制预设值。

可靠的在线模型的开发可以使控制方法不断地“自适应”，这就克服了传统的 PI 控制技术的某些弱点。现在带有微处理器的控制系统可以评价先前的控制回路的效果，并修改控制系统参数来适应现有的动态过程响应。这种“自适应”控制不仅根据负荷动态变化进行调整，而且根据时间条件和（或）随即动态变化特点进行调整。

最终的控制目标不只是对工艺过程进行稳定，而且对工艺过程性能进行优化，从而提高经济效益。这种高层级的控制已经在一些选厂进行了尝试，取得了一定的成功，只有当选厂在可靠的监控和稳定的操作条件下，才能实现高效的生产优化。渐进优化（EVOP）方法是通过操作控制器的预设值以保持过程效率活动方向的连续或逆转，以实现更高水平的控制效果。

工艺效率是由合适的经济准则决定的，这些准则使选矿厂能够经济高效运营（见第 1 章）。控制变量根据预先确定的策略进行改变，工艺效率的效果是在线计算的。如果控制变量的变化提高了效率，那么同向的变化就会继续，否则变化方向就会逆转；最终，效率应该能达到最高点。

控制浮选流程的药剂逻辑流程见图 3. 16。该系统中加入了警报器，在计算机经过计算和调整无法停止不断下滑的生产指标时就会向工艺操作人员发出警报。之后可以对不受控制策略作用的工艺变量进行调整。在寻找效率峰值的过程中，控制系统会扮演一个智能的角色。这个过程与技术人员的做法很相似，是根据工艺条件的变化而进行操作。

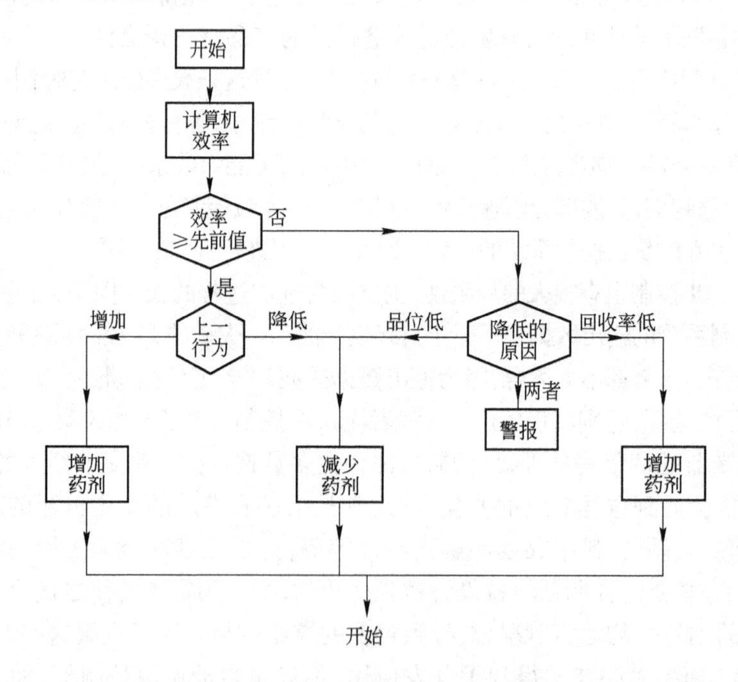

图 3. 16　优化系统的控制逻辑图

渐进式控制方法很简单,不是利用工艺数学模型。但是,该方法实现了某些形式的工艺模型,这些模型可更精确的预测工艺指标,这对有效地优化生产是很必要的,因此,目前大多数的优化控制系统都是基于模型的控制策略。

基于这一控制模型的应用在图 3. 17 中进行了简要叙述。

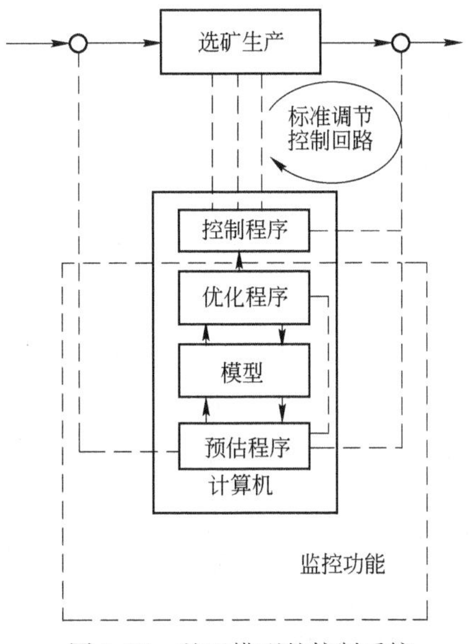

图 3. 17 基于模型的控制系统

预测程序的功能是将模型的预测与工艺实测值组合考虑,来确定系统的状态。优化程序选择一系列经过计算得到的控制响应以对目标函数进行最大化和最小化。标准 PI 控制器的定位点在优化过程中计算出来。在预测程序中,工艺的模型与实际生产同步运行,生产中的数据输入到模型中去。

这些修正的数据改变了模型的参数和状态,以便能够更好的使预测值与实际过程相匹配。预测参数是基于循环估计,或卡尔曼滤波器,当每次数据更新时,预测程序随时间的推移不断地更新预测值,而不是收集所有数据后再单独处理(图 3. 18)。

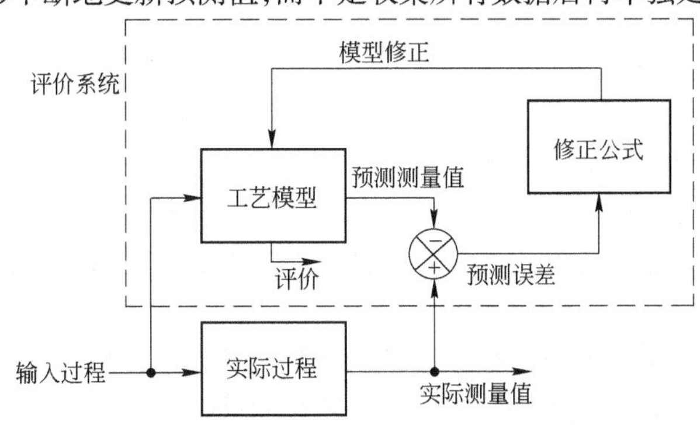

图 3. 18 递归估计操作的原理图

简单的循环最小二乘法在更新模型参数中最经常使用：

$$y(t+1)=a_1y(t)+\cdots+a_ny(t-n+1)+b_0u(t)+\cdots+b_nu(t-n+1)+z(t) \tag{3.12}$$

式中　$y(t)$——t 时刻工艺输出的数据；

$u(t)$——t 时刻工艺输入的数据；

$z(t)$——t 时刻输出的噪声；

$a_1\sim a_n, b_1\sim b_n$——模型参数。

因为模型参数连续地更新，依据公式3.12，可以对分选的动力学行为进行相当精确的预测。

模型参数可用于计算控制参数。这项技术的控制规则需要不断地根据当前分选工艺的特点进行相应的调整。

另外，工艺与管理控制的计算机中，终端电脑可能被组合到不同的层级中。该电脑通常安装在中心控制室中（图3.19），并且根据管理计算机的指令进行调整，除此之外，完成诸如记录和评估生产数据、生成并打印生产轮班表、每日和每月的生产报告以及管理选厂的停车和开车之类的工作。

图3.19　奥托昆普派哈萨米选矿厂控制室

计算机可以允许操作人员输入信息，如金属价格的变化、冶炼厂的收购条款、药剂成本等等，以此帮助优化管理控制系统的参数设置。

更好的分析生产数据以及更强大的计算机可为选厂在线优化产值。霍德沃斯2002年报道了阿拉斯加格林格里克银－铅－锌矿的自动控制生产实践。该选厂采用了众多仪表对选别工艺进行检测，生产中采用在线物料平衡系统，该系统源于生产中最后2h的数据。平衡的数据用于校正一个简单的浮选模型。技术人员可以随之改变生产参数，根据简单的冶炼厂收购条款模型来调整生产策略，即生产低附加值的混合精矿还是生产高附加值的铅精矿和锌精矿。

统计工艺控制是用简单图示技术（包括控制图和累计总数图）随时间序列绘

制生产数据,并与统计学方法联合,通过对某些生产数据标准(如回收率过低或者精矿品位过低)进行判断,确定分选工艺是否失控。这些方法可以作为生产决策的工具或者用于分析历史数据。

基于模糊逻辑规则的控制系统在技术上越来越成熟。范德斯潘等人提出了“在线专家”方案,能提供技术人员的训练和支持。基于实际生产条件规则的专家系统在实践中证明是非常有效的,其中高级控制方法可能更合适。

专家系统已经广泛用于自磨机和半自磨机的控制。专家系统以其英语式的规则深受技术人员的喜爱。这些规则某种程度上是自我记录的。

3.6 神经网络

神经网络是基于单一神经元或脑细胞的概念模型。神经元有多个输入端和至少一个输出端。当多个输入端数值的总和(每个输入端的数值乘上一定的权重)达到某一设定数值时,神经元就会被触发,并发出一个输出信号,此输出信号可以作为更深一层神经元的输入信号。

典型的应用系统一般有三个层次,如图3.20所示。神经网络可以用以下方式“训练”:用一个已知的输入设置和权重调整,直到输出满意的结果。

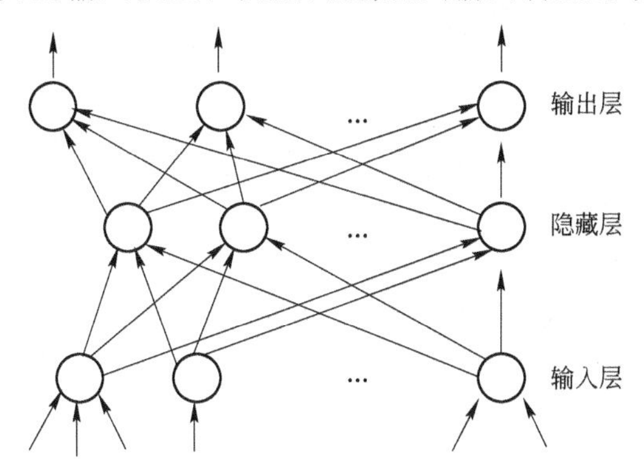

图3.20 人工神经网络,包括工艺参数或神经元(圆圈)的输入、单独的隐藏层和输出层

神经网络已经成功应用于模式识别,例如光学特性的识别。神经网络的“训练”应该制定一套完整、严格的试验设计方案,以调整关键的变量。缺点是神经网络只能单一的模仿操作,而不能对用户提供预判。如果训练过程持续时间太长,神经网络也会对其它干扰数据进行建模。因而有必要对这些干扰数据进行测试。

3.7 专家系统

专家系统已经从基础研究发展到了人工智能,并且计算机程序能够在某些特定范围内模拟人类专家的推理运算。本质上,这些还是计算机系统,可以高质量的完成工作任务,但是人类可能需要多年的教育、训练或工作经验。它们目前为止主要应用于工艺诊断、操作支持和训练(非在线系统)。

但是,现代自适应控制方法要求高级数学运算,这可能使专家系统的在线控制得到推广。许多选厂是由有经验的技术人员进行高效的操作和管理,而并没有精确的控制体系,许多情况下,选厂的工人经常拒绝自动控制设备。这表明对计算机控制不太严格的方法可能更合适,尤其是对浮选操作。

选矿技术人员经常根据经验进行推测,这就是所谓的“启发”。模糊逻辑理论是对模糊条件的有序集合进行开发,提出了控制策略的近似描述,如控制器的修正和改进可以在不需要特殊技能的条件下得到执行。这些条件的形式为:如果 A,那么 B。其中 A 和 B 代表着语言表达式诸如品位“高”和药剂增加“很多”。所有的条件规则组合到一起,构成了控制选矿厂的模糊决策法则。哈里斯和米赫对模糊控制进行了精彩的介绍,如何将模糊控制应用在中碎工厂的仿真模型。该方法很简单,可用于其它的体系,如磨矿、浮选和固液分离。

3.8 流程设计与计算机仿真优化

计算机仿真已经成为选矿厂设计与优化方面一种非常强大的工具。选矿厂的投资与选矿工艺的运行成本很高,为了减少这些成本并使产品符合预期的冶炼性能,工程师必须能够为最后的设计精确预测每个流程所生产出产品的冶炼性能,并且对成本进行核算,以根据这些数据选择设计的细节。为了实现这些目的,可以利用仿真技术,且最近这个领域取得了巨大的进步。

计算机仿真与数学建模紧密的结合,且现实仿真主要依靠精确和有意义的物理模型。模型是一个公式或者一系列的公式,这些公式将响应(独立变量)与可控的独立变量相互关联。它们有三种形式——理论的、经验的和现象的。

理论模型是最有效的,因为它们在完整的范围内都是有效的,都是从基本科学的原则中演变出来的,这需要对过程有充分的理解。但矿物加工模型则很少是这种模型,因为其中物理化学过程过于复杂。

经验模型最简单,是从生产过程中获得的数据中总结出来的。经验模型比理论模型更容易得到,包括基本原理和许多试验。经验模型经常以过程变量的方式表述过程性能,利用简单的线性回归方法,且这些模型只适用于特殊的工艺,或只在所收集数据的操作界限内有效。举一个简单但是常见的经验模型——分割曲线,它是用来评价分级效率和分选工艺的模型(见第 9 章和第 11 章)。尽管很多人认为该模型不甚合理,但它能简单并且方便地计算出结果,对其进一步的研究经常能更好的理解工艺过程,并可以依据该模型得到更多综合的模型,因此得到了广泛的使用。

正常的模型是理论模型与经验模型的组合。这就是现象模型。该类模型是机械的工艺过程描述与由试验得到的(而不是从基本科学中得到的)有物理意义的过程参数相互协同。这类模型的典型例子是群体平衡方法,主要应用于模拟粉碎过程(见第5章)。这类模型在工艺过程方面比经验模型更具有现实代表性,更能进行推断。通过关联计算参数值与过程的操作变量,模型的有效性可以进一步扩展。

数学模型既可以是动态的(与时间相关)也可以是静态的。静态的模型目前占主导地位,尽管我们期待着未来动态模型将得到更广泛的应用,尤其是对控制系统,因为过程变量中的时间变量在工艺过程的操作中起了重要的作用。

金2001年发表文章,对建模和仿真方法进行了较好的综述。碎磨和分级模型得到了较好的发展并在日常设计和生产优化中应用广泛。浮选的动力学模型也在设计和优化生产中得到了应用,并且新的、更强大的浮选仿真方法已经在实际中得到了应用。重选和重介质分选模型近年来也有一些研究成果,但是还没有广泛的应用。矿物解离的模型也有了明显的进步,但也没有突破常规。

一些矿物加工领域的仿真产品目前已经问世:JKSimMet、USimPac、Modsim和Plant Designer等。前两个仿真系统能提供强大的数据分析与模型调校能力。Limn是一个流程解决方案包,是基于Microsoft Excel最高层级开发的具有仿真能力的工具包。

图3.21是在选厂设计和工艺优化时,用仿真系统预测选矿指标的步骤。主要的输入参数是物料的特性(如可磨性或可浮性)以及工艺模型的参数。其中工艺模型的参数由分析生产数据(优先考虑)或者分析参考文献中的数据获得。

计算机仿真有明显的优势,即可以精确预测改变流程后产品的冶炼性能,这就能用于优化设计,也能精确预测工艺过程的矿浆流速,这可以用于泵和管道的选型,大大减少了繁重和高成本的工业试验。但是计算机仿真的危险来自于它巨大的计算能力和相对简单的操作。使用计算机仿真时,必须牢记所用模型的真实操作范围,也要牢记设备的工艺限制条件,如泵的能力。同时也需要记住,用好的仿真模型处理糟糕的数据或用糟糕的模型参数进行分析,都会得到貌似好看的垃圾结果。这就是GIGO(输入垃圾-输出垃圾)效应的一个例子,而计算机程序经常会出现此状况。计算机仿真是一个强大而有用的工具,其研究结果对合理的冶金评价起到了补充作用,并能帮助理解被仿真的流程和冶金目标。

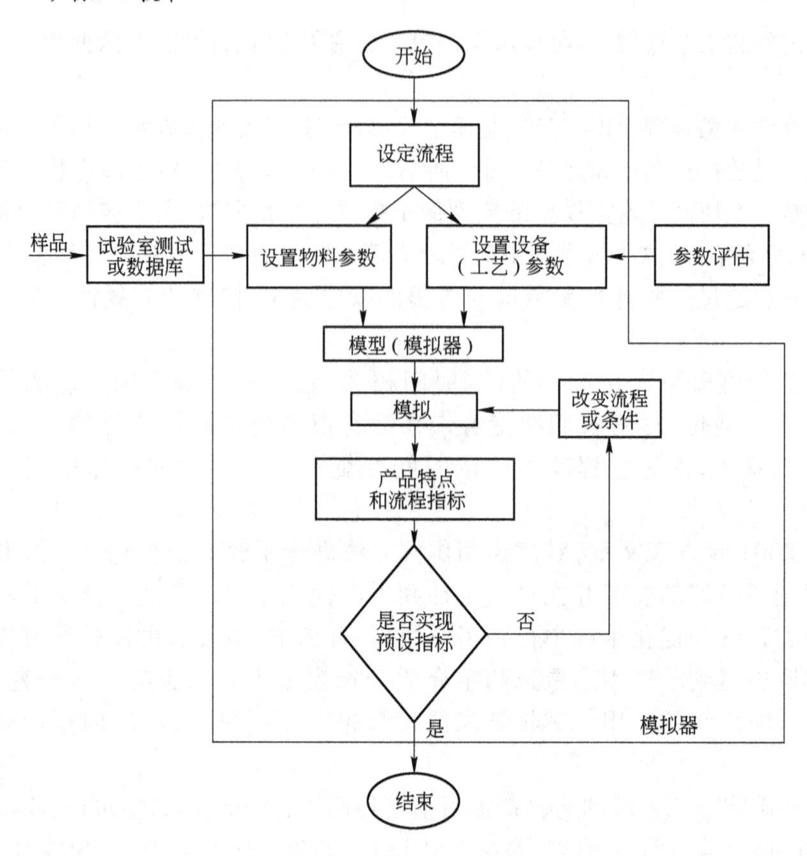

图 3.21　优化设计或指标的仿真过程

3.9　质量平衡方法

为了评价选矿厂的各种指标，并利用评价的结果来改善选厂的生产控制，有必要阐明物料产品的走向和所含各组分的重量。

质量平衡对有用矿物或金属分布计算尤其重要，在这方面，两产品公式最常用到。

如果原矿、精矿和尾矿的质量分别记作 F、C 和 T，它们相应的化学分析结果是 f、c 和 t，那么：

$$F = C + T \tag{3.13}$$

即　　物料输入 = 物料输出

且

$$Ff = Cc + Tt \tag{3.14}$$

即金属量（或矿物）是平衡的。

因此

$$Ff = Cc + (F - C)t$$

经过移项合并同类项得到：

$$F/C=(c-t)/(f-t) \tag{3.15}$$

其中 F/C 表示选矿比。

选矿的回收率为 $(Cc/Ff)\times 100\%$，经过变换得到：

$$回收率=100c(f-t)/f(c-t)\% \tag{3.16}$$

当回收率、选矿比和富集比 (c/f) 能单独从化验结果确定时，两产品公式通常为生产控制提供信息，尽管这些数据会回溯到生产过程，但取决于收到和处理分析结果所用的时间。直接控制需要连续计算以提供冶炼性能的实时数据。

例 3.5

浮选厂的给矿中含铜 0.8%。精矿 Cu25%，尾矿 Cu0.15%。计算精矿铜的回收率，选矿比和富集比。

解：

选矿回收率（公式 3.16）：

$$\frac{25(0.8-0.15)}{0.8(25-0.15)}=81.7\%$$

选矿比（公式 3.15）：

$$\frac{25-0.15}{0.8-0.15}=38.2$$

富集比为：

$$25/0.8=31.3$$

3.9.1 金属平衡

评价选矿厂生产有很多的方法。大多数选厂进行金属平衡计算，评价每一个生产班组的绩效，计算的结果会累计更长的一段时间（每日、每月、每年），得到总体的生产绩效。

尽管精矿在装载到火车或汽车之前都进行了精确的称重，但以这种方式称重得到的精矿产量不大可能与实际产量一致，特别是在换班期间，因为在选厂和最终处置区之间经常会有变化的滞留区。滞留区可能包括储存的精矿，浓密机、过滤机、搅拌槽等设备中的精矿。对于生产班组的绩效，入选矿石的重量通常是精确称量的，这是计算各产品重量的基础。样品也是定期从给矿、精矿和尾矿产品中采集，在每班工作结束时采集和化验各混合样品。公式 3.15 可用于计算精矿的产量，进行金属平衡计算。例如，假设选矿厂每班期间处理 210 t 矿石，品位 2.5%，产出品位 40% 的精矿，尾矿品位 0.20%。

根据公式 3.15：

$$\frac{F}{C}=\frac{40-0.20}{2.5-0.2}$$

则

$$C=12.1\text{t}$$

尾矿质量为210.0－12.1＝197.9t。

此生产班的金属平衡可制作成表3.3。

表3.3 班组1绩效

项　目	质量/t	化验结果/%	金属量/t	金属分布/%
原　矿	210.0	2.5	5.25	100.0
精　矿	12.1	40.0	4.84	92.2
尾　矿	197.9	0.20	0.40	7.8

精矿中的金属分布(即回收率)为4.84×100/5.25＝92.2%；与公式3.16得到的数值一致。假设下一个班组处理了305t矿石，原矿品位2.1%，精矿品位35.0%，尾矿品位0.15%。此班组的金属平衡计算做成表3.4。两个班组的综合金属平衡计算是将相同物料的重量和金属量进行累加，然后将相应地得出总的品位和分布率(表3.5)。

表3.4 班组2绩效

项　目	质量/t	化验结果/%	金属量/t	金属分布/%
原　矿	305.0	2.1	6.41	100.0
精　矿	17.1	35.0	5.99	93.45
尾　矿	287.9	0.15	0.42	6.55

表3.5 合并的绩效

项　目	质量/t	化验结果/%	金属量/t	金属分布/%
原　矿	515.0	2.3	11.66	100.0
精　矿	29.2	37.1	10.83	92.9
尾　矿	485.8	0.17	0.83	7.1

同样地，班组的金属平衡可以周、月或年为时间单位进行累加，得到实际的原矿量和各产品的平均品位。很明显，计算得出精矿和尾矿的重量是与产品的化验品位值相符的，“完美的”金属平衡总是用这种方法计算出来的，因为两产品公式总是与得到的数据保持一致的，即 $Ff-Cc-Tt=0$。

一个更真实的金属平衡评估可以精确称重另一组产品，与计算值进行比较(检入－检出法)。例如，对于上一个例子，精确称重两班的精矿产量，是28.8t，那么就能得到理论回收率和实际回收率，见表3.6。

表3.6

项　目	质量/t	化验结果/%	金属量/t	金属分布/%
原　矿	515.0	2.3	11.66	100.0
精　矿	28.8	37.1	10.68	91.6
未计算的损失			0.15	1.3
尾　矿	486.2	0.17	0.83	7.1

此处得到了实际回收率(91.6%),与理论回收率值之差可看作是未计算的损失(1.3%)。假设在物料平衡中没有终止误差,即 $F-C-T=0$,那么产品的重量就是正确的。当然,任何选厂都会存在物理损失,也会将物理损失尽力降到最低。如果可以精确得到第三个重量(非常困难),那么闭合误差就能记为物料的未计算损失(或增益)。

正如之前提到的,因为在选厂和精矿堆存区或冶炼厂之间存在滞留现象,因此很难得到短时期内精确的精矿产量,尤其是对大型选厂。

如果进行每月的平衡计算,例如滞留区的变化可以量化每月初滞留在选厂浓密机、过滤机中的精矿,也可以量化选厂与冶炼厂之间的运输卡车或者其他装卸设备中的精矿,然后,滞留变化就可以用于调整冶炼厂进而获得计算生产数字。

例如,假设冶炼厂每月从选矿厂收到精矿 3102 t,品位 41.5%。产品堆存工段滞留的精矿就可以由月初和月末数据确定,见表 3.7。

表 3.7

	质量/t	品位/%	金属量/t
月初			
浓密机	210	44.1	92.6
搅拌机与过滤机	15	43.9	6.6
运输至冶炼厂	207	46.9	97.1
总滞留	432	45.4	196.3
月末			
浓密机	199	39.6	78.8
搅拌机与过滤机	25	40.8	10.2
运输至冶炼厂	262	39.3	103.0
总滞留	486	39.5	192.0

每月的精矿产量可以进行如下计算:

	质量/t	品位/%	金属量/t
收到精矿	3102	41.5	1287.3
滞留变化	+54	—	-4.3
产　品	3156	40.7	1283.0

可以看出,在这种情况下,精矿的库存会持续地增加,这样产量也会持续增加,但是库存的金属量在减少,这样就降低了金属的产量。尽管库存精矿的品位可以在精矿堆和卡车上取样和化验,但依靠对生产班组金属平衡的精矿化验结果进行加权计算可能更精确一些,而不是调整上述的数据。

例 3.6

对班组金属平衡的累积可以看出,铜浮选厂每月处理的干矿量是 28760t,原矿品位是 1.1%。加权后的精矿和尾矿品位分别为 24.9% 和 0.12%。每月冶炼厂收到的精矿是 1090.7t,品位是 24.7%。

在月初,257t 精矿在运往冶炼厂的途中,在月末,210t 精矿在运输中。对月产量的金属平衡数据制表,计算为平衡的铜损失并比较实际与理论回收率。

解:

该月库存变化为 210 − 257 = −47t。因此精矿产量为:

$$1090.7 - 47 = 1043.7\text{t}$$

金属平衡:

	质量/t	Cu 品位/%	Cu 金属量/g	Cu 金属分布/%
原　矿	28760.0	1.1	316.4	100.0
精　矿	1043.7	24.9	259.9	82.1
未平衡损失			23.2	7.3
尾　矿	27716.3	0.12	33.3	10.5

实际回收率是 82.1%,理论回收率是 82.1% + 7.3% = 89.4%。显然数据有很大的矛盾,这就说明采样、化验或产品的在线称重有较大的误差。要注意到,许多未平衡损失是测量精确度和准确度造成的(或这方面的缺失),如果定义合适的界限,未平衡的损失就不会引起关注。

因为本质上是不存在额外(多余)的数据,所以很难确定可能的误差源。对额外或多余数据的分析是改善数质量流程评估的重要办法,被认为是"多余数据调整",方法如下。

3.9.2 数质量平衡中粒度分析的应用

许多选矿设备如水力旋流器和某些重选设备,可对物料进行较好的粒度分级,粒度分析数据经常在两产品公式中有效地使用。

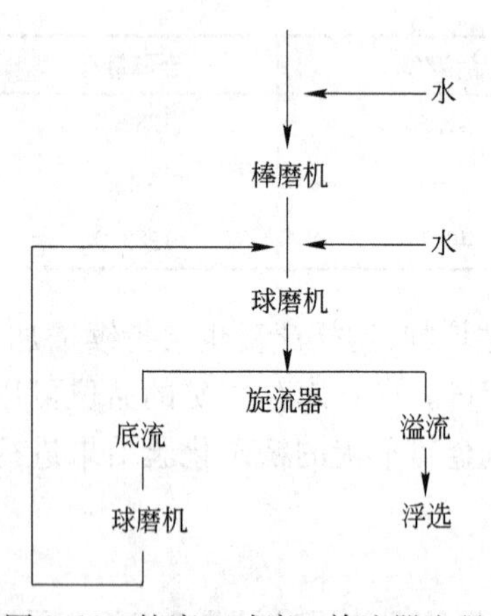

图 3.22　棒磨 - 球磨 - 旋流器流程

例 3.7

在图 3.22 的流程中,棒磨机的干矿给矿量为 20 t/h(密度 2900 kg/m^3)。旋流器给矿的矿浆固体质量浓度为 35%,棒磨机排矿、球磨机排矿和旋流器给矿的粒度为:

棒磨机排矿 +250 μm 26.9%

球磨机排矿 +250 μm 4.9%

旋流器给矿 +250 μm 13.8%

计算旋流器给矿的体积流速。

解:

旋流器给矿节点的物料平衡是:

$$F = 20 + B$$

F 是旋流器给料，B 是球磨机排矿。

因此 $F = 20 + (F - 20)$，+250 μm 的物料平衡为：

$$13.8F = (26.9 \times 20) + (F - 20) \times 4.9$$

$$F = 49.4\ \mathrm{t/h}$$

$$固体物料的体积流速 = 49.4 \times 1000/2900 = 17.0\ \mathrm{m^3/h}$$

$$水的体积流速 = 49.4 \times 65/35 = 91.7\ \mathrm{m^3/h}$$

因此，旋流器给料的体积流速 $= 17.0 + 91.7 = 108.7\ \mathrm{m^3/h}$。

3.9.3 在质量平衡中使用固液比

水在选矿厂生产中起到了非常重要的角色。不只是流程中固体物料的输送介质，而且是大多数矿物进行分选的介质。每个选矿阶段都要求不同的矿浆浓度。例如球磨机，大多球磨机操作要求65%以上的磨矿浓度，球磨机排矿给入水力旋流器时需要加水稀释。大多数浮选生产要求矿浆浓度在25%～40%，重选设备如莱克特锥形选矿机，在55%～70%的矿浆浓度条件下分选时效率最高。选矿厂生产消耗大量的水。处理量1000t/d的选矿厂，水的需求量是$20\ \mathrm{m^3/min}$，如果不实施某些形式循环措施，水的成本就会非常昂贵。

如果矿浆在一个单元工艺前脱水，那么得到的水就可以作为流程中其他作业给料的补加水。因此，为了优化指标，在流程中的所有位置都要对水的需求量进行优化以得到合适的矿浆组成。两产品公式在水平衡分析中有很大的用处。

水力旋流器给料中矿浆固体质量浓度为f%，得到两种产品，底流中固体质量浓度为u%，溢流中固体质量浓度为v%。如果给矿、底流、溢流中单位时间内固体物料的重量分别为F、U和V，计算旋流器平衡条件下的操作参数为：

$$F = U + V \tag{3.17}$$

矿浆给料的液固比 $= (100 - f)/f = f'$。同样地，底流的液固比 $= (100 - u)/u = u'$，溢流的液固比 $= (100 - v)/v = v'$。

因为进入旋流器的水的重量等于两产品中水的重量之和，因此水的平衡为：

$$Ff' = Uu' + Vv' \tag{3.18}$$

结合公式3.17和式3.18，可以得到：

$$U/F = (f' - v')/(u' - v') \tag{3.19}$$

例3.8

旋流器给矿为20t/h干矿。旋流器给矿矿浆质量浓度为30%，底流为50%，溢流为15%。计算底流中每小时的干矿量。

解：

给矿的液固比 $= 70/30 = 2.33$

底流的液固比 $=50/50=1.00$

溢流的液固比 $=85/15=5.67$

旋流器的物料平衡：

$$20=U+V$$

式中，U 为底流中每小时的干矿量；V 为溢流中每小时的干矿量。

旋流器水的平衡：

$$20\times 2.33=1.00U+5.67V$$

$$46.6=U+5.67(20-U)$$

$$U=14.3\,\mathrm{t/h}$$

例 3.9

实验室旋流器对石英（$2650\,\mathrm{kg/m^3}$）进行分级，矿浆密度为 $1130\,\mathrm{kg/m^3}$。矿浆底流密度为 $1280\,\mathrm{kg/m^3}$，溢流密度为 $1040\,\mathrm{kg/m^3}$。

3.1 s 取到了 2 L 的底流样品。计算旋流器给料的质量流速。

解：

给料的固体质量浓度为（式 3.6）

$$\frac{100\times 2650\times 130}{1130\times 1650}=18.5\%$$

同样地：

底流的固体质量浓度为 35.1%，溢流的固体质量浓度为 6.2%。

因此，给料、底流和溢流的液固比分别为 4.4，1.8 和 15.1。

底流的体积流速为 2/3.1（L/s）

$$\frac{2\times 3600}{3.1\times 1000}\,\mathrm{m^3/h}=2.32\,\mathrm{m^3/h}$$

因此，底流的质量流速为（式 3.7）

$$2.32\times 1280\times 35.1/100=1.04\,\mathrm{t/h}$$

因此，根据旋流器的水平衡

$$4.4F=1.04\times 1.8+(F-1.04)\times 15.1$$

计算得到给矿质量流速 $F=1.29\,\mathrm{t/h}$。

以上例子中，两产品的平衡可单独用矿浆密度计算，避免了转换成固体质量浓度和液固比。因此，固体物料的密度不需要测量（假设三种产品中的物料是相同的）。

根据旋流器的物料平衡：

$$F=U+V$$

根据矿浆重量的平衡：

$$\frac{F}{给料浓度}=\frac{U}{底流浓度}+\frac{V}{溢流浓度}$$

如果f、u 和 v 分别为给料、底流和溢流的矿浆密度，那么根据公式 3.6：

$$\frac{Ff(s-1000)}{100s(f-1000)}=\frac{Uu(s-1000)}{100s(u-1000)}+\frac{Vv(s-1000)}{100s(v-1000)}$$

即：

$$\frac{Ff}{f-1000}=\frac{Uu}{u-1000}+\frac{Vv}{v-1000}$$

即：

$$\frac{U}{F}=\frac{(f-v)(u-1000)}{(u-v)(f-1000)} \tag{3.20}$$

因此，例 3.9 中，

$$\frac{U}{F}=\frac{(1130-1040)(1280-1000)}{(1280-1040)(1130-1000)}$$
$$=0.81$$

水平衡被用于计算流程中水的需求，并确定循环负荷。

例 3.10

图 3.23 为传统的闭路磨矿流程。

旋流器溢流管道安装了磁力流量计和核子密度仪，浮选给矿的干矿量是25 t/h。

粉矿仓给矿进行取样分析，含水率 5%。

旋流器给矿浓度为 33%，旋流器底流浓度 65%，溢流浓度 15%。

计算旋流器的循环负荷以及球磨机排矿所需补加水量。

解：

旋流器的水平衡：

$$\frac{67F}{33}=\frac{85}{15}\times 25+\frac{35U}{65}$$

式中，F 为旋流器给矿（干矿量 t/h）；U 为旋流器底流（干矿量 t/h）。

粉矿仓给矿的质量流速为 25 t/h（因为流程的输入量 = 输出量）

因此 $F=25+U$

且

$$(25+U)\frac{67}{33}=\frac{85}{15}\times 25+\frac{35U}{65}$$

$U=61.0$ t/h 干矿量

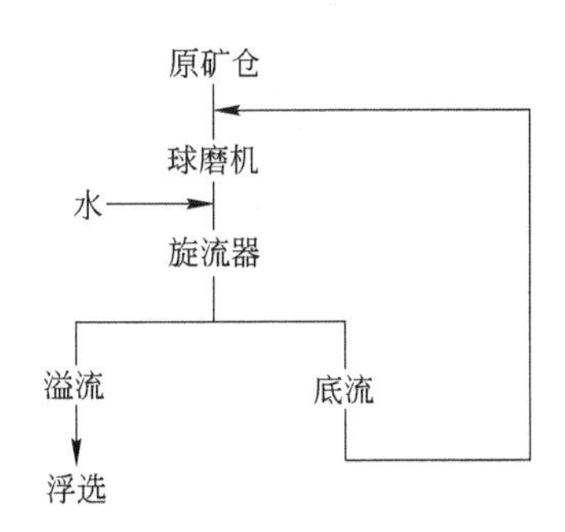

图 3.23 闭路磨矿流程

循环负荷为 61.0 t/h，循环负荷比为 61.0/25 = 2.44

$$球磨机给矿 = 粉矿仓料 + 循环负荷量$$

$$球磨机给料中的水 = 25 \times 5/95 + 61.0 \times 35/65 = 34.2\,m^3/h$$

$$旋流器给矿中的水 = (25 + 61.0)67/33 = 174.6\,m^3/h$$

因此，旋流器给料处的补加水为：

$$174.6 - 34.2 = 140.4\,m^3/h$$

例 3.11

计算图 3.19 中的磨矿循环负荷和棒磨机及旋流器给矿的补加水。

棒磨机给矿 = 55 t/h 干矿量

棒磨机排矿浓度 = 62%

旋流器给矿浓度 = 48%

旋流器溢流浓度 = 31%

旋流器底流浓度 = 74%

解：

因为闭路的输入 = 输出，旋流器溢流 55 t/h 干矿量。

旋流器水平衡：

$$(U + 55)\frac{52}{48} = \frac{26U}{74} + \frac{69}{31} \times 55$$

$$U = 85.8\ t/h$$

循环负荷比为 85.8/55 = 1.56

棒磨机排矿中的水 = 55 × 38/62 = 33.7 t/h

因此，棒磨机的补加水为 33.7 m^3/h

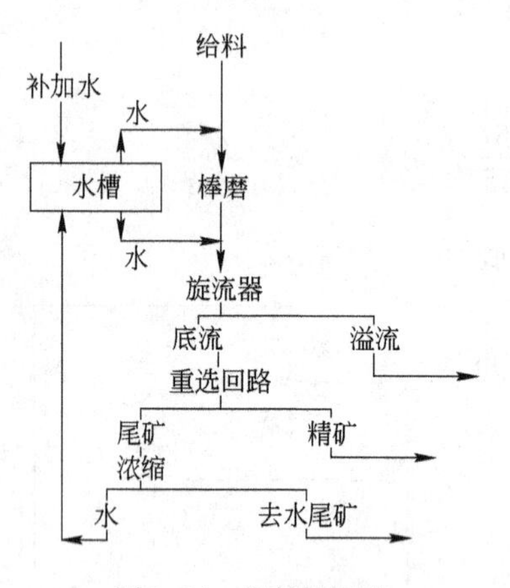

图 3.24 锡精选回路

球磨机排矿中的水 = (55 + 85.8) × 52/48 = 152.5 t/h

因此，旋流器给矿的补加水 = 152.5 − (33.7 + 30.1) = 88.7 t/h

即 88.7 m^3/h。

例 3.12

图 3.24 为一座处理量 30 t/h 的锡选矿厂流程图。

矿石含水率 10%，给入棒磨机，排矿浓度 65%。棒磨机排料加水稀释至浓度 30%，之后给入旋流器。旋流器溢流浓度 15%，给入矿泥选矿厂。

旋流器底流浓度 40%，锡品位 0.9%，给入重选流程，得到品位 45% 的锡精矿和品位0.2%的尾矿。

尾矿矿浆浓度30%，浓密机底流浓度65%，溢流返回选厂的高位水池，给棒磨机给矿和排矿做补加水。

计算高位水池补加水的流量，棒磨机给矿和排矿的补加水量。

解：

给矿中的水量 = 30 × 10/90 = 3.33 t/h

棒磨机给矿的水量 = 30 × 35/65 = 16.2 t/h

因此，棒磨机的补加水量 = 16.2 − 3.33 = 12.9 m^3/h

旋流器给矿的水量 = 30 × 70/30 = 70 t/h

因此，旋流器补加水量 = 70 − 16.2 = 52.8 m^3/h

旋流器水平衡：

$$30 \times 70/30 = (U \times 60/40) + (30 - U)85/15$$

$$U = 24.0/h$$

重选厂给矿量24.0 t/h，锡品位0.9%。

重选厂的质量平衡：

$$24.0 = C + T$$

其中 C = 精矿量(t/h)；T = 尾矿量(t/h)。

根据锡选厂的物料平衡：

$$24.0 \times 0.9/100 = [(24.0 - T) \times 45.0/100] + [T \times 0.2/100]$$

$$T = 23.6\ t/h$$

浓密机给矿水量 = 23.6 × 70/30 = 55.1 m^3/h。假设浓密机溢流中没有固体损失，则浓密机底流中的水量 = 23.6 × 35/65 = 12.7 m^3/h。因此，浓密机溢流水量 = 55.1 − 12.7 = 42.4 m^3/h。

因此，高位水池的补加水量 = 53.8 + 12.9 − 42.4 = 24.3 m^3/h。

3.9.4 两产品公式的局限

尽管应用广泛，两产品公式在选厂的平衡计算和控制中也有局限性。公式假设选厂保持平稳运转，即基本上是输入量等于输出量。这适用于相当长时期的生产，对每日或者每班的金属平衡也是可以接受的，但这种动力学平衡对于更短时间的生产指标是不适用的，如连续在线生产分析中的间隔时间段。

3.9.5 回收率公式的敏感

公式3.16，定义的单元生产回收率对 t 值是非常敏感的，因为公式为两个表达式的比值，即 c/f 和 $(c-t)/(f-t)$ 之比，后者的比值只根据与 t 值变化。公式3.16可对 f、c 和 t 进行偏微分计算。

$$\frac{\partial R}{\partial f}=\frac{100ct}{f^2(c-t)} \qquad \frac{\partial R}{\partial c}=\frac{-100t(f-t)}{f(c-t)^2} \qquad \frac{\partial R}{\partial t}=\frac{-100c(c-f)}{f(c-t)^2}$$

因为方程的方差可以由导数得到:

$$V_{F_{(s)}} = \sum_i \left(\frac{\partial F}{\partial x_i}\right)^2 V_{xi} \tag{3.21}$$

$$V_R=(\partial R/\partial f)^2V_f+(\partial R/\partial c)^2V_c+(\partial R/\partial t)^2V_t$$

其中 V_R,V_f,V_c 和 V_t 分别是 R、f、c 和 t 的方差。

因此:

$$V_R=\frac{100^2}{f^2(c-t)^2}\left[\frac{c^2t^2}{f^2}V_f+\frac{(f-t)^2t^2}{(c-t)^2}V_c+\frac{c^2(c-f)^2}{(c-t)^2}V_t\right] \tag{3.22}$$

在测量 f、c 和 t 值时存在误差,会导致计算回收率时出现误差。公式 3.22 对于回收率计算过程中可能的误差进行评估,这是非常有用的。

例如,选矿厂给矿品位 2.0%,产出品位 40% 的精矿并产出 0.3% 的尾矿,依据公式 3.16 计算回收率的值为 85.6%,且:

$$V_R=57.1V_f+0.0003V_c+2325.2V_t \tag{3.23}$$

我们立即可以看出,回收率的计算对尾矿化验品位的方差最为敏感,对精矿品位的方差最不敏感。

如果假设所有料流的分析结果都有相对 5% 的标准偏差,那么给矿、精矿和尾矿产品的标准偏差就分别是 0.1%、2% 和 0.015%,根据公式 3.23,$V_R=1.1$,或者 R 的标准偏差是 1.05。这意味着,回收率 95% 的置信区间是 85.6 ±2.1%(但是需要记住,统一的相对误差意味着较小的化验值比大一些的化验值更好地界定。这经常是不对的——见例 3.13)。

对于有用矿物分选效果不好的过程,对回收率计算误差的比较就很有意思。假设给矿品位 2.0%,精矿品位 2.2%,尾矿品位 1.3%,经过计算得到回收率 85.6%,且:

$$V_R=6311V_f+3155V_c+738V_t$$

此时,回收率的值则更取决于给矿和精矿品位的精确度。但是,每个化验数值 5% 的相对标准偏差使回收率的标准误差达到了 10.2%。用两产品公式得到的精确度因此取决于选矿效果,且如果要得到可靠的结果,选矿产品的组分之间必须有明显的差别(即精尾有效分离——译者注)。

例 3.13

选铜厂在选别过程中安装了在线分析系统。系统的精确度经过评估为:

Cu 品位/%	相对标准偏差/%
0.05 ~ 2.0	6 ~ 12
2.0 ~ 10.0	4 ~ 10
>10	2 ~ 5

给入粗选作业的物料品位测得为3.5%，精矿品位18%，尾矿品位1%。计算回收率以及回收率的不确定度。

解：

假设给矿、精矿和尾矿化验值的相对标准偏差分别为4%、2%和8%，那么标准偏差为：

给矿 $4\times3.5/100=0.14\%$

精矿 $18\times2/100=0.36\%$

尾矿 $1\times8/100=0.08\%$

根据公式3.16，回收率的计算值为75.6%，该值的方差（根据公式3.22）为5.7。因此回收率的标准方差为2.4%，则回收率95%置信区间的不确定度为$\pm2\times2.4=\pm4.8\%$。

（Excel电子表格—RECVAR—在附录Ⅲ中描述了此类的计算）

3.9.6 质量公式的敏感

公式3.15可以用于计算精矿的重量，得到精矿的产率。

$$C=100(f-t)/(c-t) \tag{3.24}$$

尽管式3.24在物料平衡中很有用，与回收率公式一样，如果物料得不到较好的分选，也会出现较大的误差。例如，水力旋流器对矿浆产生很好的分离作用，得到某一粒级的产品，但并不能选出金属含量较高的产品。当得出这类数据时，问题在于如何确定影响物料平衡准确度的因素。

如果对公式3.24中的f、c和t分别进行偏微分，得到：

$$\partial C/\partial f=100/(c-t)$$

$$\partial C/\partial c=-100(f-t)/(c-t)^2$$

$$\partial C/\partial t=-100(c-f)/(c-t)^2$$

根据公式3.21，C、V_C可以用下式确定：

$$\begin{aligned}V_c&=(\partial C/\partial f)^2V_f+(\partial C/\partial c)^2V_c+(\partial C/\partial t)^2V_t\\&=\left[\frac{100}{c-t}\right]^2V_f+100^2\left[\frac{f-t}{(c-t)^2}\right]^2V_c+100^2\left[\frac{c-f}{(c-t)^2}\right]^2V_t\end{aligned} \tag{3.25}$$

这个公式被称为“方差传递”，对一般规则都适用。因为所有的关键部分都是不同的，测试结果的最大区别通常能提供最佳的准确度。确定最佳的选矿指标对整个选厂的商业利润平衡有重要的作用。这些想法也可以进行扩展，包括工艺平衡或计算的模型。

例3.14

对磨矿流程中的螺旋分级机进行取样，给矿和产品的锡品位为：

给矿Sn品位 $0.92\%\pm0.02\%$

精矿 Sn 品位　0.99% ±0.02%

尾矿 Sn 品位　0.69% ±0.02%

矿浆密度也进行了测量，液固比为：

给矿　　4.87 ±0.05

精矿　　1.77 ±0.05

尾矿　　15.73 ±0.05

经过敏感分析，计算给矿的矿浆浓度，以及该值的不确定度。应该选择哪个组分作为后续常规的评估？

解：

假设95%的置信区间，化验结果的标准偏差为0.01，方差即1×10^{-4}。化验结果可根据公式3.24计算得到$C=76.7\%$，根据公式3.25，$V_C=18.2$。标准偏差$s=4.3$，质量计算的相对标准偏差(s/C)为0.06。

测量液固比的标准偏差为0.025，方差即6.25×10^{-4}。从液固比计算出C的值为77.8%，V_C为0.05；因此，$s=0.23$。相对标准偏差(s/C)为0.003，这比用锡的化验结果得到的值更低。因此液固比可选做后续的评价，因为它是较低的敏感组分。

使用液固比，对95%的置信区间：

$$C=77.8\%\pm0.46\%$$

（附录Ⅲ中描述了该类计算方法的电子表格——MASSVAR）

3.9.7 两产品回收率计算精确度的最大化

可以看出，回收率公式3.16对组分值的精确度非常敏感，对分选效果也非常敏感。公式3.16也可以写成：

$$R=Cc/f \tag{3.26}$$

其中

$$C=100(f-t)/(c-t) \tag{3.24}$$

C表示精矿的产率。该值可用组分产率计算出来，但不能用已经确定回收率的组分产率计算。

例如，在浮选厂处理铜－金矿石，精矿中金的回收率需要进行评价。如果金的品位低（尤其是尾矿中的品位），且并没有得到较好的分选，那么公式3.16的回收率就有较大的不确定性。但是，如果铜品位用于确定C值，那么只需要金在精矿和原矿中的品位即可，回收率则由公式3.26计算。“质量－分数”组分的选择能用敏感分析确定。公式3.24可以写成：

$$M=100(a-d)/(b-d) \tag{3.27}$$

其中a、b和d分别是给矿、精矿和尾矿中的质量－分数组分，这些组分独立于f、c和t，M是从这些组分计算出来的C值。因此：

$$R = Mc/f \tag{3.28}$$

根据公式 3.25：

$$V_M = \frac{100^2}{(b-d)^2}\left[V_a + \left(\frac{a-d}{b-d}\right)^2 V_b + \left(\frac{b-a}{b-d}\right)^2 V_d\right] \tag{3.29}$$

假设已知组分方差的评价，那么就可以计算得到 V_M。如果已经得到了组分的数值（例如完整的粒度分析），公式 3.29 就能用于选择最不敏感组分作为质量－分数组分的情况。该组分就会在质量计算时产生最小的相对标准偏差（RSD）：

$$\mathrm{RSD}(M) = V_M^{1/2}/M \tag{3.30}$$

选择质量－分数组分后，所要的组分回收率就可以通过下式计算：

$$R = 100c(a-d)/[f(b-d)] \tag{3.31}$$

从公式 3.28 得到回收率计算中的方差：

$$V_R = (\partial R/\partial M)^2 V_M + (\partial R/\partial c)^2 V_c + (\partial R/\partial f)^2 V_f$$

因此：

$$V_R = (c/f)^2 V_M + (M/f)^2 V_c + (Mc/f^2)^2 V_f \tag{3.32}$$

假设 c 和 f 独立于 b 和 a。

组合式 3.29 和式 3.32：

$$V_R = \frac{100^2 c^2}{(b-d)^2 f^2}\left[V_a + \left(\frac{a-d}{b-d}\right)^2 V_b + \left(\frac{b-a}{b-d}\right)^2 V_d + \left(\frac{a-d}{c}\right)^2 V_c + \left(\frac{a-d}{f}\right)^2 V_t\right] \tag{3.33}$$

质量－分数组分应该与回收率组分一致，那么公式 3.22 必须用于表示回收率方差。

例 3.15

计算例 3.14 中螺旋选矿机的锡回收率。用液固比作为质量－分数组分展示出如何提高计算回收率的精度。

解：用锡的分析结果，计算出精矿中锡的回收率为 82.5%（公式 3.16），且根据公式 3.22，V_R 为 11.6。则标准偏差为 3.16，且：

95% 置信区间的回收率 = 82.5% ±6.8%

从例 3.15 中看出用液固比在质量计算中的相对标准偏差要比锡品位低很多，所以液固比可选作质量－分数组分，从公式 3.28 得到，R = 83.7%，且从公式 3.33，V_R = 1.60，标准偏差为 1.27。因此，在 95% 的置信区间内的回收率 = 83.7 ±2.5%。

这种对两产品回收率计算准确性最大化的方法对评价选矿生产非常有用，一旦对选矿设备进行初步测试，以确定最合适的质量－分数组分，那么这个组分就能为进一步的高置信度的评估做日常例行地评价。

3.9.8 复杂流程的质量平衡

选矿厂，无论有多复杂，都可以分解成一系列的单元选别过程，每一个过程都能用两产品平衡进行分析。例如,在复杂的浮选工艺中,这样的单元选别过程可以是粗选的综合给矿,初选得到粗选精矿(精选的给矿)和粗选尾矿(扫选的给矿)。

例 3.16

铅品位 5% 的原矿,以 25 t/h 给入粗选调浆槽,得到 45% 的高品位精矿和品位 0.7% 的高品位粗选尾矿。粗选尾矿给入低品位浮选槽,得到 7% 的低品位精矿和铅品位 0.2% 的低品位尾矿。计算高品位和低品位精矿的产量,以及浮选的铅回收率。

解:

(1) 高品位流程

根据公式 3.15:

$$C/25=\frac{5-0.7}{45-0.7}$$

则 $C=2.43\ \mathrm{t/h}$。

高品位尾矿的流量为:

$$25-2.43=22.57\ \mathrm{t/h}$$

(2) 低品位流程的平衡

根据公式 3.15:

$$\frac{C}{22.57}=\frac{0.7-0.2}{7-0.2}$$

$$C=1.66\ \mathrm{t/h}$$

铅精矿的产量为:

$$\frac{2.43\times 45}{100}+\frac{1.66\times 7}{100}=1.21\ \mathrm{t/h}$$

因此,铅精矿的回收率为:

$$\frac{1.21\times 100\times 100}{25\times 5}=96.8\%$$

在这个简单的例子中,一些公式中所需的数据需要取样分析,而取样的产品数量不难判断。但是为了计算整体复杂的流程稳定状态时的质量平衡,就需要建立 n 个未知数的 n 个线性方程,以进行分析计算。任何选厂流程都能简化为一系列的节点,各选别产品在节点上或者合并或者分开。简单的节点为一进两出(分离节点)或者两进一处(合并节点),如图 3.25。

已有的研究表明,假设已知所涉及产品的流量(通常是给矿),保证数质量流程平衡的必要取样的数为:

$$N=2\times(F+S)-1 \tag{3.34}$$

式中,F 为给矿的数目;S 为简单分离的数据。

例3.16的流程能够简化成节点形式，见图3.26。

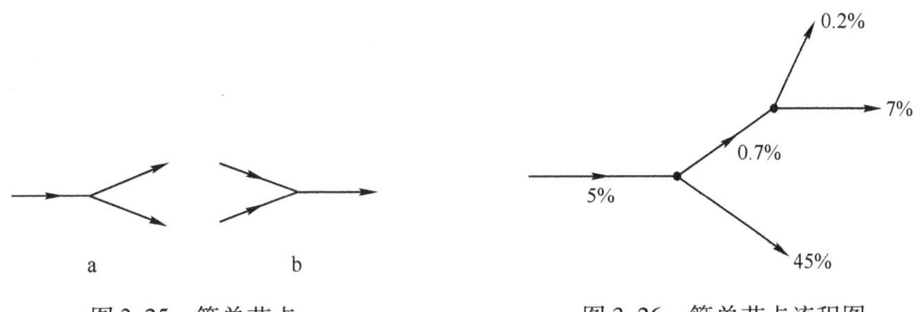

图3.25 简单节点
a—分离节点；b—合并节点

图3.26 简单节点流程图

流程包括两个简单分选节点，因此必要取样产品数为：

$$2\times(1+2)-1=5$$

即所有产品必须取样以保证平衡计算。

两种以上产品的选别作业，或两种以上产品给入合并节点，可以用料流串联接入简单节点，这些料流没有物理上的存在，只是假设。例如，图3.27a中所示浮选槽可以简化为图3.27b的简单节点形式，串联接入简单节点如图3.27c所示。

必要取样产品的数目为：

$$2\times(1+3)-1=7$$

因为只有五个产品可以取样，另两个产品的重量需要对相关产品重量进行补充。从图3.27b和图3.27c可以看出，一个节点有两种产品，节点可以被串联成三个简单的分选节点，一般来说，如果分选作业产生了n个产品，那么就可以被串连成$n-1$个简单节点。这是非常有用的，但是简化复杂选厂为简单节点时，用不存在的料流进行串联，会带来模糊或者错误。这一过程已经得到了进一步研究，用简单的自动操作从流程图中自动检查节点数目。

该方法使用连接矩阵C，矩阵中的每个元素是：

$$C_{ij}=\begin{cases}+1 & \text{产品}\,j\,\text{流入第}\,i\,\text{个节点}\\-1 & \text{产品}\,j\,\text{流出第}\,i\,\text{个节点}\\0 & \text{产品}\,j\,\text{在第}\,i\,\text{个节点没有出现}\end{cases}$$

下面的例子解释了如何使用这些方法：

考虑图3.28a中的流程，可以简化为图3.28b中的节点流程图。

有11个矿浆流和4个节点，连接矩阵11列4行，如下：

$$C=\begin{bmatrix}1 & -1 & -1 & -1 & -1 & 0 & 0 & 0 & 0 & 0 & 0\\0 & 0 & 1 & 0 & 0 & -1 & -1 & 0 & 0 & 0 & 0\\0 & 0 & 0 & 1 & 0 & 0 & 0 & -1 & -1 & 0 & 0\\0 & 0 & 0 & 0 & 1 & 0 & 0 & 0 & 0 & -1 & -1\end{bmatrix}$$

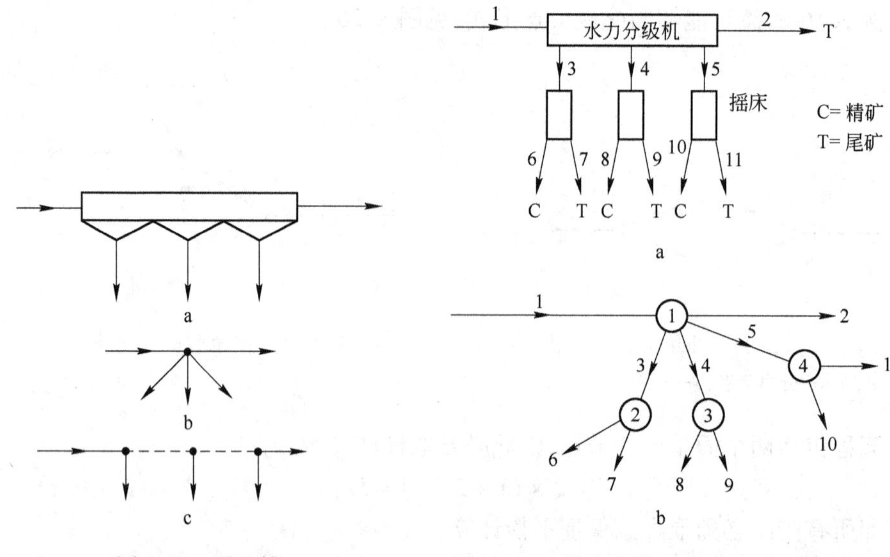

图 3.27 浮选槽

a—流程图；b—节点形式；c—简单节点

图 3.28 工艺流程图(a)与节点形式流程图(b)

矩阵的每一列表示一个单独的矿浆流，数据只能是 +1、-1 或 0，任何其他的结果都说明输入数据的错误。

$$\text{列的总和} = \begin{cases} +1 & \text{料流作为给料} \\ -1 & \text{料流作为产品} \\ 0 & \text{料流是内部料流} \end{cases}$$

因此，每列的总和可以看出，料流 1 是给矿，料流 2、6、7、8、9、10 和 11 是产品，料流 3、4 和 5 是内部料流。

每一排的元素表示单独的节点，如果“+1”计入 n_p，“-1”计入 n_n，那么 n_p 和 n_n 就可以用于评估简单节点的数目：

$$\text{简单合并节点的数目 } J = n_p - 1$$

$$\text{简单分离节点的数目 } S = n_n - 1$$

节点可以进行如下分类：

节 点	n_p	n_n	J	S
1	1	4	0	3
2	1	2	0	1
3	1	2	0	1
4	1	2	0	1
合 计			0	6

有 6 个简单分选作业，没有合并节点，则必要的取样产品数目为：

$$2 \times (1 + 6) - 1 = 13$$

因为有 11 个可以得到的矿浆流,2 个额外的矿浆流需要补充到相关料流中,以计算数质量流程图。当需要额外测量矿浆时,不能包括节点或者一组节点的料流。例如,料流 6 和 7 流量,能提供完整的节点 2 的数据,就不会生成一个独立的平衡方程。

考虑图 3.29a 的流程图,该流程被简化为图 3.29b 的节点形式。可以看到球磨机被留在流程之外,因为这是个非正常节点,没有进行分选作业,所以料浆的品位和流速是不变的。需要注意的是这个非正常节点的粒度是发生变化的,可是粒度分析数据不能用于这个料流连接的节点之间平衡组分的计算。只有在节点前后守恒的料流数据才能被用于计算。

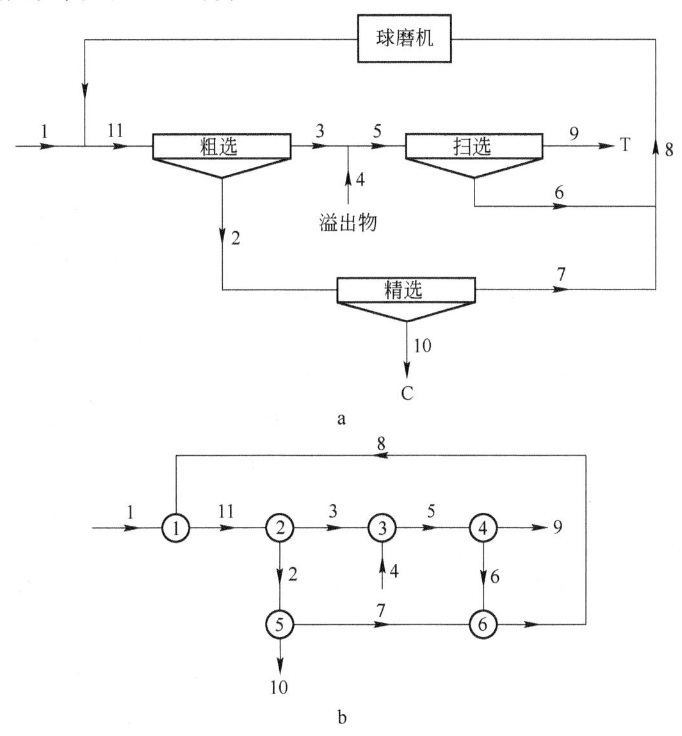

图 3.29 浮选流程(a)与浮选流程的节点形式(b)

6 个节点有 11 个料流,可以用连接矩阵表示:

$$C=\begin{bmatrix}1&0&0&0&0&0&0&1&0&0&-1\\0&-1&-1&0&0&0&0&0&0&0&1\\0&0&1&1&-1&0&0&0&0&0&0\\0&0&0&0&1&-1&0&0&-1&0&0\\0&1&0&0&0&0&-1&0&0&-1&0\\0&0&0&0&0&1&1&-1&0&0&0\end{bmatrix}$$

矩阵中列的数据确定料流 1 和 4 为给矿,料流 9 和 10 为产品,其他料流为内部料流。

节点分级：

节　点	n_p	n_n	J	S
1	2	1	1	0
2	1	2	0	1
3	2	1	1	0
4	1	2	0	1
5	1	2	0	1
6	2	1	1	0
			3	3

这样，系统包含了3个简单的合并节点，三个分选作业，则 $n=2(2+3)-1=9$。因此，尽管有11个矿浆流，只需对其中9个进行取样，就能得到数质量流程图。选择这9个矿浆流，所有的给矿和产品都应被取样，连接矩阵可用于确定剩余的取样对象。如果在这个例子中，料流1是相关料流，那么料流2～11流量未知，就需要10个独立的线性方程来确定每一个与料流1相关联的质量流速。每个节点的物料平衡，可以得到6个方程，选厂给矿和产品的组分平衡可以得到剩余的方程。在流程的节点中需要知道三个组分的平衡，很显然如果料流3和7没有取样，那么节点的组分平衡就无法计算，包括料流2、3、5和6中的一个。为了实现组分平衡，只有得到两个节点，并得到不充分的和独立的方程。但是，如果料流3和5没有取样，那么节点1、5和6的组分平衡是能计算的，就能得到一个恒定的系列方程组。如果只忽略了料流3的取样，那么从6个节点就能写出10个方程，给矿和产品组分平衡就是多余的了。如果实验数据完全没有误差，那么所需9个矿浆流的选择就会无解，因为每一个完整的设置都会服从同一个平衡。因为实验数据肯定存在误差，因此计算数质量流程图选择所需的矿浆流就非常的重要，因为某些产品可能会增加误差的敏感度。例如，合并节点的平衡没有发生组分的分选，就有产生误差的可能。史密斯和富录研究了一种敏感分析技术，能指出哪个方程应该用于方差的最小化，从而使数质量流程对数据的误差有最小的敏感度。从所用的计算过程可知，只要有可能，就要进行质量流速测量，因为这会减少试验误差的敏感度。每测量一个外加的质量流速，N 值可以减少1，如前所述，质量流速的测量位置没有被选择，因为任何节点的质量流速都是已知的，即质量流速不应该产生数据，这些数据能从已知的组分测试中计算出来。从这个方面讲，选矿厂可以简化成一个单一分选节点，这样如果给矿质量流速是已知的，精矿质量流速的测量就能直接计算出尾矿的质量流速，所以尽管可能用到尾矿的质量流速，但是不能用于全厂的平衡计算。

前面已经指出，连接矩阵能用于设置线性方程组，该方程组必须有解以得到料流的质量流速。

物料的矩阵 M 可以确定，其中矩阵中的每个元素是：

$$M_{ij}=C_{ij}B_j$$

式中，B_j表示料流 j 的固体质量流速。

以图 3.26 浮选流程的连接矩阵为例，矩阵的每一行都能写成一个线性方程，表示一个物料平衡。例如，第二行为：

$$C_{2j}=0-1-1000001$$

物料矩阵在节点 2 的 M_{2j}为：

$$-B_2-B_3+B_{11}=0$$

组分矩阵 A，也能确定，其中每个矩阵元素为：

$$A_{ij}=C_{ij}B_j a_j=M_{ij}a_j$$

a_j代表料流 j 的组分值（化验结果，粒级分布含量，稀释比等等），那么在节点 2：

$$-B_2a_2-B_3a_3+B_{11}a_{11}=0$$

在任何一个特殊的节点，用同一组分对每个料流进行评估是很重要的，该组分应该被选入进行计算，以得到对误差敏感最小的方程。只要在任何节点用同一组分进行计算，就可以用敏感分析对组分进行选择。其他组分可以用于流程中其他节点的平衡计算。这意味着在一个复杂的流程平衡中，各种组分，如品位、稀释比和粒度分析都可以用于流程各部分的平衡计算。

将 M_{ij}和 A_{ij}组合到一个矩阵中，即可得到：

$$\begin{matrix} M_{11}M_{12}\cdots M_{1s} \\ M_{21}M_{22}\cdots M_{2s} \\ \vdots \\ M_{n1}M_{n2}\cdots M_{ns} \\ A_{11}A_{12}\cdots A_{1s} \\ \vdots \\ A_{n1}\ A_{n2}\cdots A_{ns} \end{matrix}$$

其中 s = 料流的数量，n = 节点的数量。

如果料流 s 是相关料流（最好是给矿），$B_s=1$，那么 B_j 表示料流 j 后续相关料流的分数。因为 $B_s=1$，$M_{1s}=C_{1s}$，$A_{1s}=C_{1s}a_s$。

这样，以矩阵形式，有解的线性方程组为：

$$\begin{bmatrix} C_{11}\cdots C_{1(s-1)} \\ C_{21}\cdots C_{2(s-1)} \\ \vdots \\ C_{n1}\cdots C_{n(s-1)} \\ C_{11}a_1\cdots C_{1(s-1)}a_{(s-1)} \\ C_{21}a_1\cdots C_{2(s-1)}a_{(s-1)} \\ \vdots \\ C_{n1}a_1\cdots C_{n(s-1)}a_{(s-1)} \end{bmatrix}\begin{bmatrix} B_1 \\ B_2 \\ \\ \\ \\ \vdots \\ \\ B_{(s-1)} \end{bmatrix}=\begin{bmatrix} -C_{1s} \\ -C_{2s} \\ \vdots \\ -C_{ns} \\ -C_{1s}a_s \\ -C_{2s}a_s \\ \vdots \\ -C_{ns}a_s \end{bmatrix}$$

在这样的设置中,可能包含了一个更进一步的公式。选厂可以用单一节点表示,这样给矿中包含的组分重量与产品中的该组分重量一致。如果有可能,应该使用这个方程进行计算,因为通常此节点的分选效果较好。但是,此节点的物料平衡不能在设置中使用,因为在内部节点上,它不是独立于物料平衡方程组的。

例 3.17

图 3.30 为选矿流程取样分布图,得到了如下的结果:

料　流	化验品位/%	料　流	化验品位/%
1	未取样	6	25.0
2	0.51	7	未取样
3	0.12	8	2.1
4	16.1	9	1.5
5	4.2		

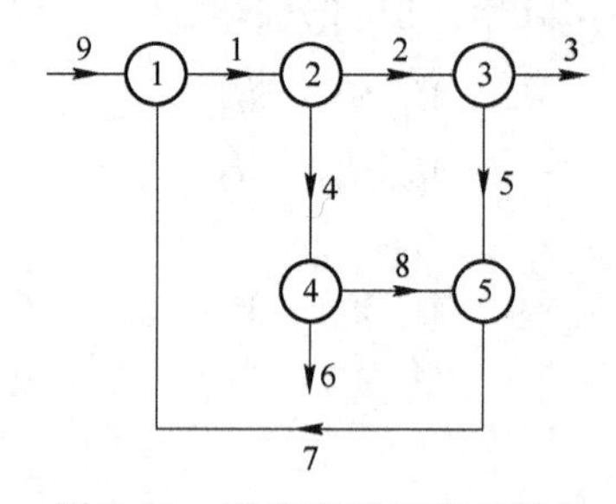

图 3.30　浮选流程的节点形式

用连接矩阵确认得到了充分的数据以计算所有质量流速,并使用连接矩阵计算流速

解:

连接矩阵为:

$$\begin{bmatrix} -1 & 0 & 0 & 0 & 0 & 0 & 1 & 0 & 1 \\ 1 & -1 & 0 & -1 & 0 & 0 & 0 & 0 & 0 \\ 0 & 1 & -1 & 0 & -1 & 0 & 0 & 0 & 0 \\ 0 & 0 & 0 & 1 & 0 & -1 & 0 & -1 & 0 \\ 0 & 0 & 0 & 0 & 1 & 0 & -1 & 1 & 0 \end{bmatrix}$$

矩阵将料流 9 确定为给料,料流 3 和 6 为产品,其余料流是内部流。简单分选作业数是 3,应取样的必要产品数(公式 3.34)为

$$2(3+1)-1=7$$

假设物料 $B_9=1$,那么物料矩阵(从连接矩阵)为:

$$\begin{bmatrix} -B_1 & 0 & 0 & 0 & 0 & 0 & B_2 & 0 & 1 \\ B_1 & -B_2 & 0 & -B_4 & 0 & 0 & 0 & 0 & 0 \\ 0 & B_2 & -B_3 & 0 & -B_5 & 0 & 0 & 0 & 0 \\ 0 & 0 & 0 & B_4 & 0 & -B_6 & 0 & -B_8 & 0 \\ 0 & 0 & 0 & 0 & B_5 & 0 & -B_7 & B_8 & 0 \end{bmatrix}$$

因为料流 1 和 7 没有进行取样,不能完成包含这些料流节点的成分平衡。成分矩阵(节点 3 和 4)为:

$$\begin{matrix} 0 & 0.51B_1 & -0.12B_3 & 0 & -4.2B_5 & 0 & 0 & 0 & 0 \\ 0 & 0 & 0 & 16.1B_4 & 0 & -25.0B_6 & 0 & -2.1B_8 & 0 \end{matrix}$$

为了做出方形矩阵,需要另一个公式。如果把整个流程看做一个简单节点,那么成分平衡为:

$$0.12B_3 + 25.0B_6 - 1.5 = 0$$

这样,料流取样就可以提供足够的数据,矩阵就可以求解:

$$\begin{bmatrix} -1 & 0 & 0 & 0 & 0 & 0 & 1 & 0 \\ 1 & -1 & 0 & -1 & 0 & 0 & 0 & 0 \\ 0 & 1 & -1 & 0 & -1 & 0 & 0 & 0 \\ 0 & 0 & 0 & 1 & 0 & -1 & 0 & -1 \\ 0 & 0 & 0 & 0 & 1 & 0 & -1 & 1 \\ 0 & 0.51 & -0.12 & 0 & -4.2 & 0 & 0 & 0 \\ 0 & 0 & 0 & 16.1 & 0 & -25.0 & 0 & -2.1 \\ 0 & 0 & -0.12 & 0 & 0 & -25.0 & 0 & 0 \end{bmatrix} \begin{bmatrix} B_1 \\ B_2 \\ B_3 \\ B_4 \\ B_5 \\ B_6 \\ B_7 \\ B_8 \end{bmatrix} = \begin{bmatrix} -1 \\ 0 \\ 0 \\ 0 \\ 0 \\ 0 \\ 0 \\ -1.5 \end{bmatrix}$$

这一矩阵可用高斯消元法和回代法求解:

$$B_1 = 1.14$$
$$B_2 = 1.04$$
$$B_3 = 0.94$$
$$B_4 = 0.09$$
$$B_5 = 0.10$$
$$B_6 = 0.06$$
$$B_7 = 0.14$$
$$B_8 = 0.04$$

以上例子清晰地说明了使用连接矩阵对线性方程进行必要设置以评价流程的优点。7 个取样的产品为评价计算提供了充分的数据。但是,如果物料流 2 和 8 没有取样,那么节点 2、3、4 和 5 的成分平衡就无法实现,就不能得到足够的线性方程组。

连接矩阵是近些年来进行物料平衡计算的广义程序包的基础。软件目前已经可以用来计算物料平衡,如 Matbal,Bilma,且 JKMBal 可以让用户自己画出流程图。更综合性的软件包,如 JKMetAccount 和 Sigmafine,已经得到了开发,其中物料平衡只是金属平衡计算和调节的一个步骤。

通过以上分析可以知道,基于矩阵求解的常规方法已经得到了应用。非常复杂的层级平衡解决方案也已经正在研发,该方案考虑到每一个粒级化验结果的平衡。如果自动岩矿鉴定设备得到了更大的发展,那么所有技术就会发展到矿物解离平衡计算的层面上。

3.9.9 额外数据的调整

在物料平衡计算的实际应用中,通常要减少简单节点的流程,需测定矿浆成分计算质量流速。在许多情况下每一节点都会得到过量的数据,例如多组分的粒度分析,稀释比,金属的化验结果等,所以就有可能用各种方法计算公式 3.24 中的参数 C,每种方法都是独立的,也都是有效的。这样就会出现问题,即哪些数据是用于平衡计算的,哪些数据是多余的。目前用所有数据进行计算得出 C 最佳值以及调整数据使组分值与分析值相符的方法已经逐渐被接受。

这些方法应用到任何结构的流程中都会很复杂,需要有强大的计算工具。因此,简单地说,该技术涉及到对简单节点的描述,是因为所需的电脑程序能被个人容易地操作和调整。值得注意的是,这些调整和平衡的技术能够扩展至从采矿到金属成品的各个环节,不仅限于选矿厂。

通常会采用两种基本的方法,这两种方法都使用了最小二乘法,可以大致分为:组分终止方程中剩余误差平方和的最小化;组分调整平方和的最小化。

(1) 终止剩余误差平方和的最小化

使用这个方法,可以由经验数据计算出质量流的最佳拟合值,之后,调整数据以满足这些分析。如果对简单的选别产品进行分别取样,那么

$$f_k - Cc_k - (1 - C)t_k = r_k \tag{3.35}$$

其中 $k = 1 \sim n$,f_k表示给矿中组分 k 的值;c_k表示精矿中组分 k 的值;t_k表示尾矿中组分 k 的值;r_k是在测量组分 k 时,由试验误差造成的终止方程的剩余误差。

公式 3.35 可以写成:

$$f_k - t_k - C(c_k - t_k) = r_k \tag{3.36}$$

这个方法的目标是选择参数 C 的值,该参数可以使终止误差的平方和最小化;例如 S,其中:

$$S = \sum_{k=1}^{n} (r_k)^2 \tag{3.37}$$

代替公式 3.36:

$$S = \sum_{k=1}^{n}(f_k - t_k)^2 + C^2\sum_{k=1}^{n}(c_k - t_k)^2 - 2C\sum_{k=1}^{n}(f_k - t_k)(c_k - t_k) \quad (3.38)$$

C 取任何值时,S 值不能为 0,除非数据保持不变。当 $\mathrm{d}S/\mathrm{d}C=0$ 时,能得到最小值(图 3.31),此时:

$$2\hat{C}\sum_{k=1}^{n}(c_k - t_k)^2 - 2\sum_{k=1}^{n}(f_k - t_k)(c_k - t_k) = 0$$

其中$\hat{C}$为 C 的最优拟合值。

因此:

$$\hat{C} = \frac{\sum_{k=1}^{n}(f_k - t_k)(c_k - t_k)}{\sum_{k=1}^{n}(c_k - t_k)^2} \quad (3.39)$$

该值受组分值影响最大,而这些组分受到分选工艺影响最大。

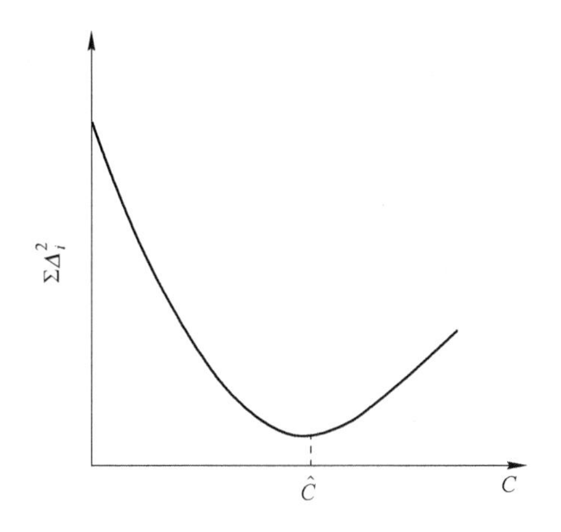

图 3.31　组分误差的平方和与 C 值的关系曲线图

确定了$\hat{C}$,下一步就是调整组分值使之与计算流速相一致。终止误差(公式 3.35)必须分散在组分值中,即:

$$\hat{f}_k - \hat{C}\hat{c}_k - (1-\hat{C})\hat{t}_k = 0 \quad (3.40)$$

其中$\hat{f}_k$、$\hat{c}_k$ 和$\hat{t}_k$ 是组分 k 在原、精、尾三种产品中的最优拟合值,即

$$f_k - f_{ka} - \hat{C}(c_k - c_{ka}) - (1-\hat{C})(t_k - t_{ka}) = 0 \quad (3.41)$$

其中 f_{ka}、c_{ka}和 t_{ka}是组分 k 在原、精、尾三种产品中的调整值。

终止方程(3.35)可以写成:

$$f_k - \hat{C}c_k - (1-\hat{C})t_k = r_k \quad (3.42)$$

与式 3.41 作减法可得到:

$$r_k = f_{ka} - \hat{C}c_{ka} - (1 - \hat{C})t_{ka} \tag{3.43}$$

使用最小二乘法，最小化的平方和记为 S_a，则：

$$S_a = \sum_{k=1}^{n} (f_{ka}^2 + c_{ka}^2 + t_{ka}^2) \tag{3.44}$$

受到式 3.43 的约束。

这种最小化问题能用拉格朗日因子方法得到最简便的解。在这个方法中，约束用下面的方法表示，即公式 3.43 变换为：

$$r_k - f_k + \hat{C}c_k + (1 - \hat{C})t_k = 0 \tag{3.45}$$

最小化问题要求所有的调整尽可能的最小，拉格朗日技术将"拉格朗日 L"的最小化问题定义为：

$$L = \sum_{k=1}^{n} (f_{ka}^2 + c_{ka}^2 + t_{ka}^2) + 2\sum_{k=1}^{n} \lambda_k \quad (\text{约束 } k) \tag{3.46}$$

其中 $2\lambda_k$ 是约束方程 k 的拉格朗日因子。

这样：

$$L = S_a + 2\sum_{k=1}^{n} \lambda_k (r_k - f_{ka} + \hat{C}c_{ka} + (1 - \hat{C})t_{ka}) \tag{3.47}$$

L 相对于每个未知数（调整值和因子）进行微分计算，且微分值设为 0。

因此，$\partial L/\partial f_{ka} = 2f_{ka} - 2\lambda_k = 0$

即：

$$f_{ka} = \lambda_k \tag{3.48}$$

$$\partial L/\partial c_{ka} = 2c_{ka} + 2\lambda_k \hat{C} = 0$$

即：

$$c_{ka} = -\lambda_k \hat{C} \tag{3.49}$$

$$\partial L/\partial t_{ka} = 2t_{ka} + 2\lambda_k (1 - \hat{C}) = 0$$

即

$$t_{ka} = -\lambda_k (1 - \hat{C}) \tag{3.50}$$

$$\partial L/\partial \lambda_k = 2(r_k - f_{ka} + \hat{C}c_{ka} + (1 - \hat{C})t_{ka}) = 0$$

代入 f_{ka}、c_{ka} 和 t_{ka}：

$$r_k = \lambda_k (1 + \hat{C}^2 + (1 - \hat{C})^2) = h\lambda_k$$

其中

$$h = 1 + \hat{C}^2 + (1 - \hat{C})^2 \tag{3.51}$$

因此

$$f_{ka} = r_k / h \tag{3.52}$$

$$c_{ka} = -\hat{C}r_k / h \tag{3.53}$$

$$t_{ka} = -(1 - \hat{C})r_k / h \tag{3.54}$$

因此，一旦确定了 $\hat{C}$，h 就能从式 3.51 中计算得到，r_k 就能从式 3.42 中计算得到。对组分值的合适调整能从公式3.52～3.54中计算得到。表3.8列出了单一节点的六组分选别的结果，并列出了 C 的调整值与最优拟合分析。

表3.8 使用终止误差的分选评估

组分	实际化验值/%			C/%	调整的化验值/%		
	原矿	精矿	尾矿		原矿	精矿	尾矿
Sn	21.9	43.00	6.77	41.76	20.78	43.41	7.47
Fe	3.46	5.50	1.76	45.45	3.25	5.58	1.89
SiO_2	58.00	25.10	75.30	34.46	57.16	25.41	75.83
S	0.11	0.12	0.09	66.67	0.10	0.12	0.09
As	0.36	0.38	0.34	50.00	0.36	0.38	0.34
TiO_2	4.91	9.24	2.07	39.61	4.79	9.28	2.15

注：最优拟合值 $C(\hat{C})$ = 37.03%。

表3.9是旋流器产品的实际粒度分布与调整后的粒度分布。U 代表旋流器底流的产率。从得到的数据可知 U 的最优分析值是84.6%。

表3.9 水力旋流器不同粒级的产率

粒级范围/μm	试验数据/%			U/%	调整数据/%		
	给矿	底流	溢流		原矿	底流	溢流
+425	3.6	2.4	13.3	88.99	3.88	2.17	13.26
355-425	3.2	2.0	13.4	89.47	3.52	1.73	13.35
300-355	3.9	2.1	11.1	80.00	3.66	2.30	11.14
250-300	3.5	2.1	10.4	83.13	3.43	2.16	10.41
212-250	5.5	3.4	18.7	86.27	5.65	3.28	18.68
180-212	5.3	3.3	12.9	79.17	5.00	3.55	12.95
150-180	6.6	5.9	12.9	90.00	6.82	5.72	12.87
125-150	7.9	8.0	7.1	88.89	7.88	8.02	7.10
106-125	10.2	11.0	0.1	92.66	9.69	11.43	0.18
-106	50.3	59.8	0.1	84.09	50.48	59.65	0.07

注：最优分析值 U = 84.60%。

如果数据是粒级的累积而不是粒级的分布，经过比较就会得到一些有意思的结果。表3.10列出了筛上的累积粒度分析。可以看出，调整数据与非累积数据有微小的偏差，U 的最优拟合值是85.2%。用筛下累积粒度分析可以得到相同的结果，见表3.10。这清楚的说明质量平衡结果不仅取决于所使用的数据处理方法，而且取决于提出信息的规则。这是因为非累积数据和累积数据误差结构的不同。在累积数据中，误差被累加，数据中就会出现偏差，因为这个原因，最好使用非累积数据。

表 3.10 水力旋流器的筛上累积产率

粒级范围/μm	试验数据/%			U/%	调整数据/%		
	给矿	底流	溢流		原矿	底流	溢流
425	3.6	2.4	13.3	88.99	3.84	2.20	13.27
355	6.8	4.4	26.7	89.24	7.32	3.96	26.62
300	10.7	6.5	37.8	86.58	10.95	6.29	37.76
250	14.2	8.6	48.2	85.86	14.35	8.47	48.18
212	19.7	12.0	66.9	85.97	19.94	11.79	66.86
180	25.0	15.3	79.8	84.96	24.91	15.38	79.81
150	31.6	21.2	92.7	85.45	31.70	21.11	92.68
125	39.5	29.2	99.8	86.41	39.59	29.13	99.79
106	49.7	40.2	99.9	84.09	49.32	40.52	99.96
-106	50.3	59.8	0.1	84.09	50.68	59.48	0.04

注：最优分析值 $U=85.20\%$。

（2）组分调整值平方和的最小化

在这个方法中，每一个测量组分中都定义一个剩余误差，这样，组分的计算值与分析得到的 C 值保持一致。C 的最优拟合值是剩余误差平方和的最小值，因此，就是计算 S 的最小值：

$$S = \sum_{i=1}^{3} \sum_{k=1}^{n} (x_{ik} - \hat{x}_{ik})^2 \tag{3.55}$$

式中 n——各产品组分化验的数目；

x_{ik}——产品 i 中组分 k 的化验值；

$\hat{x}_{ik}$——产品 i 中组分 k 调整后的化验值。

C 按照公式 3.40 用反复迭代法计算得到。数据调整值必须满足这个条件，并能根据式 3.42 和式 3.51 ~3.54 计算得到，并用于计算 S。如何计算使 S 取值最小的 C 值是个问题。有人对拉格朗日方程进行微分运算，不仅仅对 f_{ka}、C_{ka}、t_{ka}、h_{ka} 求导，而且对从原始数据中不能单独计算出的 C 进行求导，直接解决了这个最小值问题。得到的结果与迭代法的结果相同，但拉格朗日法比迭代法有计算上的优势，尤其在分析复杂流程的时候。将公式 3.24 和 3.47 合并：

$$L = S_a + 2\sum_{k=1}^{n} \lambda_k [f_k - t_k - f_{ka} + t_{ka} - \hat{C}(c_k - t_k - c_{ka} + t_{ka})] \tag{3.56}$$

对 $\hat{C}$ 进行微分，代入 c_{ka} 和 t_{ka}（根据公式 3.53 和 3.54）：

$$\partial L / \partial \hat{C} = -2\sum_{k=1} \lambda_k [c_k - t_k + (\hat{C} r_k / h) - \{(1-\hat{C}) r_k / h\}]$$

将这个微分设为 0，即：

$$\sum_{k=1} \lambda_k (c_k - t_k) + [(\hat{C} \sum_{k=1}^{n} \lambda_k r_k / h)] - [(1-\hat{C}) \sum_{k=1}^{n} \lambda_k r_k / h] = 0$$

当 $\lambda_k = r_k / h$ 时：

$$\sum_{k=1} r_k(c_k - t_k)/h + \hat{C}\sum_{k=1}^{n}(r_k/h)^2 - (1-\hat{C})\sum_{k=1}^{n}(r_k/h)^2 = 0 \tag{3.57}$$

$$(f_k - t_k) - C(c_k - t_k) = r_k \tag{3.36}$$

$$h = 1 + \hat{C}^2 + (1-\hat{C})^2 \tag{3.51}$$

公式 3.57 可以进一步简化为一个二次方程,即:

$$\hat{C}^2(X-2Z) + 2\hat{C}(Y-Z) + (2Z-Y) = 0 \tag{3.58}$$

其中

$$X = \sum_{k=1}^{n}(c_k - t_k)^2 \tag{3.59}$$

$$Y = \sum_{k=1}^{n}(f_k - t_k)^2 \tag{3.60}$$

$$Z = \sum_{k=1}^{n}(c_k - t_k)(f_k - t_k) \tag{3.61}$$

用二次方程的通解可以得到:

$$C = \frac{-2(Y-Z) \pm \{[2(Y-Z)]^2 - 4(X-2Z)(2Z-Y)\}^{1/2}}{2(X-2Z)} \tag{3.62}$$

公式 3.62 有两个解,正值是真实结果。一旦确定了 C,数据就按之前的方法进行调整,根据公式 3.52 ~3.54。

威尔斯和曼瑟对上述的两种方法进行了对比,结论是用这两种方法对大多数实际生产进行计算,得到的结果基本上是一样的。

3.9.10 称重调整

由表 3.8 的六组分分选结果表明,$\hat{C}$值对二氧化硅的化验数据有一些偏差,即化验结果的值偏大,不一定是得到了最有效的分选。这是因为假设试验数据中的全部绝对误差平均分散到了每个化验值,也就是说,每个化验值都含有相同的绝对误差,这在生产中是根本不可能的。最普遍的是,每个化验值的绝对误差都是与化验值本身的数值成一定比例(即相对误差是一个常数),正如之前例子中讨论的,在多组分化学分析中,每种成分都有不同的相对误差,这取决于化验值本身。因此更可取的是,增加组分调整值的权重,这样,好的数据比糟糕的数据得到较少的调整。最常用的权重因子是组分估计变量的倒数,这样,式 3.55 就变为:

$$S = \sum_{i=1}^{3}\sum_{k=1}^{n}(x_{ik} - \hat{x}_{ik})^2/V_{ik} \tag{3.63}$$

其中 V_{ik}是产品 i 中组分 k 测量值的方差。

类似地,拉格朗日方程(3.56)可以变成:

$$L = \sum[(f_{ka}^2/V_{fk}) + (c_{ka}^2/V_{ck}) + (t_{ka}^2/V_{tk})] +$$

$$2\sum_{k=1}^{n}\lambda_k[f_k - t_k - f_{ka} + t_{ka} - \hat{C}(c_k - t_k - c_{ka} + t_{ka})] \tag{3.64}$$

可以通过偏微分简化成二次方程，如前。

如果假设方差与化验值成比例关系，那么式 3.63 就可以变成：

$$S = \sum_{i=1}^{3}\sum_{k=1}^{n}\left[\frac{x_{ik} - \hat{x}_{ik}}{e_k x_{ik}}\right]^2 \tag{3.65}$$

其中 e_k 为组分 k 测量值的相对误差。

在终止剩余误差最小化法中，用闭合误差（V_{rk}）的方差将公式 3.37 进行加权，即：

$$S = \sum_{k=1}^{n}\frac{(r_k)^2}{V_{rk}} \tag{3.66}$$

因为一个函数的方差可用方程的微分得到（公式 3.21），那么 f_k、c_k 和 t_k 的随机变化（如测量误差）：

$$V_{rk} = (\partial r_k/\partial f_k)^2 V_{fk} + (\partial r_k/\partial c_k)^2 V_{ck} + (\partial r_k/\partial t_k)^2 V_{tk}$$

从式 3.42 可知，里奇（1977）经处理得到：

$$V_{rk} = V_{fk} + \hat{C}^2 V_{ck} + (1 - \hat{C})^2 V_{tk} \tag{3.67}$$

其中 V_{fk}、V_{ck} 和 V_{tk} 是组分 k 的 f、c 和 t 测量值的方差。

公式 3.39 可变为：

$$\hat{C} = \frac{\dfrac{\sum_{k=1}^{n}(f_k - t_k)(c_k - t_k)}{V_{rk}}}{\dfrac{\sum_{k=1}^{n}(c_k - t_k)^2}{V_{rk}}} \tag{3.68}$$

V_{rk} 的表达式（公式 3.67）包含 $\hat{C}$，必须进行迭代计算。$\hat{C}$ 的分析值代入公式 3.68，$\hat{C}$ 就能计算出一个新的数值。这个数值用于计算，指导分析值与计算值会聚至一点，通常只需经过几次迭代。一旦确定了 $\hat{C}$，就根据如下的公式如之前所述进行数据调整：

$$f_{ka} = \frac{r_k V_{fk}}{h_k} \tag{3.69}$$

$$c_{ka} = \frac{-\hat{C} r_k V_{ck}}{h_k} \tag{3.70}$$

$$t_{ka} = \frac{-(1 - \hat{C}) r_k V_{tk}}{h_k} \tag{3.71}$$

其中 $$h_k = V_{fk} + \hat{C}^2 V_{ck} + (1-\hat{C})^2 V_{tk} \tag{3.72}$$

与公式3.51～3.54一样对公式3.69～3.72进行加权。分析六组分分选结果，假设所有化验数据的相对误差都相等，用直接数据调整法和终止剩余误差最小化法都可以得到相似的结果（表3.11），尽管这不是一般的可测误差。但是，有研究表明，对于化验数值较大的情况（如二氧化硅的化验值），现在已经可以消除（见附录Ⅲ，Excel电子表格——WEGHTRE——用加权的最小二乘法调整额外的数据）。

表3.11 假设化验数值相对误差相等的选矿评价

组 分	实际分析结果/%			C/%	调整后的分析结果/%		
	给矿	精矿	尾矿		给矿	精矿	尾矿
锡	21.90	43.00	6.77	41.76	21.80	43.16	6.78
铁	3.46	5.50	1.76	45.45	3.36	5.61	1.78
二氧化硅	58.00	25.10	75.30	34.46	55.87	25.26	77.41
硫	0.11	0.12	0.09	66.67	0.10	0.12	0.09
砷	0.36	0.38	0.34	50.00	0.36	0.38	0.34
TiO_2	4.91	9.24	2.07	39.61	4.98	9.13	2.06

注：最优拟合值 $C(\hat{C})=41.30\%$。

威尔斯和曼瑟（1985）提出根据下面的公式，对在计算 C 的每个值时，用标准偏差计算 C 的加权平均值：

$$\hat{C} = \frac{\sum_{k=1}^{n} \frac{f_k - t_k}{(c_k - t_k)(V_{ck})^{1/2}}}{\sum_{k=1}^{n} (1/V_{ck})^{1/2}}$$

其中 $$V_{ck} = \frac{V_{fk}}{(c_k - t_k)^2} + \left[\frac{f_k - t_k}{(c_k - t_k)^2}\right]^2 V_{ck} + \left[\frac{c_k - f_k}{(c_k - t_k)^2}\right]^2 V_{tk}$$

一旦确定了$\hat{C}$值，就可以用公式3.69～3.72进行数据调整。Excel电子表格（WILMAN）就是以这种方式调整数据，见附录Ⅲ，也可以用于评价六组分分选指标。

3.10 实验室与工业试验的设计

成功的工艺分析和金属平衡不只是靠收集实际数据并进行检测分析，还要依据合适的统计原则进行实践。有很多文献叙述了试验设计与分析，经典的统计学方法非常适用于矿物加工领域，既可用于试验室，也可用于选厂本身。

试验的基本形式是工业流程试验，经常用于某些新的条件，如新的药剂或设备，与现有生产布局进行对比，确定是否能达到提高选别效果的目标。所以有必要遵从正确的原则。否则，在得出结论的过程中会耗费时间和成本，可能得到错误的结论，也可能根本无法得出结论。实施工业试验并进行分析的一些步骤，请查阅相关参考文献。

参考文献

[1] Alexander D. J. , Bilney, T. , and Schwarz, S. (2005). Flotation performance improvement at Placer Dome Kanowna Belle Gold Mine, Proc. 37*th Annual Meeting of the Canadian Mineral Processors*, CIM, Ottawa (Jan.), 171-201.

[2] Anon. (1979). Instrumentation and process control, *Chemical Engng.* (Deskbook Issue), 86 (Oct. 15).

[3] Atasoy, Y. , Brunton, I. , Tapia-Vergara, F. , and Kanchibotla, S. (1998). Implementation of split to estimate the size distribution of rocks in mining and milling operations, *Proc. Mine to Mill Conf.* , AuslMM, Brisbane (Oct.), 227-234.

[4] Barker, I. J. (1984). Advanced control techniques, *School on Measurement and Process Control in the Minerals Industry*, South Afr. IMM, Joburg (Jul.).

[5] Bearman, R. A. and Milne, R. (1992). Expert systems: Opportunities in the minerals industries, *Min. Engng.* , 5, 10-12.

[6] Metallurgical accounting, control and simulation 87 Bergeron, A. and Lee, D. J. (1983). A practical approach to on-stream analysis, *Min. Mag.* (Oct.), 257.

[7] Bernatowicz, et al. (1984). On-line coal analysis for control of coal preparation plants, in *Coal Prep.* '84, Industrial Presentations Ltd. , Houston, 347.

[8] Boyd, R. (2005). An innovative and practical approach to sampling of slurries for metallurgical accounting, Proc. EMMES Conf. , SAIMM Johannesburg (Nov.). Bozic, S. M. (1979). *Digital and Kalman Filtering*, Edward Arnold, London.

[9] Braden, T. F. , Kongas, M. , and Saloheimo, K. (2002). *Mineral Processing Plant Design, Practice and Control*, ed. A. L. Mular, D. Halbe, and D. J. Barrett, 2020-2047, SME, Littleton, Colorado.

[10] Brochot, S. , Villeneuve, J. , Guillaneau, J. C. , Durance, M. V. , and Bourgeois, F. (2002). USIM PAC 3: Design of mineral processing plants from crushing to refining, *Proc. Mineral. Processing. Plant Design*, *Practice and Control*, SME, Vancouver, 479-494.

[11] Bruey, F. and Briggs, D. (1997). The REFDIST method for design and analysis of plant trials, *Proc.* 6 *th Mill Ops. Conf.* , AusIMM, Madang (Oct.), 205-207.

[12] Carson, R. and Acornley, D. (1973). Sampling of pulp streams by means of a pneumatically operated poppet valve, *Trans. IMM* Sec. C, 82(Mar.), 46.

[13] Cavender, B. W. (1993). Review of statistical methods for the analysis of comparative experiments, *SME Annual Meeting*, Reno (Feb.), Preprint 93-182, 9.

[14] Chang, J. W. and Bruno, S. J. (1983). Process controlsystems in the mining industry, *Worm Mining* (May), 37. Clarkson, C. J. (1986). The potential for automation and process control in coal preparation, in *Automation for Mineral Resource Development- Proc.* 1*st IFAC Symposium*, Pergamon Press, Oxford, 247. Considine, D. M. (ed.) (1974). Process Instrumentsand Control Handbook, McGraw-Hill Book Co. ,New York.

[15] Cooper, H. R. (1984). Recent developments in onlinecomposition analysis of process streams,

in Control '84 Minerals ~ Metallurgical Processing, ed. J. A. Herbst, AIMME, New York, 29.

[16] Cutting, G. W. (1976). Estimation of interlocking massbalances on complex mineral beneficiation plants, *Int. J. Min. Proc.*, 3, 207.

[17] Cutting, G. W. (1979). Material balances in metallurgical studies: Current use at Warren Spring Laboratory, *AIME Annual Meeting*, New Orleans, Paper 79-3.

[18] Edwards, R., Vien, A., and Perry, R. (2002). Strategies for instrumentation and control of grinding circuits, in *Mineral Processing Plant Design, Practice and Control*, ed. A. L. Mular, D. Halbe, and D. J. Barrett, SME, 2130-2151.

[19] Finch, J. and Matwijenko, O. (1977). Individual mineral behaviour in a closed-grinding circuit, *AIME Annual Meeting*, Atlanta, Paper 77-B-62 (Mar.).

[20] Flintoff, B. (2002). Introduction to process control, *Mineral Processing Plant Design, Practice and Control*, ed. A. L. Mular, D. Halbe, and D. J. Barrett, SME, 2051-2065.

[21] Flintoff, B. C., et al. (1991). Justifying control projects, *Plant Operators*, ed. D. N. Halbe et al., 45, SME Inc., Littleton.

[22] Frew, J. A. (1983). Computer-aided design of sampling systems, *Int. J. Min. Proc.*, 11, 255.

[23] Gault, G. A., et al. (1979). Automatic control of flotation circuits, theory and operation, *World Mining* (Dec.), 54.

[24] Gay S. L. (2004). Simple texture-based liberation modelling of ores. *Minerals. Engng.*, 17 (11-12), Nov./Dec., 1209-1216.

[25] Girdner, K., Kemeny, J., Srikant, A., and McGill, R. (1996). The Split system for analyzing the size distribution of fragmented rock, *Proc. FRAGBLAST-5 Workshop on Measurement of Blast Fragmentation*, ed. J. Franklin, and T. Katsabanis, Montreal, Quebec, Canada, 101-108.

[26] Gy, P. M. (1979). *Sampling of Particulate Materials: Theory and Practice*, Elsevier Scientific Publishing Co., Amsterdam.

[27] Hales, L. and Ynchausti, R. (1992). Neural networks and their use in prediction of SAG mill power, in *Comminution Theory and Practice*, ed. Kawatra, SME, 495-504.

[28] Hales, L. and Ynchausti, R. (1997). Expert systems in comminution-Case studies, *Comminution Practices*, ed. S. K. Kawatra, SME, 57-68.

[29] Harris, C. A. and Meech, J. A. (1987). Fuzzy logic: A potential control technique for mineral processing, *CIM Bull.*, 80(Sept.), 51.

[30] Hedvall, P. and Nordin, M. (2002). Plant designer: A crushing and screening modeling tool, *Proc. Mineral Processing Plant Design, Practice and Control*, SME, Vancouver, Canada, 421-441.

[31] Herbst, J. A. and Rajamani, K. (1982). The application of modem control theory to mineral processing operation, in *Proc. 12th CMMI Cong.*, ed. H. W. Glenn, S. Afr., IMM, Joburg, 779.

[32] Herbst, J. A. and Bascur, O. A. (1984). Mineral processing control in the 1980s-realities and

dreams, in *Control '84 Mineral ~ Metallurgical Processing*, ed. J. A. Herbst et al. , SME, New York, 197.

[33] Herbst, J. A. and Bascur, O. A. (1985). Alternative control strategies for coal flotation, *Minerals and Metallurgical Processing*, 2(Feb.), 1.

[34] Hodouin, D. (1988). Dynamic simulators for the mineral processing industry, *Computer Applications in the Mineral Industry*, ed. K. Fytas et al. and A. A. Balkema, Rotterdam, 219.

[35] Hodouin, D. and Everell, M. D. (1980). A hierarchical procedure for adjustment and material balancing of mineral processes data, *Int. J. Min.* Proc. , 7, 91.

[36] Hodouin, D. and Najim, K. (1992). Adaptive control in mineral processing. *CIM Bull.* , 85, 70.

[37] Hodouin, D. , Kasongo, T. , Kouame, E. , and Everell, M. D. (1981). An algorithm for material balancing mineral processing circuits, *CIM Bull.* , 74(Sept.), 123.

[38] Hodouin, D. , Jamsa-Jounela, S. -L. , Carvalho, M. T. , and Bergh, L. (2001). *Control Engineering Practice*, 9(9), Sept. , 995-1005.

[39] Holdsworth, M. , Sadler, M. , and Sawyer, R. (2002). Optimising concentrate production at the Green's Creek Mine. Preprint 02-62, SME Annual Meeting, Phoenix, 10.

[40] Holmes, R. J. (1991). Sampling methods: Problems and solutions, in *Evaluation and Optimization of Metallurgical Performance*, ed. D. Malhotra et al. , SME Inc. , Littleton, Chapter 16.

[41] Holmes, R. (2002). Sampling and measurement- the foundation of accurate metallurgical accounting, *Proc. Value Tracking Symp.* , AusIMM, Brisbane.

[42] Ipek, H. , Ankara, H. , and Ozdag, H. (1999). The application of statistical process control, *Minerals. Engng.* , 12(7), 827-835.

[43] Jenkinson, D. E. (1985). Coal preparation into the 1990s, *Colliery Guardian*, 223 (Jul.), 301.

[44] Kawatra, S. K. (1985). The development and plant trials of an ash analyser for control of a coal flotation circuit, in *Proc. XV Int. Min. Proc. Cong.* , Cannes, 3, 176.

[45] Kawatra, S. K. and Cooper, H. R. (1986). On-stream composition analysis of mineral slurries, in *Design and Installation of Concentration and Dewatering Circuits*, ed. A. L. Mular and M. A. Anderson, SME Inc. , Littleton, 641.

[46] King, R. P. (1973). Computer controlled flotation plants in Canada and Finland, *NIM Report No.* 1517, South Africa.

[47] King, R. P. (2001). *Modeling and Simulation of Mineral Processing Systems*, Butterworth-Heinemann, 403.

[48] Klimpel, A. (1979). Estimation of weight ratios given component make-up analyses of streams, Paper 79-24, *AIME Annual Meeting*, New Orleans.

[49] Krstev, B. , and Golomeov, B. (1998). Use of evolutionary planning for optimisation of the galena flotation process, 27th APCOM, London, *Inst. Min. Met.* , Apr. , 487-492.

[50] Laguitton, D. (ed.) (1985). *The SPOC Manual Simulated Processing of Ore and Coal*, CANMET EMR, Canada. Laguitton, D. and Leung, J. (1989). Advances in expert system applica-

tions in mineral processing, *Processing of Complex Ores*, ed. G. S. Dobby and S. R. Rao, Pergamon Press, New York, 565.

[51] Leroux, D. and Hardie, C. (2003). Simulation of Closed Circuit Mineral Processing Operations using LimnR Flowsheet Processing Software, *Proc. CMP* 2003 (*Canadian Mineral Processor' s* 35*th Annual Operator' s Conference*), CIM, Quebec (Jan.).

[52] Leskinen, T., et al. (1973). Performance of on-stream analysers at Outokumpu concentrators, Finland, *CIM Bull.*, 66(Feb.), 37.

[53] Lundan, A. (1982). On-stream analysers improve the control of the mineral concentrator process, *A CIT* '82 *Convention*, Sydney, Australia (Nov.).

[54] Lyman, G. J. (1981). On-stream analysis in mineral processing, in *Mineral and Coal Flotation Circuits*, ed. A. J. Lynch, et al., Elsevier Scientific Publishing Co., Amsterdam.

[55] Lyman, G. J. (1986). Application of Gy' s sampling theory to coal: A simplified explanation and illustration ofsome basic aspects, *Int. J. Min. Proc.*, 17, 1-22.

[56] Lyman, G. J. (1998). The influence of segregation of particulates on sampling variance-the question of distributional heterogeneity, *Int. J. Min. Proc.*, 55(2), 95-102.

[57] Lynch, A. J. (1977). *Mineral Crushing and Grinding Circuits: Their Simulation, Optimisation, Design and Control*, Elsevier, 340.

[58] Lynch, A. J., Johnson, N. W., Manlapig, E. V., and Thorne C. G. (1981). *Mineral and Coal Flotation Circuits*, Elsevier.

[59] Mason, R. L, Gunst, R. F., and Hess, J. L. (1989). *Statistical Design and Analysis of Experiments.* Wiley, 692.

[60] McKee, D. J. and Thornton, A. J. (1986). Emerging automatic control approaches in mineral processing, in *Mineral Processing at a Crossroads- Problems and Prospects*, ed. B. A. Wills and R. W. Barley, 117, Martinus Nijhoff, Dordrecht.

[61] Meech, J. A. and Jordan, L. A. (1993). Development of a self-tuning fuzzy logic controller. *Minerals Engng.*, 6(2), 119.

[62] Morrison, R. D. and Richardson, J. M. (1991). JKMBal -The mass balancing system. *Proc. Second Canadian Conference on Computer Applications for the Mineral Industry*, 1, Vancouver, 275-286.

[63] Morrison, R. D. and Richardson, J. M., (2002). JKSimMet- a simulator for analysis, optimisation and design of comminution circuits, *Proc. Mineral Processing Plant Design, Practice and Control*, SME, Vancouver, 442-460.

[64] Morrison, R. D., Gu, Y., and McCallum, W. (2002). Metal balancing from concentrator to multiple sources. *Proc. Value Tracking Syrup.*, AusIMM, Brisbane, 141-148.

[65] Morrison, R. D. and Dunglison, M. (2005). Improving operational efficiency through corporate data reconciliation, *Proc. Systems* '05, *Minerals Eng.*, Cape Town (Nov.).

[66] Mular, A. L. (1979a). Process optimisation, in *Computer Methods for the* 80*s*, ed. A. Weiss, AIMME, New York.

[67] Mular, A. L. (1979b). Data and adjustment procedures for mass balances, in *Computer Meth-*

ods for the 80' *s in the Minerals Industry*, ed. A. Weiss, AIMME, New York.

[68] Mular, A. L. (1989). Modelling, simulation and optimization of mineral processing circuits, in *Challenges in Mineral Processing*, ed. K. V. S. Sastry and M. C. Fuerstenau, SME, Inc., Littleton, 323.

[69] Metallurgical accounting, control and simulation 89 Napier-Munn, T. J. (1995). Detecting performance improvements in trials with time-varying mineral processes, *Minerals Engng.*, 8(8), 843-858.

[70] Napier-Munn, T. J. (1998). Analysing plant trials by comparing recovery-grade regression lines, *Minerals. Engng.*, 11(10), 949-958.

[71] Napier-Munn, T. J. and Lynch, A. J. (1992). The modelling and computer simulation of mineral treatment processes-current status and future trends. *Minerals Engng.*, 5(2), 143.

[72] Napier-Munn, T. J., Morrell, S., Morrison, R. D. and Kojovic, T. (1996). *Mineral Comminution Circuits: Their Operation and Optimisation*, JKMRC, University of Queensland, Brisbane, 413.

[73] Owens, D. H. (1981). *Multivariable and Optimal Systems*, Academic Press, London.

[74] Purvis, J. R. and Erickson, I. (1982). Financial models for justifying computer systems, *INTECH* (Nov.), 45.

[75] Rajamani, K. and Hales, L. B. (1987). Developments in adaptive control and its potential in the minerals industry. *Minerals and Metallurgical Processing*, 4(Feb.), 18.

[76] Ramagnoli, J. A. and Sanchez, M. C. (2000). *Data Processing and Reconciliation for Chemical Process Operations*, Academic Press, 270.

[77] Reid, K. J., et al. (1982). A survey of material balance computer packages in the mineral industry, in *Proc. 17th APCOM Symposium*, ed. T. B. Johnson and R. J. Barnes, AIME, New York, 41.

[78] Richardson, J. M. and Morrison, R. D. (2003). Metallurgical balances and efficiency, in *Principles of Mineral Processing*, ed. M. C. Fuerstenau, and K. N. E. Han, SME, 363-389.

[79] Salama, A. I. A., et al. (1985). Coal preparation process control, *CIM Bull.*, 78 (Sept.), 59.

[80] Sastry, K. V. S. and Lofftus, K. D. (1989). Challenges and opportunities in modelling and simulation of mineral processing systems, in *Challenges in Mineral Processing*, ed. K. V. S. Sastry and M. C. Fuerstenau, SME, Inc., Littleton, 369.

[81] Sastry, K. V. S. (1990). Principles and methodology of mineral process modelling, in *Control* ' 90-*Mineral and Metallurgical Processing*, ed. R. K. Rajamani and J. A. Herbst, SME Inc., Littleton, 3.

[82] Smith, P. L. (2001). A primer for sampling Solids, liquids, and gases: Based on the seven sampling errors of Pierre Gy, *Asa-Siam Series on Statistics and Applied Probability*, *Soc for Industrial & Applied Maths*, 96.

[83] Smith, H. W. and Ichiyen, H. W. (1973). Computer adjustment of metallurgical balances, *CIM Bull.* (Sept.), 97.

Smith, H. W. and Frew, J. A. (1983). Design and analysis of sampling experiments - a sensitivity approach, *Int. J. Min. Proc.*, 11, 267.

[84] Strasham, A. and Steele, T. W. (1978). *Analytical Chemistry in the Exploration, Mining and Processing of Materials*, Pergamon Press, Oxford.

[85] Tipman, R., Burnett, T. C., and Edwards, C. R. (1978). Mass balances in mill metallurgical operations, *10th Annual Meeting of the Canadian Mineral Processors*, CANMET, Ottawa.

[86] Toop, A., et al. (1984). Advances in in-stream analysis, in *Mineral Processing and Extractive Metallurgy*, ed. M. J. Jones and P. Gill, IMM, London, 187.

[87] Ulsoy, A. G. and Sastry, K. V. S. (1981). Principal developments in the automatic control of mineral processing systems, *CIM BulL*, 74(Dec.), 43.

[88] Van der Spuy, D. V., Hulbert, D. G., Oosthuizen, D. J., and Muller, B. (2003). An on-line expert for mineral processing plants, *XXII IMPC*, SAIMM, Cape Town, Paper 368.

[89] Wiegel, R. L. (1972). Advances in mineral processing material balances, *Can. Metall. Q.*, 11(2), 413.

[90] Wills, B. A. (1985). Maximising accuracy of two-product recovery calculations, *Trans. Inst. Min. Metall.*, 94(Jun.), C 101.

[91] Wills, B. A. (1986). Complex circuit mass balancinga simple, practical, sensitivity analysis method, *Int. J. Min. Proc.*, 16, 245.

[92] Wills, B. A. and Manser, R. J. (1985). Reconciliation of simple node excess data, *Trans. Inst. Min. Metall.*, 94(Dec.), C209.

[93] Ziegler, J. G. and Nichols, N. B. (1942). Optimum settings for automatic controllers, *Trans. AIMME*, 64, 759.

4 粒度分析

选矿厂各种产品的粒度分析是实验室工作的一个基本组成部分，它对确定磨矿质量以及有用矿物和脉石在各种粒度下的解离度具有重要意义。在选别阶段，产品的粒度分析用于确定选别效率最高时的最佳给矿粒度以及选厂有各种损失量时的粒度范围，以便减少损失。

因此，粒度分析的方法必须精确并且可靠。这很重要，因为选厂可能会根据试验室试验结果对选厂生产做出重大改革。由于粒度分析时只使用相当少的物料，所用试样务必要有代表性，粒度分析取样要和化验分析取样（见第3章）一样地细心。

巴伯里（Barbery，1972）针对满足Gy基本误差所必须的取样粒度，给出了一个公式（详见Napier-Munn等人在1996年的文献）。

4.1 粒度和形状

精确粒度分析的首要任务是获得关于物料的颗粒大小和粒度分布的定量数据（伯哈德特，1994；艾伦，1997）。但是，不规则颗粒的准确粒度是不能测定的。长、宽、厚度或直径之类的量词都没有多大意义，因为这些量都可以测出许多不同的数值。球形颗粒的唯一尺寸定义是它的直径。立方体的特征尺寸是它一边的长度，而其他的规则形状颗粒也有合适的定义尺寸。

对不规则颗粒，最好用单一的量表示颗粒的大小，常用的表示方法是"等效直径"。这是指在某一特定过程中能与该颗粒发生相同行为的球体的直径。

上述的等效直径往往因测量方法而异。因而，凡有可能，粒度筛分技术都应具有重现性。

常见的等效直径有以下几种。例如，通过沉降和淘析技术测定的斯托克斯直径；用显微镜测定的投影面积直径，以及通过筛分确定的筛孔直径等。筛孔直径是指一个与颗粒恰好通过的筛孔宽度相等的球体的直径。如果试验颗粒不是真正的球体（实际上真正的球体很少见），则这一等效直径仅仅指的是颗粒的辅助性最大尺寸。

在可能的条件下，任何筛析的数据记录都应附加对颗粒大致形状的一些描述。"粒状"或"针状"之类的描述往往足以表达所述颗粒的大致形状。

下面列出描述颗粒形状的一些术语：

针状：针状体

多角状:棱边锋利或大致呈多面体
晶粒状:在液体介质中自由生长出的几何体
枝晶状:树枝晶形状
纤丝状:规则或不规则的线状
片状:薄片状
粒状:大体上呈等边的不规则形状
不规则状:无任何对称的形状
浑圆状:不规则圆状
球状:球体

目前,有很多工具和方法可以用于颗粒的粒度分析。表4.1列出了一些比较常见的方法,以及各种方法的有效粒度范围(不同方法差别很大),是否可以进行干式或是湿式处理,分级后的样品是否可以用于后续的分析。

表4.1 某些粒度分析方法

方法	干法或者湿法	分级样品是否可用	大致有效粒级范围/μm
试验筛分	均可	是	5~100000
激光衍射	均可	否	0.1~2000
光学显微镜	干法	否	0.2~50
电子显微镜	干法	否	0.005~100
淘析(旋流分级器)	湿法	是	5~45
重力沉降	湿法	是	1~40
离心沉降	湿法	是	0.05~5

试验筛分是最常用的粒度分析方法。它适用的粒度范围非常广,而且这个范围是最有工业意义的。由于筛析是最常用的粒度分析方法,以至于常把小于75 μm的颗粒归于“亚筛级”,但现代筛分方法已可筛分小至5 μm的物料。近年来,激光衍射法也很常用。

4.2 筛析

筛析是最古老的一种粒度分析方法,做法是使已知重量的试料相继通过逐个变细的筛网,并称量每个筛网上收集的试料量,计算出每个筛级的重量百分率。筛分可以用湿料,也可以用干料,筛子要振动,以便使所有颗粒都能与筛孔接触。

处理形状不规则的颗粒时,筛分过程变得复杂,因为大小与试验筛子的标定孔径近似的颗粒只有当处于有利状态时才能通过。由于筛网编织不规则,筛孔大小不可避免地会有偏差,筛分时间过长会引起较大的筛孔对筛析产生不应有的不良影响,因为只要有时间,每一颗足够小的颗粒就能从其中一个这样的较大筛孔通过。在多数情况下,“近筛孔尺寸”颗粒的存在也会使筛分复杂化,它们会引起“堵塞”即堵塞筛孔，从而减少筛分介质的有效面积。筛孔非常小的试验用筛的堵塞现象尤其严重。

筛分过程大致分为两个阶段：第一阶段筛出比筛孔小得多的颗粒，这一过程进行得相当快；第二阶段是分离所谓的“近筛孔尺寸”颗粒，这是一个渐进的过程，而且很难完全到达终点。这两个阶段都要求对筛子进行恰当操作，以使所有颗粒都有机会通过筛孔，并使堵塞筛孔的颗粒也能被清除。理想情况是，每个颗粒都能够单独碰到一个筛孔，这对于最大尺寸的筛孔是可能的，但是对大多数尺寸的筛网是不现实的。

筛分试验的效率取决于给入筛子的物料量（料荷）以及筛子的运动型式。

英国标准 BS 1017-1（作者不详，1989a）对筛分的取样技术作了全面描述。基本上，如果料荷太大，则物料床层会由于太厚而不能在合理的时间内使每个颗粒都以最有利于筛分的状态碰到筛孔。因此，筛分料荷要有限制，即要求筛分结束时，剩余物料的最大量需与该筛孔大小相适应。同时，试样又必须含有足够的颗粒以使试样有代表性，所以又规定了最小试样量。在某些情况下，为了不使筛子过载，不得不将试样分成几个分样进行筛分。

4.2.1 试验筛

试验筛是以标称筛孔大小为规格。标称筛孔是指方形筛孔对边的标称中心距，或指圆形筛孔的标称直径。目前使用的筛系有很多，最常见的有德国标准筛系 DIN 4188，美国材料试验标准（ASTM standard）E11 筛系，美国泰勒（Tyler）筛系，法国 AFNOR 筛系以及英国标准筛系 BS 1796。

编织筛网过去一直是以网目数标示的，网目是指每英寸的筛丝数量，亦即每平方英寸的方形筛孔数。这种方法存在一个很严重的缺点，即同一个网目数在不同的标准系列中代表不同的筛孔大小，视筛网的金属丝直径而异，现在，筛子按筛孔尺寸标示，可以直接向用户指明所需的数据。

由于许多试验工作者和旧的文献仍然使用网目数来标示筛子尺寸，表 4.2 列出了英国标准筛系的网目数与标称筛孔尺寸的对应值。Napier-Munn 等人在 1996 年的文献中对各种标准筛系进行了更全面的比较。

表 4.2 BSS 1796 金属筛网

网目数	标称筛孔尺寸/μm	目数	标称筛孔尺寸/μm
3	5600	36	425
3.5	4750	44	355
4	4000	52	300
5	3350	60	250
6	2800	72	212
7	2360	85	180

续表 4.2

网 目 数	标称筛孔尺寸/μm	目 数	标称筛孔尺寸/μm
8	2000	100	150
10	1700	120	125
12	1400	150	106
14	1180	170	90
16	1000	200	75
18	850	240	63
22	710	300	53
25	600	350	45
30	500	400	38

金属丝网的编织要求在允许的误差范围内制得均匀的标称方形孔(作者不详,2000 年)。标称筛孔在 75 μm 及以上的筛网采用平纹编织,而筛孔小于 63 μm 的筛网则可能是斜纹编织(图 4.1)。

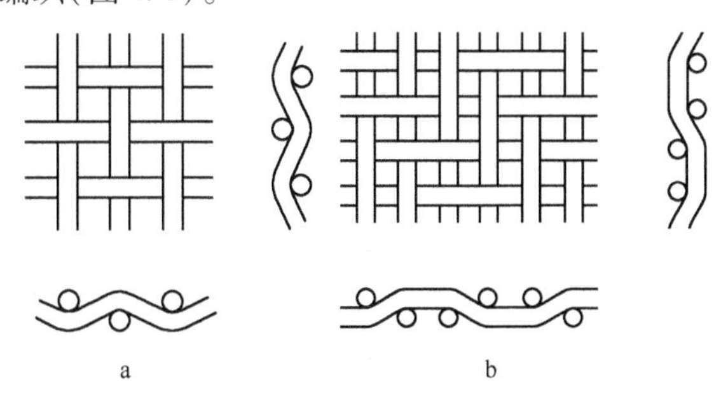

图 4.1 金属筛网的编织方法

a—平纹编织; b—斜纹编织

没有筛孔小于 20 μm 左右的试验用标准筛。2 ~ 150 μm 的微孔筛有方形孔或圆形孔,是用电镍板制成的。另一种常用的筛型是"微板筛",用镍板电腐蚀加工而成,其筛孔呈截锥状,小圆孔在筛面的顶端(图 4.2)。这能减少堵塞,还能减少开口率,即筛孔占筛分介质总面积的百分率。

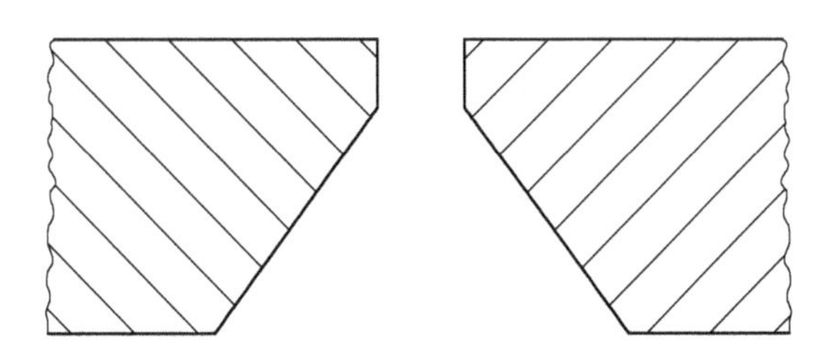

图 4.2 微板筛孔的断面图

微型筛用于粒度分析精度要求很高,需筛至极细粒级的湿料或干料。这类筛子的偏差比编织筛要小得多,筛孔偏差保证在标称尺寸的 2 μm 之内。

筛孔超过大约1 mm时，常使用带圆孔或方孔的孔板筛(图4.3)。方孔排成行，并且方孔的中心点构成正方形，而圆孔的中心则构成了等边三角形(作者不详，2000b)。

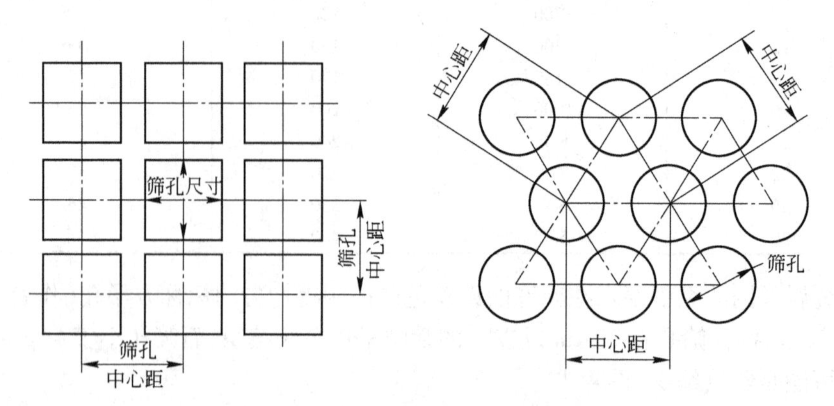

图4.3　孔板筛中方形孔和圆形孔的布置

4.2.2　筛孔尺寸的选择

在每一套标准筛系中，相邻筛网的筛孔都有一定的比例关系。

很久以来，人们就认识到，相邻筛网的筛孔宽度之比为2的平方根($\sqrt{2}$ = 1.414)的筛孔比是一种有效的筛比。这种筛比的优点是每个筛子的筛孔面积都增加一倍，便于筛分结果的图解。

大多数新式的筛序都是2的4次方根($\sqrt[4]{2}$ = 1.189)，或米制以10的10次方根($\sqrt[10]{10}$ = 1.259)作为筛比，这可使颗粒的筛分更为精确。

对于大多数筛析，不可能也没必要使用某一筛序的全部筛网。对大多数用途，间隔筛序，即$\sqrt{2}$筛序就足以满足要求，而对某些有特殊兴趣的筛级，或者精确的试验研究，可使用连续筛序，即$\sqrt[4]{2}$筛序。切勿使用任意中间系列的筛序，否则所得数据难以解释。

通常，筛网范围的选择要使留在最粗筛网上或通过最细筛网的试样不超过总试样的5%。当然，对于更精确的试验研究，这一限制还可能再严格一些。

4.2.3　试验方法

试验筛分的一般程序详见英国标准BS 1796(作者不详，1989b)。

筛分几乎使用机械筛分，因为人工筛分费时且乏味，而且其筛分的准确性在很大程度上取决于操作者。

根据待筛分物料的粒度和重量，可以在一系列直径范围内选择筛子，试验室常见的是直径200 mm的筛子。

试验选用的筛子层叠放置,最粗的放在最上面,最细的在底下。在最底层筛下放一个能与筛子装配紧密的盘子或其他容器作筛底,以接收最终的筛下物料,最粗筛网的顶上用筛盖罩住,以防止试样溅失。

待筛物料倒入最上层的筛网中,然后把套筛放在振筛器上,在垂直平面上振动物料(图4.4),而某些振动器则在水平面上振动。通过自动定时器可以控制筛分时间。振动时,筛下物料相继通过不同的筛网,直到留在筛孔略小于颗粒直径的筛网上。这样,试样就被分成不同粒级。

图4.4 振筛机

筛分结束后,将套筛的各个筛子分开,称量每个筛网上留下的物料量。绝大多数堵在筛孔中的近筛孔颗粒可以通过将筛子翻转并轻敲筛框的办法除去。如果这样还无济于事,则可用软黄铜丝或尼龙刷轻刷筛网底面。筛孔愈细,堵塞问题越严重,对于筛孔小于约150 μm的筛网,即使用软毛刷来轻刷,个别筛孔也可能变形而失真。

湿式筛分可用于已呈矿浆的物料,而干筛会引起团聚的粉状物料则必须用湿筛。湿筛技术详见英国标准BS 1796(作者不详,1989b)。

水是湿式筛分中最常用的液体,对于煤和硫化物之类的疏水物料,则需使用润湿剂。

湿筛时,试料可用水向下冲洗通过套筛网,最细的筛网在底部。试验结束时,筛子连同筛上物料一起在适当的低温下干燥然后进行称量。

4.2.4 筛析结果的处理

筛分试验结果的制表有好几种方法,表4.3中给出了三种最方便的方法(作者不详,1989b)。

表4.3 典型筛分试验结果

筛级范围/μm	筛级质量/g	筛级产率/%	标称筛孔大小/μm	筛下累积/%	筛上累积/%
+250	0.02	0.1	250	99.9	0.1
-250 +180	1.32	2.9	180	97.0	3.0
-180 +125	4.23	9.5	125	87.5	12.5

续表 4. 3

筛级范围/μm	筛级质量/g	筛级产率/%	标称筛孔大小/μm	筛下累积/%	筛上累积/%
-125 +90	9. 44	21. 2	90	56. 3	33. 7
-90 +63	13. 10	29. 4	63	36. 9	63. 1
-63 +45	11. 56	26. 0	45	10. 9	89. 1
-45	4. 87	10. 9			

表 4. 3 列出了：

(1) 试验使用的筛级范围。

(2) 各筛级的物料质量。例如：有 1. 32 g 物料通过 250 μm 的筛网，但留在了 180 μm 的筛网上，该物料的筛级即为 -250 +180 μm。

(3) 各粒级的物料质量，以其占总质量的百分率表示。

(4) 试验用筛的标称筛孔大小。

(5) 通过筛网的物料的累积百分率。例如：125 μm 筛下物料占总物料的 87. 5%。

(6) 筛上物料的累积百分率。

筛分试验的结果往往要绘制成图，以评价其全部意义(Napier-Munn 等人，1996)。

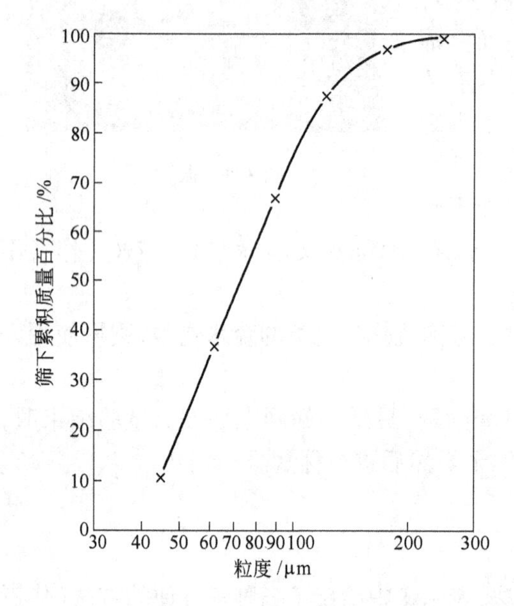

图 4. 5　筛析粒度曲线(数据见表 4. 3)

图示筛析结果有很多不同的方法，最常用的是绘制出筛下(或筛上)产品的累积产率对粒度的曲线。可以采用算术方格纸，但这种方法的弊端就是细筛孔区域的各点会挤在一起。半对数图可以避免这一缺点，以线性纵坐标表示筛上或筛下百分率，粒度作为对数横坐标。图 4. 5 是以曲线表示的表 4. 3 所列的筛析试验结果。

不需要将筛上和筛下两者的累积曲线都画出，因二者的图像互相对称。根据这类曲线可确定一个有价值的量值，即试样的“中间粒度”。这是指粒度分布的中点，即 50% 的颗粒小于这一粒度，另 50% 大于这一粒度。

粒度分析在评价磨矿回路性能方面非常重要。产品粒度通常以累积筛下曲线上某一点来表示，而这一点往往是 80% 通过粒度。虽然这并未表示出物料的全部粒度分布，但却有利于于磨矿回路的常规控制。例如，如果要求的磨矿粒度为 80% -250 μm，则操作人员在常规控制时只需以该粒度为准筛分一部分磨矿产品。若筛分结果，比方说，只有 50% 的试样为 -250 μm，则产品太粗，可立即采取措施来修正。

许多筛上或筛下累积量对粒度的曲线都呈 S 型,致使曲线末端点太密集。目前共有十多种使纵坐标匀称的方法,对于粉碎研究中得到的非均匀粒度分布,最常用的两种方法是盖茨－高登－舒曼(Gates-Gaudin-Schuhmann)法和罗逊－拉姆勒(Rosin 和 Rammler,1933～1934)法。这两种方法都是通过方程式来表示粒度分布曲线,这样得出的坐标,与普通线性坐标相比,在某些区域内拉大了间距,而在另一些区域中则缩小了间距。

使用盖茨－高登－舒曼方法时,在双对数坐标纸上,以筛下累积数据对筛孔尺寸作图。就像大多数双对数坐标图那样,这种双对数坐标图在较宽粒级范围内,尤其是细粒级内,经常呈现一条直线。在直线上插值要比在曲线上容易得多。这样,如果已经从物料获得的数据往往构成一条直线,就可以大大减轻常规分析的负担,因为检查粒度分布基本特性所需要的筛网相对减少。

以双对数坐标绘图,可以大大地拉长筛下累积曲线低于 50% 的区域,尤其是低于 25% 的区域。但是与此同时,它却大大压缩了 50% 以上,尤其是 75% 以上的区域,这是该法的主要弊端(图 4.6)。

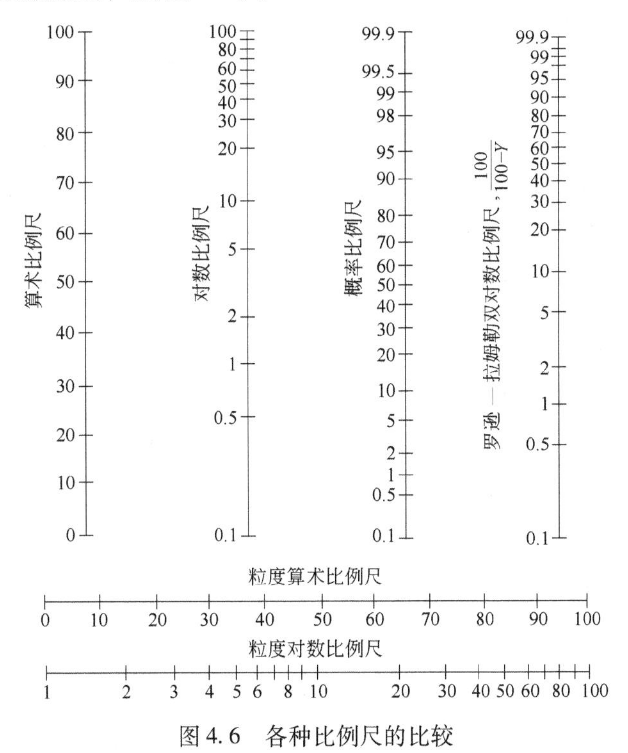

图 4.6 各种比例尺的比较

罗逊－拉姆勒法常用于表示球磨产品的筛析结果。球磨产品符合下列关系:

$$100 - P = 100\exp(bd^n) \tag{4.1}$$

式中 P——筛下累积产率；

b,n——常数；

d——粒度。

该式可以写成

$$\log\left[\ln\frac{100}{100-P}\right]=\log b+n\log d \tag{4.2}$$

因此，用 ln[100/(100 − P)]在双对数坐标上对 d 作图，得斜率为 n 的一条线。

与双对数法相比，罗逊－拉姆勒曲线扩展了低于25%和高于75%累积筛下区域（图4.6），而压缩了30%～60%区域。但研究表明，这种压缩不足以引起不良效应（哈里斯，1971）。如果不使用能把坐标轴按比例分成 log[ln(100/(100 − P))]和 log$d$ 的绘图纸，则按此法人工制图是非常麻烦的。不过，这用电子制表软件很容易实现。

在选矿应用中，人们往往更喜欢用盖茨－高登－舒曼法而非罗逊－拉姆勒法，后者常应用于选煤研究中，而该法本就是为选煤研究开发的。哈里斯（1971）评价了这两种方法，他认为，在选矿应用中，罗逊－拉姆勒法实际更好一些。它可以用于监控粒度分布极不对称的磨矿作业，但正如艾伦（1997）所指出的那样，使用该法要谨慎，因为采用对数方式总会明显降低分散性，因此，不建议采用双对数。

虽然一般都使用累积粒度曲线，但有时粒度分布曲线却更能说明问题。理论上，粒度分布曲线是通过对筛下累积曲线进行微分，并以所得曲线梯度对粒度绘图得出。但在实践中，粒度分布曲线是以留在各粒级的筛上物料含量对粒度绘图而得出的。分布曲线上的各点可定在两个筛网尺寸之间。例如，通过250 μm而留在180 μm筛网上的物料，为了绘图起见，可看成具有215 μm的平均粒度。如果把粒度分布图画在柱状图上，则柱状图直柱的底端将试验所用的各相邻筛网尺寸连在一起。除非每个粒度增量都是等宽的，否则，柱状图就无多大价值。图4.7以连续（频率）曲线图和柱状图表示了表4.3内物料的粒度分布。

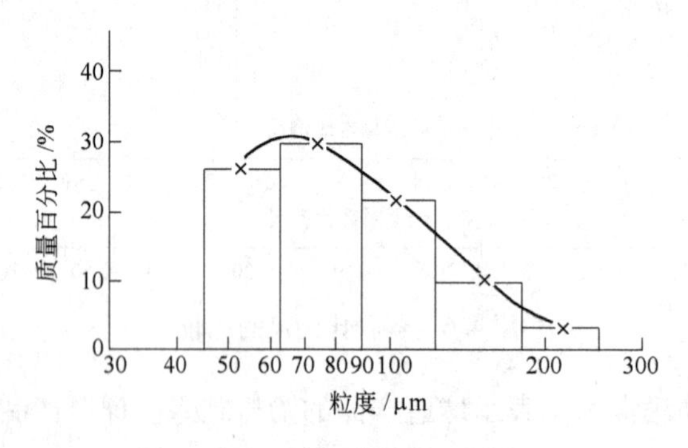

图4.7 筛析数据的粒级图解

粒级曲线或直方图有利于使人快速看到物料中不同粒级出现的相对频率。根据这类方法所能得到的唯一数字参数是粒度分布“模型”,即最常出现的粒级。

为了评估金属在选矿厂尾矿中的损失,或为了初步评价矿石,必须对不同筛分级别进行取样分析。因此,重要的是,总矿样应满足按吉氏公式(3.3)所算出的对最低试样质量的要求。

表4.4列出了对某一冲击锡矿床的矿石所做的筛析结果,筛析目的在于初步评价该矿石是否适于用重选法处理。1、2、3栏内列出筛分试验和品位分析的结果,有关数据列于其他栏内。由表可知,该矿石的计算总品位为0.21% Sn,但大部分的锡却存在于较细粒级之中。分析结果表明,若将物料先按210 μm筛分,并将粗级别去除,则需做进一步处理的矿量可减少为24.9%,而锡仅损失4.6%。如果矿物分析证明,这部分锡是细粒嵌布于该粗粒级别中,要求深度磨矿才能获得有效的解离,则上述措施可能就是合适的。对-210 μm级别的重液分析(参见第11章)可确定可能的理论品位和回收率,但筛析结果还表明,相当量的锡(22.7%)存在于-75 μm粒级,而后者仅占总物料的1.9%。这表明,这种物料可能难以处理,因为重选技术处理如此细粒矿石的效率不太高。

表4.4 评价某矿石重选适应性的筛析结果

(1) 粒级 /μm	(2) 质量 /%	(3) Sn品位 /%	Sn分布率 /%	粒度 /μm	筛上累积产品 百分率 /%	Sn累积 分布率 /%
+422	9.7	0.02	0.9	422	9.7	0.9
-422 +300	4.9	0.05	1.2	300	14.6	2.1
-300 +210	10.3	0.05	2.5	210	24.9	4.6
-210 +150	23.2	0.06	6.7	150	48.1	11.3
-150 +124	16.4	0.12	9.5	124	64.5	20.8
-124 +75	33.6	0.35	56.5	75	98.1	77.3
-75	1.9	2.50	22.7			
	100.0	0.21	100.00			

4.3 微筛分

对低于38 μm左右的物料,很少进行常规筛分,用于-38 μm物料的筛分作业叫“微筛分”。尽管各种新型电子技术现已投入使用,使用最广的方法仍然是沉降、淘析、显微镜分析和激光衍射法。

用于表示微筛级范围物料粒度的概念有很多,了解这些概念很重要,特别是在综合不同方法确定的粒度分布时,尤为重要。最好一种粒度分布范围只涉及一种方法,但这一点并不是总能办到。

各种方法之间的换算因素因样品特征和环境而异,并且当分布规律不相似时还跟粒度有关。对球形颗粒来说，很多方法最终都会得出同样的结果（Napier-Munn，1985），但对于不规则颗粒就不是。对一个给定的特征尺寸（例如 P80），以下给出了某些大致的影响因素（Austin 和 Shah，1985；Napier-Munn，1985；Anon，1989b）。这些都应该谨慎使用。

转　　换	乘以下列系数
筛孔换算成斯托克斯直径（沉降、淘析）	0.94
筛孔换算成投影面积直径（显微镜法）	1.4
筛孔换算成激光衍射	1.5
方孔筛换算成圆孔筛	1.2

4.3.1 斯托克斯等效直径

使用沉降技术时，待分级物料分散于一种液体中，并在严加控制的条件下沉降；使用淘析技术时，分散物料在某种上升液体流速作用下沉降而得以分级。两种方法都是借助于在液体中运动的阻力而使颗粒分离的。这种运动阻力决定着液体中的颗粒在重力影响下降落时所具有的自由沉降速度。

对于微筛级范围内的颗粒，其自由沉降速度按斯托克斯导出的方程求得，即：

$$v = \frac{d^2 g(D_s - D_f)}{18\eta} \tag{4.3}$$

式中 v——颗粒的自由沉降速度，m/s；

d——颗粒直径，m；

g——重力加速度，m/s^2；

D_s——颗粒密度，kg/m^3；

D_f——液体密度，kg/m^3；

η——液体黏度，Ns/m^2（20℃时，水的 $\eta = 0.001\ Ns/m^2$）。

斯托克斯定律是针对球状颗粒导出的，非球状颗粒的自由沉降速度会受到颗粒形状的影响。然而，该自由沉降速度仍可代入斯托克斯方程，得出一个可用来代表颗粒特性的“d”值。这个 d 值就称为“斯托克斯等效球体直径”，也称作“斯托克斯直径”或“沉降直径”。

斯托克斯定律只在层流层内才是可靠的（参见第 9 章），它规定了在一种已知液体中可用沉降和淘析法试验的颗粒的粒度上限。这一上限可用雷诺数确定，雷诺数是一个无量纲量，由下式得出：

$$R = \frac{vdD_f}{\eta} \tag{4.4}$$

如果使用斯托克斯定律时的误差不超过 5%，则雷诺数不应超过 0.2（Anon，2001a）。总的来说，斯托克斯定律对所有低于 40 μm 且悬浮于水中的颗粒都有效,超过这一粒度的颗粒应预先筛分除去。粒度下限可取 1 μm,低于该粒度则沉降时间太长,而且由于对流等引起意外的干扰影响,也极易产生重大的误差。

4.3.2　沉降法

沉降法的基础是测定在液体中分散的粉状颗粒的沉降速度,其原理已由普通试验室"烧杯倾析"方法清楚地阐明。

待试验物料以低浓度均匀分散于烧杯或类似容器中。可能需添加一种润湿剂以确保颗粒完全分散。水中浸入一根虹吸管,离水面的深度为 h,约等于水深度 L 的 90%。

物料中各粒级,例如 35、25、15 和 10 μm 颗粒的自由沉降速度 v,可根据斯托克斯定律计算。对于某一种矿石,往往根据试样中含量最多的颗粒来确定 D_s。

一个 10 μm 颗粒由水面沉降至虹吸管底(距离为 h)所需的时间可以计算出($t = h/v$)。缓慢地搅动矿浆,使颗粒在整个水体内分散,然后按计算所确定的时间静置。管底以上的水由虹吸管抽出,吸出水中的全部颗粒假定均小于10 μm 直径(图 4.8)。但是,一部分 -10 μm 物料已开始由水面下的不同高度向下沉降,并落入虹吸管以下的物料之中。为了回收这些颗粒,剩余矿浆需加水稀释至原来的位面,并重复上述作业,直至倾析液基本上清净为止。理论上,这需要无限次倾析,但在实践中,随所需精度而定,至少需要处理五次。沉降物料可用类似方法加以处理,但分离粒度较大,亦即倾析时间较短,就能获得足够的粒级。

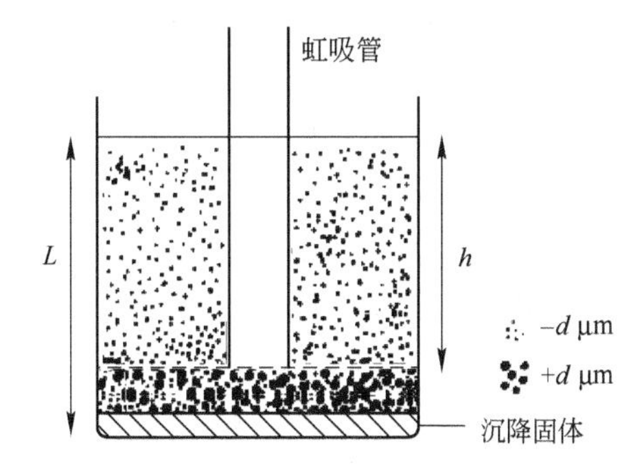

图 4.8　烧杯倾析

上述方法简单且便宜,与其他许多微筛技术相比,优点在于该法可得出真实的各粒级粒度分析,换言之,可以收集适量特定粒度范围内的物料,以供化学和矿物分析。

但是这种方法做起来极为乏味,因为极细颗粒需要很长的沉降时间,而且对每一粒级需做单独的试验。例如,一个 25 μm 的石英颗粒的沉降速度为 0.056 cm/s,则沉降 12 cm(虹吸管的典型浸入深度)约需 3.5 min。为确保合格澄清度的倾析,进行五次单独试验需总沉降时间约 18 min。然而,一个 5 μm 石英颗粒的沉降速度仅 0.0022 cm/s,沉降 12 cm 约需 1.5 h,估计此种物料所需总时间约 8 h。因此,一个完整的分析可能耗费操作人员几天时间。

另一个问题是由于重复倾析,稀释筛下物料耗用大量的水。理论上,使物料分离成筛上和筛下各粒级的效率达到100%,要求无限次的倾析。实际倾析次数必须按照要求的精确度和每一粒级要求的粒度范围加以选定。

在图4.8所示系统中,经时间 t 后,所有大于粒度 d 的颗粒均已沉降至水位 h 以下的深度。

粒度为 d_1 的全部颗粒($d_1 < d$)会降落至水面以下的水位 h_1 之下($h_1 < h$)。

于是,粒度为 d_1 的颗粒排入澄清液的效率为:

$$\frac{h - h_1}{L}$$

因为在时间 $t = 0$ 时,颗粒均匀地分布于相当深度 L 的整个液体容积之中,而排入澄清液的部分是虹吸水平之上的体积 $h - h_1$。

已知 $t = h/v, v \propto d^2$,

$$\frac{h}{d^2} = \frac{h_1}{d_1^2}$$

因此,粒度 d_1 的颗粒的排出效率为

$$\frac{h - h(d_1/d)^2}{L} = \frac{h[1 - (d_1/d)^2]}{L} = a[1 - (d_1/d)^2] = E$$

式中 a——h/L。

如果进行第二次倾析,则分散悬浮液中 $-d_1$ 物料量为 $1 - E$,两次倾析后 $-d_1$ 颗粒的排出效率为

$$E + (1 - E)E = 2E - E^2 = 1 - (1 - E)^2$$

一般而言,对于 n 次倾析,在分离粒度为 d 时,粒度为 d_1 的颗粒的排出效率

$$排出效率 = 1 - (1 - E)^n$$

或者

$$排出效率 = 1 - \left[1 - a\left\{1 - \left(\frac{d_1}{d}\right)^2\right\}\right]^n \tag{4.5}$$

表4.5列出了相对于分离粒度 d 的各种粒度颗粒的不同排出效率所需的倾析次数,表中 a 值为0.9。由表可知(海伍德,1953),a 值相对来说不起什么作用,因此企图排出沉降颗粒附近的悬浮液是徒劳无益的,而且会引起扰动和颗粒的夹带。

表4.5 不同效率下排出细颗粒所需的倾析次数

粒度 d_1/d	倾析次数		
	90%效率	95%效率	99%效率
	25	33	50
0.9	12	16	25
0.8	6	8	12
0.5	2	3	4
0.1	1	1	2

表4.5说明，为有效排出接近分离粒度的颗粒需进行多次倾析，但粒度相对较细的颗粒能很快被排出。除非要求极窄的粒度范围，在大多数情况下，试验所需的倾析约不多于12次。

沉降分析中一种比较快速且没那么乏味的方法是安德烈森吸管法（Anon，2001b）。

安德烈森吸管是由一个半升刻度圆柱形烧瓶和一个用双通旋塞连接于10 mL容器的吸管组成（图4.9）。当毛细玻璃柱塞置于适当位置时，吸管的末端在零点标记的平面上。

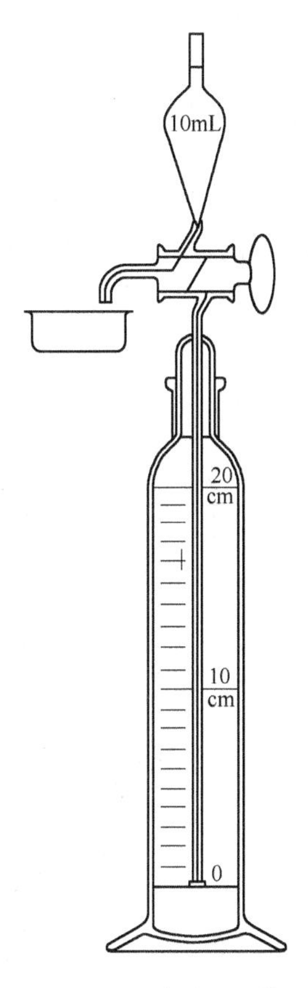

图4.9 安德烈森吸管

将试样制成3%～5%的悬浮液（沉降液一般为水），加入烧瓶中。接上吸管，来回翻转烧杯以搅动悬浮液。然后使悬浮液沉降，并隔一定时间排样一次，做法是在10 mL吸管上给一吸力，拧开双通旋塞，使试样被抽到10 mL软管上去，直到液面超过软管上的刻度标记。然后，反转旋塞，使试样排入收集盘。每取一个样之后，都要重新标定液面。

然后将所得试样干燥和称重，并将其重量与同等体积原悬浮液中的物料重量作比较。

与每个沉降距离（h）和沉降时间（t）相对应的，都有一个确定的粒度（D），D代表试样中可能存在的最大颗粒粒度。不同取样时间的D可以根据斯托克斯定律计算得出。将收集起来的试样质量g与相应的原有质量g_0相比较，即g/g_0，该值代表原物料中粒度小于D的百分率，可将这些点绘制成筛析曲线。

安德烈森试管法比烧杯倾析法快得多，因试样是在整个试验期间随颗粒粒度不断变细而连续取出的。例如，虽然5 μm的石英颗粒沉降20 cm约需2.5 h，但该试样一旦取出，全部较粗粒度的试样也已取出，因此，以沉降时间计的完整分析时间只相当于最细颗粒的沉降时间。

安德烈森试管法的缺点是，所取出的每一个试样代表着小于某一特定粒度的颗粒，这类试样对于矿物分析和化学分析，不如烧杯倾析所得各种粒度范围的试样的价值大。

沉降过程是非常冗长的，因为细颗粒需要很长的沉降时间（3 μm颗粒的沉降时间长达5 h），而且还需要干燥和称重试样的时间。主要的困难还在于使物料在悬浮液体中完全分散，且不发生凝聚。适用于各种金属物料的悬浮液和分散剂，详见英国标准 BS ISO 13317 -1 (Anon,2001a)。

尽管应用范围最广的沉降分级法可能是安德烈森吸管法,为了加快试验速度,也已研发出了其他一些方法。艾伦(1997)全面论述了这些方法,光电沉降仪和沉降秤是其中的两例。前者将重力沉降与光电测定结合起来,后者将沉降在秤盘上的物料质量对照时间记录下来,以得出累积沉降粒度分析曲线。

4.3.3 淘析技术

淘析是利用上升流体(往往是水流或气流)进行颗粒分级的方法。该过程是逆重力沉降过程,斯托克斯定律也适用于此。

所有的淘析器都由一个或几个"分级柱"组成(图 4.10),在分级柱中流体以恒定的速度上升。给入分级柱的颗粒根据其末速分成两个部分。这个末速可由斯托克斯定律计算。

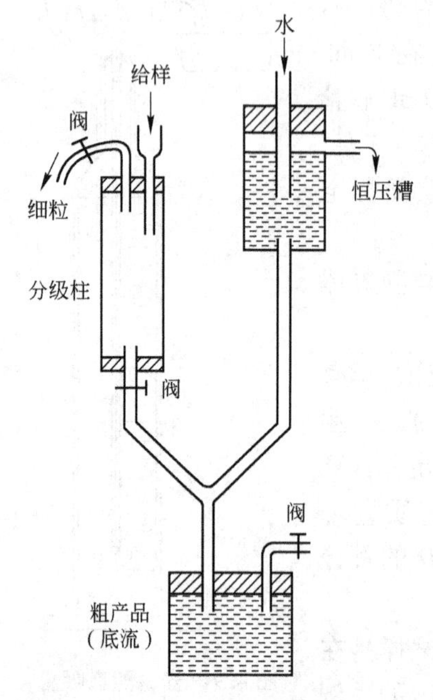

图 4.10 简单的淘析器

末速小于上升流体速度的那部分颗粒进入溢流,而末速大于流体速度的另一部分颗粒则沉至底流。淘析一直进行到不发生明显分级或产品的质量变化已微乎其微为止。

淘析过程要稀释筛下粒级,需用大量的水,但用水问题不如烧杯倾析严重。设分级柱的深度为 h,按分离粒度 d 对物料进行分级。若水流的上升速度为 v,则据斯托克斯定律,$v \propto d^2$。

小于分离粒度 d 的颗粒在水流中会上升,其上升速度取决于其粒度。

因此,粒度为 $d_1(d_1 < d)$ 的颗粒在分级柱内以速度 v_1 上升,而且 $v_1 \propto (d^2 < d_1^2)$。

分级柱内体积完全变化所需的时间为 h/v,粒度为 d_1 的颗粒由分级柱底上升至柱顶所需的时间为 h/v_1。

于是,粒度为 d_1 的全部颗粒由分级柱排出所需体积变化次数

$$\text{物理量} = \frac{h/v_1}{h/v} = \frac{d^2}{d^2 - d_1^2} = \frac{1}{1-(d_1/d)^2}$$

粒度比 d_1/d 不同值所需的体积变化次数列于下表。

d_1/d	所需体积变化次数	d_1/d	所需体积变化次数
0.95	10.3	0.5	1.3
0.9	5.3	0.1	1.0
0.8	2.8		

将上表数据同表4.1数据相比,可见,淘析所需的体积变化次数要比倾析少得多。而且,淘析还可能达到完全分离,而烧杯倾析只能通过无限次数的体积变化才可以达到完全分离。

因此,淘析似乎比倾析更受人欢迎,而且确实有着某些实际优越性,如体积变化无须操作人员注视。但是,淘析的缺点是,流体速度在整个分级柱内并不恒定,柱壁的流速最低,中心的流速最高。分级粒度是根据平均体积流量计算的,因此,一些粗颗粒误入溢流,而一些细粒则误入粗粒底流。因而所得的各粒级在粒度上有相当程度的重叠,不能得到精确分离。虽然倾析永远不可能达到100%的分离效率,但由此引起分离成各个粒级的精确度的降低程度要比淘析时因速度变化而降低的程度小得多(Heywood, 1953)。

适于淘析的最粗粒度受斯托克斯定律有效性的限制,但微筛级范围内的大部分物料都呈现层流现象。关于淘析的最小粒度,则大约低于10 μm就不能分离了,因为这种物料容易凝聚,或者所需时间太长了。离心力的利用可以大大缩短分离时间。现代化矿物加工试验室最常用的微筛分技术之一是沃曼旋流分级器(Finch和Leroux,1982)。该技术广泛应用于常规试验和选厂控制,上至粒度范围为8~50 μm、比重类似石英(比重2.7)的物料,下至4 μm的高比重颗粒,如方铅矿(比重7.5),都可应用。

旋流分级器由5个串联的水力旋流器组成(有关水力旋流器原理的详细介绍见第9章),上一个水力旋流器的溢流作为下一个水力旋流器的给矿(图4.11)。

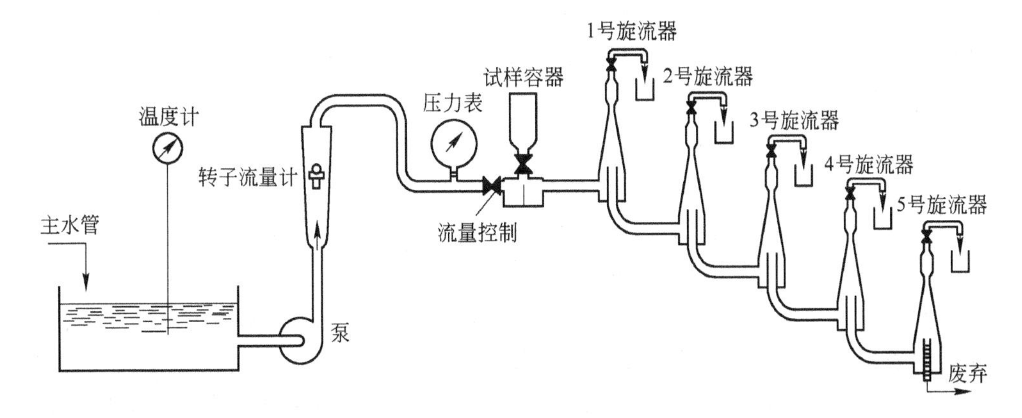

图4.11 沃曼旋流器

这种分级器与常规水力旋流器的配置不同,其旋流器是倒置的,每个旋流器的顶端有一个容器,使旋流器的排料能有效地被收集(图 4.12)。

水在流量控制下经泵送给旋流分级器,而称重后的固体试样给至旋流器的前头。

液体切向进入旋流器引起旋转运动,结果,一部分液体与沉降较快的颗粒一起进入顶端的底流排出口;余下的一部分液体与沉降较慢的颗粒一起通过旋流器溢流口排出,进入该系列的下一个旋流器。每个旋流器的入口面积和溢流口直径沿液体流动方向递减,其结果,相应增大了入口流速和旋流器内的离心力,从而依次减小了颗粒的极限分离尺寸。

旋流器出厂时会标明在水流量、水温、颗粒密度和淘析时间等操作参数的标准值下,具有的确定的极限分级粒度。为了根据实际操作中上述参数偏离标准值时进行校正,还提供一套校正曲线图。

彻底淘析一般大约需 20 min,此后,将每个底流排出口容器内的物料排入单独的烧杯,将不同粒级收集起来。

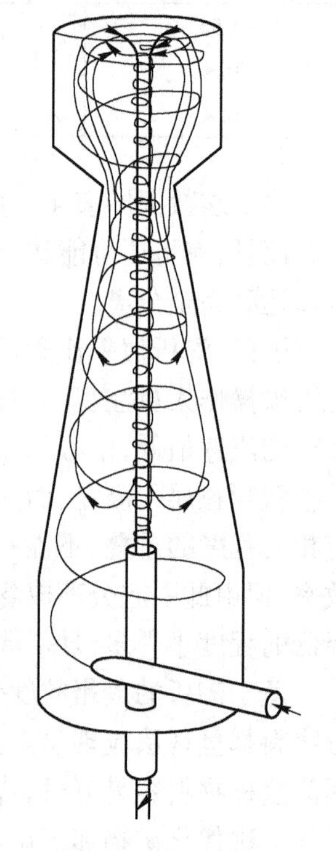

图 4.12　旋流分级器单元旋流器内的流型

4.3.4　显微粒度分析和图像分析

显微镜往往用作一种独特的粒度分析方法,因为它是能观察和测定单个粒子的唯一方法(作者不详,1993;艾伦,1997)。在显微镜下所见到的颗粒图像是二维的,根据这一图像来对颗粒大小做出估计。显微粒度分析是把颗粒的投影面积与已知大小的参比圆环或刻度尺进行比较。为了获得有意义的结果,必须使颗粒的平均投影面积能代表颗粒的大小。这就要求在显微镜载玻片上的颗粒在三维空间上无规则取向,而这大多数情况下是不可能的。

光学显微镜方法可以用于 0.8 ~ 150 μm 粒级的颗粒,而小至 0.001 μm 则需采用电子显微镜。

基本上所有的显微镜方法都是对极小的试验室样品进行粒度分析。为了使试样具有真正的代表性,必须非常精心地取样。

使用人工光学显微镜方法时,分散的颗粒通过透射镜进行观察,然后将放大图像的面积与刻度尺上已知大小的圆环面积相比较。

对粒级系列中每一粒级的颗粒相对数进行确定。这些相对数代表数量粒度分布,据此可以算出体积粒度分布,如果所有颗粒密度相同,则可算出重量粒度分布。

用显微镜载玻片做人工分析既乏味又容易出错，因此，已研制出能加快分析速度，避免人工分析缺陷的半自动和自动装置（艾伦，1997）。

定量图像分析的发展使得用试验室小试样对微细粒进行快速粒度测定成为可能。图像分析仪能以各种形式（照相、电子显微相图和直接观察）分析试样，并能将其在系统软件内集成。图 4.13 显示了一组通过扫描电子显微镜获得的矿物颗粒的灰度级电子反向散射图像，在图上标出了黄铜矿颗粒（Ch），石英（Qtz）和绿帘石（Epd）。右边是黄铜矿矿物颗粒（也就是用仪器辨认出的黄铜矿块，不论是否单体解离）和含黄铜矿的矿石颗粒的粒度分布曲线。该曲线是在对原样进行了数十万次分析后，由系统软件自动得出的。这种图像分析可以对大多数成像方法（如光学和电子法）得到的大量图片以多种形式（如尺寸、表面积、边界长度）进行分析。

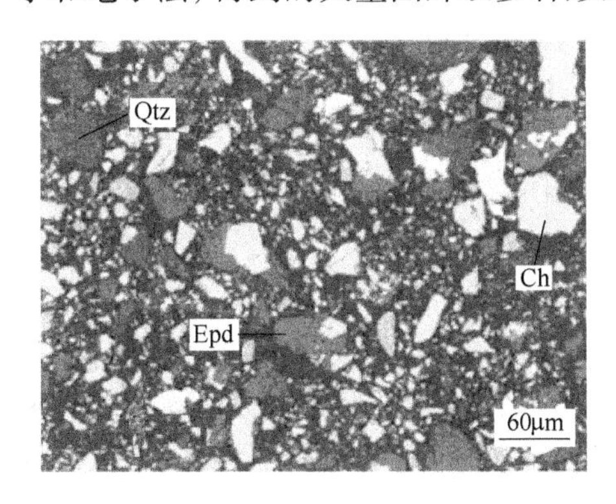

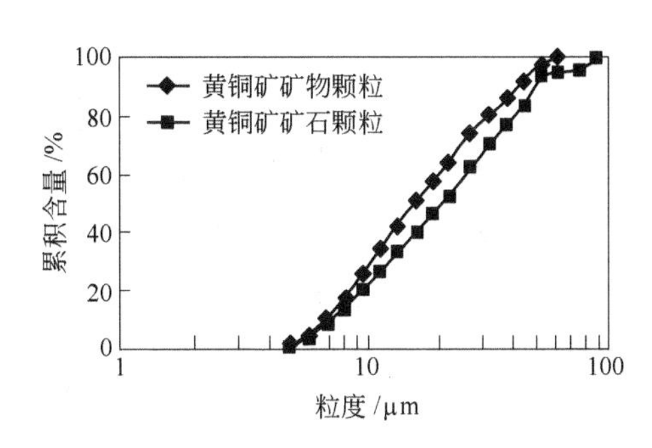

图 4.13 运用图像分析来估计矿石颗粒和矿物颗粒的粒度分布（Courtesy JKMRC and JKTech Pty Ltd.）

4.3.5 电阻法

贝克曼库尔特计数器（Beckman Coulter Counter）是利用因颗粒存在而引起电子回路中电流的变化。

图 4.14 为一个库尔特计数器的测定系统。

悬浮于已知体积导电液体中的颗粒流经一个小孔，小孔两侧各有一个浸没电极。颗粒的浓度要掌握好，以使每次只有一个颗粒通过孔眼。

颗粒每次通过小孔都排挤出孔内的电解液，瞬时改变电极之间的电阻并产生其大小与颗粒体积成正比的电压脉冲。所得脉冲系列用电子仪表放大、度量并计数。

将一次放大的脉冲给至具有可调筛选电平的阀回路，达到或超过这一电平的那些脉冲被计数，这一计数就代表其体积大于与合适的给定阈值成正比的某一可测定体积的颗粒数目。在不同放大倍数和给定阈值下取一系列计数，就可以直接获得数据以确定颗粒数频率和体积的关系，从而用于确定粒度分布。

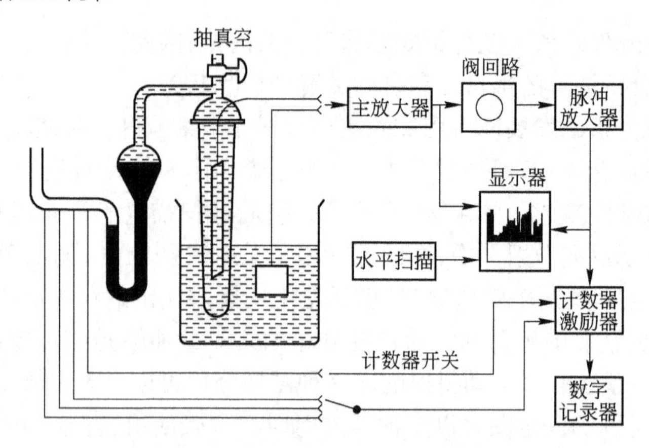

图 4.14　库尔特计数器的原理

由于这个装置测量颗粒体积，是根据具有相同体积的球体可以计算出颗粒的当量直径，这是比其他都更有意义的一个尺寸计量单位。这个装置适用于测量 0.4 ~ 1200 μm 的粒级范围内的颗粒。

4.3.6　激光衍射装置

近年来，出现了好几种基于对细颗粒进行激光衍射的装置，包括马尔文 Master Sizer 和 Microtrac，图 4.15 阐明了其原理。激光从稀释的悬浮颗粒中穿过，这些悬浮颗粒循环通过一个光学测定仪。光被悬浮颗粒分散后，用一个能测量一定角度内光强度的固态探测器进行测定。应用光散射原理可以从光分布结构中计算出颗粒粒度分布，细颗粒比粗颗粒的散射作用强。早期装置应用的是弗朗霍夫(Fraunhofer)理论，这个理论适于约 1 ~ 2000 μm 粒级范围，限制上限主要是受机械方面的约束。最近，运用米氏理论已经将可用粒度下限降到了 0.1 μm，甚至更低。一些现代化装置可提供这两种选择，或者将这两种理论结合到一起，以涵盖更宽的粒级。

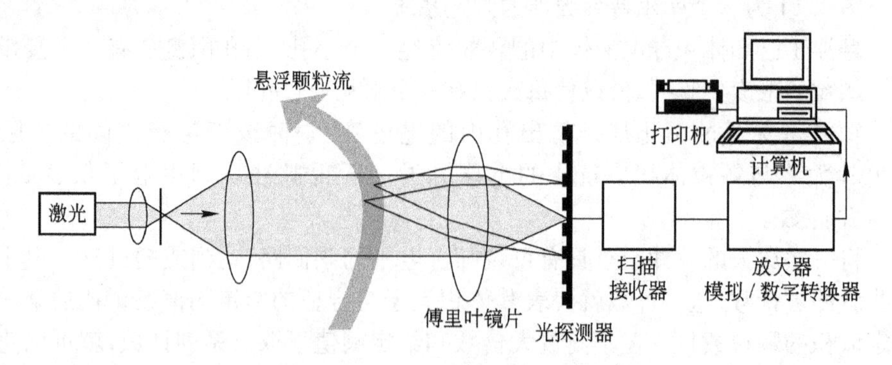

图 4.15　激光衍射装置的原理

激光衍射装置操作简单,分析结果得出快,有重现性。但是,光散射理论并没有给出和其他方法(如筛分法)兼容的对粒度的定义。比如在大多数选矿应用中,激光衍射粒度分布就总是比其他方法得出的粒度粗。奥斯汀和沙阿(Austin and Shah,1983)提出了一种方法,用于激光衍射法和筛分法得出的粒度曲线之间的转换,通过对特征一致的物料进行回归分析可以得出一个简单的转化。此外,这个结果还取决于固体颗粒和液体介质(虽然不一定,但通常是水)的相对折射率,甚至还和颗粒形状有关。大多数装置都要求能补偿这些效应,或者提供校准数据给用户。

因为这些原因,使用激光衍射粒度分析仪应该慎重。对于对固定环境中唯一改变的粒度分布做大批量的常规分析,这个设备大概没有同行。针对不同环境或不同物料,或与其他方法得到的数据进行比较时,解释数据时要谨慎。当然这些装置是不提供分级后的样品供后续分析的。

4.3.7 在线粒度分析

从1971年开始,就可以对矿浆的颗粒粒度进行连续测定。许多选矿厂已安装了PSM系统。PSM系统当时由Armco Autometrics生产,后来由Svedala生产,现在由Thermo Gamma-Metrics生产(Hathaway和Guthnals, 1976)。

PSM系统由三部分组成:脱气装置、传感装置和电子部分。脱气装置从矿浆流中抽取试样并除去夹杂的气泡。然后,已脱气的矿浆试样在各传感器之间通过。根据不同的颗粒大小悬浮液对超声波的不同的吸收程度来进行粒度测定。因固定浓度也影响超声辐射的吸收,故使用两对在不同频率下工作的传感器和接收器来测定颗粒粒度和矿浆的固体浓度,得到的信息由电子部分进行处理。

当前版本的PSM,即Thermo Gamma-Metrics的PSM-400MPX(图4.16)可以处理固体浓度质量高达60%的矿浆,并且同时产出5种粒级的产品。

图4.16 Thermo Gamma-Metrics PSM-400MPX 在线粒度分析仪(Courtesy Thermo Electron 公司)

还有一些别的测量原理应用于商业中,用于矿浆粒度的测定。奥托昆普(Outokumpu)PSI 200系统直接使用一个往复式卡尺传感器将颗粒的方位(进而变成粒度)转换成电信号(Saloheimo, Antilla, 1994),从而测量矿浆流中单个颗粒的粒度。奥托昆普还开发了一个激光衍射原理的在线版本,PSI 500 (Kongas 等,2003)。

图像分析广泛应用于输送皮带上的岩石粒度测量。提供这套系统的供应商有斯普利特工程(Split Engineering)、WipFrag 和 美卓(Metso)公司。如第 3 章所示,用一个给予适度照明的固定摄像机来捕捉输送带上颗粒的图像,获得的图像用软件分割、进行适当处理后计算出颗粒的粒度分布。图 4. 17 显示了摄像机捕捉到的一个破碎机给料和产品的原始照片和经处理后的图片,以及计算出的粒度分布曲线。成像系统的常见问题就是不能"看见"表层物料以下的物料,以及探测细粒困难,为此要使用矫正算法。尽管存在这些问题,这套系统用于检测破碎机回路的粒度变化还是很有用的,并且越来越多地应用于磨机控制部分的半自磨机给矿测量。

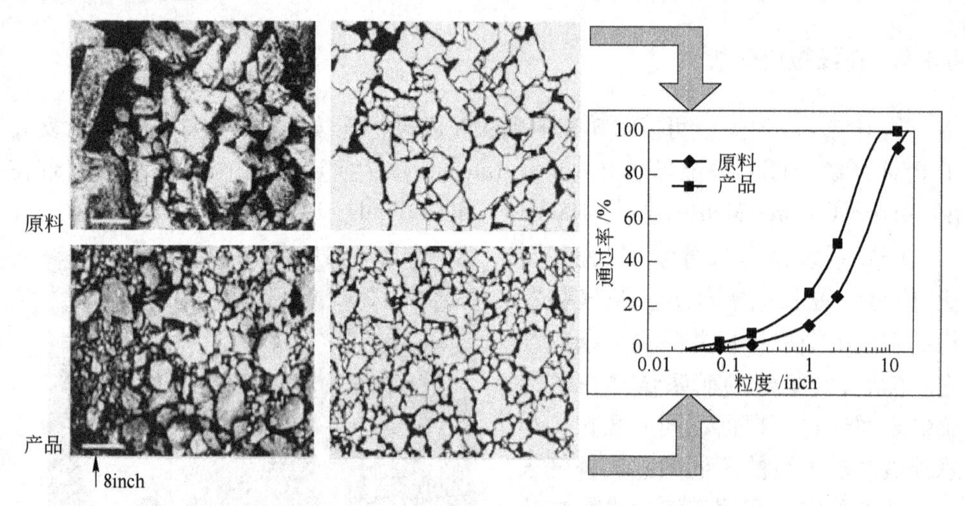

图 4. 17　破碎机给料和产品的原始照片和处理后的图片,以及最终估算的粒度分布曲线（斯普利特工程公司的斯普利特在线系统）(Courtesy Split Engineering)

还有一些别的在线控制系统可用或者正在试验中。例如,澳大利亚联邦科学与工业研究组织(CSIRO)开发了一种利用超声衰减原理的版本,在这个系统中,同时应用了速度光谱测定法和 γ 射线传播,使得测量方法在 0. 1 ~ 1000 μm 范围内都有效(Coghill 等,2002)。

参考文献

[1] Allen, T. (1997). Particle Size Measurement, Vol. 1., Chapman and Hall, London (5th edn).

[2] Anon. (1989a). British Standard 1017 - 1: 1989. Sampling of coal and coke. Methods for sampling of coal.

[3] Anon. (1989b). British Standard 1796 - 1: 1989, ISO 2591 - 1: 1988. Test sieving. Methods using test sieves of woven wire cloth and perforated metal plate.

[4] Anon. (1993). British Standard 3406 - 4: 1993. Methods for the determination of particle size distribution. Guide to microscope and image analysis methods.

[5] Anon. (2000a). British Standard 410 - 1: 2000, ISO 3310 - 1: 2000. Test sieves. Technical requirements and testing. Test sieves of metal wire cloth.

[6] Anon. (2000b). British Standard 410 - 2: 2000, ISO 3310 - 2: 2000. Test sieves. Technical requirements and testing. Test sieves of perforated metal plate.

[7] Anon. (2001a). British Standard ISO 13317 - 1: 2001. Determination of particle size distribution by gravitational liquid sedimentation methods. General principles and guidelines.

[8] Anon. (2001b). British Standard ISO 13317 - 2: 2001. Determination of particle size distribution by gravitational liquid sedimentation methods. Fixed pipette method.

[9] Austin, L. G. and Shah, I. (1983). A method for interconversion of microtrac and sieve size distributions, Powder Tech., 35, 271 - 278.

[10] Barbery, G. (1972). Derivation of a formula to estimate the mass of a sample for size analysis, Trans. Inst. Min. Metall., 81 (784), Mar., C49 - C51.

[11] Bernhardt, C. (1994). Particle Size Analysis, Chapman & Hall, London.

[12] Coghill, P. J., Millen, M. J. and Sowerby, B. D. (2002). On-line measurement of particle size in mineral slurries, Minerals Engng., 15(1 - 2), Jan., 83 - 90.

[13] Finch, J. A. and Leroux, M. (1982). Fine sizing by cyclosizer and micro-sieve, CIM Bull., 75 (Mar.), 235.

[14] Harris, C. C. (1971). Graphical presentation of size distribution data: An assessment of current practice, Trans. IMM Sec. C, 80(Sept.), 133.

[15] Hathaway, R. E. and Guthnals, D. L. (1976). The continuous measurement of particle size in fine slurry processes, CIM Bull., 766(Feb.), 64.

[16] Heywood, H. (1953). Fundamental principles of subsieve particle size measurement, in Recent Developments in Mineral Dressing, IMM, London.

[17] Kongas, M., Saloheimo, K., Pekkarinen, H. and Turunen, J. (2003). New particle size analysis system for mineral slurries. IFAC Workshop on new Technologies for Automation of the Metallurgical Industry, Shanghai (Oct.), preprints, 384 - 389.

[18] Napier-Munn, T. J. (1985). Determination of the size distribution of ferrosilicon powders, Powder Tech., 42, 273 - 276.

[19] Napier-Munn, T. J., Morrell, S., Morrison, R. D. and Kojovic, T. (1996). Mineral Comminution Circuits- Their Operation and Optimisation (Appendix 3), JKMRC, The University of Queensland, Brisbane, 413.

[20] Plitt, L. R. and Kawatra, S. K. (1979). Estimating the cut (ds0) size of classifiers without product particle size measurement, Int. J. Min. Proc., 5, 369.

[21] Putman, R. E. J. (1973). Optimising grinding- mill loading by particle- size analysis, Min. Cong. J. (Sept.), 68.

[22] Rosin, P. and Rammler, E. (1933 – 34). The laws governing the fineness of powdered coal, J. Inst. Fuel, 7, 29.

[23] Saloheimo, K. and Antilla, K. (1994). Utlisation of Particle Size Measurement in Flotation Processes. ExpoMin, Santiago.

[24] Schuhmann, R., Jr. (1940). Principles of comminution, 1 – Size distribution and surface calculation, Tech. Publs. AIME, no. 1189, 11.

[25] Stokes, Sir G. G. (1891). Mathematical and Physical Paper Ⅲ, Cambridge University Press.

5 破　碎

5.1 引言

大部分矿物都是细粒嵌布并且与脉石矿物密切共生,因此在分选进行之前有用矿物必须被“释放”或者“解离”出来。碎磨过程可以逐步减小矿石的粒度,实现有用矿物的完全解离,并在后续的过程中利用各种分选方法使之与脉石矿物有效分离。最初阶段的碎磨过程是为了使新开采的矿石更容易用电铲、皮带机或者矿车运输,在采石厂,破碎是为了得到粒度可控的石料。

采场中用炸药使矿石从自然矿床中脱离,爆炸可以看作是破碎的第一个阶段。选矿厂的破碎作业由一系列的碎矿和磨矿工段组成。碎矿使原矿的粒度减小到可以磨矿的水平,而磨矿则使有用矿物与脉石矿物基本上完全单体解离。

碎矿时,刚性的衬板对矿石产生压力,或衬板以严格限定的轨迹运动,对矿石产生冲击,从而实现矿石的破碎。与此不同的是,磨矿是利用松散介质如钢棒、钢球或砾石的自由运动对矿石产生冲击和研磨而实现的。

破碎过程通常是干式的,一般都有几个破碎比较小的阶段,每段破碎比在 3 ~ 6。每段的破碎比是破碎机给矿与排矿中最大颗粒的尺寸比,当然也有其他的定义方法。

转筒式的球磨机内装有钢棒或钢球,或者用经过分级的矿石作为磨矿介质,磨矿是碎磨过程的最后步骤。磨矿通常是湿式的,为选别过程供给矿浆,当然干式磨矿现在也有企业使用,但其应用已经受到限制。矿石的破碎与磨碎存在一个粒度的重叠区。一系列的研究表明末段的细碎作业与磨矿相比,在相同的破碎比下,能节省大概一半的能量和成本(佛雷沃,1978 年)。

搅拌磨现在已经在矿物加工领域广泛的使用,尽管搅拌磨早已在其他行业中应用了很多年(斯太尔和史文戴斯,1983 年)。搅拌磨是一类范围很广的磨机,用搅拌器驱使钢球、陶瓷球或者砾石介质运动。水平和竖直布置都有企业生产实践,因为搅拌磨能利用更小的磨矿介质,因此比球磨机更适合于物料的细磨。

搅拌磨据称比传统球磨机的能量效率更高(最多提高 50%)(斯蒂夫等,1987 年)。这可以认为是搅拌磨能将应用能量限制在更窄的范围。一种相对新型的破碎设备,高压辊磨机,对料层施加压力而进行破碎,此过程中,能量在矿粒之间高效传递并使矿粒的破碎(史赫纳特,1988 年)。高压辊磨机的单段破碎比实际上要比传统的辊式破碎机更高。一些研究表明高压辊磨机有利于后续作业,例如降低磨矿的强度，提高浸出能力，这是高压辊磨机对矿石产生了微裂纹（克奈赫特，1994 年）。高压辊磨机比球磨机显著降低了碎磨的能量消耗。有研究显示，高压辊磨机比传统破碎机和球磨机节能 20% ~50%（艾斯纳－阿沙力和科勒维索，1988 年）。

5.2 破碎原理

自然界中大部分矿物是以结晶体形式存在的，其中原子呈规则的三维排布。原子的排布方式是原子之间牢固连接的物理和化学键的类型和尺寸决定的。在矿物的晶格中，这些相互作用的原子之间的键只在极小的距离范围内起作用，若施以应力，则可能破裂。这些应力可以是压力也可以是拉力（见图 5.1）。

即使岩石受力均匀，内应力也不会均匀分布，这是因为岩石由各种矿物组成，而矿物又呈各种粒度的颗粒分布。应力的分布取决于个别矿物的力学性质，更重要的是，取决于基岩内是否存在着裂缝或者裂隙，后者是应力集中的区域（见图 5.2）。

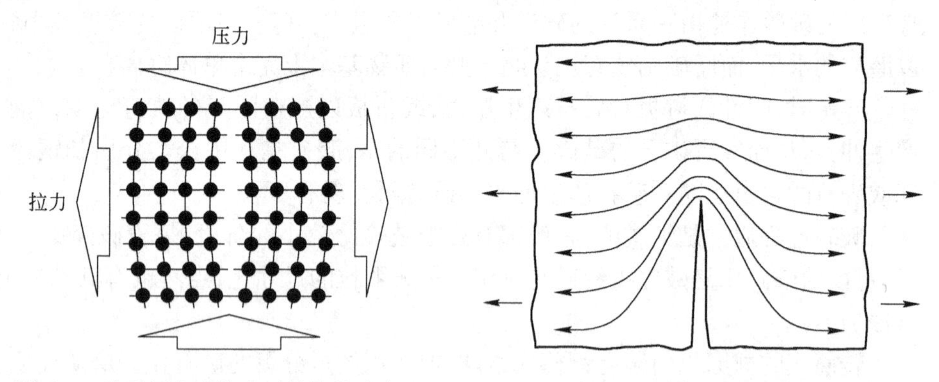

图 5.1 受到压力或拉力后晶格的应变　　图 5.2 裂隙处的应力集中

有研究表明（易格里斯，1913 年）在裂隙顶端应力的增强程度与垂直于应力方向的裂隙长度的平方根成正比。因此，在任一特定应力水平上，裂隙长度均有一个临界值，此时在裂隙顶端提高应力水平足以使该点的原子键断裂。原子键的断裂会增大裂隙的长度，因而增强应力集中程度，使裂缝在基岩内迅速扩展，最终引起碎裂。

尽管粉碎理论假定物料是脆性的，但实际上晶体可以贮存能量而不致碎裂，当应力取消后，能量被释放。此种行为称之为弹性。当碎裂确实发生时，被贮存能量的一部分就转变成自由表面能，后者是新生表面上原子的势能。由于表面能如此增强，新生表面往往化学活性更高，更容易受到浮选药剂等的作用，同时也氧化得更快。

格里菲思的研究表明，裂隙扩展使物料断裂，条件是能量上可行，即当松弛释放能量时，应变能大于新生表面能。脆性物料主要通过裂隙扩展来释放应变能，而韧性物料可使应变能减弱而不致扩展裂缝，其机理是塑性流动，此时原子或分子之间相对滑动，能量则消耗于物料的变形。裂隙的扩展也会由于同其他裂缝相逢或同晶体边界相遇而受到阻滞。因此，细粒岩石，如铁燧岩（鞍山式铁矿——译者注），通常要比粗粒岩石坚韧一些。

矿石中在有水存在的情况下，粉碎所需能量减少；加入吸附于固体表面的化学添加剂，所需能量可进一步降低。这可能是由于药剂吸附使表面能下降所致，因表面活性剂可渗入裂隙，使裂隙顶端的原子间键的强度减弱以致破裂。

实际的颗粒呈不规则形状，载荷不均匀，而且是通过接触点或微区载荷。破碎主要通过压轧、冲击和研磨而实现的，根据岩石力学和载荷形式可区分出三种碎裂模式（压轧、拉伸和剪切）。

当一个不规则颗粒被压碎时，破碎产品会形成两种不同的粒级：一是块矿因压力产生了感应拉力，而破裂成粗粒级；二是在载荷点的附近因压力破裂或突出部分受到剪切而生成的细粒级（图5.3）。通过减小载荷面积可以降低细粒级的生成量，而采用波纹型破碎腔型的压力破碎机往往可实现这一结果。

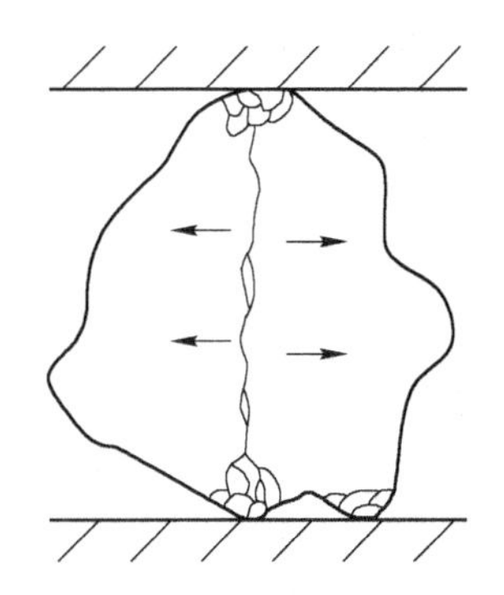
图5.3　被压碎的颗粒

冲击破碎时，由于载荷短时间迅速增加，颗粒在受到压力的同时，经受的平均应力高于单纯断裂时所受应力，此时颗粒主要因拉力迅速破裂，且产品的粒度和形貌都非常均匀。

研磨（剪切破碎）会生成很多微细物料，在粉碎过程和工业生产中要尽量避免这种情况发生。研磨主要是让颗粒与颗粒相互作用，如果破碎机给料太快时就有可能出现这一情况，此时相互接触的颗粒发生相互挤压，也加速了剪切破裂。

5.3　粉碎理论

粉碎理论主要研究输入的能量与粉碎前后产品粒度之间的关系。虽然有多种粉碎理论，但没有一种理论完全令人满意。

最大的问题在于破碎机与磨矿机能量输入的大部分都被其本身所吸收，总能量只有一小部分作用于破碎的物料。据推测，在破碎物料所需能量和过程中新产生的表面积之间有一定的关系，但只有当能单独测出新生表面积所消耗的能量时，这一关系才清楚。

例如，有研究表明，在球磨机中，总能量输入不到1%用于实际的磨矿作业，大部分能量消耗于产生热量。

另一个因素是塑性物料在形变时消耗能量，并保持形变而不生成新鲜表面。所有的破碎理论都假定物料是脆性的，因而不会有最终不起破碎作用的伸长和收缩等过程来消耗能量。

最早的破碎理论是雷廷格于1867年提出的，内容是粉碎过程所消耗能量与新生成的表面成正比。重量已知、粒度均一的颗粒表面积与其直径成反比，因此雷廷格定律可以写成：

$$E = K\left(\frac{1}{D_2} - \frac{1}{D_1}\right) \tag{5.1}$$

式中 E——能量输入；

D_1——最初粒径；

D_2——最终粒径；

K——常数。

第二种理论是基克 1885 年提出的，他认为粉碎所需的功与粉碎的颗粒体积缩减成正比。设 f 为给矿粒度直径、P 为破碎产品的颗粒直径，则破碎比 R 为 f/P。根据基克定律，破碎所需要的能量与 $\log R/\log 2$ 成正比。

邦德 1952 年依据下述的理论提出了碎磨公式，即破碎过程消耗的功与颗粒破碎前后新产生的裂隙长度成正比，并等于由产品所体现的功减去给矿所体现的功。对于形状类似的颗粒，物料单位体积的表面积与其直径成反比。单位体积的裂隙长度为认为与共表面的一边成正比，因此与其直径的平方根成反比。

在实际计算中，以物料中 80% 的颗粒小于某一粒度（μm）作为颗粒大小的判据。破碎产品中 80% 的颗粒通过的筛网直径（μm）规定为 P，破碎给矿物料中 80% 的颗粒通过的筛网直径（μm）规定为 F，输入功为 W，单位为 kW · h/t，邦德第三理论公式为：

$$W = \frac{10W_i}{\sqrt{P}} - \frac{10W_i}{\sqrt{F}} \tag{5.2}$$

式中，W_i 为功指数。功指数是粉碎参数，它表示物料对破碎和磨矿的抵抗力，可理解为每短吨重的物料从理论上无限大的给矿粒度破碎到 80% 小于 100 μm 所需要的功（kW · h）。

许多人曾试图证明雷廷格、基克和邦德所提出的关系式分别是统一的一般方程的解释。胡基认为能量与颗粒粒度之间的关系是这三种定律的负荷形式。粉碎时，对于大颗粒，碎裂的几率高，对于细颗粒，碎裂的几率则迅速降低。胡基指出，基克定律在破碎粒度范围大于 1 cm 时相当准确，邦德理论最适用于常规的棒磨和球磨范围，而雷廷格定律则可成功的用于 10 ~ 1000 μm 的细磨范围。

以胡基的扩展理论为基础，莫尔对邦德公式提出了修正，式 5.2 中 P 和 F 的指数是随物料粒度发生变化，见下式：

$$W = \frac{KM_i}{P^{f(P)}} - \frac{KM_i}{F^{f(F)}}$$

其中 M_i 为物料指数，与矿石的破碎特性有关，K 是一个常数，其取值用于平衡公式的单位。可以看出，新的能量－粒度关系涵盖了现代大多数碎磨流程的有效粒度范围为 0.1 ~ 100 mm。

5.4 可磨性

矿石的可磨性是指物料被粉碎的难易程度,可磨性试验数据用来评价破碎和磨矿效率。

邦德功指数 W_i 可能是衡量矿石可磨性指标中使用最广的参数。如果物料的破碎特性在所有粒级中都保持恒定,那么计算出的功指数也会恒定,因为它表示的是物料对碎裂的抵抗。但是,对大多数天然原矿石,不同粒度的产品存在着破碎特性的差异,这就导致了功指数的变化。例如当矿石在不同矿物的边界处容易碎裂,而单个矿物却很坚硬的话,那么随着磨矿粒度的减小,邦德功指数就会随之提高。因此,为了评价某一特定粒级的粉碎作业,就需要得到该磨矿粒级的功指数。

矿石的可磨性是在精心设计的设备中按照严格的程序测得的。邦德标准可磨度测试方法在 Deister 的专著中有详细的介绍,Levin 提出了一个确定细物料可磨度的方法。表 5.1 列出了部分物料的标准邦德功指数。

表 5.1　部分物料的标准邦德功指数

物　　料	功　指　数	物　　料	功　指　数
重晶石	4.73	萤石	8.91
铝土矿	8.78	花岗岩	15.13
煤	13.00	石墨	43.56
白云石	11.27	石灰石	12.74
刚玉	56.70	石英岩	9.58
硅铁	10.01	石英	13.57

标准邦德功指数测试耗费时间,另一些能够获得与邦德功指数相关的功指数的方法也得到了推广和应用。史密斯和李用小型开路可破性试验得到了功指数,并将其结果与标准邦德试验进行了比较。邦德试验要求不断筛出筛下物料以模拟闭路作业。小型试验与标准可磨性试验数据很相符,而前者的优点是确定指数所需时间较少。

贝里和布鲁斯研究出确定矿石可磨性的对比方法。该法需使用一种可磨性已知的参比矿石。将参比矿石粉磨一定时间,记录下功耗;然后粉磨同等重量的试验矿石,当试验矿石所用的功耗与之前记录的参比矿石功耗相等时,记录下试验矿石的粉磨时间,这样,设 r 为参比矿石,t 为试验矿石,则根据邦德公式得:

$$W_r = W_t = W_{ir}\left[\frac{10}{\sqrt{P_r}} - \frac{10}{\sqrt{F_r}}\right] = W_{it}\left[\frac{10}{\sqrt{P_t}} - \frac{10}{\sqrt{F_t}}\right]$$

因此

$$W_{it} = W_{ir} \frac{\left[\frac{10}{\sqrt{P_r}} - \frac{10}{\sqrt{F_r}} \right]}{\left[\frac{10}{\sqrt{P_t}} - \frac{10}{\sqrt{F_t}} \right]} \tag{5.3}$$

只要参比矿石与试验矿石可以磨至产品粒度分布大致相同,用该法就可得出合理的功指数值。

从能量角度看,所有类型磨矿机的共同特点是设备效率都很低。但不同的设计方案会带来较大的差别。有些设备的结构使大部分能量被机械部件吸收而未用于破碎。使用相同的物料,在不同类型、不同规格的设备中进行可磨性试验,得到的邦德功指数也不相同。所得功指数是该设备机械效率的指标。例如,颚式破碎机、旋回破碎机和筒型磨矿机的功指数最高,因而是能耗最大的设备;冲击式破碎机与振动磨矿机居中,辊式碎矿机能耗最低。对物料施以稳定而连续压力的设备能耗是最低的。

由特定装置测得的操作功指数,W_{io},可用来评价各种操作变量(如磨矿机转速、磨矿介质大小、衬板类型等)的效应。W_i 值越高,磨矿效率越低。W_{io}可由公式 5.2 得出,W 为比功耗(功耗/给新矿的速度),F 和 P 为实际给料和产品中 80% 物料通过筛孔的孔径,W_i 用操作功指数,W_{io},替换。对特殊要求的参数和设备相关的参数进行修正后,W_{io}就可以相同的计算过程作为可磨度试验结果进行对比。这就是对磨矿效率的直接对比。理想状态下,W_i 与 W_{io}应该相等,即磨矿效率应该同一。应该指出,W 值是指磨矿机齿轮轴的功率。因此,电机输入功率应换算成磨矿机齿轮轴的功率,除非电机直接与磨矿机的齿轮轴相连接。

邦德测试方法适用于棒磨机和球磨机的可磨性测试,近些年对半自磨机的 SPI(半自磨功指数)测试也逐渐推广。SPI 测试是试验室级别的测试,在直径为 30.5 cm,长 10.2 cm 的磨矿机中,充填 5 kg 钢球。2 kg 的待测样品破碎到 -1.9 cm 占100%,-1.3 cm 占 80%,至于磨矿机中。该测试运行后,物料经过数次筛分,直到粒度减小至 -1.7 mm 占 80%。达到 P80 为 1.7 mm 的时间利用一次变换(该过程受专利保护)可转换为半自磨功指数 W_{sag}:

$$W_{sag} = Kf_{sag} \left(\frac{SPI}{T_{80}^{0.5}} \right)^n$$

参数 K 和 n 为经验因子,f_{sag} 由一系列的计算得到(未公开),该参数与一些影响因素有关如顽石破碎机循环负荷、装球量和给矿的粒度分布等。这一测试本质上是考察矿石在半自磨系统内的破碎特性。与其他试验室测试一样,该测试方法的缺陷是在试验室内无法实现磨机恒定的负荷。

5.5 粉碎工艺与粉碎闭路的模拟

粉碎的模拟，尤其是磨矿和分级闭路，近年来很受重视，因为这个过程目前在能耗和全厂的效益方面是最重要的部分。矿物加工其他方面与磨矿相比，还没有达到相同密集的研究程度。

邦德功指数在模拟中几乎没有用处，因为它不能预测产品的全粒度分布，只是物料80%小于某一粒径，它不能预测磨矿循环负荷操作变量的效果，也不能模拟分级过程。为了模拟产品辅助设备的产品特点，需要掌握产品的全粒度分布，也是因为如此，研究人员发现碎磨产品的总体平衡模型在闭路磨矿的设计、优化和控制方面越来越重要。在这些模型最成功的应用实践中，有一个实例是由矿物加工模拟研究机构JKSimMet公司完成的。一系列的实例研究可以在文献中查到，涵盖了闭路磨矿的设计和优化。最近的应用实例包括理查森(1990)。里奇和莫尔(1992)，迈克齐等(2001)，以及顿瑞等(2001)。在模型表达式中，经过球磨机磨矿的物料颗粒被分成了若干个窄级别的粒级(如$x/2$筛孔间隔)。粒度减小的过程用矩阵公式表示：

$$P = Kf \tag{5.4}$$

式中，P表示产品；f表示给料。产品矩阵由P_{ij}表示，即：

$$P_{ij} = K_{ij} f_j$$

其中K_{ij}表示物料第j个粒级产品的质量分数，排在第i个粒级产品之后。具有n个粒级的产品矩阵可以写成矩阵。

如果知道K的取值，就能得到产品的粒度矩阵。每个粒级内的粒度特性可以选择离散化粒级或者破碎率函数S以及经过处理后未破碎的剩余部分，和一组离散化粒级破碎函数B，其中破碎率函数S是该粒级颗粒破碎的几率，离散化粒级破碎函数B可算出某一粒级物料粗碎后破碎产物的粒度分布。

$S \cdot f$表示破碎颗粒的比例，$(1-S) \cdot f$表示未破碎颗粒的比例。公式5.4中的K由B取代，粗碎的公式可转化为：

$$P = B \cdot S \cdot f + (1-S) \cdot f$$

该模型可以结合球磨机的磨矿时间，描述开路磨矿，同样结合分级机的数据，可以得到磨矿闭路的条件。但是，只有当分析模型参数的精确方法对特殊体系也适用，这些模型才能实现其全部潜力。由于旋转的球磨机中的复杂碎磨环境，这些参数的计算不能利用之前的原理，这样，成功的应用这些模型，取决于模型参数与实际试验数据分析技术的发展。里奇等人比较了模型参数的确定方法。结果显示，虽然所有的现代球磨模型都使用了类似的方法描述破碎率和破碎分布函数，但每一种模型都有独特的方法阐述物料输送机理。参数评价技术可以分成如下三大类：

（1）图像技术，主要基于磨矿窄级别分布。

（2）跟踪技术，在给料中的某个粒级中引入跟踪粒子，并对跟踪粒子进行产品分析。

（3）非线性回归技术，从最少的试验数据进行计算机处理得到所有参数。

有研究报道，用非线性回归技术从试验数据中建立破碎函数并进行同步分析运算，对试验室小试和连续试验预测了试验结果。预测的参数值与直接试验方法得到的参数有较好的一致性，计算机程序以运算过程为基础进行调试。据称设置特定模型参数后，计算机程序能够模拟转筒球磨机磨矿行为，并且能以试验数据估算模型参数。

维茨曼和理查森详细介绍了用来模拟选矿操作的 JKSimMet 软件包，特别是碎磨和分级系统。所有成果是基于在朱丽斯－克鲁特施尼特矿物研究中心（JKMRC）长达25年建模与模拟研究的基础上发展来的。其中软件包一个主要作用是用试验闭路数据分析和优化选矿厂现场运行流程。科约维奇和怀特概述了矿物加工模拟模型质量的评价过程。很多研究者用单一颗粒的破碎试验来研究复杂碎磨过程的某些主要特性。Narayanan 对单一颗粒破碎试验的结果与可磨度和球磨试验进行了比较，认为用单一颗粒破碎结果可对工业碎磨过程进行建模，有必要对单一颗粒的破裂测试进行进一步的研究，以开发一种评价矿石破碎特点的简单而综合的技术。纳皮尔－穆恩等人详细阐述了一种对单一颗粒的破碎试验，在粉碎模型中测定了矿石特有的参数。

尽管能在小规模生产实践中确定均匀物料的参数选择和破碎函数，并用来预测大规模的选厂生产，但是要预测两种以上组分的混合物的破碎行为就更困难了。此外，物料粒度的减小与随后的分选工艺之间的关系更难以预测，因为矿物的解离非常复杂。但是，最近的研究集中在磨矿模型，包括如何描述粒度减小过程中矿物的解离。在粉碎过程中的解离模型，金和盖做了最有意义的工作。盖基于熵变的多相方法对颗粒进行单独建模，而不是用复合级别的标准方法。如果处理多种矿石的综合选厂进一步发展的话，这类解离模型的研发就非常有必要。

离散单元法（DEM）被认为是矿山工业中模拟颗粒物料流的有效工具（二维、三维均可），包括球磨机中磨矿介质的运动。这项技术综合了复杂的物理模型以描述钢球、石块和矿浆，以及这些过程中被提升衬板和格子板影响的颗粒破碎。

在过去的二十多年中，DEM 在许多行业中都用来进行建模。米诗拉和 Rajamani、Inoue 和 Okaya，Cleary，Datta 等人在球磨机粉碎的建模研究中做了大量的工作，Rajamani 和米诗拉，Bwalya 等人对半自磨粉碎的建模研究中也做了大量工作。三维的 DEM 仿真特点之一就是利用球磨机中颗粒运动的剖面图像，图 5.4 可看到直径 1.8 米的试验半自磨机仿真图。

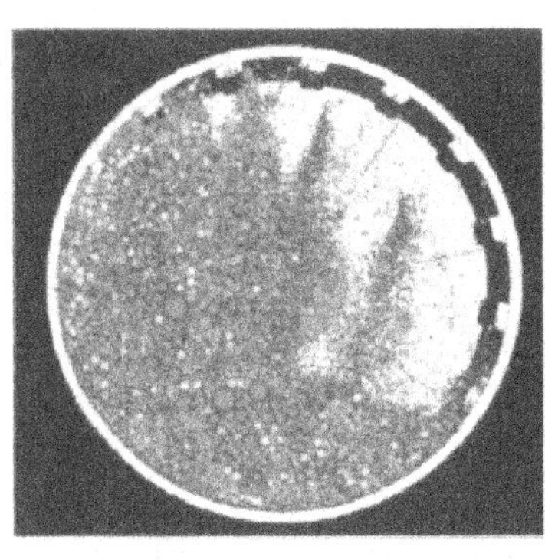
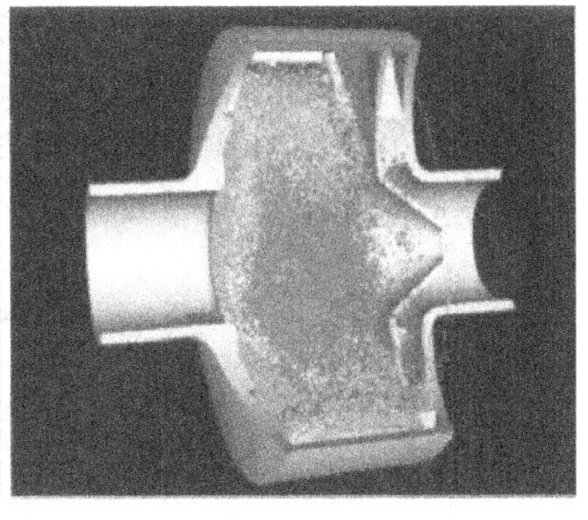

图 5.4　用三维 DEM 仿真技术制作出的试验半自磨机断面上球与物料的运动

由 DEM 法对半自磨机的建模增进了对负荷动力学的理解,为改进磨机的设计、控制和降低磨损提供了依据。这可以减少检修时间,提高磨机效率,提高处理量,降低成本和能耗。DEM 还没有先进到超越现行磨矿模型预测能力的程度,但是短期内让研究人员更深入的理解碎磨过程以改进机械模型和设计公式。矿浆和颗粒的耦合以及全尺度 DEM 模型中增加颗粒破碎的直接预测是这一方法两个主要的悬而未决的问题。

DEM 确认的预测是对各种模型效果假设进行充分理解的重要部分,并从不太精确的变量中分离出相对精确的变量。这样的例子可以查阅 Cleary 和 Hoyer 等人的文献。Govender 等人使用双平面 X 射线摄像建立了一种自动三维追踪技术,为小型试验磨机颗粒的运动数据进行严格地确认。从图 5.5 可以看出对半自磨机比例模型的 DEM 仿真与负荷运动的试验有较好的一致性。

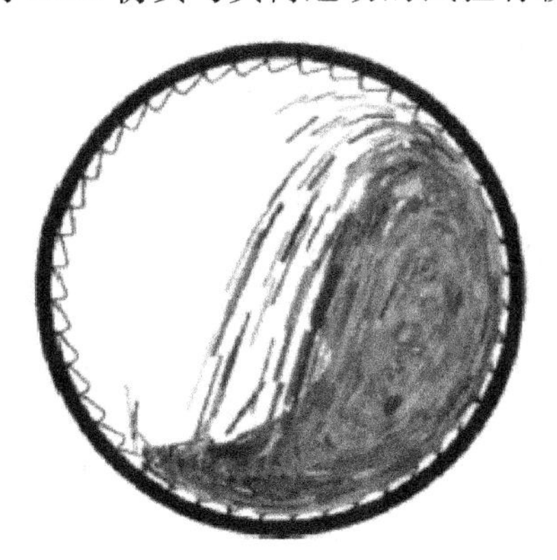
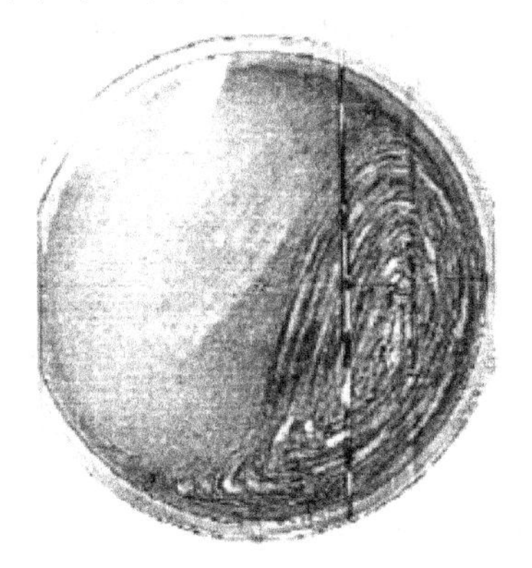

图 5.5　直径 0.6m 半自磨机的三维 DEM 技术仿真图与试验对比(75% 临界转速)

尽管计算机计算能力的进步使 DEM 仿真能处理复杂性不断提高的选矿过程,上万颗粒在大型磨机中运动的 DEM 三维仿真仍是非常耗费时间的工作。计算速度原则上由两个参数决定:颗粒的数量和物料的特性。对超过 10 万个颗粒的大规模仿真进行单一条件的运算就需要数周的时间。计算时间步长由模型中存在的最小颗粒的粒径和物料的特性(弹性)决定。这些计算需求以及缺乏详尽实验数据的验证限制了 DEM 技术在矿山行业的价值。因此全球的研究机构都在努力缩小计算机结果与精确的试验数据之间的差异。尤其是当预测范围超越了目前通用的半经验公式时,只有对 DEM 方法进行数据确认,才能对计算机工具的预测能力给予更大的信心。

参考文献

[1] Berry, T. F. and Bruce, R. M. (1966). A simple method of determining the grindability of ores, Can. Min. J. (Jul.), 63.

[2] Bond, F. C. (1952). The third theory of comminution, Trans. AIMF, 193, 484.

[3] Bwalya, B. W., Moys, M. H., and Hinde, A. L. (2001). The use of discrete element method and fracture mechanics to improve grinding rate predictions, Minerals Engng., 14(6), 565 – 573.

[4] Choi, W. Z., Adel, G. T., and Yoon, R. H. (1988). Estimation of model parameters for liberation and size reduction, Min. Metall. Proc., 5 (Feb.), 33.

[5] Cleary, P. W. (1998). Predicting charge motion power draw, segregation and wear in ball mill using discrete element methods, Minerals Engng., 11(11), 1061 – 1080.

[6] Cleary, P. W. (2001). Modelling comminution devices using DEM, Int. J. Numer. Anal. Meth. Geomechan., 25, 83 – 105.

[7] Cleary, P. W. and Hoyer, D. (2000), Centrifugal mill charge motion and power draw: Comparison of DEM predictions with experiment, Int. J. Min. Proc., 59(2), 131 – 148.

[8] Cleary, P. W., Morrison, R. D., and Morrell, S. (2001). DEM validation for a full scale model SAG mill, SAG2001 Conference, Vancouver, Canada, Ⅳ, 191 – 206.

[9] Datta, A., Mishra, B. K., and Rajamani, R. K. (1999). Analysis of power draw in ball mills by discrete element method, Can. Metall. Q., 38, 133 – 140.

[10] Deister, R. J. (1987). How to determine the Bond work index using lab. ball mill grindability tests, Engng. Min. J., 188(Feb.), 42.

[11] Djordjevic, N. (2005). Influence of charge size distribution on net-power draw of tumbling mill based on DEM modeling, Minerals Engng., 18(3), 375 – 378.

[12] Djordjevic, N., Shi, F. N., and Morrison, R. D. (2004). Determination of lifter design, speed and filling effects in AG mills by 3D DEM, Minerals Engng., 17(11 – 12), 1135 – 1142.

[13] Dunne, R., Morrell, S., Lane, G., Valery, W., and Hart, S. (2001). Design of the 40 foot diameter SAG mill installed at the Cadia gold copper mine, SAG2001 Conference, Vancouver, Canada, I, 43 – 58.

[14] Esna-Ashari, M. and Kellerwessel, H. (1988). Interparticle crushing of gold ore improves leaching, Randol Gold Forum 1988, Scottsdale, USA, 141 – 146.

[15] Flavel, M. D. (1978). Control of crushing circuits will reduce capital and operating costs, Min. Mag., Mar., 207.

[16] Gay, S. (2004). Application of multiphase liberation model for comminution, Comminution'04 Conference, Perth (Mar.).

[17] Govender, I., Balden, V., Powell, M. S., and Nurick, G. N. (2001). Validating DEM-Potential major improvements to SAG modeling, SAG2001 Conference, Vancouver, Canada, Ⅳ, 101 - 114.

[18] Griffith, A. A. (1921). Phil. Trans. R. Soc., 221, 163.

[19] Hartley, J. N., Prisbrey, K. A., and Wick, O. J. (1978). Chemical additives for ore grinding: How effective are they?, Engng. Min. J. (Oct.), 105.

[20] Herbst, I. A., et al. (1988). Development of a multicomponent- multisize liberation model, Minerals Engng., 1(2), 97.

[21] Hukki, R. T. (1975). The principles of comminution: An analytical summary, Engng. Min. J. , 176(May), 106.

[22] Inglis, C. E. (1913). Stresses in a plate due to the presence of cracks and sharp comers. Proc. Inst. Nav. Arch.

[23] Inoue, T. and Okaya, K. (1995). Analysis of grinding actions of ball mills by discrete element method, Proc. XIX Int. Min. Proc. Cong., 1, SME, 191 - 196.

[24] Kick, F. (1885). Des Gesetz der Proportionalem widerstand und Seine Anwendung, Felix, Leipzig. King, R. P. (1994). Linear stochastic models for mineral liberation, Powder Tech., 81, 217 - 234.

[25] Knecht, J. (1994). High-pressure grinding rolls- a tool to optimize treatment of refractory and oxide gold ores. Fifth Mill Operators Conf., AusIMM, Roxby Downs, Melbourne (Oct.), 51 - 59.

[26] Kojovic, T. and Whiten, W. J. (1994). Evaluating thequality of simulation models, lIMP Conf., Sudbury,437 - 446.

[27] Levin, J. (1989). Observations on the Bond standard grindability test, and a proposal for a standard grindability test for fine materials, J. S. Afr. lnst. Min. Metall, 89 (Jan.), 13.

[28] Lowrison, G. C. (1974). Crushing and Grinding, Butterworths, London.

[29] Lynch, A. J. and Narayanan, S. S. (1986). Simulationthe design tool for the future, in Mineral Processing at a Crossroads-Problems and Prospects, ed. B. A. Wills and R. W. Barley. Martinus Nijhoff Publishers, Dordrecht, 89.

[30] Lynch, A. J. and Morrell, S. (1992). The understanding of comminution and classification and its practical application in plant design and optimisation, Comminution: Theory and Practice, ed. Kawatra, AIME, 405 - 426.

[31] Lynch, A. J., et al. (1986). Ball mill models: Their evolution and present status, in Advances in Minerals Processing., ed. P. Somasundaran, Chapter 3, 48, SME Inc., Littleton.

[32] Magdalinovic, N. M. (1989). Calculation of energy required for grinding in a ball mill, Int. J. Min. Proc. 25 (Jan.), 41.

[33] McGhee, S., Mosher, J., Richardson, M., David, D., and Morrison, R. (2001). SAG feed pre-crushing at ASARCO's ray concentrator: development, implementation and evaluation. SAG2001 Conf., Vancouver, Canada, 1, 234 - 247.

[34] Mishra, B. K. and Rajamani, R. J. (1992). The discrete element method for the simulation of

ball mills, App. Math. Modelling, 16, 598 – 604.

[35] Mishra, B. K. and Rajamani, R. K. (1994). Simulation of charge motion in ball mills. Part 1: Experimental verifications, Int. J. Min. Proc., 40, 171 – 186.

[36] Morrell, S. (2004). An alternative energy-size relationship to that proposed by Bond for the design and optimisation of grinding circuits. Int. J. Min. Proc. (in press). Napier-Munn, T. J., Morrell, S., Morrison, R. D., and Kojovic, T. (1996). JKMRC, University of Queensland, Brisbane, 413pp.

[37] Narayanan, S. S. (1986). Single particle breakage tests: A review of principles and applications to comminution modelling, Bull. Proc. Australas. Inst Min. Metall., 291(June), 49.

[38] Nordell, L., Potapov, A. V. and Herbst, J. A. (2001). Comminution simulation using discrete element method (DEM) approach-from single particle breakage to full-scale SAG mill operation, SAG2001 Conf., Vancouver, Canada, 4, 235 – 236.

[39] Partridge, A. C. (1978). Principles of comminution, Mine and Quarry, 7(Jul. /Aug.), 70.

[40] Rajamani, K. and Herbst, J. A. (1984). Simultaneous estimation of selection and breakage functions from batch and continuous grinding data, Trans. Inst. Min. Metall., 93 (June), C74.

[41] Rajamani, R. K. and Mishra, B. K. (1996). Dynamics of ball and rock charge in SAG Mills, SAG1996 Conf., Vancouver, Canada, 700 – 712.

[42] Richardson, J. M. (1990). Computer simulation and optimization of mineral processing plants, three case studies, Control 90, ed. Raj amani and Herbst, AIME, 233 – 244.

[43] Sch6nert, K. (1988). A first survey of grinding with high-compression roller mills, Int. J. Min. Proc., 22, 401 – 412.

[44] Smith, R. W. and Lee, K. H. (1968). A comparison of data from Bond type simulated closed-circuit and batch type grindability tests, Trans. SME/AIME, 241, 91.

[45] Starkey, J. and Dobby, G. (1996). Application of the minnovex SAG power index at five Canadian SAG plants, SAG1989 Conf., Vancouver, Canada, 345 – 360.

[46] Stehr N. and Schwedes J. (1983). Investigation of the grinding behaviour of a stirred ball mill, Ger. Chem. Engng., 6, 337 – 343.

[47] Stief, D. E., Lawruk, W. A., and Wilson, L. J. (1987). Tower mill and its application to fine grinding. Min. Metall. Proc., 4(1), Feb., 45 – 50.

[48] Von Rittinger, P. R. (1867). Lehrbuch der Aufbereitungs Kunde, Ernst and Korn, Berlin.

[49] Wills, B. A. and Atkinson, K. (1993). Some observations on the fracture and liberation of mineral assemblies, Minerals Engng., 6(7), 697.

[50] Wiseman, D. M. and Richardson, J. M. (1991). JKSimMet-The mineral processing simulator, Proceedings 2nd Can. Conf. on Comp. Applications in the Min. Ind., ed. Paulin, Pakalnis and, Mular, 2, Univ. B. C. and CIM. 427 – 438.

6 破　碎　机

6.1 引言

破碎是粉碎过程的第一段机械作业，其主要目的是使有用矿物与脉石解离。

破碎一般为干式作业，通常分两段或三段进行。原矿矿块最大粒径可达 1.5 m，在粗碎作业中，重型机械可将这些矿块破碎至 10～20 cm。

在大多数的破碎作业中，粗碎与采矿作业的时间表完全相同。当在地下进行粗碎时，此作业一般由采矿部门负责；当在地表进行粗碎时，采矿部门一般负责将矿石运送至破碎机，自此以后，选矿部门通过后续的各不同作业破碎并处理这些矿石。一般将粗碎机的年作业率设计为75%，停机的主要原因是破碎机给矿不足及机械检修（Lewis 等，1976）。

中碎包括从矿仓中装运粗碎产品到贮存最终破碎产品的全部作业，中碎产品粒度通常在 0.5～2 cm 之间。绝大多数金属矿的粗碎产品易于破碎和筛分，中碎车间一般使用相应的破碎机和筛分机进行一段或两段碎矿。但是，如果矿石较硬且光滑，那么可由棒磨机粗磨取代细碎。另一方面，若矿石硬度过大或在减少细粒产品含量极为重要的特殊情况下，中碎可超过两段。

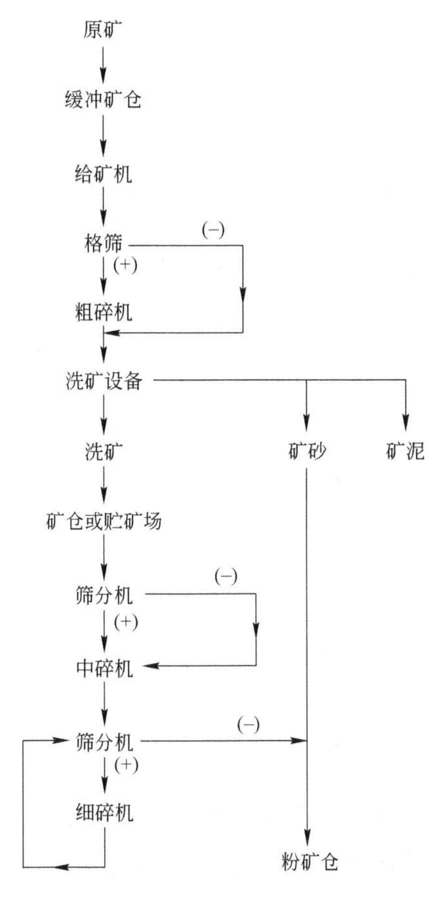

图 6.1　破碎原则流程图

破碎车间的基本流程如图 6.1 所示，图中两段中碎合并为一段表示。此流程中包括洗矿作业，这对处理含黏土的黏性矿石往往是极为必要的，因为黏土矿物可能会引起破碎和筛分中的一些问题（参见第 2 章）。

一般在中碎前设置振动筛以去除筛下物料，从而提高中碎机的处理能力。

在破碎腔内,筛下物料易于充填到大颗粒之间的空隙中,其可能引起破碎机的堵塞,进而对破碎机造成损坏,这是因为紧密堆积的已碎岩石的体积不可再次松胀。

破碎可以采用开路流程也可以采用闭路流程,这视产品粒度而定(图6.2)。

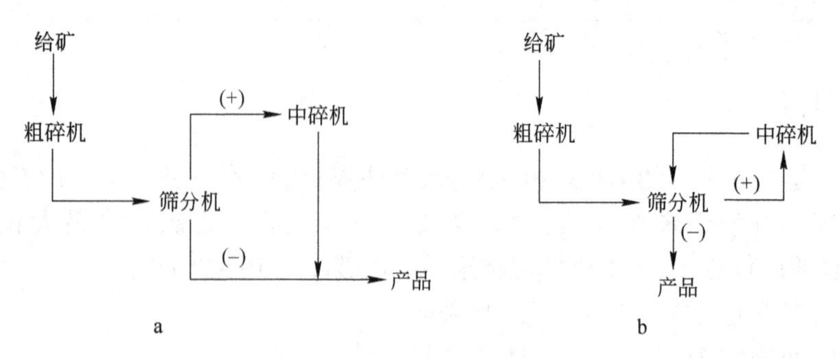

图6.2 破碎流程
a—开路破碎;b—闭路破碎

开路破碎流程中,筛分机的筛下产品与破碎机的破碎产品一起输送到下一作业。在中碎作业或当中碎产品是棒磨机给矿时,常采用开路破碎流程。若破碎产品是球磨机的给矿,则最好采用闭路破碎流程,在此流程中,筛分机的筛下产品是最终破碎产品。破碎产品返回到筛分机中,筛上产品返回破碎机再碎。总之,采用闭路破碎流程的主要原因之一是使破碎车间具有较大的灵活性。必要时,可调大破碎机的排矿口,进而改变产品的粒度分布,且可通过选择筛孔尺寸来调节最终产品的粒度以满足生产需要。再者,若物料潮湿或较黏(以及气候条件发生变化),则可通过调大破碎机排矿口以避免发生堵塞进而提高破碎机的生产能力,这可抵消额外的循环负荷。闭路破碎流程也可补偿衬板的磨损,这通常使破碎车间有更大的灵活性来适应选厂需求的变化。

粗碎机前的缓冲矿仓接收箕斗或矿车卸下的矿石,其应有足够的贮存容积以保持破碎机的平稳给矿。大多数选矿厂的破碎车间并不是24 h运转。因为矿石的提升和运输通常是两班制,其中一班进行打孔和爆破。因此与其他连续作业车间相比,破碎车间的小时处理量必须更大。破碎后的矿石通常储存起来以保证磨矿作业的连续给矿。显而易见的问题是,在破碎机前为什么不设置类似储存能力的矿仓以使破碎机也能连续运转?除了在非峰荷时间内破碎能耗成本较低以外,大储矿仓较为昂贵,因此在破碎和磨矿阶段设置大矿仓是不经济的。储存大量的原矿是不切实际的,因为原矿的粒度分布较宽且料堆中的小颗粒向下移动充填空隙。紧密堆积的矿石一旦夯实,就很难再移动。因此,应该尽可能使原矿保持流动状态,缓冲矿仓的储存能力只要能够使破碎机的给矿保持稳定即可。

6.2 粗碎机

粗碎机是重型设备,用来将原矿破碎至适于运输的粒度和符合中碎机或 AG/SAG 磨机给矿的粒度。粗碎机一般是开路作业,可设也可不设重型粗筛(格筛)。金属矿的粗碎设备主要有两种类型——颚式破碎机和旋回破碎机;冲击式破碎机很少作粗碎设备使用,将单独对其进行讨论。

6.2.1 颚式破碎机

这类破碎机的显著特点是其由两块如动物上下颚一样可以张开和闭合的颚板组成(Grieco 和 Grieco, 1985)。两块颚板呈锐角配置,其中一块颚板安装在枢轴上使其相对于固定颚板摆动。颚板交替地挤压和排放给入颚板间的物料以使其在破碎腔中持续下落,最终从排矿口排出。

颚式破碎机根据动颚枢轴的安装方式进行分类(图 6.3)。布莱克破碎机(Blake crusher)的颚板枢轴安装在顶部,因此,具有固定的给矿面积和可变的排矿口。道奇破碎机(Dodge crusher)的颚板枢轴安装在底部,因此给矿面积可变而卸矿面积固定。道奇破碎机仅限于要求精细分级的实验室使用,而从不用于重型破碎作业,因为其极易堵塞。通用的破碎机的枢轴在中间位置,因此其卸矿面积和给矿面积均是可变的。

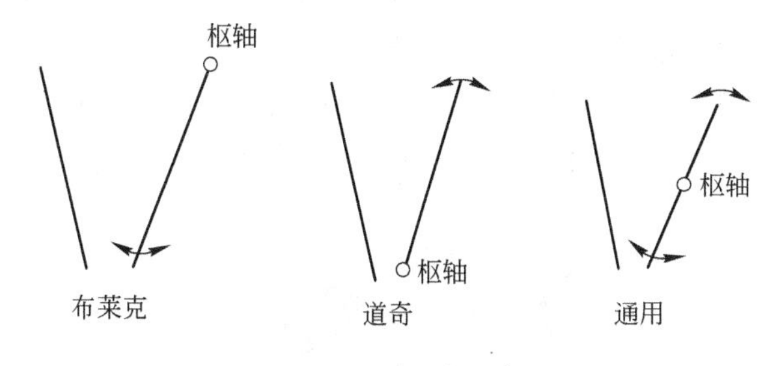

图 6.3 颚式破碎机类型

W. E. 布莱克在 1858 年获得布莱克破碎机的发明专利,目前使用的大多数颚式破碎机都是在其基本形式上做些细节上的变化。

布莱克破碎机有双肘板和单肘板两种形式。

6.2.2 双肘板布莱克破碎机

这种破碎机通过连杆的垂直运动控制动颚的摆动(图 6.4)。连杆在偏心轴的带动下上下移动。当后肘板向上运动时,连杆向同一方向运动。此运动传给前肘板,使其带动动颚向定颚靠近。同样地,连杆向下运动,可使动颚远离定颚。

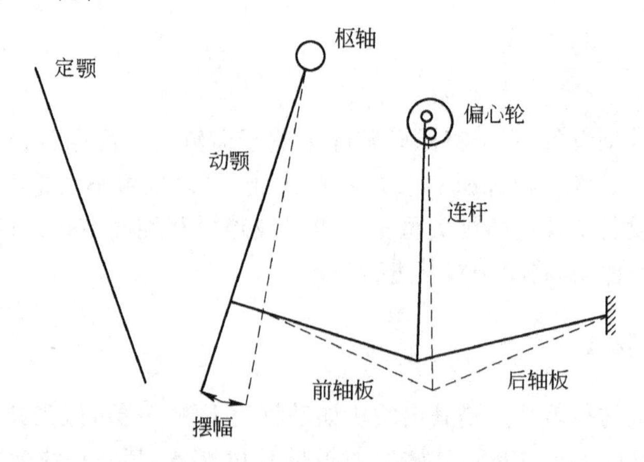

图 6.4　布莱克(Blake)破碎机的工作原理

布莱克破碎机的主要特点：

(1) 因为动颚的枢轴在上部，其在进料处移动距离最小而在出料处的移动距离最大。最大的移动距离称作破碎机的摆幅。

(2) 动颚的水平位移在连杆运动周期的最低点时最大，水平位移在连杆上升的半个周期内逐渐减小，这是因为连杆与后肘板间的夹角变大了。

(3) 运动周期开始时，肘板间的夹角最大，破碎力最小，而当连杆处于运动周期的最高点时，破碎力最大，即，总破碎力随颚板间距离的减小而增大。

图 6.5 为双肘板颚式破碎机的剖面图。所有的颚式破碎机都按其受矿面积，即颚板宽度和颚板间距（给矿口处颚板间的距离）标定其规格。如 1830 mm × 1220 mm 破碎机的颚板宽度为 1830 mm，颚板间距为 1220 mm。

图 6.5　双轴板破碎机剖面图

考察大矿块给入破碎机给矿口后的情形。按一定速度进行相对运动的颚板使该矿块受挤压而破碎。颚板的运动速度与破碎机的大小有关,且通常与其成反比。实际上,每次受“挤压”而破碎的矿石应该在其再次受挤压前有时间下落到新位置。矿石下落直至其再次受颚板挤压。动颚移近矿石,起初速度很快,越到冲程即将结束之际速度越慢,而其能量递增。当颚板分开时,矿石碎块落向新驻点进而再次受挤压而破碎。在颚板每次挤压的过程中,由于颗粒间产生间隙使得矿石体积增大。因为在矿石下落过程中破碎腔的横截面积逐渐减小,如果不在出料端逐渐增加摆幅,破碎机很快就会发生堵塞。增大摆幅可促使物料加速通过破碎机,使卸矿速度足够大进而为从上端进入的新矿留下空间。这被称之为“夹压破碎”或“自由破碎”;与其相反的是“阻塞破碎”,当到达某一特定横截面处物料的体积大于排出物料的体积时就会出现这种情况。夹压破碎仅靠颚板挤压破碎,而阻塞破碎时还存在颗粒之间的相互磨碎。颗粒间的磨碎作用会产生过多的粉矿,如果阻塞严重会造成破碎机损坏。

破碎机的排矿粒度由排矿口控制,排矿口是指排矿端颚板的最大开口。排矿口可用所需长度的肘板来调节。调节支撑后肘板的后肘垫板来补偿颚板的磨损。一些厂商提供的颚式破碎机设有液压起重机,还有一些设有可远程控制的机电设备(Anon, 1981)。

所有的颚式破碎机的一共同特点是驱动装置上有一个重型的飞轮,用以储存空载半周期的能量并在破碎半周期向外传递能量。由于破碎机仅有半周期碎矿,就其重量和尺寸而言其生产能力有限。因其应力交替地负载和空载,这种机械必须非常坚固,需要坚实的底座以承受振动。

6.2.3 单肘板颚式破碎机

此类型破碎机(图 6.6)的动颚悬吊在偏心轴上,比双肘板破碎机的设计更轻便、更紧凑。其动颚的运动方式也与双肘板颚式破碎机的设计不同。动颚不仅是在肘板的作用下向定颚移动,而且随着偏心轮的转动做垂直运动。颚板的椭圆运动有助于矿石通过破碎腔。因此,与相同给矿口尺寸的双肘板破碎机相比,单肘板破碎机的处理能力略高。但是,偏心轴的运动会增加颚板的磨损速度。动颚直接悬吊于偏心轴上,使主动轴承受了较大的应力,因此其维护成本高于双肘板破碎机。

与同尺寸的单肘板破碎机相比,双肘板破碎机的价格要高 50%,其往往用于破碎坚硬难碎的高强度研磨材料,但是在欧洲尤其是瑞典,单肘板破碎机也用于破碎坚硬的铁燧岩矿石,且其常常采用挤满给矿,这是因为颚板的运动方式易于使其自动给矿。

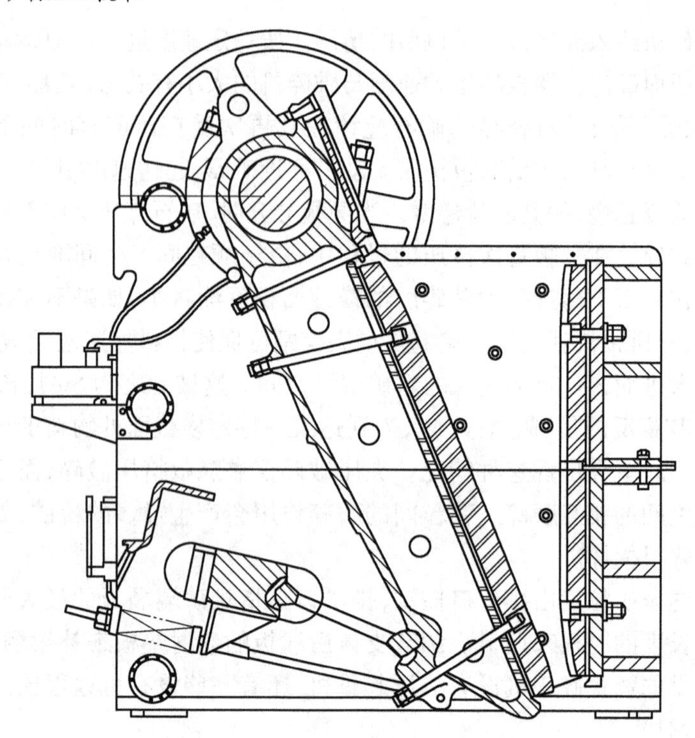

图 6.6　单肘板颚式破碎机的剖面图

6.2.4　颚式破碎机的结构

颚式破碎机是重型设备,因此结构必须坚实。一般用铸铁或钢制造设备的主机架,用系紧螺丝连接。机架通常制成几个部分以便可运送至井下安装。现代颚式破碎机可由软钢板焊接而成。

颚板本身的材料通常是铸钢,其表面配置可更换的锰钢材质衬板或含“硬 Ni 合金”、Ni-Cr 合金的铸铁材质衬板。除了降低磨损,硬质衬板对减少破碎能耗和各个接触点变形是极其必要的。衬板分几部分安装在颚板上以便于拆卸和定期调位来补偿磨损。破碎腔两侧安装夹板,防止主机架磨损。夹板也是由硬质合金钢制成,其寿命与颚板近似。颚板表面可能是平滑的,但通常是波纹状的,后者适于处理坚硬难碎的研磨材料。破碎机颚板尤其是小型破碎机颚板的工作表面式样可影响该设备的处理能力。实验室试验表明,波纹状颚板的处理能力比平滑表面颚板的处理能力小 50 倍。在波纹状颚板的破碎机中,矿石因受压力、拉力和剪切力共同作用而破碎。而在常规光滑颚板的破碎机中,矿石仅受压力作用而破碎,但是在压力负载下的不规则颗粒仍然可能在拉力作用下断裂。由于岩石的拉力比压力小近 10 倍,波纹状颚板破碎机的功耗和磨损成本应更低。然而,仍然希望针对颚式破碎机的颚板表面设计某种图案以期减少部分片状大颗粒直接滑出排矿口的可能，同时，减少预破碎片状颗粒的接触面积。在几种设备中，轻波纹形较为成功。颚板间的夹角通常小于26°，这是因为使用更大的角度易于引起滑动，从而降低处理能力且增加能耗。

如果给矿中有细粒，接近破碎机排矿处将很可能发生堵塞，为了解决这类问题，有时采用曲面颚板。动颚下端凹陷，而与其相对的定颚的下端凸起，这可使物料接近出口时粒度均匀减小，因而可减少堵塞的机会。据报道此种颚板的磨损度很低，因为物料分布在较大的面积上。

颚式破碎机的速度与其规格成反比，一般在100～135 r/min范围内。评定最佳速度的主要依据是，必须使颗粒再次受挤压前有足够的时间下落至下一个新位置。

动颚的最大摆幅或“行程”由所破碎的物料的类型决定，一般通过改变偏心轴距进行调节。摆幅在1～7cm之间变化，其视设备的规格而定。破碎坚硬的塑性材料时摆幅最大，而破碎硬而脆的矿石时摆幅最小。摆幅越大，堵塞的危险越小，因为此时物料移动的速度越快。摆幅过大易于产生更多的粉矿，进而抑制夹压破碎作用。摆幅大还会使破碎机承受更大的工作压力。

在所有破碎机中，必须采取措施避免耐压物料进入破碎腔而造成破碎机的损坏。许多颚式破碎机通过在某一肘板上设置一排虚连的铆钉来保护其免受“沉重”物料（通常为金属物）引起的损坏，但是目前自动闭合装置的应用越来越普遍，制造商使用过载保护装置，通过安置在定颚和机架之间的液压系统来实现过载保护。如果因过载引起破碎机超压，颚式破碎机可以在清除堵塞后再次恢复到原排料口大小（Anon，1981）。

颚式破碎机的最大规格是颚板间距（1680 mm）×颚板宽度（2130 mm）。这种规格的破碎机能处理的最大矿块为1.22 m，排矿口为203 mm时破碎速度大约为725 t/h。当颚式破碎机的破碎速率超过545 t/h，颚式破碎机相对于旋回破碎机的经济优势逐渐减少，当破碎速率超过725 t/h时，颚式破碎机不能与旋回破碎机相竞争（Lewis等，1976）。

6.2.5 旋回破碎机

旋回破碎机主要用于地面破碎车间，目前，也有少量在井下使用。旋回破碎机（图6.7）主要由一根安装在偏心轴套中的长竖轴构成，竖轴是一个硬质钢的圆锥体，即动锥。竖轴悬吊在“臂架”上，由于偏心轴的回旋作用，其在固定破碎腔内作圆锥轨迹运动，竖轴旋转时，速度一般介于85～150 r/min。与颚式破碎机一样，锥体在接近排矿处运动距离最大。这易于减轻膨胀阻塞，因此这种破碎机是一种良好的夹压型破碎机。竖轴在偏心轴套上绕其轴向自由地旋转，以致破碎时矿块在旋回的动锥和外锥体顶端之间受挤压而粉碎，而水平方向上的研磨作用是可以忽略不计的。

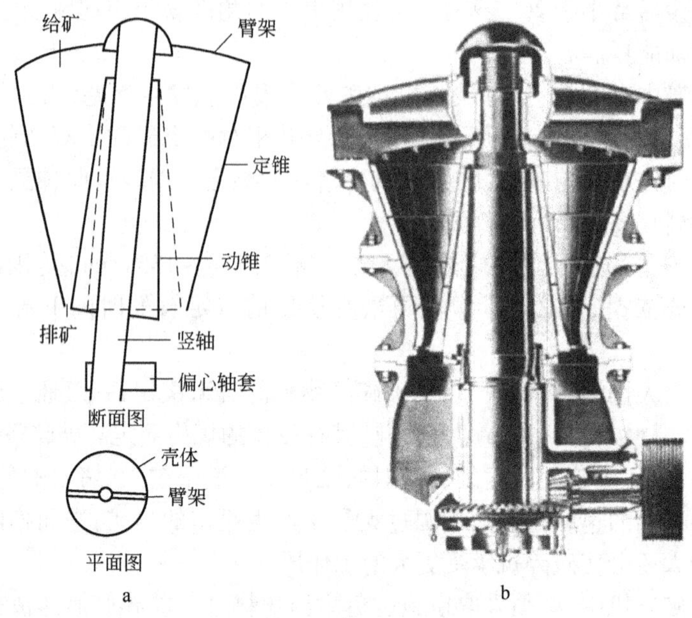

图 6.7　旋回破碎机

a—工作原理图；b—剖面图

就任何一个断面而言，实质上都有两个像颚式破碎机那样分别张开和闭合的排矿口。事实上，旋回破碎机堪称是宽度无限小而数量无限多的颚式破碎机。与颚式破碎机不同，旋回破碎机是全周期破碎；因此其处理能力比规格相同的颚式破碎机大得多。旋回破碎机常用于处理量较大的厂矿。碎矿速率高于 900 t/h 的矿山一般都选用旋回破碎机。

图 6.8　由卡车直接向旋回破碎机给矿

破碎机的最大给矿口为 1830 mm，可破碎矿石的最大粒度为 1370 mm，排矿口 200 mm，最大处理能力达到 5000 t/h。此种破碎机的能耗高达 750 kW。大型旋回破碎机一般无需昂贵的给料设备，可直接由卡车给矿（图 6.8）。即使动锥埋在矿里，这种破碎机也可正常运转。虽然较细的矿粉需从给矿中“剔除”，但现代大型选厂的发展趋势是如果矿石性质允许,尽量不用格筛。这会降低安装成本以及矿石给入破碎机的高度,从而极大的降低了臂架损坏的可能性。在某种程度上允许挤满碎矿,如果阻塞不太严重,则粗碎机中主要进行矿石之间的破碎作用,进而减轻了破碎机钢板对矿石的破碎作用 从而降低了钢耗(McQ 和 Shoemaker, 1978)。当旋回破碎机的下一作业为 SAG 磨机时,旋回破碎机挤满给矿是有利的,SAG 磨机的给矿粒度对磨机的生产能力影响较大。旋回破碎机的挤满矿可以减轻衬板磨损和延长破碎机的使用寿命。

6.2.6 旋回破碎机的结构

破碎机的定锥由重型铸件或至少有一个结构连接点焊接的钢板构成,底部安装动锥的驱动轴,其顶部和定锥倾斜面形成了破碎腔。大多数粗碎旋回破碎机的竖轴悬挂在悬吊轴承上,因此悬吊轴承的臂架在外锥面的顶部形成一个交叉点,定锥锥面装置为合金加强的白铸铁(硬镍合金)衬板。在小型破碎机中,定锥锥面是用螺栓连接在锥体上的一个连续的环面。大型破碎机使用分段的锥面,或称为环板,其呈楔形,其或者置于上下锥体之间适当的环面上,或者用螺栓连接在锥体上。锥面底部铺设白合金、锌或塑胶等软质填料,以保证锥面均匀地固定在定锥上。

动锥是构成竖轴的钢锻件之一(图 6.9)。动锥受锰钢衬套的保护,其借助螺母固定在动锥上,螺距适当,使螺母在设备运转过程中能自行紧固。衬套下面铺设锌、塑料黏合剂,近年来,更多使用环氧树脂。为了促进易阻塞物料的破碎,其断面往往呈锥形。

图 6.9 破碎机动锥

一些旋回破碎机设有液压装置,当发生过载时,阀门打开并放出液体,使竖轴降落,从而使“混入”物料可在破碎机动锥和定锥之间通过。这种装置也用于定期调节破碎机排矿口,以平衡锥面和衬套的磨损。许多破碎机使用简单的机械装置控制排矿口大小,最普遍的方法是在主轴的悬吊处设置环形螺母。

决定某一特定选矿厂选用颚式破碎机还是选用旋回破碎机的主要因素是破碎机所处理的矿石最大粒度和所需的处理能力。

处理能力较高时,一般使用旋回破碎机。因为旋回破碎机是全周期破碎,其比颚式破碎机的效率更高。只要保持破碎腔装满物料,旋回破碎机就极易达到高效,因为破碎机可在动锥浸没于矿石的条件下工作。

当给矿口尺寸比处理能力更重要时，趋于采用颚式破碎机。例如，如要破碎某一大粒径的矿石，则给矿口相同的旋回破碎机的处理能力是颚式破碎机的三倍。如需要较高的处理量，则选用旋回破碎机，然而，如需要较大的给矿口而不是处理量，则颚式破碎机可能是更经济的，因为颚式破碎机是更小巧的设备，而旋回破碎机可能大部分时间在空转。塔加特（Taggart，1945）提出一个选矿厂设计中常用的关系式：

如果小时处理量（t/h）<给矿口尺寸（161.7 m^2），使用颚式破碎机。

相反，如果处理量大于这一数值，则使用旋回破碎机。

由于圆锥破碎机和颚式破碎机的复杂性，从未得出其处理能力的精确表达式。破碎机的处理能力受颚角（也就是破碎构件的夹角）、冲程、转速和衬套材料，以及给入物料和初始粒度等许多因素的影响。如果颚角不是太大，影响处理能力的部位通常不是破碎腔的上部和中部，而通常是在排矿口处，此处是破碎腔最窄的截面，其决定了破碎处理能力。

布罗曼（Broman，1984）推出了优化颚式破碎机和旋回破碎机性能的简单模型。颚式破碎机的体积处理能力公式如下：

$$Q = BSs \cdot \cot[\alpha \cdot k \cdot 60n]$$

式中 Q——体积处理能力，m^3/h；

B——破碎机的内部宽度，m；

S——排矿口尺寸，m；

s——冲程，m；

α——颚角，(°)；

n——破碎机的转速，r/min；

k——与物料有关的常数，其大小随着预破碎物料的性质、给料方式、衬板类型等变化，其值一般在1.5～2之间。

旋回破碎机的相应公式为：

$$Q = (D - S)\pi Ss \cdot \cot[\alpha \cdot k \cdot 60n]$$

式中 D——卸矿处动锥（包括衬套）的外径；

k——与物料有关的常数，一般在2～3之间取值。

颚式破碎机的基建和维修成本比旋回破碎机略低，但旋回破碎机较低的安装成本可补偿这一点，因为旋回破碎机的体积是同等处理能力颚式破碎机的2/3左右，而其质量是同等处理能力颚式破碎机的1/3左右。这是因为与颚式破碎机相比，圆锥形破碎腔可设计得更紧凑一些，而破碎腔在总体中占有的比例较大。由于工作应力的交替变化，颚式破碎机的地基要比旋回破碎机坚固得多。

与颚式破碎机相比,旋回破碎机的自给矿能力较好,在某些情况下节约基建投资,如无需使用重型链式给矿机等昂贵的给矿设备。但这种节约往往是一种假象,因为在很多情况下,节约基建投资不及提高性能和采取单独的给矿装置进行碎前过筛意义大。

在某些情况下,颚式破碎机很有优势因为其易于拆卸成几部分。因此,若需要搬运至边远地区或在井下使用,颚式破碎机则更为有利。

使用哪种破碎机还取决于预破碎的物料类型。颚式破碎机由于冲程较大更适合处理黏土及塑性物料。旋回破碎机特别适于处理耐磨的硬质物料。如果给矿是层状或片状,则旋回破碎机的产品比颚式破碎机的产品更接近于立方形。

6.3 二次破碎机

与笨重的重型粗碎机相比,二次破碎机要轻得多。由于给矿是经过粗碎的矿石,最大给矿粒径一般小于 15 cm;又因为已经除去了矿石中的混杂金属、木头、黏土和矿泥等大部分有害成分,所以二次破碎作业要容易得多。同样,用于二次破碎矿石运输和给矿的设备也无需像粗碎作业那样笨重。二次破碎机也采取干式给矿,其目的是将矿石破碎至适于磨矿的粒度。为使破碎作业能更有效的粉碎物料,在磨矿前可进行三段破碎(细碎)。

实际上,细碎机除了排矿口小一些外,其在设计上与中碎机相同。

在金属矿的中碎作业中,一般采用圆锥破碎机,但是,有时也使用辊式破碎机和锤碎机。

6.3.1 圆锥破碎机

圆锥破碎机是改良的旋回破碎机。其主要差别是圆锥破碎机的竖轴较短,且不像在旋回破碎机中那样悬吊着,而是支撑在动锥下部的一个弧形万能轴上(图 6.10)。

动力通过 V 形皮带或直接传送到副轴上。副轴上安置一个锥形齿轮,通过此锥形齿轮驱动偏心装置上的齿轮。偏心轴上有一个偏置的锥形孔,采用这种方法,使动锥和主轴在每个运动周期内沿偏心轨迹运动。

因为不需要很大的给矿口,所以破碎机壳体或定锥呈喇叭口形向外展开,其断面面积向排矿端逐渐增大,这允许破碎的矿石松胀。因此,圆锥破碎机是一种极好的自由破碎机。定锥呈喇叭形展开使其锥体角度比旋回破碎机大得多,而破碎构件间的夹角保持不变(图 6.11)。这使圆锥破碎机具有较高的处理能力,因为旋回破碎机的处理能力大体上与锥体直径成正比。

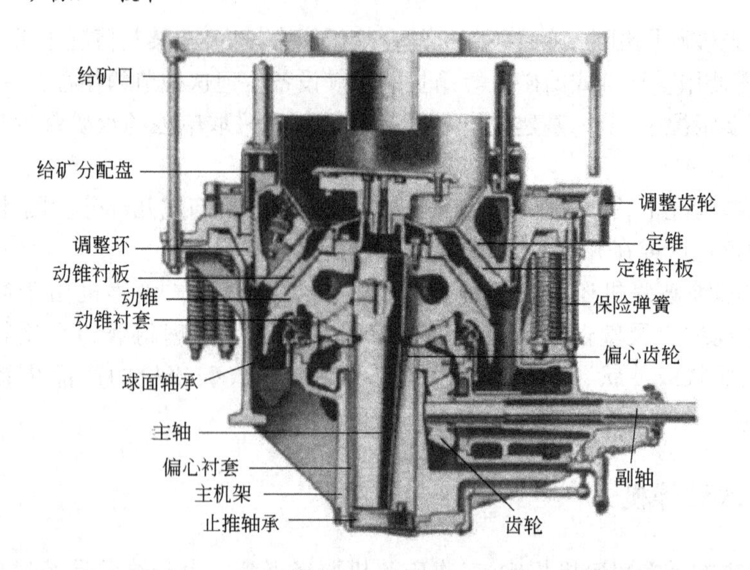

图6.10 重型西蒙斯(Symons)圆锥破碎机剖面图

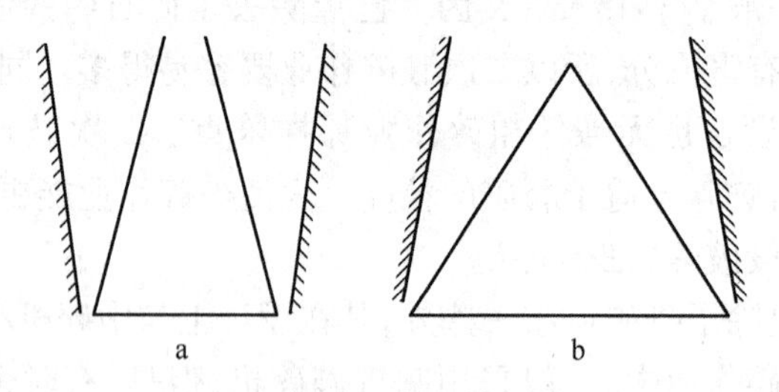

图6.11 动锥和外壳体的形状

a—旋回破碎机;b—圆锥破碎机

动锥受可替换的衬套保护,衬套由凸缘螺栓上的锁紧螺母压紧在动锥的顶端。衬套和动锥之间浇注塑性黏结剂或锌,近来更多使用环氧树脂。

与旋回破碎机的给矿口尺寸和动锥直径表示其规格不同,圆锥破碎机则以锥体衬套的直径表示其规格。圆锥破碎机的规格从559mm变化到3.1m。当排矿口为19mm时,处理量可达到1100t/h。但南非有一座铁矿选矿厂安装了两台3.1m的西蒙斯(Symons)圆锥破碎机,每台处理能力达3000t/h。

圆锥破碎机的冲程可达粗碎机的五倍,因为后者必须承受较大的工作应力;圆锥破碎机和旋回破碎机的运转速度均较高。通过圆锥破碎机的物料会经过一连串的锤击,而不是像在旋回破碎机中那样,由缓慢运动的动锥将其逐渐压碎。

高速运转使颗粒能自由地通过破碎机,动锥的行程大,当处于全开位置时,动锥和定锥之间形成较大的开口。这就使已破碎的细粒矿石迅速排出,这将为新给矿留出空间。

圆锥破碎机具有排矿迅速和不堵塞的特点,因此其破碎比在(3 ~7):1 之间,在某些情况下可能更高。

西蒙斯圆锥破碎机是生产中应用最广的圆锥破碎机。西蒙斯圆锥破碎机有两种:用于常规中碎的标准型和用于细碎或称三段破碎的短头型(图 6.12 和图 6.13)。两者的主要差别在于破碎腔的形状不同。标准型圆锥破碎机的衬板使用“阶梯形”衬板,其给矿粒度较短头型(图 6.14)的粗。标准型破碎机的产品粒度在 0.5 ~6.0 cm 之间。短头型比标准型的锥度陡,这有利于防止预处理的物料发生堵塞。短头型圆锥破碎机的给矿口较窄,且排矿端的平行带较长,其产品粒度在 0.3 ~2.0 cm 之间。

图 6.12 标准圆锥破碎机

图 6.13 短头圆锥破碎机

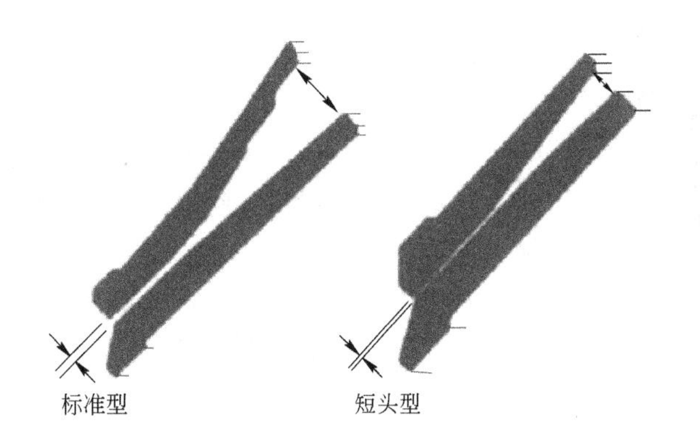

图 6.14 标准型和短头型圆锥破碎机的衬板

排矿端衬板之间存在平行带是所有圆锥破碎机的一个特点,其作用是严格控制破碎产品的粒度。通过平行带的物料受到破碎构件一次以上的冲击。因此圆锥破碎机的开口宽度是最小的排矿口。

圆锥顶部的分料盘有助于集中给矿，并以均一的速度将给矿分配给整个破碎腔。

破碎机的一个重要特点是定锥或者由环状排列的弹簧控制，或者由液压控制。若混入物料进入破碎腔，以上措施使定锥上升，从而使难碎物料通过。如果弹簧连续处于工作状态，则粗粒物料就会从破碎机中排出，例如矿石中含有许多坚韧颗粒时就会出现这种情况。这就是最后一段破碎作业采用闭路流程的原因之一。必须为此流程选用筛孔略大于破碎机排矿口的筛子，这是为了减少比筛孔稍大的坚韧颗粒“返回”破碎机的可能性，这种颗粒在回路中积累会增大排矿端的压力。

借助铰杆和铰链或经过调节液压装置来使定锥上升或下降，这使调解排矿口的宽度或平衡排矿端的磨损变得更为容易，例如，由翰威特－罗宾斯（Hewitt-Robins）生产的“425 Vari-Cone”，甚至允许设备操作者在最大负载条件运转过程中改变排矿口设置（Anon，1985）。若关闭排矿口，则操作者打开阀门，按下按钮启动泵并在支撑定锥顶端的汽缸中添加液压油；若打开排矿口，则打开另一个阀门，使液压油从汽缸中流出。通过自动的铁支架混杂物清除和重置排矿口来提高设备效率。当铁质夹杂物进入破碎腔时，定锥被迫下降，进而使液压油流入油箱中。当铁质混入物已经从破碎腔排出，则氮气压力迫使液压油从油箱流回到支撑汽缸中，因此，可恢复原始设置。

图6.15　法鲁臂
（Faro Arm，曲臂 Faro 技术）

使用法鲁臂（图6.15）可以监控衬板的磨损情况，法鲁臂是一种轻便的坐标测量设备。西蒙斯（Symons）锥面衬板的典型剖面图如图6.16所示。更先进的系统是采用激光器为动锥衬套和锥面衬板的垂直面作剖面图。这是通过使一束激光沿着某一路径进入破碎腔来完成的，激光束的运动受计算机控制的驱动装置调控。激光器计算从镜面到衬板的距离。为衬板剖面绘制剖面图的优点如下：

（1）为预测衬套和衬板的更换位置提供确切信息；

（2）确定识别高磨损区域；

（3）计算可替换衬板合金的磨损时间。

1988年，诺德伯格（Nordberg）公司针对巴西某铅锌矿（Karra，1990）提出了湿式细碎。所谓的水洗技术是使用装设特殊密闭装置、内部构件和润滑油的圆锥破碎机来处理与大流量的水混合的矿石，最终生产含有30%～50%固体的矿浆产品，此产品可直接给入棒磨机。这种工艺在破碎黏性矿石，提高现有流程的生产力和开发更经济的常规流程方面有很大潜力。

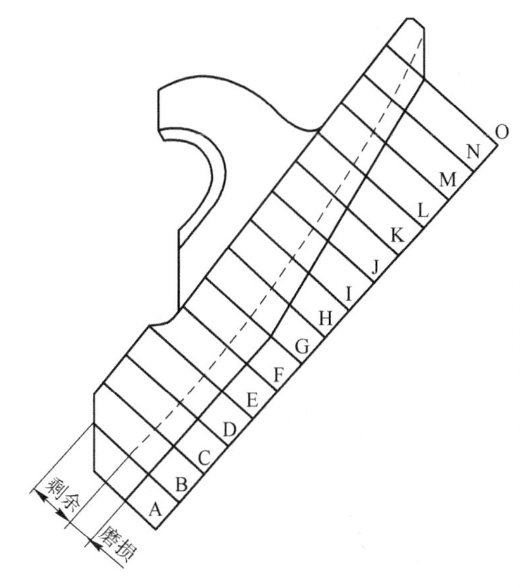

点	磨损	剩余物料
A	23.5	13.1
B	22.4	39.4
C	18.0	59.4
D	15.1	63.9
E	18.1	62.5
F	20.0	51.0
G	22.5	50.4
H	22.1	47.9
I	19.5	46.5
J	16.7	45.5
K	14.9	43.2
L	12.1	42.6
M	12.6	37.5
N	12.9	33.2
O	14.0	28.2

图 6.16 覆盖新衬板的磨损西蒙斯破碎机(Symons)凹面衬板剖面图
(感谢力拓技术服务公司)(Courtesy Rio Tinto Technical Services)

然而,实质上,在破碎过程中,水可能增加衬板的磨损,这视其应用场合而定。在包含砾石破碎的 AG/SAG 流程中,使用水洗破碎机存在的问题是具有较高的磨损率和维修率。

6.3.2 盘式旋回破碎机

这是一种特殊形式的圆锥破碎机,用于生产较细的物料。这种破碎机在采石工业中广泛用于生产大量的沙石,其费用低廉(Anon, 1967)。

与普通圆锥破碎机相比,这种设备的主要不同是衬板很短,且下部衬板的角度平缓(如图 6.17)。破碎是通过颗粒的冲击和摩擦所产生的粒间粉碎实现的(图 6.18)。

下部衬板的角度小于矿石的安息角,因此当衬板处于静止状态时,物料不会滑动。借锥体的运动通过破碎带。每当下部衬板离开上部衬板时,物料就从上面的缓冲区进入摩擦破碎区。开始破碎时物料由下部的衬板带起,向外移动。由于衬板的坡度,物料移入前部位置并由破碎组件夹压。

冲程的长度和时间要合理设计,使下部衬板在初始冲程之后的缩回速度大于已破碎物料的重力下落的速度。这使得下衬板可退回,并返回撞击此前已破碎并正在下落的物料,从而将其散布开来,并在另一次冲击之前获得新的一组新颗粒。锥体每次缩回时,空隙就被来自缓冲区的颗粒充填。

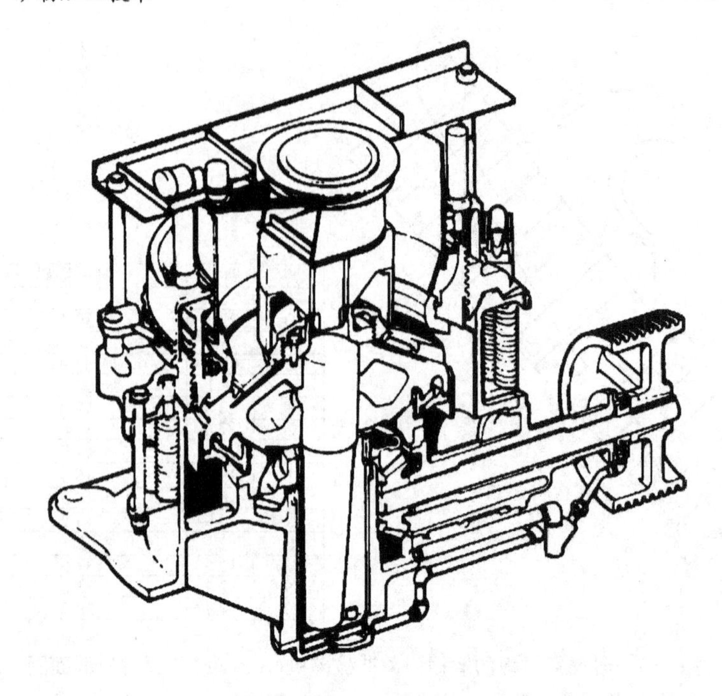

图 6.17　盘式旋回破碎机

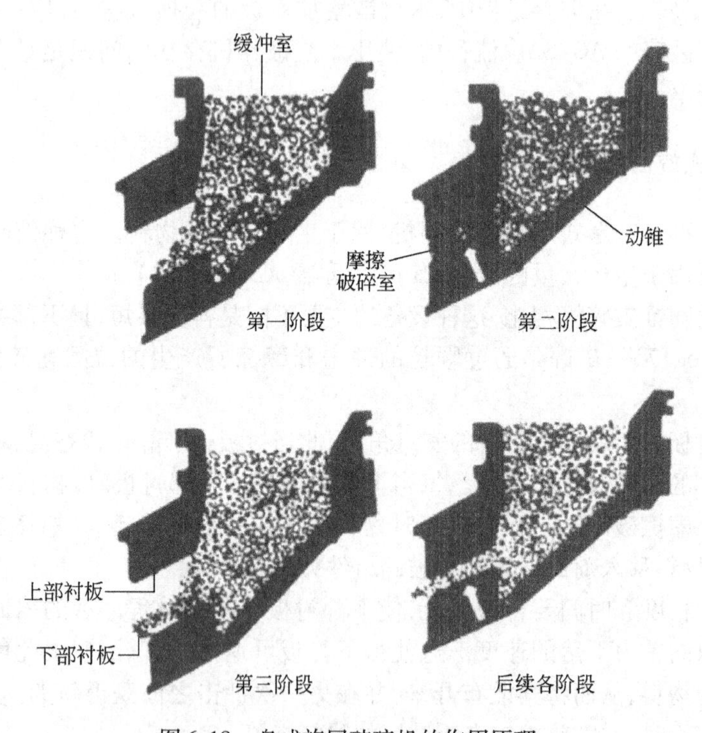

图 6.18　盘式旋回破碎机的作用原理

这种破碎机与常规的破碎机不同,任何时候都不会进行单层破碎。破碎是在颗粒与颗粒之间进行的。因此,与圆锥破碎机不同,其排矿口与产品粒度没有直接关系。

这种破碎机主要用在采石工业,生产砂石和砾石。开路破碎时,其产出粒度约为1 cm以下、完整立方体形状的碎石产品,其产品的砂石量满足要求,从而无需混合及再处理工序。闭路破碎时,该破碎机用于产出大量的砂石。开路时,该破碎机还可用于将不含原生矿泥的金属矿石破碎成优质的球磨机给矿。–19 mm的物料可破碎至3 mm左右(Lewis等, 1976)。

6.3.3 Rhodax 破碎机

这是一种特殊形式的圆锥破碎机,也称为惯性圆锥破碎机。由法国的FCB研究中心研制,据称Rhodax破碎机的破碎作用优于常规圆锥破碎机且以颗粒间的夹压破碎为基础。Rhodax破碎机由支撑圆锥体及可动辊的机架和在两部分之间形成一系列结点的一组刚性连杆组成(图6.19)。

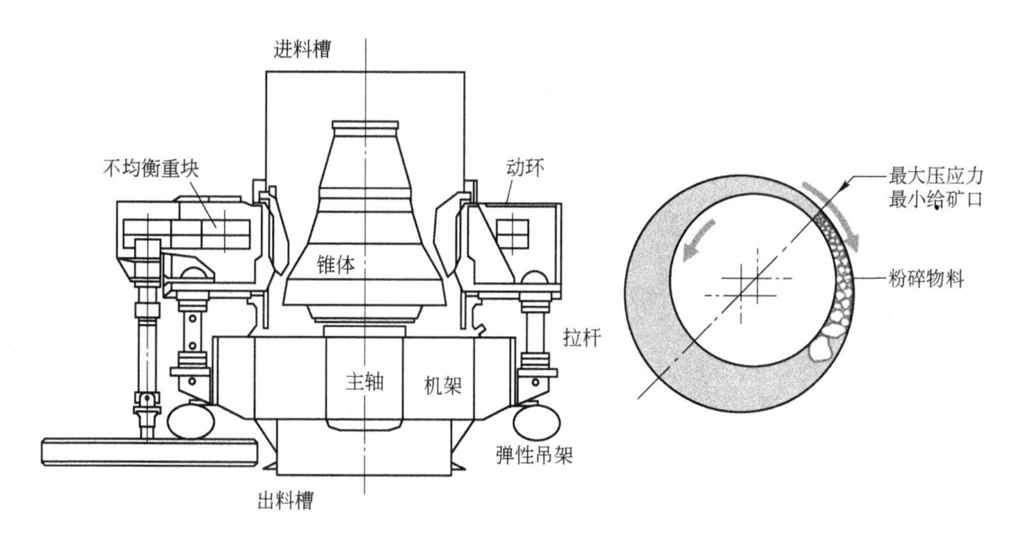

图6.19 Rhodax破碎机的原理图和操作原理(朱利叶斯克鲁特施尼特矿物研究中心(JKMRC)和JKTech公司)

机架安装在弹性吊架上,使破碎作用产生的动应力与环境隔离。机架还包括安装在其上的中心轴。磨锥安装在此转动轴上可自由转动。使用主轴上的滑动套筒调整锥体的垂直位置,因此,其易于均衡排矿口的磨损。环形结构由一组拉杆与机架连接。动辊和圆锥体均由耐磨钢制成。

当动辊转动时,一列同步运动的不等质物块把一个已知和可控的破碎力传递到动辊。破碎力与$m\omega^2 r$成比例,并保持恒定,即使给料发生变化或不易破碎的物料进入破碎腔。据报道，在开路流程中，Rhodax 破碎机的破碎比在 4 ~ 30 之间变化。如果需要，可以改变不等质物块的相对位置，因此，可远程控制破碎力的值。当给料颗粒进入破碎腔后，颗粒可以缓慢在圆锥体和动辊之间前进。这些部分受水平圆环平移运动的控制并在某一固定点彼此移进和远离。

在接近阶段，物料受到压力。料床受到的最大压力是 10 ~ 50 MPa。在分开阶段，在破碎腔中，破碎物料进一步沿径运动直至下一个压碎循环。压碎循环的数目往往是 4 ~ 5。在这些循环中，圆锥体在几厘米厚的压实料层上以 10 ~ 20 r/min 的转速滚动。实际上，这种转动是圆周运动，因为在圆锥体和物料之间无滑动摩擦。不等质物块以 100 ~ 300 r/min 的速度转动。在 Rhodax 破碎机中，能调节以下三个参数：

(1) 圆锥体和动辊之间的破碎口；

(2) 不等质物块的总静距；

(3) 这些不等质物块的转速。

同时设置后面两个参数，可使操作者更为便捷地确定所需的破碎压力。在此基础上，研制了两个系列的设备，一个系列适合于混凝土生产(作用于料床的最大压力在 10 ~ 25 MPa 之间)，另一个系列适合于粗磨和细磨作业(作用于料床的最大压力在 25 ~ 50 MPa 之间)。根据设备的设计(两个自由磨损面的相对变位)，产品的粒度分布与给矿口和磨损面无关。这使其明显优于常规磨碎机，因为常规破碎机存在磨损引起的产品质量易变等问题。法国 FCB 与南非的玛泰(Multotec)工艺设备公司共同参与了 Rhodax 破碎机在矿业中的推广工作。

6.3.4 辊式破碎机

辊式破碎机又称破碎辊，虽已广泛被圆锥破碎机所取代，但一些选矿厂仍在使用。这种破碎机仍广泛用于破碎脆性、黏性、冻结以及磨蚀性较低的物料，如石灰石、煤、白垩、石膏、磷酸盐和软质铁矿石。当破碎脆性岩石时，若给料中最大尺寸的岩矿比例大，颚式破碎机和旋回破碎机会在排矿口附近堵塞。

辊式破碎机的工作方式极其简单，标准的弹簧辊碎机(图 6.20)是由两个相对转动的水平圆柱辊组成。其排矿口由使弹簧辊与固定辊保持一定距离的垫片来调节。在颚式破碎机和旋回破碎机中，破碎是递增的，即物料流向排矿端的过程中因反复受压而粉碎，但辊式破碎机中的破碎过程仅受单一的压力。

单辊机仅有一个转动圆辊，转动圆辊相对着固定板转动。还有三辊型、四辊型和六辊型辊式破碎机。在某些破碎机中，圆辊的直径和转速可能不同。辊子可用齿轮传动，但齿轮传动会限制辊子之间的距离调节，目前，辊式破碎机都是由单独的电动机经 V 形皮带传动的。

多辊破碎机(图 6.20)可装备两对辊子或一组三个辊子。然而，目前，选矿厂

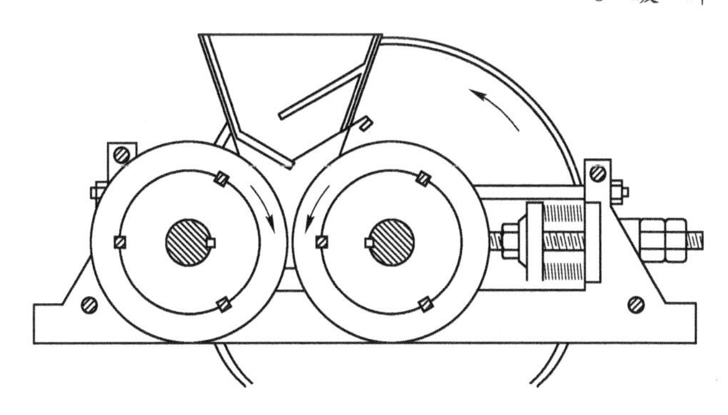

图 6.20 辊式破碎机

很少使用多于两个辊子的辊式破碎机。其最大的缺点是相对给矿粒度而言,为了获得合理的破碎比,需要很大的辊子。因此,在所有破碎机中,其基建投资最高。

考察对辊破碎一个球形颗粒的情况(图 6.21),球形颗粒半径为 r,对辊半径为 R,对辊间隙为 $2a$。设 μ 为辊面和颗粒间的摩擦系数;θ 为啮角,即对辊表面在辊与颗粒接触点处的两条切线所成的角;C 为压力,即对辊所施加的压力,其作用方向是由对辊中心通过颗粒中心,则欲使一个颗粒恰好夹在辊子之间,就垂直压力而言,得等式:

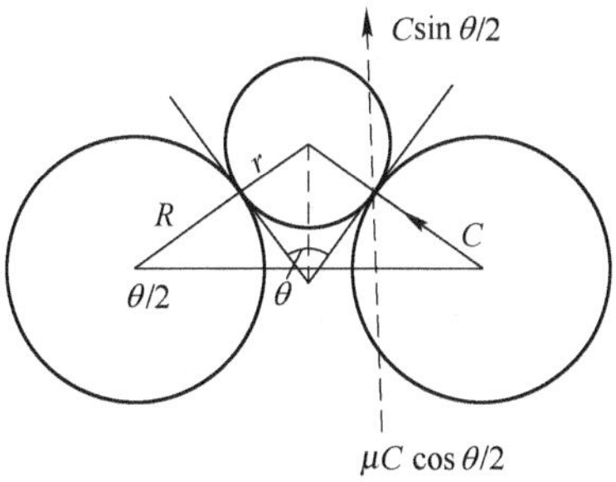

$$C\sin\frac{\theta}{2}=\mu C\cos\frac{\theta}{2} \tag{6.1}$$

因此

$$\mu=\tan\frac{\theta}{2} \tag{6.2}$$

图 6.21 辊碎机中作用于颗粒上的各种力

钢材和大多数矿石颗粒之间的摩擦系数介于 0.2~0.3 之间,因此,啮角 θ 的值不能超过30°左右,否则颗粒就会滑动。还需指出,摩擦系数之值随辊速增大而下降,因此对辊的转速大小与啮角以及破碎物料的类型有关。啮角越大(即给料越粗),对辊的圆周速率就越低,使其可以夹住颗粒。对于较小的啮角(给矿较细),辊速则增加,进而处理量较大。圆周速度介于 1 m/s(小辊)和 15 m/s(直径 1800 mm 以上的大辊)之间。

颗粒和动辊之间的摩擦系数值可由下式求得:

$$\mu_k=\left[\frac{1+1.12v}{1+6v}\right]\mu \tag{6.3}$$

式中 μ_k——动摩擦系数;

v——对辊的圆周速度,m/s。

由图 6.21 得:

$$\cos\frac{\theta}{2}=\frac{R+a}{R+r} \tag{6.4}$$

式 6.4 可用来确定与对辊直径相关的预破碎矿石的最大粒度以及所需的破碎比(r/a)。表 6.1 列出对辊破碎物料的相关数值;对辊破碎机的啮角应小于 20°,以便动辊可以夹住颗粒(在绝大多数情况下,啮角不应超过 25°左右)。

表 6.1 辊碎机啮住岩块的最大直径与辊径的关系

辊径/mm	啮住的最大岩块(mm)破碎比				
	2	3	4	5	6
200	6.2	4.6	4.1	3.8	3.7
400	12.4	9.2	8.2	7.6	7.3
600	18.6	13.8	12.2	11.5	11.0
800	24.8	18.4	16.3	15.3	14.7
1000	30.9	23.0	20.4	19.1	18.3
1200	37.1	27.6	24.5	22.9	22.0
1400	43.3	32.2	28.6	26.8	25.7

结果表明,除非用直径极大的辊子,否则破碎机的破碎比就会与啮角有关,同时,因为很少采用大于 4∶1 的破碎比,所以可能需要在粗碎辊式破碎作业之后再设一段细碎辊式破碎作业。

细碎通常使用平滑辊面,而粗碎机往往使用波纹状辊面,或短齿辊面,即短齿在辊面上排列成棋盘格状。"锤击"或"重击"辊装有许多相互啮合的棒或齿,齿棒由辊面凸起(图 6.22)。齿棒凿入矿块,因此破碎作用是压碎和凿碎共同作用,相对辊径而言可处理较大的矿块。这类辊式破碎机主要用于粗碎软质或黏性铁矿石,脆性石灰石和煤块等,直径 1 m 的对辊可破碎最大粒径为 400 mm 的物料。

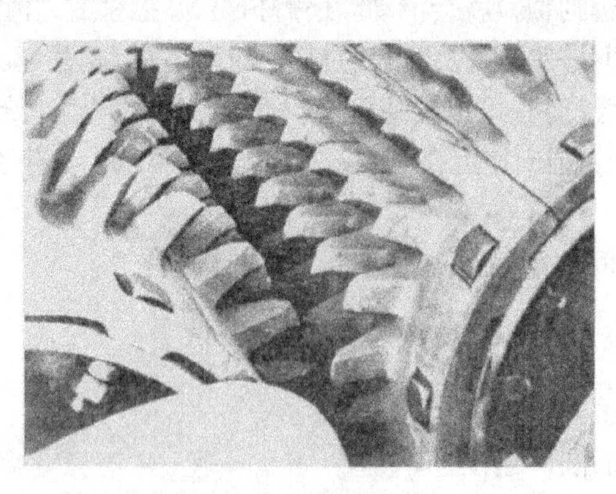

图 6.22 齿面辊碎机

对辊破碎机的辊面磨损较快，因此往往使用锰钢衬套，衬套损坏可以更换。给矿应沿整个辊宽分配，以使辊面磨损均匀。其最简单的方法是使用一条与辊等宽的平置皮带给矿。

因为在破碎腔内没有供破碎矿石蓬松的空间，为了避免辊式破碎机堵塞，必须采取“饥饿给矿法”。虽然动辊仅在进入难碎矿石时才会移动，但阻塞破碎会造成很大的压力，致使破碎时弹簧连续处于“工作状态”，进而使得一些粗物料会漏掉。因此辊式破碎机应与筛子形成闭路。挤满破碎也会引起颗粒间的粉碎作用，产生小于排矿口的物料。

辊式破碎机的处理量可以用通过辊间隙的物料流量来计算。因此理论处理量等于

$$188.5NDWsd \quad \text{kg/h} \tag{6.5}$$

式中 N——辊速，r/min；

D——辊直径，m；

W——辊宽度，m；

s——给料的比重，kg/m；

d——辊间距，m。

在实践中，受颗粒间空隙、辊子夹住给料时转速减小等因素的影响，处理量通常约等于理论值的25%。

常规辊式破碎机施加于给料颗粒的压力在10～30 MPa范围内，而在20世纪80年代中期德国发明了高压辊磨机，使用压力超过50 MPa，在液压系统的作用下，活塞可推动动辊挤压料床（图6.23）（密度>70%固体体积含量）。在高压下，产品是由大量的细粒构成的压块，细粒表面有微裂隙。之后使压块解聚，释放细粉，研究表明压块和球磨解聚联合使用的单位能耗低于仅用球磨机磨矿的单位能耗

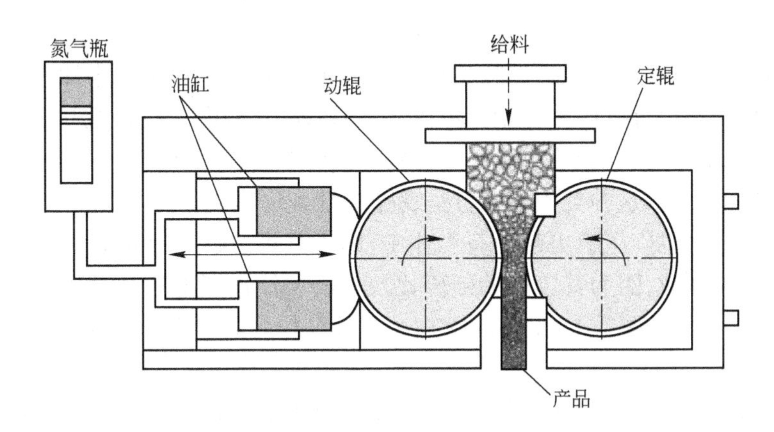

图6.23 高压辊磨机（纳皮尔－穆恩（Napier-Munn）等，1996；朱利叶斯克鲁特施尼特矿物研究中心（JKMRC），昆士兰大学）

(Brachthauser, Kellerwessel, 1988; Schwechten, Milburn, 1990)。与球磨机 15 ~ 25 kW · h/t 的单位能耗相比,高压辊磨机的单位能耗一般在 2.5 ~ 3.5 kW · h/t。目前这些高压辊磨机应用在水泥、金刚石和石灰石工业,有证据表明使用这种设备可以提高矿物的单体解离度,因此其也可用于工业金属矿石的破碎作业(Esna-Ashari 和 Kellerwessel, 1988; Clark 和 Wills, 1989; Knecht, 1994; Watson 和 Brooks, 1994; Daniel, 2004)。在高压辊的最初设计中采用光滑辊,但是在新设计中摩擦辊已成为设计标准,因为其可提高辊子的耐磨性(图 6.24)。

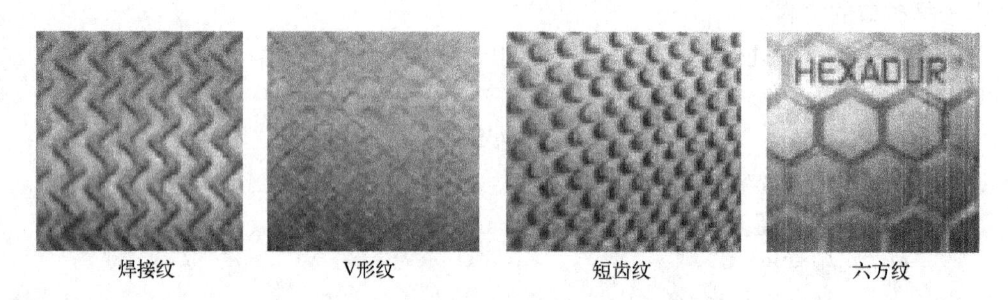

图 6.24 高压辊磨机辊面类型

6.3.5 冲击式破碎机

在这类破碎机中,破碎是对自由下落的岩块进行猛烈冲击而不是由压力来实现的。可动部件是转子和锤头,其与矿石相互作用时,将其一部分动能传给矿石。矿块所产生的内应力往往很大,足以使其破裂。矿块冲击反击板,又可使内力增大。

压碎和冲击破碎过程所得的产品形态有很大差异。压碎的物料中残存着会引起其进一步破裂的内应力,而冲击破碎立即引起物料破裂,其无残存应力。这种无残存应力的破碎条件对制砖及建筑和筑路用石尤为有利。在以上用途中,要往其砌体表面添加沥青等表面黏合剂。因此冲击式破碎机在采石工业中比在金属工业中应用得更广泛。有些矿石,当缓慢对其施以破碎力,如颚式破碎机和旋回破碎机中那样,会呈现塑性或出现堵塞,用这种破碎机能顺利加以破碎。由冲击式破碎机施加瞬时破碎力时,这种类型的矿石呈现脆性(Lewis 等,1976)。

冲击破碎机也广泛应用在采石工业中,因为其可改进产品形状。圆锥破碎机易于产生细长颗粒,因为其较高的破碎比及使物料能连续地通过破碎腔。在冲击式破碎机中,所有的颗粒受到冲击力,由于细长颗粒的横向部分较细,其强度较低,进而碎裂。

图 6.25 是典型的锤形碎矿机的剖面图。锤头由锰钢制成,目前,是用极其耐磨的含碳化铬的球墨铸铁制成。机壳衬板也是由同种材料制成。

锤头置于锤碎机的驱轴上,因此能避开进入破碎腔的大块物料或混杂金属。

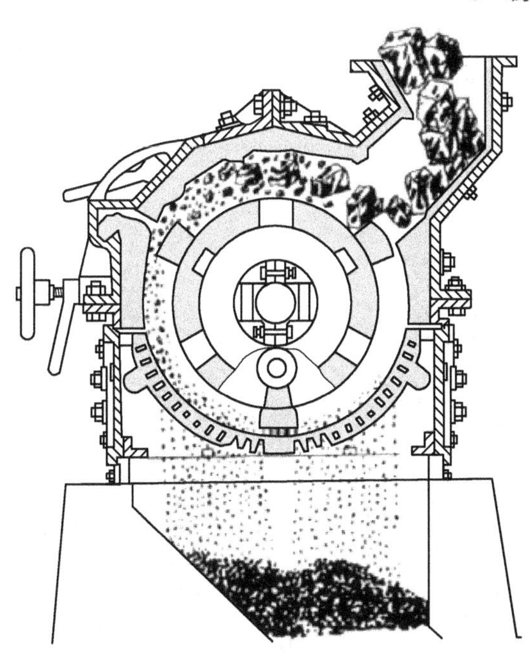

图 6.25 锤碎机

与刚性连接的锤头相比,置于销轴上的锤头施加的力更小,因而多用于规格较小的破碎机或破碎软质物料。锤碎机的排料口设有孔板,使未达到粒度要求的物料能停留在破碎机中并由转子再次收集进行破碎。

这种类型破碎机应设计成使颗粒的速度与锤头的速度近似。颗粒的破碎或者是锤头猛烈冲击的结果,或者是接下来的同格条或机壳撞击的结果。因为颗粒的速度较大,所以大部分的颗粒破碎是摩擦作用的结果,也就是颗粒撞击颗粒,其结果是很难控制破碎粒度,产生的粉矿较压碎型破碎机多。

锤头可能重达 100 kg 以上,处理给矿的最大粒度可达 20 cm。转子速度介于 500 ~ 3000 r/min 之间。

这种破碎机由于磨损很快(将锤头安置在驱轴上可以减轻其磨损),因此仅限于破碎非磨蚀性的物料。锤碎机广泛应用于石灰石采场和煤的破碎。实际上,在采石场中应用的最大优势是其能产出很好的立方体产品。

澳大利亚焦煤厂使用锤式破碎机处理炼焦炉给矿(0.125 ~ 6 mm)。为了协助焦炭炉给料的精选,近期已经建立了摆动锤式破碎机破碎模型(Shi 等, 2003)。此能基模型由适用于磨机功耗的机械模型和具有双重分类功能的搅拌磨模型构成,其可用来表示锤头和挡料板的运转情况。针对给定锤式破碎机的配置情况(破碎口、挡料板方位、筛孔)和操作条件(给料速率、给料粒度分布和煤的磨碎特性),此模型能够精确预测产品的粒度分布和功耗。

破碎较粗的物料时,则往往使用固定锤冲击破碎机(图 6.26)。在这种破碎机中,物料沿切线落到转速为 250 ~ 500 r/min 的转子上,随即获得瞬时冲力,并使其以高速旋转状态撞击反击板。为了防止转子轴承可能因应力过大而损坏,应仔细考虑传递速度需限制在转子的几分之一。

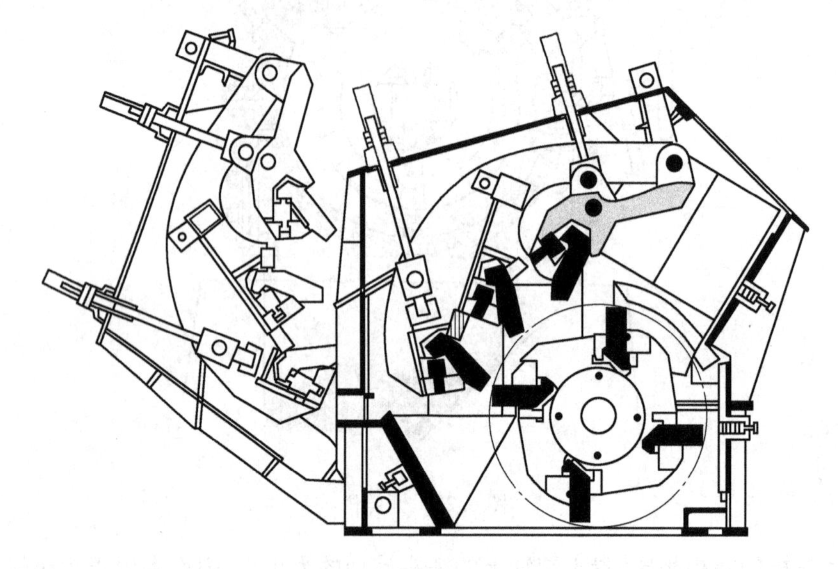

图 6.26　冲击式破碎机

能在转子和第一段反击板之间通过的破碎物料进入由另一段反击板组成的更小间隙的第二破碎腔,而后进入第三小间隙破碎腔。这是为减少片状并得到极好立方体产品而设计的磨矿路径。

转子冲击破碎机的摩擦作用较小,所以与锤碎机相比,能更好地控制产品粒度。因为颗粒一旦达到所要求的粒度就立即排出,所以颗粒形状极易控制,同时节约能耗。

锤子可逆转以使磨损均衡,且易于更换。

大型冲击式破碎机可将大约 1.5 m 的原矿破碎至 20 cm,处理能力大约为 1500 t/h,尽管已经制成 3000 t/h 的冲击式破碎机。由于这种破碎机借助高速破碎,其磨损要比颚式破碎机和旋回破碎机大。因此,含二氧化硅大于 15% 的矿石不应使用冲击式破碎机(Lewis 等, 1976)但是,当破碎比大(破碎比可达40∶1)、粉矿比例高以及矿石较易磨时,粗碎作业选用这种破碎机是合适的。

6.3.6 巴马克破碎机

巴马克破碎机(Tidco Barmac)是由新西兰在 20 世纪 60 年代末研制出来的,其应用越来越广泛(Rodriguez, 1990)。此磨机综合了冲击破碎、高压粉磨和多颗粒粉磨等作用，适合于细磨和粗磨作业，产品粒度在0.06 mm至12 mm范围内。生产能力为650 t/h的立轴式冲击破碎机（Duopactor）可处理最大粒度超过50 mm的矿块，其剖面图如图6.27所示。其破碎原理为颗粒在装有特别矿石衬里的高速旋转体内加速运动（图6.28）。当矿石进入转体，开始破碎，而后离心排出，出口速度达到90 m/s。旋转体内的颗粒连续不断地给入破碎腔内高速湍流粒子云中，这里，破碎主要是由颗粒与颗粒间的碰撞和摩擦来实现。

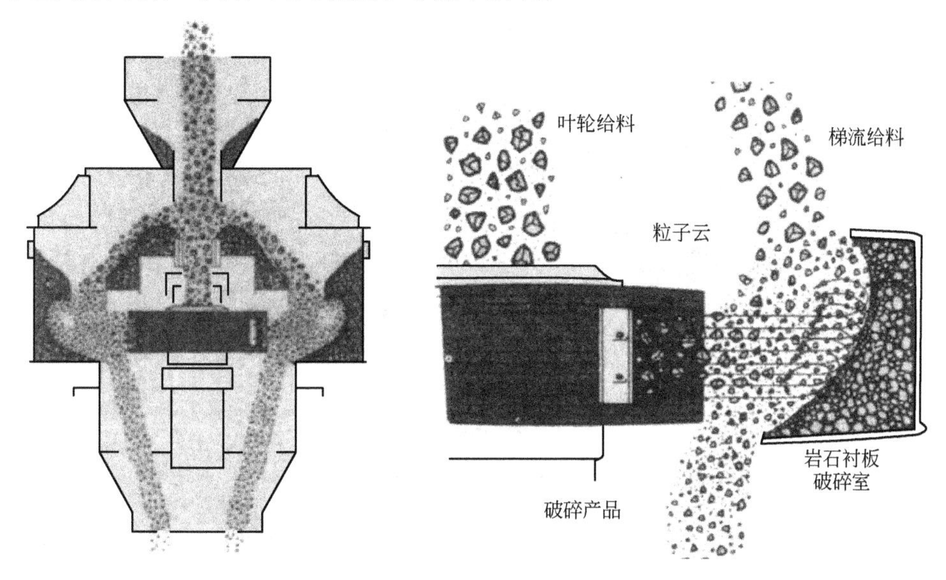

图6.27 巴马克立轴式冲击破碎机（Tidco Barmac Duopactor）的剖面图

图6.28 巴马克（Barmac）破碎腔的工作原理

另一种破碎机是雅克（Jaques）发明的卡尼萨（Canica）垂直轴冲击式破碎机（图6.29）。此设备一般设置五齿铁叶轮或锤头。使矿石受击打或促使其撞击在

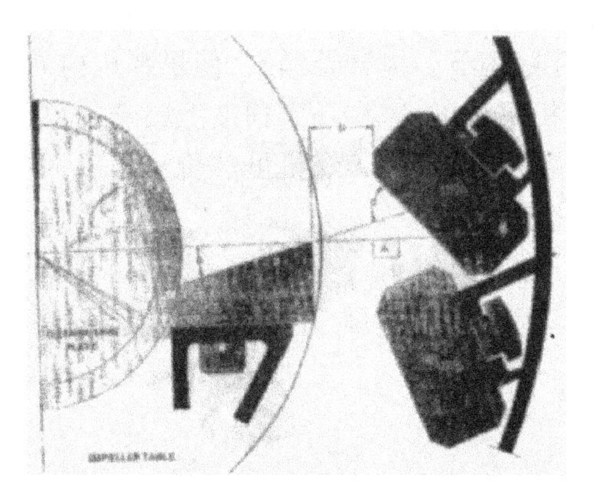

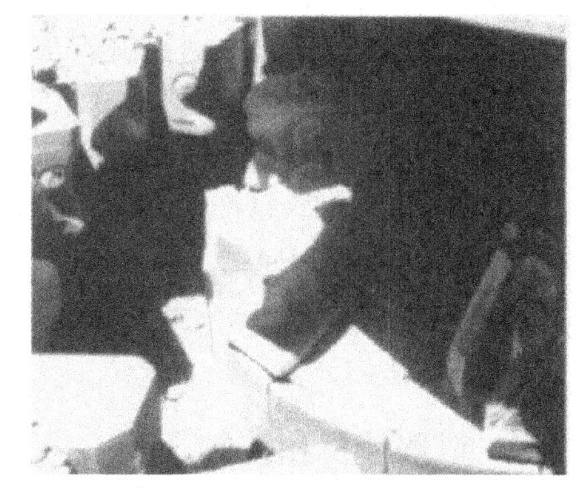

图6.29 卡尼萨垂直冲击破碎机（Canica VSI）叶轮和铁砧原理图；型号100磨损剖面图（朱利叶斯克鲁特施尼特矿物研究中心（JKMRC）和JKTech有限公司）

铁砧上,之后破碎的物料自由地落入产品传送带上的出料槽中。科约维奇(Kojovic,1996)和乔尔杰维茨等(Djordjevic, 2003)应用转体的尺寸规格、转体转速和实验室测得的岩石破碎特性,成功地建立了精确的冲击破碎工艺模型。此模型也可用于巴马克(Barmac)破碎机(Napier-Munn 等, 1996)。

6.3.7 滚筒破煤机

当破碎大量煤时,往往采用滚筒碎煤机(图 6.30)。

图 6.30 滚筒碎煤机

滚筒碎煤机的工作原理与滚筒筛近似(8 章);其由直径为 1.8 ~ 3.6 m 的圆筒组成,筒长约为筒径的 1.5 ~ 2.5 倍,转速约 12 ~ 18 r/min。这种碎煤机机体巨大,筒壁打孔,孔径的大小等同于煤的破碎粒度。原煤给入滚动圆筒,大型机的给料量高达 1500 t/h。该机应用选择性破碎原理,因煤与其共生的岩石或页岩以及采煤过程中混入的木料和钢材之类的杂质相比要脆得多。细粒煤和页岩快速从壁孔落下,而大块留在筒内,由筒内的纵向提升器提起至某一点,并从提升器滑出而落入筒底,并借其自身的冲击力而破碎,细煤从孔壁落下。提升器倾斜,使煤在机内向前运动。大块岩石和页岩不易破碎,通常自机尾排出,这在一定程度上精选了煤,同时,因为碎煤迅速从机内排出,粉煤产出量很少。滚筒碎煤机虽然价格昂贵,但维修费用相对较低,且产品的最大粒度易于控制。

埃斯泰雷勒 (Esterle 等,1996)概述了一些关于旋转破碎机建模的最新研究现状。此项研究工作以三个澳大利亚昆士兰露天煤矿为基础,用 3 m 直径破碎机处理 ROM 煤矿。

6.4 破碎流程和控制

最近几年中,破碎作业的研究重点是提高破碎效率以便降低资本和操作成本。破碎流程自动控制系统,大型破碎机和移动式破碎设备的广泛应用,使得相对便宜的矿石运输设备输送带等替代卡车将矿石输送到某一破碎位置成为可能(Kok, 1982; Woody, 1982; Gresshaber, 1983; Frizzel, 1985)。移动破碎机是一种可安装在机架上且完全独立的设备,随着矿业的发展,其可由露天矿的传送设备运送。移动设备一般使用颚式破碎机、锤式破碎机或辊式破碎机,直接给料或用板式给料机给料,处理量达 1000 t/h。一些设备使用大型旋回破碎机,处理量达 6000 t/h。

破碎车将生产球磨给料的标准流程如图 6.31 所示(Motz, 1978)。目前,此流程是最具代表性的流程,其中碎产品经筛分后筛上输送到贮料仓而不是直接给入细碎机。此流程更适合应用自动进料控制来保持最大功率利用率。中间料仓使得中碎筛上产品和循环负载完全混合(Mollick, 1980)。

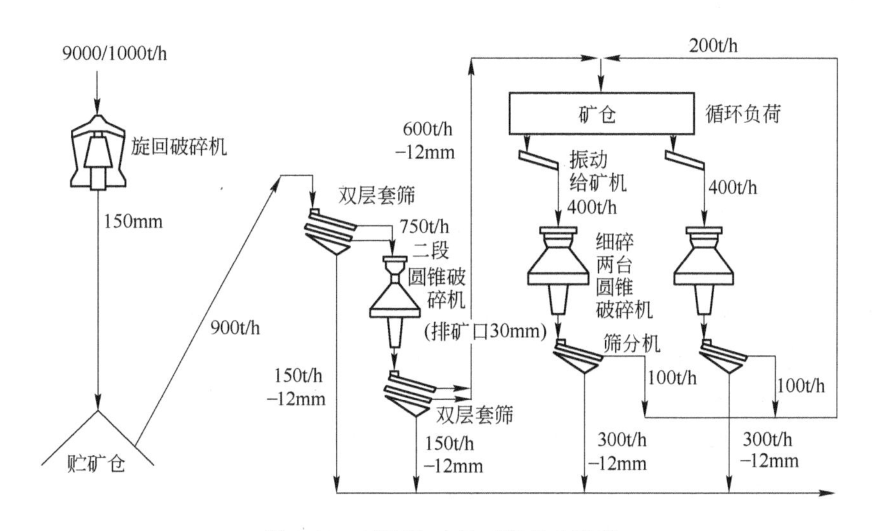

图 6.31 球磨给矿的三段破碎流程

在某些情况下,破碎流程不仅仅为球磨机提供给料,也为自磨机提供物料。图 6.32 显示了芬兰萨米(Pyhasalmi)破碎流程。芬兰使用自磨机及砾磨机进行磨矿(Wills, 1983)。粗碎在地下进行,其产品经提升后给入到粉矿仓顶部的细碎车间。此车间由两条平行的破碎生产线组成,其中之一以标准西蒙斯圆锥破碎机作为第一段作业,另一个则以 70 mm 筛孔的振动筛为初始作业。70 ~ 250 mm 筛上物料直接给入粗料仓,而筛下物料和圆锥破碎机的循环产品相混合。这些物料经过双层筛筛分获得 −25 mm 细粒产品、25 ~ 40 mm 中间产品和 +40 mm 产品,其中,中间产品用开路短头西蒙斯圆锥破碎机破碎至 −25 mm, +40 mm 产品给入装置 70 mm 格筛的 40 ~ 70 mm 砾石料仓。

在仪表和过程控制硬件方面的最新研究进展使计算机控制在破碎流程中得到更广泛的应用。仪表包括矿石水平传感器、油流量传感器、功率测试设备、皮带电子秤、变速带传动和给料器、阻塞溜槽检测器和颗粒粒度检测设备(Horst 和 Enochs,

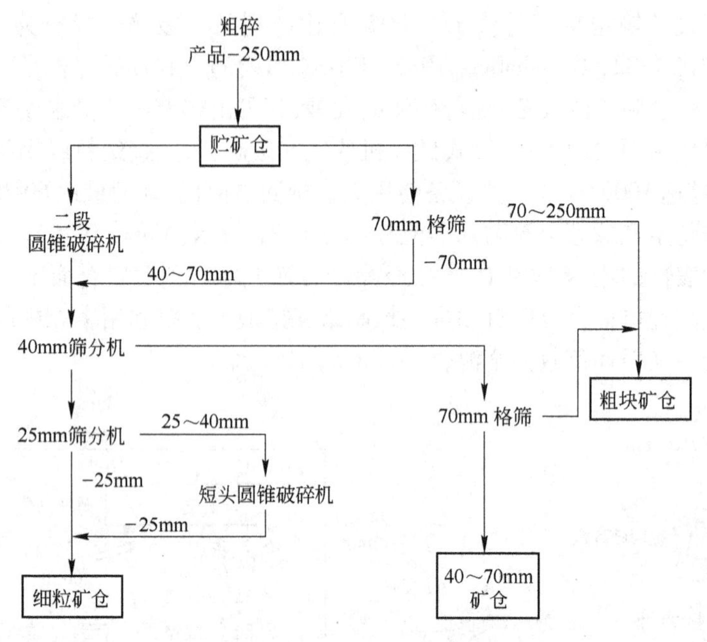

图 6.32 萨米(Pyhasalmi)破碎流程

1980)。澳大利亚 Mount Isa 破碎车间例证了自动控制的重要性,自引进自动控制后,产量增加了 15% 以上(Manlapig 和 Watsford, 1983)。

管理控制系统往往不会应用于粗碎机,一般使用仪表监控此类设备。因此,将润滑剂流量指示器和轴承测温器以及破碎腔中的高、低水平警报器安装于此类破碎机下方。

粗碎和细碎流程的操作控制及过程控制的目的因选厂不同而不同,但是通常其主要目的是在某一特定产品粒度下尽量增大破碎机的处理量。许多参数可影响破碎机的性能,但其仅有 3 个参数可调——加料速度、破碎机排矿口宽度以及在某些情况下的给料粒度。林奇(Lynch,1977)针对各方面的应用进行了自动控制系统的案例研究。当破碎车间是为了生产磨矿作业的给料时,控制系统的最重要目的是确保大量的破碎矿石按照磨矿车间所需的比率破碎。在最终的闭路流程中,借选择适当孔隙的筛子来控制破碎机产品的细度。最大限度增加生产能力的最有效方式是维持尽可能高的破碎机能耗,这已经在许多选厂得到了应用。在闭路流程中,有一个最佳的破碎机排矿口,其可在特定功率和循环负载的限制下提供最大吨数的过筛产品,尽管破碎机的实际给料吨数随着排矿口宽度增大而增加。使用变速皮带给料来恒定破碎机的功耗。矿石硬度和粒度分布的变化可由带速的变化来补偿。堵塞条件下运转也需要借机械开关、核动力开关、音波开关或接近开关控制给料的上线及下线水平。在最大功耗下,破碎机的细粒产品增加,因此,如果磨碎车间不能安置提高破碎机生产能力的控制系统,则可通过提高破碎功率来生产较细的破碎产品。也可通过在闭路流程中使用小孔径筛子来提高产品细度,但增加了给矿机的循环负荷和破碎机的总给料量。在绝大多数情况下,较大的筛分负荷会降低筛分效率,尤其当颗粒的粒径接近筛孔尺寸。这将减小筛子的界限粒径,生产更细的产品。因此,在闭路破碎流程的处理能力过大或需减少生产能力的时候,可行的操作方案是通过减少筛子数量增加循环负载,进而生产较细的产品。实现这类控制回路需要准确了解各种条件下车间的运转情况。

在用破碎机生产销售产品的过程中(例如路用石料采石场),控制的目的通常是最大限度的提高每吨给料中某一粒级产品的质量。随循环负载的增加,可获得较细粒级的产品,因此,使用循环负载可控制物料的粒度。这受到破碎机排矿口调控的影响,如在查尔默斯(Allis-Chalmers)液压圆锥破碎机中(Flavel, 1977, 1978; Anon, 1981),此种破碎机中设置有一个液压设置调整系统,自动控制此系统来优化破碎机参数。通过使用破碎机性能的准确数学模型(Lynch, 1977; Napier-Munn等, 1996)、经验参数或在线测定产品粒度等方法来确定所需的破碎机排矿口参数。自从20世纪90年代中叶,粗碎和AG/SAG过程控制的破碎粒度连续测量系统的图像处理功能已经应用于采矿工业。目前使用系统有两个:斯普利特公司(Split Engineering)的斯普利特在线分析软件(Split-Online)和超恩维罗有限公司(Wipware)的粒度分析软件(WipFrag)。此系统介绍及其如何工作的说明可由其他文献中(Maerz等, 1996 for WipFrag; 和Girdner等, 2001 for Split)查到。工作中的传送带屏幕抓图实例如图6.33所示(又见第4章)。

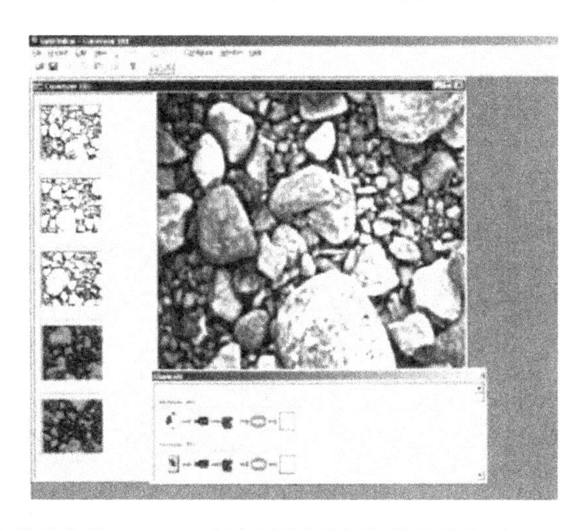

图6.33 在线分离的Windows版本屏幕抓图(斯普利特公司,Split Engineering)

破碎流程一般需要额外的循环负荷来控制其在破碎流程中不同作业间料仓的水平位置。例如,监控破碎机产品的缓冲仓,以致当其处于较高水平位置时,增加筛分给矿以减少料仓储量。

海兰谷地铜矿粗碎控制的重要作用获得高度认可，通过使用图像分析软件，HVC能够量化给料粒度对破碎机和磨矿机性能的影响，因此，通过综合控制进料速度和排矿口调节破碎机产品粒度（Dance，2001）。图6.34表明了破碎机粒度对SAG磨机生产能力的影响。如预期一样，随着磨机中磨矿介质或临界粒度的总量不断增加，半自磨机处理量从2000 t/h降至1800 t/h。排矿口从152 mm增至165 mm的影响如图6.35所示。当给矿粒度中粗粒级（+125 mm）从15%降至8%，较大的排矿口则可使更多未破碎的粗颗粒通过，这使得实际产品中粗颗粒含量增加。

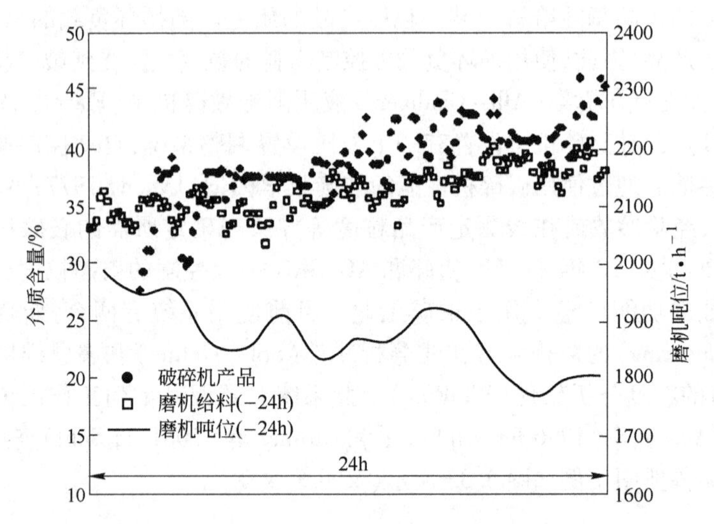

图6.34 破碎机排矿口对磨矿产品粒度的影响

（泰克明科公司（Teck Cominco），海兰谷地铜矿（Highland Valley Copper））

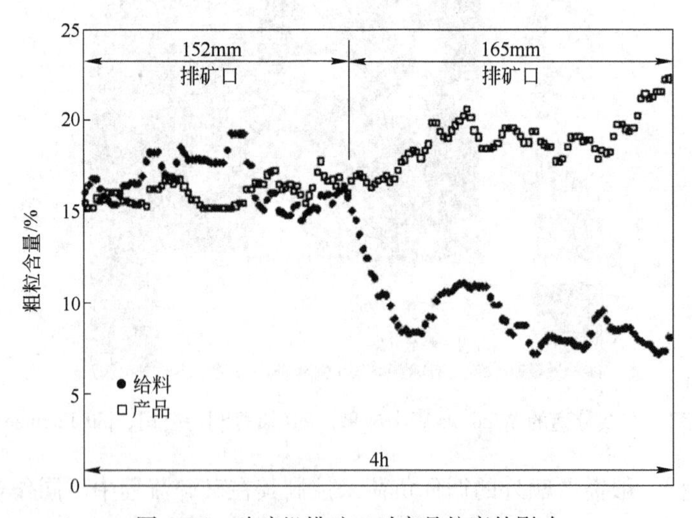

图6.35 破碎机排矿口对产品粒度的影响

（泰克明科公司（Teck Cominco），海兰谷地铜矿（Highland Valley Copper））

在大多是破碎车间,存在较长的过程延时,标准 PI 控制器不适合控制循环负载。因此需要提供涵盖实际时间间隔的过程模型,并使用这一模型调节控制器的输入(McKee 和 Thornton,1986)。针对芒特艾萨(Mount Isa)破碎流程发明了这一动态补偿控制器(Manlapig 和 Watsford, 1983)。使操作条件和有效流程延时的参数调节可较好地适应基于现代控制技术模型的控制策略(见第 3 章)。为了在破碎过程中应用较新控制理论,首先必须开发足够细化的动态模型来模拟控制破碎的基本动态特性。对于圆锥破碎机,这些特性包括精确的描述排料粒度分布、生产量和功耗随时间的变化规律。对于动态模型不得不使用 Kalman 滤波器进行最优估算。最后,应用最优控制算法确定被控变量的值,此值可优化所选的控制目标。最优控制算法也可指导受控回路的设定值。赫布斯特和欧泊兰德(Herbst 和 Oblad,1986)应用圆锥破碎机的动态模型与扩展式卡尔曼(Kalman)滤波器共同作用来最合理地推算破碎机中物料的粒度分布和测定输出变量。另外,通过测定特定破碎比来监测矿石性质的变化。破碎流程的设计最优控制首先将动态模型和估计值(预估程序)输入模拟器。怀特恩(Whiten,1984)和纳皮尔-穆恩(Napier-Munn 等,1996)进行了关于破碎和筛分模型的一些最新工作的文献综述和破碎车间控制总策略的表述。

参考文献

[1] Anon. (1967). A new concept in the production of fine material, Quarry Managers' J., (Jun.).

[2] Anon. (1981). Crushers, Min. Mag. (Aug.), 94.

[3] Anon. (1985). Rugged roller-bearing crusher, Mining Mag. (Sept.), 240.

[4] Brachthauser, M. and Kellerwessel, H. (1988). High pressure comminution with roller presses in mineral processing, Proc. XVlth Int. Min. Proc. Cong. (ed. E. Forssberg), Elsevier, Amsterdam, 293.

[5] Broman, J. (1984). Optimising capacity and economy in jaw and gyratory crushers, Engng. Min. J. (Jun.), 69.

[6] Clarke, A. J. and Wills, B. A. (1989). Enhancement of cassiterite liberation by high pressure roller comminution, Minerals Engng., 2(2), 259.

[7] Cordonnier, A., Evrard, R., and Obry, C. H. (1995). New compression grinding technologies, Int. Min. Proc. Cong., San Francisco, USA (Oct.).

[8] Dance, A. (2001). The importance of primary crushing in mill feed size optimisation, SAG2001 Conf., Vancouver, BC, Canada, 2, 270-281.

[9] Daniel, M. J. (2004). HPGR modeling and scale-up. Comminution '04 Conference, Perth (Mar.).

[10] Djordjevic, N., Shi, F., and Morrison, R. D. (2003). Applying discrete element modelling to vertical and horizontal shaft impact crushers. Minerals Engng., 16(10), 983-991.

[11] Esna-Ashari, M. and Kellerwessel, H. (1988). Interparticle crushing of gold ore improves leaching, Randol Gold Forum 1988, Scottsdale, USA, 141-146.

[12] Esterle, J. S., Kojovic, T., O'Brien, G., and Scott, A. C. (1996). Coal breakage modeling: A tool for managing fines generation. Proceedings of the 1996.

[13] Mining Technology Conference, ed. D. Howarth, H. Gurgenci, D. Sutherland, and B. Firth, Cooperative Research Centre for Mining Technology and Equipment (CMTE), Fremantle WA, 211-228.

[14] Flavel, M. D. (1977). Scientific methods to design crushing and screening plants, Min. Engng., 29(Jul.), 65.

[15] Flavel, M. D. (1978). Control of crushing circuits will reduce capital and operating costs, Min. Mag. (Mar.), 207.

[16] Frizzel, E. M. (1985). Mobile in-pit crushing-product of evolutionary change, Mining Engng., 37(Jun.).

[17] Girdner, K., Handy, J., and Kemeny, J. (2001). Improvements in fragmentation measurement software for SAG mill process control. SAG2001 Conf., Vancouver, BC, Canada, 2, 270-281.

[18] Gresshaber, H. E. (1983), Crushing and grinding: Design considerations, World Mining, 36 (Oct.), 41.

[19] Grieco, F. W. and Grieco, J. P. (1985). Manufacturing and refurbishing of jaw crushers, CIM Bull., 78(Oct.), 38.

[20] Herbst, J. A. and Oblad, A. E. (1986). Modem control theory applied to crushing, Part 1: Development of a dynamic model for a cone crusher and optimal estimation of crusher operating variables, Automation for Mineral Resource Development, Pergamon, Oxford, 301.

[21] Horst, W. E. and Enochs, R. C. (1980). Instrumentation and process control, Engng. Min. J., 181(Jun.), 70. Karra, V. (1990). Developments in cone crushing. Minerals Engng., 3(1/2), 75.

[22] Knecht, J. (1994). High-pressure grinding rolls-a tool to optimize treatment of refractory and oxide gold ores, Fifth Mill Operators Conf., AusIMM, Roxby Downs, Melbourne, (Oct.), 51-59.

[23] Kojovic, T. (1996). Vertical shaft impactors: Predicting performance, Quarry Aust J., 4(6), 35-39.

[24] Kojovic, T. (1997). The development of a flakiness model for the prediction of crusher product shape, Proc. of the 41st Annual Institute of Quarrying Conf., Brisbane, 135-148.

[25] Kok, H. G. (1982). Use of mobile crushers in the minerals industry, Min. Engng., 34 (Nov.), 1584.

[26] Lewis, F. M., Coburn, J. L., and Bhappu, R. B. (1976). Comminution: A guide to size-reduction system design. Min. Engng., 28(Sept.), 29.

[27] Lynch, A. J. (1977). Mineral Crushing and Grinding Circuits, Elsevier, Amsterdam.

[28] Maerz, N. H., Palangio, T. C., and Franklin, J. A. (1996). WipFrag image based granulometry system. Fragblast-5 Workshop on Measurement of Blast Fragmentation, A A Balkema, Montreal, Canada, 91-99.

[29] Manlapig, E. V. and Watsford, R. M. S. (1983). Computer control of the lead-zinc concentra-

tor crushing plant operations of Mount Isa Mines Ltd, Proc. 4th IFAC Symp. on Automation in Mining, Helsinki, Aug.

[30] McKee, D. J. and Thornton, A. J. (1986). Emerging automatic control approaches in mineral processing, in Mineral Processing at a Crossroads-Problems and Prospects, ed. B. A. Wills and R. W. Barley, Martinus Nijhoff, Dordrecht, Netherlands, 117.

[31] McQuiston, F. W. and Shoemaker, R. S. (1978). Primary Crushing Plant Design, AIMME, New York. Mollick, L. (1980). Crushing, Engng. Min. J., 181(Jun.), 96.

[32] Motz, J. C. (1978). Crushing, in Mineral Processing Plant Design, ed. A. L. Mular and R. B. Bhappu, 203, AIMME, New York, 203.

[33] Napier-Munn, T. J., Morrell, S., Morrison, R. D., and Kojovic, T. (1996). Mineral Comminution circuits-Their Operation and Optimisation (Appendix 3), JKMRC, The University of Queensland, Brisbane, 413.

[34] Ramos, M., Smith, M. R., and Kojovic, T. (1994). Aggregate shape-Prediction and control during crushing, Quarry Management (Nov.), 23 - 30.

[35] Rodriguez, D. E. (1990). The Tidco Barmac Autogenous Crushing Mill-A circuit design primer. Minerals Engng., 3(1/2), 53.

[36] Schwechten, D. and Milburn, G. H. (1990). Experiences in dry grinding with high compression roller mills for end product quality below 20 microns. Minerals Engng., 3(1/2), 23.

[37] Shi, F., Kojovic, T., Esterle, J. S., and David, D. (2003). An energy-based model for swing hammer mills, Int.

[38] J. Min. Proc., 71(1 - 4), 147 - 166.

[39] Simkus, R. and Dance, A. (1998). Tracking hardness and size: Measuring and monitoring ROM ore properties at Highland Valley copper. Mine to Mill 1998 Conf., AusIMM, Oct., 113 - 119.

[40] Taggart, A. F. (1945). Handbook of Mineral Dressing, Wiley, New York.

[41] Watson, S. and Brooks, M. (1994). KCGM evaluation of high pressure grinding roll technology, Fifth Mill Operators' Conf., Roxby Downs, AusIMM, 69 - 83.

[42] White, L. (1976). Processing responding to new demands, Engng. Min. J. (Jun.), 219.

[43] Whiten, W. J. (1984). Models and control techniques for crushing plants, in Control'84 Minerals ~ Metallurgical Processing, ed. J. A. Herbst, AIME, New York, 217.

[44] Wills, B. A. (1983). Pyhasalmi and Vihanti concentrators, Min. Mag. (Sept.), 174.

[45] Woody, R. (1982). Cutting crushing costs, World Mining, (Oct.), 76.

[46] Wyllie, R. J. M. (1989). In-pit crushers. Engng. Min. J., 190(May), 22.

7 磨　矿

7.1 引言

磨矿是碎磨作业的最后一段作业;在此阶段,冲击和摩擦的协同作用使颗粒破碎。磨矿包括干磨和水悬浮液中的湿磨。磨矿是在旋转的圆筒形钢制容器即转筒磨机中进行。磨机内含有松散破碎体——磨矿介质的物料在磨机中自由运动,进而磨碎矿石。根据运动传递给料荷的方式不同,磨机可分为两类:转筒式磨机和搅拌磨机。在转筒式磨机中,磨机筒体旋转,磨机筒体带动料荷运动。磨矿介质可能是钢棒、钢球或预磨矿石。转筒式磨机通常用于粗磨作业,5 ~250 mm 的颗粒可磨细至 40 ~300 μm。在搅拌磨中,水平安装或垂直安装的磨机筒体是静止的,内部搅拌器的转动带动料荷运动。在搅拌磨机中,搅拌器带动细粒磨矿介质转动,搅拌器由中心轴和与之连接的销棒或圆盘等各种形状搅拌器组成。搅拌磨可用于粉磨细粒(15 ~40 μm)和超细粒(<15 μm)物料。

所有的矿石都有其最经济合理的磨矿细度(参见第 1 章)。磨矿细度受许多因素的影响,包括有用组分在脉石中的分散程度以及后续的分离方法。磨矿作业的目的是严格控制产品粒度,而适宜的磨矿细度往往是选矿作业的关键。磨矿不足会使产品粒度过粗,即单体解离过低不能实现经济的分选;且分选作业的回收率和富集比较低。过磨则使大量实际上已解离的组分(一般为脉石)进行毫无必要地细磨,并将少量组分(一般为有用矿物)磨至粒度低于大多数有效分选方法所需的粒度范围。此过程会浪费大量昂贵的能源。极为重要的是要意识到磨矿是选矿中能耗最大的作业。据估计,美国选矿厂 50% 的能耗用于磨矿作业。加拿大铜选矿厂的能耗调查表明,平均能耗以 kW · h/t 计,破碎为 2.2,磨矿为 11.6,而浮选为 2.6(Joe,1979)。因为磨矿是生产成本最高的作业,所以矿石不应磨至比经济许可更细的粒度。磨矿细度不应超过一定限度,即通过提高产品回收率使冶炼厂增加的净收入不低于因细磨而增加的操作成本(Steane,1976)。根据邦德公式(5.2)可知,在$\sqrt{2}$筛系中,每个粒级物料的磨矿过程需 19% 的额外能耗。

虽然转筒磨机的机械效率和可靠性已达到很高的水平,但就能耗而言,此类设备是极为浪费的,因为矿石主要是在重复且随机的冲击力作用下而粉碎的,也就是说,已解离的颗粒与未解离的颗粒一起被磨碎。目前,虽针对此问题已提出多种方案,但仍无一种最佳解离方法可使冲击力专施于矿粒之间的界面上(Wills 和 Atkinson,1993)。

虽然磨矿的主要目的是获得适宜单体解离度的产品,但有时即使有用矿物已基本与脉石单体解离,还需采用磨矿来增加有用矿物的表面积。这对磨矿作业后续的湿法冶金过程是极为重要的。例如,处理金矿时,磨矿之后需用氰化物溶液进行浸出,有时则在磨矿过程中加入氰化物。对于单位质量表面积大的矿粒,采用浸出更为有效。在某些情况下,过磨可能是有害的,因为能耗的增加需由金回收率的提高予以补偿。但在浸出一般金属矿石时,情况并非如此,此时粗磨即可满足要求,即仅使有用矿物表面暴露于浸出剂中即可,但通过细磨可进一步增加金属的浸出率。

转筒磨机的磨矿过程受磨机中磨矿介质尺寸、含量、运动方式及介质间距等因素的影响。与在相对严格的表面上所进行的破碎相比,磨矿是一个较为随机的过程,即其遵循概率原则。某一矿粒的磨碎程度取决于其进入介质区间的概率及进入介质区间后发生某种作用的概率。磨矿机理可能有几种:包括由作用于颗粒表面的力而产生的冲击和压碎作用;由斜向力产生的切削作用;由平行作用于表面的力而产生的研磨作用(图7.1)。这些使颗粒扭曲和变形的作用超出了颗粒的弹性限度而使之磨碎。

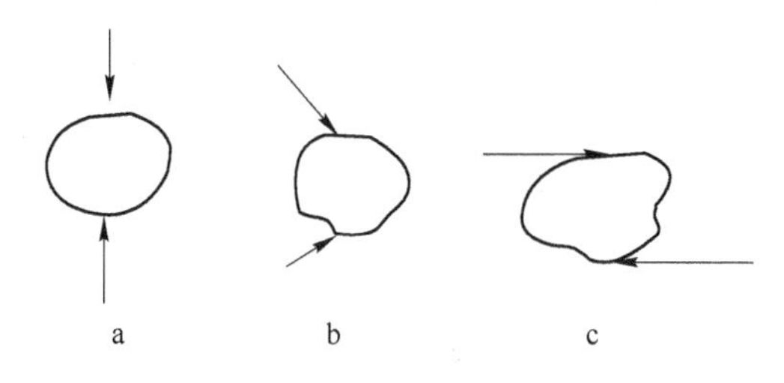

图7.1　磨碎机理

a—冲击或压碎;b—切削;c—研磨

磨矿一般为湿式作业,但某些情况下也可用干磨。磨机转动时,称作磨矿料荷的介质、矿石和水充分混合;根据磨机的转速和磨机衬板的结构,磨矿介质可通过上述任何一种方法粉磨物料。转动负荷的大部分动能以热、声和其他损耗形式消散,只有一小部分能量真正消耗于磨碎矿粒上。

除实验室试验外,选矿中的磨矿是连续作业,物料以可调的速度给入磨机一端,并在磨机内停留适当时间后由磨机的另一端溢流而出。通过选用介质的类型、磨机转速、给矿的性质以及所用流程的类型来控制产品粒度。

7.2　转筒磨机内料荷的运动状态

转筒磨机的特点是利用松散的磨矿介质进行磨矿,与矿石颗粒相比,磨矿介质个体的尺寸大、硬度大、质量大,但相对于磨机的容积,磨矿介质在磨机内的堆积体积较小,略低于磨机容积的一半。

由于磨机筒体的旋转和摩擦作用,磨矿介质沿着磨机筒体上升的一侧被提高,直到达到动力平衡点。此后,落于其他研磨介质的自由表面,并在几乎无运动的死区两侧泻落至整个磨矿介质载荷的底脚(图7.2)。

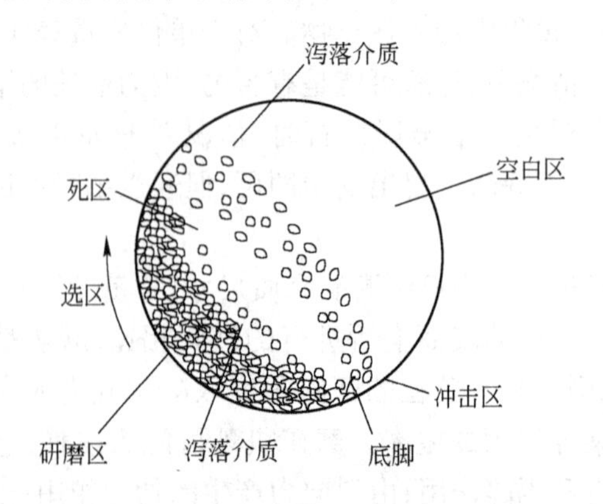

图7.2 转筒磨机内料荷的运动

磨机转速极为重要,因为其决定产品性质及磨机衬板的磨损量。例如,实践经验证明,磨机内钢球的运动轨迹限制了磨机的转速,适宜的转速使下落钢球能落在磨矿介质的底脚,而不致击落在衬板上,否则会使衬板快速磨损。

磨机的驱动力经过衬板传递给混合料荷。在较低的速度下,使用平滑衬板时,介质会滚动下落至磨机的底脚,本质上会产生磨碎作用。此种泻落运动使物料细磨,生成矿泥较多,且对衬板磨损较大。转速较高时,介质离开混合料荷沿各种抛物线轨迹下落,最终落在料荷底脚附近。此种泻落作用造成冲击磨碎作用,其磨矿产品较粗,且易于减轻衬板的磨损。磨机处于临界转速时,介质的理论运动轨迹是飞落于磨机之外,而实际上介质会进行离心运动,即介质相对于磨机筒体而言是在固定的位置与磨矿筒体一起旋转。

介质在磨机内运动时,其运动轨迹分两部分。沿着筒体衬板上升的圆形轨迹及脱离料荷后再落回料荷底脚的抛物线轨迹(图7.3a)。

假设有一个钢球或钢棒沿转速为N(r/min)、半径为R(m)的磨矿筒体上升。在P点(图7.3b),钢棒重量恰好与离心力平衡时,钢棒的运动轨迹由圆形变为抛物线形,即

$$mv^2/R = mg\cos\alpha$$

式中 m——钢棒或钢球的质量,kg;

v——钢棒的线速度,m/s。

由于:

$$v = \frac{2\pi RN}{60}$$

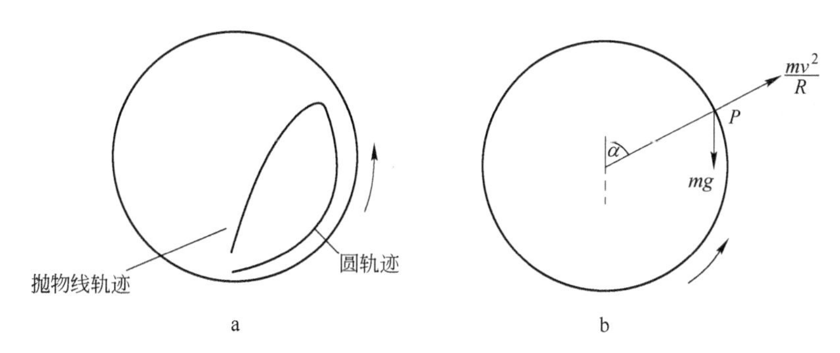

图7.3 转筒磨机中磨矿介质的运动轨迹(a)和磨矿介质受力分析(b)

$$\cos\alpha = \frac{4\pi^2 N^2 R}{60^2 g} = 0.0011 N^2 R$$

考虑到钢棒或钢球的直径,最外侧轨迹的半径应为$(D-d)/2$,其中D是磨机直径,d是钢球或钢棒的直径,单位为m,则:

$$\cos\alpha = 0.0011 N^2 \frac{D-d}{2} \tag{7.1}$$

当$\alpha=0$时,达到磨机临界转速,也就是说,介质处于垂直最高点时脱离圆形轨迹。在该点上,$\cos\alpha=1$。

因此

$$N_c = \frac{42.3}{\sqrt{D-d}} \tag{7.2}$$

式中 N_c——磨机的临界转速,r/min。

在式(7.2)中假设介质和磨机筒体衬板之间不产生滑动;在允许的一定误差范围内,通常在临界转速计算值的基础上增加20%。但当使用能维持良好状况的新型衬板时,增大临界值是否必要或合理值得怀疑。

实践中,磨机以50%~90%的临界转速运转,其转速受经济因素的影响。处理量随转速的增加而增大,但当转速高于临界转速的40%~50%左右时,磨矿效率(即kW·h/t)提高甚微。有时,当不能达到处理量满荷时,常采用低速运转。高转速用于较高处理量的粗磨。高速泻落将介质的势能转化为冲击料荷在底脚的动能,低速泻落在研磨作用下产生大量的极细物料。然而,整个操作的关键是泻落而下的介质应恰好落在混合料荷之内,而不应直接落在衬板上,以免增加额外的钢耗。磨机内磨矿过程一般都发生在料荷的底脚区,此处不仅存在泻落介质对料荷的直接冲击作用,而且夹在泻落介质之间的矿石还受到传导冲击作用。

在料荷的底脚端,向下运动的衬板连续地在翻滚的物料下面通过,并使一部分物料混进主要混合料荷。与衬板接触的介质和矿粒比混合料荷中的其他部分更稳固因为其承受较大的重量。矿石颗粒、钢棒或钢球越大,越不容易渗入混合料荷之内,而易于被衬板带到料荷脱离点。因此,直径最大的钢棒或钢球应产生泻落作用。

7.3 转筒磨机

转筒磨机共有三个基本类型:棒磨机、球磨机和自磨机。在结构上,每种磨机都有一个水平筒体,筒内安置可更换的耐磨衬板并添加磨矿介质。筒体由通过两侧端盖的中空轴颈安置在轴承上,沿自身轴线旋转(图7.4)。磨机直径决定着介质施加于矿石颗粒的压力。一般而言,给矿粒度越大,所需磨机直径也越大。磨机的长度和直径共同决定着磨机的容积,因此也决定着磨机的处理能力。

物料一般通过一端的轴颈连续给入磨机,磨矿产品则通过另一端的轴颈排出;尽管在某些设备中,产品也可通过沿筒体周边的若干孔口排出。通过改装给料和排料设备,所有磨机都可用于干磨和湿磨。

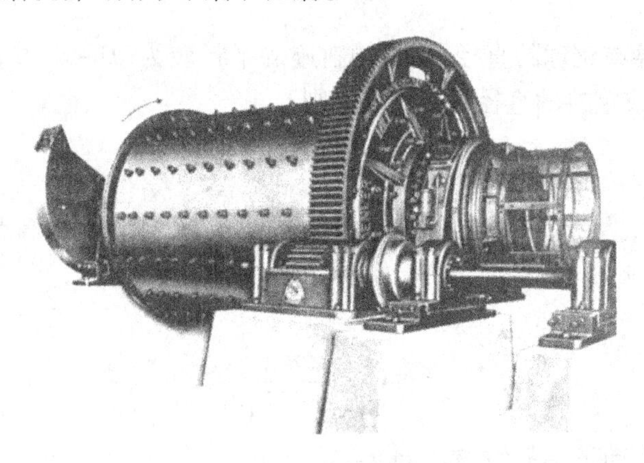

图7.4 转筒磨机

7.3.1 磨机的结构

7.3.1.1 筒体

磨机筒体的结构应能承受冲击和重载,并是由对缝焊接在一起的轧制钢板制成。在筒体上钻些孔以供插入固定衬板用的螺栓。一般设置一个或两个供出入的检修口。为了连接轴颈,通常在筒板的两端焊接或用螺栓连接由装配钢或铸钢制成的重型法兰,设置平行端面,在端面上刻槽以安设轴颈上的套筒,并钻孔供螺栓连接轴颈。

7.3.1.2 磨机端盖

磨机端盖或轴颈头,直径约小于1 m,可用球墨铸铁或灰铸铁制成。较大的端盖则由相对较轻的铸钢焊接制成。端盖可由扇形拱支撑加固,且端面形状可能是平的、略呈锥形的或盘形的。端盖经机械切削和钻孔后装配在筒体的法兰盘上(图7.5)。

图 7.5 管磨机的端盖和轴颈

7.3.1.3 轴颈和轴承(Anon, 1990)

轴颈由铸铁或铸钢制成,并用销和螺栓与端盖连接,尽管在一些小磨机中,轴颈也可与端盖成为一体。轴颈高度抛光以减轻轴承的摩擦。大多数轴颈轴承是由坚硬的高品级铁铸成,在轴承区安置 120°~180°白合金衬板,周围装配低碳钢轴承套,此轴套用螺栓固定在混凝土基础上(图 7.6)。

图 7.6 180°油润滑轴颈轴承

小型磨机的轴承可用油脂润滑,但大型磨机最后通过由电动机驱动的油泵进行油润滑。磨机停止运转一段时间后,正常润滑油的保护效果就会降低,因而许多磨机装置由人工控制的液压启动润滑器,将油强制注入轴颈和轴颈轴承之间,通过再次形成油保护膜来防止启动时轴承表面的磨损(图 7.7)。

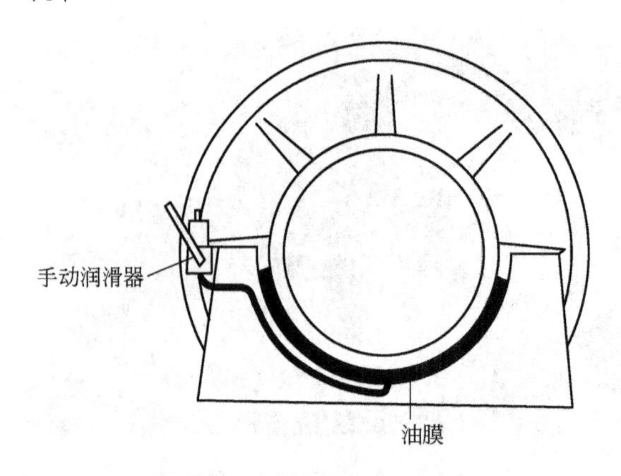

图 7.7　液压启动润滑器

一些生产厂已装设大滚柱轴承(图 7.8),其比普通金属轴承能承受更大的力。

图 7.8　安装滚柱轴承的轴颈

7.3.1.4　驱动装置

转筒式磨机由小齿轮与齿圈的啮合而转动,而齿圈用螺栓固定在设备的一端(图 7.9)。

功率为 180 kW 以下的小型磨机中小齿轮轴由电动机通过三角皮带驱动。在大型的磨机中,小齿轮轴直接与一台同步慢速电动机的输出轴连接,或与电动机驱动的螺旋或双螺旋齿轮减速器连接。某些磨机已开始使用可控硅和直流电动机来进行变速控制。由齿轮驱动的大型磨机装置两个或四个轴齿轮,且需安装复杂的承载分配系统。

图7.9 磨机上的大、小齿轮组

大型磨机由中心耳轴驱动,其优点是无需使用昂贵的环形齿轮,此设备可由一个或两个电动机驱动,包括两个或三个变速齿轮(Anon,1982)。

磨机越大,滚筒与端盖以及耳轴与端盖之间的压力越大。在20世纪70年代早期,超长的干式水泥磨机中应用的齿轮和轴齿轮以及大型减速装置所带来的维修难题驱使操作者寻求可替代的传动设计。结果,使用了大量的无齿轮传动(环形电动机)水泥磨机,且在欧洲水泥工业中此种技术得到较为广泛的应用。

无齿轮磨驱动设计的特点是电动机转子部分拴接在磨机筒体上,静止的定子安装在转子的周围,电子设备的输入电流可由50/60 Hz变化到1 Hz。磨机筒体实际上成为低速同步电动机的转动部分。通过改变电动机的电流频率改变磨机转速,当矿石磨矿性质变化时,可调整磨机的处理量。

直至1981年无齿轮驱动设计才应用于矿用磨机,即那时世界最大的球磨机,直径6.5 m,长度9.65 m,并由8.1 MW电动机驱动,应用于挪威的Sydvaranger(Meintrup和Kleiner, 1982)。目前世界最大的半自磨机(SAG)在纽克雷斯特矿业公司的卡迪亚山金矿和澳大利亚铜矿中得到应用,此磨机直径12 m、长6.1 m(按衬板内表面计)并由超过20 MW的电动机驱动(图7.10),其生产能力超过2000 t/h(Dunne等,2001)。Riezinger等于2001年报道了关于30 MW驱动的13.4 m半自磨机的研究案例。

无齿轮驱动的主要优势在于可变速能力、避免了设计功率的限制、极高的驱动效率、较低的维修需求以及更少的占地面积。

图 7.10 卡迪亚山金矿的 12 m 直径半自磨磨机(图片由 S. Hart 提供,纽克雷斯特矿业公司)

7.3.1.5 衬板

磨机的内表面装设可更换的衬板,衬板需具有抗冲击能力,且耐磨,进而使料荷以最佳方式运动。棒磨机的两端安设简单的平滑衬板,其略呈锥形,以有利于钢棒的自定中心和直线运动。衬板一般由抗冲击强度较高的锰钢或铬-钼钢制成。磨机的端盖通常设置棱条提升随磨机转动的料荷。棱条可防止过度的滑动,进而延长衬板的寿命。其可由镍合金白铸铁(硬镍合金)、其他耐磨材料及橡胶制成(Durman,1988)。轴颈衬板可按用途不同进行设计,包括锥形衬板、平面衬板、前进螺旋衬板和后移螺旋衬板。衬板由硬质铸铁或合金铸钢制成,且衬板内表面一般加铺橡胶衬里以延长其寿命。

筒体衬板有各种提升板。采用光滑衬板会产生较大的研磨作用,因此易于细磨,但金属损耗较大。因此,衬板形状一般要适于提供提升运动并产生冲击和破碎作用,最常见的衬板形状是波纹形、劳伦(Lorain)形、阶梯形和搭接形(图 7.11)。用锻钢埋头螺栓将衬板固定在磨机筒体和端盖上。

棒磨机衬板通常由合金钢或铸铁制成,且属波纹型衬板;钢棒直径达 4 cm 以上时,可使用硬镍阶梯衬板。用棒磨机或球磨机进行粗磨时可广泛使用劳伦衬板,此衬板由高碳轧钢制成,并由锰钢或硬合金钢销杆固定。当使用 5 cm 以下直径的钢球时,球磨机的衬板可由硬质铸铁制成,另外,也可使用铸造锰钢、铸造铬钢或硬镍合金。

磨机衬板是磨矿作业中一项重大开支,因此应不断努力延长衬板寿命。至少有 10 种抗磨损合金可用于制造球磨机衬板,其中包含大量的铬、钼和镍的抗磨损合金最为昂贵(De Richemond,1982)。然而,随着更换衬板的人工成本逐渐增加,选择衬板的趋势是选择使用寿命最长的衬板,而忽略其基建成本(Malghan,1982)。

某些选厂使用橡胶衬板和提升板代替钢质衬板,前者寿命较长且安装便捷快速,还可大幅度的减少噪声。然而,使用橡胶衬板时介质的耗量大于使用硬镍衬板

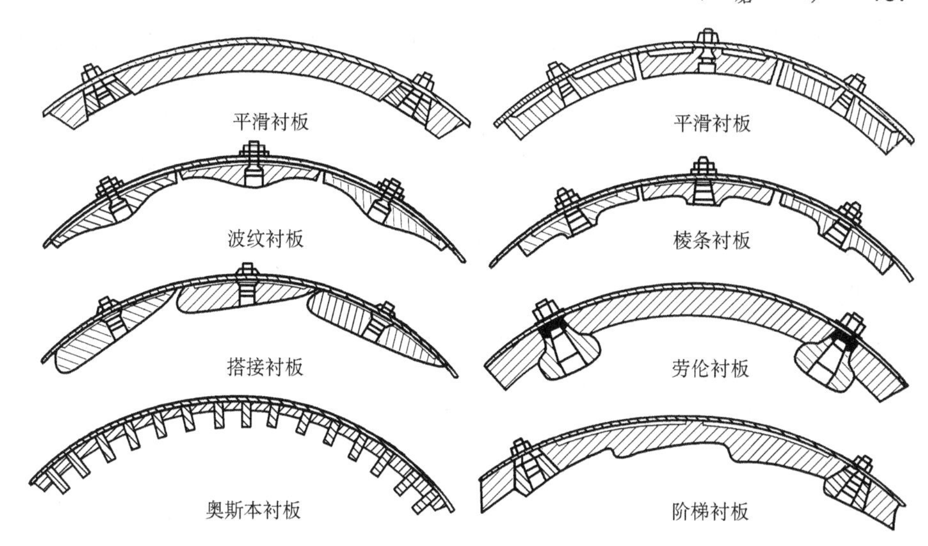

图 7.11　磨机筒体衬板

时的介质耗量。对于将浮选药剂直接加入磨机或磨矿温度超过 80℃ 的一些磨矿作业,橡胶衬板存在很大缺陷。同时,橡胶衬板也比钢质衬板厚的多,这将减少磨机容积,尤其在小磨机中这是一个重要影响因素。在钢质衬板和橡胶衬板的设计方面也存在很大的不同(Moller 和 Brough,1989)。

橡胶的优点是减弱冲击力,当移除力时可恢复原形状。然而,如果作用力过大或物料冲击橡胶的速度过高,其磨损率极大。在粗磨作业中,磨矿作用力巨大,橡胶的磨损率限制了其在此作业中的应用。即使每吨矿石的磨损成本可能与更为昂贵的钢质衬板相同,为了维护而更频繁的中断操作使其变得并不经济实用。钢的优点是高硬度,研发的钢罩衬板综合了橡胶和钢的最佳性能。此种衬板由橡胶衬板棒和安装在其表面的钢镶嵌件组成,钢使其抗磨损而橡胶支持物可对冲击力起到缓冲作用(Moller,1990)。

已应用于球磨机的一个概念是"尖缩螺旋衬板"。通过使用橡胶衬板使常规磨机的圆形交接处(cross-section)变为全转角的方形交接处,可由与磨机旋转方向反向的螺旋来抵消边缘结构。在这些结构中安装双波纹衬板,连续提升的球荷沿磨机的轴向而下,通过磨矿料荷的轴向运动会增加磨矿球荷和矿浆的混合程度,并伴随着泻落运动。据报道随着能量和磨矿介质消耗的降低,实质上增加了生产能力(Korpi 和 Dopson,1982)。

为了避免橡胶衬板的快速磨损,中国冶金矿业公司(China Metallurgical Mining Corp.)提出了磁性金属衬板的专利技术。用磁铁连接衬板和刚性筒体,且在圆盘的末端不使用螺栓,钢球"散布(scats)"在物料中,而磁性衬板将磁性物料吸引到衬板上并形成 30 ~ 40 mm 的保护层,当此保护层磨损时,其可持续更新。在 10 年中,磁性金属衬板已在中国超过100家矿山的300多台闭路磨机中得到广泛的应用(Zhou等. 2003)。例如,在1992年一套磁性金属衬板已应用在本溪钢铁公司歪头山选矿厂的一台3.2m(直径)×4.5m(长度)二段球磨机(60mm球介)中。过去9年中,在零衬板消耗和零衬板维修的条件下粉磨了2.6Mt的矿石(Zhou et al. 2004)。磁性金属衬板也可应用于大型磨机中,如在齐大山铁矿调军台选矿厂使用的5.5m(直径)×8.8m(长度)磨机。

磁性金属衬板的另一优势是其比常规锰钢衬板更薄、更轻,进而此种衬板磨机的有效体积更大,且磨机重量降低。在相同操作条件下安装此磁性金属衬板的2.7m(直径)×3.6m(长度)球磨机功耗降低了11.3%。

7.3.1.6 磨机给矿机

磨机所使用的给矿机类型取决于是开路磨矿还是闭路磨矿,是湿式磨矿还是干式磨矿。给矿粒度和给矿速度也是重要影响因素。干式磨机通常使用某种类型的振动给矿机。湿式磨机目前可使用三种类型给矿机。嘴式给料机是最简单的一种(图7.12),此给矿机由一个独立于磨机而固定的圆柱形和椭圆形槽子构成,且直接使物料通过轴颈衬板。物料在重力作用下通过给料机给入磨机。嘴式给矿机常用在使用棒磨机的开路流程或由水力旋流分级机和磨机构成的闭路流程。

图7.12 嘴式给矿机

7.3.1.7 鼓式给矿机

对于给矿端空间有限的磨机,可用鼓式给矿机代替嘴式给矿机(图7.13)。磨机的给料通过槽子或勺子给入圆鼓中,内部螺旋将物料送过轴颈衬板。同时,借助圆鼓便于向磨机中添加钢球。

图7.13 鼓式给矿机

7.3.1.8 鼓勺联合式给矿机

图 7.14 鼓勺联合式给矿机

鼓勺联合式给矿机(图 7.14)用在由螺旋分级机或耙式分级机组成的湿式磨矿闭路流程。新料直接给入圆鼓,而勺子则拾取分级机返砂以供再磨。可用单勺或双勺给矿,后者可增大给入磨机的给矿量且使给入磨机的矿浆更加均匀;双勺结构互相平衡,可减轻输入功率的波动,一般用在大直径磨机中。当给矿粒度较细,则用勺式给矿机代替鼓勺联合给矿机。

7.3.2 磨机的类型

7.3.2.1 棒磨机

棒磨机可用作细磨设备也可用作粗磨设备。处理的给矿粒度粗至 50 mm,所得的产品粒度可细至 300 μm,一般磨碎比在(15 ~ 20):1 范围内。当矿石是“粘性”或潮湿时,易于堵塞细碎机,因此通常选用棒磨机代替细碎机进行细碎。

棒磨机的显著特点是筒体长度是筒体直径的 1.5 到 2.5 倍(图 7.15)。这一比例很重要,因为必须防止比筒体短若干厘米的钢棒偏斜而横断在圆筒中,进而发生砌挤现象。但对于目前使用的大筒径磨机这一比例不宜太大,否则会使钢棒变形或折断。钢棒的长度超过 6 m 就会产生弯曲变形,这就进一步限制了棒磨机的最大长度。因此,长 6.4 m 的磨机直径不能超过 4.57 m。目前使用的最大棒磨机直径为 4.57 m,长 6.4 m,其功率大约为 1640 kW(Lewis 等,1976)。棒磨机或其他类型的磨机是按功率而不是按处理能力来标定的,因为处理能力受许多因素的影响,如由实验室确定的可磨度(参见第 5 章)及所需的磨碎比。可用邦德方程式来确定各种处理能力所需的功率:

图 7.15 棒磨机

$$W = \frac{10W_i}{\sqrt{P}} - \frac{10W_i}{\sqrt{F}} \tag{7.3}$$

使用效率因素调节计算出的所需功率以得出所需的操作功率，此效率因素取决于磨机的规格、介质的尺寸和类型以及磨矿流程的类型等等（Rowland 和 Kjos，1978）。

棒磨机可按排矿方式分类。一般而言，排矿越接近机壳的周边，物料通过的速度越快，所产生的过磨现象越少。

中心周边排矿式棒磨机（图 7.16）是通过磨机两端的轴颈给矿，并通过圆筒中部的圆周孔口将磨矿产品排出。行程短且坡度陡的磨机可进行粗磨，细粒产品少，但磨碎比有限。此种磨机可用于湿磨或干磨作业，可广泛用于制备标准砂石，此时要求高处理量和极粗的产品。

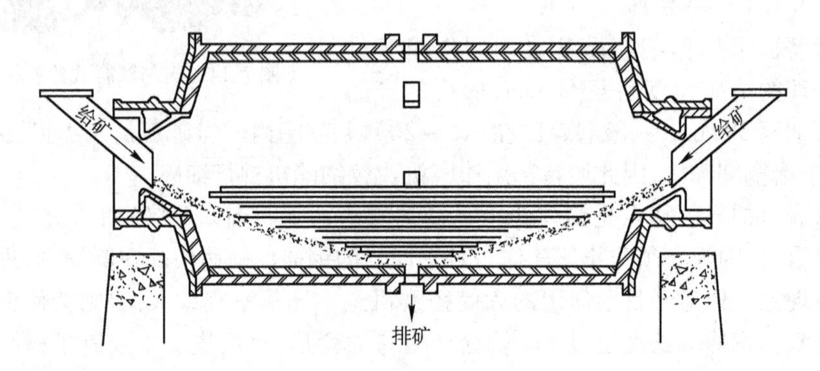

图 7.16　中心周边排矿式棒磨机

端部周边排矿式棒磨机（图 7.17）是通过磨机轴颈从一端加料，且通过磨机另一端的若干圆周孔将磨矿产品排至紧密安置的环形槽中。此类磨机主要用于干磨和湿磨作业，用于生产中等粒度的产品。

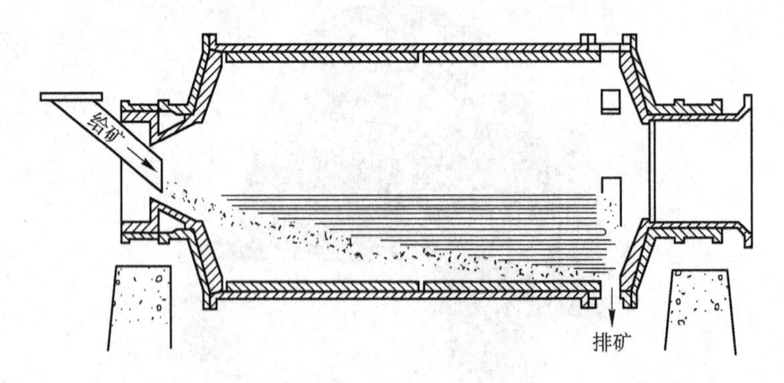

图 7.17　端部周边排矿式棒磨机

矿业中应用最广泛的棒磨机是溢流式棒磨机(图7.18),从轴颈的一段进料而从轴颈的另一端排料。此类磨机仅用于湿式磨矿,其主要作用是将破碎车间的产品磨成球磨机的给矿。将溢流轴颈设计成比给矿口大10~20 cm,以形成矿浆梯度。在排矿轴颈处,常装置一个螺旋筛以除去夹杂的物料。

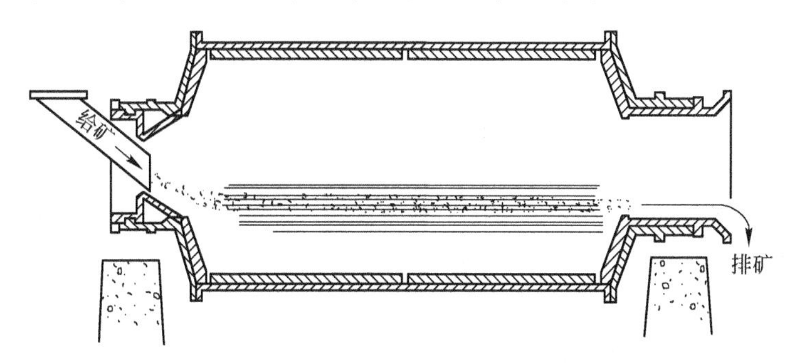

图7.18　溢流式棒磨机

棒磨机内先加入已选定规格的钢棒,每种规格钢棒的配比由计算求得,以保证最大的磨矿工作表面以及较适宜的平衡负荷。适当的负荷包括各种直径的钢棒,钢棒的直径在新加的钢棒到可排出的已磨损钢棒之间变化。实际应用的钢棒直径在25 mm和150 mm之间。钢棒的直径越小,其总表面积越大,因此磨矿效率越高。其最大直径应不大于磨机给矿中最大颗粒的粒度。给料或产品较粗时一般需要直径更大的钢棒。一般而言,当钢棒磨损到大约25 mm直径以下时需要进行更换,这视其不同用途而定,因为小直径钢棒易于扭曲和折断。此时可使用高碳钢棒,因为此种钢棒较为坚硬,且磨损后折断而不翘曲,进而不会与其他钢棒缠绕在一起。当充填率为磨机容积的35%时,使用新棒可获得最佳磨矿速度。钢棒磨损后其体积减少20%~30%,可通过新棒代替磨损的钢棒,以保持这个充填率。这一比例意味着在正常的空隙度下,充填率约为磨机容积的45%。充填率过大使磨矿的效率下降以及衬板和钢棒的耗量增大。钢棒耗量随给矿性质、磨机转速、钢棒长度和产品粒度而大幅度变化,湿磨时钢耗一般为每吨矿石0.1~1.0 kg,因此干磨效果较好。

棒磨机一般以临界转速的50%~60%运转,因此钢棒主要是跌落而不是泻落;许多磨机的转速提高到接近临界转速的80%而不产生过多的磨损(Mclvor和Finch,1986)。给矿的质量浓度一般介于65%至85%之间,给矿粒度越细则所要求的矿浆浓度越高。钢棒和矿石颗粒的线接触产生磨矿作用;钢棒基本上呈平行翻滚和旋转,其效用如同一系列的破碎辊。粗粒给矿在给矿端散布在钢棒之间,进而按楔形或锥形排列。这趋于使大颗粒优先破碎,因而很少生成极细的物料(图7.19)。此种选择性磨矿可得到粒度较窄的产品,产品中几乎无大颗粒或细泥生成。因此,棒磨机适于制备重选机的给矿,存在矿泥问题的某些浮选给矿、粗粒磁选给矿和球磨机给矿。为了控制磨碎粒度,棒磨机几乎总是用于开路作业。

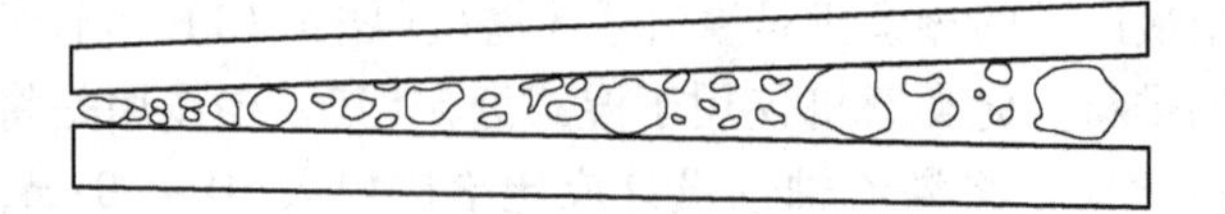

图 7.19 钢棒的研磨作用

7.3.2.2 球磨机

磨碎的最后阶段是在用钢球作磨矿介质的转筒磨机中进行的，此种磨机也称为球磨机。

因为单位质量的球表面积大于棒表面积，因此球磨机更适于细磨作业。球磨机仅限指那些长径比为 1.5 至 1 以及比值更小的磨机。长径比在 3 至 5 之间的球磨机称为管磨机。管磨机有时沿长度分成几段，每段所装介质不同，介质可能是钢球、钢棒或砾石，常用于研磨水泥熟料、石膏和磷酸盐。只有一段且装入筛选过的硬质块矿作磨矿介质的管磨机称为砾磨机。砾磨机广泛用于南非的金矿。由于单位体积砾石的质量仅为钢球质量的 35% ~55%，同时输入功率与磨矿介质的体积量成正比，因而砾磨机的输入功率和处理能力相对较低。因此，对于某一特定的磨矿回路和给矿量而言，砾磨机尺寸比球磨机大得多，相应地其基建成本也较高。然而据称，因为磨矿介质的费用较低而降低了磨矿成本，所以增加部分基建投资在经济上是合理的。但是，每吨最终产品的电费较高，这可由介质费用的降低量来抵消（Lewis 等，1976）。

球磨机也可按排矿方式分类。用于开路或闭路作业的简单轴颈溢流式球磨机和格子型（低液面排矿）球磨机。后者在筒体和排矿轴颈之间装配排矿格子板。矿浆可自由地流经格子板上的孔口，而后被提升到排矿轴颈的水平面上（图 7.20）格子型球磨机的矿浆液面低于溢流型球磨机的矿浆液面，进而减少了矿石在磨机内的停留时间。很少产生过磨现象且产品粗粒级含量较多，可通过某种形式的分

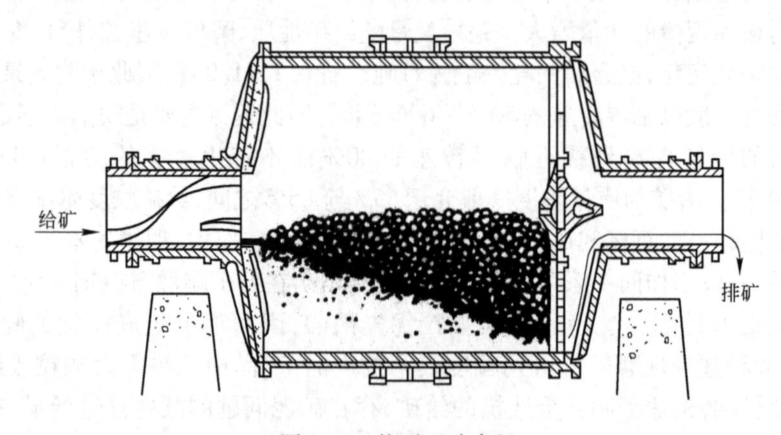

图 7.20 格子型球磨机

级装置将此部分物料返回球磨机。与开路磨矿作业相比,闭路磨矿(图7.21)的循环负荷较高,最终产品的粒级较窄,且单位体积的产量也比开路磨矿高。格子型球磨机的给矿一般比溢流型球磨机粗,且无需细磨,这主要是因为由小球组成的料荷会使孔口很快堵塞。溢流型球磨机操作最为简便,也是应用最广泛的球磨机,尤其进行细磨或再磨时,常使用此类磨机。有报道,当磨机效率相同时,溢流型球磨机比格子型球磨机的能耗低15%左右(Lewis等,1976)。

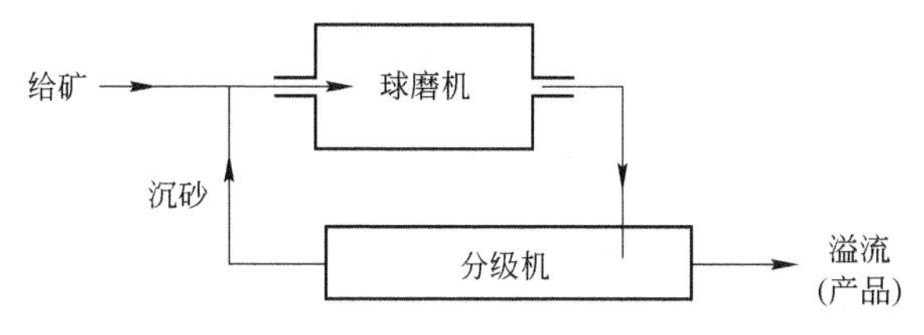

图7.21 简单的闭路磨矿流程

球磨机按功率而不是按处理能力标定。目前生产使用的最大球磨机直径为7.3m,其由11MW以上的电动机驱动(图7.22)。

图7.22 卡迪亚山金矿的直径的7.3m直径球磨机(图片由S. Hart提供,纽克雷斯特矿业公司)

近些年的趋势是在每个磨矿作业中使用较少的磨矿设备,这要求设备的处理量相应的增加。例如,在20世纪80年代,最大球磨机的直径为5.5m,长为7.3m,由4MW的电机驱动。目前5m以上的球磨机极为常见,而且7m的球磨机至少在两个选厂得到应用。然而,在几种情况下球磨机不能达到设计能力。例如,在布干维尔岛铜业公司使用5.5m(直径)×6.4m球磨机进行粗磨时效率极低(Tilyard,1986)。Morrell(2001)目前已综述了"布干维尔岛铜业后期"的相关文献。收集和分析了各种不同磨机的操作数据。主要讨论了大直径磨机的制定标准,如功率、停留时间、给矿粒度和邦德公式的应用等。可推断出大尺寸磨机的功率与小尺寸磨机的功率一样遵循相同的规律,正如莫雷尔功率方程式所示(Morrell,1996)。

在澳大利亚和美国已经进行了球磨机工业放大研究,从小规模研究结果估算大型磨机的常规步骤存在局限性(Arbiter,Harris, 1984; Rowland,Erickson, 1984; Whiten,Kavetsky, 1984; Rowland, 1986, 1988; Lo 等, 1988)。用实验室球磨试验结果校准相应的球磨数学模型,并针对放大模型参数制定了一系列的工业放大标准,以预测工业球磨机的性能(Morrell,Man,1997; Man,2001)。目前,正在进一步验证这些球磨放大步骤(Shi,2004)。如果通过验证,这将为球磨流程的原始设计提供一种有用的工具。

钢球与矿粒的接触点引起了球磨机中的研磨作用,给定时间即可达到任何磨矿细度。此过程完全是随机的。介质球碎磨细颗粒和碎磨粗颗粒的概率相同。因此,开路球磨流程的粒度范围较宽,这会使部分料荷过磨。在流程的最后一段使用闭路磨矿流程以克服此类问题,此流程磨机中颗粒停留时间较短。

几种因素可影响球磨磨矿效率。给矿浓度在易于流过磨机的基础上应尽可能高。本质上,介质球覆盖一层矿浆,若矿浆过稀则增加了金属与金属的接触,进而使钢耗增加而使效率下降。球磨浓度应介于65% ~80%之间,视不同矿石而定。矿浆黏度随物料细度而增加,因此细磨流程需要较低的矿浆浓度。许多研究者都讨论了矿浆流变学的主要因素以及其对磨矿流程的影响(Klimpel, 1982, 1983, 1984; Kawatra,Eisele, 1988; Moys, 1989; Shi, 1994; Shi, Napier - Munn, 2002)。研究表明矿浆黏度和流变学类型(牛顿流体或非牛顿流体)均会影响球磨性能。

磨机效率取决于磨矿介质的表面积。因此,钢球应越小越好,球介质的配比应适宜,使其中最大钢球的重量足以磨碎给矿中最大且最硬的颗粒。适宜的球介质应由一定粒度范围的介质球组成,加入磨机的新球往往是最大尺寸的介质球。筛下的小球随磨矿产品一起排出磨机,可使排矿过筛除去这些混入小球。目前已经有人提出各种公式来计算钢球尺寸与矿石粒度的比例,但没有一个完全准确的公式。精确的钢球尺寸往往需要反复试验来确定,粗磨一般需要直径为10 ~5 cm的钢球,二次磨矿则需要5 ~2 cm的钢球。孔查等(Concha. 1988)提出了一种使用与转筒磨机中钢球的磨损模型相同的方法评定球磨料荷的方法。

在哈挺(Hardinge)磨机中可分离磨机内球荷(图7.23)。将传统的圆筒形状改为锥形截面,锥角大约为30°。因为产生离心力,使球荷分离,所以在锥体给矿端的直径和所受的离心力最大,而在排矿端最小,通过此方法,使球荷分层且产生粉磨作用。

近年来,在市场上出现了其他不同形状的磨矿介质,如多林国际公司(Doering)研制的圆柱形介质(Cylpebs)、Donhad 公司生产的长柱状磨矿介质(Powerpebs)、摩根钢砂磨料有限公司(Wheelabrator Allevard Enterprise)制造的钢砂抛丸磨矿介质(Millpebs)。圆柱形介质(Cylpebs)是长度与直径相等且各棱均倒了圆角的圆柱形磨矿介质(图7.24)。在市场上圆柱形介质的最大粒度是85 mm×85 mm,最小的是8 mm×8 mm。钢砂抛丸磨矿介质的形状与圆柱形介质的形状略有不同,

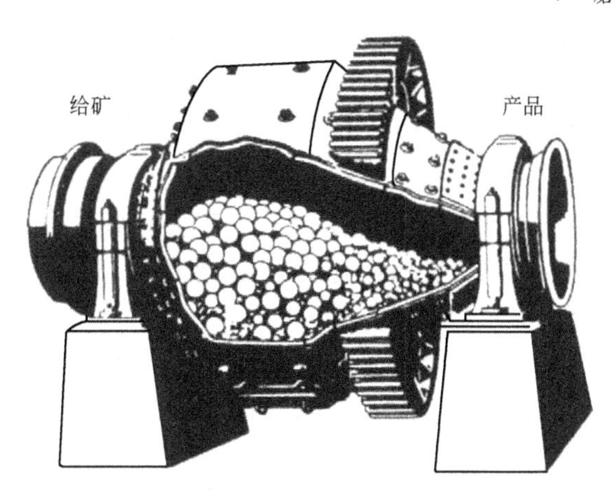

图 7.23　哈挺(Hardinge)磨机

其长度是直径的 1.5 倍。因为其几何学特性,这些磨矿介质的表面积大于相同质量球形介质的表面积。径高比相同的圆柱形介质比球形介质的表面积大 14.5%。因此,可推断出在磨机中这些磨矿介质可生产出更多的细料。然而,精心设计的实验室试验结果表明相同单位能耗的圆柱形介质比球形介质可生产出少量更粗的磨矿产品(Shi,2004)。这可能是因为破碎机理是圆柱形介质与矿石颗粒之间由线接触和面接触而破碎,这与棒磨机中钢棒的碎磨机理相同(见图 7.19)。

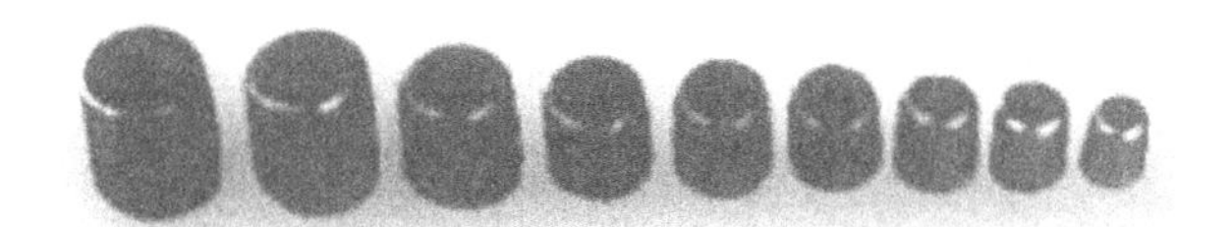

图 7.24　作磨矿介质使用的多林圆柱形介质
(朱利叶斯克鲁特施尼特矿物研究中心和公司(JKMRC and Pty Ltd))

球形磨矿介质一般由锻造或滚制的高碳钢或合金钢、或铸造合金钢制成(Sailors,1989),磨损量在 0.1 ~ 1 kg/t 矿石之间变化,这取决于矿石的硬度、磨矿细度和介质质量。介质磨损占很高的比例,有时磨损占总磨矿成本的 40%,磨损面积也往往值得特别关注。高品质的磨矿介质可能更为昂贵,但其可能更经济,因为此类磨矿介质的磨损率更低。然而较硬的磨矿介质可能因为易于滑落而降低磨矿效率,此因素也应考虑在内。细磨可提高冶炼效率,但是要以较高的磨矿能量和介质磨损为代价。因此,对于低价矿石,磨矿成本是至关重要的,不得不仔细评估磨矿的经济限制。

因为介质的磨损可显著地影响磨矿总成本,针对介质磨损进行了大量的研究。一般公认三个磨损机理:磨蚀、腐蚀和冲击(Rajagopal,Iwasaki,1992)。磨蚀使金属从磨矿介质表面上移除。腐蚀是在湿磨过程中擦掉抗腐蚀产品层(Gangopadhyay

和 Moore,1985;Meulendyke 和 Purdue,1989)。冲击磨损是由矿石 - 金属 - 环境之间相互接触引起的点蚀、层裂、破碎或剥落(Misra 和 Finnie,1980;Gangopadhyay 和 Moore,1987)。运行数据表明在磨机中磨损主要是由金属磨损引起的,而腐蚀则小于总磨损的 10%(Codd 等,1985)。最近几年,使用以磨蚀、腐蚀和冲击磨损机理为基础的介质总磨损模型来预测介质磨损,并进行了大量研究(Radziszewski,2002)。通过针对矿石 - 金属 - 环境三者相互关系设计特别的实验室试验和评估全面的磨矿运行数据来确定模型参数。

料荷体积约为磨机容积的 40% ~50%,其中大约有 40% 的空隙。磨机的能量输入随球荷而增加,当球荷体积达 50% 左右时达到最大值(图 7.25),但由于种种原因,球荷极少超过 40% ~50%。效率曲线在最大值附近总是相当平缓。在溢流型球磨机中,球荷体积一般为 40%,但格子型球磨机有更多的选择余地。最佳磨机转速随球荷体积而增大,因球荷质量增加会减轻其发生泻落的可能性。

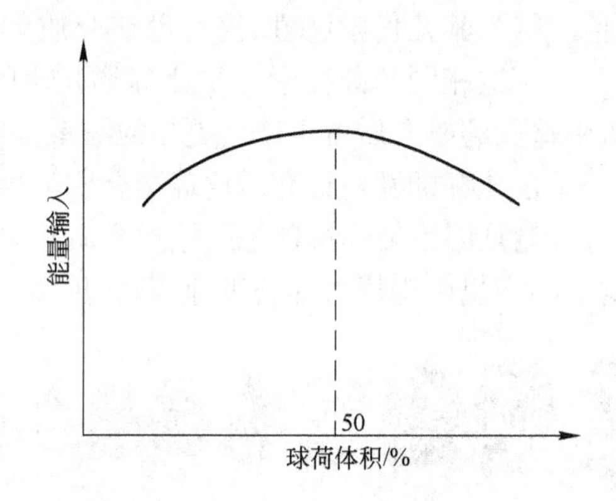

图 7.25 能量输入与球荷体积的关系图

球磨机的转速一般比棒磨机的转速高,因此较大的钢球泻落和冲击在矿石颗粒上。磨机的输入功率与转速成比例增大,球磨机转速越高越好,只要不发生离心现象,球磨机转速是临界转速的 70% ~80%。较高的转速可增加泻落的发生几率,进而破碎硬质矿石和粗粒矿石。

7.3.2.3 自磨机

近年来,自磨和半自磨工艺是矿业中最主要的进展之一。自磨机是使用矿石本身为磨矿介质的转筒磨机。矿石中,足够坚硬的矿块可作为磨矿介质。半自磨机是除使用天然磨矿介质外还使用少量钢球的自磨机。经验表明半自磨机的装球量在磨机容积的 4% ~15% 范围内是最有效的。然而,在南非的生产实践中,半自磨机的球荷含量高达磨机容积的 35%(Powell 等,2001)。

描述矿石作为磨矿介质的第一篇文章在 1908 年投给了美国矿业与冶金工程师学会。在 20 世纪 30 年代早期,阿尔瓦哈德瑟尔制造了哈德瑟尔破碎机和粉磨设备,此后,哈挺公司改进了此类设备,取名为哈挺哈德瑟尔磨机。在 20 世纪 50 年代末,在早期增大自磨机的尺寸主要是因为在铁矿工业中需要经济合理地处理大批矿石,因为那时铁矿生产者持续购买了直径 5.5 m(18 ft)、7.3 m(24 ft)、9.1 m(30 ft)、9.8 m(32 ft)和 11.0 m(ft)的自磨机或半自磨机。在认可对于含各种类型矿石的矿体适合采用半自磨工艺之前,非铁工艺(绝大多数铜和金)很少使用自磨工艺。直到 2000 年 12 月,至少有 1075 台总功率超过 2.7 MkW 的自磨机和半自磨机销售到世界各地。对于矿石介质,那些磨机的处理量为 7.2 Mt/d(Jones,2001)。

自磨机或半自磨机的主要优势是操作成本较低,可处理粘性或黏土质矿石的各种类型矿石、使用相对简单的磨矿流程、有效设备的尺寸较大、所需的劳动力较少以及磨矿介质的磨损成本较低。自磨机或半自磨机的使用数量增多,是因为许多现有的选厂改用此类设备而新建的选厂基本都采用此类设备。这一趋势将来可能不会延续,因为细碎、高压辊磨和超细磨等新工艺提供了另一种可选择的操作流程。

自磨机不同截面的示意图如图 7.26 所示。自磨机或半自磨机由磨机筒体的长径比和产品卸载装置来标定。长径比为筒体直径与筒体长度的比值。长径比往往可分为三类:直径是长度的 1.5 ~3 倍的高长径比磨机,直径和长度近似相等的"等直圆柱体"和长度是直径 1.5 ~3 倍的低长径比磨机。斯堪的纳维亚和南非选厂偏向使用低长径比的自磨机或半自磨机,而在北美和澳大利亚,自磨机或半自磨机则以高长径比为特点。目前使用的最大半自磨机是在澳大利亚铜 - 金矿中使用的直径为 12 m、筒长为 6.1 m 的半自磨机,由 20 MW 以上的电动机驱动(图 7.10)。在 2000 年和 2005 年之间,92% 最新安装的自磨机或半自磨机是电力驱动的高长径比磨机(Jones,2001)。许多高长径比磨机,尤其大直径设备是圆锥端盖而不是平面端盖。因此,应把注意力集中在确定磨机长度上。

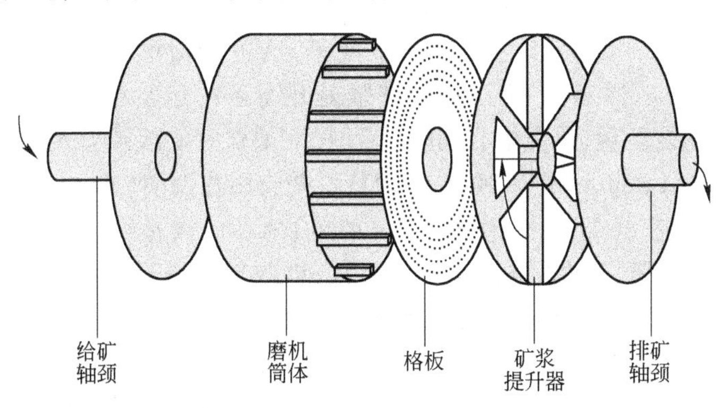

图 7.26 自磨机各截面示意图

在磨碎室内,安装带有提升筋条的防磨衬板,此提升筋条由螺栓固定在筒体上。提升筋条对减少磨机球荷的滑动是极为必要的，滑动会引起衬板的快速磨损，也会消减磨矿作用。提升筋条的形状和几何尺寸，尤其是高度和面角，对磨矿性能有很大的影响。

图 7.26 所示的格板用于阻止磨矿介质通过磨机而使细颗粒和矿浆通过其孔洞。格板孔洞可能是方形、圆形或细长孔形，格板孔径在 10 ~ 40 mm 之间。在某些设备中，筛板的最大孔径在 40 ~ 100 mm 之间，称为砾石端口（pebble ports），这些端口可提出砾石。格板的总开口面积大约占磨机横截面积的 2% ~ 12%。

混合颗粒的粒度小于格板孔的尺寸，水以浆体的形式进入矿浆提升室。放射状安装的矿浆提升筋条如图 7.26 所示，提升筋条随磨机转动且提升矿浆进入排矿轴颈，之后从磨机中排出。在下一循环之前，每个矿浆提升室均是空的以便产生斜度使矿浆由磨矿室流经格板进入矿浆提升室。

矿浆提升板的设计有两种类型：发散状和波纹状（也称螺纹状，如图 7.27 所示），发散状和直线状类型的提升板在选矿工业中最常用。

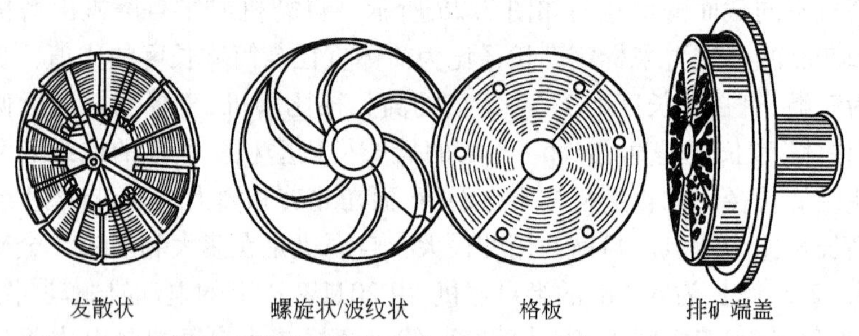

图 7.27　常见的矿浆提升筋条形状（Taggart，1945；John Wiley 和 Sons）

当流经格板的大部分浆体通过排矿轴颈排出磨机，在矿浆提升室中的部分浆体在磨机的旋转作用下返回磨机。此返回作用往往会导致自磨机或半自磨机内滞留较多的矿浆，有时可能产生“矿浆池”现象，这可能对磨矿性能产生负面影响（Morrell 和 Kojovic，1996）。为了提高矿浆提升筋条的运输矿浆能力，尤其“矿浆池”现象可制约处理量，研究中心（JKMRC）研发了双室矿浆提升装置（Twin Chamber Pulp Lifter）（Latchireddi 和 Morrell，2003），并应用在西澳（Morrell 和 Latchireddi，2000）的铝土矿选厂（Alcoa's 直径 7.7m 磨机）。在此设备中，矿浆首先进入接触格板的截面，即过渡室，而后流经较低的截面，即收集室，其不与格板接触。此机制阻止矿浆返回到磨机内，这显然可增加磨机的处理能力。

自磨可以是干式作业也可以是湿式作业。干式自磨机会造成很严重的环境问题，不能很好的处理含黏土物料，且比湿式磨机难于控制。但在某些用途中，如磨碎石棉、滑石和黏土时，干式半自磨机用于闭路流程中。

自磨机或半自磨机能够处理 200 mm 粒度的给矿，即一般为粗碎机产品或原矿，在单一设备中即可获得 0.1 mm 的产品。产品的粒度分布取决于预磨矿石的特性和结构。在自磨机或半自磨机中,据称主要的碎磨机理是磨蚀和冲击。由于自磨的作用不那么剧烈,因而由较硬矿物颗粒和较弱基质组成的岩石沿粒子或晶体的界线碎裂,因此,产品尺寸与粒子或晶粒尺寸大致相同。这一般可满足矿物处理的要求,因为有用矿物可在最少过磨的情况下解离出来,颗粒可使其原始的柱形更完整。中试试验研究了在自磨和半自磨条件下硫化镍矿石的解离特性。对磨矿产品进行筛析,而后采用 QEM * SEM 进行分析。分析表明在两种磨机下产生选择性破裂进而导致硫化物单体解离(Wright 等,1991)。然而,他们的研究不能证明自磨机和半自磨机结果之间的不同,尽管经常证明自磨机可产生单体解离度更好的物料。

自磨机也可获得较平滑的颗粒表面,其有利于浮选,尤其便于吸附在气泡上。研究表明,与采用传统磨矿相比,此种细磨矿石自动上浮的速度更快且可磨度更好(Forssberg 等, 1988;Söderlund 等, 1989)。在钢质磨机中,磨矿也可增加矿物的天然可浮性,因为其释放铁于矿浆中,产生硫化矿物和磨矿介质之间的电化学作用而影响浮选效率(Rao 和 Natarajan,1991)。

与在 75% ~80% 临界转速条件下运转的高长径比磨机相比,在南非金矿中使用的半自磨机(当地称为原矿磨或 RoM 磨)规格限定为筒径 4. 88 m,长度12. 2 m,且在较高的介质充填率(高达 35%)、较高的总充填率(高达 45%)和转速(高达 90% 临界转速)下运转。此种磨机用在单一磨矿作业将粒度在 200 mm 以上的给矿磨碎至 -75 μm 占 75% ~80% 的最终磨矿产品。低长径比自磨机和半自磨机的购置成本低于高长径比磨机,但是每吨产品消耗更多的电能。在南非因为其历史而不是操作因素,展开不同生产实践的研究。由砾磨机演变的 RoM 磨机可用于二段细磨,此段磨矿可通过直接将原矿给入此磨机中而代替粗磨作业(Mokken,1978)。自磨机或半自磨机中给料粒度和硬度的影响比棒磨机或球磨机要显著得多。在棒磨机或球磨机中,棒或球的质量约占料荷总质量的 80%,将影响磨机功耗和磨矿性能。在半自磨机中大部分的磨矿介质(自磨机中全部磨矿介质)均来自于给矿。因此,给矿粒度分布的任何变化将引起磨矿介质粒度分布的变化。同样,给矿硬度也将影响矿石的碎磨,进而引起磨矿介质粒度分布的变化。磨矿介质粒度分布反过来也会影响磨机的磨矿特性。随着磨矿特性的变化,磨机充填率将发生变化,进而影响磨机功耗。因此,自磨机或半自磨机的测定功耗随时间变化较大。这是自磨机或半自磨机与球磨机或棒磨机之间的显著差异之一,后者的功耗相对稳定。为了补偿给矿粒度和硬度的变化,磨机给矿率变化较大。在位于巴布亚新几内亚的必和必拓 - 必拓泰迪铜矿,矿石的磨矿能耗为 5 ~16 kW · h/t 时,采用 9. 8 m ×4. 3 m 半自磨机(7. 5 MW)的处理量在 700 ~3000 t/h(Sloan 等,2001)。文献(Bouajila 等, 2001; Hart 等, 2001; Morrell 和 Valery, 2001)中报道了自磨机或半自磨机中给矿粒度和硬度的影响。

自磨机或半自磨机以不同的方式弥补给料的变化。在自磨机中,大块矿石可产生较大的动能而破碎较小块矿石。需要足够多的大块矿石来维持足够高的破碎碰撞频率。总之,自磨机磨矿性能随给矿粒度越粗而越好。然而,在半自磨机中,含量相对较高的球荷主导岩石碎磨,岩石磨矿介质的作用下降。较粗的给矿作为磨矿介质时的作用较小,相反会增加磨矿的矿石负荷,在这些情况下,借助减少给矿粒度来减小磨矿负荷(Napier-Munn 等,1996)。

因为给矿粒度和硬度对自磨机或半自磨机的磨矿性能影响很大,所以需把采矿到磨矿作为一个整体进行优化,这可通过爆破实践、采矿方法、原矿储存、部分或全部的二次破碎和半自磨机给矿的选择性预筛进行调节。从采矿到磨矿的整个作业可使矿业公司获得巨大利益,因为其改善自磨机或半自磨机生产能力、能量消耗和磨矿产品粒度分布(Scott 和 Morrell, 1998; Scott 等, 2002)。

与棒磨机和球磨机不同,自磨机和半自磨机一般不会由实验室磨矿试验来选取,因为它们需要进行更为昂贵的试验。而磨矿用钢球和钢棒可按所需尺寸和数量来选定,而且其在磨矿过程中的作用也可进行合理预测,在自磨机中就是待磨物料,即其本身就是一个变数。因此,需对矿样进行系统的中试试验来评估自磨的可行性和预测所需能量、流程和产品粒度(Rowland, 1987; Mular 和 Agar, 1989; Mosher 和 Bigg, 2001)。

然而系统中试试验计划的成本过高,尤其是处理极为多变的矿石类型。使用数学模型或仿真可缩短在初步可行性研究阶段的处理路径进而减少中试试验的成本。此操作包括选取代表性矿样,即采自代表性岩芯或遍及整个矿体的大批样品。可通过实验室试验获得岩石磨矿特性数据(Napier-Munn 等, 1996),如落锤冲击试验和滚筒跌落试验,使用小粒径岩芯样品的半自磨机试验(Morrell, 2004),麦克弗森(MacPherson)自动磨机功指数试验(MacPherson, 1989; Mosher 和 Bigg, 2001),和 MinnovEX 半自磨功指数测定(MinnovEx SPI)试验(Starkey 和 Dobby, 1996)。矿样的磨矿特性与各种类型矿石的数据库和设备性能相对照,这些数据为在各流程中处理矿石提供了矿石的相对强度和可选性。在中试试验之后,使用 JKSimMet(Napier-Munn 等, 1996)等计算机模拟软件可工业放大大尺寸设备。有一些其他计算机软件可用于设备模拟,如由南非金山大学的金和其同时研发的 MODSIM(Ford 和 King, 1984),由法国国家地质调查局研发的 USIM-PAC (Evans 等, 1979)和碎磨经济评价工具(Comminution Economic Evaluation Tool)(Dobby 等, 2001; Starkey 等, 2001)。甚至在缺少半工业数据的条件下,计算机模拟仍可为大尺寸设备的性能提供相对精确的预测。此方法在设计中越来越广泛地作为标准来使用且世界范围内广泛地研究自磨或半自磨流程。

7.3.2.4 振动磨机

振动磨机可用于连续作业也可用于间歇作业,将各种物料磨成较细的最终产品,其既可用于湿磨又可用于干磨。

振动磨机的两个筒体安装在与垂线呈30°倾角的平面内,一根在上,而另一根在下(图7.28)。在筒体之间有一个偏心重块,后者通过柔性万向接头与一台1000~1500 r/min的电动机相连。偏心装置转动使筒体振动,产生几毫米的振动周期。筒体中加入约占60%~70%容积的磨矿介质,钢球的直径往往是10~50 mm。预磨物料如流体一样按复杂旋转的螺旋线轨迹通过筒体,进而使磨矿介质通过摩擦粉碎物料。物料经可拆卸的伸缩软管给入或排出。

图7.28 振动磨机

设计正确的振动球磨机的突出特点是与其他磨机相比,相对于处理量,该设备的尺寸小、能耗低。高能振动磨可将物料磨至表面积为500 m^2/g,常规磨机一般达不到此细度。目前生产的振动磨机的处理量为15 t/h,而处理能力大于5 g/h的振动磨机会产生较多的工程结构问题。所处理物料的粒度范围为30 mm左右的给矿和-10 μm的最终产品,但是磨矿产品的粒度受给矿粒度波动的影响较大,这限制了其在可控制磨矿过程中的应用。精选之前的锡精矿再磨是为了在不破坏晶体结构的条件下从锡石晶体中排出废料,这通常发生在常规球磨条件下。

7.3.2.5 离心式粉碎机

离心式研磨是一个早期的概念,尽管1986年的专利描述了该研磨过程,但是到目前为止并未在工业生产中得到应用。超过传统磨机的临界转速,离心力可阻止磨机负载的混合和翻滚已达到最佳磨矿条件。因此生产量随着磨机尺寸的增大而增加,特别是直径,这样做也相应的存在严重的设计和工程问题。

在离心式磨机中,施加于磨机内负载的作用力随磨机运转的离心力场而不是重力场变化而增大。碎磨速度更快,因此给定磨矿作业所需的设备尺寸更小。

南非矿业协会详细地研究了离心磨矿原理，其与德国鲁奇（Kitschen 等，1982；Lloyd 等，1982）在西迪普莱弗斯金矿（Western Deep Levels）长期使用的直径 1 m、长度 1 m 功率 1 MW 的离心式磨机证明其在各方面均与常规 4 m × 6 m 球磨机相同。

7.3.2.6 塔式磨机

球磨机和自磨机或半自磨机等筒式磨机并不适合细磨因其功率相对较低，进而细磨和超细磨常采用塔式磨机和搅拌磨机。与通过旋转的磨机筒体将运动传给负载的筒式磨机相反，在塔式磨机和搅拌磨机中，内部搅拌器的旋转将运动传给负载，而筒体静止不同。在由日本久保田公司和美卓公司生产的塔式磨机（图 7.29）中，将钢球或磨矿介质装入垂直磨矿室中，在磨矿室中，内部螺杆带动介质运动。给矿随磨矿水从顶部给入，随着其下落而逐渐细磨，并用泵将细磨的颗粒随液体和溢流向上泵入分级机。

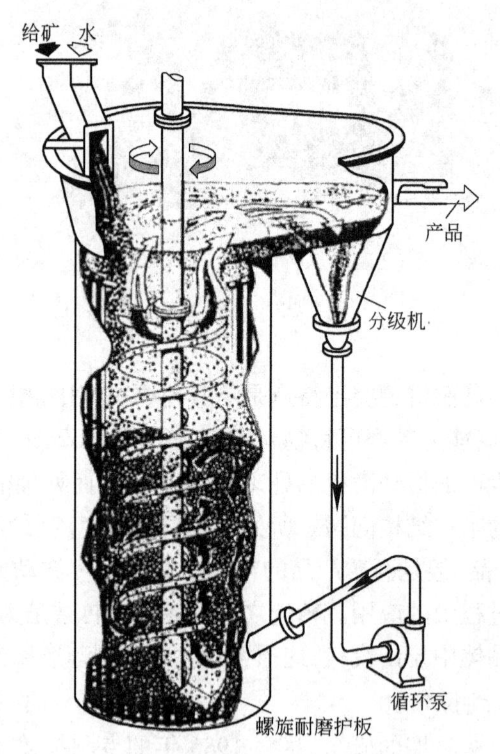

图 7.29 塔式磨机

筛上颗粒返回磨矿室底部，且最终由水力旋流器分级，沉砂为进一步细磨而返回磨矿室。根据制造商的要求，其优势是占地面积小、噪声低、有效能源利用高、过度碎磨少以及资本和操作成本低。当生产能力达到 100 t/h 以上，产品粒度可能是 1 ~ 100 μm。这类磨机主要在日本使用，用于研磨石灰石、硅石、岩盐、煤和铜精矿等各种物料。美国在 1979 年为粉磨石灰石引进了该磨机，在筒式磨机无效的场合，此磨机提供了一个有效的粉磨方法（Stief 等，1987）。

美卓公司在 20 世纪 90 年代中期对垂直搅拌磨进行了改进，并命名为立式搅拌磨矿机（Vertimill™）（Kalra，1999）。立式搅拌磨矿机（Vertimill™）的原理与塔式磨机类似。借助摩擦或磨损作用进行磨矿。在磨矿介质和预磨颗粒之间的较高压力可提高磨矿效率。在不同操作条件下，产品粒度在 74 ~ 2 μm 之间。目前，超过 150 台立式搅拌磨矿机（Vertimills™）已在世界范围内得到应用。

7.3.2.7 搅拌磨

尽管制造商声称塔式磨机可生产粒度为 1 μm 的产品，但是由于使用磨矿介质较粗（大约 6 mm），且搅拌棒以相对较慢的速度转动（搅拌器端部速度小于 3 m/s），磨矿产品的粒度一般偏向磨矿曲线的粗粒端。细磨可使用搅拌磨。搅拌器由装有销棒或圆盘的主轴构成。根据筒体的安装方向可将搅拌磨分为两类：萨拉搅拌磨（SAM）等立式搅拌磨和艾莎磨机（IsaMill）等卧式搅拌磨。以设计功率强度表征。塔式磨机的功率强度为 20 ~ 40 kW/m^3；销棒立式搅拌磨的功率强度为 50 ~ 100 kW/m^3；而卧式搅拌磨的功率为 50 ~ 100 kW/m^3（Weller 和 Gao，1999）。因此，卧式搅拌磨功率强度的数量级高于立式搅拌磨功率强度的数量级。

艾莎磨机磨矿室是水平安装的筒体，目前在最大的 M10000 艾莎磨机中，磨矿室总体积为 10000 L。安装在主轴上的研磨盘可在筒体内旋转，主轴与电动机和变速箱连接（图 7.30）。研磨盘搅动磨矿介质和矿浆中矿石颗粒，矿浆连续不断地由给矿口给入。该分离器可使磨矿介质留在磨机内，而仅使磨矿产品排出磨机。艾莎磨机并不使用筛子作分级设备，而是在产品分离器中的重力场作用下实现产品分级。此设备对浸出作用十分有利，因为过多的粗粒物料对浸出回收极为不利。

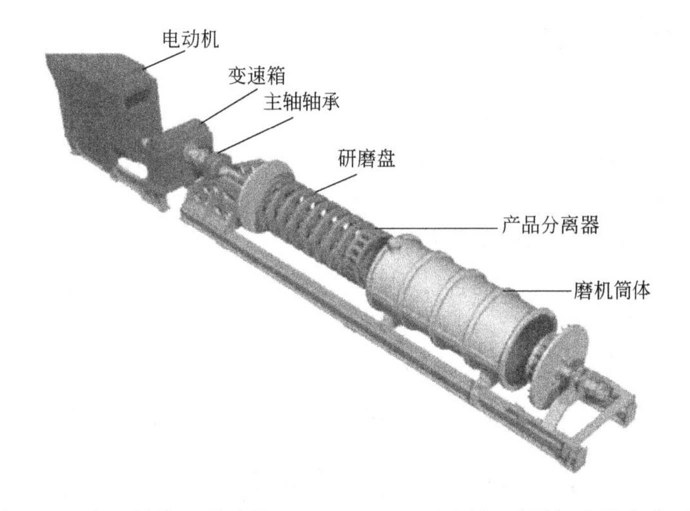

图 7.30 磨机筒体可移除的 M10000IsaMill 示意图（感谢超达技术公司）

艾莎磨机使用小尺寸磨矿介质和较高的搅拌器转速，通过搅拌器旋转向介质传递能量，这可在相对较低的能耗下提高细粒物料的碎磨率。据称艾莎磨机可将物料有效粉磨至10 μm以下。所用的磨矿介质包括粒状矿渣、砂石或同种矿石的某种粒级物料。

目前，世界最大的超细磨机，即2.6 MW、M10000型艾莎磨机，在2003年应用于南非英国铂业西部尾矿再处理厂（WLTRP）（图7.31）。

图7.31　在南非英国铂业西部尾矿在处理厂中处于安装阶段的10000 L、2.6MW艾莎磨机（感谢超达技术公司）

7.3.2.8　搅拌介质沉砂磨机

砂石介质搅拌磨最早由英国瓷土国际有限公司研发，其后将搅拌介质沉砂技术转让给美卓矿机。搅拌介质沉砂是立式磨机（图7.32），与搅拌磨通过装有圆盘或销棒的主轴高速旋转磨碎物料不同，搅拌介质沉砂磨机使用低速旋转的叶轮。一般地，应用天然硅石或陶瓷介质作为磨矿介质（因此，搅拌介质沉砂磨机又称为"砂磨"）。磨矿介质通过安装在磨机顶部的气流管式给矿口或人工给矿槽给入磨机。矿浆通过设备顶部的给矿口给入。

叶轮使矿浆和介质充分混合。搅拌介质磨机的料荷深度较浅。在料荷中的轴向流不断使循环物料通过介质筛。磨矿产品通过安装在设备上半部的筛子排出。在磨矿过程中，部分介质将会因磨损而使其粒度小于筛孔尺寸，这部分介质会随产品通过筛子。排矿端筛子数目视磨矿需求和矿浆流速而定。这些筛子的位置决定搅拌介质沉砂磨机的作业水平。

搅拌介质沉砂磨机主要用于金属矿山的细磨和超细磨。一般正常运行范围内单位能耗为5～100kWh/t。搅拌介质沉砂磨机中，顶部最大筛孔筛子的有效功率

图7.32　搅拌介质磨机(感谢美卓公司)

一般为1100 kW。给矿粒度为30～100 μm而矿浆浓度(按重量计)为20%～60%。搅拌介质沉砂磨机一般用于开路磨矿作业,尽管也可用于闭路作业。

7.3.2.9　辊压机

辊压机一般用于干式研磨莫氏硬度达4～5的中软性物料(Hilton,1984)。高于此硬度,将会产生过度磨损,尽管与传统磨机相比其能耗较低。

7.3.2.10　床面辊压机

床面辊压机用于粉磨煤、石灰石、磷酸盐矿石和石膏等中硬度物料。将二或三个辊子安装在弹簧上,预磨物料给入旋转磨床的中心(图7.33)。从床面边缘流出的磨矿产品借风力给入安装在磨机套上的分级机中,粗粒产品返回磨机进一步细磨。

7.3.2.11　悬辊式磨机

悬辊式磨机用于细磨铝土矿、重晶石和石灰石等非金属矿。与静止磨矿环相对运动的悬辊在离心力的作用下研磨矿物(图7.34)。辊子由安装在支架上的齿轮驱动的主轴驱动。给矿落入磨机底部,由取料勺给入辊子和磨矿环之间的“啮角”。磨矿产品借风力从磨机给入分级机,粗粒产品返回再磨。

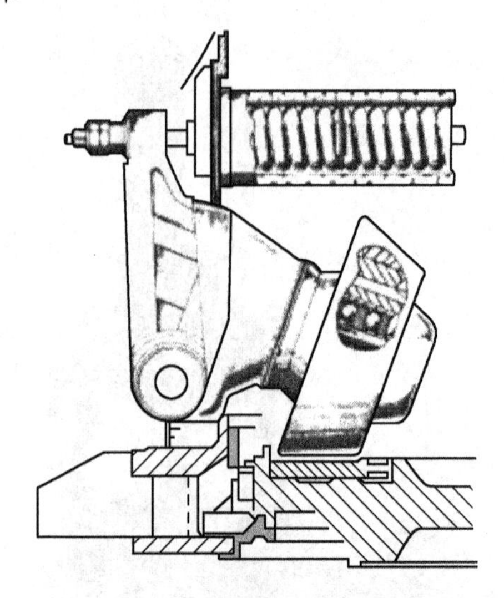

图 7.33 床面辊压机的部分剖面图

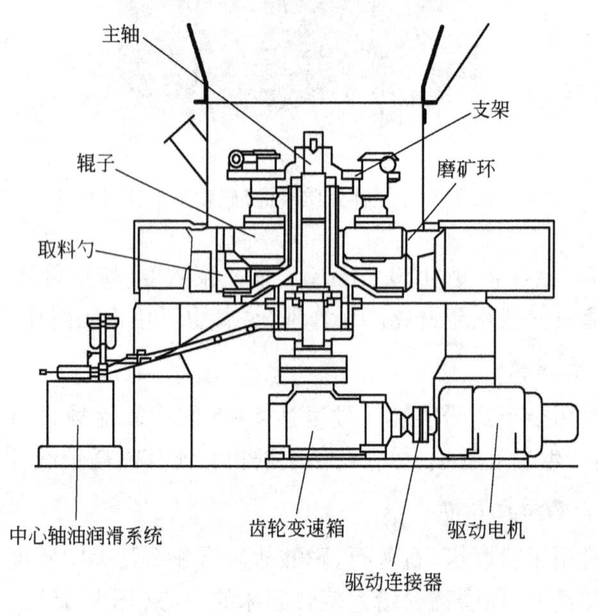

图 7.34 悬辊式磨机的部分剖面图

7.4 磨矿流程

采用干式给矿还是湿式给矿视后续作业和产品的性质而定。某些物料需要干磨,因为此类物料加水后会发生物理或化学变化。干磨对衬板和介质的磨损较小,产品中细粒级的比例较大,这在某些情况下,可能是人们所需要的。

从作业的总体经济效果角度考虑,选矿中一般采用湿磨。

湿磨的优点是:

(1) 每吨产品的能耗较低。

(2) 磨机单位体积的处理能力较高。

(3) 可使用湿式筛分或分级来严格控制产品的粒度。

(4) 不存在粉尘问题。

(5) 可使用泵、管道和溜槽等简单处理或输送方法。

由于某一特定磨矿作业的磨机类型和此作业所使用磨矿流程需同时加以考虑。磨矿流程可分为两大类:开路流程和闭路流程。在开路流程中,物料按一定速度给入磨机,此速度按一次磨矿即可得到合格产品来计算(图 7.35)。此类流程很少应用于选矿,因为其不能控制产品的粒度分布。给矿速度需足够低以使每个颗粒在磨机内均能停留足够长的时间,进而使其磨碎到所需的产品粒度。结果导致产品中许多颗粒过磨,这不仅白白地消耗了能量,而且使所得得产品可能后续难以处理。

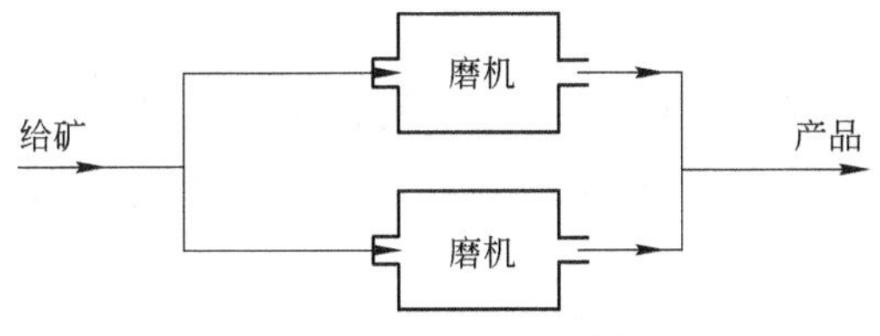

图 7.35 一段开路作业

矿业中的磨矿流程一般采用闭路流程(图 7.21),在闭路流程中,粒度合格的物料由分级机排出,而粗粒级物料返回磨机中。尽管几乎每个磨矿流程均采用几种形式的分级,闭路流程中的单个磨机则可能是开路的也可能是闭路的。

在闭路流程中,不必使全部磨碎工作在一段磨矿中完成。但一定要使达到要求粒度的产品即时从磨矿流程中排出。对于某一特定磨矿粒度,闭路磨矿的处理能力可提高 35%。

由分级机返回磨机的物料称为循环负荷,以占新给矿的百分比表示。

与开路磨矿相比,闭路磨矿可减少物料在磨机中的停留时间,进而减少了磨机内合格产品的比例。只要磨机中仍有大量粒度不合格的物料,就会减少过磨和提高有效磨矿的能耗效率。随着新给入矿量的增大,循环负荷量增加,而分级机返砂变得更粗,但是因循环负荷量增加,磨机的混合给矿则变细。由于矿石在磨机内停留时间变短,磨机的排矿相应地变粗,因此混合给矿和排矿的平均粒度之差减小。磨机的处理能力随钢球直径变小而提高,这是因为磨矿表面增大了,在接触点上超过了钢球和矿粒相接触的啮角。由此可见,混合给矿中接近产品粒度的物料越多,有利的啮角比例越高;混合给矿越细,所需的钢球平均直径越小。因此,在一定限度内,循环负荷越大,磨机的有效处理能力就越高。循环负荷量在首个 100% 时,处理能力提高得最快,而后上升到某一极限,该极限视不同流程而异,超过该极限磨机会发生堵塞。对于一个特定的流程,最佳循环负荷视分级机的能力及循环负荷返回磨机的成本而定。循环负荷通常在100%～350%范围内,尽管有时可高达600%。

根据磨矿的作用方式,棒磨机一般为开路作业,特别是生产球磨机的备料时。平行棒的磨矿表面如同一个长缝筛,这会挡住较大的颗粒直至磨碎这些颗粒为止。较小的颗粒通过钢棒之间的缝隙滑落,并在无明显磨碎的情况下排出磨机。但是,实际上球磨机总是与某种形式的分级机构成闭路。

可以使用各种类型的分级装置来构成闭路,早期的磨机常使用机械分级机。机械分级机构造坚固,易于控制,运行平稳且能适应料荷波动。此设备可处理极粗的返砂,目前仍广泛应用于许多粗磨流程中。此类设备的严重缺点是借重力分级,当处理极细物料时其处理能力有限,因此会减少循环负荷量。

水力旋流器(参见第9章)借离心力分级,可加速极细颗粒分级,分离精度较高,并可提高最佳循环负荷量。旋流器比处理能力相同的机械分级机占地面积小得多,基建投资和安装费用也比较低。由于旋流器分级作用较快,当发生一些变化时,磨矿流程可以迅速恢复平衡,颗粒在返回料荷中的滞留时间较短,因而可能氧化的时间也较短,这对后续需进行的硫化矿浮选极为重要。因此,水力旋流器广泛用于浮选作业前的磨矿流程。

磨矿流程所用各种分级设备的分级作用受颗粒在液体中的不同沉降速度的影响,即颗粒不仅按粒度大小而且按比重分级。因此,密度大的小颗粒可能与密度小的大颗粒的运动方式相同。因此,当粉磨含重质有用矿物的矿石时,此类矿物极易过磨,因为即使小于所需的产品粒度,其仍会返回循环负荷中。

浮选前对重质硫化矿进行选择性磨矿可允许总磨矿粒度粗一些,轻质脉石矿物进入分级机溢流,而含有用矿物的重颗粒进行选择性再磨。但这种办法会带来重选和磁选难题,重选和磁选作业所需给矿的粒度较粗且粒级较窄,以便获得最大的分选效率。重选和磁选作业一般用筛子而不是分级机来组成闭路磨矿流程。然而,细筛的缺点是效率较低,且易于破损,因此为了减轻筛子的负荷,往往将筛分和分级联合使用。

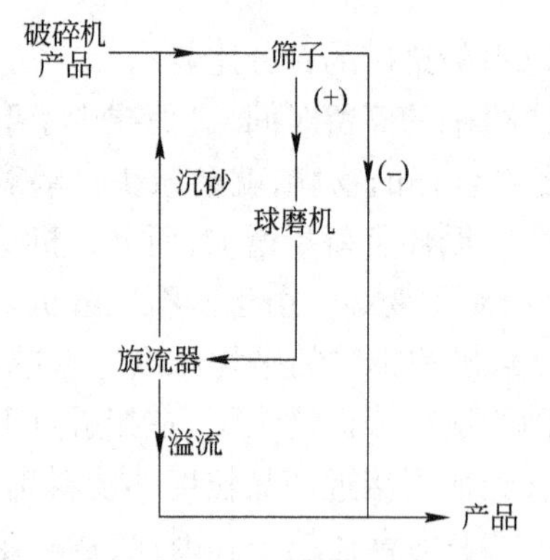

图7.36 旋流器和筛子组成的闭路流程

英国特鲁洛惠尔简公司复杂铜-锌-锡矿石粗磨采用此种流程。中碎产品给入楔形金属丝网筛,并将筛上产品返回粗磨球磨机,用泵将磨矿机排矿输送给旋流器,旋流器沉砂给入筛子,以便除去其中重质细粒矿物后再返回球磨机(图7.36)。

为了解决旋流器沉砂中低密度物料的过磨问题,朱利叶斯克鲁特施尼特矿物研究中心(JKMRC)研发了三产品旋流器(Obeng 和 Morrell, 2003)。该设备是装置一个改装的顶盖和第二个溢流口的常规水力旋流器,以便能产生三个产品流(参见第9章)。通过优化第二个溢流管的长度和直径,进入旋流器沉砂中的小密度矿物颗粒的含量减少(图7.37)。中间流用微米筛进行分级,进而使有用矿物与脉石矿物分离(图7.37)。三产品旋流器在南非铂业中进行了成功的测试,用于处理在UG2矿石中浓密的铬酸盐(Mainza 和 Powell, 2003; Mainza 等, 2004)。

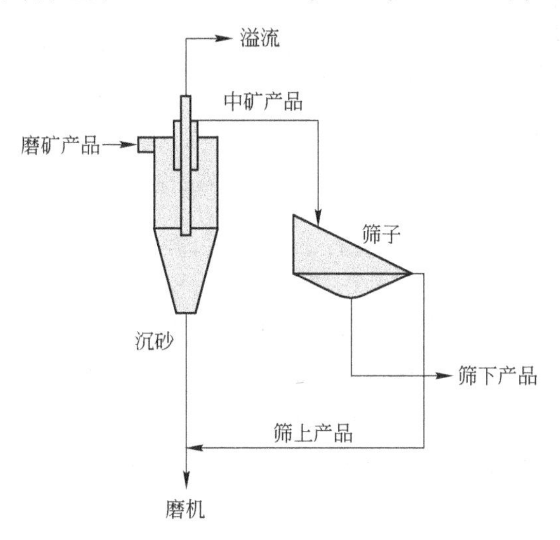

图7.37 使用三产品旋流器移出低密度矿物颗粒

在黄金选厂中,若存在粗粒游离金,普遍地在磨矿流程中安设某种型号的重选设备。自然金密度极高,需使用分级机将其返回磨机。自然金的延展性很好,在磨机内一旦解离,就仅发生变形而不会进一步破碎,因此,金会在磨矿流程中不断循环。

在南非的西迪普莱弗斯金矿(Western Deep Levels Gold Mine),磨机给矿先进行分级以去除矿泥,将矿泥送至氰化厂浸出金。粗粒级部分给入管磨机,管磨机排矿用旋流器分级,分级溢流返回一次旋流器。分级机沉砂中含游离金,采用重选设备进行处理,重选尾矿返回一次旋流器,而重选精矿则用混合泵输送以便进行进一步处理(图7.38)。一个近似的系统应用在加拿大阿夫顿(Afton)铜矿选矿厂,在此选厂中,使用跳汰移出粗磨流程中的粗粒自然铜(Anon,1978)。

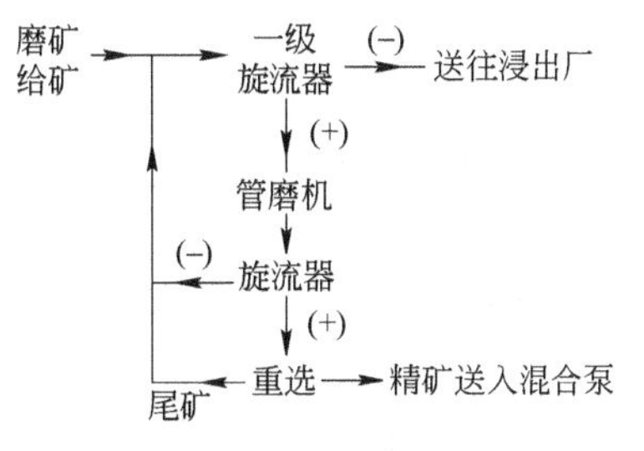

图7.38 典型金矿回收的磨矿流程

从装有破碎产品的粉矿仓中,以均匀地速度向磨矿流程给矿。可使几台球磨机并联,每台磨机单设分级机以便构成闭路流程,进而处理一定比例的给料(图7.39)。

图 7.39　球磨闭路流程

并联磨机的磨矿流程可提高流程的灵活性，因为单台设备可停机或其给矿速度可变，但对整个流程无太大影响。然而，磨机台数越少越易控制，基建投资和安装费用也较低。因此，在设计阶段需确定磨机的最佳台数。

为了生产粒度逐渐减小的磨矿产品，可采用多台磨机串联的多段磨矿流程，但目前的趋势是粗磨采用一段大型球磨机，这可大幅度降低基建成本和操作成本且便于自动控制。仅采用一段磨矿的缺点是当磨碎比过高时粗粒给矿需要使用较大的球介质，这不能有效研磨细粒物料。

用棒磨代替细碎的流程中可采用两段磨矿流程(图 7.40)。

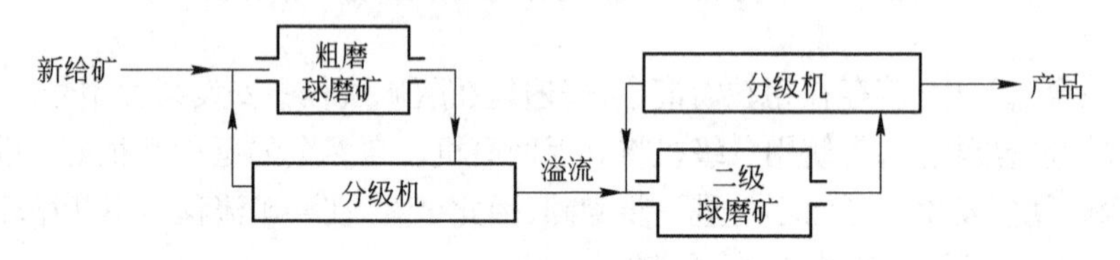

图 7.40　两段磨矿流程

破碎机产品给入棒磨机，棒磨机采用开路作业，生产球磨机给矿。若处理能力允许，棒磨机产品应给入分级机而不是直接给入球磨机，这样，合格产品可立即排出，而且棒磨机产品在泵送前可能需要稀释，因此在给入球磨机前通过分级机进行浓缩。

近些年，半自磨机使矿业发生巨大变革。较高的单位处理量从本质上节约了基建成本和操作成本，此设备用于碎磨需大量处理的低品位矿石，如经济上可行的铜矿和金矿磨矿作业。半自磨机磨矿是成熟技术，现在，新一代冶金专家认为采用半自磨球磨机的“常规”磨矿作业可取代三段破碎和棒磨及球磨作业。

自磨机或半自磨机可用于闭路作业或开路作业。然而，即使在开路流程中，也要把滚筒筛等粗粒分级设备与磨机联合应用，也可选用振动筛作分级设备。筛上物料可在内部循环也可在外部循环。外部循环可由传输皮带以连续或间断的方式输送,囤积物料周期性地将此部分物料从装载设备的前端给回磨机中。在内部循环中,粗粒物料通过反向螺旋或喷射回滚筒磨中心的冲洗水返回磨机。

在自磨作业或半自磨作业中,通常使用两段闭路磨矿流程。南非金矿采用由自磨机或半自磨机与水力旋流器组成的闭路流程来处理原矿和生产最终磨矿产品。将磨机排矿泵送到旋流器组,旋流器沉砂和新给矿一起给入磨机。南非 RoM 磨机一般设计成低长径比(定义为直径与长度之比)磨机,且在较高的充填率和磨机转速条件下运转。作为一般原则,由自磨机或半自磨机与细粒分级机一起组成的闭路流程可生产较细的产品。但是,处理同种矿石,闭路流程的处理量比由同规格设备组成的开路磨矿流程更低。

其他磨矿流程是由循环破碎机或砾石破碎机与自磨机或半自磨机组成。在自磨机或半自磨机中,“临界粒度”为 25 ~ 50 mm,粒度太小则不能起到磨矿介质的作用,即不能提供足够的动能碎磨其它矿石,而粒度过大则不易被破碎。如果临界粒度的物料在自磨机或半自磨机中累积,磨机的磨矿效率和给矿率下降。对于溶液,在磨机栅板上额外的大洞或砾石口使粗粒物料从磨机中排出。在闭路流程中使用破碎机破碎临界粒度的物料,而后使其返回到磨机中。因为砾石口也可使钢球从磨机中排出,必须安装钢制品移除系统(如电磁铁)以防止钢球进入破碎机。近些年,此流程应用越来越广泛,因为此流程往往会使生产能力显著增加,这是因为此流程移除了临界粒度的物料。然而,与开路流程相比,此流程可生产较粗粒度的产品。

在这些流程中,将细粒分级机和循环破碎机与磨机联合使用。循环破碎机的作用是从磨机中除去矿石,这对磨矿介质细磨物料是极为重要的,细粒分级机也可使砂式物料积聚。这可能导致生产能力下降,进而削弱了循环破碎机的优势(Napier-Munn 等, 1996)。

在许多最近设计的选厂中,传统的三段破碎棒磨球磨流程由现行的 SABC 流程所取代,即由半自磨机 - 球磨机 - 旋流器组成的流程。图 7.41 指出了在新南威尔士纽克雷斯特矿业公司卡迪亚山(Newcrest Mining's Cadia Hill)金矿的粉磨流程。卡迪亚山粉磨流程包括一段粗碎、单一半自磨机、两台砾石破碎机和两台并联的球磨机以及旋流器所组成的闭路流程(Dunn et al. , 2001)。露天开采的矿石直接由装卸卡车给入 130 ~200 mm 给矿口的 1.5 m ×2.8 m(60 inch · 110 inch)旋回破碎机。粗碎机的最大额定处理量为 5800 t/h,产品粒度为 -200 mm 占 80%。将粗碎产品传送到储存能力为 41000 t 的粗矿仓。粗矿仓下面的混凝土地下道连接三个由水力驱动的带式给矿机,此给矿设备装置变速驱动设备。每个给矿器从矿浆料斗提取矿石,处理量为 1800 t/h。至少由两台 82% 处理能力的给矿机向半自磨机中给矿。带式给矿机将给矿给入半自磨机的给矿器中。此给矿器的生产能力为 3700 t/h。

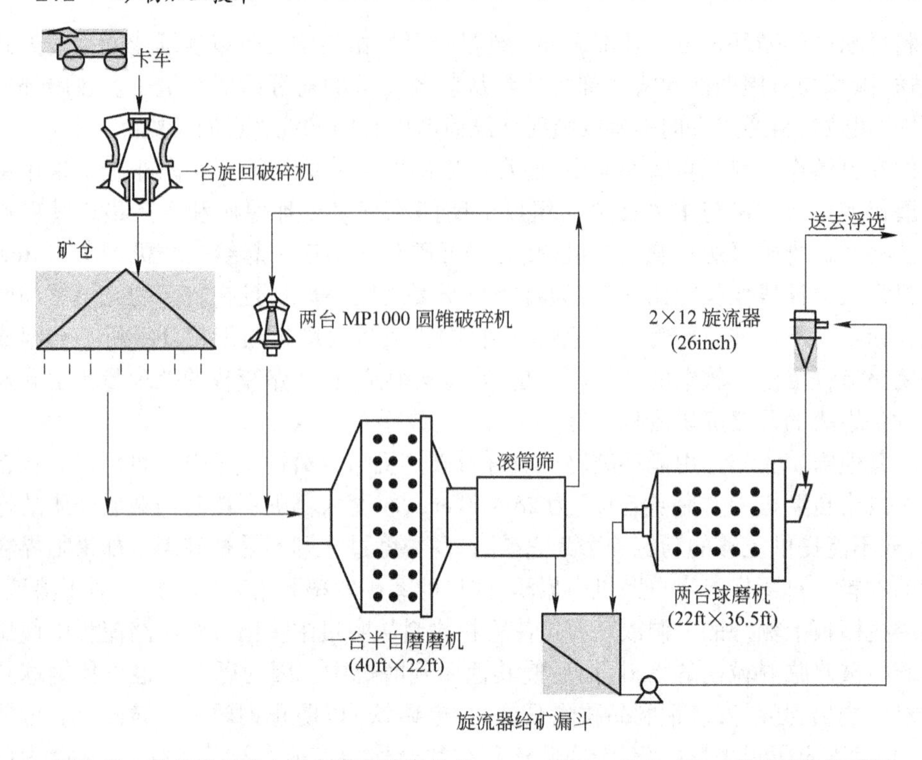

图7.41 使用世界最大半自磨和球磨的 Newcrest Mining Cadia Mine 的 SABC 流程图

因为项目经济学研究表明,使用世界最大的半自磨机和两个世界最大的球磨机,单一磨碎流程可得到最大生产能力。最大的半自磨机是由美卓矿机设计的直径 12 m、长度 6.1 m 的半自磨机(按衬板以内计),此磨机以半自动模式运转。该设备由双向旋转能力的 20 MW 西门子无齿轮电动机驱动。所设计的半自磨机在 8% 的球荷充填率下处理 2065 t/h 的二长岩矿石,总充填率为 25%,磨机转速为临界转速的 74%。磨机安装开口面积为 7.66m^2 的 80 mm 栅板(Hart 等,2001)。4.5 m 直径、5.2 m 长度的滚筒筛排出产品。-12 mm 的排出物料直接给入旋流器给矿仓,此物料与球磨机排矿相混合。滚筒筛的筛上砾石给入贮矿能力为 735 t 的贮矿仓,而后给入循环破碎机。用两台排矿口为 12 ~ 16 mm 的 MP1000 诺德伯格(Nordberg)圆锥破碎机破碎砾石进而生产额定粒度 P80 为 12 mm 物料,预计砾石总循环量为 725 t/h。已破碎的砾石直接给入半自磨机的给矿带,而后返回半自磨机。

半自磨机产品给入两台并联的 6.6 m×11.1 m(内径×长度)的美卓球磨机,每个设备由 9.7 MW 的双齿轮驱动。球磨的充填率为 30% ~32%,转速为临界转速的 78.5%。半自磨机滚筒筛筛上产品与球磨机排矿混合,并给入由 12 个 660 mm 直径的旋流器组成的旋流器组。来自每个系列的旋流器沉砂给入球磨机,而旋流器溢流可直接给入浮选流程。设定的球磨流程产品粒度是 $-150\ \mu m$ 占 80%。

7.5 磨矿流程控制

磨矿的目的是将矿石的粒度减小到使有用矿物经济合理地单体解离的粒度。因此,关键的问题不仅在于一台磨机每天应处理一定吨数的矿石,而且还应产出粒度合乎要求且可加以控制的产品。影响控制的主要变量是给矿速度、粒度分布、矿石硬度以及加水量。流程操作的间断也极为关键,如停机以添加新的磨矿介质或清理堵塞的旋流器等均会影响控制。使控制、给料速度、密度和循环负载量稳定在经验值的目的是生产所需的磨矿产品,但是当搅动引起正常操作偏差时,此方法是无效的。但给矿粒度和硬度的波动很可能是干扰磨矿流程平衡的主要因素。引起这些波动的原因可能是来自矿山不同区段的矿石在矿物组成、矿化程度、粒度大小及结晶粒度上的差别所引起的,以及由于破碎机磨损而使排矿口发生的变化,或破碎流程中筛子损坏等。可以通过将不同地点及时间内采掘出来的物料进行混合配料来消除微小的波动。矿仓内不发生离析,矿石贮存可以平衡矿量的变化,而矿仓的贮存量则与矿石性质(如是否易于氧化等)和选厂的经济状况有关。

给矿粒度和硬度增加将使磨矿产品粒度变粗,除非给矿速度相应地减少。相反,给矿粒度或硬度减小可增大磨机处理量。较粗的磨矿产品导致分级机作业的循环负荷量增大,从而提高体积流量。由于流量会影响旋流器的产品粒度(参见第9章),流程产品的粒度分布会发生变化。因此,控制循环负荷量对控制产品粒度是极为重要的。在不变的产品粒度下较高的循环负荷导致能耗降低,但是过多的循环负荷将导致磨机、分级机和泵的负荷过多,因此,对磨机的给矿速度有最高限制(图7.42)。

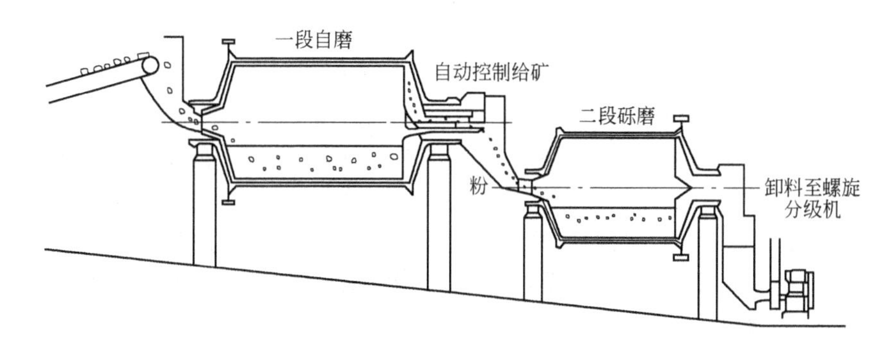

图7.42 两段磨矿系统

循环负荷量可通过对流程中各种矿浆流进行常规取样分析来测定。对大量的循环料荷进行称重是不可能的,但每台磨机的新给矿量则应采用自动称或在给矿机上装置的其它称重设备加以称重。

在图 7. 21 所示的简单球磨机 - 分级机流程中，假设新给矿量为 F(t/h)，而循环负荷量(即分级机沉砂)为 C(t/h)，则：

$$循环负荷比 = C/F$$

磨矿分级机的质量平衡为：

$$球磨机排矿 = 循环负荷 + 产品$$

或

$$F + C = C + F$$

如果对球磨机排矿、循环负荷和分级机溢流(流程产品)取样并进行筛析，令 a、b 和 c 为通过或留在某同一筛网上的磨矿产品、循环负荷和分级机溢流的累积百分数，则以筛分的物料表示的分级机的质量平衡为：

$$(F + C)a = Fc + Cb$$

或

$$\frac{C}{F} = \frac{a - c}{b - a} \tag{7.4}$$

使用所有有效的粒度分析数据，由最小二乘法确定循环负荷比的"最适合"值(参见第 3 章)。

a、b 和 c 也可代表各种产品的液固比，因为这一关系又是流程中水的质量平衡；因为核子密度仪可在线测试 a、b 和 c 的值，进而可连续测定流程循环负荷量。

因为磨矿的能量消耗极大，而且磨矿产品将对后续作业产生影响，这对闭路控制极为重要，一般认为需要借助某种形式的自动控制来维持高效的性能。磨矿流程的自动控制是矿业中应用流程控制最先进的、最成功的领域(Herbst 等, 1988; Mular, 1989)。

在磨矿流程的过程控制中，首先确定控制目标，这可能是：

(1) 在最大处理量条件下，维持恒定的产品粒度。

(2) 在给矿粒度的限定范围内，维持恒定的给矿量。

(3) 为了后续流程(例如浮选回收率)的性能尽量增大单位时间生产能力。

与常规磨矿流程相关的最重要变量如图 7. 43 所示。图中所示的各变量，仅有给矿速度和水的加入速度是独立变化的，因此其他变量将取决于或依赖于这些变量的变化。因此磨机和分级机的给矿速度和水的加入量是用于控制磨矿流程的主要变量。近些年来，据报道仅使用矿浆黏度，或使其与浓度联合使用作为磨矿流程的关键操作变量(Kawatra 等, 1988; Moys, 1989; Shi, 2002a)。对于铜矿浆，体积浓度从 55% 到 56% 增加 1% 将导致黏度从 329mPs 变化到 390mPs。选厂控制系统不能测定 1% 固体的增加，但是黏度计易于测定相关的黏度变化(Shi,2002a)。在闭路磨矿流程中，因为水力旋流器的性能会显著影响磨矿矿浆的浓度和粒度，浓度和粒度影响矿浆的流变学性能，可使用水力旋流分级机作为磨机的矿浆流变学控制设备(Shi,2002b;Shi 和 Napier-Munn,2002)。使用变速泵将矿浆给入分级机进而产生其他独立变量,这对流程的稳定性有显著影响。然而,泵速可作为一个提出条件的变量,即在此条件下达到特别控制的目的,而不是作为实际完成操作的变量。

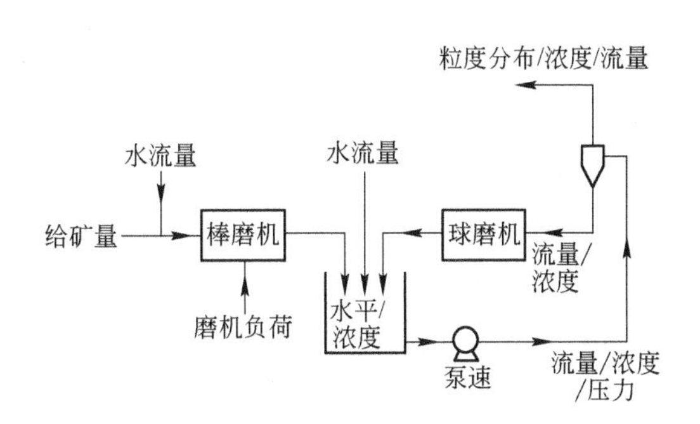

图 7.43　磨矿流程控制变量

用与重量计相连的变速皮带等设备控制给矿速度。用磨机功耗的连续监测器控制磨矿介质充填率。功耗下降到某种程度则需要添加新的磨矿介质。

连续功率检测器最主要应用在自磨机中,用功率控制磨机给矿率。通过磨矿室控制压降,即直接测量磨机中物料的质量,但是目前已经对双重扩音系统进行了试验,试验表明其对磨矿室监控具有重要的优势(Jaspan 等, 1986; Timms, 1994; Perry 和 Anderson, 1996; Pax, 2001)。在此之前已经应用了扩音装置,但主要用于气洗磨机中,使用声强对排矿口粒度进行控制。新系统的不同在于其使用两个扩音器,安装在磨机筒体中料荷冲击区常规水平的上部和下部。当磨机充填增加,在筒体中料荷冲击点上部的扩音器移动,相反,随着充填减少,下部扩音器移动。比较两个扩音器的输出功率,确定充填水平是上升还是下降则成为可能。此信息与磨机的最大功率相关,用于计算新给料的加入率。工业应用表明在可探测出承载压力、功率、转力矩、电机流和磨机重量的因素变化之前,声音水平已改变几分钟。因此,选厂采用声测设备控制磨矿流程,其可作为半自磨机负载充填率的绝佳指示器(Perry 和 Anderson, 1996)。意想不到的好处是证明了较低扩音器的声强与磨机中的矿浆浓度之间存在很大的相关性。在较低矿浆浓度下,料荷的流动性使得介质 - 衬板冲击作用变强,因此噪声较大,而在高矿浆浓度下,矿浆黏度易于削弱冲击作用,进而削弱了声音输出。应用下部扩音器的声音输出控制水的加入量,可维持恒定的矿浆浓度。作为磨矿矿浆浓度和黏度指示器的磨机噪声测试设备也可用于实验室球磨机(Watson 和 Morrison, 1986)。结果表明矿浆浓度增加,磨机噪声的变化可用于确定矿浆流变学状态,了解流变学有利于优化磨矿过程。

主要使用磁力流量计和核子密度仪分别连续测定流速和浓度。通常使用水准管、电容型探测仪或其它电子设备确定水箱水位,即可使用在线测试仪(参见第 4

章）直接检测产品粒度又可建立数学模型（参见第9章）推断产品粒度。

给矿率的变化和水加入量的变化所引起的流程动力学反应存在极大不同。给矿率的变化引起反应缓慢变化最终达到平衡状态，即最大的产品反应速率，而分级机中水加入量的变化引起瞬时最大反应速率，平衡产品反应速率相对较小。水加入量的增加也会使循环负荷和水箱水位同时增加，证实有必要使用大容量水箱和变速泵来保持有效的控制。

如果在恒定给矿速率下，要求控制系统保持恒定的产品粒度，那么唯一的可控变量是分级机水量，因此，当矿石性质变化时，此流程必须适应旋流器溢流浓度和体积流量的变化。这也会引起循环负荷的巨大变化。

在许多应用中，控制的目的是在粒度不变的条件下使生产能力达到最大，这可通过调节给矿速度和分级机水加入量得以实现。事实上，流程存在一个极限处理量，这表明在循环负荷设定值处粒度给定值等于在最大产量限制下的某个值。循环负荷可通过测试值计算、直接测定和估算得出。

因为给矿速度和分级机水加入量都是独立变化的，所以两套控制方案都是有效的。在第一个系统中，产品粒度由给矿速度控制而循环负荷则由分级机加水量控制，但在第二个系统中，产品粒度可由给矿速度控制。控制方案的选择取决于控制回路的选择，粒度回路或循环负荷回路需要反馈得更快速；这由许多因素决定，例如处理流量变化的磨矿和选别流程的能力，选别流程对除最适宜粒度以外其它给料的敏感程度，磨矿流程的时间滞后和磨矿段数。如果粒度反馈必须迅速，那么回路应由分级机水控制，然而，如果磨机生产量快速反馈更重要，那么产品粒度由给矿率控制。

在芬兰的维汉蒂（Wills，1983）使用第二套控制方案，因为浮选流程能够适应粒度的短期变化。二号磨矿流程的流程和仪表如图7.44所示。通过将破碎矿石给入棒磨机保持粒度恒定以及通过调节旋流泵sum p的水加入量稳定旋流器给矿浓度，以此控制精选过程。

借助带式电子秤称量棒磨机给矿，通过调节带式给矿机速度保持给矿恒定。根据给矿率给定值控制磨机中水加入量，以维持恒定的矿浆浓度。棒磨机排矿给入水箱中，在水箱中，此部分排矿与第一磨矿流程的排矿混合。借助压力传感器检测水箱水位，而用变速泵控制水箱水位，用水箱中水加入量稳定矿浆浓度。将矿浆泵送至500 mm旋流器中，并监控给矿流（feed-line）的给矿率和浓度。将旋流器沉砂给入1.6 m直径赫基圆锥分级机（Hukki，1997），而分级机溢流与旋流器溢流相混合，进一步为浮选厂提供给矿。据称两段分级可增加分选的精确性（Heiskanen，1979）。借助经验数学模型由旋流器给矿数据推断最初的给料粒度，但是后来使用自动PSM-200系统直接进行测量，将粒度控制在 $-75\ \mu m$ 占50%。分级机的粗粒产品给入砾磨机，根据功耗控制给矿。

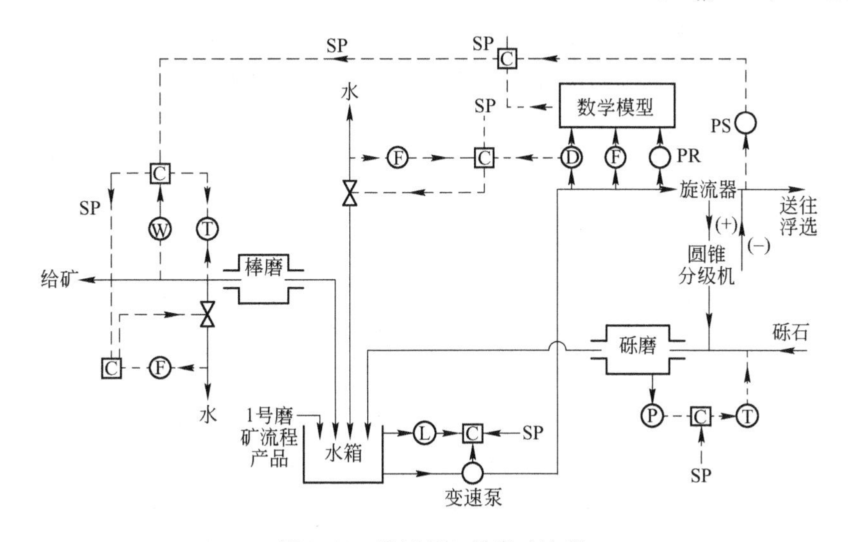

图 7.44 维汉蒂 2 号磨矿流程

F—流量;W—质量(皮带电子秤);T—可控硅控制;D—浓度;PR—压力;
PS—粒度;P—功率;L—水平;SP—设定值;C—控制器

在美国克莱梅克斯铅金属公司别克选厂(Amax Lead Co's Buick concentrator)的磨矿流程如图 7.45 所示,由分级机加水量控制此流程的产品粒度(Perkins 和 Marnewecke, 1978)。

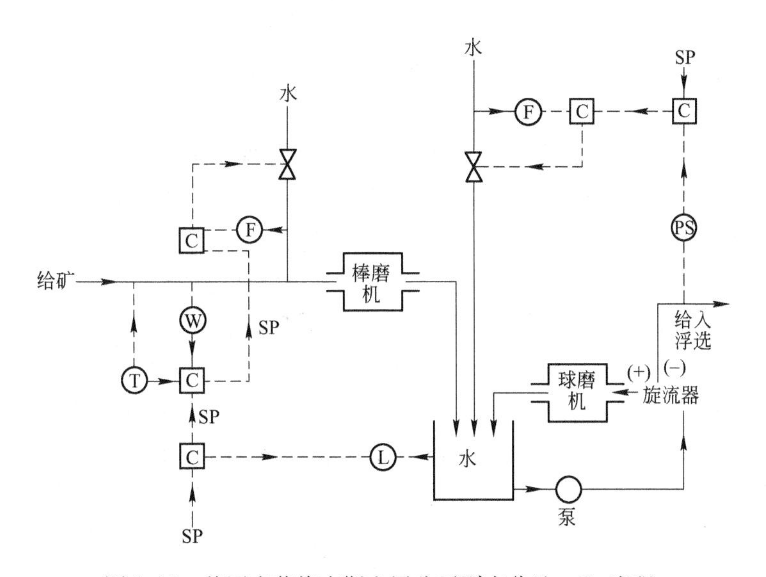

图 7.45 美国克莱梅克斯金属公司别克分选 - Zn 流程。

F—流量;W—质量;T—可控硅控制;L—水平;PS—粒度;SP—设定值;C—控制器

选厂用浮选处理 1.6mt/a 的混合铜 - 铅 - 锌矿,流程对粒度极为敏感。控制系统使用重量计测量棒磨机给矿率,孔口盘测定给矿水和水箱水流速以及用音速探测水箱水位。自动 PSM-100 粒度分析仪测定 75 μm 的通过率和旋流器溢流的固体通过率。

给矿控制回路控制实际磨矿给矿,用带式质量计监控给矿预设值,此质量计与旋流器水箱水平传感器串联。给矿的水控制回路保持棒磨给矿率和棒磨补加水量之比恒定以便在棒磨机中矿浆浓度不变。粒度监控信号与粒度预设值相比较,相应地,控制器将调整水箱中水加入量的给定值,以便保持在旋流器溢流中产品粒度 -75 μm 占 59%。无须使用质量流量测定仪和变速泵即可控制循环负荷和水箱水位,水箱水位可精准地指示循环负荷量,因为大量的矿浆从球磨机排入水箱中。因此,借助控制棒磨机给矿率使磨机处理量控制回路保持尽可能高的水箱水位。

以上所讨论的控制方案的主要限制是各个控制器分别控制许多变量,由于这些变量的交互影响,很难达到最佳值。例如,在上面引述的实例中,用水箱的水加入量控制粒度,但是水箱水增加也会引起循环负荷的增大。同理,循环负荷可由给矿率控制回路控制,但是给矿率增加也会引起产品粒度的增加。这说明如果循环负荷(在此情况下水箱水位)是上述的给定值以及产品粒度也是上述给定值,那么水加入量控制回路将增加水箱水加入量,进而减少颗粒粒度,此作用增加循环负荷的速度比慢速作用给矿控制回路减少粒度的速度快。实际上,协调一个或更多的控制回路来减少这种交互式影响,这导致控制反馈的总体减慢。

基于多元控制系统对磨矿流程控制的方法进行了研究。尽管多元控制(Hulbert,1977)表面复杂,多元控制已成功应用在南非金矿业的许多工业选厂(Metzner,1993)。

磨矿流程操作的常见问题是控制作用往往会受到物理或操作的限制,尤其当需要控制粒度时。在多元控制情况下,此问题尤为突出,在此过程中,多元控制过程关键取决于几个控制作用的正确结合。这些控制作用中一个处于饱和状态就可能导致控制的部分损耗,因此此过程极不稳定。为了解决此问题,开发了新方法,此方法的多元控制方案包括高强度“限制算法”,因此,可保持磨矿过程的有效稳定控制(Hulbert 等, 1990; Craig 等, 1992; Metzner, 1993; Galán 等, 2002)。

专家系统是控制复杂磨矿流程的公认形式。专家系统是编译过程理论的电脑程序和控制室操作员使用的规则。此系统可连续监测磨矿流程,并在统一的方法下应用逻辑学原理以及允许流程在适宜区间之外运行。几乎不存在额外的投资和基础设施建设,并能采用笔记本操作。一般地,选厂专家系统包括三个基本要素——设备、软件和集成电路。广泛应用的几个商业系统,如南非国家矿业技术研究院(MINTEK)的解释过程专家控制系统(Smith 等, 2001; Louw 等, 2003; van der Spuy 等, 2003);MinnovEx 专家控制系统 (Sloan 等, 2001),和奥托昆普/赫尔辛基大学使用群状模型专家控制系统(Pulkkinen 等, 1993)。

整合方法论已描述了专家系统的持久性,也就是人为因素(Sloan 等, 2001)。专家系统控制的主要限制是以理论为基础的方法论。鉴于各种磨机之间相互关系的复杂性,尤其当设备中包括自磨机或半自磨机时,所需控制方案有时超出了现存的理论范围。

模型预测控制发面的研究工作开始于 20 世纪 70 年代(Lynch,1977),但是,近些年,随着更多相关模型的建立以及强大计算平台的出现,此方法得到极大的关注(Herbst 等, 1993; Evans, 2001; Galán 等, 2002; Lestage 等, 2002; Muller 等, 2003; Schroder 等, 2003)。此方法包括在现存理论、操作机理和实验数据基础上开发设备或流程的数学模型。这些模型包括许多需要用给定设备或流程中的实验数据进行校准的模型参数。一旦确定了模型参数及了解矿石的碎磨特性,此模型可预测设备和流程的性能随给矿条件或操作条件的变化,既是稳定状态性能又是动力学反应。此模型也可与专家系统相连接(Herbst 等, 1989)。澳大利亚 JKTeh 公司研发的 JKDynaGrind 是典型的以动力模型为基础并为在线磨矿控制提供所需信息的模拟程序。图 7.46 为流程结构和用于模拟流程性能的模型(Schroder 等, 2003)。

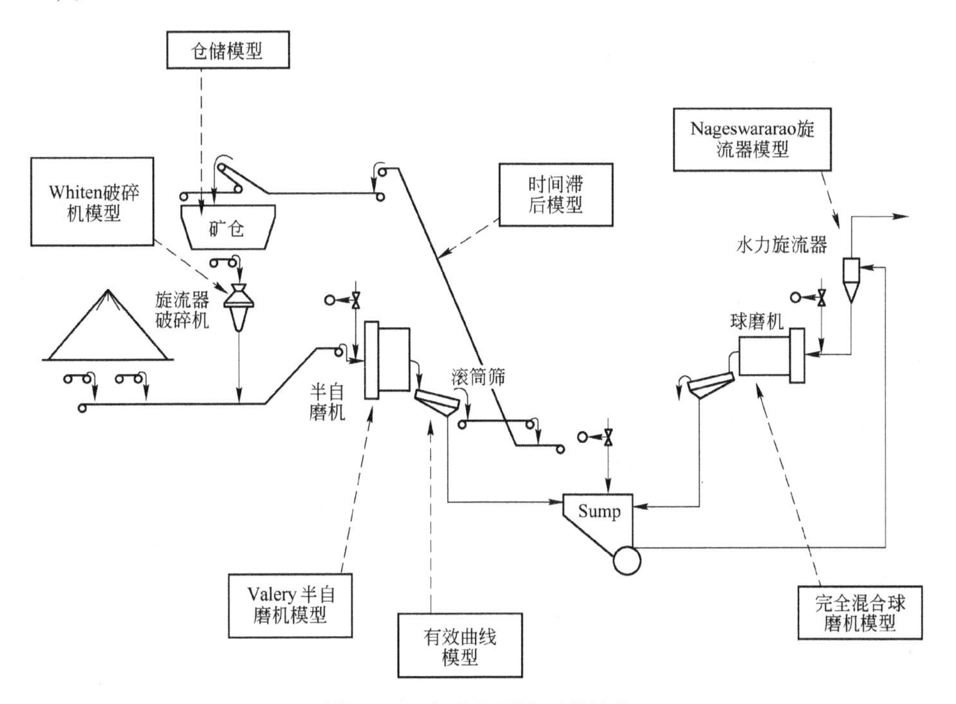

图 7.46 磨矿流程模型的结构

JKDynaGrind 包括破碎、球磨和分级过程的 JKMRC 模型(Napier-Munn 等, 1996)和动力自磨或半自磨模型(Valery,1997)。每 10s 在线采集并更新数据以便为充填体积、介质形状、矿浆池的角度、产品筛析等磨机操作提供连续的信息,采用常规仪器很难获得这些信息。联合使用卡尔曼过滤机以提供模型参数的动态适宜值。此信息可进行流程运转状态、流程操作管理和自动控制的诊断。

位置试验表明模型预测与实际选厂性能基本相同(图 7.47)。在试验过程中,JKDynaGrind 系统通过提供半自磨机负载条件和矿石硬度的信息强化现有的专家系统,这使得负载变化减小 25%(Schroder 等, 2003)。

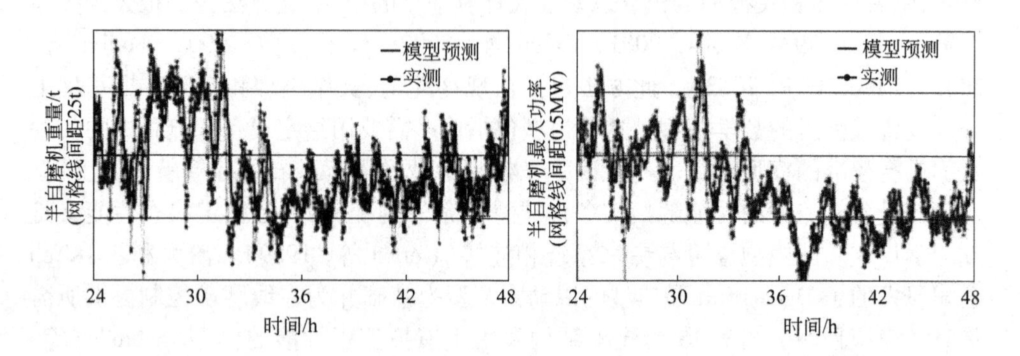

图 7.47 半自磨机负载荷功率测定值与 JKDynaGrind 模型预测值比较

参 考 文 献

[1] Anon. (1978). Afton-new Canadian copper mine, *World Mining*, 31(Apr.), 42.

[2] Anon. (1982). Grinding mills-rod, ball and autogenous, *Min. Mag.* (Sept.), 197.

[3] Anon. (1990). Modern tube mill design for the mineral industry -Part I. *Mining Mag.*, 163 (Jul.), 20.

[4] Arbiter, N. and Harris, C. C. (1984). Scale-up problems with large ball mills, *Min. Metall. Proc.*, 1(May), 23.

[5] Bouajila, A., Bartolacci, G., and Cot6, C. (2001). The impact of feed size analysis on the autogenous grinding mill, *Proc. of SAG 2001 Conf.*, Vancouver, Canada, Vol. Ⅱ, 317 - 330.

[6] Concha, F., et al. (1988). Optimization of the ball charge in a tumbling mill, in *Proc. XVI Int. Min. Proc. Cong.* A, ed. K. S. E. Forssberg, Elsevier, Amsterdam, 147.

[7] Craig, I. K., Hulbert, D. G., Metzner, G., and Moult, S. P. (1992). Optimised multivariable control of an industrial run-of-mine milling circuit, *J. S. Afr. I. Min. Metall.*, 6, 169 - 176.

[8] De Richemond, A. L. (1982). Choosing liner materials for ball mills, *Pit and Quarry*, (Sept.), 62.

[9] Dobby, G., Bennett, C., and Kosick, G. (2001). Advances in SAG circuit design and simulation applied to the mine block model, *Proc. of SAG 2001 Conf.*, Vancouver, Canada, Vol. IV, 221 - 234.

[10] Dodd, J., et al. (1985). Relative importance of abrasion and corrosion in metal loss in ball milling, *Min. Metall. Proc.*, 2(Nov.), 212.

[11] Dunne, R. , Morrell, S. , Lane, G. , Valery, W. , and Hart, S. (2001). Design of the 40 foot diameter SAG mill installed at the Cadia Gold Copper Mine, *Proc. Of SAG 2001 Conf.* , Vancouver, Canada, Vol. I, 43 – 58.

[12] Durman, R. W. (1988). Progress in abrasion-resistant materials for use in comminution processes. *Int. J. Min. Proc.* (Apr.), 381.

[13] Evans, G. (2001). A new method for determining charge mass in AG/SAG mills, *Proc. of SAG 2001 Conf.* , Vancouver, Canada, Vol. II, 331 – 345.

[14] Evans, L. B. , et al. (1979). ASPEN-an advanced system for process engineering, *12th Symp. of Comp. Applications in Chem. Engng.* ,

[15] Montreux. Ford, M. A. and King, R. P. (1984). The simulation of ore-dressing plants, *Int. J. Min. Proc.* , 12, 285 – 304.

[16] Galfin, O. , Barton, G. W. , and Romagnoli, J. A. (2002). Robust control of a SAG mill, *Powder Tech.* , 124, 264 – 271.

[17] Gangopadhyay, A. K. and Moore, J. J. (1985). Assessment of wear mechanisms in grinding media, *Min. Metall. Proc.* , 2(Aug.), 145.

[18] Gangopadhyay, A. K. and Moore, J. J. (1985). The role of abrasion and corrosion in grinding media wear, *Wear*, 104, 49 – 64.

[19] Gangopadhyay, A. K. and Moore, J. J. (1987). Effect of impact on the grinding media and mill liner in a large semi-autogenous mill, *Wear*, 114, 249 – 260.

[20] Hart, S. , Valery, W. , Clements, B. , Reed, M. , Song, M. , and Dunne, R. (2001). Optimisation of the cadia Hill SAG mill circuit, *Proc. of SAG 2001 Conf.* , Vancouver, Canada, Vol. I, 11 – 30.

[21] Heiskanen, K. (1979). Two-stage classification, *World Mining*, 32(Jun.), 44.

[22] Herbst, J. , Pate, W. T. , and Lo, Y. C. (1993). A modelbased methodology for steady state and dynamic optimization of autogenous and semiautogenous grinding mills, *Proc. XVIII Int. Min. Proc. Cong.* , Sydney,519 – 527.

[23] Herbst, J. A. , et al. (1988). Optimal control of comminution operations. *Int. J. Min. Proc.* (Apr.), 275.

[24] Herbst, J. A. , et al. (1989). Experiences in the use of model based expert control systems in autogenous and semi autogenous grinding circuits, *Advances in Autogenous and Semiautogenous Grinding Technology*, ed. A. L. Mular and G. E. Agar, Vol. 2, Dept. of Mining and Mineral Process Engineering, University of British Columbia, 669.

[25] Hilton, W. (1984). Comminution and classification of barites, *Trans. Inst. Min. Metall.* , 93, A145.

[26] Hulbert, D. G. (1977). Multivariable control of a wetgrinding circuit, PhD Thesis, University of Natal, South Africa.

[27] Hulbert, D. G. , Craig, I. K. , Coetzee, M. L. , and Tudor, D. (1990). Multivariable control of a run-of-mine milling circuit, *J. S. Afr. L Min. Metall.* , 90, 173 – 181.

[28] Hukki, R. T. (1977). A new way to grind and recover minerals, *Engng. Min. J.* , 178

(Apr.), 66.

[29] Jaspan, R. K., et al. (1986). ROM mill power control using multiple microphones to determine mill load, *Proc. Gold 100 Conf.*, SAIMM, Jo'burg.

[30] Joe, E. G. (1979). Energy consumption in Canadian mills, *CIM Bull.*, 72(Jun.), 147.

[31] Jones, S. M., and Holmberg, K. L. (1996). Modem grinding mill designs, in *Changing Scopes in Mineral Processing*, ed. M. Kemal et al., A. A. Balkema, Rotterdam.

[32] Kalra, R. (1999). Overview on alternative methods for fine and ultra-fine grinding, *IIR Conference: Crushing and Grinding '99*.

[33] Kawatra, S. K. and Eisele, T. C. (1988). Rheology effects in grinding circuits, in *Proc. XVI Int. Min. Proc. Cong.* A, ed. K. S. E. Forssberg, 195, Elsevier, Amsterdam.

[34] Kawatra, S. K., Eisele, T. C., Zhang, D., and Rusesky, M. (1988). Effects of temperature on hydrocyclone efficiency, *Int. J. Min. Proc.*, 23, 205 - 211.

[35] Kitschen, L. P., Lloyd, P. J. D. and Hartman, R. (1982). The centrifugal mill: Experience with a new grinding system and its applications, *Proc. XIV Int. Min. Proc. Cong.*, Paper no. 1 - 9, CIM, Toronto, Canada.

[36] Klimpel, R. R. (1982). Slurry rheology influence on the performance of mineral/coal grinding circuit. Part 1, *Minerals Engng.*, 34(12), 1665 - 1668.

[37] Klimpel, R. R. (1983). Slurry rheology influence on the performance of mineral/coal grinding circuit. Part 2, *Minerals Engng.*, 35(1), 21 - 26.

[38] Klimpel, R. R. (1984). Influence of material breakage properties and associated slurry rheology on breakage rates in wet grinding of coal/ores in tumbling media mills, in *Reagents in the Mineral Industry*, ed. M. J. Jones and R. Oblatt, I. M. M., London, 265 - 270.

[39] Knecht, J. (1990). Modern tube mill design for the mineral industry-Part II, *Mining Mag.*, 163(Oct.), 264.

[40] Korpi, P. A. and Dopson, G. W. (1982). Angular spiral lining systems in wet grinding grate discharge ball mills, *Min. Engng.*, 34(Jan.), 57.

[41] Latchireddi, S. (2002). Modelling the performance of grates and pulp lifters in autogenous and semi-autogenous mills, PhD Thesis, JKMRC, The University of Queensland. Latchireddi, S. and Morrell, S. (2003). Slurry flow in mills: Grate-only discharge mechanism (Parts 1 and 2) *Minerals Engng.*, 16, 625 - 642.

[42] Lestage, R., Pomerleau, A., and Hodouin, D. (2002). Constrained real-time optimisation of a grinding circuit using steady-state linear programming supervisory control, *Powder Tech.*, 124, 254 - 263.

[43] Lewis, F. M., Coburn, J. L., and Bhappu, R. B. (1976). Comminution: A guide to size reduction system design, *Min. Engng.*, 28(Sept.), 29.

[44] Lloyd, P. J. D., et al. (1982). Centrifugal grinding on a commercial scale, *Engng. Min. J.* (Dec.), 49.

[45] Lo, Y. C., et al. (1988). Design considerations for large diameter ball mills, *Int. J. Min. Proc.*, 22(Apr.), 75.

[46] Louw, J. J. , Hulbert, D. G. , Smith, V. C. , Singh, A. , and Smith, G. C. (2003). MINTEK's process control tools for milling and flotation control, *Proc. XXII Int. Min. Proc. Cong.* , Cape Town, 1, 1581 - 1589.

[47] Lynch, A. J. (1977). *Mineral Crushing and Grinding Circuits: Their simulation, optimisation and control*, Elsevier, 340pp.

[48] MacPherson, A. R. (1989). Autogenous grinding, 1987-update, *CIM Bull.* , 82 (921), 75 - 82.

[49] Mainza, A. and Powell, M. (2003). Use of the threeproduct cyclone in dual-density ore classification, *Proc. XXII Int. Min. Proc. Cong.* , Cape Town, 1, 317 - 326.

[50] Mainza, A. , Powell, M. , and Knopjes, B. (2004). Differential classification of dense material in a threeproduct cyclone, *Minerals Engng.* , 17(5), 573 - 580.

[51] Malghan, S. G. (1982). Methods to reduce steel wear in grinding mills, *Min. Engng.* (Jun.), 684.

[52] Man, Y. T. (2001). Model-based procedure for scale-up of wet, overflow ball mills-Part 1: Outline of the methodology, *Minerals Engng.* , 14(10), 1237 - 1246.

[53] McIvor, R. E. and Finch, J. A. (1986). The effects of design and operating variables on rod mill performance, *CIM Bull.* , 79(Nov.), 39.

[54] Meintrup, W. and Kleiner, F. (1982). World's largest ore grinder without gears, *Min. Engng.* , Sept. , 1328.

[55] Meulendyke, M. J. and Purdue, J. D. (1989). Wear of grinding media in the mineral processing industry: An overview, *Min. Metall. Proc.* , 6, 167 - 171.

[56] Metzner, G. (1993). Multivariable and optimising mill control- the South African experience, *Proc. XVIII Int. Min. Proc. Cong.* , Sydney, 293 - 299.

[57] Misra A. and Finnie L. (1980). A classification of threebody abrasive wear and design of a new tester, Wear,60, 111 - 121.

[58] Mokken, A. H. (1978). Progress in run-of-mine (autogenous) milling as originally introduced and subsequently developed in the gold mines of the Union Corporation Group, *Proc. 11 Commonwealth Mining and Metall. Cong.* , Hong Kong, 49.

[59] Moller, T. K. and Brough, R. (1989). Optimizing the performance of a rubber-lined mill, *Mining Engng.* , 41(Aug.), 849.

[60] Moiler, J. (1990). The best of two worlds-a new concept in primary grinding wear protection, *Minerals Engng.* , 3(1/2), 221.

[61] Morrell, S. (1996). Power draw of wet tumbling mills and its relationship to charge dynamics, *Trans. Inst. Min. Metall.* , 105, C43 - C62.

[62] Morrell, S. (2001). Large diameter SAG mills need large diameter ball mills-What are the issues?, *Proc. Of SAG 2001 Con.* , Vancouver, Canada, Vol. Ⅲ, 179.

[63] Morrell, S. (2004). Predicting the specific energy of autogenous and semi-autogenous mills from small diameter drill core samples, *Minerals Engng.* , 17, 447 - 451.

[64] Morrell, S. and Latchireddi, S. (2000). The operation and interaction of grates and pulp lifter

in autogenous and semi-autogenous mills, *Proc. of Seventh Mill Operatots Conf.* , AusIMM, Kalgoorlie, Australia, 13 - 22.

[65] Morrell, S. and Kojovic, T. (1996). The influence of slurry transport on the power draw of autogenous and semi-autogenous mills, *Proc. 2nd Int. Conf. on Autogenous and Semi-autogenous Grinding Technology*, Vancouver, Canada, 378.

[66] Morrell, S. and Man, Y. T. (1997). Using modelling and simulation for the design of full scale ball mill circuits, *Minerals Engng.* , 10(12), 1311 - 1327.

[67] Morrell, S. and Valery, W. (2001). Influence of feed size on AG/SAG mill performance, *Proc. of SAG 2001 Conf.* , Vancouver, Canada, Vol. I, 203 - 214.

[68] Mosher, J. and Bigg, T. (2001). SAG mill test methodology for design and optimisation, *Proc. of SAG 2001 Conf.* , Vancouver, Canada, Vol. I, 348 - 361.

[69] Moys, M. H. (1989). Slurry rheology-the key to a further advance in grinding mill control, *Proc. of SAG* 1989 *Conf.* , Vancouver, Canada, 713 - 727.

[70] Mular, A. L. and Agar, G. E. (eds) (1989). *Advances in Autogenous and Semiautogenous Grinding Technology* (2 vols), Dept. of Mining and Mineral Process Engineering, University of British Columbia.

[71] Mular, A. L. (1989). Automatic control of conventional and semi-autogenous grinding circuits, *CIM Bull.* , 82(Feb.), 68.

[72] Muller, B. , Singh, A. , van der Spuy, D. , and Smith, V. C. (2003). Model predictive control in the minerals processing industry, *Proc. XXII Int. Min. Proc. Cong.* , Cape Town, 1692 - 1702.

[73] Napier-Munn, T. J. , Morrell, S. , Morrison, R. D. , and Kojovic, T. (1996). *Mineral Comminution Circuits: Their Operation and Optimisation*, ISBN 0 64628861, JKMRC.

[74] Obeng, D. P. and Morrell, S. (2003). The JK threeproduct cyclone- performance and potential applications, *Int. J. Min. Proc.* , 69, 129 - 142.

[75] Pax, R. A. (2001). Non-contact acoustic measurement if in-mill variables of SAG mills, *Proc. of SAG 2001 Conf.* , Vancouver, Canada, Vol. II, 386 - 393.

[76] Perkins, T. E. and Marnewecke, L. (1978). Automatic grind control at Amax Lead Co. , *Mining Engng.* , 30(Feb.), 166.

[77] Perry, R. and Anderson, L. (1996). Development of grinding circuit control at P. T. Freeport Indonesia's new SAG concentrator, *Proc. of SAG* 1996 *Conf.* , Vancouver, Canada, 671 - 699.

[78] Powell, M. S. , Morrell, S. , and Latchireddi, S. (2001). Developments in the understanding of South African style SAG *mills*, *Minerals Engng.* , 14(10), 1143 - 1153.

[79] Pulkkinen, K. , Ylinen, R. , Jamsa-Jounela, S. L. , and Jarvensivu, M. (1993). Integrated expert system for grinding and flotation, *Proc. XVIII Int. Min. Proc. Cong.* , Sydney, 325 - 334.

[80] Radziszewski, P. (2002). Exploring total media wear. *Minerals Engng.* , 15, 1073 - 1087.

[81] Rajagopal and Iwasaki (1992). The properties and performance of cast iron grinding media, *Min. Proc. Extra. Metall. Rev.* , 11, 75 - 106.

[82] Rao, M. K. Y. and Natarajan, K. A. (1991). Factors influencing ball wear and flotation with respect to ore grinding, *Min. Proc. Extra Metall. Rev.*, 7(3-4), 137.

[83] Riezinger, F. M., Knecht, J., Patzelt, N., and Errath, R. A. (2001). How big is big-exploring today's limits of SAG and ball mill technology, *Proc. of SAG 2001 Conf.*, Vancouver, Canada, Vol. II, 25.

[84] Rowland, C. A. (1986). Ball mill scale-up diameter factors, in *Advances in Mineral Processing.*, ed. P. Somasundaran, SME Inc., Littleton, 605. Rowland, C. A. (1987). New developments in the selection of comminution circuits, *Engng. Min. J.* (Feb.), 34.

[85] Rowland, C. A. (1988). Diameter factors affecting ball mill scale-up, *Int. J. Min. Proc.*, 22 (Apr.), 95.

[86] Rowland, C. A. and Kjos, D. M. (1978). Rod and ball mills, *Mineral Processing Plant Design*, ed. A. L. Mular and R. B. Bhappu, AIMME, New York.

[87] Rowland, C. A. and Erickson, M. T. (1984). Large ball mill scale-up factors to be studied relative to grinding efficiency, *Min. Metal Proc.*, 1(Aug.), 165.

[88] Russell, A. (1989). Fine grinding-a review, *Industrial Minerals* (Apr.), 57.

[89] Sailors, R. H. (1989). Cast high chromium media in wet grinding, *Min. and Metall. Proc.*, 6 (Nov.), 172.

[90] Scott, A. and Morrell, S. (Co-Chairmen) (1998). Exploring the relationship between mining and mineral processing performance, *Proc. Mine to Mill Conf.* 1998, AuslMM, Brisbane.

[91] Scott, A., Morrell, S., and Clark, D. (2002). Tracking and quantifying value from "mine to mill" improvement, *Proc. Value Tracking Symposium*, AuslMM, Brisbane, Australia, 77-84.

[92] Schroder, A. J., Corder, G. D., and David, D. M. (2003). On-line dynamic simulation of milling operations, *Proc. Copper* 2003, Santiago, Chile, Vol III-Min. Proc., 27-44.

[93] Shi, F. (1994). Slurry rheology and its effects on grinding, PhD Thesis, JKMRC, The University of Queensland. Shi, F. (2002a). Investigation of the effects of chrome ball charge on slurry rheology and milling performance, *Minerals Engng.*, 15, 297-299.

[94] Shi, F. (2002b). The effects of hydrocyclone classification on slurry rheology and milling performance of industrial grinding circuits, *Proc. The 4th World Cong. of Particle Technology*, Paper No. 153.

[95] Shi, F. (2004). A comparison of grinding media: Cylpebs versus balls, *Minerals Engng.* (in press). Shi, F. and Napier-Munn, T. J. (2002). Effects of slurry rheology on industrial grinding performance, *Int. J. Min. Proc.*, 65, 125-140.

[96] Sloan, R., Parker, S., Craven, J., and Schaffer, M. (2001). Expert systems on SAG circuits: Three comparative case studies, *Proc. of SAG* 2001 *Conf.*, Vancouver, Canada, Vol. II, 346-357.

[97] Smith, V. C., Hulbert, D. G., and Singh, A. (2001). AG/SAG control and optimization with PLANTSTAR 2000, *Proc. of SAG 2001 Conf.*, Vancouver, Canada, Vol. II, 282-293.

[98] Starkey, J. and Dobby, G. (1996). Application of the MinnovEx SAG power index at five Canadian SAG plants, *Proc. of SAG 1996 Conf.*, Vancouver, Canada, 345-360.

[99] Starkey, J., Robitaille, J., Cousin, P., Jordan, J., and Kosick, G. (2001). Design of the Agnico-Eagle Laronde Division SAG mill, *Proc. of SAG 2001 Conf.*, Vancouver, Canada, Vol. III, 165 – 178.

[100] Steane, H. A. (1976). Coarser grind may mean lower metal recovery but higher profits, *Can. Min. J.*, 97(May), 44.

[101] Stief, D. E., et al. (1987). Tower mill and its application to fine grinding, *Min. Metall. Proc.*, 4(Feb.), 45.

[102] Taggart, A. F. (1945). *Handbook of Mineral Dressing*, Chapter 5, John Wiley & Sons Inc., New York.

[103] Tilyard, P. A. (1986). Process developments at Bougainville Copper Ltd, *Bull. Proc. Australas. Inst. Min. Metall.*, 291(Mar.), 33.

[104] Timms, S. R. (1994). Investigation of semi-autogenous mill operating parameter estimation by means of TESPAR based on mill noise analysis at St. Ives Gold Mines, *Proc. Fifth Mill Operators Conference*, AusIMM, Roxby Downs, Australia, 297.

[105] Valery, W. (1997). A model for dynamic and steadystate simulation of autogenous and semi-autogenous mills, PhD Thesis, JKMRC, The University of Queensland.

[106] van der Spuy, D., Hulbert, D. G., Oosthuizen, D. J., and Muller, B. (2003). An online expert for minerals processing plants, *Proc. XXII Int. Min. Proc. Cong.*, Cape Town, 1594 – 1602.

[107] Watson, J. L. and Morrison, S. D. (1986). Estimation of pulp viscosity and grinding mill performance by means of mill noise measurement, *Min. Metall. Proc.*, 3(Nov.), 216.

[108] Weller, K. and Gao, M. (1999). Ultra-fine *grinding*, *AJM Crushing and Grinding Conf.*, Kalgoolie, Australia. Whiten, W. J. and Kavetsky, A. (1984). Studies on scaleup of ball mills, *Min. Metall. Proc.*, 1(May), 23.

[109] Wills, B. A. and Atkinson, K. (1993). Some observations on the fracture and liberation of mineral assemblies, *Minerals Engng.*, 6(7), 697.

[110] Wright, P., Hayward, N., Wilkie G., and Sutherland, D. (1991). A liberation study of autogenous and SAG mills, *Proc. Fourth Mill Operators Conf.*, AusIMM, Burnie, Australia, 171 – 174.

[111] Zhou, L. and Duan, Q. (2004). Application and prospect of Hanma-branded magnetic metal linings, *Comminution'04 Conf.*, *Min. Engng.*, Perth.

[112] Zhou, W., Zhou, L., and Duan, Q. (2003). Magnetic metal liners: 10 questions and answers, *Mining and Metall.* Engng., 23(5), 93 – 94.

8 工业筛分

8.1 引言

工业筛分广泛用于筛分粒度分布在 300 mm 至 40 μm 左右的物料,但是筛分效率随着物料细度的增加而迅速降低。干筛一般仅限用于筛分约 5 mm 以上的物料,而湿筛一般用于筛分约 250 μm 的物料。尽管某些类型的筛子可有效筛分 40 μm 的物料,但是 250 μm 以下的物料一般进行水力分级(第 9 章)。筛分和分级的选择受以下因素的影响,即因为细筛需要较大的筛面,所以与生产能力较高的分级相比其更为昂贵。

筛分设备的种类繁多。其也可实现许多不同的筛分目的。在矿业中筛分作业的主要目的是:

(1) 筛分和分级,按粒度分级,一般为下一作业提供适合此单元操作的粒度范围;

(2) 筛出粗块,移除给料中的粗块,使其能够进一步破碎或从此作业中移除;

(3) 定等级,产出粒度符合要求的产品,这在采石和铁矿工业是重要的,因其产品的最终粒度是一个重要的评价指标;

(4) 介质回收,在重介质流程中,从矿石中清洗磁性介质;

(5) 脱水作用,从砂浆中排出自由水分;

(6) 脱泥或除尘,一般从湿式或干式给料中除去 0.5 mm 以下的粉料;

(7) 移除废弃物,一般是从泥浆中脱除木质纤维。

8.2 筛分性能

简言之,筛子是一个由许多相同尺寸规格的孔洞或空洞组成的表面。给到筛面上的混合物料,视其颗粒大于或小于筛孔尺寸,或通过筛面,或留在筛面。筛分效率由筛上或筛下物料的分离程度来确定。

没有一个普遍公认的方法能明确表示筛分性能,因此,采用许多不同的方法表征筛分性能。最广泛应用的筛分性能标准是以给定粒度物料的回收率为依据,或者以每种产品中误入物的量为依据。这就直接导出了一些可行的判据,如筛上产品中小于筛孔尺寸的物料含量,筛下产品中大于筛孔尺寸的物料含量,或者是这两者的混合含量。

根据通过筛孔的物料质量平衡可以推出筛分效率方程式,如下述:

设有一台筛子(图 8.1),给料是 F(t/h)。生产两种产品。在筛面上,获得 C(t/h)的筛上产品,且有 U(t/h)的筛下产品通过筛面。

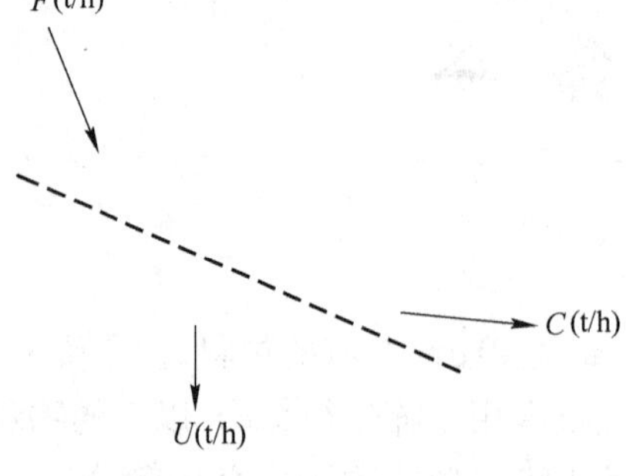

图 8.1 筛子的质量平衡

假定 f 为给料中大于分离粒度的物料产率;c 为筛上产品中大于分离粒度的物料产率;u 为筛下产品中大于分离粒度的产率。f、c、u 是通过每个代表性试样在实验室筛子上进行筛分试验来确定,此实验室筛子的筛孔与工业筛分机相同,并假定筛分效率为 100%。

筛子上的质量平衡是:$F = C + U$

筛上物料的质量平衡是:$Ff = Cc + Uu$

筛下物料的质量平衡是:$F(1-f) = C(1-c) + U(1-u)$

因此得:$\dfrac{C}{F} = \dfrac{f-u}{c-u}$和$\dfrac{U}{F} = \dfrac{c-f}{c-u}$

筛上物料进入筛上产品的回收率是:

$$\frac{Cc}{Ff} = \frac{c(f-u)}{f(c-u)} \tag{8.1}$$

筛下物料进入筛下产品的相关回收率是:

$$\frac{U(1-u)}{F(1-f)} = \frac{(1-u)(c-f)}{(1-f)(c-u)} \tag{8.2}$$

用式(8.1)和式(8.2)可分别计算出从筛下产品中分离出筛上物料和从筛上产品中分离出筛下物料的效率。

以上两个方程相乘得综合筛分效率或总效率:

$$E = \frac{c(f-u)(1-u)(c-f)}{f(c-u)^2(1-f)} \tag{8.3}$$

如果筛子筛孔或分离粒度是相近的(即筛子的筛孔未损坏或变形),则筛下产品中粗粒物料通常是较少的。若假定其实际含量为 0(即 $u=0$),则公式(8.3)可进行简化,在这种情况下,细粒级回收率公式和总效率公式均可简化为:

$$E = \frac{c-f}{c(1-f)} \tag{8.4}$$

此方程应用广泛,且其表明筛上产品中粗粒物料的回收率为 100%。

如此推导出的方程式可用来评定在不同条件下处理同一给料的筛分效率。

然而,这类方程并没有给出效率的绝对值,因为其未涉及分离难题。主要由接近于筛孔尺寸的物料——"近似粒度"物料——此给料比由较粗和较细颗粒组成的物料更难筛分,因为筛孔大小处于后者两种粒度之间。

分配率与对数坐标的几何平均粒度相对应,绘制筛分效率曲线或筛分分配曲线,这里分配率定义为每一粒级给料中筛上产物的百分率。例如,对一个粒级 $-8.0\,\mathrm{mm}+6.3\,\mathrm{mm}$,几何平均粒度是 $\sqrt{8\times6.3}=7.1\,\mathrm{mm}$,图 8.2 表明了理论和实际分配曲线(参见第 9 章)。

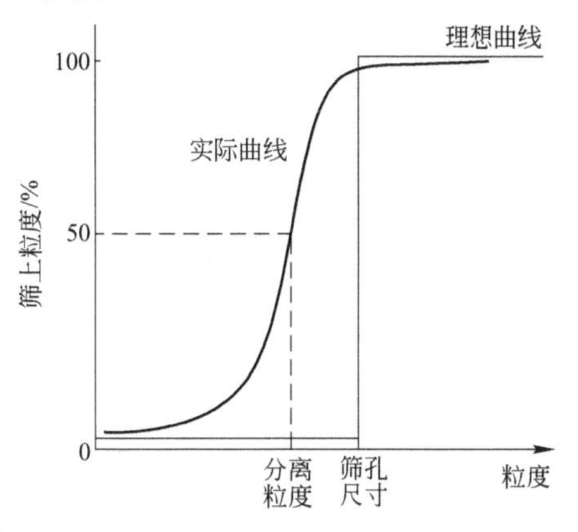

图 8.2　分配曲线

分离粒度可在 50% 概率处求出,即在此粒度下矿粒进入筛上和筛下产品的机会均等。此分界点往往小于最大筛孔的大小。

分离效率由曲线的陡度进行评定(见第 9 章)。效率曲线可有效地模拟筛分,且其也可用于仿真和设计(Ferrara 和 Preti, 1975; Lynch 和 Narayanan, 1986; Napier-Munn 等, 1996)。

8.3　筛分性能的影响因素

筛分效率往往与处理能力有关,因为利用较低给矿速度和较长筛分时间往往可以达到几乎完全的分离。当生产能力一致时,筛分效率受筛分操作特性的影响,即取决于颗粒给入筛面后通过筛孔的总概率。

一般认为筛分过程是一系列的概率事件,即颗粒多次出现在筛面上,且当其每次出现筛面上时都存在一个已知的概率,即为一个已知粒度的颗粒通过筛孔的概率。戈丹(Gaudin,1939)给出了最简单形式的单一事件等式,即一个粒度为 d 的球形颗粒通过一个边长为 x 的方形筛孔的概率,其中方形筛线直径为 w:

$$p=\left(\frac{x-d}{x+w}\right)^2 \tag{8.5}$$

或者给出筛孔面积分数 f_0,其定义为 $x^2/(x+w)^2$:

$$p=f_0\left(1-\frac{d}{x}\right)^2 \tag{8.6}$$

第 n 次出现的通过概率计算为:

$$p'=(1-p)^n \tag{8.7}$$

因此,影响颗粒通过筛孔概率的因素同样影响筛分性能,有许多因素可影响颗粒通过筛孔的概率。

8.3.1　粒度

塔加特(Taggart,1945)用式 8.7 计算了不同粒度颗粒的通过概率,如表 8.1 所示。表中数据表明一个球形颗粒每千次自由通过方形筛孔的概率,并给出位于颗粒运动轨迹上且保证颗粒通过筛子所需的连续筛孔数目。

表 8.1 所示结果表明,当颗粒粒度接近筛孔尺寸时,筛分效率明显降低。总筛分效率随着近筛孔颗粒的比例增加而显著减少。近筛孔颗粒的作用是多方面的,因为这些颗粒趋于“限制”或“堵塞”筛孔,使筛子的有效筛分面积降低。这是闭路破碎流程中筛子经常出现的问题,在闭路流程中近筛孔物料逐渐增多,使筛分效率逐渐降低。

表 8.1 通过概率

颗粒与筛孔比值	每 1000 个的通过率	路径中筛孔个数
0.001	998	1
0.01	980	2
0.1	810	2
0.2	640	2
0.3	490	2
0.4	360	3
0.5	250	4
0.6	140	7
0.7	82	12
0.8	40	25
0.9	9.8	100
0.95	2.0	500
0.99	0.1	10^4
0.999	0.001	10^6

8.3.2 给料速度

筛分粒度的分析原理是使用较低给料速度和较长筛分时间可达到几乎完全分离。在筛分实践中,考虑经济成本则要求采用较高的给矿速度,且要减少物料在筛面上的停留时间。在较高的给矿速率下,筛面上形成厚料床,而细粒必须通过厚料层才能有机会进一步通过筛面。最终结果是使筛分效率降低。对于任一分离作业,高产量和高效率往往是两个相互矛盾的要求,为了得到最佳结果,就必须综合考虑以上两个指标。

8.3.3 筛子倾角

Gauding 公式(8.6)假设颗粒与筛孔趋近垂直。如果颗粒以小倾角接近筛孔,使筛子“看”起来是狭长的有效孔径,且近筛孔颗粒几乎不能通过。筛面的倾角影响颗粒进入筛孔的角度。某些筛子利用此作用分离比筛孔更细物料。例如,筛子趋于在大约半筛孔尺寸处进行分离。在筛分效率极为重要的场合,应选择平面筛。

筛子角度也影响颗粒沿筛面运动的速度、在筛面上的停留时间和颗粒通过筛面的概率。

8.3.4 颗粒形状

在筛子上处理的绝大多数物料颗粒是非球形的。当球形颗粒在各个方向上等概率通过时,不规则形状的近筛孔颗粒必定按一定方向通过筛孔。细长颗粒和板状颗粒在某一方向上具有较小的横截面积而在其他方向上则有较大的横截面积。因此,极不规则形状的颗粒筛分效率较低。例如,方孔筛很难筛分云母,因其颗粒扁平,是片状晶体,会“跨”在筛孔上而不掉落。

8.3.5 有效筛分面积

通过筛孔的概率与筛子有效筛分面积的百分率成正比。有效筛分面积指筛孔面积与筛面的总面积之比。筛网材料占据的筛面越小,颗粒进入筛孔的概率越大。

有效筛分面积随着筛孔尺寸的减小而减小。因此,为了增加小孔径筛的有效面积,必须使用细而脆的筛线,但其筛网易于磨损且处理量较低。这也是细粒物料不用细筛而改用分级机分级的原因。

8.3.6 振动

为了使物料抛离筛面,筛子应是振动的,振动使得物料再次落回筛面并沿筛面运动。适宜的振动也可引起给料的分层作用(图8.3),分层作用使细粒穿过料层而向下到达筛面,进而使大颗粒上升至顶部。分层作用可增加筛子中间部分的通过率(Solinger, 1999)。

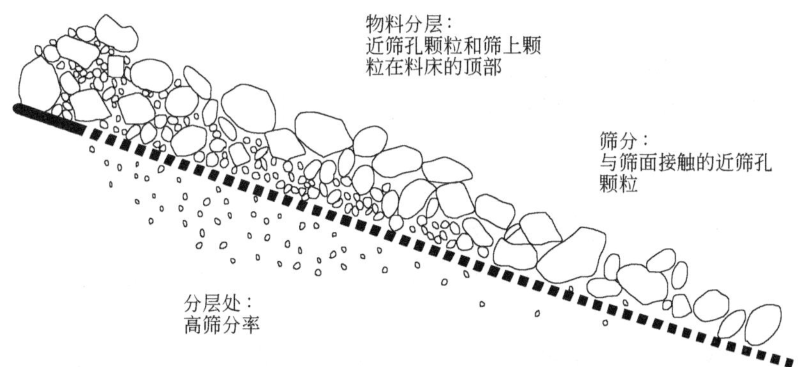

图8.3 筛子上颗粒的分层原理(朱利叶斯克鲁特施尼特矿物研究中心(JKMRC)和JKTech有限公司)

振动可有效避免阻塞,然而,若筛子振动频率太高,有可能使筛分效率降低,原因是矿粒从筛网弹回并被远远的抛离筛面,因此使颗粒与筛面的碰撞机会减少。通常振动速度较高的筛子可使用较高的速度给矿,因为较厚的料层可起到“软垫”的作用,防止颗粒弹跳。

振动可由振动频率 f(单位 r/s)和振幅 a(单位 m)来表征。通常使用术语冲程,或峰间幅值,或 $2a$。一般大孔径筛筛分使用较大的振幅和较低的频率;而小孔径筛筛分使用小振幅高频率。用振动力定义振动强度,Γ:

$$\Gamma = \frac{a(2\pi f)^2}{9.81} \tag{8.8}$$

振动筛一般是在 3 到 7 倍重力加速度,或 3G ~ 7G 的振动力作用下运转,就高频筛来说,由电动机或电磁螺线管驱动的机械式激振器产生振动。与选矿机等其他设备相比,其耗电功率更低,其耗电量一般与筛子的负载量成正比。

8.3.7 水分

给矿的表面水分含量对筛分效率有明显影响,其与黏土和其他粘性物料一样。潮湿的给料较难筛分,因其会黏结和堵塞筛孔。一般来说,小于 5 mm 筛孔的筛子仅能对完全的干料或湿料进行筛分,切勿筛分潮湿的物料以防堵塞筛孔。这些措施也包括使用热覆盖物来破坏筛网和物料之间水的表面张力,以及使用球形板在筛面下部产生附加振动,或者使用不堵塞的筛布织法。

湿筛可有效地筛分 250 μm 甚至更细粒度的物料。黏着的矿泥可从大矿粒上冲下来,因此,矿浆流和冲洗水可将筛子冲洗干净。

8.4 筛子的数学模型

筛分模型旨在预测粒度分布和筛分产品的流量。文献中的模型可分为:

(1) 结合筛分过程理论的现象学模型;

(2) 基于经验公式的经验模型;

(3) 以牛顿力学的计算机解法为基础的数值模型。

8.4.1 现象学模型

现象学模型建立在颗粒通过筛面的原理基础上。其包括两个主要理论:概率论和动力学理论,前者把此过程当作一系列概率性事件,而后者把此过程当作一个或多个反应动力学过程。

怀特恩(Whiten,1972)将戈丹(Gaudin)建立的模型(式 8.6)发展为仅含单一模型参数的功率曲线模型。

费拉拉和培瑞帝(Ferrara 和 Preti, 1975)所建立的模型表明通过筛子的速率与筛子的长度成函数关系。规定重负荷的筛面为零级通过率,而在轻负荷的筛面,颗粒通过率为一级通过率。

这两个模型广泛地应用于工业筛分数据的模拟。

8.4.2 经验模型

经验模型或生产能力模型可用于预测所需的筛分面积,且筛子制造厂商常常使用此类模型。有许多不同的公式化模型。其最主要目的是预测可通过筛子的筛下产品量。

$$所需理论面积 = \frac{给料中筛下产品总量}{C \times F_1 \times F_2 \times F_3 \times \cdots \times F_n}$$

式中 C——基线筛中每单位面积筛下产品的生产能力,t/h;

$F_1, F_2, \cdots, F_n$——矫正系数。

一般矫正系数包括:筛上量(大于筛孔的物料)、半筛孔量(小于一半筛孔的物料)和近筛孔量(75% ~125% 筛孔孔径的物料);筛分物料的密度;是否是多层筛的上层筛或下层筛;筛网的有效筛分面积;是否进行湿筛;所需的筛分效率。底线生产能力值与每个影响因素的关系以图表的形式给出。卡伦(Karra,1979)将这些数据转换成公式形式,以使其可应用在电子表格中。

虽然这些基于处理量的计算应用广泛,但其仅能作为一个指导(Olsen 和 Coombe,2003)。其可用于研发包括使用标准钢丝筛网的往复振动筛的特种类型筛子。因为影响因素及可供选择的其他类型的筛子较多,所以为了能够为某种特定用途准确的选择筛子,需参考良好信誉的供应商意见并进行半工业试验。

8.4.3 数值模型

应用数字计算机仿真来模拟颗粒在筛子等各种处理设备中的运动行为变得越来越广泛(Cleary,2003),见图8.4。离散单元法(DEM)等数值模拟技术在工业筛

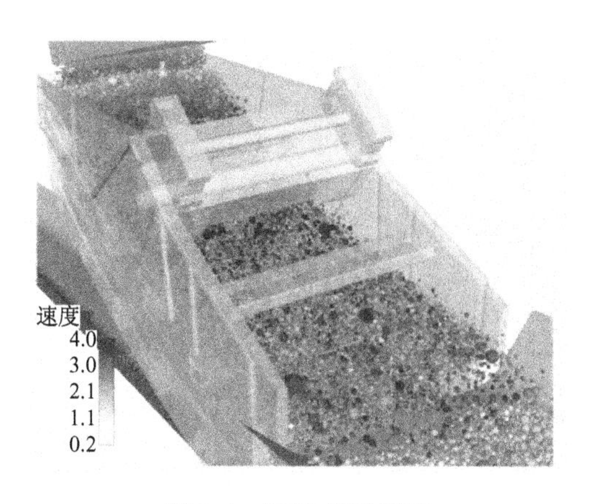

图 8.4 DEM 模拟筛子

分建模方面得到广泛应用,其可用于辅助设计和优化新型筛分机。

8.5 筛子类型

有许多不同类型的工业筛分机,在工业中,应用中最广泛的筛子是振动筛,有许多子类型振动筛用作粗筛和细筛。也有许多其他类型的筛子广泛应用于粗筛和细筛。

8.5.1 振动筛

振动筛是选矿生产中最重要的筛分设备(Crissman, 1986)。振动筛成功地替代振荡筛和往复式泥浆筛等早期同类型筛子,广泛地应用于矿业生产中,塔加特(Taggart,1945)详细描述了这一过程。振动筛有一个矩形筛面,筛上产品从筛子另一端排出。振动筛可筛分粒度介于300 mm至45 μm之间的物料,其可广泛用于筛分、分级、筛选矿石、脱水、湿筛和水洗。

绝大多数的振动筛由多层筛板构成。使用多层振动筛时,给料首先给入最上层的粗筛;筛下产品落入下层筛面上,因此,这就可生产一系列不同粒级的筛分产品。

8.5.1.1 斜筛

斜筛或圆运动筛(图8.5)是一种广泛使用的筛分机。往往通过单驱动轴上偏心重块或惯性轮的旋转产生垂直圆或椭圆的力学振动(见框8.1)。通过增加或减少连接惯性轮的重质螺栓调整偏心轮的振幅。旋转方向可能是逆流方向也可能是顺流方向。逆向运动使物料减速,进而可有效地提高筛分分离程度,而顺流运动可获得更大的生产能力。单一驱动筛必须倾斜安装,一般倾斜角在15°~28°之间,以使物料沿筛面流动。

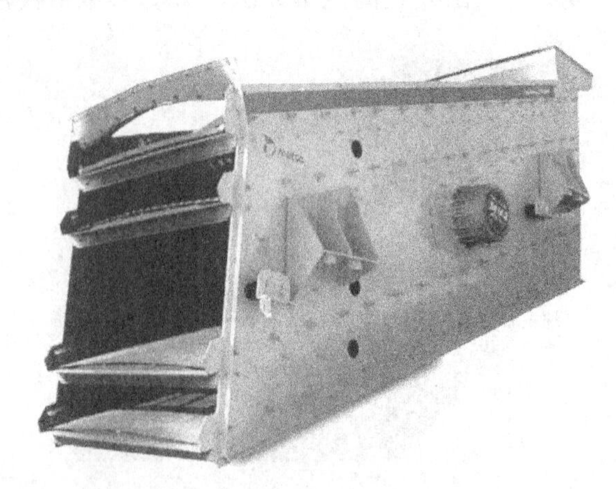

图8.5 四层倾斜振动筛[美卓矿业(Metso Minerals)]

框 8.1 筛子振动

圆运动筛(单轴)。当斜筛的传动轴恰好安装于筛子的重心时,整个筛体随圆振动轨迹运动(图 8.6a)。有时,传动轴安装于重心之上或之下如图 8.6b 所示。这种布置导致椭圆运动,在给矿端倾斜向前;在中心圆运动;在排矿端倾斜向后,进行椭圆运动。在给矿端向前运动迅速将粗粒物料移出给料区并使料床尽可能变薄。这个运动促进了细粒的筛分,并在筛子的第一个三分之一长度处完全移出。当筛上料床变薄,接近筛子中心,筛面运动逐渐变为圆形进而减慢了颗粒的运行速度。在出料端,由后端椭圆运动产生的迟延效应逐渐增强,这将制约筛上物料和剩余的近筛孔物料的运动。进而使得近筛孔物料有更多时间通过筛网筛孔。

线型振动筛(双轴)。由装有相应不平衡重块的机械激发器产生的线性运动如图 8.6c 所示,此重块在两个轴上按相反方向旋转。线性振动筛可倾斜、水平或稍向上倾斜安装。冲程与筛板的夹角一般在 30°和 60°之间。在水平筛和橡胶筛中装有线性振动激发器。

椭圆运动筛(三轴)。三轴激发器设计可用于形成如图 8.6d 所示的椭圆运动轨迹,其也可用于水平筛和橡胶筛。由齿轮连接三个轴,且其中一个轴为传动轴。椭圆运动综合了线性筛运动和圆运动筛的翻滚运动。其处理量和筛分效率超过了线性筛和圆运动筛。

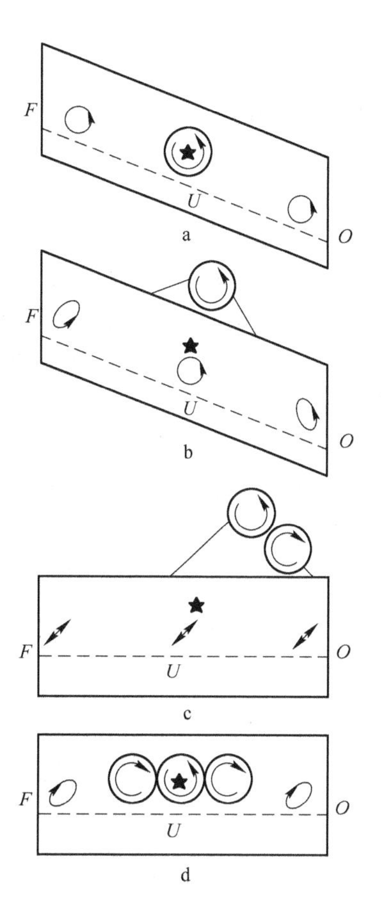

图 8.6 不同设计激发器的振动模型
(星号代表筛子重心的位置)
(朱利叶斯克鲁特施尼特矿物研究中心(JKMRC)和 JKTech 有限公司)

8.5.1.2 格条筛

极粗的物料通常使用称为格条筛的斜筛进行筛分。平行的钢性棒条或钢轨(图 8.7)按一定距离安置并沿矿石运动的方向排列。格条筛的格栅间隙一般大于

50 mm，通常是 300 mm，其给料的上限是 1 m。振动格条筛一般成 20°倾角，且装有周期投掷机制（见框 8.1）。设备的最大处理能力超过 5000 t/h。

图 8.7　振动格筛（Courtesy 美卓矿业）

选矿中格条筛主要用于筛分粗碎机和中碎机的给料。如果破碎机的设定值为 100 mm，则给料应通过 100 mm 筛孔的格条筛，以便减少破碎机的负载。

格栅一般由耐磨锰钢制成，且往往使用锥形筛孔，即筛孔向筛子的排矿端逐渐变宽，以避免岩石楔入格栅之间。格栅顶端凸起或尖形的剖面增强其抗磨损程度，且避免了筛下物料因“骑”在格栅上而成为筛上物料。

8.5.1.3　平面筛

平面式、低式或线性振动筛（图 8.8）有一个水平或近水平筛面，因此，与斜筛机相比，其需要较低的顶高。双轴或三轴振动器驱动水平筛进行线性或椭圆振动（见框 8.1）。平面筛比斜面筛的筛分粒度更精确；然而因为平面筛中物料重力不能产生沿筛面运动的分力所以其处理能力低于斜面筛（Krause，2005）。平面筛应用在筛分效率起关键作用的场合，以及在重介选矿流程中用作排水冲洗筛。

图 8.8　平面筛（Courtesy Schenk Australia）

8.5.1.4　共振筛

共振筛是一种由橡胶缓冲装置连接的筛框所组成的平面筛，此动态平衡机架具有与振动筛相同的自然共振频率。传至筛框上的振动能储存在平衡架上，在回程中再传至筛框上。这使能量耗损减少到最低程度，且由共振作用所产生的快速反转运动传递给筛板,进而提高筛分效果。

8.5.1.5 脱水筛

脱水筛是一种将给入的稠泥浆筛分出沥干砂的振动筛。脱水筛一般稍向上倾斜安装以确保矿浆不会溢出。形成的厚物料层可回收粒度小于筛孔的物料。

橡胶筛 橡胶筛或称多重斜率筛,广泛应用在效率和处理量均很重要的高吨位筛分场合。橡胶筛(图8.9)给料端的可变斜率一般为40°~30°,每增加3.5°~5°筛子倾角减少0°~15°(Beerkicher,1997)。橡胶筛一般安装线性冲程振动器(见框8.1)。

图8.9 橡胶筛(Courtesy Schenk Australia)

筛子的陡斜部分使得物料快速流过筛子给矿端。较薄料层分层较快,因此与厚料层相比薄料层中细粒物料的筛分效率更大。通过筛子的出料端,斜率减少以使剩下的物料减速,进而使近筛孔物料进行更有效的筛分。橡胶筛的处理能力显著增加,据称是常规振动筛处理能力的3~4倍(Meinel, 1998)。

8.5.1.6 组合筛

如欧姆尼筛(OmniScreen)(图8.10)由两个或多个独立筛子按顺序排列,有许多小型筛组合成一个大型筛。这种布置的主要优点是可以分别安装这些具有相同筛面倾角、筛面类型、振动冲程和振动频率的筛子。这使其可分别对不同筛面的筛分性能进行优化。其筛面可大可小,比等效的整体筛设备更耐用。组合筛一般采用多斜率配置。

8.5.1.7 莫根桑筛(Mogensen sizers)

莫根桑筛是振动筛的一种,其筛分原理是只有当在筛面上小于筛孔的物料达到一定统计量时,这些物料才可能通过筛子(参考表8.1)。莫根桑筛(图8.11)由一个筛孔逐渐减少的倾斜振动筛组成,最小筛孔的尺寸是预分离筛下物料粒度的两倍(Hansen, 2000)。此设计可使小于筛孔尺寸的物料快速通过筛子,较大粒度的物料从某一个筛面排出。

图8.10 欧姆尼筛(Courtesy Omni Crushing and Screening 欧姆尼破碎和筛分)

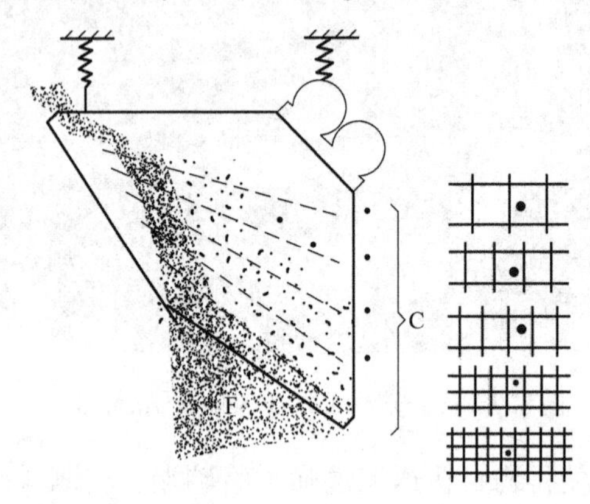

图8.11 莫根桑筛分成粗粒C和细粒F(Hansen,2000)

在每个筛面形成薄料层,可获得较高的生成能力,使其满足特别筛分作业的要求,此筛的占地面积小于常规振动筛,且可减轻筛子的堵塞和磨损。

莫根桑筛2000是一个类似细筛的设备,其采取直接敲击筛网而不是筛子整体振动。

8.5.1.8 高频筛

有效筛分细粒物料需采用小振幅高频率的振动筛。频率为3600 r/min的振动筛用于筛分100 μm以下的物料,而应用于粗粒物料的振动筛一般振动频率为1200 r/min。电动机或电线圈带动筛面振动。泰勒H系列筛(Tyler H-series)或哈马筛(Hum - mer)的振动器直接安装在筛面上或由连杆连接在筛面上,以使其能量不会浪费在筛框的振动上。

8.5.1.9 德瑞克再生矿浆筛

德瑞克再生矿浆筛(Derrick repulp screen)等高频湿筛可筛分45 μm以下的物料。当冲洗水通过筛子时,筛分效率显著下降,因此这些筛子采用水喷雾式冲洗水周期性地使筛上物料再次形成矿浆以达到较好的清洗效果。

8.5.2 其他类型筛

8.5.2.1 固定筛

无振动机制的固定格筛应用在筛选作业。此类筛子以 35° ~50°倾角安装，以辅助物料流动（Taggart, 1945）。固定格筛比同规格振动筛的效率低，其往往用在给料中筛上产品含量较少的筛选作业。

8.5.2.2 摩根森棒条筛

摩根森棒条筛和自动清洗格条筛（图 8.12）的筛面由两排不同角度设置的交替圆柱钢筋格栅构成，其一端固定以避免堵塞。摩根森棒条筛用于筛分 25 ~ 400 mm的粗料。摩根森棒条筛使用在格筛筛选作业和溜槽作业，以使细粒物料先进入传输机，进而缓冲破碎机中大块物料的撞击。

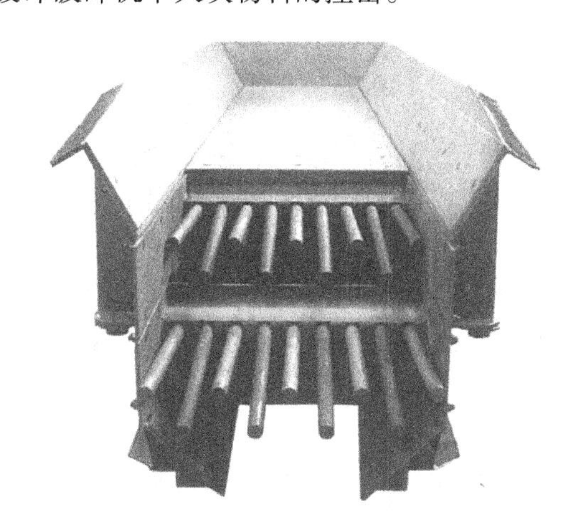

图 8.12 装配给料机的自动清洗格条筛（美卓矿业）

8.5.2.3 滚筒筛

转筒筛或滚筒筛是最古老的筛分设备之一，其一般是以 35% ~45% 临界转速转动的滚筒筛（图 8.13）。滚筒筛可与水平成小角度安装或使用一系列的内部挡板沿筒体输送物料。滚筒套筛是将由细到粗的转筒筛串联安装，并可获得几个不同粒级的产品；或者采取粗筛在最内部的同轴安装。滚筒筛可处理 55 ~6 mm 的物料，在湿筛条件下甚至可以处理更细粒级的物料。尽管滚筒筛较便宜、无振动和坚固耐用，但在每一时刻仅能利用筛面的一部分，因此其处理量低于振动筛，且极易堵塞。

滚筒筛广泛应用于集料筛分和磨矿产品筛分等许多筛分作业。自磨（AG）、半自磨（SAG）和球磨产品往往使用安装在磨矿口的滚筒筛来阻止钢球进入后续处理设备以及避免砾石在磨机中积累。滚筒筛也用于湿法擦洗铝土矿等矿石。

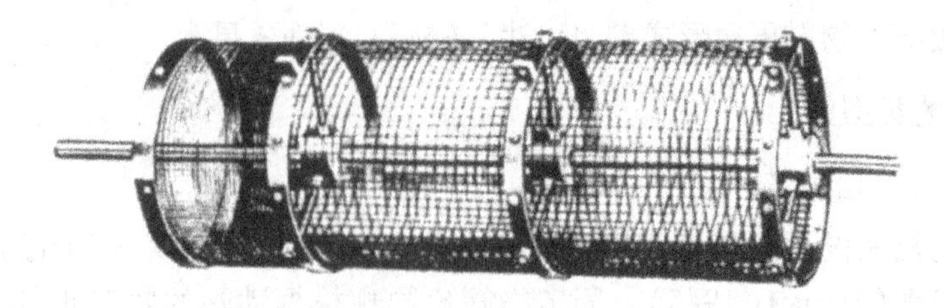

图 8.13 滚筒筛

8.5.2.4 罗塔螺旋筛

罗塔螺旋筛。可用于 1000 ~ 75 μm 超细筛分的类滚筒筛设备，并于 2001 年开始用于颗粒分离。滚筒内安置内螺旋以使物料通过筛子。使用雾化水润湿筛床和清洗筛面。罗塔螺旋筛也可用于脱水作业。

8.5.2.5 博莱福型破选机（图 8.14）

图 8.14 博莱福型破选机［宾夕法尼亚破碎机公司（Pennsylvania Crusher）］

博莱福型破选机是应用于煤炭工业的一种滚筒筛变体。其具有双重职能，即，破碎 -75 ~ -100 mm 的煤块和分离难处理的页岩、金属杂质和木屑于筛上产品中。博莱福型破选机在 60% ~ 70% 的临界转速下运转。

8.5.2.6 滚轴筛

滚轴筛用于筛分 3 ~ 300 mm 的物料（Clifford, 1999）。滚轴筛（图 8.15）由一系列平行主动辊（圆形轴、椭圆轴或仿形轴）或垫片组成，可运送筛上产品通过滚轴筛面而细粒可落入动辊和垫片间的筛孔中。滚轴筛的优点是生产能力高、噪声低、举架低、对物料的冲击力小且可筛分黏性物料。

8.5.2.7 张弛筛

在利威尔张弛筛（Liwell）、邦德“比维 - 技术”（Binder“Bivi-TEC”）、开发研究院“往复筛”（IFE）和乔斯特“蹦床筛”（Jöst）中使用的理论是弹性筛面系统，即交替地拉伸和放松筛面并将此运动传给筛床，而不是仅仅依赖筛体的机械振动进行

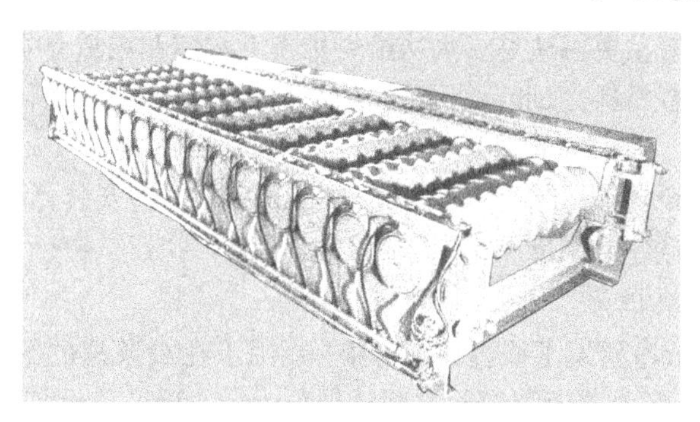

图 8.15 滚轴筛(美卓矿业)

筛分。往复运动能够在筛面上产生超过 50G 的力,进而避免了物料堵塞筛孔。筛体或静止或在 2 ~4G 之间加速运动(Kingsford, 1991)。

张弛筛可用于筛分 0.5 ~50 mm 的物料,其给矿速度达 800 t/h。张弛筛特别适合潮湿物料的细筛,采用常规振动筛不能有效筛分此种物料(Meinel, 1998)。

8.5.2.8 圆振筛

圆振筛、回转筛或滚筒筛(图 8.16)结合了旋回和垂直运动。圆振筛广泛应用于细筛领域,其可用于湿筛也可用于干筛,筛分粒度可达 40 μm 以下。主要构件是支撑在机架上的套筛,机架安装在底座的弹簧上,一台装有双向外伸传动轴的电动机悬挂在机架下面,传动轴带动偏心重块运动,进而产生水平旋转运动。底部重块产生垂直运动,该重块使运动物质围绕其重心转动,进而使筛面产生圆周反转运动。顶部重块则使筛子产生水平旋转运动。在筛面之下安装球形托盘和超声设备以减少堵塞。圆振筛一般用于生产多粒级产品。

8.5.2.9 弧形筛

楔形筛条或成型钢丝或槽孔聚氨酯面板可用于生产弧形筛和倾斜式平面筛,弧形筛可用于脱水和细筛。弧形筛是由平行安装的楔形筛体组成的曲面筛,而平面筛则以 45°~60°的倾角安装。矿浆从筛子上筛面的切线给入,且沿与楔形筛条间筛孔成垂直方向的筛面向下流动。因此,一般来说,分离粒度大致是棒条间距的 1/2,物料很少堵塞筛孔。筛分粒度下至 50 μm,此筛处理能力达 180 m^3/h。

图 8.16 回转筛

弧形筛面的最重要用途是将水从给料排入下水道和在重介质分选流程中清洗筛子。当处理研磨材料,弧形筛需要定期反转筛面,因为经长期运转,孔径的前端锐度会降低。

弧形筛和倾斜楔形钢丝筛有时与某种机械装置一起安装,此机械装置可周期性地振动和敲击筛面以便排出混入颗粒。

8.5.2.10　线性筛

戴尔卡(Delkor)研发了线性筛,此筛主要用于在炭浆法的给矿中除去木屑和纤维制品,在黄金炭浆法流程中回收载体碳(Anon,1986)。设备(图8.17)由安装在滚轴支架上的合成树脂单丝筛网构成,此筛网由变速传动设备连接的主动轮传动。现使用的典型筛孔尺寸为500 μm左右。稀矿浆由分样器给入运动筛面。筛下产品在重力作用下通过筛面,并将其收集在底盘。筛面上的筛上产品将会排送至传输皮带上,用喷水将所有黏着物料从筛面上清洗掉。

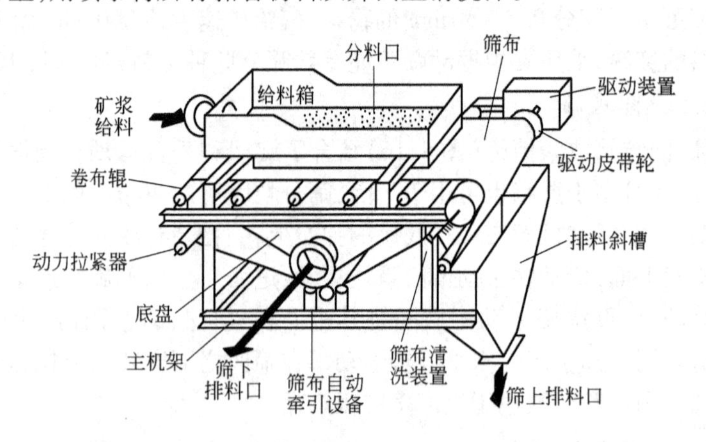

图8.17　线性筛(Courtesy Delker)

因为筛子是非振动的,线性筛是静止的,其能量损耗比振动筛少。

8.5.2.11　潘泽坡筛(Pansep)

Pansep筛(图8.18)与线性筛的原理相似,但其不是连续筛面,可将筛面分成若干个网格,此网格以类似于输送机的方式运动。每个网格的底部由拉紧的金属丝筛网构成,其筛分分离粒度比线性筛细。分级粒度可能在45~600 μm范围内。

在传输运动的顶部和底部进行筛分,借助不断反转筛分方向在固定占地面积的情况下获得较高处理量并对筛面起到清洗作用(Buisman, 2000)。每个循环清洗筛面两次。

Pansep筛能够生产比水力旋流器产品粒度分布更集中的筛分产品(Mohanty, 2003)。由于筛子不像水力分级机那样受密度影响,所以潘泽坡筛可用于筛分磨矿流程中水力旋流器溢流的粗粒产品,借此来提高回收率或回收脱泥旋流器中的细粒煤。

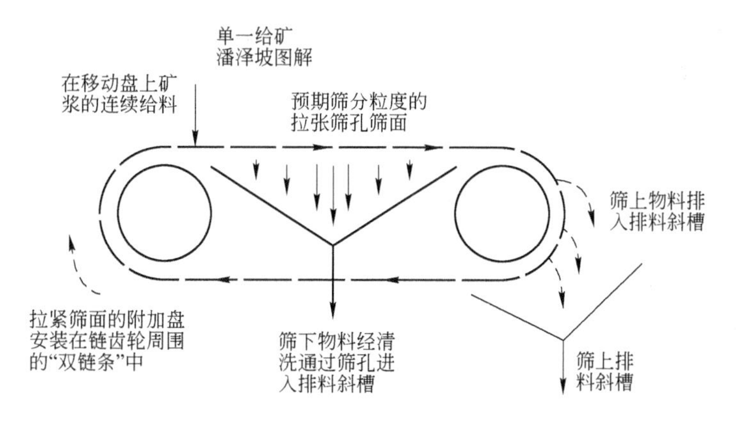

图 8.18 潘泽坡筛的工作原理

8.6 筛面

工业振动筛可应用许多不同类型的筛面。可根据所需孔径和其工作原理选择特定作业的筛面。所选的孔径和筛孔形状、有效筛分面积的比例、筛面材料的特性和筛面的弹性等参数可用于评价筛分机的性能。

筛面往往由钢丝、橡胶或聚氨酯制成，且筛面可根据如何将其安装在筛分机上来进行分类。由螺栓固定的筛面、拉张的筛面和组装固定的筛面均可用于工业筛分。

8.6.1 螺栓固定筛面

在处理粒度 50 mm 以上物料的筛分作业中，筛面经常由大片激光切割和等离子切割的无孔钢板构成，此钢板往往夹在聚氨酯或橡胶磨损表面之间来最大限度延长磨损期限。这些板片质地坚硬且由螺栓固定在筛分机上（图 8.19）。此种筛面的弯曲截面有时也用于滚筒筛。

图 8.19 螺栓连接筛面

此类筛面上含有特定形状和孔径的筛孔。孔径往往有一个随着深度变宽的锥形剖面,进而减少了颗粒对筛孔的堵塞。

8.6.2 拉张筛面

拉张筛面由伸直拉紧的筛布构成,此筛布或者在筛子两边(横向拉紧)固定或者沿着筛子的长度(端部拉紧)固定。筛布的适当拉张是保证筛分效率和避免筛面过早损坏的关键。拉张的筛面可应用各种金属丝编织筛网以及聚氨酯垫和橡胶垫。

传统的金属丝编织筛网往往是由普通钢或不锈钢和一些其他常用材料构成。金属丝编织筛网是最便宜的筛面,其相对较轻且筛分面积较高。

8.6.3 自洁式金属筛网

传统上,长条筛孔或非交叉编织筛孔(钢琴筛孔)可解决堵塞问题,但筛分效率较低。自洁式筛网(图 8.20)是此种筛面的一种变化形式,使金属线卷曲形成“筛孔”但是每根金属丝均可自由振动,因此可以有效防止堵塞。此类筛子精度接近常规金属筛网;同时此类筛子具有较长的磨损期限,这平衡了它较高的购置成本。有三种主要的自洁式筛网:菱形孔、三角形孔和波形或锯齿形孔。三角形和菱形孔更有利于进行筛分。

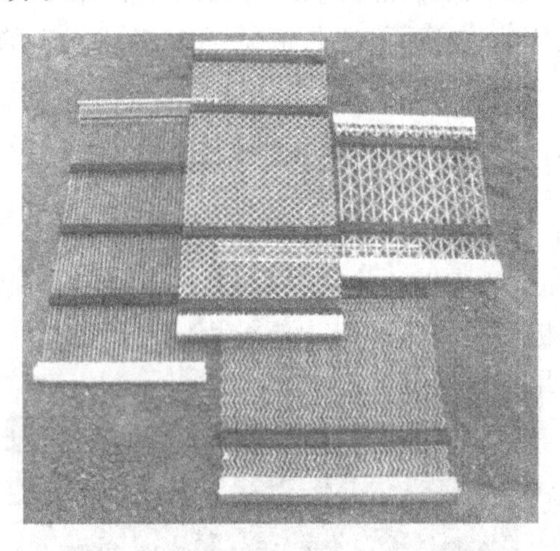

图 8.20 各种类型的自洁式筛网

8.6.4 拉张橡胶垫和聚氨酯垫

拉张的橡胶垫和聚氨酯垫可替换拉张筛布。这些筛垫往往由内嵌的钢丝线或合金线来增加强度。橡胶和聚氨酯与钢丝相比具有更长的磨损期限。所有的制造商均选用拉张介质做筛面因其可通过频繁更换筛面来生产不同规格的筛子,且与组装筛分系统相比更换拉张介质筛面更省时。

8.6.5 组装筛面

在粗筛作业使用最广泛的筛面是聚氨酯和橡胶筛板(图8.21),一般安装于固定在支架上的模板或嵌板上。这两种材料均具有超常的耐磨性。另外,橡胶还有极好的抗冲击性;因此橡胶筛面一般可应用于筛分上限粒度大于2in(50 mm)的物料。聚氨酯一般是湿筛作业的首选筛面。

图8.21 组装筛板(美卓矿业)

组装聚氨酯筛和橡胶筛的规格一般为1in×1in(305 mm×305 mm),2in×1in(610mm×305mm)等。嵌板的边缘一般嵌有硬钢质内框以增加嵌板强度。考虑到筛板的快速替换而进行分段安装。不同类型和筛孔的筛板可安装在沿筛面的不同位置上来校正高磨损区域,进而优化任一给定的筛分作业。

组装聚氨酯筛板的主要优点是其在绝大多数应用领域中具有较好的耐磨性。此种筛板的磨损期限往往是传统筛网的10倍。组装筛筛面无需张力调整或二次拉张且其筛子的破损部分可就地替换。与钢质筛布相比,聚氨酯和橡胶筛板还起到消音作用,不仅如此,它们的筛孔更具弹性可减少堵塞。

方形孔、矩形孔或冲孔是最常见的筛孔类型。矩形孔或冲孔可能是流入型(常用于筛分作业)、横向流动型(常用于脱水作业)或斜线型。与方形孔相比,矩形孔和冲孔具有较高的有效筛分面积、生产能力、防止堵塞能力和片状物料的筛分效率。其他筛孔形状可能为圆形、六边形、八角形、菱形和泪滴形。一般认为圆形筛孔是最精确的筛分切口,但其更易堵塞。在易于发生堵塞的筛分作业中,常使用冲孔型筛孔、泪珠型筛孔和较复杂形状的筛孔。从顶部到底部渐宽的锥形筛孔可使颗粒通过筛板上的筛孔而成为筛下产品。

8.6.6 编织金属丝筛网和楔形金属丝筛网

编织金属丝筛网和楔形金属丝筛网也是常用筛板。与组装聚氨酯筛板相比，此种筛面具有更大的有效筛分面积。这些金属丝筛板由金属编织筛网或楔形金属丝筛网支撑的聚氨酯或橡胶设备构成。

参 考 文 献

[1] Anon. (1986). New linear screen offers wide applications, *Engng. Min. J.*, 187(Sept.), 79.

[2] Beerkircher, G., (1997). Banana screen technology, *Comminution Practices*, ed. S. K. Kawatra, SME, 37 – 40.

[3] Buisman, R. (2000). *Fine Coal Screening Using the New Pansep Screen.*

[4] Chalk, P. H. (1974). Screening on inclined decks, *Processing*, Oct., 6.

[5] Cleary, P. W. (2003). DEM as a tool for design and optimisation of mineral processing equipment, *Proc. XXII IMPC*, 1648 – 1657.

[6] Clifford, D. (1999). Screening for profit, *Mining Mag.*, 180(5), May, 236 – 248.

[7] Crissman, H. (1986). Vibrating screen selection, *Pit and Quarry*, 78(June), 39 and 79 (Nov.), 46.

[8] Ferrara, G. and Preti, U. (1975). A contribution to screening kinetics, *Proc. l lth Int. Min. Proc. Cong.*, agliari.

[9] Fontein, F. J. (1954). The D. S. M. sievebend, new tool for wetscreening on fine sizes, application in coal washeries, *Second Int. Coal Prep. Cong.*, Essen.

[10] Gaudin, A. M. (1939). *Principles of Mineral Dressing*, McGraw-Hill.

[11] Hansen, H. (2000). Fundamentals and further development of *sizertechnology*, *Aufbereitungs Technik*, 41(7).

[12] Karra, V. K. (1979). Development of a model for predicting the screening performance of a vibrating screen, *CIM Bull.*, 72, 167 – 171.

[13] Kingsford, G. R. (1991). The evaluation of a non-blinding screen for screening iron ore fines, *Proc. 4th Mill Operators Conf.*, 25 – 29.

[14] Krause, M. (2005). Horizontal versus inclined screens, *Quarry*, Mar., 26 – 27.

[15] Lynch, A. J. and Narayanan, S. S. (1986). Simulationthe design tool for the future, in *Mineral Processing at a Crossroads*, ed. B. A. Wills and R. W. Barley, Martinus Nijoff Publishers, Dordrecht, 89.

[16] Meinel, A. (1998). Classification of fine, mediumsized and coarse particles on shaking screens, *Aufbereitungs-Technik*, 39(7).

[17] Mogensen, F. A. (1965). A new method of screening granular materials, *Quarry Managers J.*, Oct., 409.

[18] Mohanty, M. K. (2003). Fine coal screening performance enhancement using the Pansep screen, *Int. J. Min. Proc.*, 69, 205 – 220.

[19] Napier-Munn, T. J. , Morrell, S. , Morrison, R. D. , and Kojovic, T. (1996). *Mineral comminution Circuits-Their Operation and Optimisation*, Chapter 12, JKMRC, The University of Queensland, Brisbane, 413.

[20] Olsen, P. and Coombe A. (2003). Is screening a science or art?, *Quarry*, 11(8), Aug. , 20 - 25.

[21] Soldinger, M. (1999). Interrelation of the stratification and passage in the screening process, *Minerals Engng.* , 12(5), 497 - 519.

[22] Taggart, A. F. (1945). *Handbook of Mineral Dressing*, Wiley, New York.

[23] Whiten, W. J. (1972). The simulation of crushing plants with models developed using multiple spline regression, *l Oth Int. Symp. on the Application of Computer Methods in the Min. lnd*, Johannesburg, 317 - 323.

9 分　级

9.1 引言

分级是根据物料颗粒在流体介质中沉降速度的差别把混合矿物分离成两种或两种以上产品的一种方法(Heiskanen, 1993)。在选矿中流体介质通常是水,当物料粒度过细不能有效筛分分离时,一般采用湿式分级。因为流体介质中颗粒的速度不仅仅与粒度有关还与物料的比重和颗粒形状有关,所以在利用重选机分选矿物的过程中分级原理也极为重要。分级机对磨矿流程的效能影响较大。

9.2 分级原理

一个固定颗粒在真空中自由降落时,进行等加速度运动,其速度无限地增大,这与颗粒的粒度和密度无关。因此,一块铅和一片羽毛在真空中的降落速度完全相等。

黏性介质,如空气和水,对物体的运动产生阻力,阻力随物体运动速度增大而提高。当重力和流体阻力之间达到平衡时,物体达到沉降末速,此后,物体匀速下降。

阻力的性质由物体的沉降速度决定。在低速运动时,运动是平稳的,与固体接触的流体层随固体一起运动,而与固体相距短距离以外的液体却静止不动。在上述两个位置之间,在沉降颗粒周围的液体中存在一个强剪切区。实际上,全部的运动阻力是由剪切力或液体黏度引起的。因此将其称为黏性阻力。高速运动时,主要阻力是由固体排开液体而产生的,此时黏性阻力相对较小,这种阻力称作绕流阻力。

无论是黏性阻力还是绕流阻力哪种起主导作用,流体内颗粒的下沉加速度急剧下降,并且很快达到临界沉降末速。

分级机实际上是一个分级柱(Sorting column),液体在分级柱中以均匀速度上升(图 9.1)。物料给入分级柱后,或下降或上升,这依其末速大于或小于上升水流速度而定。因此,分级柱将给入的物料分成两种产品:一种是由沉降末速小于上升水流速度的颗粒组成的溢流产品,另一种是由沉降末速大于上升水流速度的颗粒组成的沉砂或称底流。

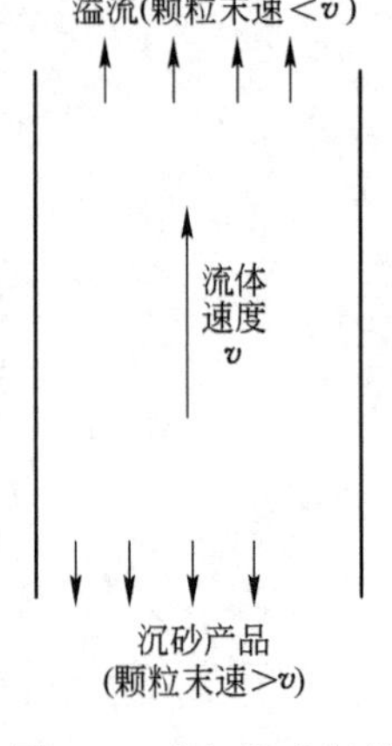

图 9.1　分级机分级柱

9.2.1 自由沉降

自由沉降是指在相对于颗粒总体积而言在体积较大的流体中颗粒的沉降,此时颗粒的拥挤现象可忽略不计。在分散良好的矿浆中,当固体的质量百分数约小于15%时,物体进行自由沉降运动(Taggart, 1945)。

假设一个直径为 d,密度为 D_s 的球状颗粒,在密度为 D_f 的黏性流体中受重力作用而自由沉降,即在理论上体积无限大的流体中沉降。有三个力作用于该矿粒上:一是向下作用的重力;二是由于排开液体而引起的向上浮力;三是向上作用的流体阻力 D。颗粒的运动方程式为:

$$mg - m'g - D = \frac{m\mathrm{d}x}{\mathrm{d}t} \tag{9.1}$$

式中 m——颗粒的质量;

m'——排开液体的质量;

x——颗粒的速度;

g——重力加速度。

当达到沉降末速时,$\mathrm{d}x/\mathrm{d}t = 0$,则 $D = (m - m')g$。

因此:

$$D = \left(\frac{\pi}{6}\right) g d^3 (D_s - D_f) \tag{9.2}$$

斯托克斯(Stokes, 1891)假设对一个球形颗粒的流体阻力是由黏性阻力引起的,且推导出下式:

$$D = 3\pi d \eta v \tag{9.3}$$

式中 η——流体黏度;

v——沉降末速。

将其带入式9.2,则得:

$$3\pi\eta\, v = \left(\frac{\pi}{6}\right) g d^3 (D_s - D_f)$$

及

$$v = \frac{g d^2 (D_s - D_f)}{18\eta} \tag{9.4}$$

此式称为斯托克斯定律。

牛顿假设流体阻力是由绕流阻力引起的,并推导出:

$$D = 0.055\pi d^2 v^2 D_f \tag{9.5}$$

代入式9.2,得:

$$v = \left[\frac{3gd(D_s - D_f)}{D_f}\right]^{1/2} \tag{9.6}$$

此式称为绕流阻力牛顿定律。

斯托克斯定律适用于粒径小于 50 μm 左右的颗粒。粒度上限可由无量纲雷诺数求出(参见第 4 章)。牛顿定律适用于粒径大于 0.5 mm 的颗粒。因此,存在一个中间粒度分布,此粒度分布恰是大多数湿式分级物料的粒度范围,但在这一粒度范围内,上述两个定律均与相应试验数据不符合。

对于特定流体,斯托克斯定律(9.4)可简化为:

$$v = k_1 d^2 (D_s - D_f) \tag{9.7}$$

而牛顿定律(9.6)可简化为:

$$v = k_2 [d(D_s - D_f)]^{1/2} \tag{9.8}$$

式中,k_1、k_2为常数;$(D_s - D_f)$为密度为 D_s的颗粒在密度为 D_f的流体中的有效密度。

两个定律均表明,在特定的流体中,颗粒的沉降末速仅仅是颗粒粒度和密度的函数。由此可知:

(1) 如果两个颗粒密度相等,则粒径较大的颗粒具有较高的沉降末速;

(2) 如果两个颗粒粒径相等,则密度较大的颗粒具有较高的沉降末速。

假定两个矿粒的粒径分别 d_a、d_b,密度分别为 D_a、D_b,在密度为 D_f的流体中等速下降。则其沉降末速必定相等,因此,根据斯托克斯定律(9.7)得:

$$d_{\mathrm{a}}^2 (D_{\mathrm{a}} - D_f) = d_{\mathrm{b}}^2 (D_{\mathrm{b}} - D_f)$$

或

$$\frac{d_{\mathrm{a}}}{d_{\mathrm{b}}} = \left(\frac{D_{\mathrm{b}} - D_f}{D_{\mathrm{a}} - D_f}\right)^{1/2} \tag{9.9}$$

此式称作两个矿粒的自由沉降比,即以相同速度沉降的两个矿粒所需的粒度比。

同理,根据简化的牛顿定律(9.8),大颗粒的自由沉降比为:

$$\frac{d_{\mathrm{a}}}{d_{\mathrm{b}}} = \left(\frac{D_{\mathrm{b}} - D_f}{D_{\mathrm{a}} - D_f}\right) \tag{9.10}$$

假设方铅矿(密度 7.5)和石英(密度 2.65)的混合物在水中进行分级,对于细颗粒,按照斯托克斯定律,自由沉降比(式 9.9)应为:

$$\left(\frac{7.5 - 1}{2.65 - 1}\right)^{1/2} = 1.99$$

由此可知,遵循牛顿定律的大颗粒自由沉降比大于遵循斯托克斯定律的小颗粒自由沉降比。这说明,对于大颗粒,矿物颗粒间的密度差对分级效果的影响更明显。这确定了重选的应用范围。应尽量避免物料过磨,由此将较粗的物料给入分选设备,在比重差的强化作用下,可实现高效分选。然而,在常规球磨分级流程中高密度的细粒级物料更易于过磨,因此在粗磨流程中最好选用棒磨机替代球磨机以强化重选中的重力效应。

根据式 9.9 和式 9.10,可推导出自由沉降比的通式如下:

$$\frac{d_a}{d_b}=\left(\frac{D_b-D_f}{D_a-D_f}\right)^n \tag{9.11}$$

式中,符合斯托克斯定律的小颗粒,$n=0.5$;符合牛顿定律的大颗粒,$n=1$;50 μm ~ 0.5 cm 的中间粒级,$n=0.5\sim1$。

9.2.2 干涉沉降

随着矿浆中固体颗粒比例的增大,颗粒的群集效应更加明显,颗粒的沉降速度开始下降。矿浆体系开始变得如重液一样,其密度是矿浆的密度而不是荷载液体的密度;此时,干涉沉降占主导优势。由于矿浆的密度和黏度较高,而颗粒通过矿浆进行干涉沉降分离,因此,沉降阻力主要是由紊流引起的。牛顿定律(式 9.8)的修正式可确定此条件下颗粒的近似沉降速度:

$$v=k[d(D_s-D_p)]^{1/2} \tag{9.12}$$

式中,D_p为矿浆密度。

颗粒的密度越小,有效密度 D_s-D_p减小的效应越显著,沉降速度下降得越大。同理,颗粒越大,沉降速度随矿浆密度的增大而下降得越显著。

这在分级机的设计中是至关重要的,实际上,干涉沉降使粒度对分级的影响减小,进而强化了密度对分级的影响。

以石英和方铅矿的混合物在密度为 1.5 的矿浆中的沉降分离为例进行说明。根据式 9.12 可推导出干涉沉降比为:

$$\frac{d_a}{d_b}=\frac{D_b-D_p}{D_a-D_p} \tag{9.13}$$

因此,在这一体系中,

$$\frac{d_a}{d_b}=\frac{7.5-1.5}{2.65-1.5}=5.22$$

由此可知,方铅矿颗粒在矿浆中的沉降速度等于粒径是其 5.22 倍的石英颗粒的沉降速度,而在绕流阻力作用下,计算出的自由沉降比则为 3.94。

干涉沉降比总是大于自由沉降比,而矿浆越稠,等降颗粒的粒径比越大。对石英和方铅矿而言,实际上,能够获得的最大干涉沉降比是 7.5 左右。干涉沉降分级机强化密度对分级的影响,而自由沉降分级机则利用相对稀释的悬浮液,以强化粒度在分级中的作用(图 9.2)。一般选用某个重选机处理相对较稠的矿浆,尤其是在处理重质砂矿时。重选机处理量较大,同时,强化了比重差对分选的影响。然

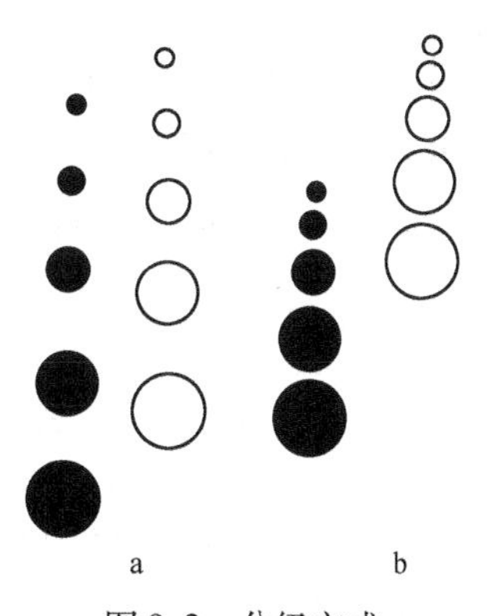

图 9.2 分级方式

a—自由沉降;b—干涉沉降

而，分选效率可能会降低，因为矿浆的黏度随着密度的增加而增大。高浓度给矿矿浆的密度接近所需分选物料的密度，因此，需要较低密度的矿浆，即使这弱化了密度差异的影响。

随着矿浆浓度的增大，颗粒表面仅由薄层水膜覆盖。其可称为流砂态，即，在表面张力的作用下，混合物呈完全悬浮状态，不易分离。固体颗粒处于完全流化态(full teeter)，这意味着，每个矿粒可自由运动，但如果它不与其他颗粒碰撞，就不能移动而其处于原地。矿浆的性质如同黏性液体，比重大于矿浆的固体颗粒通过矿浆时，其将在矿浆黏性阻力的作用下运动。

在分级机的分级柱中设计某种阻滞设施，或制成锥形分级柱，或在机底安置格筛，以此来产生流化态(图 9.3)。

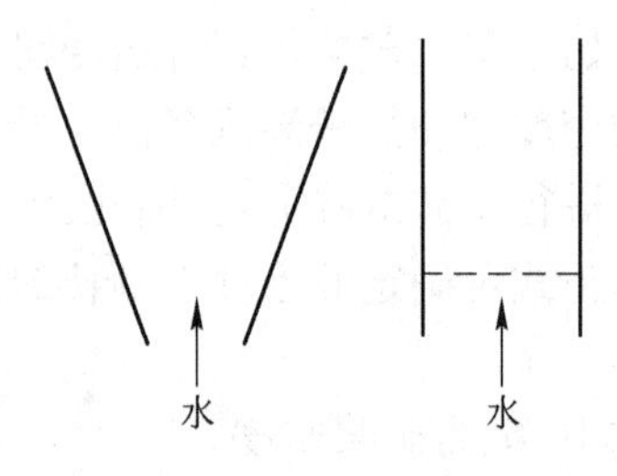

图 9.3 干涉沉降室

这种干涉沉降分级柱称为干涉沉降室。因设有阻滞装置，补加水流速在柱底最大。矿粒不断下沉，直至共沉降速度与上升水流速度相同。此时，颗粒不再进一步下沉。当许多颗粒达到这一状态，大量矿粒滞留在阻滞装置上，进而在矿浆中形成压力。矿粒沿阻力最小的路径上升，这一路径往往是沿柱体的中轴，直至其进入或接近沉降矿粒顶部压力较低的区域；按矿粒之前沉降的状态继续下降。当矿粒由底部上升至中心时，边壁的矿粒会沉降进入所产生的空隙中。进而形成环流，颗粒呈流化态。混杂状态的矿粒不断碰撞，这起到清除任何夹带或黏附矿泥的擦洗作用，随后将矿泥从沉降室排出，成为分级的溢流。因此分级的分离效果较好。

9.3 分级机类型

分级机的类型和形状多种多样。然而，根据载流矿浆的流向，可将其分为两大类。一类是机械分级机等水平流分级机，本质上，其属于自由沉降型分级机，着重强调按粒度分级；另一类是垂直流水力分级机，一般属于干涉沉降型分级机，因此，强化了密度对分级的影响。在矿物加工中使用的某些主要类型的分选机也可应用于其他领域(Anon, 1984; Heiskanen, 1993)。

9.3.1 水力分级机

水力分级机的主要特点是需向给入矿浆内添加补加水，水的流动方向与矿粒的沉降方向相反。水力分级机往往由一系列分级柱组成，通过每个分级柱的垂直水流上升而矿粒则沉降分离(图 9.4)。

第一个分级柱内的流速最高，最后一个分级柱内的流速最低，从而可获得一些分级产品，在第一个分级柱中可获得高密度的粗粒产品，而后者的分级产

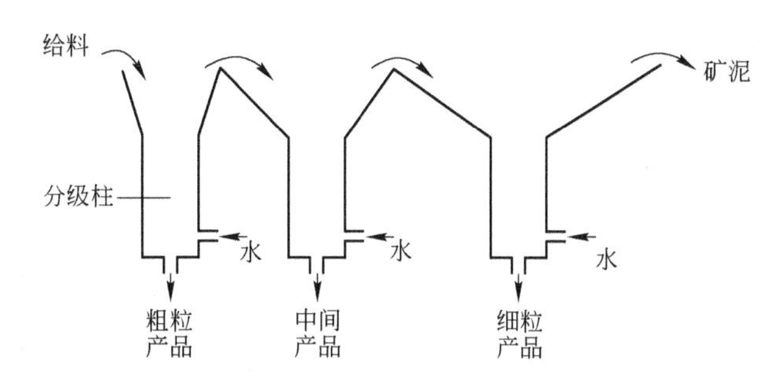

图 9.4　水力分级机工作原理

品为细粒产品。细粒矿泥成为最后一个分级柱的溢流。分级柱的尺寸依次增大,部分原因是后续分级柱处理的液体量包括了前一个分级柱用于分级的所有水量,另一部分原因是从一个分级柱流向下一个分柱液体的表面流速逐渐降低。

水力分级机可能是自由沉降型也可能是干涉沉降型。前一种很少使用,其结构简单、处理量大,但分级效率较低。此类分级机的特点是分级柱沿其长度的横截面相同。

在矿业中分级机的最大用途是对某个重选过程的给矿进行分级以减弱粒度的影响和强化密度的效用(参见第 10 章)。此类分级属干涉沉降型分级机。其余自由沉降分级机不同之处在于其分级柱底部尖缩,形成一个干涉沉降室(图 9.3)。干涉沉降分级机的用水量比自由沉降分级机的耗水量少得多,且由于干涉沉降室内的擦洗作用以及总体来说,矿浆的悬浮作用,使得分级作用更具选择性。由于等降颗粒的粒度比较大,因此这类的分级机还有一定的分选富集作用,且第一分级柱产品的品位高于其他分级柱产品(图 9.5)。

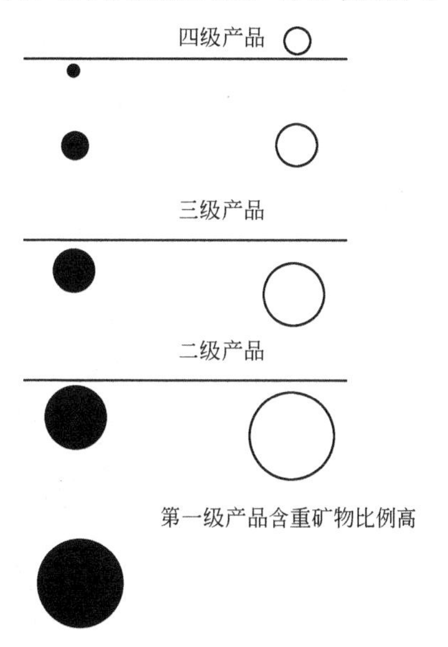

图 9.5　干涉沉降分级机的额外增量

这称为分级机的增益。在某些情况下,第一分级柱产品的品位足够高,以致其可直接作为精矿产品。

在分级期间,流化态层趋于扩大,因为矿粒易于混入此层而不是脱离该床层。因其密度的增大,这易于改变分级产品的性质。在现代多室水力分级机中,流化态床层的组成是自动控制的。斯托克斯水力分级机(图 9.6)常用于重选给矿的粒度分级。

每个干涉沉降室的底部均装有给水管,水压恒定,以维持固体颗粒的流化态,矿粒逆着由间隙上升的水流而沉降。水力分级机的每个干涉沉降室内均装有一个排矿塞,此排矿塞与压力阀相连接,以便能精确控制由操作者给定的分级条件(图9.7)。

图9.6 斯托克斯多级水力旋流器

排矿阀可由水力和电力控制,在操作中,调节该阀以平衡流化态物料所产生的压力。尽管给矿速度时时发生变化,但是单个分级室内的固体浓度仍能保持相对稳定。毫无疑问,每一分级产品的排出量将随给矿的波动而变化,但由于此种变化往往由阀门加以平衡,所以分级产品的浓度几乎保持恒定。对于石英砂,其分级产品往往是65%的固体质量浓度,但对较高密度的物料,其分级产品的浓度更高。

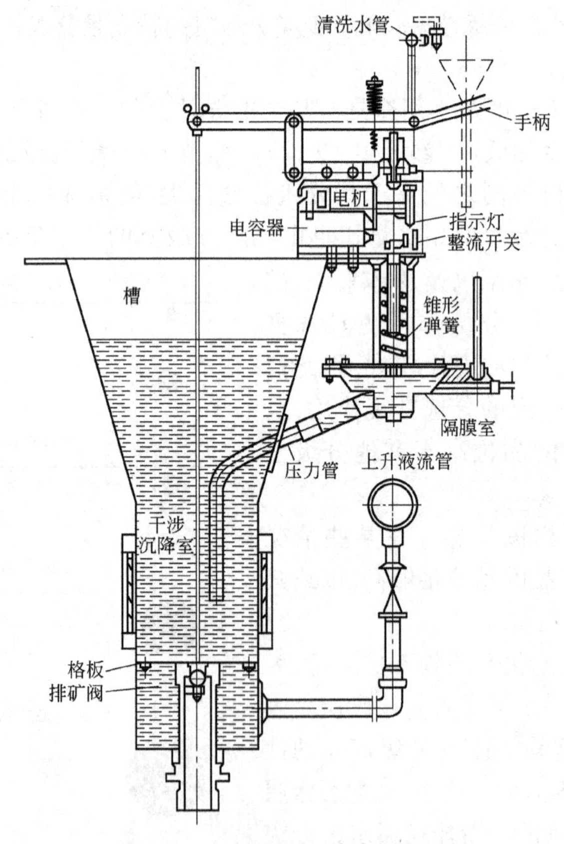

图9.7 水力分级机分级柱剖面图

9.3.2 水平流分级机

9.3.2.1 圆锥分级机

圆锥分级机是一种最简单的分级机,其目的仅仅在于固液分离,也就是说,在小型厂矿,有时使用此种分级机进行脱水。圆锥分级机常用于集料工业,如对粗砂产品进行脱泥。圆锥分级机的工作原理如图9.8所示。矿浆由F处给入槽内并形成分散矿浆流,排矿阀S开始时是关闭的。当槽内充满矿浆时,开始形成水和泥浆的溢流,而沉降的砂层不断累计,直至达到图示的水平面。此时,如果打开排砂阀,且排砂量和进料量保持相等,则因水平流作用而产生分级,液体和泥浆由给矿筒B径向流过D区并由溢流口排出。这种分级机操作的主要难点在于矿砂排卸和沉积不易平衡;实际上,仅在重力作用下不能保证矿砂有规律地排出敞开的管子。为了克服这一难题,设计了各种不同类型圆锥分级机(Taggart, 1945)。

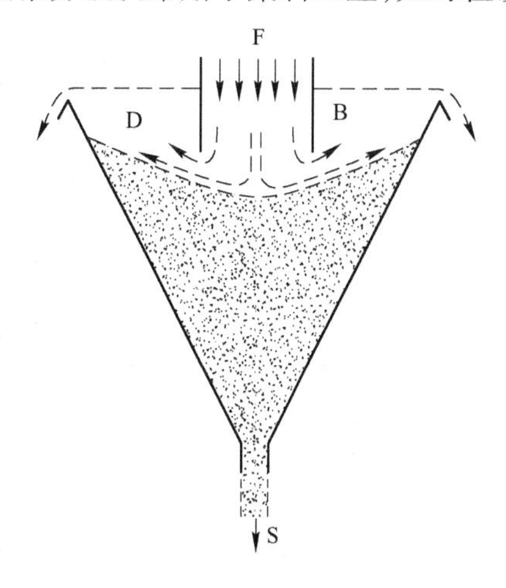

图9.8 圆锥分级机工作原理

本质上,“弗洛特克斯”(“Floatex”)分级机由脱水圆锥分级机上方的干涉沉降分级机组成,其通过干涉沉降室中矿浆的比重自动调控分级室底部的沉砂排矿口的大小,利特勒(Litler,1986)的研究表明,其可用作脱泥设备且可提高煤和云母的品位,同时可应用于金属矿的分级闭路流程。

9.3.2.2 机械分级机

机械分级机有几种类型。在这类分级机中,低速沉降的物料随溢流排出,而沉降速度较高的物料在设备底部沉积,借助某种机械手段,逆着流体流动方向,将沉积的物料向上搬运。

机械分级机广泛应用于闭路磨矿作业和洗矿车间产品的分级(参见第2章)。在洗矿车间,其或多或少地起着按粒度分级的作用,这主要是因为矿粒基本上未解离而具有相似的比重。在闭路磨矿中,机械分级机易于把高密度的细颗粒返回磨机而引起过磨(参见第7章)。其也可用于重介质选矿(参见第11章)。

机械分级机的分级原理如图9.9所示。

矿浆给入倾斜槽,高速沉降颗粒快速地沉降到槽底形成沉降区。粗粒矿砂之上形成一个流砂区,颗粒在该区内主要进行干涉沉降。此区域的深度和形状取决于分级机的作用和给矿矿浆的浓度。本质上,流砂区之上是一个自由沉降物料区,矿浆从给矿口水平流经流砂区的顶部到达溢流堰,并从此处排出细泥。

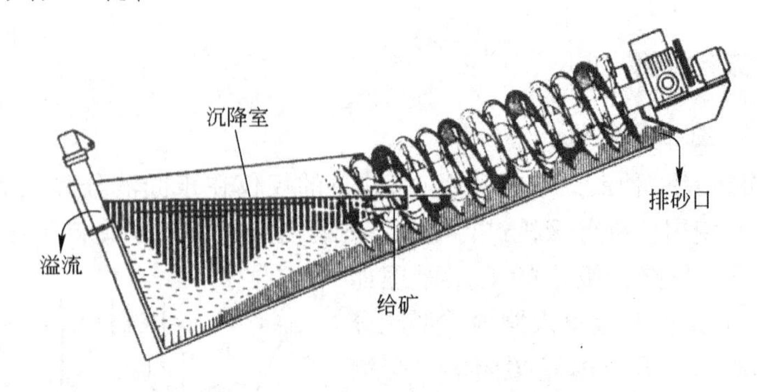

图9.9 机械分级机分级原理

机械耙或螺旋将沉砂斜槽向上输送至斜槽顶部。输送机械轻度搅拌,使细粒在槽中悬浮。矿砂脱离沉降池时,机械耙的耙动作用使其缓慢地翻动,这可分离出夹带的泥和水,进而提高了分级效果。向排出的矿砂上喷水洗涤以便将矿泥冲回沉降池中。

9.3.2.3 耙式分级机(图9.10)

用偏心运动来驱动机械耙,偏心运动使机械耙沉入沉砂中,并将沉砂沿分级机斜槽向上提升小段距离。机械耙随后返回起点,如此反复耙动,由此,缓慢沿斜槽提升沉降矿砂,直至其由排砂口排出。

图9.10 耙式分级机

在所示双耙分级机中,一个机械耙向上耙动,另一个则返回原来位置。还有单耙和四耙分级机,前者有一个机械耙,而后者有四个机械耙。

9.3.2.4 螺旋分级机(图9.11)

利用一个连续旋转的螺旋来提升矿砂沿斜槽向上运动。螺旋分级机的斜槽比耙式分级机的更陡,因为在耙式分级机中,若斜槽过陡,当机械耙返回时,矿砂会向下滑动。较陡的斜槽有助于沉砂脱水,从而产生出较干的矿砂。螺旋分级机沉降室中的搅拌作用弱于耙式分级机的搅拌作用,而这种作用对较细矿粒的分级是极为重要的。

图 9.11　螺旋分级机

进行分级的粒度以及分级的质量受许多因素的影响。

增加给矿速度会提高矿浆的水平输送速度,从而增大进入溢流的颗粒粒度。给矿不应直接给入沉降室,否则会引起搅拌作用,使粗粒物料脱离干涉沉降区而进入溢流。给料矿浆应经挡板分散后缓慢地向下扩散;挡板部分沉没于沉降室中,并向排砂端倾斜,因此,大部分动能可由距离溢流堰最远的沉降室部分吸收。

耙式分级机和螺旋分级机的速度决定着矿浆的搅拌强度和返砂排出吨数。对于粗粒的分级,为了保持粗颗粒悬浮于沉降池中,可能需要高速搅拌,而对于较细粒级的分级,则要求较低速度的搅拌和低速耙动。然而,机械耙或螺旋的速度必须满足沿斜槽向上输送返砂。

溢流堰的高度在一些机械分级机中是一个操作变数。升高溢流堰,就增大沉降池容积,因为提供较长的沉降时间,减弱表面的搅拌,从而降低最终分级溢流的矿浆浓度。因此,对于细粒级的分级,选用高溢流堰。

矿浆稀释度是机械分级机操作中最重要的可调参数。在闭路磨矿作业中,球磨机排矿浓度很少低于65%(固体重量),而机械分级机又不能在矿浆浓度约大于50%(固体重量)的条件下工作。因此,将控制矿浆稀释度的水加入给矿槽,或添加到靠近V形沉降池的矿砂中。水的添加量决定着矿粒的沉降速度;增加稀释度就降低分级机溢流浓度,提高颗粒的自由沉降速度,使得较小颗粒免受水平流作用而沉降下来。假使溢流矿浆浓度高于称作临界稀释度的值,就产生较细的分级;临界稀释度一般约10%(固体)。小于这一浓度时,与由矿浆浓度降低引起的颗粒沉降速度的增大相比,由稀释所引起的上升流速的增大更为显著。因此,随着稀释度的提高,溢流变得较粗(图9.12)。然而,在选矿工业中,溢流浓度低于临界稀释度的情况是很少见的。

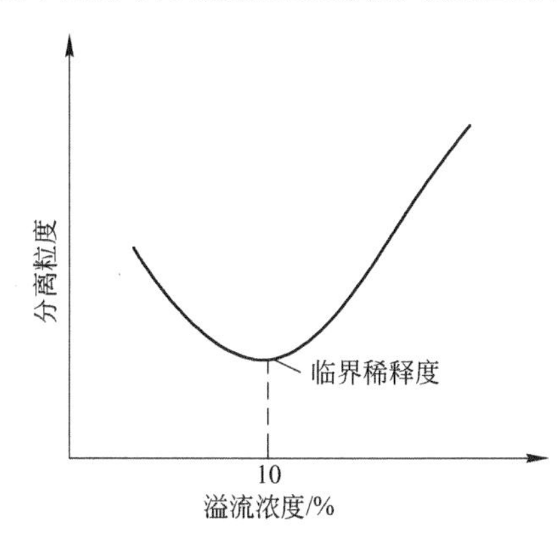

图 9.12　溢流稀释度对分级机分级的影响

机械分级机的一个主要缺点是在适当的矿浆浓度下不能获得极细的溢流。欲达到细粒分级,矿浆就必须稀释到很高的程度以提高颗粒的沉降速度,这样,对于后续的作业,矿浆浓度过低。因此,在选别之前矿浆就可能需要浓缩。这是不可取的,因为这除了会增加浓密设备的投资和占地面积较大外,已解离的矿物还可在浓密机中氧化,而这种氧化会影响到后续作业,特别是泡沫浮选作业。

9.3.3 水力旋流器

水力旋流器是一种连续作业的分级设备,利用离心力来加速颗粒的沉降速度。水力旋流器是选矿工业中最重要的设备之一,在选矿中主要用作分级设备,尤其在细粒分级作业中极为有效。它广泛用于闭路磨矿作业(Napier-Munn 等,1996)但也可用于脱泥、除砂和浓密等其他作业。

在许多场合水力旋流器可代替机械式分级机,其优势在于操作简便及与其尺寸相比有较高的处理能力。它的变体“水介质旋流器”已经用于煤(Osborne,1985)和其他矿物的精选。

典型的水力旋流器(图 9.13)由一个圆锥形容器构成,其底部(沉砂口)敞开,锥体上连接一个筒体,筒体上部有一个切向给料口。圆筒顶部有盖板,一个轴向溢流管穿过盖板。轴向溢流管有一段插入筒体内,该管段可拆卸,称之为旋流器溢流管,用以防止给矿短路而直接进入溢流。

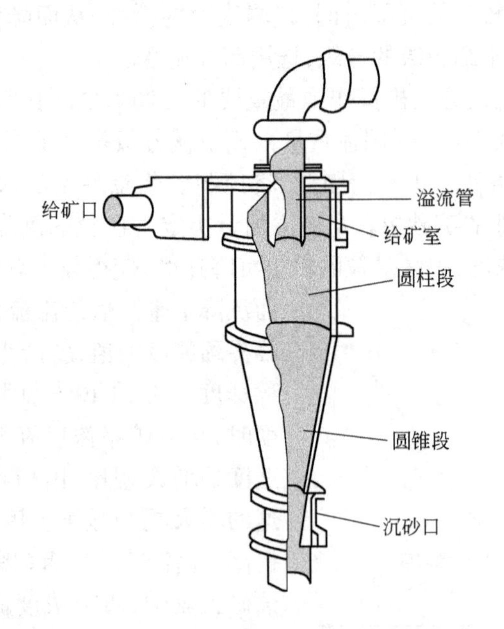

图 9.13 水力旋流器(Napier-Munn 等,1996;朱利叶斯克鲁特施尼特矿物研究中心(JKMRC),昆士兰大学)

矿浆在一定压力下通过切向给料口给入,这使矿浆产生漩涡运动,进而使其在旋流器内产生旋流运动,并沿垂直轴形成一个低压区。沿垂直轴还形成空气柱,通常通过沉砂口同大气相连接;但一部分空气柱是由从低压区溶液中析出的溶解空气所产生的。

水力旋流器作用的经典理论是,旋流器内颗粒的流动方式受到两个反向作用力:一个是向外的离心力,另一个是向内的拉力(图 9.14)。离心力可加速颗粒的沉降速度,因而可按粒度、形状和密度对颗粒进行分离。沉降较快的颗粒被抛向器壁(此处速度最慢),之后逐步流向沉砂口。由于拉力的作用,沉降较慢的颗粒流向垂直轴线周围的低压区,并向上运动,最终经由溢流管进入溢流。

由于存在着一个向下料流的外区和一个向上料流的内区,势必有一个垂直速度为零的区域。这见之于旋流器的大部分,因此在整个旋流器内应存在着一个垂直速度为零的包络面(图 9.15)。受较大离心力作用而被抛出垂直速度为零的包络面以外的颗粒将进入沉砂,而受较大的拉力作用而进入旋流器中心的颗粒则进入溢流。处在垂直速度为零的包络面上的颗粒受到相等的离心力和拉力的作用,进入沉砂或溢流的几率相等。

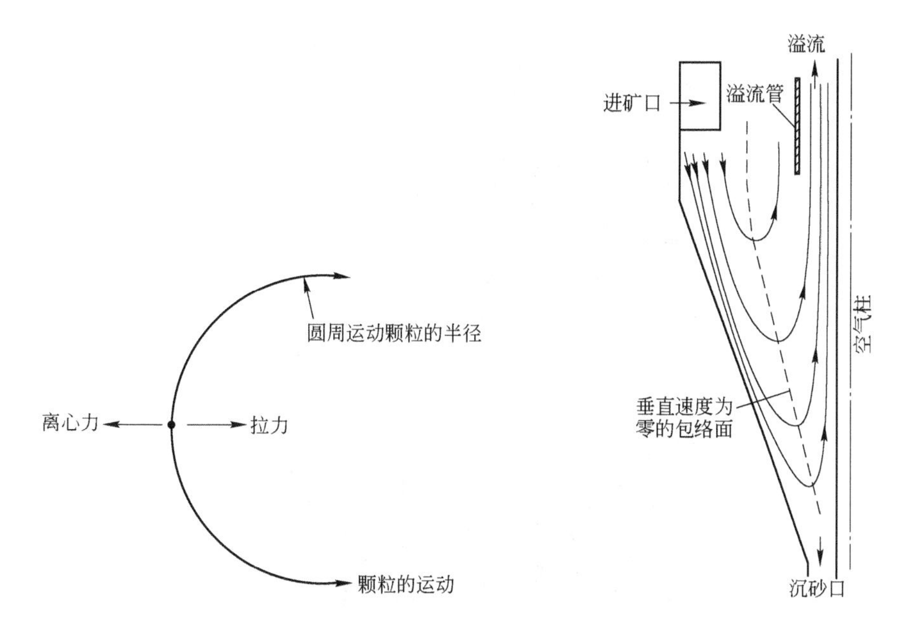

图 9.14 水力旋流器中圆周运动颗粒所受的力

图 9.15 水力旋流器中速度的垂直分量和径向分量的分布

伦纳和科恩(Renner 和 Cohen,1978)的研究表明,旋流器内的分级并不是像经典模型所假定的那样在整个体积内发生。实验采用高速取样器,从直径 150 mm 旋流器内的若干选定位置取出一些试样,做粒度分析。结果表明水力旋流器的内部可以分为四个粒度分布差异明显的区域(图9.16)。

基本上未分级的给矿处在靠近圆柱体壁和旋流器顶部的窄区A。B区占据旋流器圆锥体的大部分,其中包含充分分级的粗粒物料,即,粒度分布几乎是均匀的,且类似于粗粒产品的粒度。与此类似,充分分级的细粒物料处于C区,即围绕溢流管并沿旋流器轴线伸展。只是在圆环状的D区似乎发生分级。各种粒级通过该区做径向分布,据轴线的径距离越小,颗粒的粒度越小。旋流器在低压下工作,因此在设备中D区的范围更大。

水力旋流器分级效率和处理量较高,因此其一般广泛应用于磨矿流程(图9.17)。水力旋流器也可用于较宽粒级分布物料(代表性的为5~500 μm)的分级,小尺寸旋流器可用于细粒分级。

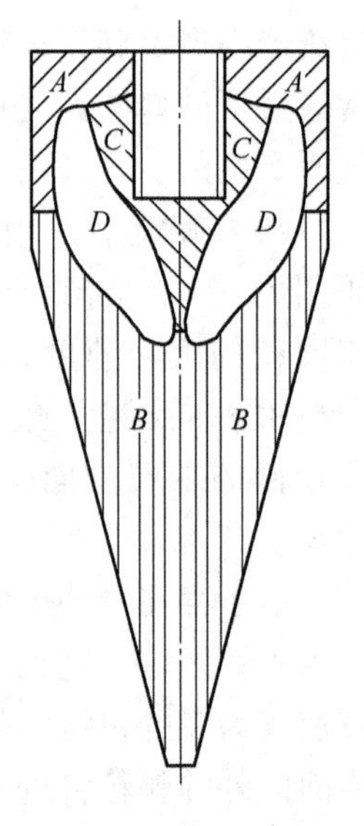

图9.16 旋流器内粒度分布相似的各区

图9.17 球磨机与水力旋流器构成的闭路磨矿流程,印尼巴都希贾乌(Batu Hijau)矿(朱利叶斯克鲁特施尼特矿物研究中心(JKMRC)和JKTech公司)

9.3.3.1 水力旋流器效率

表示旋流器效率最常用的方法是应用特性曲线或分配曲线(图9.18),该曲线表明给矿中进入水力旋流器沉砂的每一粒级的质量百分数与颗粒粒度之间的关系。此曲线与按密度分离的分布曲线近似(参见第11章)。旋流器的分离点或分离粒度是指给料中有50%的颗粒进入沉砂中的粒度,也就是说,这一粒度的颗粒进入沉砂或溢流的几率相等(Svarovsky, 1984)。该点通常表示为d_{50}粒度。分离的精确度取决于分配曲线中心部位的斜率;斜率越趋于垂直,分级效率越高。在曲线上截取75%和25%的给矿进入沉砂的粒度,就可表示曲线斜率,分别以d_{75}和d_{25}粒度表示。于是分级效率或所谓的不完整度I如下式表示:

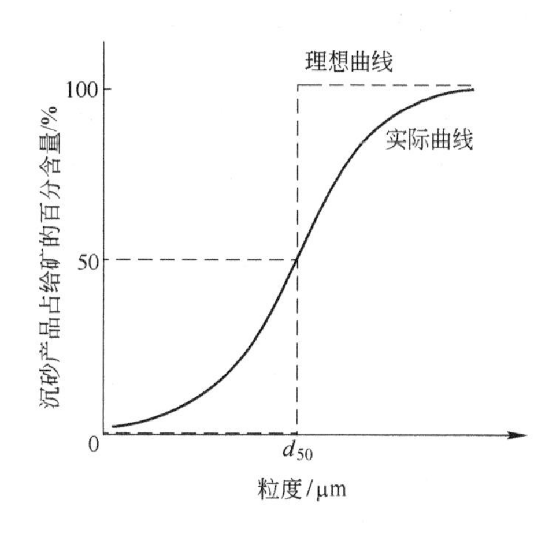

图9.18 旋流器分布曲线

$$I = \frac{d_{75} - d_{25}}{2d_{50}} \tag{9.14}$$

水力旋流器的许多数学模型均含“校正d_{50}”,该参数取自“校正”分级曲线。凯尔瑟尔(Kelsall,1953)指出在所有分级机中,粗粒矿浆产品中夹带的所有粒级物料与进入底流的给矿水成正比。

例如,若给矿中含某一粒度的给料16 t/h,其中12 t/h进入底流,则进入底流的这一粒级的百分数在标准分布曲线上表示为75%。

但是,如果说25%的给矿水进入底流,则25%的给矿物料随之流入底流;因此,4 t/h的粒级将流失于底流中,只有8 t/h的物料因分级而留在底流中。因此,该粒级的校正回收率则为:

$$100 \times \frac{12 - 4}{16 - 4} = 67\%$$

因此,未校正的分布曲线可用下式进行校正:

$$y' = \frac{y - R}{1 - R} \tag{9.15}$$

式中 y'——进入底流的某一特定粒级的较正质量百分率;

y——进入底流的某一特定粒级的实际质量百分率;

R——在粗粒产品中回收的夹带给料的百分率。

较正曲线可描述实际分级中底流回收的颗粒粒度。值得注意的是凯尔瑟尔(Kelsall)假说已经受到质疑,弗林夫等(Flintoff等,1987)复查了一些参数。然而,经长期使用验证凯尔瑟尔(Kelsall)校正值具有简单、实用和方便的特点。图9.19

示出校正和未校正的分级曲线。

分配曲线的绘制方法可用一个例子进行说明。此曲线可用电子制表软件进行绘制。假设将石英(2700 kg/m^3)给入一台旋流器,此矿浆密度为 1670 kg/m^3。旋流器底流的密度为 1890 kg/m^3,溢流密度为 1460 kg/m^3。

用式 3.6 计算出旋流器给矿中的固体质量百分数为 63.7%。因此,给矿的稀释比(液固比)为:

$$\frac{36.3}{63.7}=0.57$$

同理,也可计算出底流和溢流的稀释比,其分别 0.34 和 1.00。

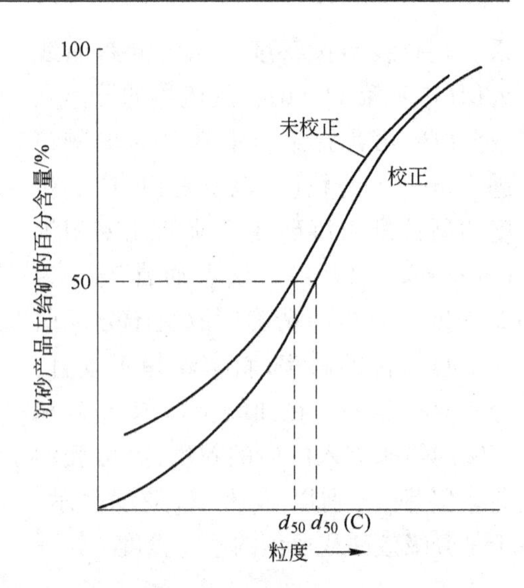

图 9.19 未校正和校正分级曲线

如果旋流器的给矿速率为 F t/h,底流和溢流的质量流速分别为 U t/h 和 V t/h,则因单位时间内流入旋流器的总水量一定等于排出的总水量:

$$0.57F=0.34U+V$$

或

$$0.57F=0.34U+(F-U)$$

因此

$$\frac{U}{F}=0.652$$

沉砂占总给矿量的 65.2%,溢流占给矿的 34.8%。

目前将数据列入表 9.1 中,即可绘制水力旋流器的性能曲线。

表 9.1

粒度/μm	质量分数/%		占给矿的质量分数/%		重新构成的给矿	标定粒度(算术平均值)	进入沉砂的给矿质量分数/%
	沉砂	溢流	沉砂	溢流			
+1168	14.7	—	9.6	—	9.6	—	100.0
589 - 1168	21.8	—	14.2	—	14.2	878.5	100.0
295 - 589	25.0	5.9	16.3	2.1	18.4	442.0	88.6
208 - 295	7.4	9.0	4.8	3.1	7.9	251.5	60.8
147 - 208	6.3	11.7	4.1	4.1	8.2	177.5	50.0
104 - 147	4.8	11.2	3.1	3.9	7.0	125.5	44.3
74 - 104	2.9	7.9	1.9	2.7	4.6	89.0	41.3
-74	17.1	54.3	11.2	18.9	30.1	—	37.2
总　计	100.0	100.0	65.2	34.8	100.0		

表内(1)、(2)和(3)列列出溢流和沉砂的筛析结果。第(4)和(5)列将这些结果与给矿物料相关联。例如,(2)列的结果乘以0.652即得(4)列。(4)列加(5)列即得(6)列,此列为重新构成的给料粒度分析。(8)列是由(4)列的每一重量除以(6)列的相应重量而得。将(8)列对(7)列(筛分粒度的算术平均值)作图,即可得分布曲线,由此曲线可确定d_{50}(177.5 μm)的值。分布曲线可用式9.15进行校正。此例中R值为:

$$\frac{65.2\times 0.34}{100\times 0.57}=0.39$$

林奇和饶(Lynch 和 Rao)(发表于 Lynch [1977])说明"分级效率曲线"的应用,即将沉砂的重量百分率对实际粒度与校正d_{50}的商作图(图9.20),表明改变操作条件后其可用于推导实际性能曲线,此曲线与水力旋流器直径、沉砂口直径或操作条件有关。并已推出了大量的数学函数来描述分级效率曲线。纳皮尔-马恩(Napier-Munn)等对部分的此类通用函数进行了综述。

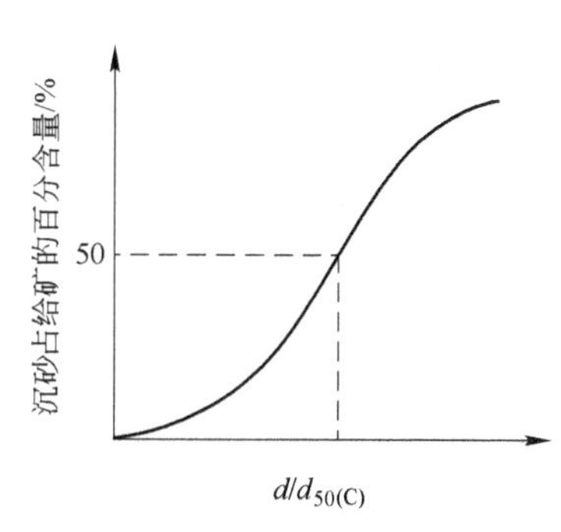

图9.20 分级效率曲线

尽管分配曲线在评价分级机性能方面极为有用,但是与旋流器的d_{50}相比,选矿工程师一般更为关注磨矿细度(也就是旋流器溢流的粒度分析)。卡瓦萃尔和塞茨(Kawatra 和 Seitz,1985)得出了磨矿细度与旋流器分级效率曲线的基本关系。

9.3.3.2 水力旋流器的数学模型

针对水力旋流器操作与设计及优化中所使用的模型几何参数与旋流器操作之间的主要关系进行了大量的研究,并取得一定进展。计算流体力学可作为基本理论对水力旋流器进行模拟(例如 Brennan 等, 2003; Nowakowski 等, 2004),尽管此方法的计算量很大且不完善。在实践中常用的方法本质上都是凭经验得出的。

布拉德利(Bradly,1965)在其重要著作中列举出了八个不同的分离粒度方程式,自此以后,此类方程式显著增多。以平衡轨道假说(图9.14和图9.15)为基础的布拉德利公式如下:

$$d_{50}=k\left[\frac{D_c^3\eta}{Q_f(\rho_s-\rho_l)}\right]^n \tag{9.16}$$

式中 D_c——旋流器直径;

Q_f——给料速度;

ρ_s——固体密度;

ρ_l——流体密度;

n——流体动力学常数(层流颗粒为0.5);

k——其他影响因素的综合常数，尤其是旋流器的几何结构。这表明此式具有较好的应用前景，但是在实际设计或运行的情况下不能直接使用。

波利特(Plitt,1976)和耐吉斯瓦亚饶(Nageswararao,1995,第一次发表于1978年)发表的经验模型已得到最广泛的使用。在1980年波利特发表了原模型的微修改模型(弗林夫(Flintoff)等,1987)。纳皮尔－马恩(Napier-Munn,1996)等以从庞大数据库中确定数值常数的现象学描述为基础，描述了这些模型，而耐吉斯瓦亚饶(Nageswararao)等(2004)则综述和比较了更多的模型。

适用于校正分级粒度 $d_{50(c)}$（以 μm 为计量单位）的普利特(Plitt)校正模型如下：

$$d_{50(c)}=\frac{F_1 39.7D_c^{0.46}D_i^{0.6}D_o^{1.21}\eta^{0.5}\exp(0.063C_V)}{D_u^{0.71}h^{0.38}Q_f^{0.45}\left(\frac{\rho_s-1}{1.6}\right)^k} \tag{9.17}$$

式中 D_c,D_i,D_o,D_u——旋流器、给矿口、溢流管和沉砂口的内径，cm；

η——液体黏度，cPa；

C_V——给矿中固体体积浓度，%；

h——沉砂口和溢流管之间的距离；

k——从试验数据中估算出的流体力学指数(层流的缺省值为0.5)；

Q_f——给矿速度，L/min；

ρ_s——固体密度，g/cm³。

注：对于非圆形给矿口，$D_i=\sqrt{4A/\pi}$，式中 A(cm²)是给矿口的横截面积。

旋流器中矿浆的容积流速 Q_f 的公式为：

$$d_{50(c)}=\frac{F_2P^{0.56}D_c^{0.21}D_i^{0.53}h^{0.16}(D_u^2+D_o^2)}{\exp(0.031C_V)} \tag{9.18}$$

式中，P 是通过旋流器的压降，以 kPa 为单位(1 Psi = 6.896 kPa)。式9.17和式9.18中 F_1 和 F_2 是物料特性常数，须由与给入物料相关的试验确定。

波利特(Plitt)也给出了沉砂和溢流之间的流量分配公式和在简化效率曲线上的效率参数公式。

耐吉斯瓦亚饶(Nageswararao)的模型包括校正的分离粒度、压流率和流量分配，但不含效率。在此模型中也包括由试验数据估算出的物料特性常数，即使其第一近似值可从先前的研究文献中获得。给矿特性的校正需强调给矿条件对旋流器性能的影响。

阿莎玛和纳皮尔－马恩(Asomah 和 Napier-Munn,1997)提出涵盖旋流器倾斜角的经验模型，同时，明确纳皮尔－马恩指出了矿浆黏度，但其未得到大规模的应用,而波利特和耐吉斯瓦亚饶(Plitt 和 Nageswararao)模型则得到广泛的应用。

在旋流器中流速的一个常用近似值为:

$$Q \approx 9.5 \times 10^{-3} \sqrt{P} D^2 \tag{9.19}$$

流速和压降旋流器有用功:

$$Power = \frac{PQ}{3600} \quad \text{kW} \tag{9.20}$$

式中 Q——流速,m^3/h;

P——压降,kPa;

D——旋流器内径,cm。

所用的功率近似等于泵发动机的功率,同时,还顾及到压头损失和泵效率。

这些模型易于导入电子表格中,尤其是可使用 JKSimMet(Napier-Munn 等,1996)和 MODSIM(King, 2001)或流程模拟器(Hand 和 Wiseman, 2002)等专业计算机模拟软件进行工艺流程设计和优化。其也可用作虚拟测量设备或"软测量仪表"(Morrison 和 Freeman, 1990; Smith 和 Swartz, 1999),推论出旋流器可代替在线筛分机生产按几何学粒度和不同操作参数条件分级的产品(参见第 4 章)。

9.3.3.3 水力旋流器的设计和工业放大

通过沉砂口、旋流器直径、流速和压降之间的基本关系式,可初步估算从已知设备(例如实验室试验或半工业试验)到未知设备(例如实际生产装置)的扩大值如下:

$$\frac{d_{50c_2}}{d_{50c_1}} = \left(\frac{D_2}{D_1}\right)^{n_1} \left(\frac{Q_1}{Q_2}\right)^{n_2} = \left(\frac{D_2}{D_1}\right)^{n_3} \left(\frac{P_1}{P_2}\right)^{n_4} \tag{9.21}$$

和

$$\frac{P_1}{P_2} \approx \left(\frac{Q_1}{Q_2}\right)^{n_5} \left(\frac{D_2}{D_1}\right)^{n_6} \tag{9.22}$$

式中,P 为压降,Q 为流速,D 为旋流器直径,下标 1 和 2 分别表示已知设备和工业放大设备,$n_{1\sim6}$是流动状态性质的常数。理论值(对于小型旋流器的稀矿浆和层流颗粒)是:$n_1 = 1.5$、$n_2 = 0.5$、$n_3 = 0.5$、$n_4 = 0.25$、$n_5 = 2.0$ 和 $n_6 = 4.0$。在实际生产中所使用的常数依条件和选定的特殊模型而定。尤其,实际上,较高的给矿浓度将影响给定流速下的分级粒度(增加)和压降(减少)。虽然未达成统一共识,但是在大多数应用中,下面各值将更多用于实际设备的预测 $n_1 = 1.54$、$n_2 = 0.43$、$n_3 = 0.72$、$n_4 = 0.22$、$n_5 = 2.0$ 和 $n_6 = 3.76$。

这些关系式说明需综合考察直径、流速和压力等因素。例如,分级粒度不仅仅与旋流器直径有关,因为直径的变化将会引起流速或压力的变化或二者一起变化。例如,如果希望在分级粒度不变的情况下按比例增大旋流器尺寸,那么 $d_{50c_1} = d_{50c_2}$ 而 $D_2 = D_1(P_2/P_1)^{n_4/n_3}$。有时,可通过几个旋流器的串联来提高分级效率,可按连续处理溢流、连续处理沉砂或同时连续处理溢流和沉砂的方式进行。斯瓦罗夫斯基(Svarovsky,1984)指出具有相同分级曲线的 N 个旋流器串联,每个旋流器处理前一个的溢流,那么粒度为 d 的总回收率 $R_{d(T)}$ 由下式计算:

$$R_{d(T)} = 1 - (1 - R_d)^N \tag{9.23}$$

式中 R_d——一个旋流器中粒度为 d 的物料的回收率。

选定一个旋流器装置合理方式是使用如上所述的模拟程序包进行过程模拟。这些程序包括波利特和耐吉斯瓦亚饶(Plitt 和 Nageswararao)等研发的旋流器经验公式,且其能优化含水力旋流器的分选流程(例如 Morrison 和 Morrell, 1998)。

一种可能的选择是使用简单的经验方法来配制厂商为特殊作业开发的分级旋流器。Arterburn (1982) 在用图形修正"经典"克雷布斯(Krebs)旋流器性能的基础上提出了一种计算其他条件的方法;由此,可计算所需的分级粒度以及选定旋流器尺寸、处理量和设备数。这篇论文可在克雷布斯工程师(Krebs Engineers) 网站找到,奥尔森和特纳(Olson 和 Turner,2002)提出了较新的方法。

穆拉尔和胡尔(Mular 和 Jull,1978)根据经典旋流器的图形信息推出了经验公式,d_{50}与变径旋流器的操作参数有关。

经典旋流器的入口面积是给料仓横截面积的 7%,溢流管直径一般为旋流器直径的 35% ~40% 而沉砂口直径一般不少于溢流口直径的 25%。

旋流器沉砂口方程式为:

$$d_{50c} = \frac{0.77D_c^{1.875}}{Q^{0.6}(S-1)^{0.5}} \times \frac{\exp(-0.301 + 0.0945V - 0.0356V^2 + 0.0000684V^3)}{Q^{0.6}(S-1)^{0.5}} \tag{9.24}$$

这些公式已经用于计算机控制的磨矿流程,用所测试数据推断分离粒度,但是随着在线粒度检测器的广泛应用其在此方面的应用减少(第 4 章)。然而,在采用计算机仿真技术设计和优化含旋流器的流程时使用该公式可计算最大值。例如,克雷布斯工程师网(Krebs Engineers)在磨矿分级流程设计中应用数学模型估算采用两段分级代替常见的一段分级将使磨矿流程的处理量增加 6%。若不采用旋流器模型设计,这样的工作高价且耗时。

该公式也是用于特殊作业选择旋流器,通过调节给料口、溢流口和沉砂口的尺寸控制分离粒度和处理量。

例如,假设将原矿石(比重 3.7 g/cm^3)按 201.5 t/h 的给矿速度给入第一段磨机中。此磨机与分级机组成闭路流程,循环负荷 300%,分级粒度 74 μm。

因此,旋流器的总给矿量 806 t/h。假定旋流器给矿浓度 50%,那么矿浆密度(式 3.6)为 1.574 kg/L,旋流器的体积流量为 1024 m^3/h。

给矿的体积百分浓度为 $1.574 \times 50/3.7 = 21.3\%$。合并公式 9.19 和式 9.24

$$d_{50(c)}=\frac{12.76D_c^{0.675}}{P^{0.3}(S-1)^{0.5}}\times\frac{\exp(-0.301+0.0945V-0.00356V^2+0.0000684V^3)}{P^{0.3}(S-1)^{0.5}} \tag{9.25}$$

例如，当压力 12 psi（82.74 kPa），D_c = 66 cm 时，旋流器分级粒度为 74 μm（$d_{50(c)}$），则可选择 660 mm 旋流器或近似设备，最后通过调节溢流管、沉砂口、压力等调节分级粒度。660 mm 旋流器在 12 psi（82.74 kPa）下的最大处理量为 372.5 m^3（式 9.20），因此，为满足处理能力共须 3 个旋流器。

9.3.3.4　旋流器性能的影响因素

凭经验调节经验模型与工业规模旋流器的相互关系，这强化了操作和设计变量对旋流器性能的有利影响。下面工艺参数符合一般事实：

分级粒度（与颗粒回收率负相关）

随旋流器直径增大

随给料浓度增大

随流量减小

随沉砂口减小和溢流管增大而减小

随旋流器倾角减小

分级效率

随旋流器尺寸优化增大

随给料浓度减小

随限制沉砂水量而提高分级效率

调整某一几何尺寸提高分级效率

沉砂水量

随着沉砂口增大和溢流口变小而增加

随流量而降低

随倾斜旋流器而减小（尤其低压）

随给料浓度变化而增加

流量

随压力而增加

随旋流器直径而增加

随给料浓度而降低（在给定压力下）

因为操作变量对旋流器性能有重要的影响，所以在操作过程中，必须尽量避免流量的波动。借助自动水面调节水箱消除泵湍振，安装适当的过负荷设备消除流量波动。

旋流器给料流量与压降密切相关（式 9.19）。确定压降值是为了设计一定处理能力的砂泵系统，或确定一定装置的处理能力。通常，压降是由位于在旋流器上部某一距离内的给矿线路上的给矿压力来决定的。在一定范围内，提高给矿流速，则增大了颗粒的离心力，分级效率将随之提高。如果其他变量恒定，提高效率只能靠增加压力并相应的增大功率来实现，因为这与压降和处理能力的乘积直接相关。由于增大给矿速度或压降，使离心力作用增强，较细的颗粒也会进入沉砂，d_{50}随之降低，但增大幅度要足以引起显著影响。图 9. 21 显示出压力对旋流器处理量和分离粒度的影响。

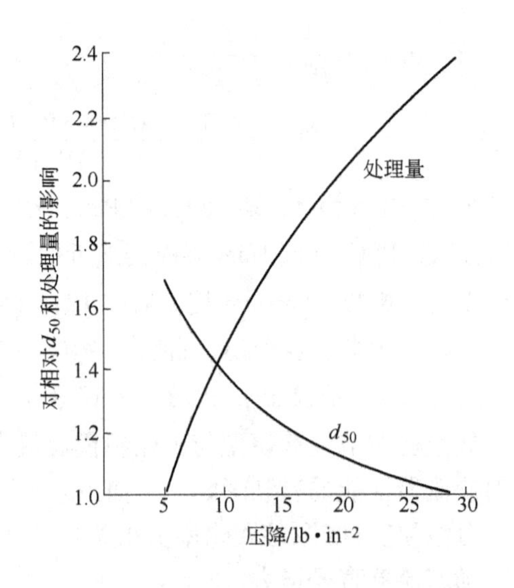

图 9. 21　压力对旋流器处理量和分离粒度的影响

提高给矿密度的作用是极为复杂的，因旋流器内实际的矿浆黏度和干涉沉降程度随之增高。分离的精确度随矿浆密度提高而下降，但分离粒度则因旋流器内对旋涡运动的阻力较大而提高，从而减小有效压降。只有在低浓度的给矿和较大压降下才能分离较细粒度的物料。通常，给矿浓度不高于约 30%（固体重量），但在闭路磨矿作业中，因一般要求较粗的分级，所以往往取高达 60% 的给矿浓度以及较低压降，后者往往低于 10 psi（68. 9 kPa）。图 9. 22 表明给矿浓度对高矿浆密度下的分级粒度影响很大。

给矿中颗粒的形状也是分级中的一个重要考察因素，如云母类较扁平的矿粒，即使颗粒较粗，往往也会进入溢流中。

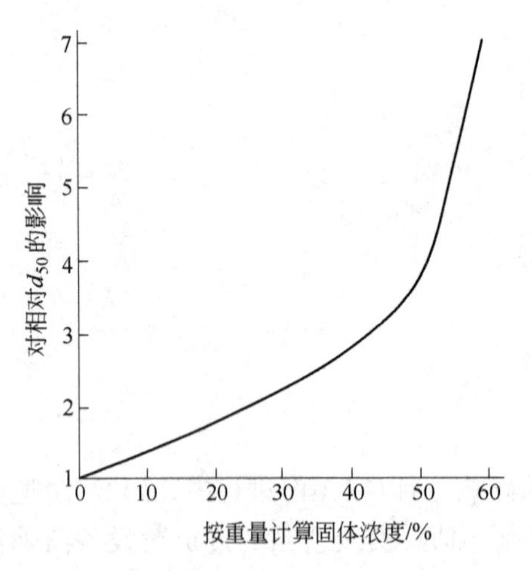

图 9. 22　固体浓度对旋流器分离粒度的影响

在实践中，分离粒度主要由给矿口、溢流口和沉砂口等旋流器设计参数控制，且大多数旋流器的设计均使此类参数易于调节。

给矿口的面积决定着入口速度，面积增大，流量提高。给矿口的几何形状也很重要。在大多数旋流器中，在进入旋流器中的圆柱体处入口的形状已由圆截面发展为矩形截面。这有助于矿浆沿给矿室四壁“扩散”。给矿口一般为切线式，但渐开线式也较为常见（图 9. 23）。渐开线式给矿口据称可最大限度地减轻紊流，并降低磨损。

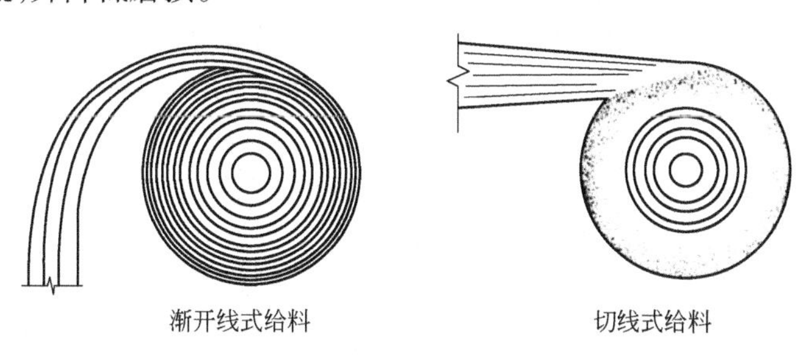

图 9.23　渐开线式和切线式给矿口

这些设计差异表现在威尔沃曼(Weir warman)的 CAVEX 旋流器和克雷布斯(Krebs)的 gMAX 旋流器等专利旋流器设备的研制开发。

溢流管直径是一个极为重要的参数。在给定的旋流器压降下，溢流管直径的扩大导致分离粒度变粗和处理量提高。

沉砂口或排砂口的尺寸决定着沉砂(底流)的密度，因此，其必须大得足以排出已由旋流器分离出的粗粒颗粒。孔口还须使空气沿旋流器的轴线进入其内，以形成空气漩涡。旋流器应在尽可能高的沉砂密度下操作，因为由底流排出的非分级物料与通过底流排出的给矿水分量成比例。在正确的操作条件下，底流应该呈一个中空锥体喷流，夹角为 20°~30°(图 9.24)。这样，空气可进入旋流器，已分离的粗颗粒将自由排卸，固体浓度可达到 50%(重量)以上。沉砂口过小，则会形成所谓的绳索(roping)状态，形成与沉砂口直径相等的非常稠密的矿浆流，空气漩涡可能消失，分离效率会下降，粗粒物料通过漩涡溢流管而排出。小沉砂口一般用于需要高沉砂密度的场合，但是对溢流不利，沉砂口过大会形成较大的中空锥形(图 9.24)。底流将变得过稀，过多的水会使原本属于溢流的未分离的细粒物料进入沉砂。

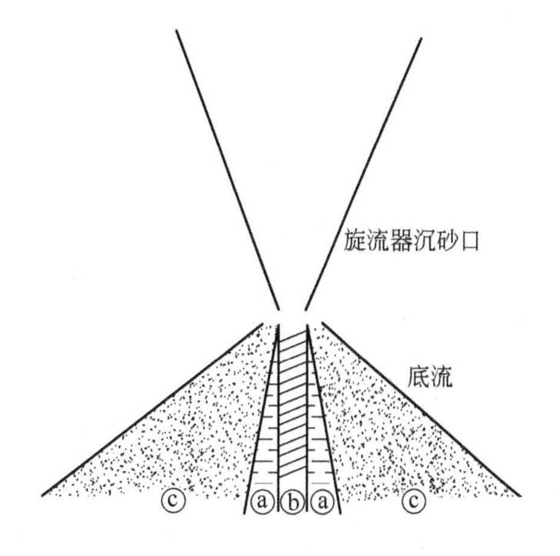

图 9.24　沉砂口对旋流器沉砂的影响
ⓐ区，正确操作；ⓑ区，“绳索”状态——孔口过小；ⓒ区，底流过稀，沉砂口过大

一些研究人员认为，旋流器的直径对分离粒度无影响；对于几何形状相似的旋流器，效率曲线仅仅是给矿物料特性的函数；给矿口和沉砂口的直径是决定性的设计参数，而旋流器的直径只是适应装设这些孔口所需的尺寸而已(Lynch 等，1974；1975；Rao 等，1976)。然而，根据理论探讨，正是旋流器的直径控制着运动轨迹的半径，进而决定着作用域颗粒的离心力。

由于旋流器的各种孔径和直径之间有着非常密切的关系,因此难以判别直径的真实作用。普利特(Plitt,1976)推断,分离粒度与旋流器的直径无关。

对于几何形状相似的旋流器,在恒定的流速下,$d_{50} \propto$ 直径^x,但对 x 值争论甚大。应用克雷布斯－谬拉－朱尔(Krebs-Mular-Jull)模型,x 值为 1.875;对于普利特模型,x 值为 1.18;尔布拉德利(Bradley,1965)则认为,x 变动在 1.36 ~ 1.52 之间。以上对式 9.21 的分析表明 $x = 1.54$。

在实践中,分离粒度在很大程度上决定于旋流器的尺寸。特定用途所需旋流器尺寸可依据已知的经验模型进行评定,但对于特大型旋流器,因其内的紊流增强,经验模型就变得不适用。因此,较普遍的作法是参考制造厂的图表来选择所需的模型;制造厂的图表显示出各种尺寸旋流器的处理量和分离粒度范围。典型的性能图如图 9.25 所示。所示图表列出克雷布斯旋流器的数据,其操作条件为给矿矿浆浓度小于 30%,固体密度介于 2.5 ~3.2 kg^{-1}。

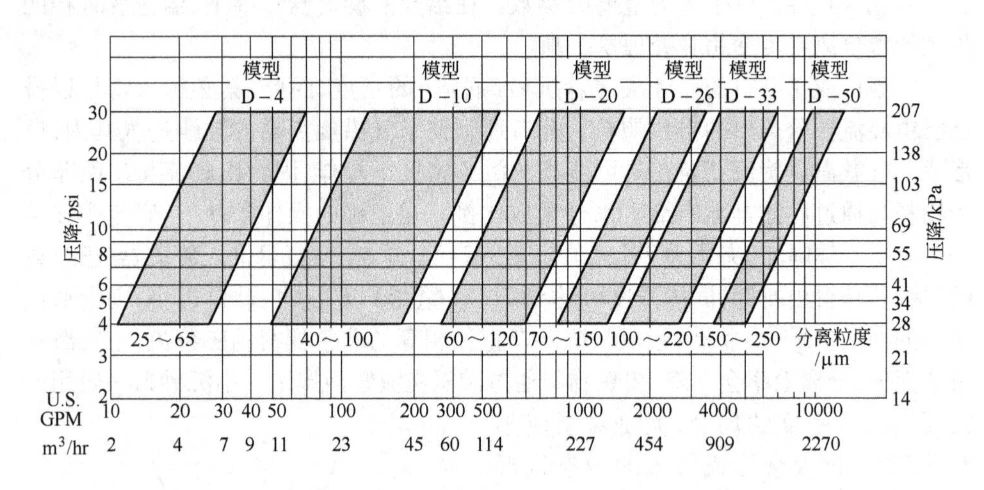

图 9.25 旋流器性能曲线(Krebs)(Napier-Munn 等,1996;朱利叶斯克鲁特施尼特矿物研究中心(JKMRC),昆士兰大学)

因为细粒分级需要小型旋流器,而小型旋流器的处理量小,如果需要高处理量,则需几台旋流器并联组合(图 9.26)使用。用于脱泥的旋流器常常是小型旋流器,如需要处理较大的流量则需要大量旋流器组合使用。在西澳的基斯镍矿(Mr. Keith Nickel)选矿厂安装了 4000 台这样的旋流器。通过使用莫兹利(Mozley)旋流器设备(Anon,1983)最大程度的解决了均匀给矿和减少堵塞等实际问题。16 mm × 44 mm 旋流器组配如图 9.27 所示。在 50 psi(344.8 kPa)压力下通过中心给矿管将浆矿给入给矿室。给矿室上安装有 16 mm × 44 mm 旋流器,给矿无需通过单独分配口即可通过除屑筛给入旋流器(图 9.28)。每个旋流器的溢流通过内部压板进入分矿室,进一步通过侧边的单一溢流管从分矿室排出。组配设计将维修成本减至最小,移除顶盖便可进行检修,且无需拆除给矿管和溢流管便可移除单个旋流器。

因为粗颗粒粒度的分离要求大直径旋流器,进而达到大处理量,在多数要求粗粒分级的情况下,不能使用旋流器,因为选矿厂的处理能力不够高。问题是,在半工业试验厂中不能模拟工业规模的设备,因为旋流器尺寸按比例缩小到可适应较低处理量,同时也就降低了分离粒度。

图 9.26 澳大利亚世纪锌矿 150 mm 旋流器组(朱利叶斯克鲁特施尼特矿物研究中心(JKMRC)和 JKTech 公司)

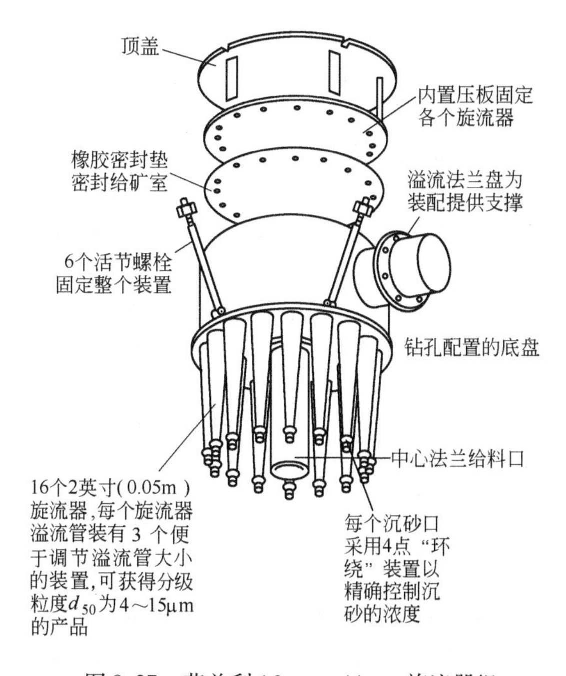

图 9.27 莫兹利 16 mm × 44 mm 旋流器组

图 9.28 Mozley 旋流器组内部结构

参 考 文 献

[1] Anon. (1977). *The Sizing of Hydrocyclones*, Krebs Engineers, California. Anon. (1983). Small diameter hydrocyclones Richard Mozley prominent in UK development, *Ind. Min.* (Jan.), 33.

[2] Anon. (1984). Classifiers Part 2: Some of the major manufacturers of classification equipment used in mineral processing, *Mining Mag.* (Jul.), 40.

[3] Arterburn, R. A. (1982). The sizing and selection of hydrocyclones, in *Design and Installation of Comminution Circuits*, ed. A. L. Mular, and G. V. Jergensen, Vol. 1, Chapter 32, 597 - 607, AIME.

[4] Asomah, I. K. and Napier-Munn, T. J. (1997). An empirical model of hydrocyclones, incorporating angle of cyclone inclination, *Minerals Eng.*, 10(3), 339 - 347.

[5] Austin, L. G. and Klimpel, R. R. (1981). An improved method for analysing classifier data, *Powder Tech.*, 29(Jul./Aug.), 227.

[6] Bradley, D. (1965). *The Hydrocyclone*, Pergamon Press, Oxford. Brennan, M., Subramanian, V., Rong, R. X., Lyman, G. J., Holtham, P. N., and Napier-Munn, T. J. (2003). Towards a new understanding of the cyclone separator, *XXII Int. Min. Proc. Cong.*, Cape Town, Oct.

[7] Flintoff, B. C., Plitt, L. R., and Turak, A. A. (1987). Cyclone modelling: A review of present technology, *CIM Bull.*, 80(905), Sept. 39 - 50.

[8] Hand, P. and Wiseman, D. (2002). Optimisation of moisture adjusted products using spreadsheets, *XIV International Coal Preparation Congress and Exhibition* (*XIV ICPC*), SAIMM, Johannesburg, Mar.

[9] Heiskanen, K. (1993). *Particle Classification*, Chapman and Hall, London, 321. Kawatra, S. K. and Seitz, R. A. (1985). Calculating the particle size distribution in a hydrocyclone product for simulation purposes, *Min. Metall. Proc.*, 2(Aug.), 152.

[10] Kelsall, D. F. (1953). A further study of the hydraulic cyclone. *Chem. Engng. Sci.*, 2, 254 -272.

[11] King, R. P. (2001). *Modelling and Simulation of Mineral Processing Systems*, Butterworth-Heinemann, Oxford. Littler, A. (1986). Automatic hindered-settling classifier for hydraulic sizing and mineral beneficiation, *Trans. Inst. Min. Metall.*, 95(Sept.), C133.

[12] Lynch, A. J., Rao, T. C., and Bailey, C. W. (1975). The influence of design and operating variables on the capacities of hydrocyclone classifiers, *Int. J. Min. Proc.*, 2(Mar.), 29.

[13] Lynch, A. J., Rao, T. C., and Prisbrey, K. A. (1974). The influence of hydrocyclone diameter on reduced efficiency curves, *Int. J. Min. Proc.*, 1(May), 173.

[14] Lynch, A. J. (1977). *Mineral Crushing and Grinding Circuits*, Elsevier, Amsterdam. Mackie, R. I., et al. (1987). Mathematical model of the Stokes hydrosizer, *Trans. Inst. Min. Metall.*, 96(Sept.), C130.

[15] Morrison, R. D. and Freeman, N. (1990). Grinding control development at ZC Mines. *Proc. AuslMM*, 295(2), Dec., 45 -49.

[16] Morrison, R. D. and Morrell, S. (1998). Comparison of comminution circuit energy efficiency using simulation, *SME Annual Meeting*, SME, Orlando (Mar.), Reprint 98 -36.

[17] Mular, A. L. and Jull, N. A. (1978). The selection of cyclone classifiers, pumps and pump boxes for grinding circuits, *Mineral Processing Plant Design*, AIMME, New York.

[18] Nageswararao, K. (1995). A generalised model for hydrocyclone classifiers, *AuslMM Proc.*, 2 (21).

[19] Nageswararao, K, Wiseman, D. M., and Napier-Munn, T. J. (2004). Two empirical hydrocyclone models revisited, *Minerals Engng.*, 17(5), May, 671 -687.

[20] Napier-Munn, T. J., Morrell, S., Morrison, R. D., and Kojovic, T. (1996). *Mineral Comminution Circuits-Their Operation and Optimisation*, Chapter 12, JKMRC, The University of Queensland, Brisbane, 413 pp.

[21] Nowakowski, A. F., Cullivan, J. C., Williams, R. A., and Dyakowski, T. (2004). Application of CFD to modelling of the flow in hydrocyclones. Is this a realizable option or still a research challenge? *Minerals Engng.*, 17(5), 661 -669.

[22] Olson, T. J. and Turner, P. A. (2002). Hydrocyclone selection for plant design, *Proc. Min. Proc. Plant Design, Practice and Control*, Vancouver, ed. Mular, Halbe, and Barratt, SME (Oct.), 880 -893.

[23] Osborne, D. G. (1985). Fine coal cleaning by gravity methods: a review of current practice. *Coal Prep.*, 2, 207 -242.

[24] Plitt, L. R. (1976). A mathematical model of the hydrocyclone classifier, *CIM Bull.*, 69 (Dec.), 114.

[25] Rao, T. C., Nageswararao, K., and Lynch, A. J. (1976). Influence of feed inlet diameter on the hydrocyclone behaviour, *Int. J. Min. Proc.*, 3(Dec.), 357.

[26] Renner, V. G. and Cohen, H. E. (1978). Measurement and interpretation of size distribution of particles within a hydrocyclone, *Trans. IMM*, Sec. C, 87(June), 139.

[27] Smith, V. C. and Swartz, C. L. E. (1999). Development of a hydrocyclone product size soft-

sensor. *Control and Optimisation in Minerals*, *Metals and Materials Processing*, Proc. Int. Symp. at 38th Ann. Conf. Mets. of CIM, Quebec, Aug. ed. D. Hodouin et al. , Can. Inst. Min. Metall. Pet. , 59 – 70.

[28] Stokes, G. G. (1891). *Mathematical and Physical Paper III*, Cambridge University Press. Svarovsky, L. (1984). *Hydrocyclones*, Holt, Rinehart & Winston Ltd, Eastbourne. Swanson, V. F. (1989). Free and hindered settling, *Min. Metall. Proc.* , 6(Nov.), 190.

[29] Taggart, A. F. (1945). *Handbook of Mineral Dressing*, Wiley, New York.

10 重　　选

10.1 引言

重选法用于处理上至较重的金属硫化矿（方铅矿，比重为 7.5）下至煤（比重为 1.3）等多种物料，在某些情况下粒度在 50 μm 以下。

在二十世纪上半叶，由于可选择性处理低品位复杂矿石的泡沫浮选法得到发展，重选法重要性有所下降。然而，重选法仍然是铁矿石和钨矿石的主要选别方法，并广泛用于处理锡矿石、煤和许多工业矿物。

近些年来，由于浮选药剂价格上涨，重选过程又比较简单，而且其几乎不会污染环境，所以许多公司又对重选系统作了重新评价。研究表明现代重选技术可有效富集粒度在 50 μm 范围内的物料；现代重选技术与改良的泵送技术和仪表配合使用，已在高处理量的选厂得到应用（Holland-Batt，1998）。在许多情况下，一个矿体中的某种矿物总有相当高的比例可以至少用费用低且生态上可行的重选系统有效地加以预先富集；当仅限使用更为昂贵的方法来处理重选精矿时，所消耗的药剂量和燃料量显著减少。矿物在较粗粒级下只要解离就可进行重选，因为矿物的表面积减小，脱水效率提高，而且矿物表面又不存在可能干扰后续作业的附着药剂，所以对后续处理作业极为有利。

重选技术目前正广泛用于回收浮选尾矿中残存的有用重矿物。除了现有的生产厂矿，许多大型尾矿场可采用近来开发的廉价工艺加以挖掘，并进行选别以生产出高价精矿。

10.2 重选原理

重选法借助矿物因重力和一种或多种其他力作用而产生的相对运动来分选不同比重的矿物，其他类型的力往往是指水或空气等粘滞流体对运动的阻力。

为了进行有效的分选，矿物和脉石之间必定存在较大的密度差。根据下列重选判据可以得出某种可能分选类型的概念：

$$\frac{D_h - D_f}{D_l - D_f} \tag{10.1}$$

式中　D_h——重矿物的比重；

D_l——轻矿物的比重；

D_f——流体介质的比重。

总之，当上式之商大于2.5，无论是正值还是负值，重选都相当容易，而随着商值减小，分选效率下降。

颗粒在流体中的运动，不仅取决于颗粒的比重，而且受颗粒的粒度的制约（参见第9章）；对大颗粒影响大于对小颗粒的影响。因此，重选过程的效率随粒度而提高，且颗粒应该足够大以致此颗粒可按牛顿定律（式9.6）运动。粒度较小的颗粒，其运动主要受摩擦力的支配，用工业规模处理量较高的重选法进行分选，效率就会相当低。在实践中，对重选过程的给矿必须进行严格的粒度控制，以减小粒度的影响，使颗粒的相对运动仅受比重的影响。

10.3 重选设备

为了按重力分选矿物，在过去已经设计并制造了许多不同的重选设备，Burt（1985）广泛论述了这些重选设备。许多重选设备已经过时并停止使用，本章只论述了目前选厂所使用的重选设备。重选设备生产厂家的相关信息可在矿业杂志每年12月份出版的产品和设备年度指南（Buyer's Guide of prducts）中找到。

依据给矿粒度范围对较常用的重选设备进行分类，如图1.8所示。

重介质选矿（DMS）过程广泛用于预先富集磨矿前的破碎产品，下一章将单独进行介绍。

为使所有的重选设备可进行高效分选，必须精心准备给矿。磨矿对达到适宜的矿物单体解离程度极为重要；在大多数作业中需要中矿再磨。粗磨应采用开路棒磨流程，但若要进行细磨，则应采用闭路球磨流程。球磨最好与筛子而不是旋流器一起组成闭路流程，以便减小重质脆性有价矿物的选择性过磨。

重选设备对于“矿泥”（超细颗粒）极为敏感，因为矿泥会增加矿浆黏度，进而减少分选的精度并使分离粒度模糊不清。大多数重选厂的共同作用是将粒度小于10 μm的细粒从给矿中脱除。将该细泥部分排入尾矿，这可能会使有价组分大量损失。通常使用水力旋流器脱泥，但是如果使用水力分级机准备给矿，那么在此阶段的脱泥效果可能更好，因为水力旋流器中产生的高剪切力会引起脆性矿物的碎磨。

跳汰机、圆锥选矿机和螺旋选矿机的给矿如果能在选别前进行筛分，则每个粒级应单独处理。但在大多数情况下，可通过筛除筛上物料以及进行脱泥达到此目的。应用流化膜分选的一些作业，如摇床和翻床选矿（tilting frame），应先用多室分级机对其给矿进行适宜的水力分级。

虽然矿浆大多采用离心泵和管道进行输送，但是应尽可能利用矿浆的自流；因此，为了达到此目的，许多早期的重选厂都建在上坡上。最大限度地减少泵送，这不仅可降低能耗，而且还可减少流程中的矿泥量。为了尽量减少脆性矿物的碎磨，应尽可能降低矿浆的泵送速度，但仍需保持固体呈悬浮状态。

重选流程操作的一个重要指标是选厂内适宜的水平衡。几乎所有的重选厂都有一个最佳的给矿矿浆浓度，即使略偏离此浓度，也会引起重选效率的急剧下降。因此，矿浆浓度的精确控制极为重要，而这对原给矿尤为重要。尽可能对矿浆浓度进行自动控制，最佳方式是应用核密度计（参见第3章），以监控新给矿的水加入量。此种仪表虽然昂贵，但从长远观点来看通常是经济实用的。在重选设备前采用沉降池控制流程中的矿浆浓度。沉降池使矿浆浓密，但溢流中往往含有固体，应送往中心泵池或浓密机。为了大幅度提高矿浆浓度，可采用水力旋流器或浓密机。后者较为昂贵，但几乎不会引起颗粒的大量破碎，而且还提供了相当大的缓冲容积。大多数重选厂的回水通常需要进行循环利用，因此应备有充足的浓密机或旋流器容积，而且务必尽量降低循环水中的矿泥量。

若矿石中含有一定量的硫化矿物，而且粗磨细度小于300 μm左右，则应在重选前通过泡沫浮选脱去硫化矿，否则会降低螺旋选矿机和摇床等设备的分选性能。如果粗磨粒度过粗而且不适合对硫化矿进行有效浮选，那么重选精矿需经再磨后再脱去硫化矿。硫化矿浮选尾矿往往采用重选法进行精选。

重选的最终精矿往往需要采用磁选、浸出或其他方法进行精选，以除去其他的矿物杂质。例如，在康沃尔南克罗夫蒂锡矿山，重选精矿用磁选机精选，以脱去锡石产品中的黑钨矿。

Wells（1991）评述了重选流程的设计与优化。

10.3.1 跳汰机

跳汰是最古老的重选方法之一，但其基本原理仅在今天才逐渐被阐述清楚。Jonkers等（1998）所建立的数学模型可根据浓度和粒度预测跳汰机性能。

跳汰机通常用于处理相对较粗的物料，而且如果给矿分级较窄（如3～10 mm），则给矿中比重差相对较小的矿物并不难获得良好的选分效果（如比重为3.2的萤石与比重为2.7的石英分选）。当比重差大时，粒级较宽的物料也能获得良好的分选效果。许多由大型跳汰机组成的流程仍应用于煤、锡石、钨、黄金、重晶石及铁矿工业。处理经分级的给矿时跳汰机的单位处理量相当高，给矿粒度大于150 μm，则可获得较好的矿物回收率，而粒度小于75 μm，往往也可获得适宜的回收率。细砂和矿泥含量过高则会影响跳汰机性能，因此，必须控制细粒含量以保证最佳的床层条件。

在跳汰机中，不同比重的矿物在脉动水流的分层作用下形成床层，并在此床层中进行分选。跳汰的目的是使预处理的物料床层松散，并控制其松散度，使较重、较细的颗粒钻过床层的空隙，而比重较大的粗颗粒则在近似干涉沉降的条件下沉降（Lyman，1992）。

在脉动过程中，床层整体被冲起，而当速度下降时，床层趋于松散，底部颗粒先下降直至整个床层完全松散。在吸入过程中,床层又缓慢地紧缩。在每一个冲程内均如此反复作用,冲次通常介于55~330 c/min。在粗颗粒静止之后,细颗粒则趋于钻过空隙。可使用固定筛和脉动水流也使用运动筛,获得此种运动,如简单的手动跳汰机(图10.1)。

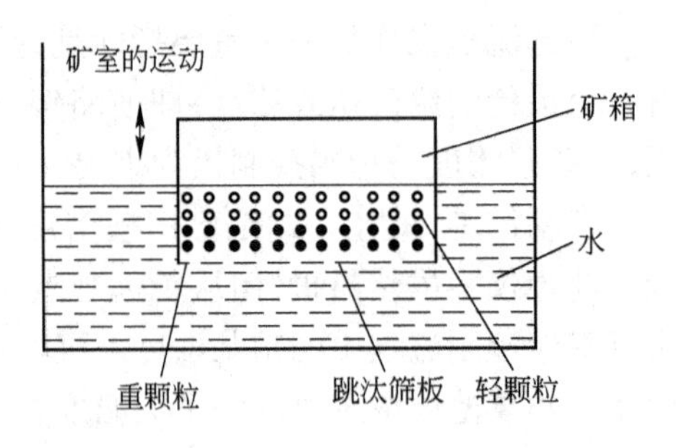

图10.1 手动跳汰机

10.3.1.1 跳汰作用

如第9章所述,在黏性液体中沉降颗粒运动的方程式为:

$$m\mathrm{d}x/\mathrm{d}t = mg - m'g - D \tag{9.1}$$

式中,m是矿物颗粒的质量,$\mathrm{d}x/\mathrm{d}t$是加速度,g是重力加速度,m'是排开液体的质量,而D是颗粒运动的阻力。

在颗粒运动的初期,速度x较小,D可忽略不计,这是因为D是x的函数。

因此,

$$\frac{\mathrm{d}x}{\mathrm{d}t} = \left(\frac{m - m'}{m}\right)g \tag{10.2}$$

且因颗粒和排开流体的体积相等,则

$$\mathrm{d}x/\mathrm{d}t = \left(\frac{D_s - D_f}{D_s}\right)g$$

$$= \left(\frac{1 - D_f}{D_s}\right)g \tag{10.3}$$

式中,D_s和D_f分别为固体和流体的比重。

矿物颗粒的初始加速度与粒度无关,而仅取决于固体和流体的比重。因此,在理论上,如果颗粒的沉降时间较短,而且沉降起伏频繁,则颗粒运动的总距离将主要受初始加速度差的影响,即受密度的影响而不受运动末速和粒度的影响。换言之,较重的细颗粒与较轻的细颗粒分离需要较短的跳汰周期。尽管分选细粒物料采用短而快的冲程,但是较长且缓慢的冲程易于控制且分层较好,尤其是在处理较粗的颗粒时。因此,实践中的好办法是将跳汰给矿筛分成不同的几个粒级,而后分别进行处理。初始加速度差的影响如图10.2所示。

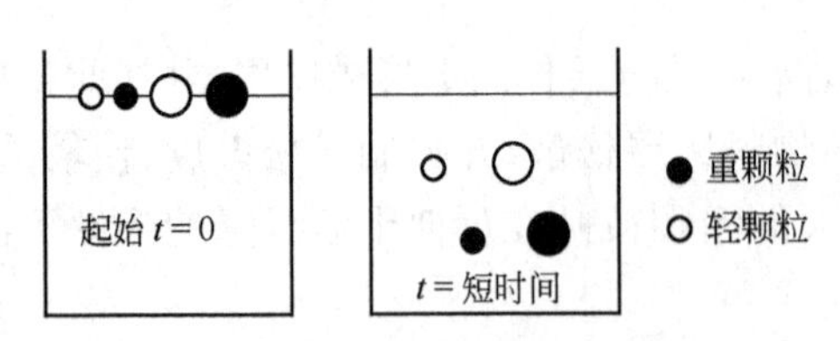

图10.2 初始加速度差

如果矿物颗粒经较长时间后已达到其末速,则其运动速度将取决于比重和粒度。床层实际上是一层松散堆积的物料,并由缝隙水流形成很厚的高密度悬浮体,所以干涉沉降占主导地位,而重矿物与轻矿物的沉降比要大于自由沉降时之比(参见第9章)。图10.3表明干涉沉降对分选的影响。

上升水流可加以调节,使之克服较细轻颗粒的下降速度,并把这些颗粒冲走而实现分选。上升水流还可进一步增强,仅使较重的粗颗粒沉降,但是,具有相似末速度的重细颗粒与轻细颗粒显然不可分。

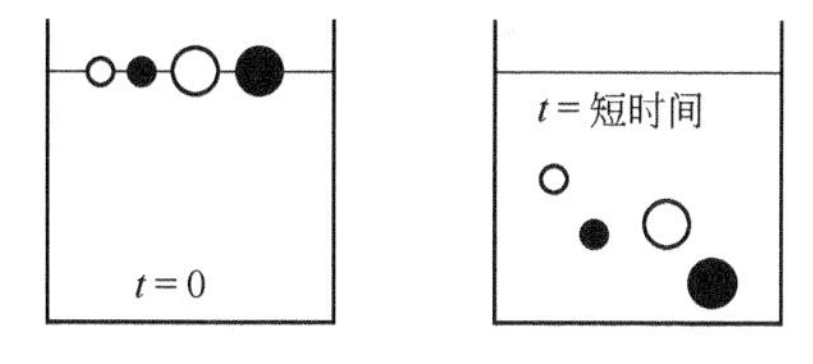

图10.3 干涉沉降

粗粒矿物的分选应采用较长、较慢的冲程,干涉沉降对其分选产生明显的影响,尽管在实践中,给矿较粗时,较大颗粒未必会有足够时间达到沉降末速。

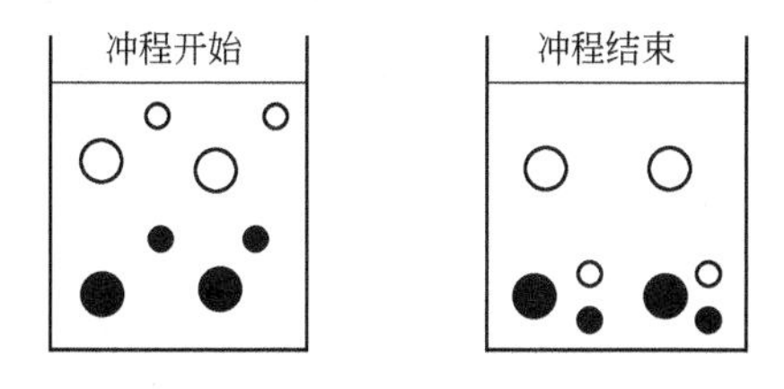

图10.4 固结沉降(consolidation trickling)

在脉动冲程结束时,床层开始压实,较大的颗粒相互连结,使得较小的颗粒有可能在重力作用下通过其间的空隙下降。微细颗粒在这种固结沉降阶段沉降(图10.4),未必有初加速度或悬浮阶段那样快,但是如果固结沉降阶段能够持续足够长的时间,那么,这种效应,特别是回收较重细颗粒矿物时,就可能值得重视。

图10.5所表述的各种现象表明一种理想化的跳汰过程。

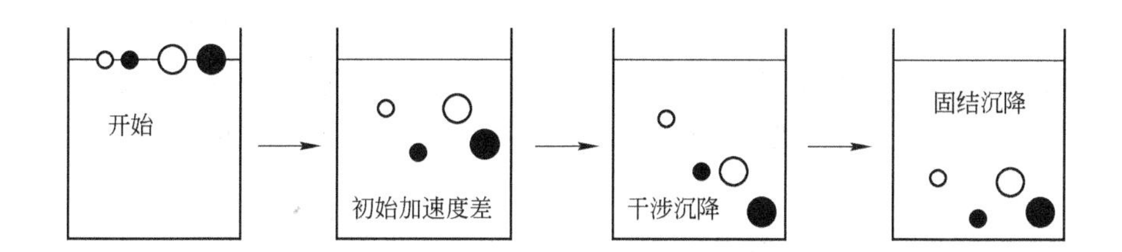

图10.5 理想的跳汰过程

在跳汰机中,脉动水流是由活塞造成的,活塞的运动呈谐波形状(图10.6)。

水流通过床层的垂直速度与活塞的速度呈正比。当活塞速度最大时,水流通过床层的速度也最大(图10.7)。

水流的上升速度从A点,即周期始点开始提高。当上升速度提高时,颗粒就被冲散,床层也变得松散。在B点,颗粒在上升水流中处于干涉沉降阶段,从B点至C点,水流速度仍继续提高,并从上部冲走微细粒子。此时,顶部水流将细粒冲入尾矿的可能性最大。在D点附近,先是较粗颗粒,随后是其余的细颗粒沉降下来。由于初始加速度和干涉沉降的联合作用,处于床层底部的主要是较粗的颗粒。

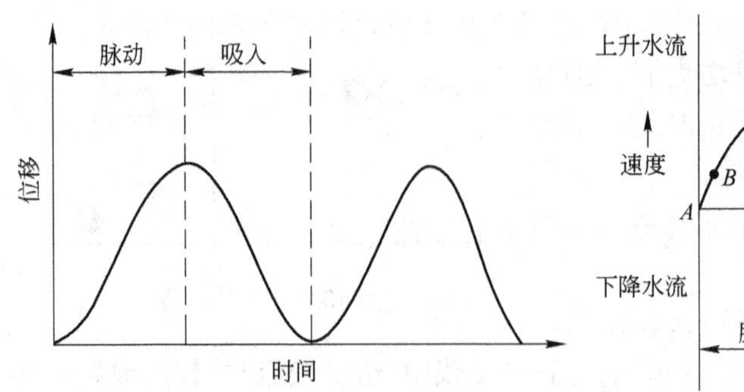

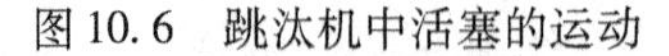

图 10.6 跳汰机中活塞的运动

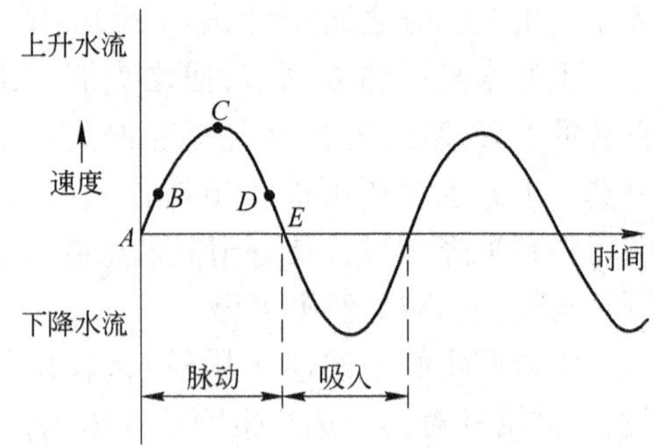

图 10.7 跳汰周期水流通过床层的速度

在脉动冲程和吸入过程的过渡点，即 E 点，床层将完全压实。此时，只能在一定限度内产生固结沉降作用。若处理窄粒级的矿石，则重颗粒难以钻过床层，并可能损失于尾矿中。补加一定量的筛下水，从而提供穿过床层的稳定上升水流，这就可以减轻严重的压实现象。筛下水流以及活塞所造成的交变水流的综合情况，如图 10.8 所示。因此，吸入作用因补加筛下水而减弱，其时间也缩短，补加大量的筛下水，可以完全消除吸入现象。这样粗粒就比较容易穿过床层，而且给矿在跳汰机内的水平输送也得到了改善。然而，细粒损失将加重，部分原因是脉动冲程持续时间较长，另一原因是补加水提高了顶部水流的速度。

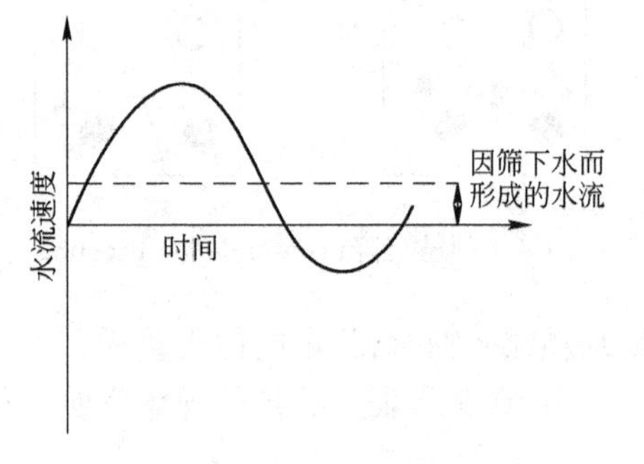

图 10.8 筛下水碓通过床层水流的影响

10.3.1.2 跳汰机的类型

跳汰机从本质上看是一个其内盛水的敞开槽子，顶部有水平的跳汰筛板，其下有筛下室，底部有精矿排出口（图 10.9）。Cope 综述了目前跳汰机的类型。跳汰床层是铺在筛板上的一层较重的粗颗粒，称之为人工床层，矿浆给到床层上。给矿流经人工床层，在跳汰机床层中进行分选：高比重的颗粒钻过人工床层和筛板，作为精矿排出，轻颗粒被横向水流冲走，作为尾矿废弃。由偏心驱动装置产生谐振运动，并辅之

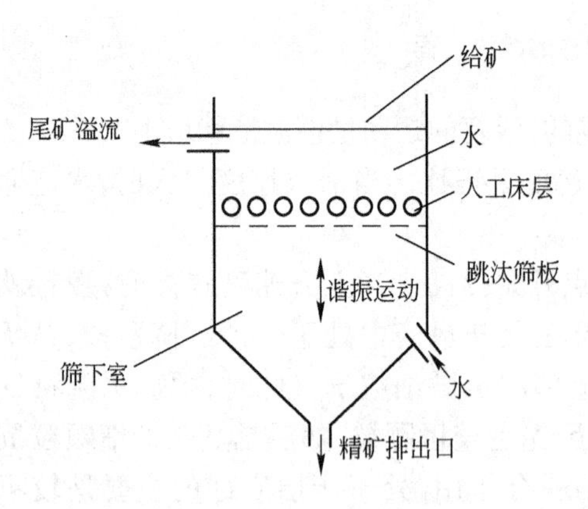

图 10.9 跳汰机的基本结构

以连续供给的大量筛下水,以增大水流的上升速度,降低颗粒的下降速度(图10.8)。

最古老的跳汰机之一是哈茨(Harz)型活塞跳汰机(图10.10),其活塞在单独的活塞室中上下垂直运动。槽内可设置多达四个依次串联的跳汰室。第一跳汰室产出高品位精矿,其余各室产出的精矿品位依次下降,尾矿由最后一室溢流而出。如果给矿颗粒大于筛板孔径,则可进行"筛上"跳汰,精矿品位部分由底层的厚度来控制,这受精矿通过排出口的排卸速度的影响。

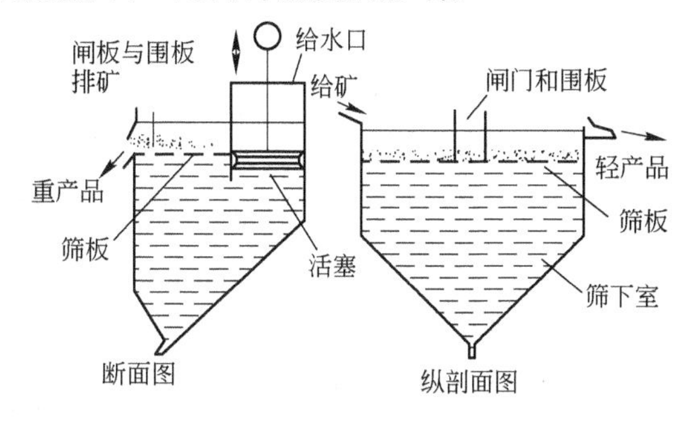

图10.10 哈茨型跳汰机

丹佛(Denver)矿物跳汰机(图10.11)应用广泛,特别用于磨矿闭路来排除重矿物,以防止过磨。回转水阀可进行调节,并可在跳汰周期的任何所需阶段打开,水阀和隔膜之间的同步由步胶带来保证。适当地调节水阀,就可达到任何所需的变化要求,即从借助压力水使吸入冲程完全消除一直变化到吸入和脉动之间的完全平衡。

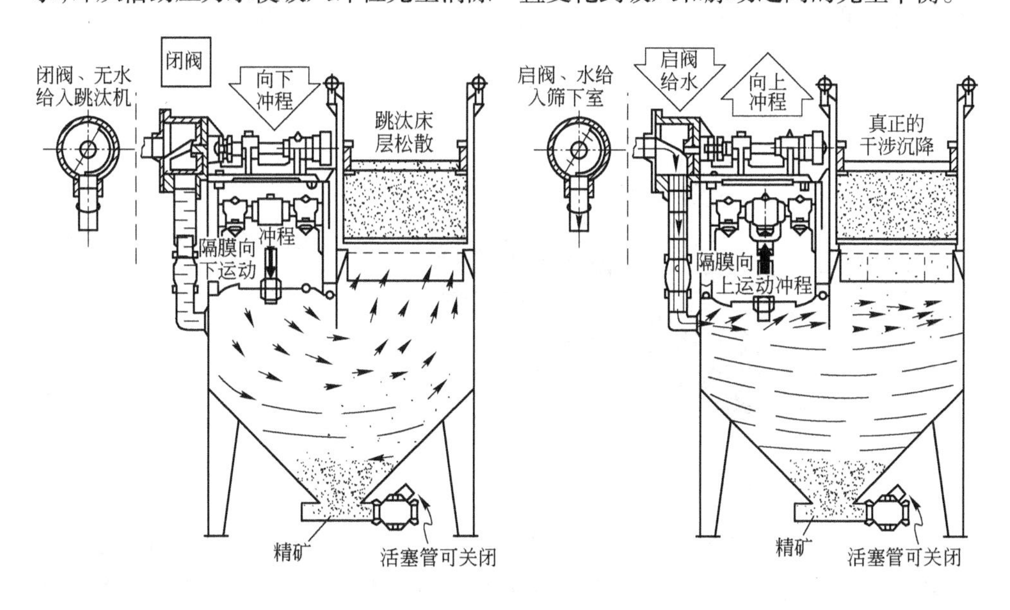

图10.11 丹佛矿物跳汰机

常规的矿物跳汰机由方形或长方形跳汰室构成，一般由两室、三室或四室串联而成。为了减少由筛下补加水所引起的跳汰床层横向流速的增加，研发了梯形跳汰机。借由将其设计为圆形区，研发了标准圆形或放射性跳汰机，在这些跳汰机中，给矿由中心给入并放射性地流过跳汰床层而尾矿从四周排出（图 10.12）。

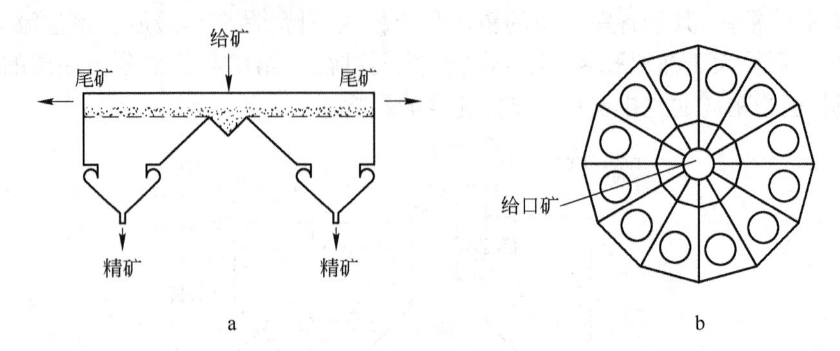

图 10.12　在线圆形跳汰机（a）和 12 扇室放射跳汰机（b）

圆形跳汰机的主要优势是其较大的处理能力，IHC 放射状跳汰机（图 10.13）自从 1970 年被开发出来后，在马来西亚和泰国最近建造的采锡船均安装了此设备。其也可用于处理金、金刚石、铁矿等，设备的最大直径为 7.5 m，处理能力为 300 m^3/h，可处理最大粒度为 25 mm 给矿。在 IHC 跳汰机中，隔膜快速上升而后缓慢下降的不对称“锯齿”型运动可替代常规电力驱动跳汰机的对称运动（图 10.14）。此作用会产生更大、更多的吸入作用，这可使较细的颗粒在床层中停留的时间更长，进而减少细颗粒在尾矿中的流失量，因此，跳汰机所能处理细度为60 μm 的物料。

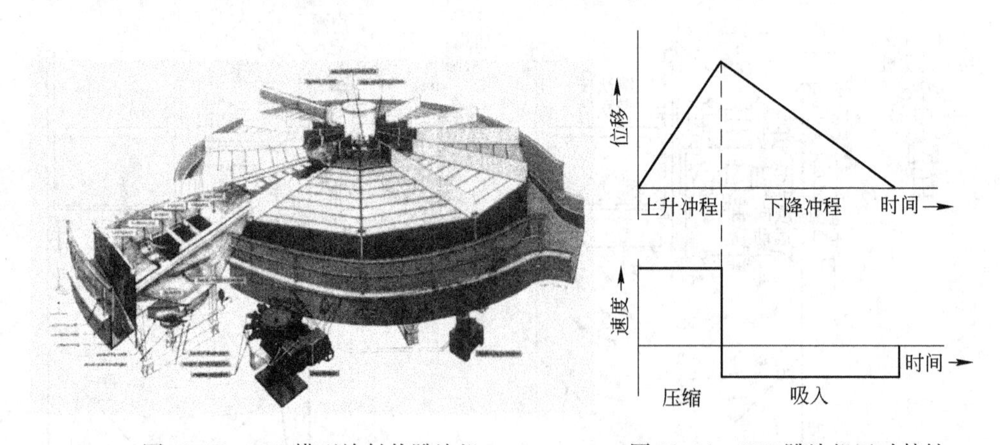

图 10.13　IHC 模型放射状跳汰机　　　图 10.14　IHC 跳汰机运动特性

在线压力跳汰机（IPJ）是由澳大利亚研发的一种跳汰机，广泛应用于回收自然金、硫化物、自然铜、锡/钽、金刚石和其他矿物（图 10.15）。IPJ 特点是完全密封，使其可由矿浆填满（Gray，1997）。它将圆形床层与垂直脉动筛结合在一起。可通过调节冲程长度、脉动频率和筛孔尺寸来满足各种需求。IPJ 跳汰机一般安设于磨矿流程，而较低的水需求量使其可处理全部的循环负荷，最大限度地回收单体解离的有用矿物。在一定压力下排出精矿和尾矿。

应用离心力的跳汰机可以实现重选法回收细颗粒，该跳汰机除了脉冲时矿床高速旋转，其还具有标准跳汰机的所有特性。凯尔西离心跳汰机（Kelsey Centrifugal Jig，KCJ）是一种将常规跳汰机安装在离心机中旋转的设备。改变重力场的主要目的是回收细颗粒。通过调节离心力、压碎物料和粒度分布等主要的操作变量来控制不同类型物料的分选过程。16 室 J1800KCJ 跳汰机的处理能力为 100t/h，这视不同应用而定。Beniuk 等（1994）介绍了采用 J650KCJ 跳汰机回收锡。

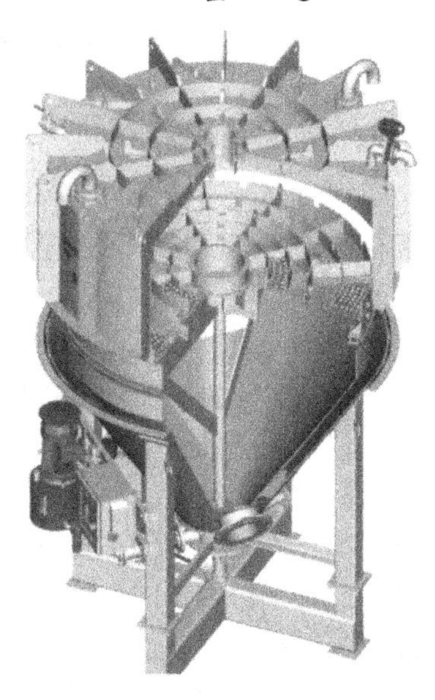

图 10.15 Gekko 系统在线压力跳汰机（感谢 Gekko Systems）

10.3.1.3 煤跳汰机

跳汰机是应用广泛的一种洗煤设备，当原煤中含有相对较少的中矿或称“近比重”物料时，跳汰优于较为昂贵的重介质分选作业，例如英国原煤往往属于此种情况。跳汰不如重介质选矿那样需要进行备料，而对于易于洗选的原煤缺少严格的密度控制，但这并非缺点，其中此类原煤主要是由以解离煤粒与较重的矸石组成的原煤。

在煤矿业中，采用两种类型的气动跳汰机——鲍姆型（Baum）和巴塔克型（Batac）。标准的鲍姆型跳汰机（图 10.16）进行了一些改进（Green，1984；Harrington，1986），已经使用了近 100 年且仍然是一种主要设备。

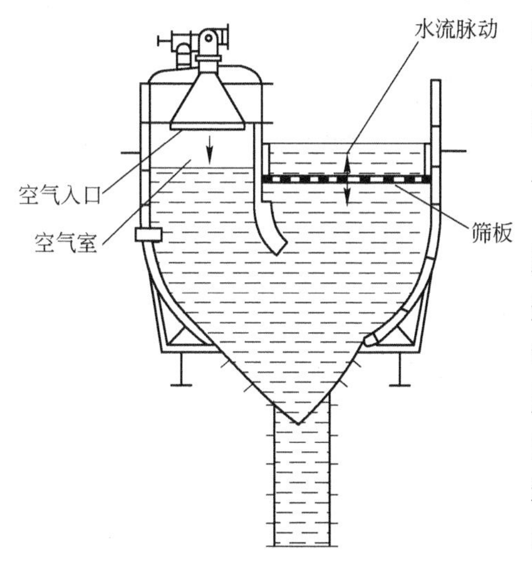

图 10.16 鲍姆跳汰机

空气压入跳汰室旁的大空气室，使跳汰用水产生脉动和吸入作用，通过原煤所给入的筛板空气依次使其产生脉动和吸入作用，进而引起分层作用。使用各种方法以便连续地将矸石与较轻的煤产品分离，所有近代鲍姆跳汰机均装备有某种形式的自动矸石排出装置（Adams，1983）。控制的一种形式包括浸于矿床中浮动层。适当地称重浮动层以确保通过筛板移除密集层的矸石。通过增加矸石上升到浮动层的深度自动控制矸石的排放,通过调节移动阀门的高度和控制提升尾矿通过固定堰板的脉动水流控制脉石上升的深度(Wallace,1979)。据称此系统反应快速且精确。

英国目前普遍使用自动控制系统并通过测量筛板下由产生脉动作用的阻力所引起的不同水压确定料床的厚度变化。朱利叶斯克鲁特施尼特矿物研究中心开发的 JigScan 控制系统使用压力传感和核技术在脉动过程中多次测量床层条件和脉动速度(Loveday 和 Jonkers,2002)。脉动的改变证明跳汰出现了某些基本问题,并允许操作者采取校正行为。据报道 JigScan 控制跳汰机可使生产量提高 2%。

在许多场合,鲍姆跳汰机的操作性能依然良好,可处理大量粒度范围宽的原煤(处理量高达 1000 t/h)。但是,跳汰机分层力分布在跳汰机的一侧,会使其沿跳汰机筛板的宽度方向受力不均,从而引起不均匀的分层,因此可降低煤与重杂质的分离效率。在相对较窄的跳汰机中,此趋势并不是如此重要,而且在美国使用多层浮动层和闸门机制消减此种影响。巴塔克跳汰机(Zimmerman,1975)也是气动的(图 10.17),但不同于鲍姆跳汰机,如无侧旁空气室。相反,沿跳汰机在整个宽度上布置几个空气室,通常每槽两个,进而使空气分布均匀。这种跳汰机采用电子控制的气阀,可准确地切断给气和排气。给气阀和排气阀均可按照冲程和冲次任意进行调节,使脉动和吸入产生所要求的变化,这可使不同特性的原煤均能产生适宜的分层。因此,巴塔克跳汰机洗选粗煤和洗煤的效果均很好(Chen,1980)。跳汰机也可成功地应用在铁矿石中选别高品位块矿和作为烧结给矿的精矿,而采用重介质技术不能提高此种铁矿石的品位(Hasse 和 Wasmuth, 1988; Miller, 1991)。

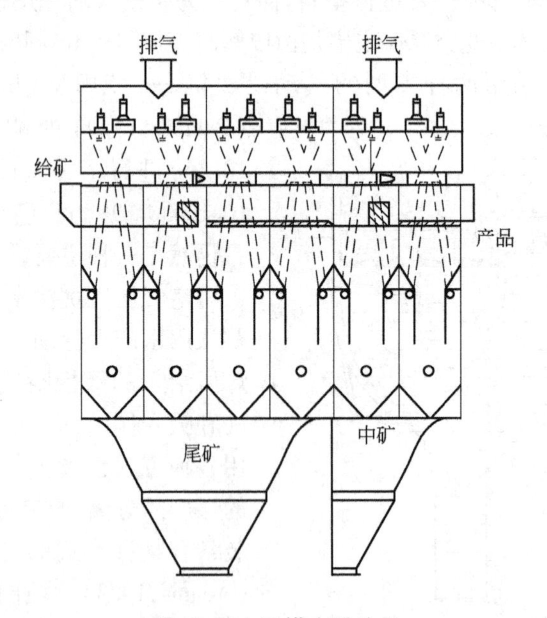

图 10.17 巴塔克跳汰机

10.3.2 尖缩溜槽和圆锥选矿机

尖缩溜槽有各种形状，用于分选重矿物已有几百年的历史。其最简单的形式（图10.18）是一个长约1m的斜槽，宽度在给矿端约为200mm，在排矿端逐渐尖缩到约25mm。将50%～65%浓度的矿浆缓缓给入，并随其向下流动而分层，在排矿端采用分离器和某种类型的托盘等各种方法将这些料层分开（Sivamohan和Forssberg, 1985b）。图10.19为应用在澳大利亚重矿砂选厂的尖缩溜槽。Schubert（1995）介绍了溜槽的重选基本原理。

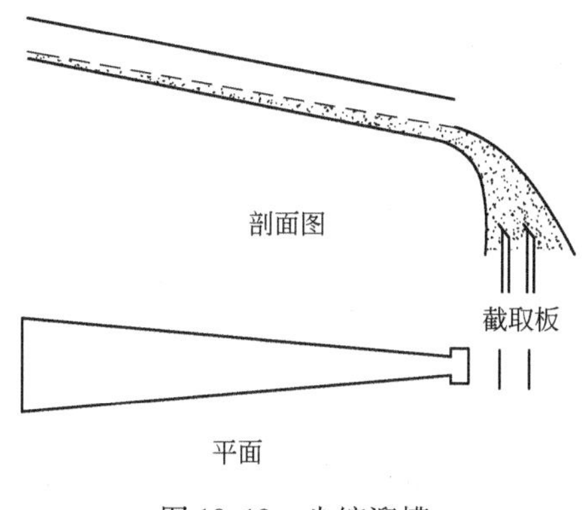

图10.18 尖缩溜槽

图10.19 运转的尖缩溜槽

赖克特（Reichert）圆锥选矿机是一种以高处理量为目的而设计的湿式重选设备。此工作原理类似于尖缩溜槽，但矿浆流不受限制或不受边壁效应的影响，因为边壁效应多少总会不利于尖缩溜槽的操作。

赖克特圆锥选矿机是20世纪60年代初期由澳大利亚研发并应用于处理含钛的海滨砂矿，圆锥选矿机流程的成功以使此种设备广泛应用于许多其他领域。

整个装置包括几个垂直层叠的圆锥（图10.20），因此可进行多段分选。锥体由玻璃纤维制成，安装在高6m以上的圆形支架上。每个锥体的直径为2m，装置内无运动部件。赖克特圆锥选矿机的剖面图如图10.21所示。该图所示体统为多种可用系统之一，一般均安置双锥和单锥以及托架，此系统直接将重矿物由圆锥的中心排矿区排至外接矿箱中，同时也起着分选的作用，例如尖缩溜槽。

给矿矿浆沿圆锥的周边均匀分配。当矿浆流向圆锥中心时，重颗粒经分选进入流膜底部，并由分选圆锥底部的环形槽排出；流膜的另一部分通过该环形槽作为尾矿排出。此分选过程的效率较低，因此在单机内重复几次操作以提高效率。用于粗选的典型机械系统是由四个双－单锥设备串联组成，每一段均处理上一段的尾矿。由上部的三段作业产出精矿，第四段的产品为中矿（Anon,1977）。圆锥选矿机可产生明显相反的分级效果，槽沟产品返回粗选机，轻颗粒成为尾矿，而细且重的颗粒保留在精矿流中。

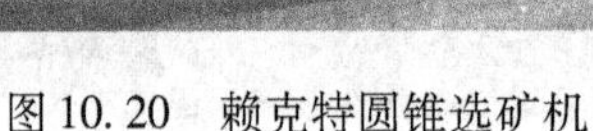

图 10.20　赖克特圆锥选矿机

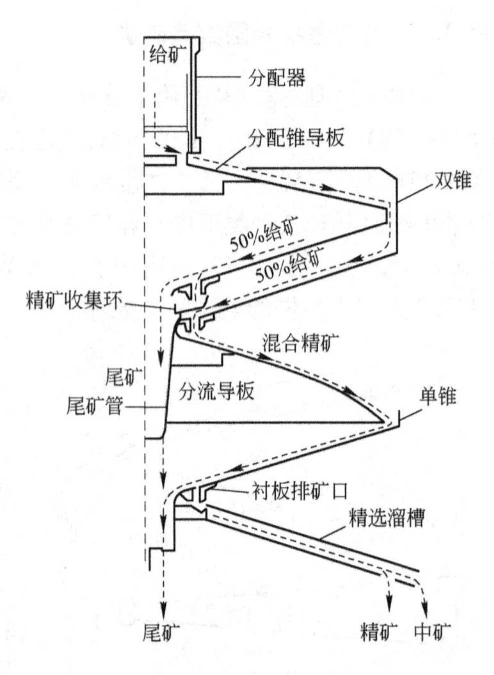

图 10.21　赖克特圆锥选矿机分选系统剖面图

赖克特圆锥选矿机的处理量大，一般为 65 ~ 90 t/h，但在特殊情况下则在 40 ~ 100 t/h 范围内，此时给矿浓度为 55% ~ 70%（质量）。这种选矿机即可处理粒度最大为 3 mm 的给矿，也可处理最小为 30 μm 的给矿，但最有效的分选粒度范围是 100 ~ 600 μm（Forssberg 和 Sandström，1979）。近些年来，随着圆锥选矿机直径增大至 3.5 m，圆锥选矿机的处理量显著增加。较长的板面不仅可提高每台圆锥选矿机的处理量也可提高此设备的分选水平。在 3.5 m 直径的圆锥选矿机中，使用较少的作业段数即可获得等价的冶金效果（Richards 和 Palmer，1997）。

澳大利亚在砂矿工业中应用由圆锥选矿机所组成的分选流程，其成功经验促进了它在其他领域的应用。此技术已成功应用于锡和金的预选、钨的回收以及磁铁矿的回收。在许多此类应用场合，圆锥选矿机因其高处理量和低操作成本而逐步取代螺旋溜槽和摇床。

南非的帕拉博拉（Palabora）公司采用了大型圆锥选矿设施。用 68 台圆锥选矿机按 3400 t/h 的处理能力处理预先脱泥并通过磁选场脱除磁铁矿的浮选尾矿。流程相当复杂，由 48 台每台均为 6 锥结构的粗 - 扫选圆锥选矿机和 20 台每台均为 8 锥结构的精选 - 二次精选圆锥选矿机组成。

该选厂的圆锥选矿设备的富集比约为 200:1，+45 μm 物料的回收率达 85%。所得精矿可用摇床进一步精选以获得最终的铀钍矿石和斜锆石精矿。

斯堪的纳维亚、巴布亚新几内亚和澳大利亚已成功应用圆锥选矿机在浮选前预选金银,以期从金属硫化矿中回收这部分金银。

金(King)采用 MODSIM 流程模拟器来评估装配在粗选机、扫选机和精选机中的不同圆锥选矿机。

10.3.3 螺旋溜槽

螺旋选矿机多年来已在选矿中获得多种不同用途,但其最广泛的用途也许是处理海滨砂矿,例如含钛铁矿、金红石、锆英石以及独居石等砂矿(参见第 13 章),近年来用于回收细煤。

汉弗莱螺旋溜槽(图 10.22)于 1943 年问世,其首次工业应用是处理含铬砂矿(Hubbard 等,1953)。这种选矿机由螺旋溜槽组成,其剖面呈修正半圆形。给矿矿浆浓度在 15% ~45% 之间,粒度介于 3 ~75 μm,由螺旋顶部给入,并随着矿浆盘旋而下,离心力、物料的不同沉降速度以及缝隙间细流通过流动矿床等的综合效应使得物料分层。这些机理极为复杂,将受到矿浆浓度和粒度的影响。一些研究者(Mills,1978)认为主要分选作用是由干涉沉降引起的,最粗、最重的颗粒优先进入精矿中,且此精矿沿矿流内缘形成精矿带(图 10.23)。但是,Bonsu(1983)认为净效应与分级相反,较细、较重的颗粒优先进入精矿带。

图 10.22 汉弗莱螺旋选矿机

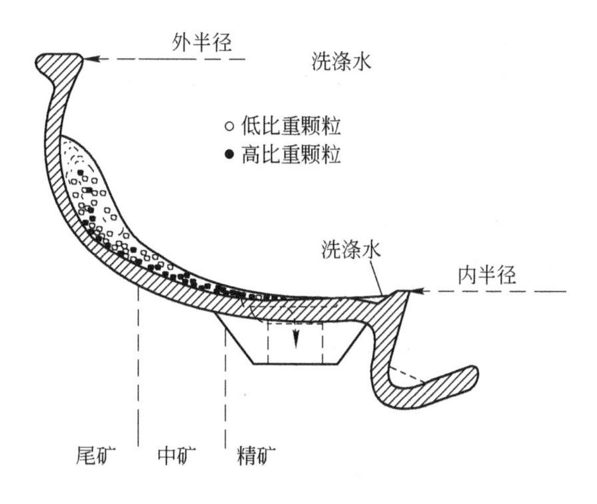

图 10.23 螺旋溜槽矿流的剖面图

大比重颗粒的排出孔安设在剖面的最低点上。在矿流内缘添加洗涤水,横越精矿带而向外流动。分离器可控制由排出孔排出的精矿带宽度。不同点截取的精矿品位由上而下依次下降。尾矿在螺旋溜槽较低的一侧排出。

直到最近，以原始汉弗莱设计为基础的螺旋溜槽都较小，此种设计目前已停止使用。但是，近些年来，螺旋溜槽技术已取得显著进展，而且许多各种不同的设备目前仍是有效的。主要的进展是研发了一种精矿可由溜槽底部排出的螺旋溜槽，使用该螺旋溜槽无需添加冲洗水。据报道称此种无水洗螺旋溜槽的成本较低、操作以及维修简单，并在几个金矿和锡矿选矿厂得到应用。Holland-Batt(1995)讨论了影响槽体倾斜和槽体形状的设计要素，而 Richards 和 Palmer(1997)介绍了由精细设计而制成的现代高处理量螺旋溜槽。

Holland-Batt(1989)开发了螺旋溜槽的综合性半经验数学模型，而 Matthews 等(1998)开发和验证了详尽的计算流体动力学(CFD)模型。

改良设计的螺旋选矿机是赖克特圆锥选矿机的一种有效和经济的替代产品(Ferree,1993)。Davies 等(1991)综述了新型螺旋溜槽模型的研究现状以及分选机理和操作参数的影响因素。同时，描述了一些螺旋溜槽的传统应用领域，并例证了处理细粒冲击矿床矿物和尾矿以及回收细煤等新的应用领域。在细煤洗选中最重要的进展是在 20 世纪 80 年代操作者为煤矿特别设计的螺旋溜槽。通常的做法是使用重介质旋流器分选 0.5 mm 以下的煤(第 11 章)，而后对其进行浮选。螺旋溜槽可用于处理以上这两种方法不能有效处理且在一定粒度范围内的物料，特别是 0.1 ~ 2 mm 的物料(Weale 和 Swanson,1991)。

双螺旋选矿机围绕同一圆柱在一个空间内组装两圈螺旋的选矿装置，在澳大利亚已经应用了很多年，同时，也应用于其他地区。在加拿大芒特莱特矿安装了 4300 台双螺旋溜槽来选别镜赤铁矿，处理能力为 6900 t/h、回收率为 86%(Hyma 和 Meech, 1989)。

螺旋溜槽的倾斜角度各不相同，倾角将影响按比重分选，但对精矿品位和回收率的影响较小。例如使用小倾角来分选煤和页岩，而较大的倾角用于分选较重的硅质矿物。最陡的倾角用于从重质脉石矿物中分选重质矿物，利于分选锆石(比重 4.7)和蓝晶石及十字石(比重 3.6)。低倾角螺旋选矿机的处理量介于 1 ~ 3 t/h，倾角较陡的装置的处理量约高出一倍。用于粗选的螺旋溜槽长度通常是 5 圈或 5 圈以上，某些精选螺旋溜槽为 3 圈。因为螺旋选矿机的分选作业包括许多装置，所以其分选效率与所用的矿浆分配系统密切相关。给矿不均匀，会显著降低操作效率，进而导致回收率损失严重，尤其是煤螺旋溜槽(Holland-Batt,1993)。

10.3.4 摇床

当流动膜流过倾斜平面时，最接近该平面的水流速度因表面吸水摩擦而受到阻滞；越接近水面的流速越高。如果矿物颗粒给入水膜，小颗粒的运动不如大颗粒快，因为小颗粒沉没在流膜运动较慢的部分。高比重的颗粒比轻颗粒流动得慢。这样，物料产生了横向位移(图 10.24)。

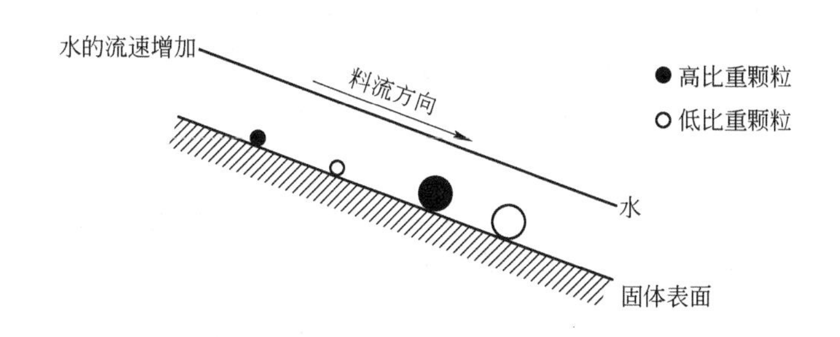

图 10.24　流膜的作用

利用流动膜可有效地将粗且轻的颗粒与细而重的颗粒分开，在一定程度上流膜分选原理已经应用于摇床选矿机（图 10.25），摇床也许是最有效的重选设备，已广泛用于分选较细且难选的矿流，精选其他重选系统的产品以产出优质精矿。

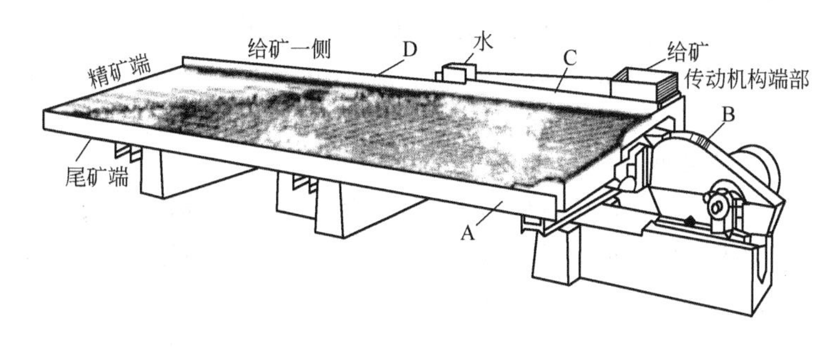

图 10.25　摇床

摇床由一个微倾斜的床面 A 构成，按重量计约含 25% 固体的给矿由给矿箱给入床面，并沿 C 段分配；冲洗水由给水槽 D 沿给矿一侧的其余部分分配。摇床由传动机构 B 带动而作纵向振动，其前进冲程慢而回程快，这样就使矿物颗粒沿平行振动方向的床面“爬动”。因此，矿物在床面上受两个力作用，一是由摇床运动引起的力，二是与该力成直角且由流动膜引起的力。结果是颗粒由给矿端斜向流过床面，而且因流膜效应受颗粒粒度和比重的影响，颗粒在床面上呈扇形展开，较小的重颗粒运动速度最快，进入远端的精矿槽，而较大轻颗粒被水冲入沿摇床长度安设的尾矿槽。图 10.26 显示了摇床中产品的理想分布。在精矿

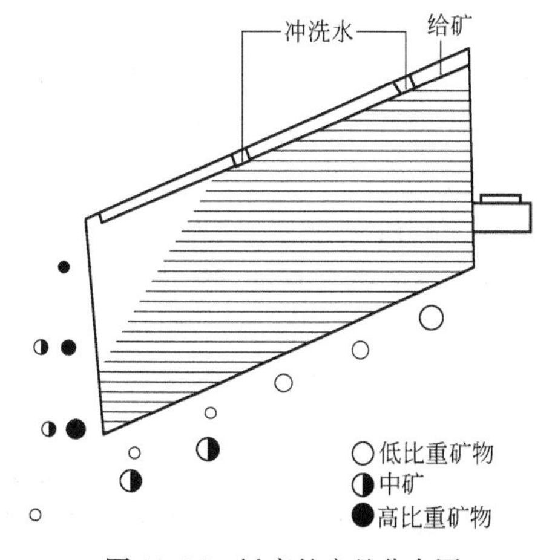

图 10.26　摇床的产品分布图

端往往安设可调分流器，将此处的产品分成两部分，即高品位精矿和中矿。

尽管流化膜分选需要单层给矿，但是在实践中，摇床中一般为多层给矿，以便增大处理量。由于摆动作用，在来复条之间产生垂直分层作用。来复条通常是平行于床面的长轴，其高度在给矿端最大，并向另一端逐渐降低，最后有一小部分平滑床面（图 10.26）。颗粒在来复条之间的槽沟内分层，细且重的颗粒处于底部，粗且轻的颗粒在顶部（图 10.27）。层层颗粒受到新给矿的挤压以及冲洗水膜的作用而越过来复条。由于来复条逐渐降低，所以粒度越小而比重越大的颗粒则不断与越过来复条的水膜相接触。在床面末端无来复条区产生富集，此处在该阶段的料层厚度仅为一个或两个粒度的厚度。

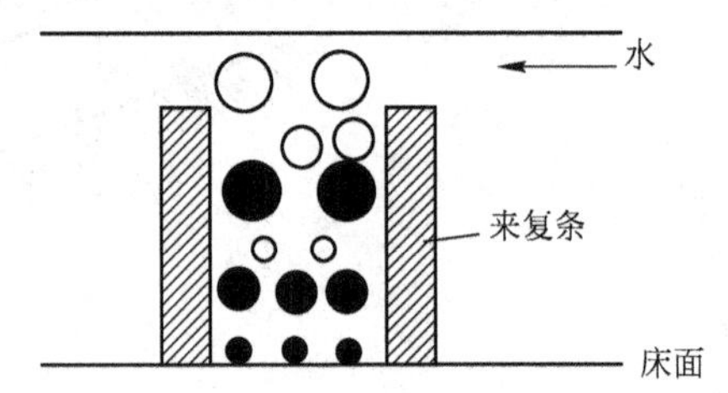

图 10.27　来复条之间的垂直分层

Sivamohan 和 Forssberg（1985a）总结了许多设计和操作变量的重要性以及各变量之间的相互影响，而 Manser 等（1991）总结了摇床数学模型的研究现状如冲洗水、给矿浓度、床面倾角、振幅和给矿速度等许多参数均可控制摇床的分选，并且讨论了在此模型中这些变量的重要性。

许多其他因素，其中包括颗粒的形状和床面的类型，在摇床分选中也起着重要的作用如云母之类的扁平颗粒，虽然质量小，但在水膜中不易滚过床面；这类颗粒紧贴床面，被冲向精矿排出端。与此类似，球形颗粒在流动水膜中可能易于流向尾矿槽。

摇床的床面通常是木制的，并衬以摩擦系数较高的物料，如漆布、橡胶或塑料。床面也有用玻璃钢制成的，这种床面虽然较为昂贵，但极为耐磨。这种床面上的来复条是模铸而成的。

颗粒粒度在摇床选别中起着非常重要的作用；当摇床给矿的粒度范围扩大时，分选效率下降。如果摇床给矿是由宽粒级物料组成，其中某些粒级的物料不能进行有效的分选。由图 10.26 可知，在理想分选中，产出的中矿并非“真正的中矿”，即矿物和脉石的连生体，而是相对较粗的重颗粒和较细的轻颗粒。

因为摇床可有效地分离粗且轻的颗粒和细而重的颗粒，所以通常用于将给矿进行分级，因为以等降比为基础，分级机可将此类颗粒分入同一产品。为了尽可能地减小摇床的给矿粒度范围，通常使用多室水力分级机（参见第 9 章）进行分级，每一室的产品均由窄粒级的等降颗粒组成，而后给入一系列单独的摇床。采用摇床的代表性重选厂（图 10.28）可使用棒磨机进行粗磨，以便在较粗的粒度下使更多的矿物单体解离，便于分选。水力分级机的产品分别给入摇床系列。中矿在返回水力分级机之前需进行再磨。设置来复条的砂矿摇床给矿粒度通常介于 3 ~ 100 μm 之间，而水力分级机的溢流主要由小于该粒级范围的颗粒组成，通常经浓密后再分配给矿泥摇床进行处理，矿泥摇床的床面设计为各种平滑床面而并非在床面设置来复条。

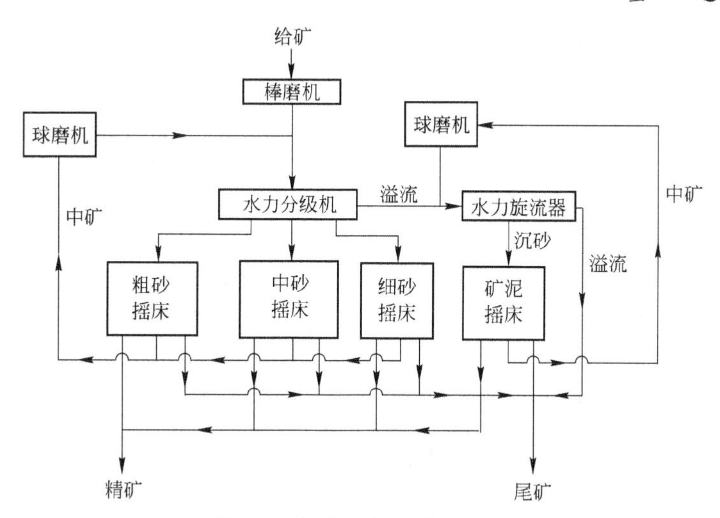

图 10.28　典型摇床分选流程

水力分级机的溢流往往用水力旋流器脱水。旋流器将小于 10 μm 左右的细泥排入溢流，这种细泥因沉降速度过慢而不能用重选法进行有效分选。

逐次分段再磨是所有重选厂的特点。在每一阶段，矿物均在尽可能粗的粒度下进行分选以便进行较为快速的分选，进而提高处理量。

摇床的处理量随给矿粒度和重选标准而变化。摇床处理粒度为 1.5 mm 的矿砂，其处理能力可达 2 t/h，若处理细砂，则可达 1 t/h。给矿粒度为 100 ~ 150 μm，摇床的处理能力可低至 0.5 t/h。但是选煤的处理量通常要高得多，摇床选煤的粒度往往可达 15 mm。通常 −5 mm 的原煤可用摇床分选，每个床面的处理量达 12.5 t/h，当给料中最大粒度为 15 mm 时每台摇床的处理量可达 15 t/h（Terry，1974）。

双层和三层摇床（图 10.29）的应用改善了占地面积与处理能力之比，但对设备灵活性和控制有所影响。

图 10.29　三层摇床

冲程的长度对分选有所影响，可借助振动结构上手轮，或手动，以及往复运动速度改变冲程（图 10.30）。冲程一般在 10 ~ 25 mm 或以上的范围内波动，冲次的范围一般为 240 ~ 325 次/分。一般而言，细颗粒给矿所需冲次较大，而冲程较小，当床面冲程前进时速度提高,直至急剧停止,而后才快速返回,使床面上的颗粒大部分在后退过程中因积聚的动量而向前滑动。

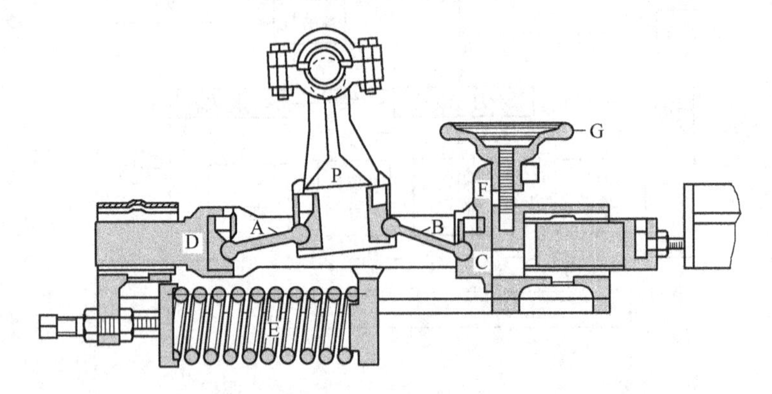

图10.30 威尔福雷摇床的摆动机构

给矿中的水量波动不定,但通常矿石摇床的给矿浓度为20% ~25%,而选煤摇床的给矿粒度为33% ~40%。除了给矿用水外,床面上漂洒清水以洗涤最终精矿。洗涤水随给矿性质而定,少至几L/min,多至100L/min。

床面自给矿端向尾矿排出端倾斜,用手轮来选定正确的倾斜角度。在大多数情况下,床面上的分选界线清晰可见,因此倾角易于调节。

床面沿给矿端至精矿端的运动方向略升高。在这一平缓的坡度上,高比重的颗粒要比低比重矿物易于上升,进而大大改善分选,达到精矿、中矿和尾矿之间精确分离。精矿端的上升量视给矿粒度而定,处理最粗且最重的给矿时上升量最大。上升量不应小于来复条的缩降量,否则,水流就会沿着来复条槽沟流出,而不会横过来复条。通常摇床选别矿石时,最大上升量为90mm,适于分选最重最粗的矿砂,最小为6mm,适用于极细粒的给矿。

矿石摇床主要用于选别锡、铁、钨、钽、云母、钡、钛和锆矿,其次用于选别金、银、钍、铀及其他矿物。目前,摇床主要用于回收电选脉石以回收贵金属矿物。

10.3.4.1 风力摇床

最初由种子分选演变而来的气动或风力摇床在处理重质砂矿和石棉提纯方面以及在缺水地区得到广泛应用。风力摇床利用抛掷运动使给矿沿平格条床板运动,通过多孔床层连续向上鼓风。其分层现象与湿式摇床有所不同。在湿式摇床上,自精矿带顶部至尾矿带颗粒粒度逐渐变大而比重逐渐减小,而在风力摇床中,颗粒的粒度和比重均由上而下逐渐减小,中矿带中重颗粒的比重最小。因此风力摇床的作用与水力分级机类似。其一般与湿式摇床联合使用来精选锌精矿,从重质砂矿中获得其中一种产品。此类精矿中常混有少量的硅石,风力摇床可有效地将粗锌颗粒与硅石分离。部分的细粒锌损失于尾矿中,此部分锌可使用湿式摇床进行回收。

10.3.4.2　双层选矿机

该设备最初用于从低品位尾矿中回收锡，现已广泛用于从给矿中回收钨、钽、金、铬和铂(Pearl et al.,1991)。交替地使用两个床面处理连续给矿，将给矿矿浆给入其中一个床面，较低密度的矿物排入排矿槽，而重矿物则保留在床面上。分选一段时间后用水清洗床面，以便移除脉石矿物，而后，床面倾斜并清洗出精矿。一般使用一个床层进行精选，同时清洗另一个床面并排出精矿。此分选机分选 -100 μm 的给矿，处理量为5 t/h，富集比介于20 ~500之间，此设备可使用不同规格和数量的床面。

10.3.4.3　莫兹利实验室分选机

此种流膜设备采用可调轨道，目前已在许多选矿实验室得到应用，其可处理少量矿样(100g)，并能使相对无经验的操作者在较短时间内即可获得回收率 - 品位曲线(Anon.,1980)。

Cordingly 等(1994)使用莫兹利实验室分选机优化了 Wheal Jane 锡选厂中重选流程的性能以及与单体解离粒度相关的粉磨设备。

10.3.5　离心选矿机

前面叙述了 Kelsey 离心跳汰机。其他非跳汰式离心选矿机也已应用了至少20年以上。

尼尔森(Knelson)重选机是一种利用流动床层分选重矿物的简洁批处理离心选矿机(Knelson, 1992; Knelson 和 Jones, 1994)。此类设备包括小至实验室规模的设备和大至处理能力为150 t/h 的设备。作用在颗粒上的离心力是重力的200倍，安装在设备上的一系列圆环可捕获重颗粒，而脉石颗粒将被冲洗掉。尼尔森(Knelson)重选机可处理从10 μm 到最大粒度为6mm 的颗粒。一般用于处理所需回收的密集部分仅占整个物料极小比例的给矿，一般少于500 g/t(按重量计0.05%)。

给矿矿浆通过固定给矿管给入分选锥体中。矿浆流至锥体底部并在离心力作用下向上流出锥体。通过一系列流体输送孔将流动水流注入分选圆锥。矿浆注入每个圆环以获得分选矿床。流动水流阻止床层的压缩。控制注入环中的水流量以获得最适宜的流化床。在分选锥中回收高比重颗粒。完成精选流程后，将精矿从锥体冲入精矿槽。在正常操作条件及稳定环境下，2min 内可进行自动分选。

批处理尼尔森(Knelson)重选机已广泛应用于回收金、铂、银、汞和自然铜。

法尔肯(Falcon) SB 离心选矿机是另一种旋转流化床批处理选矿机(图10.31)。其主要用于回收磨矿流程分级机的溢流，在此溢流中需要将极少量的物料(<1%)回收到精矿中。给矿首先流至锥体的边壁，在通过精矿床之前在此处

按颗粒密度分层，用高压水从后侧冲洗此精矿床。摇床上保留高密度颗粒，如金，而将较轻的脉石矿物冲洗至顶部。周期性地停止给矿并冲洗掉精矿。所需的品位和回收率决定冲洗频率，并对冲洗频率进行自动控制。在SB设备中使用相当于300倍重力的加速度（McAlister 和 Armstrong，1998）。SB5200的处理量接近400 t/h，视其特定应用而定。

图 10.31　法尔肯（Falcon）SB5200B 离心选矿机

可将莫兹利多层重选机（MGS）的工作原理想象成为将常规摇床的水平表面卷成一个鼓面，旋转此设备以便将大于常规引力多倍的作用力施加于矿物颗粒上，进而使其通过水层表面流入水层。图10.32为

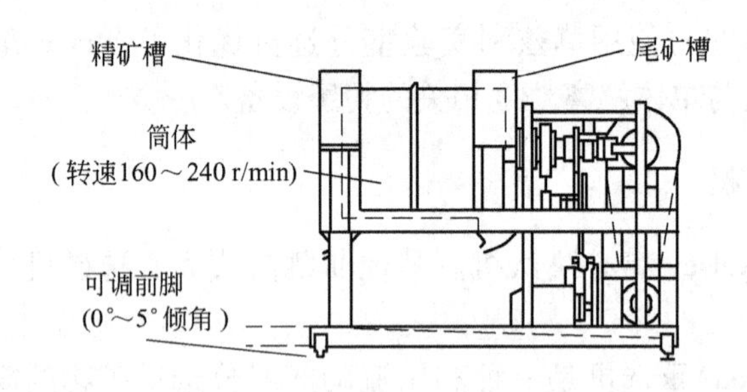

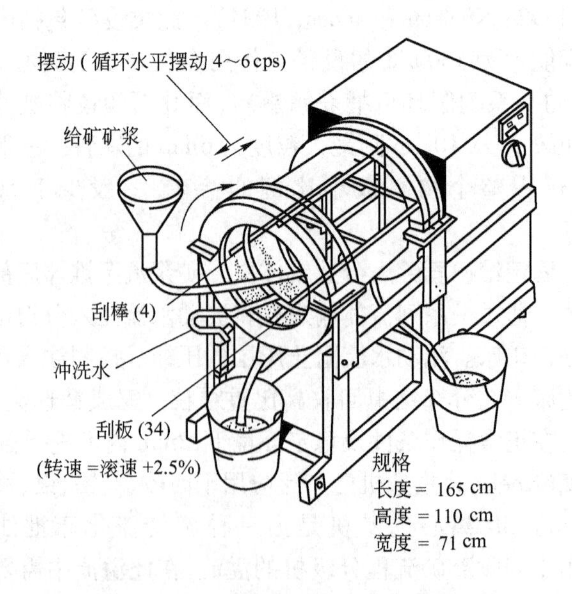

图 10.32　中试规模莫兹利多层重选机

中试规模的莫兹利多层重选机。矿山规模的莫兹利多层重选机包括两端微锥形开口的滚筒,其背靠背安装,以 90 ~ 150 r/min 的速度旋转,在滚筒表面产生 5 ~ 15 g 的作用力。将振幅为 4 ~6 cps 的正弦摆动叠加在滚筒运动上,一个滚筒的摆动由另一个滚筒的摆动平衡,进而使整个设备平衡。将刮板装置在由单独同心轴驱动的滚筒内,传动轴略快于滚筒但运动方向相同。用刮板刮出倾斜圆筒上部的沉积颗粒,在此过程中,其在逆向冲洗水的作用下从滚筒外部狭窄开口端排出,成为精矿。低密度矿物随大量冲洗水顺流而下从每个滚筒内部沟槽排出,成为尾矿。通过在最终精选阶段用莫兹利多层重选机取代浮选柱来提高锡精矿的最终品位(Turner 和 Hallewell,1993)。

10.3.6 金矿选矿机

尽管世界上大多数金矿均采用氰化浸出回收金,而部分的粗粒金(+75 μm)采用重选法回收。Laplante 等(1995)通过实验考察了磨矿流程的主要循环负载中重力作用下可回收金(GRG)的特性。

必须在磨矿流程中富集粗粒金以防止其被磨成薄片(参见第 7 章)。尼尔森(Knelson)重选机、法尔肯(Falcon)离心分选机和 IPJ 等新型重选设备的应用使其成为可能。一般情况下硫化矿是重选金的载体,闪速浮选和近代重选技术可极为有效的回收金(Laplante 和 Dunne, 2002)。

加拿大育空沉积矿使用洗矿槽处理大量的低品位砂矿。Kelly 等(1995)认为在适宜的操作条件下,洗矿槽可能是相对有效的重选设备。

参考文献

[1] Adams, R. J. (1983). Control system increases jig performance, *Min. Equip. Int.* (Aug.), 37.

[2] Anon. (1977). How Reichert cone concentration recovers minerals by gravity, *Worm Mining*, 30 (Jul.), 48.

[3] Anon. (1980). Laboratory separator modification improves recovery of coarse-grained heavy minerals, *Min. Mag.* (Aug.), 158.

[4] Beniuk, V. G., Vadeikis, C. A., and Enraght-Moony, J. N. (1994). Centrifugal jigging of gravity concentrate and tailing at Renison Limited, *Minerals Engng*, 7(5/6), 577.

[5] Bonsu, A. K. (1983). Influence of pulp density and particle size on spiral concentration efficiency, *M. Phil. Thesis*, Camborne School of Mines.

[6] Burt, R. O. (1985). *Gravity Concentration Technology*, Elsevier, Amsterdam.

[7] Chen, W. L. (1980). Batac jig in five U. S. plants, *Mining Engng.*, 32(Sept.), 1346.

[8] Cope, L. W. (2000). Jigs: The forgotten machine, *Engng. and Mining. J.* (Aug.), 30.

[9] Cordingley, M. G., Hallewell M. P., and Turner, J. W. G. (1994) Release analysis and its use in the optimization of the comminution and gravity circuits at the Wheal Jane tin concentrator, *Minerals Engng.*, 7(12), 1517.

[10] Davies, P. O. J. , et al. (1991). Recent developments in spiral design, construction and application, *Minerals Engng.* , 4(3/4), 437.

[11] Ferree, T. J. (1993). Application of MDL Reichert cone and spiral concentrators for the separation of heavy minerals *CIM Bull.* , 86, 35.

[12] Forssberg, K. S. and Sandstrбm, E. (1979). Operational characteristics of the Reichert cone in ore processing, *13th IMPC, Warsaw*, 2, 259.

[13] Gray, A. H. (1997). InLine pressure jig-an exciting, low cost technology with significant operational benefits in gravity separation of minerals, *AusIMM Annual Conf.* , Ballarat, Victoria (AusIMM).

[14] Green, P. (1984). Designers improve jig efficiency, *Coal Age*, 89(Jan.), 50.

[15] Harrington, G. (1986). Practical design and operation of Baum jig installations, *Mine and Quarry Special Chines Supplement* (Jul. , Aug.), 16.

[16] Hasse, W. and Wasmuth, H. D. (1988). Use of airpulsated Batac jigs for production of high-grade lump ore and sinterfeed from intergrown hematite iron ores, ed. K. S. E. Forssberg, *Proc. XVI Int. Min. Proc. Cong.* , Stockholm, A, 1053, Elsevier, Amsterdam.

[17] Holland-Batt, A. B. (1989). Spiral separation: Theory and simulation. *Trans IMM C*, **98**, C46.

[18] Holland-Batt, A. B. (1993). The effect of feed rate on the performance of coal spirals, *Coal Preparation*, 199.

[19] Holland-Batt, A. B. (1995). Some design considerations for spiral separators, *Minerals Engng.* , 8(11), 1381.

[20] Holland-Batt, A. B. (1998). Gravity separation: A revitalized technology, *SME Preprint* 98 - 45, Society for Mining, Metallurgy and Exploration, Inc. , Littelton, Colorado.

[21] Hubbard, J. S. , Humphreys, I. B. and Brown, E. W. (1953). How Humphreys spiral concentrator is used in modem dressing practice, *Mining Worm* (May). Hyma, D. B. and Meech, J. A. (1989). Preliminary tests to improve the iron ore recovery from the - 212 micron fraction of new spiral feed at Quebec Cartier Mining Company, *Minerals Engng.* , 2(4), 481.

[22] Jonkers, A. , Lyman G. J. , and Loveday, G. K. (2002). Advances in modelling of stratification in jigs. *Roc - XIII Int. CoaL Prepn. Cong.* , Jonannesburg (Mar.), Vol. 1,266 - 276.

[23] Karantzavelos, G. E. and Frangiscos, A. Z. (1984). Contribution to the modelling of the jigging process, in *Control*' 84 *Min. /Metall. Proc.* , ed. J. A. Herbst, AIME, New York, 97.

[24] King, R. P. (2000). Flowsheet optimization using simulation: A gravity concentrator using Reichert cones, in *Proc. XXI Int. Min. Proc. Cong.* , Rome, B9 - 1.

[25] Knelson, B. (1992). The Knelson Concentrator. Metamorphosis from crude beginning to sophisticated world wide acceptance, *Minerals Engng.* , 5(111 - 12).

[26] Knelson, B. and Jones, R. (1994). A new generation of Knelson Concentrators-a totally secure system goes on line, *Minerals Engng.* , 7(2/3), 201.

[27] Laplante, A. , Woodcock, F. , and Noaparast, M. (1995). Predicting gravity separation gold recovery, *Min. and Metall. Proc.* (May), 74.

[28] Laplante, A. and Dunne, R. C. (2002). The gravity recoverable gold test and flash flotation, *Proc. 34th Annual Meeting of the Canadian Min. Proc.* , Ottawa.

[29] Loveday, B. K. and Forbes, J. E. (1982). Some considerations in the use of gravity concentration for the recovery of gold, *J. S. Afr. I. M. M.* (May), 121.

[30] Loveday, G. , and Jonkers, A. (2002). The Apic jig and the JigScan controller take the guesswork out of jigging, *XIV Int. Coal Prep. Cong.* , *S. Afr. I. M. M*, 247.

[31] Lyman, G. J. (1992). Review of jigging principles and control, *Coal Preparation*, 11(3 - 4), 145.

[32] Manser, R. J. , et al. (1991). The shaking table concentrator-the influence of operating conditions and table parameters on mineral separation-the development of a mathematical model for normal operating conditions, *Minerals Engng.* ,4(3/4), 369.

[33] Matthews, B. W. , Holtham, P. N. , Fletcher, C. A. J. , Golab, K. , and Partridge, A. C. (1998). Fluid and particulate flow on spiral concentrators: Computational simulation and validation, *Proc. XIII Int. Coal Prep. Cong.* , Brisbane, Australia, 833.

[34] McAlister, S. and Armstrong, K. C. (1998). Development of the Falcon concentrators, *SME Preprint*, 98 - 172.

[35] Miller, D. J. (1991). Design and operating experience with the Goldsworthy Mining Limited Batac jig and spiral separator iron ore beneficiation plant, *Minerals Engng.* , 4(3/4), 411.

[36] Mills, C. (1978). Process design, scale-up and plant design for gravity concentration, in *Mineral Processing Plant Design*, ed. A. L. Mular and R. B. Bhappu, AIMME, New York.

[37] Pearl, M. , et al. (1991). A mathematical model of the Duplex concentrator, *Minerals Engng.* , 4(3/4), 347.

[38] Richards, R. G. and Palmer, M. K. (1997). High capacity gravity separators-a review of current status, *Minerals Engng.* , 10(9), 973.

[39] Schubert, H. (1995). On the fundamentals of gravity concentration in sluices and spirals, *Aufbereitungs-Technik*, 36(11), 497.

[40] Sivamohan, R. and Forssberg, E. (1985a). Principles of tabling, *Int. J. Min. Proc.* , 15 (Nov.), 281.

[41] Sivamohan, R. and Forssberg, E. (1985b). Principles of sluicing, *Int. J. Min. Proc.* , 15 (Oct.), 157.

[42] Terry, R. L. (1974). Minerals concentration by wet tabling, *Min. Proc.* , 15 (Jul. / Aug.), 14.

[43] Tiernon, C. H. (1980). Concentrating tables for fine coalcleaning, *Mining Engng.* , 32 (Aug.), 1228.

[44] Turner, J. W. G. and Hallewell, M. P. (1993). Process improvements for fine cassiterite recovery at Wheal Jane, *Minerals Engng.* , 6(8 - 10), 817.

[45] Wallace, W. (1981). Practical aspects of Baum jig coal washing, *Mine and Quarry*, 10 (Sept.), 40.

[46] Wallace, W. M. (1979). Electronically controlled Baum jig washing, *Mine and Quarry*, 8

(Jul. /Aug.), 43.

[47] Weale, W. G. and Swanson, A. R. (1991). Some aspects of spiral plant design and operation, in *Proc. 5thAustralian Coal Prep. Conf.* , Aust. Coal Prep. Soc. , 99.

[48] Wells, A. (1991). Some experiences in the design and optimisation of fine gravity concentration circuits, *Minerals Engng.* , 4(3/4), 383.

[49] Zimmerman, R. E. (1975). Performance of the Batac jig for cleaning fine and coarse coal sizes, *Trans. Soc. Min. Engng.* , AIME, 258(Sept.), 199.

11 重介质分选

11.1 引言

重介质分选(HMS),或称浮沉法分选,主要用于对矿物进行预选,也就是矿物在用磨矿进行单体解离之前抛弃部分脉石。该法用于煤矿分选时,通过与重页岩或高灰分的煤矸石分离,能生产出高品级合格的最终产品——净煤。

原则上,重介质分选是所有重选方法中最简单的一种方法,并长期以来一直作为分离不同比重矿物的标准实验室研究方法。通过使用适当密度的重液,使密度小于重液的矿物上浮,密度大于重液的矿物下沉,而实现分离(如图11.1所示)。

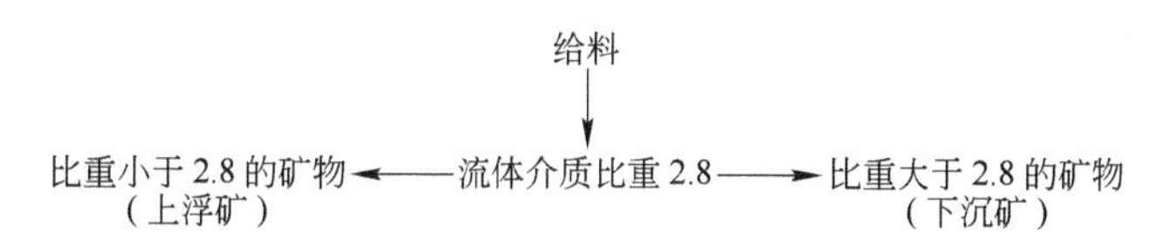

图11.1 重介质分选原理

由于大部分在实验室使用的重液较为昂贵或有毒,因此在工业上分离矿物使用的重介质是重悬浮液或矿浆,即将一些重物质加入水中,其作用如同重液。

重介质分选具有优于其他重选方法的一些特点:该法在任何密度下均可实现精确分离,即使密度相近的矿物所占比例较高时也具有很高的分选效率。其分选密度能严格控制在相对密度的±0.005 kg/L范围内,并且在正常条件下可无限期的保持,但为了满足不同的需要,分选密度可随意并迅速地进行改变。然而,重介质分选工艺较为昂贵,主要是由于还需要可使介质再生的辅助设备以及介质本身的成本较高。

重介质分选适于分选任何矿石,但前提是矿石需要通过粉碎达到适宜的单体解离度,以及在值得进一步处理的与不值得进一步处理的矿物颗粒之间有足够的比重差。重分质分选工艺广泛用在较粗粒度就产生密度差的场合,因为细颗粒的沉降速度下降,故其分选效率随粒度的减小而降低。重介质分选的颗粒直径最好大于4 mm,此时当比重差为0.1或更小时也可实现有效分选。

当颗粒粒度小于500 μm或更小时,可采用离心选矿机进行分离。只要存在密度差,除了选厂处理物料的能力决定重介质分选粒度上限外,不存在粒度上限。

重介质分选适于处理矿物呈粗粒集合体浸染的矿石。如果有用矿物细粒浸染在整个主要岩体中,则粗碎不能使破碎颗粒之间产生适宜的密度差。

与相对较轻的围岩共生的金属矿石通常可进行重介质预选。如细粒浸染的方铅矿、闪锌矿和黄铁矿经常与石灰石或白云石等矿床互相交代,因此可采用重介质预选。同样,康沃尔锡矿中发现在带状结构的矿脉中锡石与其他高比重的矿物如铁、砷、铜的硫化物和铁氧化物共生,因此,含有这些矿物的矿脉比硅质脉石具有更高的密度,可以提前通过预选分离。另外,由于在窄矿脉的采矿过程中通常要从巷壁中排走废石以便于疏通通道,所以毗邻矿脉的围岩可能同时被采出,在许多情况下成为废石的主要部分。但在采矿过程中经常发生围岩矿化现象,也就是围岩中含有如铁氧化物和硫化物等低价值、高密度的矿物,此时预选就极为困难。一个典型的例子就是法国的某一钨矿,该矿页岩型围岩中含有磁黄铁矿,故增加了围岩的密度,此时采用重介质分选法从矿石中预选含钨矿物是不可能的,所以,为了选钨只能将所有的原矿进行粉碎。

11.2 重介质

11.2.1 重液

重液广泛应用于在实验室中评价矿石的重选分离技术。重液试验的目的是判断一种特殊矿石重介质分离的可行性,确定经济的分选密度,通过对浮沉产品的化验分析来评估使用重介质分选工艺的分选效率。另外,重液试验还可以根据密度差异将矿石样品分成几个部分,以确定高比重和低比重矿物的比例关系。

四溴乙烷(TBE)的比重为2.96,是较为常用的一种重液。该药剂可以用石油溶剂和四氯化碳(比重1.58)稀释成比重低于2.96的重液。

三溴甲烷(比重2.89)可以与四氯化碳混合得到比重为1.58~2.89的重液。如果需要比重高达3.3的重液,则可以用二碘甲烷按要求加三乙基磷酸盐稀释制得。多钨酸钠的水溶液与有机液体相比具有一定的优点,如几乎不挥发、无毒和低黏度,其比重很容易达到3.1(Anon, 1984)。

克莱克西(Clerici)溶液(甲酸铊—丙二酸铊溶液)在20℃时分选比重可达到4.2,90℃时可达5.0。分选密度达18 kg/L时可采用磁流体静力分选,也就是在一定的磁场梯度下在顺磁性盐或铁磁流体溶液中产生的附加重力的作用下进行分选。该分离技术主要用于分选粒度下限为50 μm的非磁性矿物(Parsonage,1977; Domenico等, 1994)。

许多重液会释放毒烟,所以必须在适当的通风条件下使用:克莱克西(Clerici)重液剧毒,所以使用时必须非常小心。因此,在工业生产中使用纯重液是不切实际的，在工业上一般使用细磨固体加入水中制成的悬浮液。

11.2.2 重悬浮液

在水中加入细磨固体所形成的体积浓度低于15%的悬浮液主要为简单的牛顿体。但如果超过上述浓度，悬浮液就变成非牛顿体，此时必须加一定的应力或屈服应力才能产生剪切力，颗粒才能产生运动。因此，小颗粒或接近介质密度的颗粒，在产生运动之前不能克服介质所产生的稳定性。这种介质稳定性在某种程度上可以通过增加颗粒的剪切力或降低悬浮液的表面黏度来克服。例如，用离心力代替重力可以增加剪切力；对介质进行搅拌可以降低黏度的影响，因为搅拌可以使液体分子间产生剪切作用。在实践中，介质不可能是静态的，通过搅拌叶轮和空气的作用，或者物料本身的沉降作用，均可使介质产生运动。上述所有的因素都可以降低屈服应力，从而使分选密度尽可能接近槽中介质的密度。

为了获得高密度、低黏度的稳定悬浮液，必须使用细粒、高比重的固体物料，并且要充分搅拌，以保持其悬浮和降低表观黏度。组成介质的固体物料必须坚硬，没有泥化现象，因为颗粒的碎解会增加介质的表面积而增加表观黏度。介质必须容易用洗涤的方法从矿物表面清除，并可从被洗脱的细矿石颗粒中回收。介质必须不受矿石组成的影响，必须能抗化学反应，如抗腐蚀。

方铅矿最先被用作介质，纯净的方铅矿可以制备出比重为4的分选密度。当比重大于4时，矿石的分选过程会由于黏性阻力的增加而减缓。泡沫浮选是一种较为昂贵的分选工艺，经常被用来净化被污染的介质，但其主要的缺点是方铅矿极软，易于泥化，而且还要发生氧化作用，因此影响了浮选效率。

目前金属矿分选时最广泛使用的介质是硅铁，用于选煤的介质是磁铁矿。上述两种介质都可以通过磁选法回收。

磁铁矿（比重5.1）较为便宜，用于保持分选槽的密度达2.5 kg/L。

硅铁（比重6.7～6.9）是一种铁和硅的合金，含有不少于82%的Fe和15%～16%的硅（Collins等，1974）。如果硅的含量小于15%，合金就容易腐蚀，而如果硅的含量大于16%，介质的磁化率和密度都会大大下降。在重介质选别流程中硅铁合金铁损失率在很大范围内发生变化，从每吨矿石消耗0.1 kg至2.5 kg以上。硅铁合金的损失，除了正常溢漏损失之外，主要在磁选过程中发生损失，和介质黏附在矿物颗粒表面上的损失。腐蚀作用产生的损失一般较小，而且可以通过钝化硅铁可有效阻止腐蚀。如可以通过将大气中氧扩散到介质中，或者添加少量亚硝酸钠来实现（Stewartand Guerney，1998）。

研磨硅铁的粒度范围为 $-45\ \mu m$ 为30%～95%。细粒级的硅铁介质主要用于细粒矿石的分选和离心选矿机中。粗粒级和低黏度的硅铁介质可以将介质比重提高到大约3.3。由圆形颗粒组成的雾化硅铁介质能制备出低黏度的介质,能用于制备比重高达4.0的分选介质(Myburgh, 2002;Dunglison 等, 1999)。

11.3 分选设备

目前使用的重介质分选设备分为重力型(静态)和离心力型(动态)两种类型。有许多文献资料报道了这些工艺的特点,且研究出许多有效的数学模型用于对设备进行模拟(Napier-Munn, 1991)。

11.3.1 重力型分选设备

重力型分选设备有几种结构形式的分选槽,给料和介质均放入分选槽中,溢流通过刮板或以溢流方式排出。沉砂的排卸在分选机设计中最困难。其设计的目的是既要排出沉砂,又要避免因排出过多介质而影响设备中向下液流的分布。

维姆科(Wemco)圆锥型重介分选机(图11.2)是一种使用广泛的矿石分选设备,因为该设备具有较高的沉降能力。其圆锥的直径可达6 m,给矿颗粒的最大直径可达10 cm,处理能力达500 t/h。

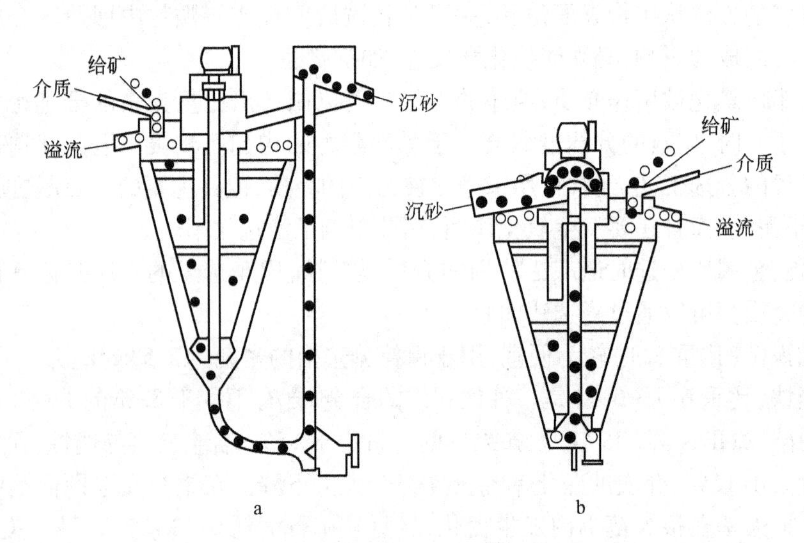

图11.2 维姆科(Wemco)圆锥型重介分选机

a—带扭矩型流砂泵沉砂排卸装置的单重力、双产品系统;

b—带压缩空气沉砂排卸装置的单重力、双产品系统

物料以自由沉降的方式加入到介质表面,物料可以沉入介质几厘米,安装在中心轴上的前倾叶轮缓慢搅拌矿浆使介质悬浮。溢流从堰板通过溢流排出,而沉矿由泵或内部和外部的空气提升器排出。

鼓型重介质分选机(图 11.3)有几种规格尺寸,直径可达 4.3 m,长度 6 m,最大处理量可达 450 t/h,可以处理的矿石最大给料粒度达 30 cm。通过安装在旋转鼓内部的提升器的作用,连续排出沉砂,从而实现分选的目的。当提升器转过水平位置时就将沉矿卸入沉矿槽。溢流在鼓形分选机给料管的另一端由堰板溢流排出。纵向隔板将浮矿表面与旋转提升器排卸沉砂的行为分隔开。

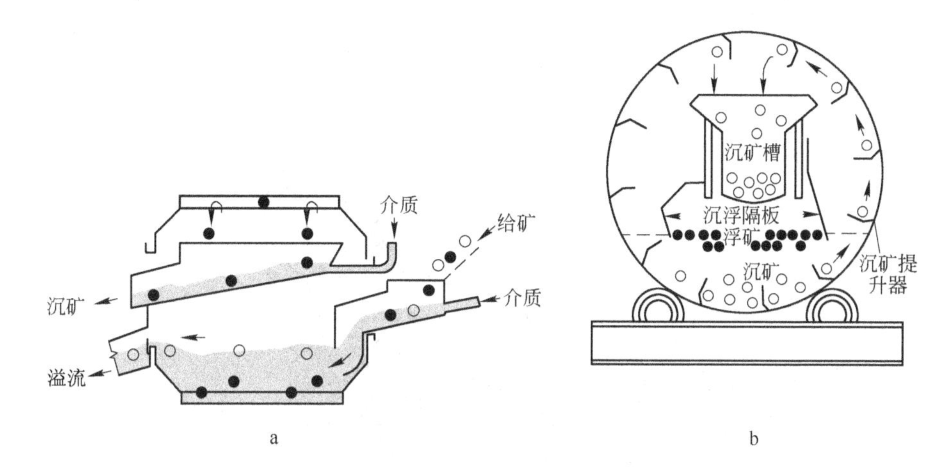

图 11.3　鼓型重介分选机

a—侧视图;b—端视图

鼓型重介分选机与圆锥型重介分选机相比,分选池的深度相对较浅,故减少了介质颗粒的沉降,使整个转鼓内的比重分布较为均匀。

由于一段重介分选过程不能获得满意的回收率,故可以采用双室鼓型重介分选机(图 11.4)进行两段分选。实际上,双室鼓型重介分选机是由两台鼓型分选机组装在一起形成的,双室一起旋转,一室向另一室给料。在第一室中采用比重更小的介质以分离出纯净的溢流产品,其沉砂产品提升并运至第二室,在第二室中选出中矿和最终沉砂。

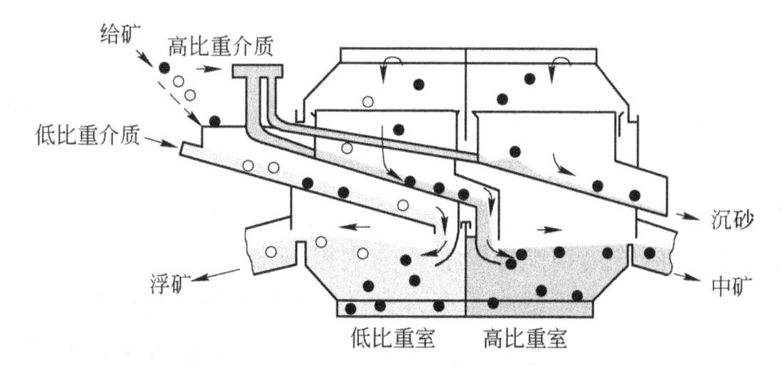

图 11.4　双室鼓型重介分选机

虽然鼓型重介分选机处理沉砂的能力很大，本质上更适于处理金属矿而不是煤矿，金属矿沉砂量一般占给矿量的60% ~80%，而煤矿沉矿量只占给矿量的5% ~20%，但鼓型重介分选机普遍应用于煤矿工业中，其原因是由于鼓劲型重介质分选机简单、可靠，维修量相对较小。巴格勒（Baguley）和纳皮尔·马恩（Napier-Munn）还对DM鼓型重介分选机的数学模型进行了研究（1996）。

德鲁博（Drewboy）槽式重介选矿机在英国的煤矿工业中得到了广泛应用，主要原因是这种重介选矿机对浮矿的处理能力较高（图11.5）。

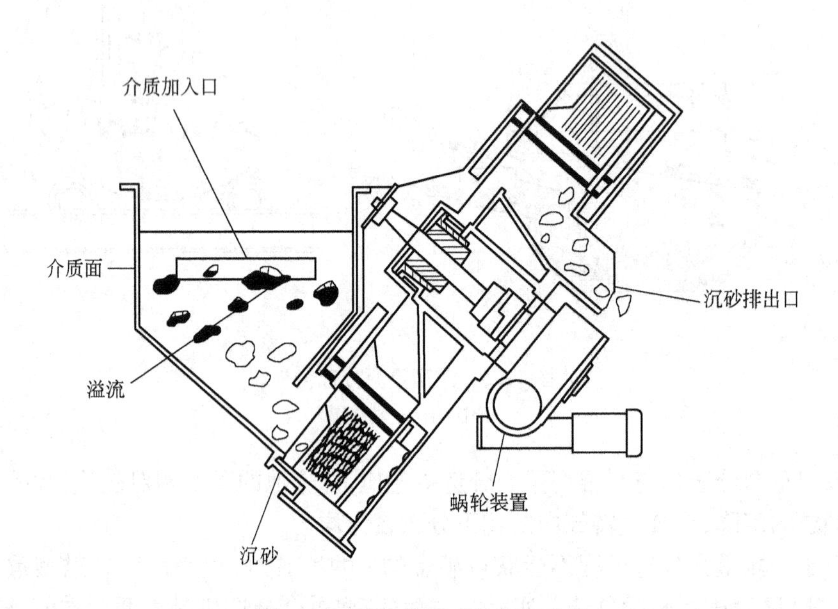

图11.5 德鲁博槽式重介选矿机

原煤从分选机的一端部给入，溢流从分选机另一端用一个悬挂着橡胶的星形轮或链带排卸，而沉砂通过安装在倾斜轴上的径向叶轮从槽底被提升出机外。介质在两个部位加入，一部分在槽底加入，另一部分与原煤一起加入，添加比例通过阀门来控制。

诺沃特（Norwalt）洗煤机由南非研制成功，且大多数均在南非使用。原煤给入装有搅拌臂的环形分选槽的中央（图11.6）。

浮矿用搅拌器运送到设备周边，在槽另一端的堰板上排出，由介质流带出槽外。尾渣沉入槽底，由连接到搅拌臂底部的刮板排出，经槽体底部的孔洞排入一个密封的提升器中，提升器为轮型或斗型，可连续地将沉砂产品排出。

特斯卡（Teska）槽式重介分选机在德国研制成功，该设备采用旋转的斗轮将含煤废渣排出。

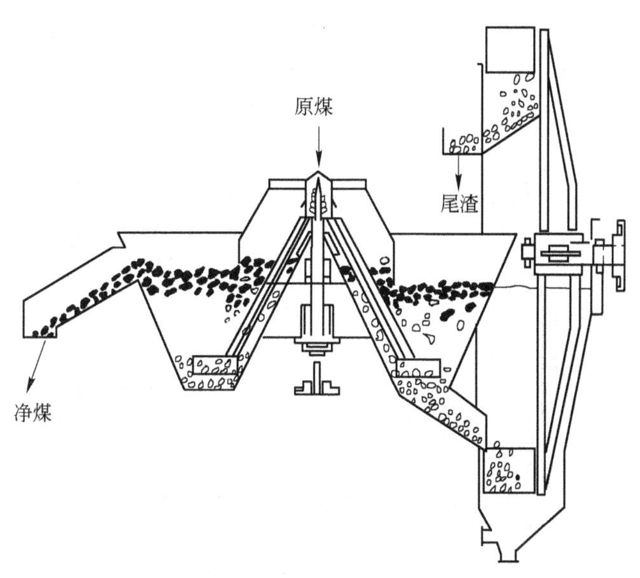

图 11.6 诺沃特洗煤机

11.3.2 离心力型分选设备

重介质旋流器目前已经广泛应用于处理矿石和煤。该设备能提供较高的离心力和低的介质黏度,与重力型重介分选设备相比,可处理的粒度更细。重介旋流器的给料前应先进行脱泥,将 0.5 mm 以下的矿泥脱除,以避免介质被矿泥污染和减少介质消耗。为了避免介质的不稳定性,重介旋流器比重力型分选设备所需介质的粒度更细。近年来世界各地的许多部门都在致力于研究如何拓宽离心力式重介分选机的粒度范围,特别是用于选煤厂的设备,拓宽粒度范围,能省去脱泥筛和筛下物料的浮选,并实现细煤更精确的分离。泡沫浮选对硫的还原作用影响较小,因而可以通过浮选除去黄铁矿,氧化的煤采用重介质选矿法分选。研究表明,0.1 mm 以上的煤颗粒采用重介质分选法可以获得很好的分离效果,但如果粒度低于 0.1 mm,分选效率就很低。通过一个较为典型的英国煤矿研究表明,如果物料中小于 0.1 mm 的含量达 10%,必须采用泡沫浮选来处理细粒级物料,尽管无需脱泥的重介质分选法在美国已经得到应用(Anon, 1985)。一个铅锌矿的试验研究表明,采用离心力型重介分选机,当颗粒粒度下限为 0.16 mm 时仍可取得较好的分选效果(Ruff, 1984)。结合上述结果和相似的研究结果,以及目前在介质均一性的自动控制技术方面的进步,目前可以认为重介质分选法可处理的粒度比曾经认为的经济和实际的处理粒度更细。由于物料磨矿、浮选和脱水的能耗是重介质分选能耗的 10 倍以上,因此将可能建设更多的细粒重介预选厂。

迄今为止使用最广泛为离心力式重介分选机是重介质旋流器(图 11.7),重介质旋流器的工作原理与普通水力旋流器的工作原理类似(见第 9 章)。最常见的重介质旋流器在19世纪40年代由德国国家矿业局研制,该设备的锥角为20°。重介质旋流器处理矿石和煤的粒度范围一般为0.5～40 mm,目前最大的重介质旋流器直径可达1 m,选煤时的处理能力超过250 t/h(Lee等, 1995)。

图11.7　重介质旋流器

矿石和煤悬浮在介质中,然后通过泵和重力给料的方法切向给入旋流器中。重力给料要求有一定的高度,因此建设投资较大,但该法可以获得较稳定的矿浆流,泵的磨损和矿石的碎裂均较小。比重大的物料(在选煤时是尾矿,选矿时是精矿产品)通过离心力的作用被甩到旋流器器壁,从底流沉砂口排出。轻产品"浮矿"围绕中心轴线流动,从溢流管排出。

金(King)、杰克斯(Juckes)于1988年和伍德(Wood)等人于1987年开发了选煤用重介质旋流器的数学模型,而斯克特(Scott)和纳皮尔·马恩(Napier-Munn)于1992年开发了选矿用重介旋流器的数学模型。顿克利逊(Dunglison)和纳皮尔·马恩(Napier-Munn)于1997年报道了更为通用的模型。

沃尔西尔(Vorsyl)分选机(图11.8)在许多选煤厂得到应用,主要用于处理粒度细达50 mm、给料速度为120 t/h的煤(Shaw, 1984)。由脱泥后原煤和磁铁矿分选介质组成的原料切向给入分选机中,最近还研究出在一定的压力下经渐开线入口由分选室顶部给入的方式。比重小于介质的物料经溢流管流入净煤排出口,而比重接近介质的物料和较重的页岩颗粒由于离心加速度的作用流向分选室筒壁。颗粒呈螺旋形沿分选室向下移动至筒底,此时由于接近孔板而产生的拉力减小了切向速度,并朝着喷出口产生了强烈的内向流。这种作用使页岩和接近介质比重的物料通过高离心力区,从而实现最终的精确分离。页岩和一部分介质从喷出口排出进入页岩室,页岩室较浅并有一个切向出口,通过一短管连接到第二个浅页岩室,又称涡流引流器。该涡流引流器是一个带有介质和尾砂切向入口和轴向出口的圆筒形容器。朝向出口有一内螺旋液流,该液流消耗了入口压力能,从而即使采用大排出口也不会排出大量的介质。

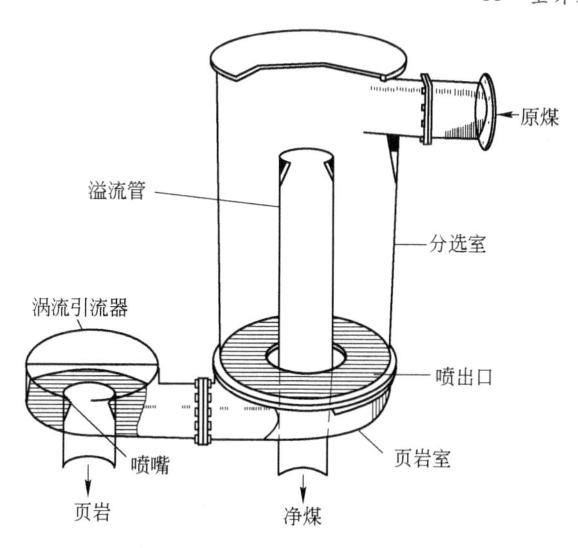

图 11.8　沃尔西尔分选机

LARCODEM(大煤矿重介分选机)型重介分选机可以用于处理较宽粒度范围(-100 mm)的煤,且处理量较大(Shah, 1987)。该设备还可用于分选铁矿石。其设备结构为一个与水平成大约30°倾角的圆筒形分选室(图 11.9)。一定密度的介质通过泵或静态压头在有压情况下在设备底端给入渐开线式切向入口,在圆筒的顶端有另外一个连接到涡流引流器的渐开线式切向出口。0.5~100 mm 的原煤通过一个连接到设备顶端的管道给入分选机中,分选以后的净煤通过底部出口排出。相对密度较高的颗粒快速通过分选器壁由顶部渐开线式出口和涡流引流器排出。

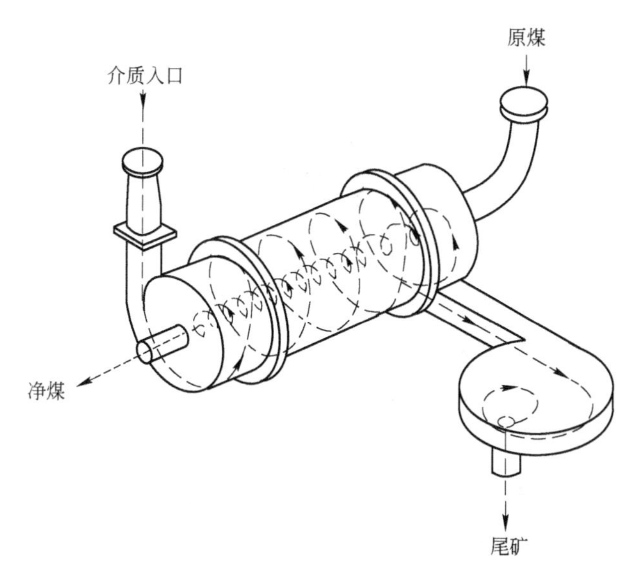

图 11.9　LARCODEM 型重介分选机

第一个工业设备安装在英国艾尔煤矿的一个处理量为 250 t/h 的选煤厂中，该选煤厂将该设备作为主要分选设备（Lane，1987）。因为处理量为 250 t/h 的 LARCODEM型重介分选机直径只有 1.2 m，长度为 3 m，因此它对将来选煤厂的设计和施工结构有很大的影响。

戴纳（Dyna）旋涡分选机与 ARCODEM 型重介分选机较为相似，主要用于分选细煤，特别在南半球应用较为普遍，也用于处理金刚石、萤石、锡矿和铅锌矿，其处理的粒度范围为 0.5 ~30 mm（Wills 和 Lewis，1980）。

该设备由一个预定长度的圆筒构成（图 11.10），在两端有相同的切向入口和出口。设备在倾斜状态下运行，所需比重的介质以一定压力下泵送入底端入口，旋转的介质在整个设备长度内产生一个涡流，通过上部的切向排出口和底部的涡流出口管排出。进入上部涡流管的原料在少量介质的作用下进入设备，在开敞的涡流区很快地产生旋转运动。上浮物料向下通过涡流区，不与设备的外壁接触，因此大大减少了磨损。浮矿从底部涡流出口管排出。给料中重的沉矿颗粒穿过上升的介质流流向设备的外壁，通过沉矿排出管和介质一起排出。因为沉矿排出口与给料入口较为接近，所以沉矿几乎同时能从设备内排出，这又大大地减小了磨损。只有比重接近的颗粒才能沿着设备得到进一步的分离，也只有这些颗粒才能接触主筒体。切向沉矿排出口较灵活地连接到一沉矿软管上，通过改变软管的高度来调节反压力，以精确控制分选点。该分选机的处理能力高达 100 t/h，与重介质旋

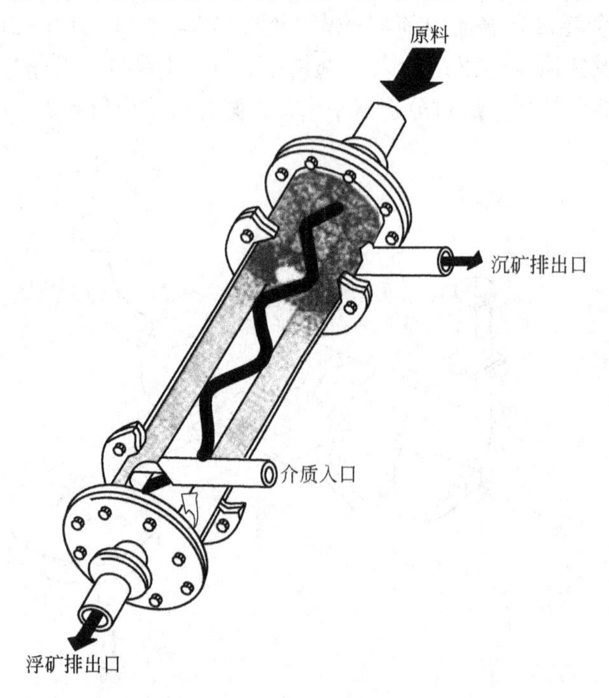

图 11.10　戴纳旋涡分选机

流器相比有几个优点。该设备由于减小磨损,不但可以降低维修成本,而且还可以保持设备的分选性能,除此之外,设备的操作成本也较低,因为只有介质才采用泵送方式。另外,设备的沉矿能力要高得多,能适应较大波动的沉浮比(Hacioglu 和 Turner, 1985)。

特利－弗罗(Tri-Flo)分选机(图11.11)可以被看作为两台戴纳(Dyna)旋涡分选机串联在一起,已应用于一些煤矿、金属矿和非金属矿选矿厂中(Burton 等, 1991; Kitsikopoulos 等, 1991; Ferrara 等, 1994)。该设备采用渐开线式介质入口和沉矿出口,与切向入口相比,产生的紊流作用较小。

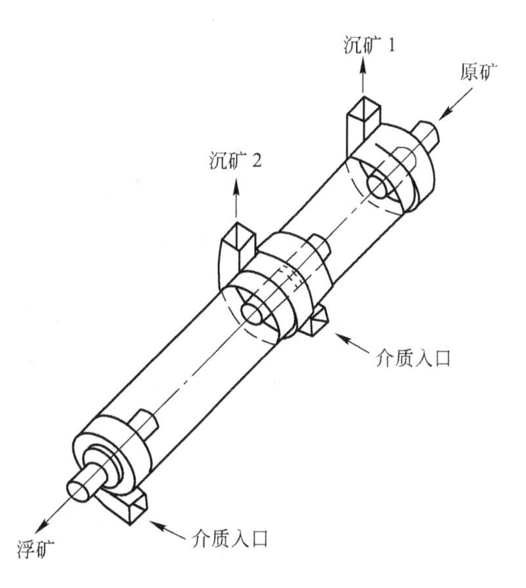

图 11.11 特利－弗罗(Tri-Flo)分选机

该设备为了生产出各自可控比重的沉矿产品可在两种不同比重的介质下操作,采用单一比重的介质通过两段处理可获得一种浮矿产品和只有轻微分选比重差异的两种沉矿产品。在处理金属矿时,第二种沉矿产品相当于重矿物的扫选作业产品,因此可以增加金属的回收率。第二种沉矿产品再粉碎脱泥后可返回设备进行再分选。当设备用于选煤时,第二段对浮矿进行精选可生产出高品位产品。两段分选还可以增加分离的精确度。

11.4 重介质分选流程

尽管重介质分选工艺中分选设备是最重要的部分,但它只是相对复杂流程中的一部分。其他所需的装备包括原料准备、介质回收、净化和再循环等(Symonds 和 Malbon, 2002)。

重介质流程中的给矿必须通过筛分以去除细粒矿石,并洗脱矿泥,以减轻矿泥迅速增加介质黏度的趋势。

在重介质流程中花费最大的部分是介质的回收与净化,这些介质与沉矿和浮矿产品一起排出分选机。典型的重介质分选流程如图 11.12 所示。

沉矿和浮矿分别给入各自的排水振动筛,此时在分离产品中 90% 以上的介质可以得到回收,并经过介质池由泵送回分选室。产品通过洗涤喷淋后可以完全除去介质和黏附的细颗粒。最终的浮选和沉矿产品从筛上排出后作进一步的处理。

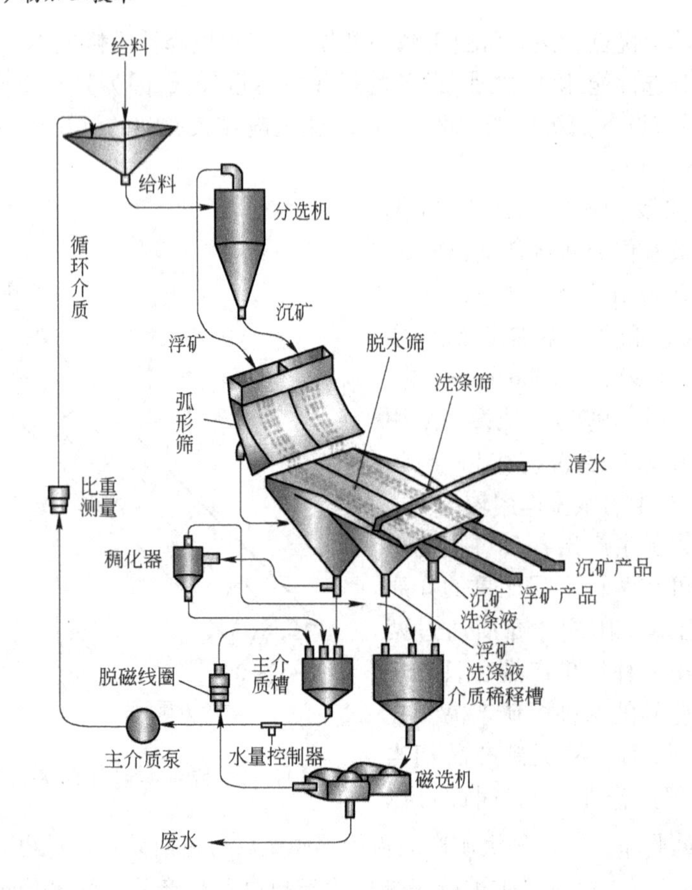

图 11.12　典型的重介质分选流程

洗涤筛筛下产品主要由介质、洗涤水和细颗粒组成，但由于太稀，且被污染，因此不能直接作为介质返回到分选室中，但可以单独或合在一起通过磁选分离，以便以从非磁性细颗粒中回收磁性硅铁或磁铁矿。洁净的再生介质通过离心或螺旋浓缩机浓缩到所需的浓度后，连续返回到重介质选矿回路中。排出的重介质进行脱磁使介质不发生团聚现象，从而在分选室内形成均匀的悬浮液。

大部分较大的重介质选矿厂都包括介质密度自动控制系统。通过添加足够的介质来提高介质的比重，用伽马衰减测量仪来测量介质的比重，通过反馈的信号来调整加入介质中的水量，以调节其达到适宜的比重。

重介质分选方法的主要成本是电力（泵送所需的电力）和介质的消耗。介质损耗大约占总成本的 10% ~35% 。介质损耗的主要原因是部分黏附到产品中，部分在磁选过程中损失，损耗量的大小与矿石的粒度和孔隙度、固体介质的特征和选矿厂的设计有关（Napier-Munn 等，1995）。介质损耗会随着细粒或多孔矿石、微细介质和操作比重的增加而增加。

正确的粒度和设备选型,与正确的设计参数的选择(如冲洗水量)一样重要。由于废水中总含有一些排出的介质,因此应尽量将这部分介质循环再利用(Dardis, 1987)。另外还应注意使用的介质的质量,威廉姆斯(Williams)和凯尔萨尔(Kelsall)1992 年发现与其他介质相比硅铁粉末具有更好的耐机械磨蚀性和耐腐蚀性。

介质流变学对重介质分选系统的有效运行非常关键(Napier-Munn, 1990),尽管黏度的影响很难量化(Reeves, 1990; Dunglison 等, 1999)。黏度的操作包括适宜介质比重的选择,尽量减小操作密度,以及尽量减小黏土和其他细颗粒污染物的含量等(Napier-Munn 和 Scott, 1990)。如果流程中细颗粒的含量达到很高的比例,比如说给料筛分效率较低的,那么就有必要在精选回路中加入更多的介质。许多重介质流程有如下安排,使脱水筛的介质流入洗涤筛下介质池。

11.4.1 典型的重介质分选过程

重介质分选的最重要的用途是选煤,选煤过程是相对较为简单的分离过程,也就是从高灰分的尾渣、共生的页岩和砂石中分离出低灰分的煤。

当原煤中含有相当大比例的中矿或比重接近的物料时,重介质分选法优于成本较低的勃姆跳汰分选法,因为分选密度可以严格控制。

英国的原煤通常相当容易洗选,在许多场合均使用跳汰机。当重介质分选法更有利时,粗粒级原煤更广泛地采用鼓式重介分选机和德鲁博(Drewboy)槽式重介选矿机,而细粒级原煤优先采用重介质旋流器和沃尔西尔(Vorsyl)分选机。大部分南半球的煤有必要采用重介质分选法,因为中煤比例较高,如前南非德兰士瓦省发现的大型低质煤矿床。对于这种类型的煤矿,鼓式重介分选机和诺沃特(Norwalt)分选机应用的最为广泛,重介质旋流器和戴纳(Dyna)旋涡分选机通常用于处理更细粒级的煤。

在南非德兰士瓦省的艾姆扣兰德煤矿,采用双比重重介质分选法生产出两种可销售的产品。原煤通过预先筛分,+7 mm 以上的粗粒级煤采用诺沃特(Norwalt)洗煤机洗选,使用磁铁矿作为加重质,分选比重为 1.6。该作业的沉矿产品绝大部分由沙子和页岩组成,作为尾矿抛弃。作业的浮矿产品给入诺沃特(Norwalt)洗煤机,在更低的分选比重(1.4)下进行分选。该分选作业段能生产出低灰分的产品,灰分约 7.5%,可以生产冶金焦炭;沉矿产品作为中煤,灰分大约为 15%,可以用作发电厂燃料。细粒级(0.5~7 mm)部分采用戴纳(Dyna)旋涡分选机采用两段分选法处理。

在金属矿业,重介质分选法用于铅锌矿的预选作业中,铅锌矿石中共生的硫化矿经常浸染在较轻的围岩中,故在破碎到粗粒级时颗粒之间的比重差就较为显著。

1982 年,为了增加选矿厂 50% 的处理能力,澳大利亚芒特艾萨矿业有限公司在铅锌回路中引入了重介质选矿。矿石中约含有 Pb 6.5%,Zn 6.5%,Ag 200 g/t,由方铅矿、闪锌矿、黄铁矿和其他的硫化矿物组成,这些矿物在石英和白云石的分带中呈细粒嵌布(图 11.13)。富硫化矿和主要脉石在 -50 mm 左右开始解离,18 mm以下时解离充分。

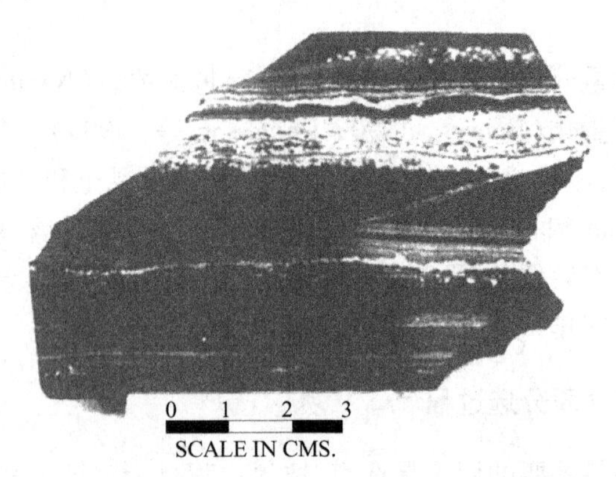

图 11.13 芒特艾萨矿石中分布在碳酸盐主岩中的硫化矿物带

选矿厂的处理能力为大约 800 t/h,重介质旋流器处理的粒度范围为 1.7 ~ 13 mm,分选密度为 3.05 kg/L,尾矿抛除率为原矿石的 30% ~35%,铅、锌、银的预选回收率为 96% ~97%。预选后矿石中 25% 的邦德功指数较低,且磨耗较小,这是由于低比重的硅酸盐矿物均进入了选矿尾矿中。尾矿作为一种较为廉价的充填料用于地下作业中。选厂广泛地使用仪表来控制,其他文献中描述了其工艺控制策略(Munro et al., 1982)。

重介质分选法还广泛地应用于预选锡和钨矿石,以及非金属矿,如萤石、重晶石等。在金刚石矿的预选中应用重介质分选也较为重要,该法在电选法(第 14 章)和涂脂摇床法(Chaston 和 Napier-Munn, 1974; Rylatt 和 Popplewell, 1999)回收金刚石之前采用。金刚石矿是所有开采的矿石中品位最低的一种,其富集比必须达到几百万比一。重介质分选法可以获得的初始富集比为 100 ~1000 比 1,这是由于金刚石的比重相当高(3.5),相对比较容易从矿石中解离,因为金刚石较松散地赋存在母岩中。金刚石预选时可采用重力型和离心力型重介质分选机,硅铁作介质,分选比重在 2.6 ~3.0 之间。矿石中的黏土有时会使分选过程产生问题,因为黏土增加了介质黏度,降低了分选效率和沉矿中金刚石的回收率。

重介质分选法还用于提高用于高炉给料的低品位铁矿石的品位,重力型和离心力型重介质分选机均可采用,在某些情况下介质比重能超过 4(Myburgh, 2002)。

11.4.2 实验室重液试验

对矿石进行实验室试验的目的是为了评估重介质分选法和其他重选法的适宜

性，以及确定经济的分选比重。

首先要制备一系列比重递增的重液，将破碎矿石的代表性矿样置于最高比重的重液中。取出浮矿产品并进行洗涤，并将其放入下一个较低比重的重液中，其浮矿产品放入下一个更低比重的重液中，经此类推。最后，将沉矿产品和最终的浮矿产品脱水、洗涤、干燥后称重，得出按重量的比重分布的样品（图 11.14）。

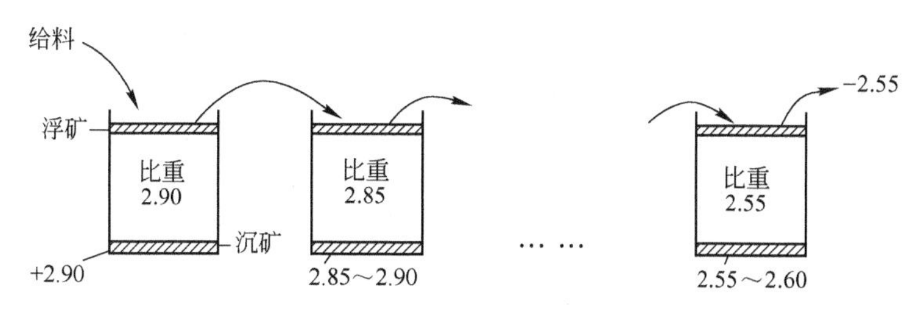

图 11.14 重液试验

当评估细颗粒矿石时必须特别仔细，必须有足够的时间使颗粒沉降于适当的粒级中。对于细颗粒为了减少沉降时间经常采用离心沉降法，但是试验时要特别细心，因为浮矿会夹杂在沉矿中。对于如菱镁矿一样的多孔材料经常会出现令人不满意的结果，这是由于孔中重液的夹杂改变了颗粒的表观密度。

在对各粒级中的金属含量进行分析后，就可以用表格列示样品不同比重级别中物料和金属的分布。表 11.1 列示了某一锡矿试验所获得的分布情况。在电子表格中很容易计算。从表格第 3 列和第 6 列可知，如果选择的分选比重是 2.75，68.48% 比重小于 2.75 的物料将作为浮矿产品废弃，且只有 3.81% 的锡损失在该产品中。同理，96.19% 的锡将回收在沉矿产品中，占原矿给料总重量的 31.52%。

表 11.1 重液试验结果

比重级别	质量百分比 /%	累积质量百分比 /%	Sn 品位 /%	Sn 的分布率 /%	Sn 的累积分布率 /%
-2.55	1.57	1.57	0.003	0.004	0.004
2.55～2.60	9.22	10.79	0.04	0.33	0.37
2.60～2.65	26.11	36.90	0.04	0.93	1.30
2.65～2.70	19.67	56.57	0.04	0.70	2.00
2.70～2.75	11.91	68.48	0.17	1.81	3.81
2.75～2.80	10.92	79.40	0.34	3.32	7.13
2.80～2.85	7.87	87.27	0.37	2.60	9.73
2.85～2.90	2.55	89.82	1.30	2.96	12.69
+2.90	10.18	100.00	9.60	87.34	100.00

最佳分选比重的选择必须考虑经济因素。以表 11.1 为例，必须对通过重介质分选抛弃占给矿 68.48% 尾矿过程对后续作业的经济影响进行评估。较小的处理

量可以降低磨矿和精选成本,因为处理量对磨矿能耗和钢材成本的影响一般特别高。与上述成本的节省相反,必须考虑重介质选矿厂的操作成本和浮矿产品中3.81%锡损失率的影响。在该级别中必须估计可以回收的锡的数量,以及在冶炼厂的后续损失。如果其损失率低于整个磨矿成本的节省量,那么重介质选矿是经济的。确定最佳比重的目的是尽量扩大每吨原矿磨矿成本的总减少量与冶炼厂损失率之间的差异。谢娜(Schena)等人于1990年分析了分选比重的经济选择方法,开发出了评估适宜分选比重的计算机软件。

重液实验室试验对于选煤非常重要,通过重液试验可以确定所需的分选密度,以及达到所需灰分含量的煤产品的预计产率。“灰分”含量指的是在煤中不可燃物质的含量。因为煤比其他所含的矿物要轻,因此分选密度越高,其产率也越高,但灰分的含量也越高。产率的计算公式如下:

$$产率 = \frac{煤浮矿产品的质量}{总给料质量} \times 100\%$$

重液试验获得的每一比重级别的灰分含量由下述方法确定:取1g某一级别的样品,将其置于冷且通风良好的炉内,然后缓慢地升温至815℃,使样品保持此温度,直至其达到恒定质量。然后将残留物冷却后称重。灰分含量是灰的质量占样品最初质量的百分率。

表11.2列示了某一煤样品重液试验的结果。被分离的煤的比重级别见表第1列,粒级重量和灰分含量分别见表第2列和第3列。每种产品的重量百分比乘以灰分含量即得灰分产品(表第4列)。

表11.2 煤重液试验结果

比重级别	质量/%	灰分/%	灰分产品	分选比重	累计浮矿(净煤)			累计沉矿(尾渣)		
					质量/%	灰分产品	灰分/%	质量/%	灰分产品	灰分/%
-1.30	0.77	4.4	3.39	1.30	0.77	3.39	4.4	99.23	2213.76	22.3
1.30-1.32	0.73	5.6	4.09	1.32	1.50	7.48	5.0	98.50	2209.67	22.4
1.32-1.34	1.26	6.5	8.19	1.34	2.76	15.67	5.7	97.24	2201.48	22.6
1.34-1.36	4.01	7.2	28.87	1.36	6.77	44.54	6.6	93.23	2172.61	23.3
1.36-1.38	8.92	9.2	82.06	1.38	15.69	126.60	8.1	84.31	2090.55	24.8
1.38-1.40	10.33	11.0	113.63	1.40	26.02	240.23	9.2	73.98	1976.92	26.7
1.40-1.42	9.28	12.1	112.29	1.42	35.30	352.52	10.0	64.70	1864.63	28.8
1.42-1.44	9.00	14.1	126.90	1.44	44.30	479.42	10.8	55.70	1737.73	31.2
1.44-1.46	8.58	16.0	137.28	1.46	52.88	616.70	11.7	47.12	1600.45	34.0
1.46-1.48	7.79	17.9	139.44	1.48	60.67	756.14	12.5	39.33	1461.01	37.1
1.48-1.50	6.42	21.5	138.03	1.50	67.09	894.17	13.3	32.91	1322.98	40.2
+1.50	32.91	40.2	1322.98	—	100.00	2217.15	22.2	0.00	0.00	0.0
总 计	100.00	22.2	2217.15							

在不同分离比重矿物(表第 5 列)时获得的总浮矿产品和沉矿产品列于表第 6~11 列中。为了获得每一比重级别的累计百分比,第 2 列和第 4 列从上到下累计分别得到第 6 列和第 7 列。第 7 列除以第 6 列得到累计灰分百分比(第 8 列)。累计沉矿灰分基本上用同样的方法获得,但第 2 列和第 4 列从下到上累计分别得到第 9 列和第 10 列。

表 11.2 的数据绘制成图 11.15,作为典型的煤可选性曲线。

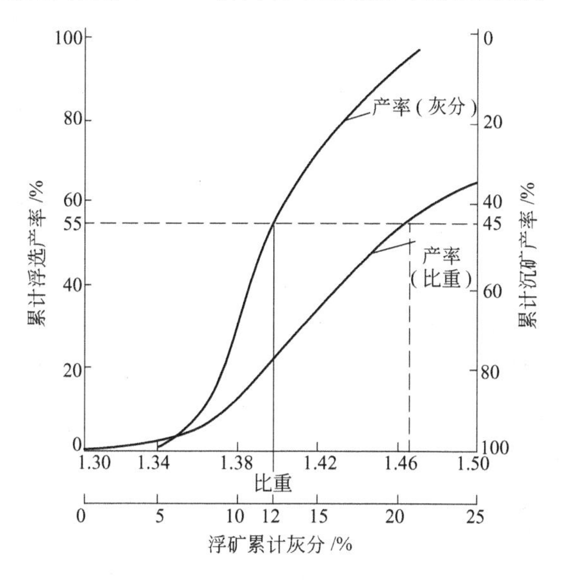

图 11.15　典型的煤可选性曲线

假定煤产品所要求的灰分含量是 12%,从上述可选性曲线可知,该煤可以获得 55% 的产率(浮矿累计百分比),所要求的分选比重为 1.465。

分选操作控制的难度主要取决于给矿中比重接近所需的物料含量。例如,如果给矿完全由比重为 1.3 的纯煤和比重为 2.7 的页岩组成,那么在一个较宽的操作比重范围内很容易进行分选。但如果给矿由相当量的中煤组成,且大部分物料的比重很接近所选定的分选比重,那么分选比重的轻微变化将会严重影响产品的产率和灰分。

近比重物料的含量指的是分选比重 ±0.1 kg/L 或 ±0.1 kg/L 范围内物料的重量,选煤工程师们认为分选比重 ±0.1 kg/L 范围内近比重物料的含量小于 7% 的原煤的分选过程较容易控制。这种物料的分选通常采用鲍勃跳汰机,该法比重介质分选更为廉价,因为重介质分选需要昂贵的重介质清洗装置,而且跳汰法分选不需进行给料准备工作,即不必通过筛分将细颗粒物料除去。但是,跳汰分选时分选比重不易像重介质分选那样控制得很精细,所以对于近比重物料的含量超过 7% 的原煤适宜采用重介质分选。

重液试验方法可以用于评价任何矿石的任何重选过程，表 11.3 列示了在实践中可以用于重选的分选机类型(Mills, 1978)。

表 11.3　重力分选机类型

分选比重 ±0.1 范围内近比重物料的含量/%	推荐的重力分选工艺	重力分选机类型
0 ~ 7	所有重选工艺均可	跳汰机、摇床、螺旋选矿机
7 ~ 10	采用高效的重选工艺	溜槽、圆锥选矿机、重介质分选机
10 ~ 15	采用具有良好操作性能的高效重选工艺	重介质分选机
15 ~ 25	采用能进行精确操作的高效重选工艺	重介质分选机
>25	仅限于少数能进行精确操作的极高效重选工艺	能严格控制的重介质分选机

表 11.3 没有考虑物料的粒度，因此需要通过不断地应用重液试验结果来积累经验，尽管一些重力分选机处理有效粒度范围的一些数据可以从图 1.8 中获得。在选择分选机的类型时还必须考虑选矿厂的处理量。例如，如果每小时只处理几吨矿样，那就不能安装赖克特圆锥选矿机，因为该设备是一种高处理量分选机，其处理量大约为 70 t/h 时才最有效。

11.5　重介质分选效率

假定实验室试验分选较完全，在这类条件试验中，其分选条件实际上非常接近理想条件，因为为了实现完全分离可取足够的分选时间。

然而在连续试验过程中，其分选条件与理想状态有较大的差异，随着条件的改变一些颗粒会进入到错误的产品中去。其主要的影响是给矿的比重分布。比重较大的或较轻的颗粒将很快地通过介质进入到了适宜的产品中，但比重接近介质的颗粒移动缓慢，在有限的分选时间内不能进入适宜的产品中去。在一定的限度内，比重一样或者非常接近于介质比重的颗粒将与介质在一起，以均等的比例被分离。

还有其他一些因素同样对分选效率有较大的影响。细颗粒矿石的分选效率一般均低于粗颗粒矿石，这是由于细颗粒较小的沉降速度引起的。介质特性、分选装置的设计与操作条件、给矿条件(特别是给矿速度)等都会影响分选效率。

分选效率能通过分配曲线或特劳勃(Tromp)曲线的斜率来表示，该曲线最早由特劳勃(K. F. Tromp)于 1937 年提出。不管给矿质量如何，该曲线均能描述分选机的分选效率，并用于评价和比较不同分选机的性能。

分配曲线与分配系数有关，是指选入沉矿产品(一般用于矿物)或浮矿产品(一般用于煤)中某一特定比重的物料量占给矿中该比重物料量的百分比与比重之间的关系(图 11.16)。它实际上与分级效率曲线相似,只不过分级效率曲线中分配系统是与粒度的关系,而不是与比重的关系。

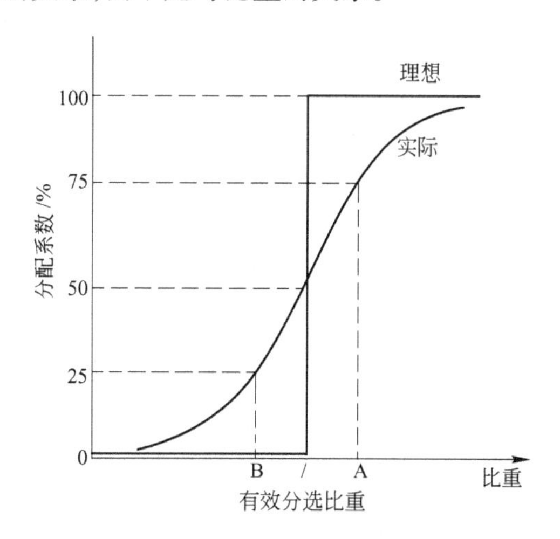

图 11.16 分配或特劳勃(Tromp)曲线

理想的分配曲线表达了一种完全分离,此时比重高于分选比重的所有颗粒均进入沉矿产品中,而比重小于分选比重的颗粒进入浮矿产品中。此时没有走错方向的颗粒。

实际分选的分配曲线表示那些与操作比重差异的较大的颗粒的分选效率是最高的,但与操作比重相接近的颗粒的分选效率下降。

两个曲线之间的区域称“错误区域”,表示颗粒进入错误产品中的程度。

许多分配曲线在 25% 和 75% 的分配率之间呈直线关系,其斜率表达了分选过程的效率。

分选的概率误差(E_p)是指 75% 回收入沉矿产品时的比重与 25% 回收入沉矿产品时的比重之差的一半,也就是从图 11.16 可以得到:

$$E_p = (A - B)/2$$

50% 的颗粒进入沉矿产品时的比重称为有效分选比重,实际上该比重与介质比重不同,特别是对离心式分选机而言,分选比重一般高于介质比重。

E_p 值越低,25% 和 75% 之间的线越接近于垂直,分选效率越高。理想分选状态下 $E_p = 0$,线垂直,但在实践中,E_p 值一般在 0.01 ~ 0.10 范围内。

E_p 值不能作为一种通用方法来评估一些设备的分选效率,如摇床、螺旋选矿机、圆锥选矿机等,因为这些设备有许多的操作变量(如洗水量、摇床斜度、速度等),这些变量也影响分选效率。而该法非常适合于评估相对简单和可再现的重介质分选过程。但是应用时要注意特别仔细,因为它不能反映曲线尾部的工作情况,而此时往往又较为重要。

11.5.1 分配曲线的绘制

重介质分选设备操作时的分配曲线要通过对沉矿和浮矿产品进行取样分析来获得，另外还要通过重液试验来确定每一比重级别中的物料量。所用重液的比重范围必须包括重介质分选设备的工作比重。表 11.4 为从页岩(沉矿)中分离煤(浮矿)所获得的沉矿和浮矿样品的重液试验结果。通过电子表格很容易进行计算。

表 11.4 煤 - 页岩分选评价表

列　数	(1)	(2)	(3)	(4)	(5)	(6)	(7)
比重级别	浮矿分析(质量分数)/%	沉矿分析(质量分数)/%	浮矿占给矿百分比/%	沉矿占给矿百分比/%	再组给矿/%	名义比重	分配系数
-1.30	83.34	18.15	68.83	3.15	71.98	—	4.39
1.30 ~ 1.40	10.50	10.82	8.67	1.89	10.56	1.35	17.80
1.40 ~ 1.50	3.35	9.64	2.77	1.68	4.45	1.45	37.75
1.50 ~ 1.60	1.79	13.33	1.48	2.32	3.80	1.55	61.05
1.60 ~ 1.70	0.30	8.37	0.25	1.46	1.71	1.65	85.38
1.70 ~ 1.80	0.16	5.85	0.13	1.02	1.15	1.75	88.70
1.80 ~ 1.90	0.07	5.05	0.06	0.88	0.94	1.85	93.62
1.90 ~ 2.00	0.07	4.34	0.06	0.75	0.81	1.95	92.68
+2.00	0.42	24.45	0.35	4.25	4.60	—	92.39
总　计	100.00	100.00	82.60	17.40	100.00		

列(1)和列(2)是浮矿和沉矿产品的实验室试验结果，列(3)和列(4)是与上述结果相关的沉矿和浮矿产品在给矿中的总分布率，这必须通过一定的时间对产品进行称重来测定。和列(4)相加可获得每一比重级别中再组合给矿的重量分布率，得到列(5)。列(6)给出了每一比重级别的名义比重，即 1.30 ~ 1.40 比重范围的物料假定其比重为中间值 - 1.35。

列(7)为分配系数值，是指沉矿产品中一定名义比重的物料占给矿的百分率，即：列(7) = 列(4)/列(5) × 100%。如果可获得给矿、沉矿产品和浮矿产品的准确值，那么还能通过采用两产品公式(见第 3 章)来确定给矿、沉矿产品和浮矿产品的比重分配。

通过表中数据可绘制分配系数与名义比重关系的分配曲线，从分配曲线可以确定设备的分选概率误差。

一种可供选择的快速确定分选机分配曲线的方法是比重追踪。这是一种特意研制的带有颜色编码的塑料追踪仪，可收集不同的产品，并根据比重(颜色)的差异进行手工拣选。因此这是一种对浮矿和沉矿产品中每种比重示踪样品的比例进行测定而绘制分配曲线的简单方法。比重追踪法的应用表明，除非使用大量的示踪样品，否则通过实验确定的特劳勃(Tromp)曲线存在较大的不确定性，纳皮尔·马恩(Napier-Munn)于 1985 年提出一些图表用于方便地选择样品的粒度和计算可信限度。美国一选煤厂在生产中采用一套系统，通过使用敏感的金属探测器自动地对样品流进行点测，并且计算不同类型示踪样品的数量。不同粒度和比重的示踪样品通过一个计算机控制的分散系统选择性地给入勃姆(Baum)跳汰机的给料流中，以评估跳汰机的实时性能(Chironis, 1987)。

分配曲线可用于预测，如果给料和重力发生变化时将得到什么样的产品。根据某种分选设备而绘制的分配曲线特别适用于该种类型的设备，而且不受给料类型的影响，但须满足以下条件：

(1) 给料粒度范围相同——分选效率随着粒度的减小而降低；图 11.17 为典型的槽式(鼓形重介分选机、圆锥选矿机等)和离心式(重介质旋流器、重介旋涡分选机等)分选机的分选效率与颗粒粒度的关系曲线。从结果可以清楚地看出，一般而言，当粒度小于 10 mm 左右时，离心式分选机的分选效率高于槽式。

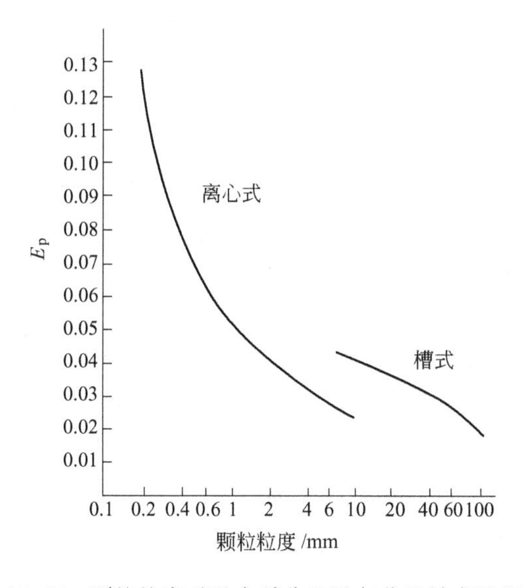

图 11.17 颗粒粒度对重介质分选设备分选效率的影响

(2) 分选比重在大致相同的范围内——有效分选比重越高，概率误差越大，因介质黏度增加。事实表明，当所有其他的因素相同时，E_p 与分选比重成正比关系(Gottfried, 1978)。

(3) 给料粒度相同。分选设备的分配曲线可用于确定任何特定给矿物料分选时误入产品中的物料量。例如，通过重液试验(表 11.1)评估后，某锡矿产品的分布可通过生产用选矿机处理后确定。图 11.18 为 E_p 为 0.07 时某重介分选机的分配曲线。

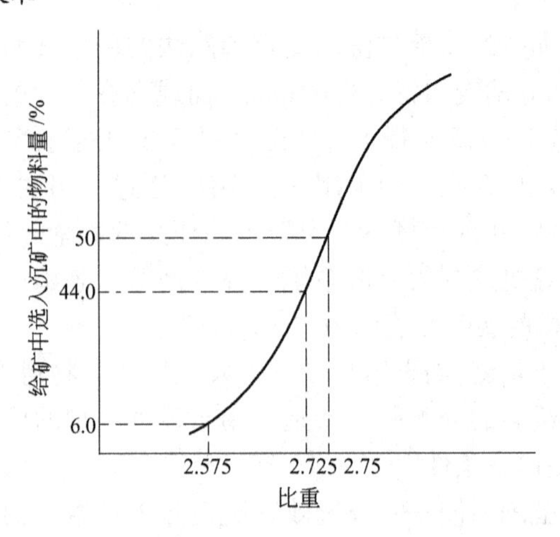

图 11.18 E_p 为 0.07 时的分配曲线

当曲线沿着横坐标轻微移动至其有效分离比重相当于实验室评估的 2.75 的分离比重时,可以分析出沉矿和浮矿中的物料分配。例如,当名义比重为 2.725 时,44.0% 的物料进入沉矿产品中,而 56.0% 的物料进入浮矿产品中。

锡矿的分选指标评价如表 11.5 所示。列(1)、(2)、(3)为重液试验结果,已列于表 11.1。列(4)、(5)为对列(8)中各级别沉矿总量(即 95.29%)的分配率。在理想分选状态下对应 31.52% 的分配率和 96.19% 的锡回收率。

对于一种特殊物料上述评估分选机性能的方法是较为繁琐的,但如果知道每个比重级别的分配量,则采用电子表格软件就较为理想,可采用适宜的数学函数来表示。有许多文献报道了该数学函数的选择和应用方法。一些函数是随意选择的,但其他一些函数有理论或推导证明过程。分配曲线的关键特征是其形状为"S"形。实际上它类似于一些概率分布函数,分配曲线可看作为重介质分选工艺的统计描述,表示一已知比重(和其他特征)的颗粒进入沉矿产品的概率。特劳勃(Tromp)自己认为在适宜比重变化范围内误入物料的数量呈正态分布,乔伊特(Jowett)于 1986 年提出由简单概率因素控制的工艺的分配曲线呈正态分布形式。

表 11.5 某锡矿分选评价指标

比重级别	名义比重	给料			分配率/%		沉矿			浮矿		
		(1)	(2)	(3)	(4)	(5)	(6)	(7)	(8)	(9)	(10)	(11)
		质量分数/%	Sn/%	分布率/%	沉矿	浮矿	质量分数/%	Sn/%	(给矿)分布率/%	质量分数/%	Sn/%	(给矿)分布率/%
-2.55	—	1.57	0.003	0.004	0.00	100.00	0.00	0.003	0.00	1.57	0.003	0.04
2.55~2.60	2.575	9.22	0.04	0.33	6.0	94.00	0.55	0.04	0.02	8.67	0.04	0.31
2.60~2.65	2.625	26.11	0.04	0.93	13.5	86.5	3.52	0.04	0.13	22.59	0.04	0.80

续表 11.5

比重级别	名义比重	给料			分配率/%		沉矿			浮矿		
		(1)	(2)	(3)	(4)	(5)	(6)	(7)	(8)	(9)	(10)	(11)
		质量分数/%	Sn/%	分布率/%	沉矿	浮矿	质量分数/%	Sn/%	(给矿)分布率/%	质量分数/%	Sn/%	(给矿)分布率/%
2.65~2.70	2.675	19.67	0.04	0.70	27.0	73.0	5.31	0.04	0.19	14.35	0.04	0.51
2.70~2.75	2.725	11.91	0.17	1.81	44.0	56.0	5.24	0.17	0.80	6.67	0.17	1.01
2.75~2.80	2.775	10.92	0.34	3.32	63.0	37.0	6.88	0.34	2.09	4.04	0.34	1.23
2.80~2.85	2.825	7.87	0.37	2.60	79.5	20.5	6.26	0.37	2.07	1.61	0.37	0.53
2.85~2.90	2.875	2.55	1.30	2.96	90.5	9.5	2.32	1.30	2.68	0.24	1.30	0.28
+2.90	—	10.18	9.60	87.34	100.00	0.00	10.18	9.60	87.31	0.00	9.60	0.00
总计		100.00	1.12	100.00			40.26	2.65	95.29	59.74	0.09	4.71

但是许多实际分配曲线并不像图 11.16 所示的那样理想。特别是实际分配曲线不是趋向于 0 或 100%,而实际上会出现一种或两种产品的短路流。斯特拉福(Stratford)和纳皮尔·马恩(Napier-Munn)确定了以下需要适宜的函数来表示其分配曲线的四个特征:

(1) 它应具有自然渐近线的规律,且最好由单独的参数来描述。

(2) 它应能显示分离比重的不对称性,即不同形式的函数应能描述不同的分配状态。

(3) 它应具有数学连续性。

(4) 它的参数应可以通过可行的方法估算。

趋近于 0 和 100% 的两参数函数是罗森-拉姆勒(Rosin-Rammler)函数,原来是用于描述粒度分布的函数(Tarjan, 1974):

$$P_i = 100 - 100\exp\left[-\left(\frac{\rho_i}{a}\right)^m\right] \tag{11.1}$$

式中 P_i——分配率(进入沉矿产品的物料占给料的百分比),%;

ρ_i——比重级别 i 的平均比重;

a——函数的参变量;

m——曲线的宽度,m 值越高分离效率越高。

分配曲线函数通常根据标准比重来表示,即 ρ/ρ_{50},ρ_{50} 指的是分选比重。标准曲线中切点和中密度是独立的,但与粒度有关。由于 $\rho=\rho_{50}$($\rho/\rho_{50}=1$)时 $\rho=50$,代入公式 11.1,得:

$$P_i = 100 - 100\exp\left[-\ln 2\left(\frac{\rho_i}{\rho_{50}}\right)^m\right] \tag{11.2}$$

式 11.2 的优点之一是它可以线性化,通过简单线性回归可以从实验数据中估计 m

值和 ρ_{50}：

$$\ln\left[\frac{\ln\left(\frac{100}{100-P_i}\right)}{\ln 2}\right]=m\ln\rho_i-m\ln\rho_{50} \tag{11.3}$$

戈特弗里德(Gottfried)1978 年提出了一个相关函数,即威布尔(Weibull)函数,通过额外的参数表明由于短路流的存在曲线并不总能达到 0 和 100% 的渐开线：

$$P_i=100-100\left[f_0+c\exp\left(-\frac{(\rho_i/\rho_{50}-x_0)^a}{b}\right)\right] \tag{11.4}$$

上述函数的 6 个参数(c,f_0,x_0,a 和 b)不是独立的,这样根据方程 11.2 中的自变量 x_0 可以表示为：

$$x_0=1-\left[b\ln\left(\frac{c}{0.5-f_0}\right)\right]^{1/a} \tag{11.5}$$

上述函数表达了给料与沉矿的百分比,f_0 为高比重物料误入浮选产品的比例,$1-(c+f_0)$ 为低比重物料误入沉矿产品的比例,因此 $c+f_0\leqslant 1$。因此曲线从最小值 $100[1-(c+f_0)]$ 到最大值 $100(1-f_0)$ 之间变化。

方程 11.4 的参数必须由非线性估计法确定。非线性优化程序可采用电子表格。c、f_0 和 ρ_{50} 的第一近似值可以从曲线本身获得。

金(King)和杰克斯(Juckes)于 1988 年利用具有两个额外参数的怀特恩(Whiten)分级函数来描述短路流或旁路流：

$$P_i=\beta+(1-\alpha-\beta)\left[\frac{e^{b\rho_1/\rho_{50}}-1}{e^{b\rho_1/\rho_{50}}+e^b-2}\right] \tag{11.6}$$

式中 P——底流的比例；

α——给料中短路入溢流的百分率；

β——给料中短路入底流的百分率；

b——效率参数,b 值越高效率越高。同样,函数与各参数之间的关系是非线性的。

通过对这些函数中 ρ_{75} 和 ρ_{25} 的替代可以预测 E_p(图 11.16)值。斯科特(Scott)和纳皮尔·马恩(Napier-Munn)于 1992 年指出,对于没有短路的有效分选过程(低的 E_p 值),分配曲线可近似用下式表示：

$$P_i=\frac{1}{1+\exp\left[\frac{\ln 3(\rho_{50}-\rho_i)}{E_p}\right]} \tag{11.7}$$

11.5.2 有机效率

术语有机效率通常用于表示选煤厂的效率。它定义为在同样灰分含量时欲得产品实际产率与理论产率的比率(一般以百分比表示)。

例如,图11.15所示煤的可选性数据,其生产获得的产率是51%,灰分为12%,但是,由于在该灰分时的理论产率是55%,那么其有机效率等于51/55,或92.7%。

有机效率不能用于比较不同选矿厂的效率,因为它是一个独立的判据,受煤的可选性影响很大。例如,对于一个近比重物料含量较低的煤,即使利用分配曲线测得的分选效率较低,其有机效率仍较高。

参考文献

[1] Anon. (1984). Sodium metatungstate, a new medium for binary and ternary density gradient centrifugation,Makromol. Chem., 185, 1429.

[2] Anon. (1985). Feeding to zero: Island Creek's experience in Kentucky, Coal Age, 90(Jan.), 66.

[3] Baguley, P. J., Napier-Munn, T. J. (1996). Mathematical model of the dense medium drum, Trans. Inst. Min. Met., 105, C1 - C8.

[4] Burton, M. W. A., et al. (1991). The economic impact of modem dense medium systems, Minerals Engng. ,4(3/4), 225.

[5] Chaston, I. R. M. and Napier-Munn, T. J. (1974). Design and operation of dense-medium cyclone plants for the recovery of diamonds in Africa, J. S. Aft. Inst. Min. Metall., 75(5) (Dec.), 120 - 133.

[6] Chironis, N. P. (1987). On-line coal-tracing system improves cleaning efficiencies. Coal Age, 92(Mar.), 44.

[7] Collins, B., Napier-Munn, T. J., and Sciarone, M. (1974). The production, properties and selection of ferrosilicon powders for heavy medium separation, J. S. Aft. Inst. Min. Met., 75 (5) (Dec.), 103 - 119.

[8] Dardis, K. A. (1987). The design and operation of heavy medium recovery circuits for improved medium recovery, Dense Medium Operator's Conference, Aust. Inst. Min. Metall., Victoria, 157.

[9] Domenico, J. A., Stouffer, N. J., and Faye, C. (1994). Magstream as a heavy liquid separation alternative for mineral sands exploration, SME Annual Meeting, SME, Albuquerque (Feb.), Preprint 94 - 262.

[10] Dunglison, M. E. and Napier-Munn, T. J. (1997). Development of a general model for the dense medium cyclone, 6th Samancor Symp. on DMS, Broome, May (Samancor). Dunglison, M. E., Napier-Munn, T. J., and Shi, F. (1999). The rheology of ferrosilicon dense medium suspensions, Min. Proc. Ext. Review, 20, 183 - 196.

[11] Fallon, N. E. and Gottfried, B. S. (1985). Statistical representation of generalized distribution data for float-sink coal-cleaning devices: Baum jigs, Batac jigs, Dynawhirlpools, Int. J. Min. Proc., 15(Oct.), 231.

[12] Ferrara, G. and Schena, G. D. (1986). Influence of contamination and type of ferrosilicon on viscosity and stability of dense media, Trans. Inst. Min. Metall., 95(Dec.), C211.

[13] Ferrara, G. , Machiavelli, G. , Bevilacqua, P. , and Meloy, T. P. (1994). Tri-Flo: Multistage high-sharpness DMS process with new applications, Minerals and Metallurgical Processing, 11 (May), 63.

[14] Gottfried, B. S. (1978). A generalisation of distribution data for characterizing the performance of float-sink coal cleaning devices, Int. J. Min. Proc. , 5, 1.

[15] Hacioglu, E. and Turner, J. F. (1985). A study of the Dynawhirlpool, Proc. XVth Int. Min. Proc. Cong. , 1, 244, Cannes.

[16] Hunt, M. S. , et al. (1986). The influence of ferrosilicon properties on dense medium separation plant consumption, Bull. Proc. Australas. Inst. Min. Metall. , 291 (Oct.), 73. Jowett, A. (1986). An appraisal of partition curves for coal-cleaning processes, Int. J. Min. Proc. , 16 (Jan.), 75.

[17] King, R. P. and Juckes, A. H. (1988). Performance of a dense medium cyclone when beneficiating fine coal, Coal Preparation, 5, 185 – 210.

[18] Kitsikopoulos, H. , et al. (1991). Industrial operation of the first two-density three-stage dense medium separator processing chromite ores, Proc. XVII Int. Min. Proc. Cong. Dresden, Vol. 3, Bergakademie Freiberg, 55.

[19] Lane, D. E. (1987). Point of Ayr Colliery, Mining Mag. 157(Sept.), 226.

[20] Lee, D. , Holtham, P. N. , Wood, C. J. and Hammond R. (1995). Operating experience and performance evaluation of the 1150mm primary dense medium cyclone at Warkworth Mining, Proc. 7th Aus. Coal.

[21] Prep. Conf. , Mudgee, Aus. Coal. Prep. Soc. , Paper B 1 (Sept.), 71 – 85.

[22] Mills, C. (1978). Process design, scale-up and plant design for gravity concentration, in Mineral Processing Plant Design, ed. A. L. Mular and R. B. Bhappu, AIMME, New York.

[23] Munro, P. D. , et al. (1982). The design, construction and commissioning of a heavy medium plant of silverlead-zinc ore treatment-Mount Isa Mines Ltd. , Proc. XIVth Int. Min. Proc. Cong. , Paper VI – 6, Toronto.

[24] Myburgh, H. A. (2002). The influence of the quality of ferrosilicon on the rheology of dense medium and the ability to reach higher densities, Proc. Iron Ore 2002, Aus. IMM, Perth (Sept.), 313 – 317.

[25] Napier-Munn, T. J. (1985). Use of density tracers for determination of the Tromp curve for gravity separation processes, Trans. Inst. Min. Metall. , 94(Mar.), C45.

[26] Napier-Munn, T. J. (1990). The effect of dense medium viscosity on separation efficiency, Coal Preparation, 8(3 – 4), 145

[27] Napier-Munn T. J. (1991). Modelling and simulating dense medium separation processes-a progress report, Minerals Engng. , 4(3/4), 329.

[28] Napier-Munn, T. J. and Scott, I. A. (1990). The effect of demagnetisation and ore contamination on the viscosity of the medium in a dense medium cyclone plant, Minerals Engng. , 3(6), 607 – 613.

[29] Napier-Munn T. J. et al. (1995). Some causes of medium loss in dense medium plants, Miner-

als Engng. , 8(6), 659.

[30] Parsonage, P. (1980). Factors that influence performance of pilot-plant paramagnetic liquid separator for dense particle fractionation, Trans. IMM, Sec. C, 89(Dec.), 166.

[31] Reeves, T. J. (1990). On-line viscosity measurement under industrial conditions, Coal Preparation, 8(3-4), 135.

[32] Ruff, H. J. (1984). New developments in dynamic densemedium systems, Mine and Quarry, 13(Dec.), 24.

[33] Rylatt, M. G. and Popplewell, G. M. (1999). Diamond processing at Ekati in Canada, Mining Engng. , SME, (Feb.), 19-25.

[34] Schena, G. D. , Gochin, R. J. , and Ferrara, G. (1990). Pre-concentration by dense-medium separation-an economic evaluation. Trans. Inst. Min. Metall. , sect. C (Jan. -Apr.), C21.

[35] Scott, I. A. and Napier-Munn, T. J. (1992). Dense medium cyclone model based on the pivot phenomenon, Trans. Inst. Min. Metall. , 101, C61-C76.

[36] Shah, C. L. (1987). A new centrifugal dense medium separator for treating 250t/h of coal sized up to 100mm, 3rd Int. Conf. on Hydrocyclones, Oxford, BHRA (Sept. /Oct.), 91-100.

[37] Shaw, S. R. (1984). The Vorsyl dense-medium separator: some recent developments, Mine and Quarry, 13(Apr.), 28.

[38] Stewart, K. J. and Guerney, P. J. (1998). Detection and prevention of ferrosilicon corrosion in dense medium plants, 6th Mill Ops. Conf. , Aus. IMM, Madang (Oct.), 177-183.

[39] Stratford, K. J. and Napier-Munn, T. J. (1986). Functions for the mathematical representation of the partition curve for dense medium cyclones, Proc. 19th APCOM, SME, Penn. State Univ. (Apr.), 719-728.

[40] Symonds, D. F. and Malbon, S. (2002). Sizing and selection of heavy media equipment: Design and layout, Proc. Min. Proc. Plant Design, Practice and Control, ed. Mular, Halbe and Barratt, SME, 1011-1032.

[41] Tarjan, G. (1974). Application of distribution functions to partition curves, Int. J. Min. Proc. , 1, 261-265.

[42] Tromp, K. F. (1937). New methods of computing the washability of coals, Coll. Guard. , 154, 955-959, 1009; May 21.

[43] Williams, R. A. and Kelsall, G. H. (1992). Degradation of ferrosilicon media in dense medium separation circuits, Minerals Engng. , 5(1), 57.

[44] Wills. B. A. and Lewis, P. A. (1980). Applications of the Dyna Whirlpool in the minerals industry, Mining Mag. (Sept.), 255.

[45] Wood, C. J. , Davis, J. J. , and Lyman, G. J. (1987). Towards a medium behaviour based performance model for coal-washing DM cyclones, Dense Medium Operators Conference, Aus. IMM, Brisbane (Jul.), 247-256.

12 泡沫浮选

12.1 引言

浮选是一种最重要、用途最广的选矿技术，浮选通过不断地扩展，其处理能力更大，覆盖的应用领域更新。

浮选法最早在1906年获得专利权，浮选技术的应用使低品位和复杂矿体的开采成为可能，而过去这些矿体的开发被认为是不经济的。在早期的选矿实践中，许多重选厂尾矿的品位比现代浮选厂处理的矿石的原矿品位都高。

浮选是一种选择性分选过程，在处理如铅锌矿和铜锌矿等复杂矿时可以获得独特的分选效果。浮选最初用于处理铜、铅、锌的硫化矿，目前浮选应用领域已扩展到处理铂、镍、含金硫化矿、氧化物（如赤铁矿和锡石）、氧化矿（如孔雀石和白钨矿）和非金属矿（如萤石、磷酸盐和细煤）。

12.2 浮选原理

浮选是一种利用有用矿物和脉石矿物表面特性差异而进行的物理化学分离过程。浮选理论较为复杂，是带有许多副反应和交互作用的三相（气、液和固）作用过程，至今尚未完全阐明。许多作者全面评述了该学科（如 Sutherland 和 Wark，1955；Glembotskii 等，1972；King，1982；Leja，1982；Ives，1984；Jones 和 Woodcock，1984；Schulze，1984；Fuerstenau 等，1985；Crozier，1992；Laskowski 和 Poling，1995；Harris 等，2002；Johnson 和 Munro，2002；Rao，2004），故在本章中只作简单介绍。

通过浮选方法从矿浆中回收物料的过程包括以下三种机理：

（1）在气泡上的选择性黏附（或称真浮选）；

（2）通过泡沫从水中夹带；

（3）泡沫中黏附到气泡上的颗粒的物理捕集（通常指团聚）。

有用矿物在气泡上的黏附是一种最重要的机理，决定着是否大部分颗粒能回收入精矿中。尽管真浮选是有用矿物回收的主要机理，但有用矿物与脉石矿物的分离效率还取决于夹带和物理捕集程度。真浮选要根据矿物表面特性的化学选择性进行回收，但无论是有用矿物还是脉石矿物都能通过夹带和物理捕集得到回收。泡沫层中上浮矿物的排除和泡沫层稳定性的控制对于获得较好的分离效果较为重要。在工业浮选厂实践中，脉石的夹带现象较为常见，因此采用单段浮选作业是不常见的，为了使最终产品中有用矿物达到经济上可以接受的品质通常需要几段浮选（称“流程”）。

真浮选利用了不同矿物颗粒物理化学表面特性的差异。当矿物表面用药剂处理以后,浮选矿浆中矿物之间的这种表面特性差异更为明显,为使浮选发生,气泡必须能够黏附矿物颗粒,然后将矿粒浮升至液面。图 12.1 展示了机械浮选槽中的浮选原理。搅拌机使矿浆产生足够的紊流从而促进矿粒与气泡产生碰撞,使有用矿物黏附到气泡上,并将它们带入泡沫层从而实现回收。

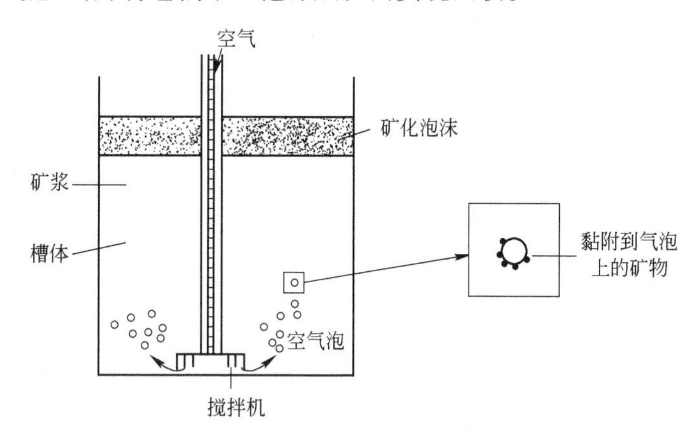

图 12.1 泡沫浮选原理

浮选工艺只能应用于相对较细的颗粒,因为如果颗粒太大,颗粒与气泡之间的黏附作用小于颗粒的质量,气泡就会脱掉其负载的颗粒。成功的浮选过程都有最佳的粒度范围(Trahar 和 Warren, 1976;Crawford 和 Ralston, 1988; Finch 和 Dobby, 1990)。

在浮选工艺中,矿物通常进入泡沫产品,或称可浮部分,脉石留在矿浆中,称为尾矿。称之为正浮选,与其相反的是反浮选。反浮选过程中脉石选入泡沫产品。

泡沫的作用是增强浮选过程的整体选择性。通过减少进入精矿中的夹带物料的回收率并优先保留泡沫中黏附的物料来实现这种选择性。这增加了精矿的品位同时又可以尽可能防止有用矿物回收率的减少。可以在最佳的泡沫稳定性条件下进行严格操作来保持回收率和品位的平衡关系。因为浮选槽中最终的分离相,即泡沫相,是浮选工艺中决定精矿品位和金属回收率的最关键因素。

矿物颗粒如果有一定程度的排水能力或疏水性,它们就能黏附到气泡上。如果能形成稳定的泡沫层,当泡沫到达液面后,气泡能继续支撑住矿物颗粒。否则气泡将破裂,矿粒将掉落。为了创造这种条件,就需要添加大量的化学药剂即浮选药剂(Ranney, 1980; Crozier,1984; Suttill, 1991; Nagaraj, 1994; Fuerstenau 和 Somasundaran, 2003)。

水中矿物表面及浮选药剂的活性与作用在该表面上的各种力密切相关。使颗粒与气泡趋于分离的各种力如图 12.2 所示。各种张力形成了矿物表面与气泡之间的接触角。在平衡条件下:

$$\gamma_{s/a} = \gamma_{s/w} + \gamma_{w/a}\cos\theta \tag{12.1}$$

式中，$\gamma_{s/a}$，$\gamma_{s/w}$和$\gamma_{w/a}$分别是固气、固液和液气界面的表面能，θ是矿物表面与气泡之间的接触角。

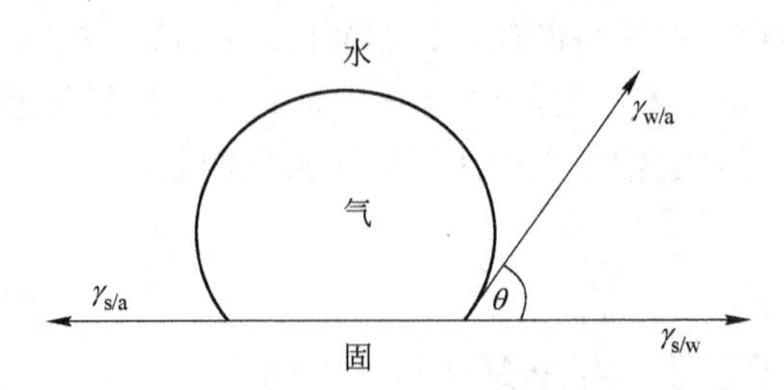

图 12.2　水介质中气泡与颗粒之间的接触角

破坏颗粒与气泡界面所需的力称黏附功 $W_{s/a}$，黏附功等于分离固气界面并产生独立的气水和固水界面所需的功，即：

$$W_{s/a} = \gamma_{w/a} + \gamma_{s/w} - \gamma_{s/a} \tag{12.2}$$

结合方程 12.1，可得：

$$W_{s/a} = \gamma_{w/a}(1 - \cos\theta) \tag{12.3}$$

从上式可以看出，接触角越大，颗粒与气泡之间的黏附功越大，该体系对于破裂力更具有弹性。因此矿物的疏水性随着接触角的增加而增加，接触角大的矿物称为亲气矿物，即矿物对空气比对水具有更高的亲和力。术语疏水性和可浮性可以等同交替使用。但疏水性主要指的是热力学特征，而可浮性是动力学特征，与影响浮选的其他颗粒的特性密切相关（Leja，1982；Laskowski，1986；Woods，1994）。

大部分矿物有自然亲水性，因此必须在矿浆中添加浮选药剂。最重要的药剂是捕收剂，捕收剂吸附在矿物表面后使矿物疏水（或亲气），并促进其在气泡表面的黏附。起泡剂有助于保持泡沫的适当稳定性。调整剂通常用于调节浮选过程，调整剂既可以活化又可以抑制矿物在气泡表面的黏附，还经常用于调节浮选体系的 pH 值。浮选药剂及其浮选行为的评述包括 Crozier（1984）、Somasundaran 和 Sivakumar（1988），Ahmed 和 Jameson（1989），Adkins 和 Pearse（1992），Nagaraj（1994），Buckley 和 Woods（1997），以及 Ralston（2001）等人的研究成果。

12.3　矿物的分类

根据表面特点的差异矿物可分为极性和非极性矿物。非极性矿物表面的特点是表面由较弱的分子键组成。这些矿物是由范德华力结合在一起的共价分子组成，非极性表面不能稳定地黏附到水分子的偶极上，因而是疏水的。这种类型的矿物诸如石墨、硫、辉钼矿、金刚石、煤和滑石等，接触角在60°～90°，因此具有很高的天然可浮性。尽管浮选这些矿物时不需要添加化学药剂，但通常通过添加烃类油和起泡剂来增加矿物的疏水性。例如，杂酚油被广泛地用于增加煤的可浮性。利用金刚石的天然疏水性采用涂脂摇床法进行分选，涂脂摇床法是一种较为经典的金刚石分选方法，目前这种方法仍在一些选厂中应用。经预先富集的金刚石矿浆流经一倾斜的振动床面,床面上覆盖一层厚石油脂。金刚石由于其疏水性将嵌入油脂中,而亲水的脉石将从床面上洗脱。油脂周期性地或连续地从床面上刮出,并置于多孔筒中(图12.3),并把它们放入沸腾的水中。油脂溶化,由孔内流出,收集后再使用,而含金刚石的筒输送至金刚石精选车间。

图12.3 回收金刚石的涂脂摇床

表面具有强共价或离子键的矿物称为极性矿物,在极性表面上具有很高的表面自由能。极性表面与水分子能发生强烈的反应,这些矿物天然亲水。

矿物的极性基根据其极性的大小还可以细分成不同的级别(Wrobel,1970),从1组到5组极性逐渐增强(表12.1)。3(a)组矿物可以通过在碱性介质中矿物表面的硫化作用而使之疏水。除自然金属外,1组矿物均是硫化矿,由于它们的共价键特性,故这些矿物只有较弱的极性,比碳酸盐和硫酸盐矿物的离子键还要弱。因此,一般来说,极性程度的递增顺序为:硫化矿、硫酸盐、碳酸盐、岩盐、磷酸盐、氧化物和氢氧化物、硅酸盐矿物和石英。

表12.1 极性矿物的分类

1组	2组	3(a)组	4组	5组
方铅矿	重晶石	白铅矿	赤铁矿	锆石
铜蓝	硬石膏	孔雀石	磁铁矿	硅锌矿
斑铜矿	石膏	蓝铜矿	针铁矿	异极矿
辉铜矿	硫酸铅矿	钼铅矿	铬铁矿	绿柱石
黄铜矿			钛铁矿	长石
辉锑矿		3(b)组	刚玉	硅线石
辉银矿		萤石	软锰矿	石榴石
辉铋矿		方解石	褐铁矿	石英
针镍矿		碳酸钡矿	硼砂	
辉钴矿		菱镁矿	黑钨矿	
毒砂		白云石	铌铁矿	
黄铁矿		磷灰石	钽铁矿	
闪锌矿		白钨矿	金红石	
雌黄		菱锌矿	锡石	

续表 12.1

1 组	2 组	3(a)组	4 组	5 组
镍黄铁矿 雄　黄 自然金、铂、银、铜		菱锰矿 菱铁矿 独居石		

12.4 捕收剂

大部分矿物必须使之具有疏水性才能浮游。为了使矿物具有疏水性，捕收剂等表面活性剂要添加到矿浆中，并且在调浆搅拌期内在矿物表面吸附。捕收剂是有机化合物，通过分子或离子吸附在矿物表面使特定矿物选择性疏水，减小了隔离矿物表面和气泡的含水层的稳定性，并导致颗粒与气泡接触时能黏附到气泡上。

一些捕收剂分子是离子型化合物，在水中能解离成离子。一些捕收剂分子则是非离子型化合物，在水中不可溶，通过在矿物表面覆盖一薄层的捕收剂分子导致矿物疏水。

离子型捕收剂在浮选中得到了广泛应用。这类捕收剂的分子结构复杂，其结构不对称并且是异极性的，即分子包括非极性碳氢基团和某种类型的极性基团。非极性的碳氢链具有明显的疏水特性，而极性基则可与水发生作用。

离子型捕收剂可以根据离子的类型、能在水中产生疏水作用的阴离子或阳离子进行分类。其分类情况如图 12.4 所示。

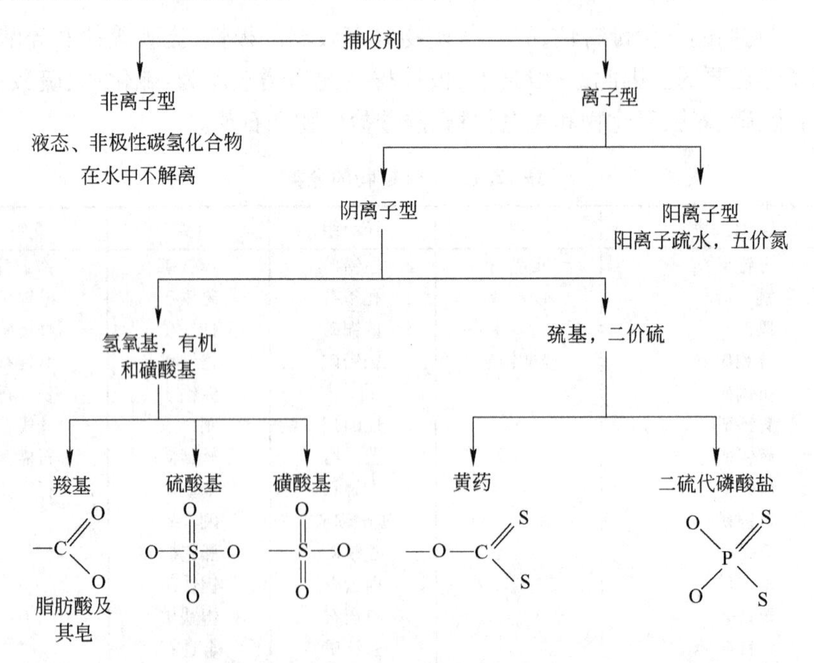

图 12.4　捕收剂的分类（Glembotskii 等人，1972）

油酸钠的结构如图12.5所示。油酸钠是一种阴离子捕收剂，其碳氢链不与水发生作用，构成了分子的非极性部分。

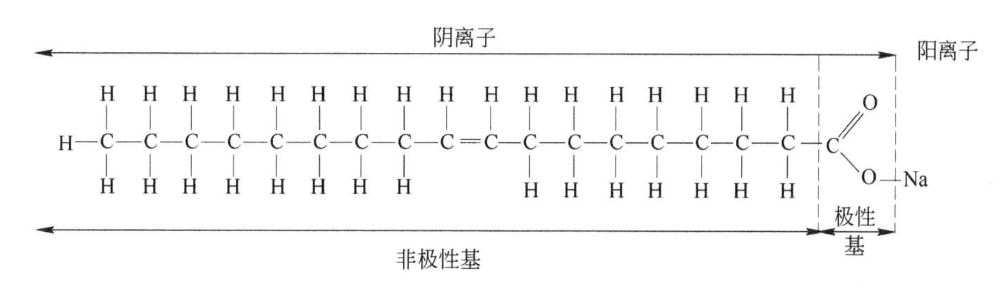

图12.5 油酸钠的结构

两性捕收剂具有阴离子和阳离子的作用，且与操作的pH值有关，通常用于处理沉积磷酸盐矿分选（Houot 等，1985）时改善锡石浮选的选择性（Broekaert 等，1984）。

由于药剂极性基与矿物表面活性点之间的化学、静电或物理吸引作用，捕收剂吸附在矿物表面上，而其非极性基朝向本体溶液，从而使颗粒疏水（图12.6）。捕收剂一般少量使用，其用量足以在颗粒表面形成单分子层即可（饥饿添加量），因为随着捕收剂浓度增加，除增加成本之外，还使其他矿物上浮，降低了其选择性。消除已经吸附的捕收剂比阻止捕收剂吸附一般更为困难。

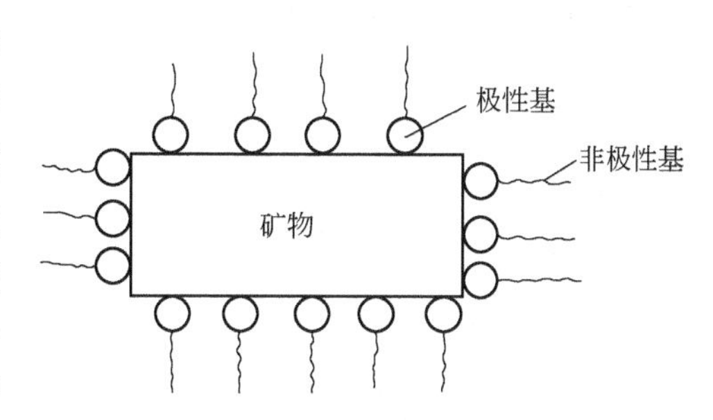

图12.6 捕收剂在矿物表面的吸附

捕收剂浓度过高对有用矿物的回收还能起反作用，可能是由于捕收剂在颗粒表面发生了多层吸附，减少了指向本体溶液的非极性基的比例。因此导致颗粒疏水性和可浮性的降低。在不降低选择性的情况下扩大浮选范围的方法是采用长烃链的捕收剂，与增加短烃链捕收剂的浓度相比，该法能产生更强的疏水作用。但是，链长通常限定在2～5个碳原子之间，因为捕收剂在水中的溶解度会随着碳链长度的增加迅速降低。虽然捕收剂产品的溶解度相应降低使其更稳定地吸附在矿物表面，但捕收剂必须首先在水中解离才能化学吸附于矿物表面上。链长和链的结构均会影响药剂的溶解性和吸附能力（Smith，1989），支链比直链有更高的溶解度。

在浮选体系中通常要加一种或一种以上的捕收剂。选择性较好的捕收剂一般要加在浮选流程的开始部分，主要是为了浮选疏水性较强的矿物，然后再添加捕收能力更强而选择性较差的捕收剂，其目的是为了促使可浮性较差矿物的上浮。

12.4.1 阴离子捕收剂

阴离子捕收剂在矿物浮选中的应用最广，根据其极性基的结构阴离子捕收剂可分成两大类（图 12.4）。氢氧基捕收剂由有机基团和磺酸基阴离子极性基组成，其阳离子在矿物与药剂的反应中不起重要作用。

最典型的氢氧基捕收剂是有机酸及其皂。羧酸类捕收剂作为一种脂肪酸，通常存在于植物油和动物脂肪中，可通过蒸馏和结晶的方法提取出来。油酸盐，如油酸钠（图 12.5）和亚油酸，通常被用作捕收剂。与所有离子型捕收剂一样，碳链越长，其产生的疏水能力就越强，但是溶解度下降。但皂类药剂（脂肪酸盐）即使链较长也可溶。羧酸盐是捕收能力较强的捕收剂，但其选择性相对较差，通常用于浮选含钙、钡、锶和镁的矿物，非金属碳酸盐类矿物，和含碱金属和碱土金属离子的可溶性盐类矿物（Finch 和 Riggs，1986）。

硫酸盐和磺酸盐类药剂用得相对较少。这类药剂与脂肪酸有类似的特性，但其捕收能力更弱。但该类药剂有更好的选择性，用于浮选重晶石、天青石、萤石、磷灰石、铬铁矿、蓝晶石、云母、锡石和白钨矿（Holme，1986）。

氢氧基捕收剂一直用于浮选锡石，但是目前很大程度被其他药剂如砷酸、磷酸和烷基磺化琥珀酰胺酸盐等所代替（Broekaert 等，1984；Collins 等，1984；Baldauf 等，1985）。

极性基含有二价硫的巯基类捕收剂（硫代化合物）是应用最为广泛的捕收剂。这类药剂在硫化矿的浮选中捕收能力强且选择性好（Avotins 等，1994）。硫醇是硫代化合物中最简单的药剂，其分子结构一般表示为 RS—Na（或 K），其中 R 表示烃链，一般被用作难选硫化矿物的选择性捕收剂（Shaw，1981）。最广泛使用的硫代化合物类捕收剂是黄原酸盐（工业上称之为黄药）和二硫代磷酸盐（黑药捕收剂）。黄药是最重要的硫化矿浮选捕收剂，一般通过碱性氢氧化物、酒精和二硫化碳反应合成：

$$ROH + CS_2 + KOH = RO \cdot CS \cdot SK + H_2O \tag{12.4}$$

式中，R 为碳氢基，一般含有 1 ~6 个碳原子，最广泛使用的黄药是乙基、异丙基、异丁基、戊基和己基黄药。乙基黄原酸钠最为典型，其结构如图 12.7 所示。其阴离子由碳氢非极性基和与之相连的极性基组成。虽然阳离子（钠或钾）在产生矿物疏水性的反应中不起作用，但有研究（Ackerman 等，1986）表明烷基黄药中钠会随着时间的延长降低药剂的功效，可能是由于从大气中吸附水，而钾盐不受这个问题的影响。

二硫代磷酸盐在极性基中有五价磷，而不是四价碳（图 12.8）。

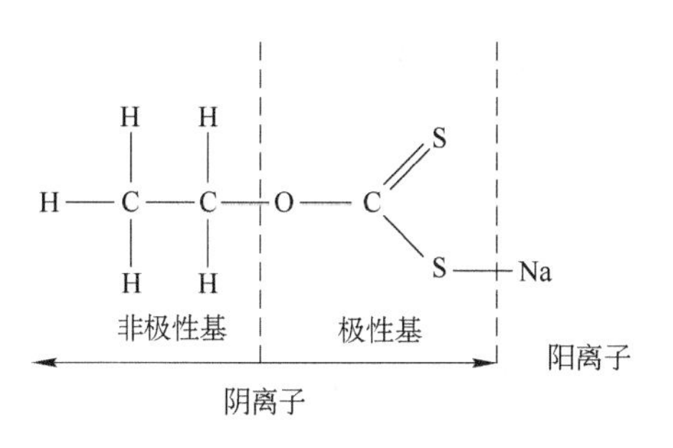

图 12.7 乙基黄原酸钠的结构

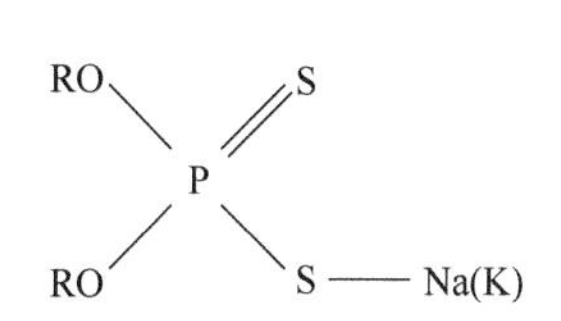

图 12.8 二硫代磷酸盐的结构

硫化矿物与巯基捕收剂的反应较为复杂,故学者们提出了许多不同的机理(Yoon 和 Basilio,1993)。如有一种假说认为,黄药吸附在硫化矿物表面是由于极性基与矿物表面产生了化学力作用,导致生成了强烈疏水的不溶性金属黄原酸盐。其他机理包括双黄药和黄原酸的形成与吸附等。已经证明硫化矿在无氧预作用时不能与捕收剂阴离子结合。硫化矿物在水中的溶解度很低,表明硫化矿物在水溶液中的惰性较强。但是硫化矿物在有氧存在时具有热力学不稳定性,在适宜的 E_h - pH 条件下将发生 S^{2-}、$S_2O_3^{2-}$、SO_4^{2-} 的表面氧化作用。图 12.9 为方铅矿的 E_h - pH 图(菁尔拜图)。在负电位时,方铅矿表面转化成铅和硫化物离子进入溶液。在正电位时(即氧发生阴极还原时,$1/2O_2 + H_2O + 2e \rightarrow 2OH^-$),铅将解离或在一定 pH 值时在矿物表面形成金属氧化物。硫化物的初始氧化作用导致元素硫的形成,即在酸性溶液中:

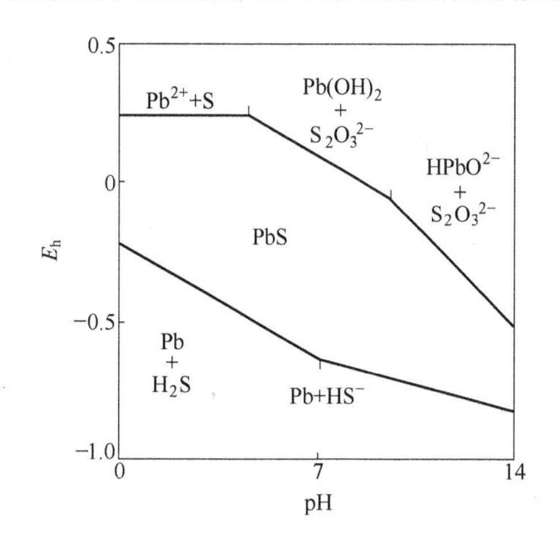

图 12.9 方铅矿的 E_h - pH 图(浓度为 10^{-4}M 时溶解产物的对应平衡线)(Woods, 1976)

$$MS \longrightarrow M^{2+} + S_0 + 2e \tag{12.5}$$

在中性和碱性溶液中:

$$MS + 2H_2O \longrightarrow M(OH)_2 + S_0 + 2H^+ + 2e \tag{12.6}$$

矿物表面元素硫的存在导致矿物疏水,矿物在无捕收剂时可以浮选,虽然在实践中氧化还原条件的控制较为困难。通常情况下氧的阴极还原过程足够强,可以提供足够的电子冷阱使硫化矿物表面形成氢氧化物,此时矿物表面没有疏水性,故需要添加捕收剂以促进浮选。这些氧化物比硫化物的溶解性更强,故硫化物浮选时主要吸附机理是黄药和其他巯基捕收剂与这些氧化物发生了离子交换作用

（Shergold，1984）。例如，如果硫化矿表面氧化成硫代硫酸盐，将发生下面的反应：

$$2MS + 2O_2 + H_2O \longrightarrow MS_2O_3 + M(OH)_2$$

$$MS_2O_3 + 2ROCS_2^- \longrightarrow M(ROCS_2)_2 + S_2O_3^{2-}$$

或 $$2MS + 4ROCS_2^- + 3H_2O \longrightarrow 2M(ROCS_2)_2 + S_2O_3^{2-} + 6H^+ + 8e \text{（阳极反应）} \quad (12.7)$$

上述反应形成的金属黄原酸盐导致矿物表面疏水。但在强烈的氧化条件下又会使硫酸盐形成，即：

$$MS + 2ROCS_2^- + 4H_2O \longrightarrow M(ROCS_2)_2 + SO_4^{2-} + 8H^+ + 8e \quad (12.8)$$

尽管硫酸盐可与黄药发生强烈的反应，在硫酸盐在水溶液中的溶解度较大，故不能形成稳定的疏水产物，形成的金属黄原酸盐会从矿物表面剥落。

疏水性的铜、铅、银和汞的黄原酸盐的溶解度很低，但锌和铁的黄原酸盐却易溶得多。典型的例子为，乙基黄药只是纯闪锌矿的弱捕收剂，但如果晶格中的锌原子被铜离子替换时就会提高矿物的可浮性。碱土金属黄原酸盐（钙、钡、镁）可溶，故对含有这些金属的矿物黄药没有捕收作用，同样对氧化物、硅酸盐、铝硅酸盐矿物也没有捕收作用，故黄药能高选择性地从脉石矿物中浮选硫化矿物。

黄药可用于如孔雀石、白铅矿、硫酸铅矿等氧化矿物的捕收剂，也可作为如金、银和铜等自然金属矿物的捕收剂。在氧化矿物浮选时需要相当高浓度的捕收剂，且一般首选像戊基黄药的高级黄药。

黄药及类似化合物比较容易氧化，从而导致浮选过程的复杂化。储存几个月的黄药，会发出强烈的臭味且颜色变深，其原因是形成了双黄药，如乙基黄原酸钾发生如下反应：

$$2[C_2H_5—O—C(—S—K)=S] + 1/2O_2 + CO_2 \longrightarrow S=C(—O—C_2H_5)—S—S—C(—O—C_2H_5)=S + K_2CO_3 \quad (12.9)$$

双黄药及类似氧化物本身就是一种捕收剂（Jones 和 Woodcock，1983），它们形成后会导致药剂选择性降低，因此在复杂浮选流程中要加以控制。

黄药与存在于矿浆中的铜、铅和其他重金属离子还会形成不溶性的金属盐，从而降低捕收剂的分选效率。在磨矿工序中采用碱性条件，就可以使这些金属离子形成不溶性的金属氢氧化物沉淀而被消除。碱性条件还能阻止黄药的分解，当 pH

值较低时黄药分解较快：

$$H^+ + ROCS^{2-} \longleftrightarrow HX \longrightarrow ROH + CS_2 \tag{12.10}$$

黄原酸（HX）与黄药阴离子平衡，不稳定的黄原酸会分解成醇和二硫化碳。

二硫代磷酸盐（黑药）不如黄药用得广泛，但仍是生产中的重要药剂。黑药是相当弱的捕收剂，但如与黄药混用可获得比较好的效果。黄药和黑药的组合药剂经常用于从方铅矿中分离黄铜矿，因为组合药剂是含铜硫化矿物的有效选择性捕收剂。

一种看法认为，黑药使矿物表面疏水的原因是二硫代磷酸盐的氧化产物吸附在矿物表面上。因此，与黄药一样，氧或者是另外一种氧化药剂的存在对于浮选是非常必要的。但强烈的氧化条件会破坏疏水物质，因此不宜采用；矿物表面本身的氧化作用也会阻止捕收剂的吸附。

Hartati 等人于 1997 年描述了单硫代磷酸盐（MTP）的特性，特别是在斑岩铜矿中金的浮选时，当其中的一个硫原子被氧原子所代替时，这种捕收剂如何戏剧性改变二硫代磷酸盐（DTP）的捕收特性。结果表明，在碱性环境中从黄铁矿中浮选金时单硫代磷酸盐的选择性较好。

许多文献评述了黄药、黑药、其他硫醇类捕收剂和混合药剂与硫化矿物表面之间的相互作用（Klimpel，1986；Woods 和 Richardson，1986；Aplan 和 Chander，1987；Rozier，1991；Adkins 和 Pearse，1992；Bradshaw，1997），常用的巯基类捕收剂列于表 12.2 中，相关文献提供了这些重要药剂的细节。

表 12.2 常用的巯基捕收剂及其用途

药剂	结构	pH 值范围	主要用途	参考文献
O－烷基二硫代碳酸盐（黄药）	R—O—C(=S)—S⁻—K⁺（或 Na⁺）	8～13	硫化矿，孔雀石、白铅矿等氧化矿，自然金属的浮选	Leja（1982）；Rao（1971）
二烃基二硫代磷酸盐（黑药）	(R—O)₂P(=S)—S⁻—K⁺（或 Na⁺）	4～12	从方铅矿中分离铜、锌硫化矿的选择性浮选	Mingione（1984）
二烃基二硫代氨基甲酸盐	R₂N—C(=S)—S⁻—K⁺（或 Na⁺）	5～12	与黄药特性相似，但价格更贵	Jiwu 等（1984）
异丙基一硫代氨基甲酸盐（Minerec 1661/Z-200）	$(CH_3)_2CH$—O—C(=S)—N(H)C_2H_5	4～9	从黄铁矿分离含铜硫化矿的选择性浮选	Ackerman 等（1984）
巯基苯并噻唑（R404/425）	苯并噻唑环—C—S—Na⁺	4～9	被腐蚀或氧化的铅锌矿物的浮选，在 pH4～5 时浮选黄铁矿	Fuerstenau 和 Raghavan（1986）

螯合类药剂作为捕收剂的潜力巨大,因为这类药剂可与矿物表面存在的阳离子可以形成稳定和选择性的化合物(Somasundara 等, 1993; Marabini,1994)。该类药剂是一种非常特殊的配合药剂,由大的有机分子基团组成,这些基团能通过其两个或更多的功能基团与金属离子键合。但是,尽管在实验室中一些成功的例子表明了该类药剂的有效性,但工业上使用此类药剂的工厂较少,该类药剂的高成本限制了其使用范围。

12.4.2 阳离子捕收剂

这类捕收剂的特性是其疏水作用由阳离子产生,阳离子为由五价氮组成的极性基团,胺类(图 12.10)是其中最常见的(Gefvert, 1986; Zachwieja, 1994)。这类捕收剂的阴离子一般为卤离子,或较少见到的氢氧根,这些离子与矿物发生反应。

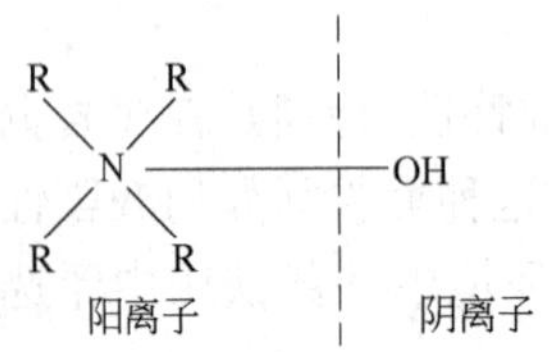

图 12.10 阳离子胺类捕收剂

与黄药不同,胺吸附在矿物表面主要是由于捕收剂的极性端与矿物表面双电层之间的静电引力作用。这种力不如阴离子捕收剂特有的化学键力那样强或者不可逆,所以这类捕收剂在捕收能力上是相当弱的。

阳离子捕收剂对于介质的 pH 值较为敏感,在弱酸性条件下活性最强,在强碱性和酸性条件下没有活性。阳离子捕收剂主要用于浮选氧化矿、碳酸盐、硅酸盐和如重晶石、光卤石、钾盐等的碱土金属矿物。第一胺(即药剂中只有一个含两个氢原子的碳氢基)是磷灰石的强捕收剂,能从石灰质矿石中选择性浮选出沉积磷酸盐。通过添加如煤油等非极性药剂可以减少胺类捕收剂的用量,因为非极性药剂可以与胺类捕收剂一起共吸附在矿物表面。由于在适宜的 pH 值条件下磷灰石和白云石的动电电位为负值,所以磷灰石的选择性浮选不能单独通过静电吸附模型来解释,实验表明还存在化学作用(Soto 和 Iwasaki, 1985)。

12.5 起泡剂

添加起泡剂的目的是稳定矿浆中的气泡形态,创造一个适宜的稳定泡沫层,以从带有脉石的泡沫中选择性分离出有用矿物,并增加浮选速度。人们逐渐认识到泡沫相对浮选性能影响的重要性,因此广泛研究了影响泡沫稳定性的因素(Harris 1982; Melo 和 Laskowski 2003, 2005; Hatfield 等, 2004;Barbian 等, 2005)。

Crozier 和 Klimpel 于 1989 年对涉及起泡剂的选矿厂实践进行了评述。

起泡剂的化学结构与离子型捕收剂类似,确实许多捕收剂(如油酸盐)还是一种较强的起泡剂,但实际上由于其起泡性能太强而不能作为一种有效的起泡剂,因为它们产生的泡沫太稳定以至于不能有效地进行输送从而影响了下一步工序。浓密机表面的泡沫累积和浮选槽中过多的泡沫是许多选矿厂都存在的问题。一种好的起泡剂应该具有较弱的捕收能力,还能产生正好足够稳定的泡沫以促进浮选槽表面的可浮性矿物输送到集矿槽中。

起泡剂一般是异极性的表面活性有机药剂,能吸附在气水界面。当表面活性分子与水反应时,水的偶极较易与极性基连接使之发生水化,但与非极性烃基不会发生反应,而使非极性进入气相。因此起泡剂分子的异极性结构导致其吸附,即起泡剂分子集中于气泡表面,非极性基朝向气相,极性基朝向水中(图 12.11)。

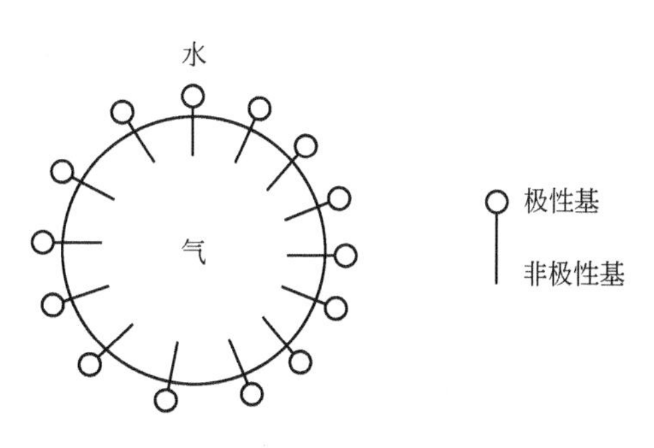

图 12.11 起泡剂的作用

起泡剂的起泡作用主要取决于其吸附在气水界面的能力,由于起泡剂的表面活性能降低表面张力,从而使气泡更为稳定。

在某种程度上起泡剂在水中必须稳定,否则它们在液相中分布将很不均匀,不能充分有效地发挥其表面活性。最有效的起泡剂其组成中应包括以下基团:

羟基 —OH

羧基 $-C(=O)OH$

羰基 $=C=O$

氨基 $-NH_2$

磺酸基 $-OSO_2OH$, $-SO_2OH$

酸类、胺类和醇类是起泡剂中溶解性最强的药剂。醇类药剂(—OH)使用最为广泛,因为这类药剂实际上没有捕收性能,与其他起泡剂相比这一点是其最为可取的,如羧酸类捕收剂还是一种捕收能力较强的捕收剂。同时具有捕收和起泡性能的药剂使选择性浮选较为困难。带有胺基和磺酸基的起泡剂也有弱的捕收剂特性。

松醇油是应用广泛的起泡剂(含有芳香族醇),其最有活性的起泡组分是萜烯醇 $C_{10}H_{17}OH$。甲酚(杂酚酸) $CH_3C_6H_4OH$ 也得到广泛使用。

含有高分子量醇的多种合成起泡剂目前被广泛地应用于许多选矿厂中,它们与工业产品松醇油和甲酚相比重要的优点是其组成要稳定得多,从而较易控制浮选工艺和改善浮选性能。广泛应用的一种合成醇类起泡剂是甲基异丁基甲醇(MIBC)。其他类型的合成起泡剂由聚乙二醇醚构成,已被证明非常有效。其商品名有不同的代号,如 Cytec Oreprep 549 和 Cytec Aerofroth 65。聚乙二醇类起泡剂也得到了使用,它混合了所有三种化学基团:醇类、聚乙二醇醚和聚乙二醇,在特殊的浮选工艺中提供了一种特效的起泡剂(Riggs, 1986)。

醇类起泡剂具有选择性且较脆的泡沫,较易控制,物料可通过泡沫槽和泵输送。二醇醚基团比醇基更强更耐久,而聚乙二醇类药剂是表面活性最强的起泡剂。这类药剂在所有的 pH 值范围很有效,适于应用于有最大负载量的粗磨和高品位给料。

起泡剂虽然都是表面活性剂,但已证明一些非表面活性剂,如二酮醇和乙基缩醛,尽管在两相液 - 气体系中不是起泡剂,但在固 - 液 - 气体系中也可作为起泡剂(Lekki 和 Laskowski, 1975)。这些药剂的分子有两个极性基,易溶于水。这类药剂能吸附在固体表面但不会显著改变固体的疏水性。当吸附有非活性起泡剂的矿物表面与气泡碰撞时,分子将重新定向,产生非常稳定的三相泡沫。由于表面是非活性的,这些药剂不会降低表面张力,除了在捕收剂作用下轻微降低效率外,对浮选有用的各种作用力仍保持其最高状态。

12.6 调整剂

调整剂在浮选中广泛地用于调节捕收剂的行为,加强和降低捕收剂对矿物表面的疏水作用。调整剂可以使捕收剂对于一定的矿物更具有选择性。调整剂可分为活化剂、抑制剂和 pH 值调整剂。

12.7 活化剂

这类药剂能改变矿物表面的化学性质,由于捕收剂的作用而使之疏水。活化剂一般是可溶性盐类,它们在溶液中能离子化,这些离子然后与矿物表面发生反应。

一个典型的例子是铜可活化溶液中闪锌矿。黄药捕收剂不能很好地浮选闪锌矿,因为形成的捕收剂产物如黄原酸锌在水中的溶解性较好,从而不能在矿物周围形成疏水膜。通过使用大量的长烃链黄药可以改善其可浮性,但是更好的方法是采用硫酸铜作为活化剂,硫酸铜易溶,在溶液中能解离成铜离子。其活化的原因是由于在矿物表面形成硫化铜分子。由于铜的电负性比锌更高,因此较难离子化:

$$ZnS + Cu^{2+} \rightleftharpoons CuS + Zn^{2+} \tag{12.11}$$

闪锌矿表面的硫化铜沉淀很易与黄药反应生成不溶性的黄原酸铜,从而使闪锌矿表面疏水。然而最近的研究表明,简单的离子交换机理可能过分简单化了,王(Wang)等人(1989a,b)根据矿物表面的氧化作用和活化剂的还原作用提出一个模型,并提出了活化剂氢氧化物表面沉淀的形成和混合电位机理。

硫酸铜作为一种活化剂的主要应用是铅锌矿的优先浮选,浮铅后的闪锌矿活化以后再浮选。在某种程度上,铜离子还能活化方铅矿、方解石和黄铁矿。当闪锌矿与黄铁矿或磁黄铁矿共生时,通常在高碱性(pH 值为 10.5~12)矿浆条件下可确保分离的选择性,此时石灰和硫酸铜联合添加。

铅、锌和铜的氧化矿,如白铅矿、菱锌矿、蓝铜矿和孔雀石,用巯基捕收剂浮选效果很差,且需要添加较大用量的捕收剂,因为在捕收剂与矿物相互作用之前从矿物晶格解离的重金属离子必须首先沉淀成金属黄原酸盐。捕收剂在矿物表面的吸附作用也较差,通过颗粒之间的摩擦吸附的捕收剂很容易解吸。这些矿物可以通过使用硫化钠或硫氢化钠来活化(Fuerstenau, 1985; Malghan, 1986)。需要添加用量高达 10kg/t 的硫化剂来活化矿物,因为氧化矿的溶解性相当高。

在溶液中硫化钠水解后发生解离:

$$Na_2S + 2H_2O \rightleftharpoons 2NaOH + H_2S \tag{12.12}$$

$$NaOH \rightleftharpoons Na^+ + OH^- \tag{12.13}$$

$$H_2S \rightleftharpoons H^+ + HS^- \tag{12.14}$$

$$HS^- \rightleftharpoons H^+ + S^{2-} \tag{12.15}$$

因为式 12.14 和式 12.15 的平衡解离常数较低,而式 12.13 的解离常数较高,故 OH^- 离子浓度增加的速度比 H^+ 离子浓度更快,矿浆就成为碱性。硫化钠的水解和解离将 OH^-、S^{2-} 和 HS^- 释放入溶液中,这些离子能与矿物表面发生反应并改变矿物表面特性。硫化作用能引起硫离子进入氧化矿物的晶格中,使其形成难以溶解的假硫化矿覆盖层,使之很容易被巯基捕收剂浮选。例如,白铅矿发生硫化作用时,发生了如下反应:

$$Na_2S + H_2O \rightleftharpoons NaHS + NaOH \tag{12.16}$$

$$PbCO_3 + 3NaOH = H_2O + Na_2CO_3 + NaHPbO_3 \tag{12.17}$$

$$NaHS + NaHPbO_2 = 2NaOH + PbS \tag{12.18}$$

或

$$Na_2S + PbCO_3 = Na_2CO_3 + PbS \tag{12.19}$$

加入矿浆中的硫化钠的用量必须严格控制,如果过量,将抑制已活化的氧化矿,阻止捕收剂的吸附。所需的硫化钠的用量取决于矿浆的碱性,pH 值的增加能引起式 12.14 和式 12.15 的反应加剧生成反应式右边的产物,即生成更多的 HS^- 和 S^{2-}。由于该原因与硫化钠相比,优先选用硫氢化钠。硫氢化钠不会水解并增加矿浆 pH 值。添加的硫化剂的用量足够在矿物表面产生硫化物的黏结膜从而使黄药能够吸附即可。当硫化剂的用量超过所需活化的用量时,硫化物和硫氢化物离子的浓度就会增加。HS^- 很易吸附在矿物表面,使矿物带有很高的负电性,从而阻止捕收剂阴离子的吸附。过多的硫化钠用量还会消耗掉矿浆中的氧:

$$Na_2S + 2O_2 = Na_2SO_4 \tag{12.20}$$

因为对于巯基类捕收剂在硫化矿表面吸附时矿浆中需要氧,所以氧的消耗会降低浮选效率。

在硫化矿和氧化矿混合矿的浮选中,硫化矿物一般首先浮选,然后再进行氧化矿表面的硫化作用。这种方法能阻止硫化矿被硫化钠抑制,硫化剂随后分批加入到矿浆中,采用饥饿给药的方法。最近的研究表明(Zhang 和 Poling, 1991)残留的硫氢化物的有害影响能通过添加含有硫氢化物的硫酸铵来消除。选用相对便宜的硫酸铵能降低更为昂贵的硫化药剂的消耗,增加硫氢化物离子的活化作用。Zhou 和 Chander (1991)根据浮选研究进一步表明四硫化钠更优于硫化钠,并提出了反应机理。

12.8 抑制剂

抑制剂主要通过使某种矿物亲水而阻止其浮选,来增加浮选的选择性。抑制剂是一些特定矿石(如铂、镍硫化矿)较为经济地进行浮选的关键。

抑制剂种类繁多,它们的作用较为复杂且可变,在大多数情况下其作用机理还没有完全探明,抑制作用比其他类型的浮选药剂更难以控制,尤其是当泡沫相也受抑制剂所影响时(Bradshaw 等, 2005)。

矿泥罩盖是自然发生的抑制作用形式的例子之一。在粉碎和磨矿过程中产生的矿泥使浮选较为困难,因为矿泥罩盖在矿物颗粒表面,阻止了捕收剂的吸附(Parsonage, 1985)。在浮选体系中颗粒粒度对浮选效果的影响非常重要,但在一般情况下 20 μm 以下的颗粒对浮选具有潜在有害影响,一些矿泥通常先于浮选被排出,导致矿泥中有用矿物的必然损失。有时矿泥能通过强烈搅拌或通过使用矿泥分散剂从矿物表面脱除。硅酸钠在溶液中可以增加颗粒表面双电层负电性,使形成的矿泥层易于分散。洁净的矿物表面随后可以与捕收剂发生相互反应。在这个方面,硅酸钠可以用作活化剂,阻止矿泥的抑制。在一些体系中硅酸钠还可用作抑制剂,在非硫化矿如白钨矿、方解石和萤石的浮选中是一种最广泛使用的调整剂之一。在这些矿物的浮选中油酸钠是主要的捕收剂,但在白钨矿从方解石和萤石矿中分离的选择性往往不够。因此采用硅酸钠来改善分离的选择性。Shin 和 Choi (1985)考察了硅酸钠的吸附作用和与这些矿物的相互作用机理。

12.8.1 无机抑制剂

在铅铜锌、铜锌矿和某些铜硫化物的选择性浮选中氰化物广泛地用作闪锌矿和黄铁矿的抑制剂。研究者经常关注如何从铜精矿中分离出闪锌矿,因为在铜冶炼中锌是一种有害元素。

目前已充分证明纯净的闪锌矿不能吸附短烃链的黄药,除非其表面被铜离子活化(式 12.11)。但是,矿石中含铜矿物轻微溶解产生的铜离子会引起意外的活化作用而破坏选择性分离过程。加入到矿浆中的氰化物会解吸表面铜离子,并与溶液中的铜反应形成可溶性的氰化络合物。氰化物是最为常用的一种无机抑制剂,在溶液中会发生水解反应形成游离碱和难以溶解的氰化氢:

$$NaCN + H_2O \rightleftharpoons HCN + NaOH \quad (12.21)$$

然后氰化氢解离:

$$HCN \rightleftharpoons H^+ + CN^- \quad (12.22)$$

式 12.22 的解离常数与式 12.21 相比低得多,所以当矿浆中碱性增加时会减少游离 HCN 的数量,但增加了 CN^- 离子的浓度。由于游离的氰化氢很危险,所以采用碱性矿浆非常必要。然而碱的主要作用是控制氰化物离子的浓度,使铜离子形成铜氰络合物:

$$3CN^- + Cu^{2+} \rightleftharpoons [Cu(CN)_2]^- + 1/2C_2N_2 \quad (12.23)$$

氰化物除了与溶液中的金属离子反应外,它还能与金属黄原酸盐反应形成可溶性的络合物,从而阻止黄药在矿物表面的吸附,但由式 12.23 可知,这种反应必须当溶液中的金属离子已经络合化时才能进行。因此,即使 Cu^{2+} 在溶液中,但除非 CN^- 与 Cu^{2+} 的浓度比大于 3,否则对黄药吸附的阻止作用不会发生。在氰化物中金属黄原酸盐的溶解度越大,捕收剂在矿物表面的黏附作用就越不稳定。目前已经证明黄原酸铅在氰化物中的溶解度很低,黄原酸铜较易溶解,而锌、镍、金和铁的黄原酸盐极易溶解。因此在复合矿石中铁和锌很易与铅分离。在从闪锌矿和黄铁矿中分离黄铜矿时,需要严格控制氰化物离子的浓度。只有添加足够量的氰化物才能与溶液中的重金属离子络合,从而溶解锌和铁的黄原酸盐。过量的氰化物会形成带有较低可溶性黄原酸铜的可溶性络合物,抑制黄铜矿的浮选。

氰化物的抑制作用主要取决于氰化物的浓度、捕收剂的浓度和捕收剂碳氢链的长度。链越长,氰化物溶液中金属黄原酸盐的稳定性越大,抑制矿物所需的氰化物的浓度越高。因此,当使用氰化物作为抑制剂时经常使用低浓度的短烃链黄药作为选择性浮选的捕收剂。

当然,氰化物剧毒,必须小心处置。它们还存在价格昂贵和抑制并溶解金、银等缺点,从而降低了贵金属在泡沫产品的回收率。尽管氰化物存在这些缺点,但由于氰化物在浮选中的高选择性,使其仍然得到了广泛的使用。氰化物还有一个优点是能保持矿物表面清洁,导致后续的活化相当简单,虽然溶液中残留的氰化物离子会干扰活化剂的作用。

许多选矿厂单独使用氰化物就可取得很好的效果,但有一些选矿厂,另外还须添加一种药剂,一般是硫酸锌,能确保有效地抑制闪锌矿。如果存在铜离子,那么锌离子的引入会阻止闪锌矿表面铜离子的沉积,式 12.11 中的反应向左进行。

然而,另一些更为复杂的反应会发生强化了抑制作用,一般认为氰化物会与硫化锌反应生成氰化锌,氰化锌难溶,会沉积在闪锌矿表面,使闪锌矿亲水并阻止捕收剂的吸附:

$$ZnSO_4 + 2NaCN = Zn(CN)_2 + Na_2SO_4 \quad (12.24)$$

在碱性矿浆中,会形成吸附铜离子的氢氧化锌,氢氧化锌沉积在闪锌矿表面,阻止捕收剂的吸附。

因此硫酸锌的使用减少了氰化物的消耗,另外一些实例表明,单独使用硫酸锌抑制闪锌矿也能获得较好的效果。

虽然氰化物和硫酸锌得到了广泛的使用,但它们有很多的缺点,例如许多选矿厂不愿意采用氰化物的原因是由于环境问题。硫酸锌只有在高 pH 值条件下才有效,此时在溶液中会形成氢氧化锌沉淀。因此需要有替代这些药剂的选择性抑制剂。前南斯拉夫一个铅锌矿的研究结果表明闪锌矿抑制时联合使用硫酸铁和氰化钠可以成功替代硫酸锌和氰化钠(Pavlica 等,1986)。这个工艺的优点是减少了氰化物的消耗,因此具有经济和生态的优势。在碱性条件下亚硫酸锌和氰化物被用于处理在西班牙塞罗科罗拉多(Cerro Colorado)选矿厂的大量铜铅锌精矿(Ser 和 Nieto,1985)。发现这种药剂组合比标准的抑制技术如氰化物—硫酸锌组合可取得更好的效果,标准抑制条件时发现对矿石中辉铜矿含量的变化非常敏感。

闪锌矿的活化作用能通过消除浮选矿浆中的铜离子来实现,在一些选矿厂采用硫化氢或硫化钠使之与铜离子生成沉淀来实现。

在多硫化物矿石的分选中发现二氧化硫是一种用途最多和不可缺少的调整剂。虽然在铜铅分离中作为方铅矿的抑制剂得到广泛使用,但二氧化硫还能使硫化锌失去活性,增加锌和其他基本金属硫化矿之间的浮游差。在铜精选和铜铅分离中,通过加入 SO_2 酸化矿浆可以使锌得到很好的抑制。然而,当处理含有铜蓝或辉铜矿等次生铜矿物的矿石时不能使用 SO_2,因为在二氧化硫的存在条件下这些矿物溶解性增加,解离的铜离子会活化硫化锌(Konigsman, 1985)。二氧化硫完全不能抑制黄铜矿和其他含铜矿物。事实上在 SO_2 存在时黄药在黄铜矿表面的吸附作用会增强,在黄药前加入 SO_2 会导致闪锌矿被有效抑制而黄铜矿的可浮性增加。在瑞典不同的选矿厂使用 SO_2 的情况 Broman 等人进行了报道(1985),指出在闪锌矿抑制时 SO_2 替代氰化物,对铜的抑制作用很小,也不会溶解贵金属。但是,也指出 SO_2 使用时要适应其他的药剂条件,在一些情况下需要改变捕收剂的类型。

重铬酸钾($K_2Cr_2O_7$)也用于铜铅分离时抑制方铅矿。其抑制作用是由于方铅矿表面与 CrO_4^- 之间发生了化学反应,生成了不溶性的重铬酸铅,增加了矿物的润湿性,阻止了矿物的浮选。

西方国家中超过 40% 的钼都作为副产品产自斑岩铜矿石中。少量的辉钼矿在铜钼精矿中与铜一起被回收。然后两种矿物分离,一般总是通过抑制铜矿物浮选辉钼矿来分离。硫氢化钠(或硫化钠)使用的最为广泛,虽然几种其他的无机化合物如氰化物和诺克斯试剂(氢氧化钠和五硫化二磷的反应产物)也使用(Nagaraj 等,1986)。几乎所有目前使用的抑制剂均是无机的。许多有机抑制剂近年来发展得也很快,但除了巯基乙酸钠外,没有一种有机抑制剂得到成功的工业应用(Agar, 1984)。

12.8.2 聚合抑制剂

使用聚合抑制剂的优点是比更为广泛使用的无机抑制剂的有害作用更少,对聚合抑制剂的使用兴趣正在增加(Liu 和 Laskowski, 1989)。有机药剂,如淀粉、丹宁、烤胶和糊精等,在溶液中不会离子化,抑制矿物的方式与矿泥罩盖类似。这些药剂作为脉石矿物的抑制剂已使用了多年,在少量添加时可抑制滑石、石墨和方解石(Pugh, 1989)。淀粉和糊精还能用作铜铅分离时铅的辅助抑制剂。其他的应用还有在铁矿选矿时对多金属硫化矿的选择性抑制(Nyamekye 和 Laskowski, 1993),在碳酸钾浮选时作为罩盖剂(Arsentiev 等, 1988),在铂和碱土金属浮选时作为滑石质脉石矿物的抑制剂(Steenberg, Harris, 1984; Liu,Laskowski 1999; Shortridge 等, 2000; Bradshaw 等, 2005; Smeink 等, 2005; Wang 等, 2005)。

在南非铂业集团矿物工业(PGM),如羧甲基纤维素(CMC)和胍尔豆胶等聚合抑制剂广泛用于抑制石膏质脉石矿物。这两种多糖类药剂的主要差异之一是 CMC 在溶液中荷负电,而胍尔豆胶只有较微弱的荷电特性(Mackenzie, 1986)。

12.9 pH 值的重要性

前面的叙述已经表明矿浆的碱度尽管非常复杂,但在浮选中起着很重要的作用,在实践中复杂分离过程的选择性主要取决于药剂浓度与 pH 值之间的精确平衡关系。

浮选过程在碱性介质中可能进行,因为大部分捕收剂包括黄药在这些条件下是稳定的,此时浮选槽和管道等设备的腐蚀最小。碱度可以通过加入石灰、碳酸钠(苏打灰)和较少情况下采用氢氧化钠或氨水来控制。硫酸或亚硫酸根据需要用于降低 pH 值。

几乎在所有的浮选操作中经常大量使用这些化学药剂。虽然这些化学药剂比捕收剂和起泡剂便宜,但处理每吨矿石所需的 pH 值调整剂的总成本一般要高于其他化学药剂。例如,在硫化矿浮选中石灰的成本大约是需使用的捕收剂成本的两倍,因此,可通过适宜选择和使用 pH 值调整剂来节省大量的操作成本(Fee, Klimpel, 1986)。

非常廉价的石灰非常广泛地用于调整矿浆的碱性,一般以乳浊状石灰的形式使用,乳浊状石灰是一种在饱和溶液中氢氧化钙颗粒的悬浮液。石灰或苏打灰通常在浮选之前加到矿浆中,目的是沉淀溶液中的重金属离子。在这种情况下,这些碱充当了一种“去活剂”,因为这些重金属离子能活化闪锌矿和黄铁矿,阻止从铜和铅矿物中选择性浮选这些矿物。由于被这些碱沉淀的重金属盐类沉淀物能发生一定程度的解离,所以一些离子会进入溶液,此时氰化物经常与这些碱类药剂一起使用以络合这些金属离子。氢氧根离子和氢离子能调节矿物颗粒周围的双电层和动电电位(见第 15 章),因此会影响矿物表面的水合作用和矿物的可浮性。黄药作为捕收剂时,足量碱将抑制所有的硫化矿物,任何浓度的黄药有一个 pH 值,当低于任何一种给定矿物的 pH 值时,矿物将浮选,高于此 pH 值时矿物将不能浮选。该临界 pH 值取决于矿物的自然性质、特定的捕收剂及其浓度和矿浆温度(Sutherland,Wark, 1955)。图 12.12 列示了黄铁矿、方铅矿和黄铜矿的临界 pH 值与二乙基二硫代磷酸钠浓度之间的关系。

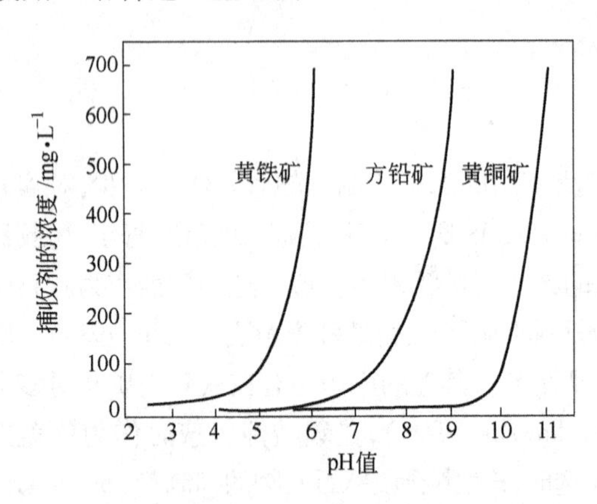

图 12.12 二乙基二硫代磷酸钠浓度与临界 pH 值之间的关系(Sutherland,Wark, 1955)

从曲线可知,当二乙基二硫代磷酸钠的浓度为 50 mg/L,pH 值为 8 时,黄铜矿能从方铅矿和黄铁矿中浮选。当 pH 值降低到 6 时,方铅矿能从黄铁矿中浮选。

当使用黄药捕收剂时石灰还能作为黄铁矿和含砷黄铁矿的强烈抑制剂。其氢氧根离子和钙离子都能参与对黄铁矿的抑制作用,能在矿物表面形成 Fe(OH)、FeO(OH)、$CaSO_4$ 和 $CaCO_3$ 的混合膜,所以减少了黄药的吸附。石灰与铜矿物没有上述作用,但是对方铅矿有一定程度的抑制作用。因此在方铅矿的浮选中,通常使用苏打灰来控制 pH 值,黄铁矿和闪锌矿使用氰化物来抑制。

同样较易说明,氰化钠和硫化钠的有效性很大程度上受 pH 值决定,如果不在碱性条件下这些药剂没有任何价值。因为,当氰化物用作抑制剂时,碱的作用是控制氰化物离子的浓度(式 12.22 和式 12.23),对于每种矿物在给定的捕收剂浓度时存在一个"临界氰化物离子浓度",当超过这个浓度时浮选不可能发生。几种矿物的曲线如图 12.13 所示,从图中可知在 pH 值为 7.5、氰化钠浓度为30 mg/L 时黄铜矿能从黄铁矿中浮选。

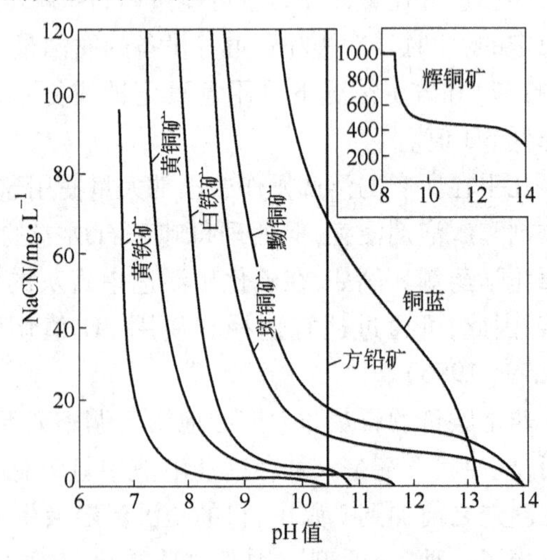

图 12.13 几种矿物的接触曲线(乙基黄药 25 mg/L)(Sutherland,Wark, 1955)

由于含铜矿物黄铜矿与碱性和氰化物浓度的关系曲线最靠近黄铁矿,因此所有的含铜矿物将和黄铜矿一起浮选。因此,通过仔细选择 pH 值和氰化物的浓度,理论上可能获好很好的分离,尽管在实践中更为困难。方铅矿表面黄药的吸附不受氰化物影响,只有碱才是方铅矿的抑制剂。

12.10 矿浆电位的重要性

澳大利亚和美国的一些研究工作表明,在一定的条件下大部分硫化矿物能在无捕收剂条件下浮选(Chander, 1988a; Woods,1988; Ralston, 1991)。所有的这些研究表明,如果不是氧本身起作用,那么至少在无捕收剂浮选时需要一个氧化电位。已经证明硫化矿物的氧化是通过缺金属硫化物的连续层形成的,硫化物中金属含量的降低与元素硫的形成有关(式 12.5 和式 12.6),发生了如下反应:

$$MS \longrightarrow M_{1-x}S + xM^{2+} + 2xe(\text{酸性条件}) \tag{12.25}$$

和

$$MS + xH_2O \longrightarrow M_{1-x}S + xMO + 2xH^+ + 2xe(\text{碱性条件}) \tag{12.26}$$

这些富硫、缺金属区域能使矿物疏水,假定这样的局部条件产生,那么通过这些反应形成的金属氧化物或氢氧化物会溶解。过量的氧化作用会产生二硫化盐(式 12.7),最后将生成硫酸盐(式 12.8),将和金属离子一起发生再吸附现象,当这些水解产物吸附到矿物表面上时,会形成亲水表面。

Buckley 等人(1985)研究了方铅矿、斑铜矿、黄铜矿和磁黄铁矿的表面氧化作用,发现每种矿物最初的氧化作用是从表面区域中失去金属组分,留下与初始矿物具有相似结构的硫化物表面,但表面的金属含量更低。含有较高硫/金属比率的缺金属硫化物层也许通过其下面的矿物使其稳定化,因为它们有同样的硫晶格。作者还表明当缺金属硫化物层形成时,而并不是元素硫形成时,矿物才能进行无捕收剂浮选。如辉钼矿等天然疏水性硫化矿物都有这样的层结构,这些矿物的浮选行为可以根据水在矿物表面的黏附功大部分取决于分子色散力来解释,氢键和离子间的相互作用较少。在其他硫化矿表面可能存在相似情况,此时表面形成了缺金属层。虽然金属在低 pH 值条件下溶解(式 12.25),在中性或碱性条件下形成氢氧化物(式 12.26),这些反应使矿物亲水。然而,在这些条件下能发生无捕收剂浮选,作者认为是因为在浮选槽中由于紊流作用或者矿物表面的摩擦作用使金属氧化物溶解。

对六个不同的黄铜矿矿石已经采用无捕收剂浮选工艺进行了试验,试验中对矿浆电位进行了监控(Luttrell ,Yoon, 1984)。结果证实只有在氧化条件下无捕收剂浮选才有效。另外,浮选时要求黄铜矿表面消除亲水性氧化物,这可以通过用硫化钠处理矿浆来完成。在无捕收剂浮选中硫化钠的作用最初的想法是作为一种硫化药剂,但是过量的 HS^-/S^{2-} 离子没有在硫化作用中消耗完,在一定的 pH 值时将会氧化生成元素硫或多硫化物，沉积在矿物表面。因此，使用硫化钠的无捕收剂浮选工艺可能会提供一种外部的疏水性产物而增强浮选作用。还发现无捕收剂浮选要由 pH 值决定，降低 pH 值更有利于无捕收剂浮选。

然而，正如 Guy 和 Trahar 解释的那样(1985)，该成果应用于实际分离时不够直接，因为单一硫化矿通过实验确定的浮选区域没有必要与硫化物混合物实验确定的区域一致。硫化物氧化时产生的阳离子在一特定的体系中可以以不同的方式反应。除了通过表面反应调整一些矿物的表面之外，这些阳离子可能会以氢氧化物形式在表面沉淀，会对硫化矿的可浮性产生较大的影响。

例如，在许多重要的矿石中黄铁矿和磁黄铁矿经常共生在一起，这两种矿物之间的电池作用和对它们可浮性的影响已有学者进行了研究(Nakazawa 和 Iwasaki, 1985)。这种电池接触反应减少了在磁黄铁矿表面氢氧化物或氧化物和铁的硫酸盐的形成，而在黄铁矿表面这种组成却增加。上述结果改善了磁黄铁矿的可浮性，而降低了黄铁矿的可浮性。

氧化还原条件的控制较为复杂，不但取决于矿石中不同矿物之间的电池相互作用，还取决于不同矿物与磨矿钢介质之间的相互作用(Martin 等, 1991)。在电池反应中钢的氧化作用将使硫化矿物表面产生还原条件，从而妨碍了捕收剂的吸附。

Learmont 和 Iwasaki(1984)研究了方铅矿和钢介质之间的相互作用。研究表明当与低碳钢接触时会在方铅矿表面形成铁氧化物、氢氧化物或硫酸盐，从而降低了方铅矿的可浮性。接触时间和通气条件会影响对浮选抑制作用的剧烈程度。Adam 和 Iwasaki(1984)研究表明磁黄铁矿的浮选反应有同样的不利影响。在磁黄铁矿阴极极化表面通过氧化还原反应形成铁氢氧化物或氧化物和硫酸盐证明是降低磁黄铁矿可浮性的机理，提出了下述反应：

$$1/2O_2 + H_2O + 2e^- \longrightarrow 2OH^- \text{(阴极)}$$

$$2H^+ 2e^- \longrightarrow H_2 \text{(阴极)}$$

$$FeS \longrightarrow Fe^{2+} + S^{2-} \text{(解离)} \longrightarrow Fe_2O(OH)_3$$

或

$$FeOOH \longrightarrow Fe(OH)SO_4$$

覆盖在矿物表面的铁氢氧化物罩盖物的形成降低了矿物的可浮性。

由于许多复杂的相互作用，在选厂环境中要测量矿浆的氧化还原电位较为困难(Johnson, Munro, 1988; Labonte, Finch, 1988)。氧化还原反应电极有不同的活性，如铂电极和金电极，能上升到不同的 E_h 值，在同样的溶液中不同的硫化矿也能上升到不同的 E_h 值。因为存在这些复杂性，在线测量控制氧化还原条件的 E_h 值仍然是将来的控制策略，虽然一些选矿厂主要根据操作经验来控制电化学行为，Outokumpu 公司为了获得最佳的 E_h 和 pH 值匹配，与最适宜的捕收剂加入量一样，正在研究直接控制矿浆中矿物电化学电位的方法(Heimala 等, 1988)。

硫化物矿浆的预充气浮选技术已经在 Noranda 集团(加拿大)和其他工厂的工业实践中应用了很多年,该技术能有效抑制黄铁矿和磁黄铁矿但能促进黄铜矿和方铅矿的浮选(Konigsman, 1985)。

在澳大利亚 Woodlawn 矿滑石预浮选技术的引入对铜的分选性能产生了有害的影响,因为滑石单元产生的充气作用对铜分选产生了影响(Williams 和 Phelan, 1985)。充气作用促进了其他硫化矿的浮选,特别是方铅矿,其次是黄铜矿。可以通过加入强还原剂硫化钠到滑石浮选尾矿中来改善后续的铜分选性能。

在一些钼矿分选工艺中用氮作载体气体,其产生的还原电位使抑制铜矿物浮选的硫化矿抑制剂的消耗量达到最小。除了在黄铜矿 - 辉钼矿分离中应用外,由于氮可以随时在一些冶炼厂获得并且氮本身具有化学惰性,故作为一种载体气体在其他浮选工艺中也有巨大的潜力(Martin 等,1989)。它的惰性意味着氮不能发生副反应而产生消耗。

只有最近人们在研究硫化物的抑制作用机理方面方兴未艾。硫氢化钠强烈还原特性对抑制行为的影响已经通过氧化还原电位的测量而得到监控,表明其抑制活性一定程度上是由于其电化学特性,HS^- 离子,产生了巨大的负电位 E_h,破坏了巯基捕收剂的覆盖(Nagaraj 等, 1986)。Chander 对硫化矿物抑制中氧化还原的影响进行了评述(1985)。

12.11 气泡发生和泡沫性能的重要性

在浮选科学中,在工艺中最关键的组成部分之一是气泡的作用。Gorain 等人(1997,1998)研究表明第一速率常数(k)可以在不同气体速率条件下运行的不同类型和尺寸的各种工业浮选槽中获得,叶轮速度和泡沫深度取决于给料矿石的可浮性(P),在浮选槽中产生的气泡的表面积通量(S_b)和通过泡沫相的回收率(R_f),可用以下简单的数学关系式来表示:

$$K = P \cdot S_b \cdot R_f \tag{12.27}$$

式中 K——速率常数,s^{-1};

P——可浮性(无量纲);

S_b——气泡表面积通量,s^{-1};

R_f——泡沫回收率,%。

根据这些发现,某一浮选单元的性能可以认为是由于矿流特性(颗粒可浮性 P)及表征矿浆和单元泡沫区操作条件的参数(S_b 和 R_f)之间的相互作用引起的。换言之,颗粒可浮性由其疏水程度所决定(前面已叙述),在给定浮选槽的矿浆区内气泡的表面积通量是关键的驱动器,泡沫回收率表达了通过泡沫区的性能。

气泡表面积通量,是指通过浮选槽单位面积的气泡表面积占通过槽横截面积

的气泡表面积的比率,能在浮选槽内通过测量表观气体黏度(J_g)和气泡尺寸(d_b)直接测量:

$$S_b = \frac{6J_g}{d_b} \tag{12.28}$$

式中 J_g——表观气体黏度,m/s;

d_b——Sauter 平均气泡直径,m。

J_g 和 d_b 都可以通过适宜的气泡尺寸分析仪(如 Tucker 等, 1994;Hernandez 等, 2002)和表观气体黏度探测仪(Gorain 等, 1996)来测定。S_b 还能采用相关系数法来预测,Gorain 等(1999)采用从不同碱土金属浮选厂收集的大量数据组获得:

$$S_b = 123J_g^{0.75}N_s^{0.44}A_s^{-0.10}P_{80}^{-0.42} \tag{12.29}$$

式中 N_s——叶轮的顶端速度,r/min;

A_s——叶轮外表比率(叶轮宽度/叶轮高度,无量纲);

P_{80}——槽给料中 80%通过的尺寸,μm。

Gorain 等人(1997)和 Alexander 等人(2000)研究表明在较浅的泡沫深度时气泡表面积通量与第一速率常数线性相关。另外,这种相关关系表明槽的尺寸和操作参数是独立的。图 12.14 表明在半工业的 60 L 浮选槽中测得的这种关系与在平行的 Outokumpu 100 m³ 浮选槽中测得的这种关系本质上是一致的。

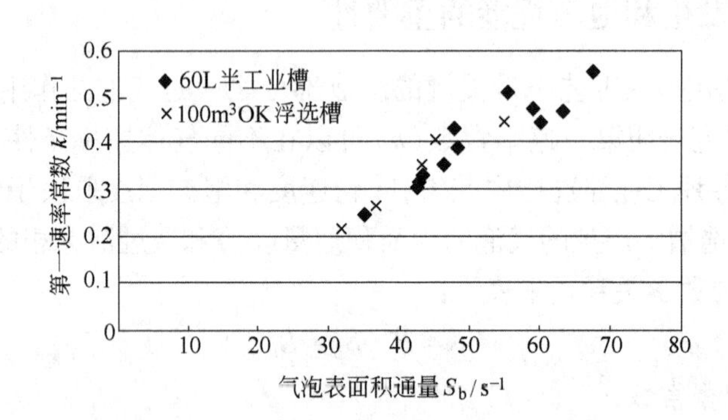

图 12.14 在 60 L 半工业槽和 100 m³ OK 型浮选槽中第一速率常数与气泡表面积通量间的关系

目前,有几种技术可以量化泡沫的回收率参数 R_f。但是这些方法大部分在泡沫区受干扰且设有一些假定条件,不能在传统的槽模拟中采纳(即没有夹带影响)。Feteris 等人(1987)最初在批量浮选槽研究中获得的一种方法,后来由 Vera 等人(1999)用于直接从工业浮选泡沫中模拟确定 R_f。在这种方法中,泡沫回收率(R_f)通过确定在标准泡沫深度中的槽回收率(和因此产生的第一速率常数 k)到无泡沫深度时的槽回收率(和因此产生的捕收区速率常数 k_c)来估计。无泡沫深度时的槽回收率不能直接测量，但可以通过四个或更多泡沫深度的结果推断估计。

在工业浮选槽中一种可供选择的确定 R_f 的技术由 Savassi 等人提出(1998)。R_f 的一种直接测量方法是通过处理一系列质量平衡等式获得，这些质量平衡所需的数据从精矿样品和矿浆－泡沫界面以下样品中得到。这种直接测量技术比第一种方法更好，因为浮选槽操作条件不需发生变化。然而，正如作者所指出的，该技术只限制在粗选中使用，因为该技术要求有更高的气泡负载量，黏附和悬浮颗粒的品位差异要大。Alexander 等人(2000)提出了一种新的直接测量泡沫回收率的方法，该法适用于浮选工艺的其他部分。该法以 Savassi 通过泡沫处理质量平衡等式的方法作为依据，但通过使用改进的取样方法对该方法进行了扩展。该法目前被许多冶金学者使用于在较大的工业浮选槽中测定泡沫回收率。

12.12 夹带现象

自从浮选分离技术在 1905 年首次工业应用以来，真实的浮选反应主导着浮选的文献。Alexander(1966)首先指出水中夹带的细颗粒的回收率。而后一些研究者采用先进测量技术和数学模型测量和提出了夹带机理。但是，在工业规模的浮选槽中做的工作很少。一个特例由 Johnson(1972)研究提出，他将工业浮选槽的数据补充到实验室的数据中。该项工作表明夹带物的回收率与给料中和精矿中水的回收率成比例。根据这个发现，夹带度可以定义为夹带固体的回收率与水的回收率的比率。

Johnson(1972)还表明夹带度是颗粒粒度的函数：已经表明 50 μm 以下颗粒粒度的夹带物是非常重要的(Smith, Warren, 1989)。最近，Savassi 等人(1998)研究出一种经验模型用于描述夹带度与颗粒粒度之间的关系。该模型用以下方程表示：

$$\mathrm{ENT}_i = \frac{2}{\exp(2.292(d_i/\xi)^{\mathrm{adj}}) + \exp(-2.292 d_i/\xi)} \tag{12.30}$$

和

$$\mathrm{adj} = 1 + \frac{\ln(\delta)}{\exp(d_i/\xi)} \tag{12.31}$$

式中 ENT_i——精矿中夹带颗粒的质量转移量/精矿中水的质量转移量；

d_i——颗粒粒度，μm；

ξ——夹带参数，或夹带度为 20% 时的颗粒粒度，μm；

δ——排出参数，与粗颗粒的优先排出有关(无量纲)。

12.13 浮选工程

浮选工艺的工业应用已有 100 年。虽然工艺是有效的，但在工业浮选实践中经常需要几段浮选作业以产出符合市场质量要求的产品。这些作业用不同的方法联合在一起称作为"浮选流程"。在这个部分,在研究浮选流程时每段作业都需要进行实验室和半工业浮选试验,并要描述目前在实践中采用的流程类型和使用的浮选机的类型。Lane 等人(2005)对如何合理设计浮选流程进行了有用的评述。

12.13.1 实验室浮选试验

为了制定某种特定矿石的浮选过程,必须进行初步的实验室试验工作,不仅要确定流程和相关数据,还要选择药剂以及根据生产能力确定选厂的规模。对已有选厂的矿石进行浮选试验是为了改善生产过程,研制新药剂。

用于试验的矿石应能够代表工业上处理的原矿,这一点很重要。用于试验的矿样必须具有代表性,这不仅就化学组成而言,也包括矿物组成和嵌布程度。因此,在选定有代表性的矿样之前应该对岩心或其他个别矿样进行矿物学分析。如果矿床的钻探范围广,最好是采用复合的岩心矿样做试验;这些岩心通常包括分布广泛、深度不一的各钻探点的矿石。须知,矿体是不规则的,代表性矿样并不能完全代表整个矿体的所有部分;因此,这种矿样只用来制定原则浮选流程。还必须对取自不同地区和深度的矿样进行补充试验,以确定每种情况下的最佳条件,并提供矿石的全部变化范围内的设计数据。

因此,在描述矿床的浮选特性时必须保证该矿床能够代表多种矿石类型,具有不同的矿物学特征、结构(粗细粒)和缺陷。因此选择岩心矿样更能代表整个矿体矿石的多样性。对每种矿样单独进行试验,之后通过综合计算每种矿样的选矿指标来评定该矿床的总体价值。

代表性矿样选取之后,在浮选试验前还需要对矿样进行制备,其中包括将矿石粉碎到最佳粒度。矿样在破碎时应避免其被油脂污染或与之前破碎的物料相混杂。甚至,在工业选厂,少量的油脂也会一时扰乱浮选流程。通常用小型的颚式破碎机或圆锥破碎机将矿样破碎至约 0.5cm,然后用辊式破碎机碎至约 1mm,并用筛子组成闭合回路。已破碎矿样的贮存非常重要,尤其是硫化矿,必须避免其表面氧化。氧化不仅会抑制捕收剂的捕收作用,而且会使得重金属离子更易溶解,这将会对浮选过程造成不利影响。硫化矿在获得矿样之后应尽快进行试验,矿样必须用密封筒装运,粒度应尽可能粗一些。矿样应根据试验需要进行破碎,但更好的办法是将全部矿样一次性破碎并贮存在惰性气氛中。矿样的湿磨应在浮选试验之前进行,以避免已解离的矿物表面氧化。试验室采用球磨机间歇式分批磨矿产生的浮选给料,其粒度分布范围比连续闭路磨矿的要广;为使这种差别降到最小,试验室可采用棒磨机间歇分批磨矿,其产品的粒度分布与闭路球磨的很接近。然而,全真的模拟是不能实现的,因为在闭路磨矿中大密度矿物容易被过磨,而在试验室间歇棒磨过程中却可以避免这一现象。理解磨矿介质对浮选的影响也是很重要的,尤其在扩大试验中(Greet 等, 2005)。

方铅矿一类质软而密度大的矿物在闭路磨矿时,其产品比试验室间歇磨矿预测的更细,而且由于超细颗粒的产生使得损失可能很大。某些硫化矿物,如闪锌矿和黄铁矿,在间歇磨矿所得较粗粒度下易于被抑制,而在闭路磨矿所得较细粒度下难于被抑制。如果试验室分批次小型试验的矿物回收率表示的是矿物粒度而非总产品粒度的函数,则试验室的预测可以得到修正。最佳矿物粒度可以确定,总产品粒度可以估算,从而可以得出最佳磨矿粒度(Finch 等,1979)。该法假定,有用矿物的粒度相同,即可得出相同的浮选结果,不论是闭路磨矿还是间歇磨矿,与其他矿物的粒度差异无关。

颗粒的最佳磨矿粒度不仅取决于颗粒的粒度还取决于其可浮性。应先对矿石作初步的考察,确定矿粒的解离度,从而估定所需的磨矿粒度。

矿石中所含矿物的潜在解离度可以通过现有矿物的粒度特征来确定。可以将岩心矿样破碎至一个相对较粗的粒度(通常约 600 μm),这样不会破坏矿样的原位结构,包括粒度、共生关系和形态。结构可通过由扫描电子显微镜组装而成的矿物解离分析仪,如 MLA(如图 12.15)或 QEMSCAN 确定(详见第 1 章)。这种分析仪可测定矿石中矿物的组成和粒度。图 12.16 为一幅 MLA 拍摄的照片。

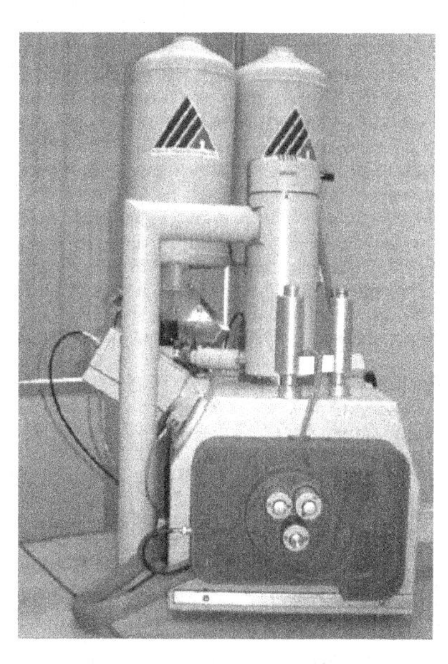

图 12.15 自动化矿物解离分析仪-FEI-JKMRC MLA(Courtesy JKMRC 和 JKTech 股份有限公司)

在一定的磨矿粒度范围条件下进行磨矿试验,并伴之以浮选试验,以确定浮选给料的最佳粒度组成。某些情况下,需要将矿石过磨,以使矿粒小到可被气泡浮起。如果矿物易浮,可采取较粗的磨矿细度,粗磨后浮选所得粗精矿需要再磨以使矿物与脉石进一步解离,然后进行精选,得到高品位精矿。

12.13.1.1 *矿物表面分析*

一种实用的试验室方法是接触角的测量,该法最简单的形式是将矿物的一个洁净而光滑的表面置于蒸馏水中,然后通过一根毛细管底部将一个气泡压在矿物表面上。如果短时间内未见气泡在其上有附着,则认为矿物表面是洁净的,于是添加捕收剂。如果此时矿物表面变得疏水,说明引入的气泡在矿物表面发生了附着。水相中形成的接触角(图 12.2)是矿物可浮性的一个度

图 12.16 一幅由 MLA 拍摄的铜金矿矿物粒度的照片。颗粒的粒度为 100 ~ 200 μm。图片显示的颜色通常会失真,每种颜色代表一种矿物或一类矿物（Courtesy JKMRC 和 JKTech 股份有限公司）

量。这种方法存在很多缺陷;要获得所需粒度(至少 0.5 cm^2)矿物的真正有代表性的表面是极其困难的。为了获得完全洁净而光滑的表面,要对矿物进行细致的抛光,可能就不能代表矿物天然解离的表面。此方法是静态的,而实际的浮选是动态的,矿粒与气泡作用后附着从而在矿浆中上浮。因此,接触角的测定只能作为浮选效果的指标。现在有一些先进的分析手段可以用来检测矿物表面和加入捕收剂之后所生成产物的状态。不仅可以用作矿物表面药剂调整的基础研究也可以用来确定颗粒分离的难点和可能性。这些技术手段有可单独使用也可与光电子能谱仪(XPS)联合使用的质谱仪(TOF-SIMS)(Piantadosi 等,2000;Hart 等,2005;Hope 等,2005),红外线反射光谱仪(Mielczarski, Mielczarski,2005),光谱电化学拉曼研究(Goh 等,2005)和分子模拟与验证(Rao 等,2005)。

12.13.1.2 微泡浮选试验

通常对已解离的矿物颗粒进行初步的浮选试验,以确定适宜捕收剂和调整剂的范围及浮选的有效 pH 值。在哈里蒙德管技术中(图 12.17)中,动态条件占主导地位。管内盛有蒸馏水和试验用捕收剂,矿粒放在管内一个玻璃支架上。气泡通过玻璃上的孔引入,凡是疏水的矿粒均被气泡浮起,到达水面时气泡破裂,矿粒则落入收集管中。称取少量的

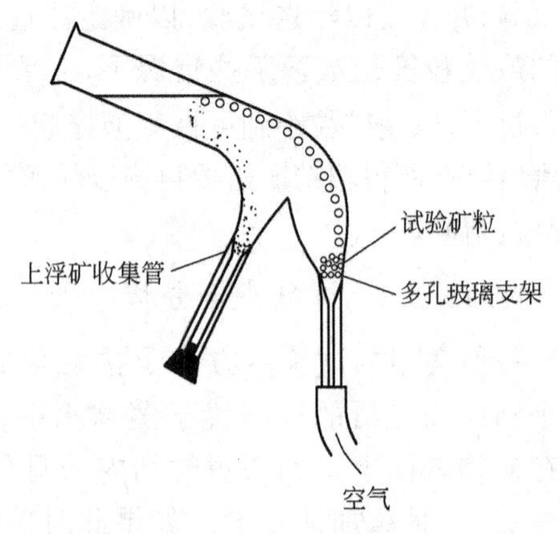

图 12.17 哈里蒙德管

纯矿样或者纯矿物的混合物(如方铅矿和石英)进行试验,则管内收集到的矿物重量可用来衡量矿物的可浮性。哈里蒙德管的优点是免去了昂贵的化验费用。然而因为试验中未添加起泡剂,因此该法能否真正模拟工业化的浮选值得怀疑。此外,通过微型试验来研究矿物可浮性的还有 Partridge 和 Smith 提出的系统(1971)以及 UCT 微浮选槽(Bradshaw,O'Connor,1996)。

12.13.1.3 单槽浮选试验

大量的试验室研究工作是在单槽浮选槽(图 12.18)中进行的,矿样一般取 500g,1kg 或 2kg。浮选槽靠机械搅拌,叶轮的转速可变,其形状模拟工业上所用的大型槽。空气通常由围绕叶轮轴的中空竖管引入槽内。叶轮旋转使空气从竖管吸入,空气量由阀和叶轮转速来控制。叶轮将空气流剪成细小的气泡,气泡在矿浆中上升至液面,在液面上所捕集到的矿粒形成矿化泡沫而被刮除。

图 12.18 试验室浮选槽

实践中单元试验相当简易,但有一些试验要点需要注意:

(1) 矿浆的搅拌应足够充分以保证所有的固体颗粒都呈悬浮状态,而又不致破坏矿化泡沫柱。

(2) 经常需要加入药剂调节矿浆。这是通入空气之前的一个搅拌过程,时间从几秒钟到 30 分钟,使得矿粒表面与药剂作用。

(3) 极少量的起泡剂就能产生显著效果,起泡剂往往需要分阶段加入以控制泡沫量。泡沫层厚度应以 2 ~5cm 为宜,因为泡沫层太薄会使矿浆进入精矿收集器中。有时候通过减少空气量来限制生成的气泡量。因此在对比试验中必须统一标准,以免引入其他变量。

(4) 为了经济起见,在满足良好的选择性和操作条件的同时,浮选分离的矿浆应尽可能稠一些。矿浆愈稠,工业选厂所需浮选槽的容积就愈小,所需的药剂量也愈小,因为大多数药剂的作用效率取决于它们在溶液中的浓度。最佳矿浆浓度的意义重大,因为一般而言,矿浆越稀,分离的效果越好。大多数工业浮选厂的矿浆浓度为固体质量含量占 25% ~40%,但其浓度可低至 8%,也可高达 55%。有一点必须注意,在单元浮选试验中,矿浆浓度自始至终是在不断变化的,因为固体矿粒随泡沫被刮出,为了保持槽内矿浆液面水平还需加入水。这种持续变化不仅改变泡沫的特性而且改变药剂的浓度。

(5) 水中溶有一些可能会对浮选产生影响的化学物质,因此,水应由未来工业用水源提供,而不是使用蒸馏水。

(6) 通常单元试验中需要的药剂量极少,为了准确控制药剂的加入量,需要将其进行稀释。水溶性的药剂可以配成水溶液用移液管添加,不溶的液体药剂可用刻度滴管或皮下注射器添加。固体药剂或者乳化或者溶解于有机溶剂中,所用溶剂应对浮选无影响。

(7) 泡沫的回收率对操作者的技术比较敏感。

(8) 大多数的工业浮选过程至少包括一段精选作业,即将泡沫产品再次浮选以提高品位,精选尾矿通常要返回。在单元试验中精选尾矿不返回,因此单元试验并不能准确模拟工业选厂。如果精选是关键性的,则必须进行循环(闭路)试验,即多段浮选试验以测定物料返回的影响,循环试验的主要目的是确定以下问题:

1) 由精选尾矿返回所产生的回收率增大值;

2) 因药剂返回引起的加药量的变化;

3) 矿泥或者其他可能干扰浮选的不利因素的影响;

4) 泡沫的输送问题。

通常,浮选回路要达到平衡至少需要六次返回,且每一次返回均须达到完整的物料平衡。由于药剂存在于溶液中,因此不仅要将固体返回,液体也要返回,这一点很重要,凡是用来调节矿浆浓度的液体都必须使用由倾析或过滤阶段得到的再循环液体。循环试验很费力,而且往往不能达到稳定状态。已有试验者提出了一种由独立的单元试验数据预测循环试验结果的方法(Agar 和 Kipkie,1978),并已研发出一种可为各种模拟回路求得稳态平衡的计算机程序。

12.13.2 半工业试验

试验室浮选试验为工业化选厂的设计提供基础资料。在工业选厂的设计之前,通常要进行半工业规模的试验,其目的是:

(1) 为选厂的设计提供连续的操作数据。试验室试验因系单元试验作业并不能准确模拟工业选厂;

(2) 为冶炼等的考察准备精矿大样,以估量对微量杂质付费或罚款的可能性;

(3) 将多种可行工艺方法进行成本比较;

(4) 对设备性能进行比较;

(5) 向不熟悉技术问题的投资者说明所选工艺过程的可行性。

试验室试验和半工业试验的数据应能提出该矿石选别的最佳条件以及过程参数变化的影响。

试验工作应提供的最重要数据包括:

1) 矿石的最佳磨矿粒度,即经济上可取得最佳回收率的磨矿粒度。这不仅取决于矿石的可磨性,而且取决于其可浮性。某些易浮矿物可在远大于矿物解离度的粒度下上浮，唯一的粒度上限是矿粒已大到气泡再不能将其载浮到矿浆表面时的粒度。粒度上限一般约为 300 μm，浮选的粒度下限是 5 μm，在此粒度下会产生氧化及其他表面效应问题。

2）药剂用量及其添加地点。

3）矿浆浓度，这对于确定浮选槽的规格和数量是很重要的。

4）浮选时间，试验数据给出矿石分选成精矿和尾矿所需的时间。浮选时间取决于矿石粒度和所用药剂，而且是确定选厂处理能力所必需。

5）矿浆温度，它影响反应速度，但大多数浮选所采用的都是室温条件下的水。

6）矿石的均匀程度，必须对矿石的硬度、可磨性、矿物含量及可浮性等的变化进行研究以便在设计中针对这些变化提出对策。

7）矿浆的腐蚀和侵蚀性，这对于选厂建筑材料的选择是很重要的。

8）流程的类型，可采用的流程多种多样，试验室试验应提供设计最佳流程的数据。此阶段的流程应尽可能基础。选厂的很多流程已经演变发展了很长一段时间，在试验室尝试复制往往是很困难的而且容易产生误导。试验室试验的过程应尽可能简单以使结果可适用于生产操作。

半工业试验中的一个关键问题是操作的灵活性和连贯性。最近已研制出一种标准化半工业实验设备叫作浮选特性测试装置（FCTR）。这一半工业装置是由 Rahal 等（2000 年）提出的，是完全自动化的，可从一个厂搬运到另一个厂，按照标准程序来测定每个选厂矿石的特性。它既可用于已有选厂改进的流程又可用于新矿山正在发展中的流程。图 12.19 为正在运行中的 FCTR。

图 12.19　浮选特性测试装置（Courtesy JKMRC 和 JKTech 股份有限公司）

12.13.2.1　基本浮选回路

工业浮选是连续过程。浮选槽串联成组（图 12.20）。矿浆进入每组的第一个槽，一些有用矿物被分选出来进入泡沫，第一槽的溢流进入第二槽，在此又刮出一些矿化泡沫，如此继续下去，直到贫尾矿溢流出该组最后一个槽。对于堰型水平控制的浮选槽，槽中泡沫柱的高度通过调节尾矿溢流堰的高度来控制，尾矿溢流堰与浮选槽溢流边缘的高差决定了泡沫柱的高度。现在所用的浮选槽，通常通过橡胶套管上的夹管阀调节尾矿的排出量，从而保持矿浆高度。

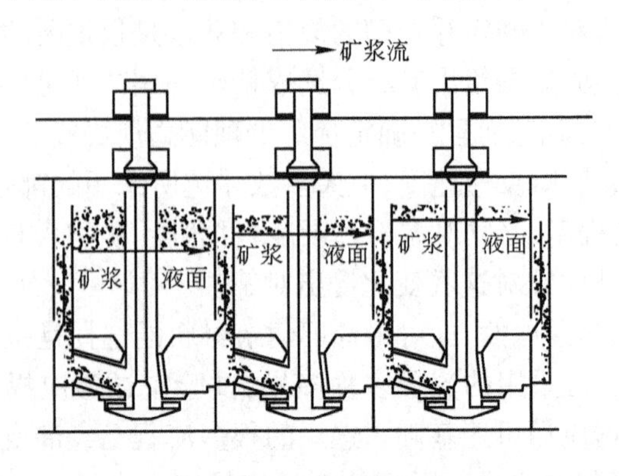

a

b

图 12.20　浮选槽列(a)和选厂的浮选槽列(b)

新矿给入浮选槽组的第一槽，前几个槽的泡沫高度要高一些，因为有足够多的疏水性矿物颗粒。随着矿浆内可浮矿物的贫化，逐次升高浮选槽内尾矿堰的高度，使矿浆液面逐槽升高。最后几个槽内的泡沫品位相对较低，含弱亲气性矿粒。这些泡沫产品是扫选精矿，通常是中矿，往往返回到系统的前端。

在早期的浮选槽设计中，扫选槽内矿物很少无法形成厚泡沫层，因此升高其尾矿堰以使矿浆几乎溢流到槽的边缘。这种用来排除全部弱浮游性矿物的方法（“强化刮泡”）可保证该组浮选槽获得最大的回收率。但是应避免过量的循环负荷，因为这会稀释粗选给矿并减少浮选时间。在近期的浮选槽设计中，随着泡沫中矿物量的减少（如上所述的扫选槽中），使用“泡沫集中器”将泡沫集中。这种设计可使槽内泡沫层厚一些。

这种基本系统的流程如图 12.21 所示。这种流程只有在脉石相对不可浮时才可取得成功,而且如果给矿品位发生波动,则要求极其精细的控制才能得到品位一致的精矿。较为可取的系统是将浮选槽组中前几个槽的精矿,即粗选精矿进行稀释,然后送精选槽再浮选。精选时保持低矿浆面以获得厚泡沫层,产出高品位精矿。在这种粗选-扫选-精选系统(图 12.22)中,精选槽的给矿品位相对较高,而扫选作业通入过量空气以获得最大回收率。精选的尾矿通常含有亲气性的矿物颗粒,可与扫选精矿一同返回粗选槽中。这种类型的回路除了适合于在浮选槽组末端需要最大充气量以获得有利回收率的矿石之外,还往往适应于脉石也有浮游倾向并难于与有用矿物分离的场合。在这些情况下,可能需要一个或更多的再精选浮选槽组(图 12.23)。

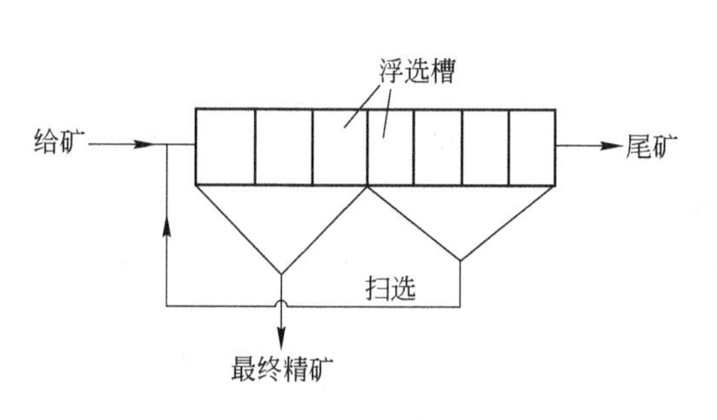

图 12.21 简单浮选流程

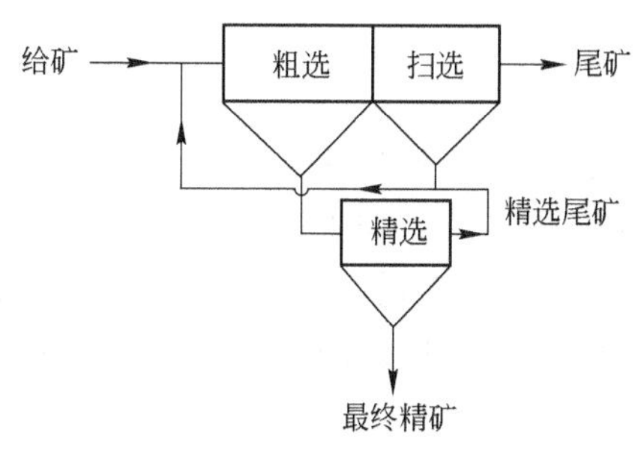

图 12.22 粗选-扫选-精选系统

值得注意的是,用来降低精选槽中矿浆浓度的稀释水流入粗选槽使稀释了粗选给矿。因此来自磨矿作业的粗选给矿含水量应相对较少,这是因为精选尾矿的稀释水可以使粗选槽内的矿浆达到合适的含水比例。

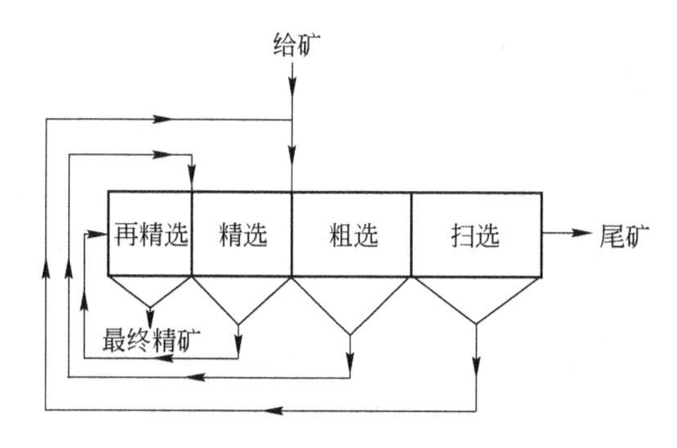

图 12.23 带再精选的流程

12.13.2.2 流程设计

在为一个浮选厂设计合适的流程时,一段磨矿粒度是主要的考虑内容。这主要是因为浮选效果取决于矿石中有用矿物的解离度,这个目标磨矿粒度可通过以往的经验以及岩矿鉴定来确定,但是必须要进行试验室的磨矿—浮选试验来确定最佳条件。知道矿石中颗粒的粒度可确定磨矿粒度,而颗粒粒度可用矿物解离度分析仪确定。

确定一段磨矿粒度的目的是提高有用矿物经济回收率。对不同磨矿粒度下的矿样用不同药剂联合方式进行单元试验。将部分精矿进行称重,化验,并将结果绘制成回收率－时间曲线及回收率－品位曲线(图 12.24)。

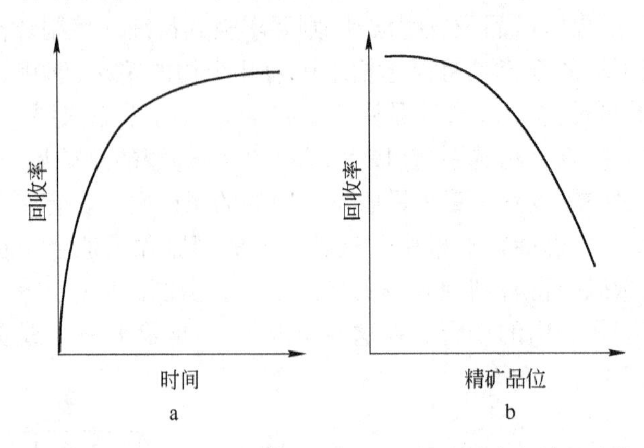

图 12.24　精矿中金属回收率与时间的关系(a)和回收率与精矿品位的关系(b)

首先,应选出一个粗选品位和回收率合适,浮选时间也合适的磨矿粒度。如果磨矿太粗,一些与中矿颗粒伴生的有用矿物将不能浮游。然而,浮选时间过长可能会使这类颗粒最终进入精矿而降低其品位。这时必须要靠浮选领域的工程师的经验来决定在此阶段什么样的精矿品位及浮选时间是合适的。

因为单作业中总是磨矿的成本最高,因此磨矿只需达到经济上合理就可,不应再细。之后的试验工作已在基本浮选方案的基础上有所改进,对一段磨矿粒度做出调整,因要考虑为达到规定精矿品位所需的二段磨矿的量以及精选段数。细磨不应该超过当所节省增量的 NSR 开始小于操作成本时的数(Steane,1976)。

在确定了适宜的一段磨矿粒度(可能在以后的试验中有所调整)之后,要进行进一步的试验以确定最佳药剂、pH 值及矿浆浓度等。在确定最佳浮选回收率后,接下来的试验工作的目的是获得规定的精矿品位以及确定达到这些指标所必须采用的流程。

如图 12.24a 所示,大部分有价矿物在几分钟内即可上浮,而剩余的少量要上浮则需要较长时间。浮选的速率公式一般可表达如下:

$$v = -\mathrm{d}W/\mathrm{d}t = K_n W^n \tag{12.32}$$

式中　v——浮选速率(重量/单位时间);

W——在时刻 t 仍然留在矿浆中的可浮性矿物的重量;

K_n——速率常数;

n——反应级数。

已有不少工作者对浮选动力学做过研究,主分级浮选作为第一级反应($n=1$),其余为第二级动力学(Moil 等,1985)。Dowling 等人(1985)提出了十三个模型来模拟铜浮选的数据并用统计学方法对结果进行了评价。铜的浮选本质上是第一级过程,试验的所有模型都可以很好地模拟试验数据,然而有些模型明显比其他的好。

第一级速率公式通常表达如下(Lynch 等,1981):

$$R = 1 - \exp(-kt) \tag{12.33}$$

式中 R——时间 t 内的累积回收率;

k——第一级速率常数(时间$^{-1}$);

t——累积浮选时间。

$\ln(1-R)$ 与时间的关系图应该是直线,然而这类图往往向上凸,因此研究者们假设存在快速浮游成分和慢速浮游成分。Agar (1985)指出这种假设是错误的,图线的非线性是因为假定了最大可能回收率是 100%,而在实践中,一些可浮性的物料可能由脉石包裹,完全无法上浮。

修正后的第一级速率公式如下:

$$R = RI[1 - \exp(-kt)] \tag{12.34}$$

式中 RI——最大理论浮选回收率。

浮选速率常数取决于颗粒粒度以及矿物的解离度,图 12.24a 所示曲线为矿石中所有颗粒的浮选速率的总和。图 12.25 为某矿石的浮选速率常数随颗粒粒度的变化曲线。关于粒度对浮选的影响已做了大量研究(Trahar, Warren, 1976; Hemmings, 1980; Trahar, 1981)。

很明显,在细粒级内矿石的浮选活性随粒度减小缓慢下降,主要是因为单位重量颗粒数增加,气泡 - 颗粒接触条件恶化以及颗粒表面氧化增强等效应。浮选活性在大于最佳粒度时急剧下降,因为气泡浮起粗颗粒的能力随着矿物解离度的减小而降低。可见,上浮的物料是中等粒度范围的快速上浮颗粒以及未单体解离的粗细粒较难上浮部分。在工业浮选回路中,速浮物料在粗选作业回收,而较难浮部分在扫选段回收,会有一些损失到尾矿中。图 12.26 为浮选速率常数的分布情况。

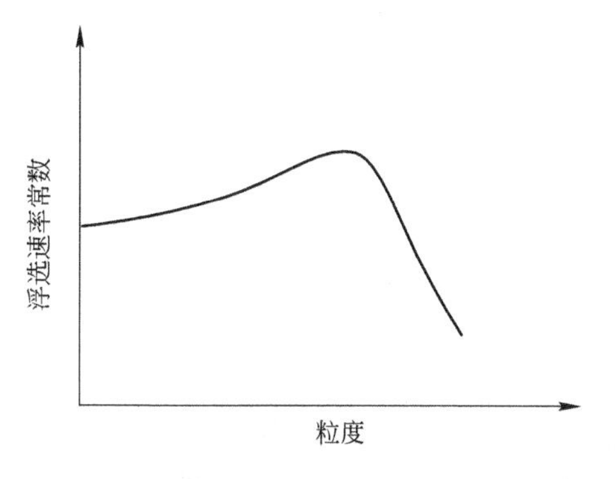

图 12.25 浮选速率常数与粒度的关系

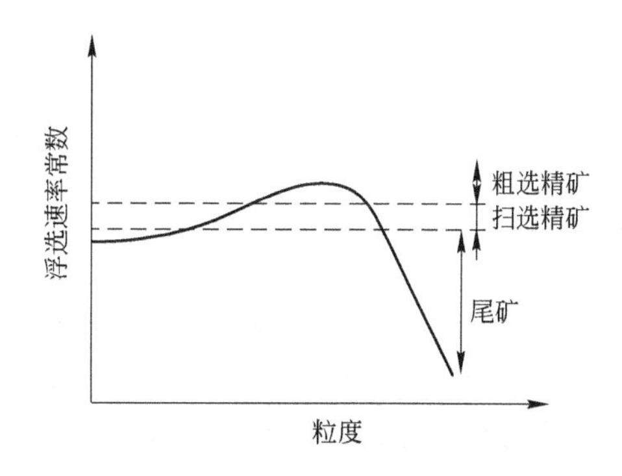

图 12.26 由浮选速率常数决定的粗选 - 扫选系统

粗选精矿和扫选精矿的本质区别在于后者既有粗颗粒又有细颗粒，而粗选精矿基本上由中等粒度颗粒组成。

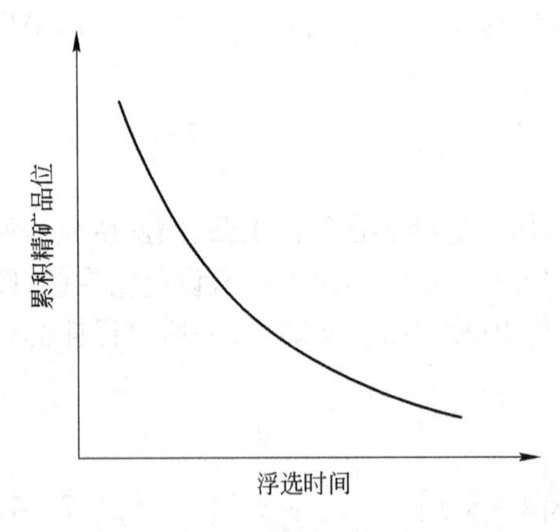

图 12.27　粗选的累积品位与时间的关系

最终精选精矿的品位取决于粗选精矿的品位（图 12.24b），因此为了达到规定的最佳精选品位，需将粗选品位保持在一预定值。粗选与扫选如何划分可在单元试验的基础上确定，通过试验绘制出累积精矿品位与时间的关系图（图 12.27），为了能在选定的精选段数下获得规定的最终精矿品位，要求粗选精矿品位足够高，根据该粗选精矿品位即可确定粗选的时间限。剩余的浮选时间是扫选时间（图 12.24a），有时会提高排出粗选精矿后的浮选条件的要求（如增大通气量，添加更强捕收剂），使得扫选时间缩短。

Agar 等人（1980）已指出粗选与扫选的分界应在分选效率（公式 1.1）达到最大时的浮选时间处。当 dSE/dt 为 0 时，分选效率（SE）达到最大值，因此由公式 1.3 可得：

在最大分选效率时，

$$\frac{\mathrm{d}SE}{\mathrm{d}t}=\frac{100m}{f(m-f)}\left[(c-f)\frac{\mathrm{d}C}{\mathrm{d}t}+C\frac{\mathrm{d}c}{\mathrm{d}t}\right]=0 \qquad (12.35)$$

$$\int_0^t G\mathrm{d}C = Cc \qquad (12.36)$$

因此，为了与公式 12.36 中的 t 区别，得到：

$$G\frac{\mathrm{d}C}{\mathrm{d}t}=C\frac{\mathrm{d}C}{\mathrm{d}t}+c\frac{\mathrm{d}C}{\mathrm{d}t}c \qquad (12.37)$$

在公式 12.35 中用公式 12.37 替换得：

$$\frac{\mathrm{d}SE}{\mathrm{d}t}=\frac{100m}{f(m-f)}\left[c\frac{\mathrm{d}C}{\mathrm{d}t}-f\frac{\mathrm{d}C}{\mathrm{d}t}+G\frac{\mathrm{d}C}{\mathrm{d}t}-c\frac{\mathrm{d}c}{\mathrm{d}t}\right] \qquad (12.38)$$

因此，在最大分选效率时，dSE/dt = 0，$G=f$。

这意味着在最大分选效率时，产出的精矿品位与浮选的给矿品位相等，超过这一时间之后，浮选系统将不再富集有用矿物。

因分选效率 = 矿物的回收率 − 脉石的回收率（公式 1.1），满足下式时，分选效率也达到最大：

$$\frac{\mathrm{d}(Rm - Rg)}{\mathrm{d}t} = 0$$

即

$$\frac{\mathrm{d}Rm}{\mathrm{d}t} = \frac{\mathrm{d}Rg}{\mathrm{d}t}$$

因此，在最大分选效率时，有用矿物的浮选速率与脉石的相等，而且超过最佳浮选时间时，脉石开始比有用矿物上浮得更快。这一最佳浮选时间可由第一级速率公式（式12.35）计算得到。然而，正如 Agar（1985）所指出的，对于单元浮选试验，这一公式必须经过修正，引入一个时间的修正因子。在单元浮选的调浆阶段，一些疏水性的固体颗粒上会吸附有气泡，使其比自然状态下更快速地上浮。因此要对时刻零进行正修正，因为浮选在通入空气流之前已经开始。另一方面，开始通入空气流后，在浮选槽内形成厚的载矿泡沫之前已过去了几秒钟，因而要对时刻零进行负修正。Agar 给出的单元浮选试验的速率修正公式如下：

$$R = RI\{1 - \exp[-k(t + b)]\} \tag{12.39}$$

式中 b——时刻零的修正系数。

$\ln[(RI - R)/RI]$ 与 $(t + b)$ 的关系曲线应该是一条斜率为 $-k$ 的直线。但是，RI 和 b 都是未知的。在第 q 个 R 和 t 时，代入试验数据：

$$\ln\left(\frac{RI - R_q}{RI}\right) + k(t_q + b) = r_q$$

式中 r_q——由于试验误差导致的残余量。

因此 $r_q^2 = \left[\ln\left(\frac{RI - R_q}{RI}\right)\right]^2 + k^2(t_q + b)^2 + 2k(t_q + b) \cdot \ln\left(\frac{RI - R_q}{RI}\right)$

因而，对于 n 个试验数据：

$$\sum_{q=1}^{n} r_q^2 = \sum_{q=1}^{n}\left[\ln\left(\frac{RI - R_q}{RI}\right)\right]^2 + k^2\sum_{q=1}^{n} t_q^2 + nk^2b^2 + 2k^2b\sum_{q=1}^{n} t_q + 2k\sum_{q=1}^{n}\left[t_q\ln\left(\frac{RI - R_q}{RI}\right)\right] + 2kb\sum_{q=1}^{n}\ln\left(\frac{RI - R_q}{RI}\right) \tag{12.40}$$

$\sum_{q=1}^{n} r^2$ 是最小值，此时$\frac{\partial}{\partial k}\left(\sum_{q=1}^{n} r^2\right)$和$\frac{\partial}{\partial b}\left(\sum_{q=1}^{n} r^2\right)$为零，即：

$$\frac{\partial}{\partial k}\left(\sum_{q=1}^{n} r^2\right) = 2k\sum_{q=1}^{n} t_q^2 + 2nkb^2 + 4kb\sum_{q=1}^{n} t + 2\sum_{q=1}^{n}\left[t\ln\left(\frac{RI - R_q}{RI}\right)\right] + 2b\sum_{q=1}^{n}\ln\left(\frac{RI - R_q}{RI}\right) = 0 \tag{12.41}$$

并且

$$\frac{\partial}{\partial b}\left(\sum_{q=1}^{n} r^2\right) = 2nk^2b + 2k^2\sum_{q=1}^{n} t + 2k\sum_{q=1}^{n}\left[\ln\left(\frac{RI - R_q}{RI}\right)\right] = 0 \tag{12.42}$$

求解方程 12. 41 及 12. 42 可得：

$$\hat{k} = -\frac{\left\{n\sum_{q=1}^{n} t \cdot \ln[(RI-R)/RI]\right\}}{n\sum_{q=1}^{n} t^2 - \left(\sum_{q=1}^{n} t\right)^2} - \frac{\left\{\sum_{q=1}^{n} \ln[(RI-R)/RI] \cdot \sum_{q=1}^{n} t\right\}}{n\sum_{q=1}^{n} t^2 - \left(\sum_{q=1}^{n} t\right)^2} \tag{12.43}$$

且

$$\hat{b} = -\frac{\left\{\hat{k}\sum_{q=1}^{n} t + \sum_{q=1}^{n} \ln[(RI-R)/RI]\right\}}{n\hat{k}} \tag{12.44}$$

RI 可给定一初值 100，$\hat{k}$和$\hat{b}$可由方程 12. 43 及 12. 44 求得。利用这些值可由公式 12. 40 计算出 $\sum_{q=1}^{n} r^2$。

逐渐减小 RI 的值重复该计算过程，直到找出使 $\sum_{q=1}^{n} r^2$ 取得最小值的$\hat{k}$、$\hat{b}$及$\hat{RI}$。

由方程 12. 39 可得：

$$dR/dt = RI \cdot k\exp[-k(t+b)]$$

因此，如果对有用矿物和脉石进行计算，在最佳浮选时间处：

$$RI_m k_m \cdot \exp[-k_m(t+b_m)] = RI_g k_g \cdot \exp[-k_g(t+b_g)]$$

由此，最佳浮选时间为

$$\left(\ln\frac{RI_m k_m}{RI_g k_g} - k_m b_m + k_g b_g\right) / (k_m - k_g) \tag{12.45}$$

在复杂浮选回路中，粗选可能分为几个阶段，每段产出的精矿据其品位送到精选回路的不同位置。

因此，由精选和再次精选组成的基本流程可能会增加一个低品位的精选作业（图 12. 28）。

为了确保送到精选作业特定地点的弱亲气性颗粒的回收率，必须使得精选段的矿浆停留时间至少等于相应粗选段的时间。

扫选作业的目的是通过将尾矿损失降到最低来获得最大的回收率，因此可扩大扫选槽的容积，这样不仅可多回收慢浮选颗粒也缓冲了流程的波动。然而，避免因大量低品位物料造成的系统过载也很重要，因此在扫选回路的设计中应选取这种方案（Lindgren，Broman，1976）。较为可取的是使粗选精矿品位低一些（延长浮选时间），并增加精选次数，从而减少扫选精矿的产出量。

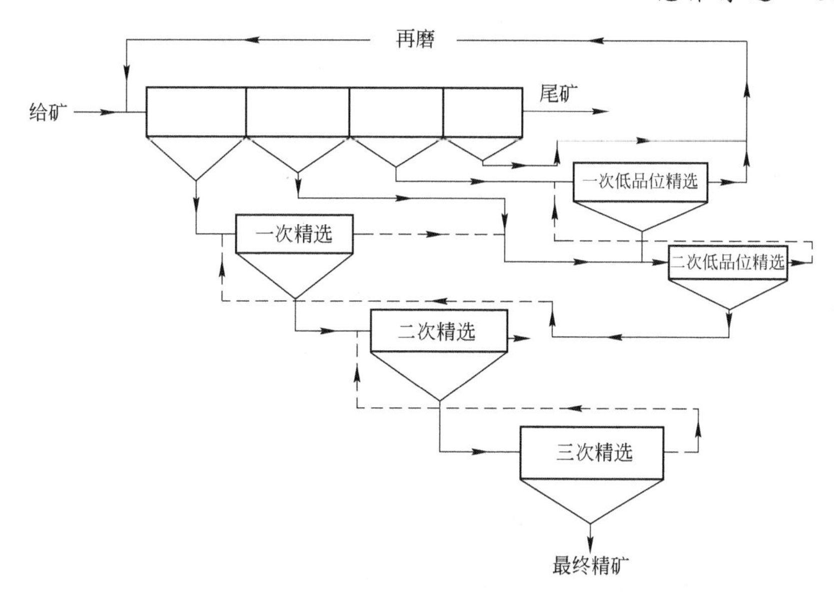

图 12.28 复杂浮选流程

上述问题在非金属浮选中尤为重要,因为非金属浮选的选矿比一般较低,循环负荷往往很高。例如,在低品位金属矿的浮选中,选矿比可能高达 50,因此产出的精矿只占矿石的 2%,该系统的循环负荷也是这个数量级。然而,非金属矿品位往往较高,选矿比可低至 2,因此 50% 的矿石作为精矿产出,形成很高的循环负荷。增设一台浓缩机或搅拌槽往往有利于这种流程的控制,当矿石品位发生变化时,循环负荷可能会有大幅度变化,浓缩机或搅拌槽可起缓冲作用。

如果精选精矿的品位达不到要求,需要将粗选精矿进行再磨,通常至少需要再磨扫选精矿,有时还需将一次精选的尾矿在返回粗选回路之前进行再磨。粗磨的目的是通过使大部分有用矿物变得可浮以最大限度提高回收率,大量脉石矿物被抛除,从而减少了需要进一步处理的物料量。二段磨矿即再磨主要是考虑到了精矿的品位。

在浮选厂,中矿产品再磨是很普遍的。扫选精矿和精选尾矿都含有慢浮而富含金属的细粒部分以及主要由未解离的矿物组成的粗粒产品。如果细粒部分含量可观,这类产品一般要经过分级,分级后的粗粒进行再磨后与新给矿一起返回系统。细粒分级产品或者返回粗选流程,或者经由单独精选达到高品位后混入最终精矿或给入主精选系统。

再磨实践在很大程度上取决于矿石的矿物组成。某些情况下,特别是当矿物的可浮性好并与不可浮脉石共生时,比较经济的做法是先将矿石磨到相对较粗的粒度然后将粗选精矿进行再磨(图 12.29)。此法常用于如辉钼矿之类易浮并与腐蚀性硬质脉石共生的矿物。在粗粒度下将脉石矿物以尾矿抛除可大大降低磨矿阶段的能耗。

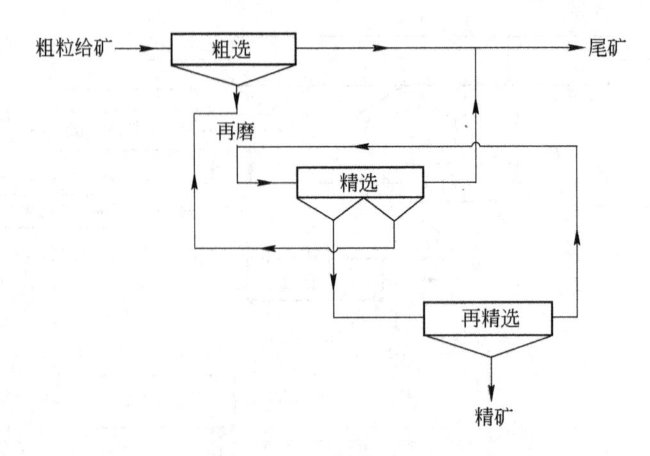

图 12.29 粗精矿再磨

图 12.30 为加拿大格兰比(Granby)采矿公司菲尼克斯(Phoenix)铜矿分公司的浮选流程(Hardwicke 等,1978)。主要铜矿物是黄铜矿,其中有一些是以细粒嵌布于脉石中,也有与黄铁矿形成复合连生体。此流程用一段粗选—扫选—精选先选出粗黄铜矿。这一阶段的中矿主要由细粒分布的铜矿物组成,再磨后在一个完全独立的作业中经两段精选进行选别,因此粗粒物料(-188 μm80%)与细粒物料(-40 μm80%)单独进行浮选。

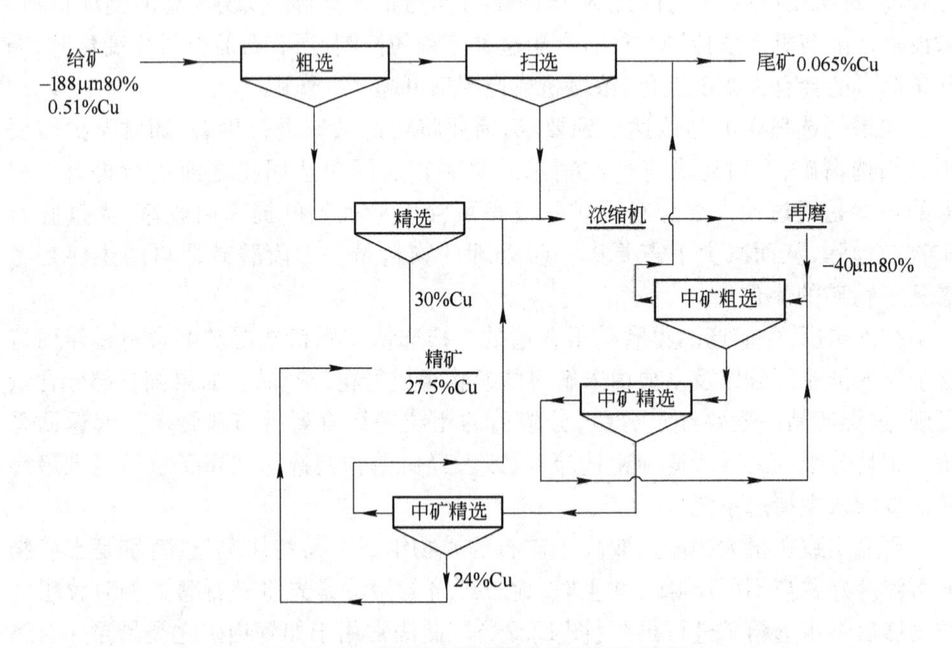

图 12.30 菲尼克斯铜矿分公司浮选回路

分选两种或两种以上矿物的选择性浮选流程必须配备大型控制设备。例如，在处理重金属硫化矿时，通常先要进行混合浮选。把硫化矿和非硫化矿分开，从而简化后续的每种硫化矿组分的选择性浮选，前提是混合浮选过程中吸附在矿物表面的药剂不会起到抑制作用。如果药剂的影响严重的话，则须采用直接优先浮选，即将两个或两个以上单产物流程串联。但有一些处理难选矿石的选厂在粗选作业采用混合浮选与优先浮选的联合流程。矿物组成以及有用矿物的共生程度也是很重要的因素。极细的共生会抑制选择性浮选分离，而且含铜、铅和锌的硫化复杂矿石时，选择性浮选极为困难。图 12.31 为用于这类矿石的三种流程略图，从"简单"的粗粒矿 a 到"复杂"的细粒矿 c。

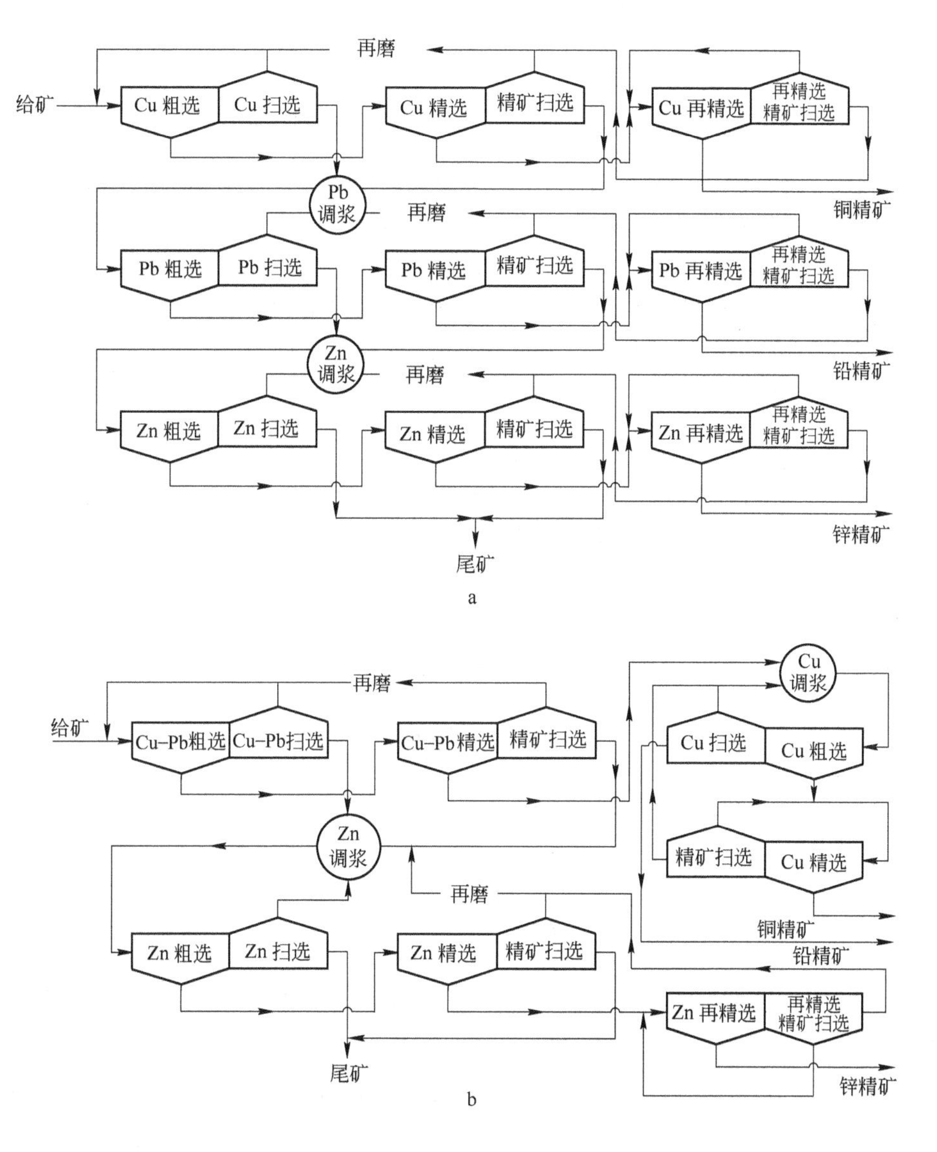

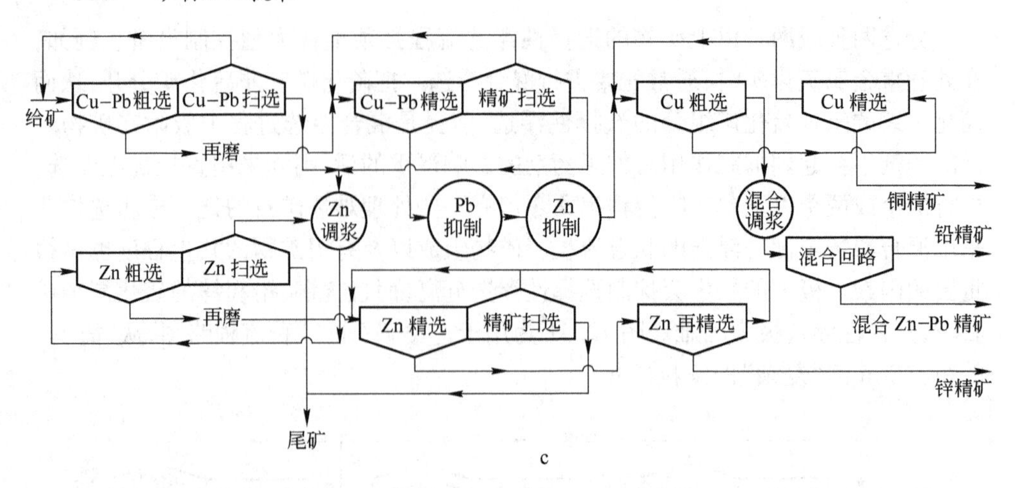

图 12. 31　用于处理复杂硫化矿——产出三种精矿的典型浮选流程(Barbery,1986)

有一些浮选厂从单一给矿中同时有效回收五种以上精矿,这种生产作业在整个处理过程中的每一阶段都需要对给入矿浆的化学性质做很大调整。仅仅为了回收硫化矿,矿浆 pH 值就需要一个很宽的调节范围,低至 2. 5,高至 10. 5,如需将锡石、萤石、重晶石等非硫化矿物与硫化矿一起回收将更为困难。

图 12. 32 所示为一已用于处理含铜、锌、铁硫化矿且硅酸盐脉石中含有锡石的复杂矿石的浮选流程。

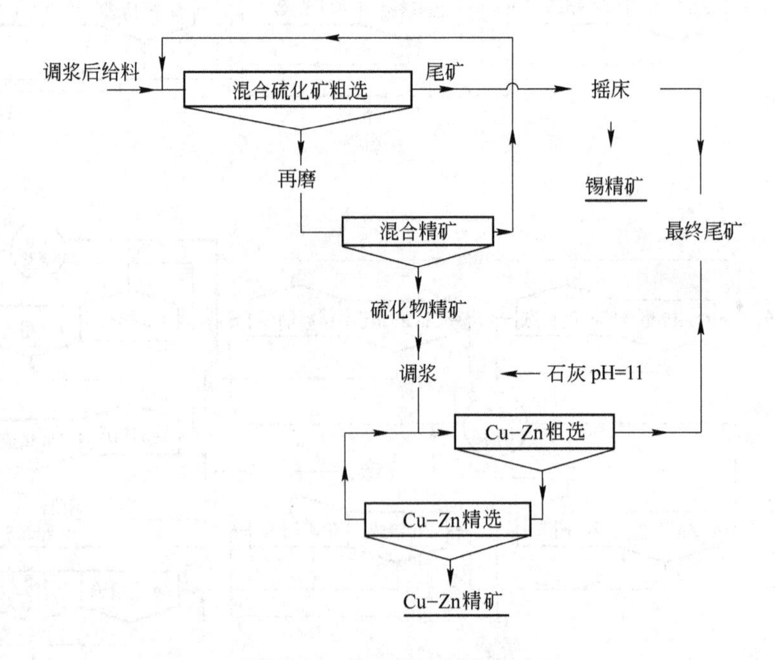

图 12. 32　铜 - 锌 - 锡分选流程

该流程采用相对较粗的粗磨，是为了在之后的重力选矿过程中在尽可能粗的粒度下尽可能多回收锡石。用硫酸铜作调整剂活化闪锌矿后，在中性 pH 值条件下通过混合浮选可脱除大量硫化矿物，硫化矿会干扰锡石的回收。混合浮选粗精矿再磨以使细粒锡石解离，然后进行精选，精选尾矿返回系统前端。混合精选精矿加石灰调节至 pH 值为 11，使黄铁矿受到抑制，铜、锌硫化矿上浮而精选，黄铁矿留在粗选尾矿中。

浮选流程设计中的一个很重要的问题是如何将单元试验时间转换为连续工作流程的浮选时间。间歇式单元试验与连续过程的本质区别在于单元试验浮选矿浆的每一部分在浮选槽中停留的时间相等，而在连续流程中矿浆在不同单位容积内的停留时间都有所增加，且延长的幅度往往很大。矿浆的某些部分会短路从而相对较快地流出浮选槽，导致浮选不完全。为了减轻这种现象，可根据所需的总浮选容积分为几个更小的部分来分选。

在计算满足规定浮选时间所需总浮选容积时必须考虑到实际槽容积只对一部分矿浆有用。必须从总容积中减去转子和定子以及浮选过程中泡沫层和空气所占矿浆的体积。计算表明，某些情况下有效容积可能小到只有槽总容积的 50%。然而，须知，仅考虑这一因素只能在名义上满足浮选时间，并没有考虑流程中的部分短路（如上面所提到的）或者流程中经常发生的波动现象。为了确定工业厂所需的槽容积，一般将实验室浮选时间乘以一个安全系数，通常取 2 到 3。

必须注意，虽然增大通气量会加速浮选，但也会使停留浮选缩短，因为大部分容积被空气占据。因此，浮选槽通气速度应有一个最佳值，超过这个最佳值时回收率会降低。这一点在单元试验中表现得不明显。

现在可使用计算机模型和模拟软件对浮选流程进行设计和优化，例如 JKSim Float 软件（Harris 等，2002）。这一模拟软件在流程中发生如下条件变化时可用于预测浮选行为。

给矿生产能力（假定可浮性一定，浮选时间改变）；

总浮选时间；

浮选槽操作参数，如气流速度、泡沫层厚度等；

流程矿浆流的终点。

如果浮选设计工程师能够评定最佳回路流程，很多情况都可以实现快速模拟。

12.13.2.3 流程灵活性

当已决定按照某一原则流程来设计浮选流程时，必须考虑给入选厂（包括大厂和小厂）的矿石流量的波动以及给矿品位的微小波动。

缓冲品位波动并为选厂提供稳定给矿的最简单方法，是在磨矿段与浮选车间之间增设一台大型贮矿搅拌槽，即

磨矿→贮矿搅拌槽→浮选车间

品位或矿量的任何微小变化都可通过这个搅拌槽得到缓冲，矿浆从搅拌槽由泵以一定速度给入浮选车间。搅拌槽也可用作调节槽，药剂可直接给入其中。矿浆在给入浮选槽组之前必须用药剂充分地预调节，否则，组中前几个槽则会充当调浆系统的延续，回收率很低。

可安装控制系统以保持矿浆流速尽可能恒定。从磨矿流程开始就应设有控制系统，通过变速给料机保持磨机的给料速度恒定。通过变速驱动自动调节泵速以保持泵箱内矿浆液面的高度恒定。使用自动槽液面控制系统保持浮选槽内矿浆液面的高度恒定。

必须采取一些防御措施来适应可能发生的给料速度的任何重大变化。例如，多台磨机需要停机检修。可将矿浆分配给平行的几排浮选槽（图 12.33 和图 12.20b），为了获得最大回收率，每排都要求最佳流量。如果流量低于设计最大值而出现较大幅度减小，可通过停止向一定系列浮选槽给矿来调节。所需浮选系列的最佳数目取决于特定流程的控制难易程度。增加浮选系列数可提高流程的灵活性，但此时应考虑控制多排浮选槽的控制问题，而且，如果厂里已经布置了磨机、浮选机等大型单元工序，为了节省成本和便于自动控制，则需减少平行的浮选系列数。

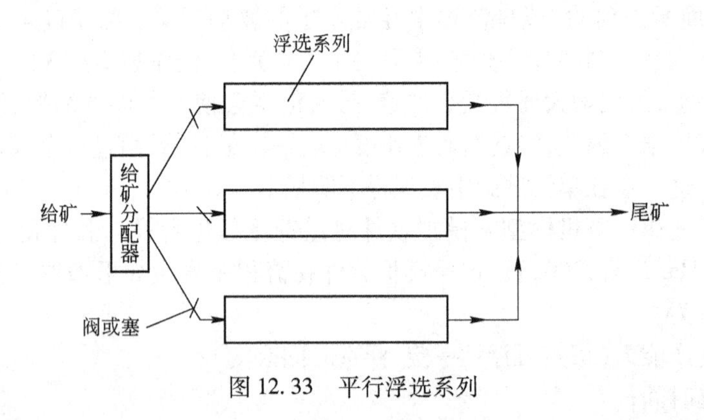

图 12.33 平行浮选系列

设计每一浮选系列时，必须估定所需浮选槽数：在总处理量相同的情况下，应该选用几台大型浮选机还是多台小型浮选机？

这取决于很多因素。如果一个由多台小型浮选机组成的系列中一台小槽需要停机，其对产量和效率的影响小于仅由几台大型浮选机组成的系列中一台大槽停机的影响。然而大槽的维修费用较低，因为一个系列中需要更换的部件相对较少。

由试验室试验结果计算出的最大经济回收率所需的浮选时间假定在此时间内每个矿粒都有上浮的机会。但是这在连续生产过程中未必能实现，因为有可能出现短路而使矿粒由一个槽立即流向下一个槽。浮选系列内槽数越少，这种现象就越严重。如果设计成多台小槽的浮选系列,在一台或多台槽内已短路的矿粒也有机会在后面的槽内上浮。总之,小型浮选槽的灵活性较高、生产指标较好,对冶炼更有利,而大型槽的总基建投资较少、单位体积占地面积较小且操作费用较低,设计者应权衡二者的利弊做出决定。在东欧,普遍的做法是一个系列布置30台或者更多台浮选机,而西欧的趋势是布置大型浮选槽,尤其是在粗选阶段。

20世纪七八十年代建设的浮选厂根据最经济的厂房布置,粗选系列采用8~14个槽,以实现最佳设计。其结果是限定了28 m^3(1000 ft^3)浮选槽在处理量为15000 t/d或更高的选厂的使用,然而有些设备生产商,尤其是奥托昆普公司,建议采用尽可能大的浮选槽,这样会减少浮选机数,某些情况下会减到一个浮选系列仅有两台。有报道称,在总浮选时间相同情况下,回收率并未降低甚至有所提高。Young (1982)通过观察,提出了一种完全不同的观点,这还需要进一步进行研究。

在20世纪末21世纪初,生产奥托昆普和维姆科槽的浮选槽供应商提出了罐槽式设计。尤其在南美及亚洲的大型铜选厂,这种槽的容积可达150 m^3 或者更大,每天可处理超过10万吨矿石(图12.20b)。浮选槽供应商们正在研发更大容积的罐槽(Weber等人,2005)。这种槽采用设有单独排尾口的大罐槽能使矿浆的短路降到最小,排尾口由橡胶套管夹管阀控制。通常粗选段一个系列设计8~10台浮选槽。

产出粗选精矿和扫选精矿的系列槽数应比较灵活,以适应来矿品位的变化。例如,当矿石品位降低时,应减少产出粗选精矿的槽数,以保证给入精选的物料品位达标。图12.34所示为一种调节浮选系列内槽子分配的简单方法。假设图示的浮选系列有20个槽,每4个连续的浮选槽共用一个给矿槽,堵住出口B,则12个槽生产粗选精矿。同样地,堵住出口A,则仅有8个槽生产粗选精矿,如果两个口都打开,则槽子分配是10:10。

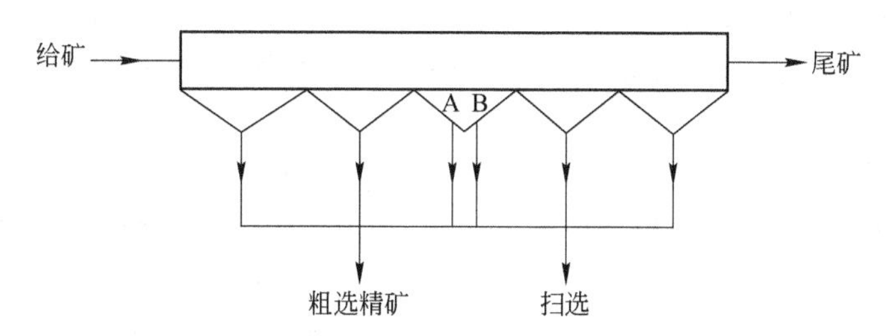

图12.34 浮选槽分配的控制

在澳大利亚的北布罗肯希尔,铅的再精选精矿品位可通过稳定再精选给矿的流速来实现控制。流速增大,精选精矿品位提高,是因为缩短了其在浮选槽内的停留时间。自动控制泡沫输送盘(图12.35)增加了产出精矿的浮选槽数,以补偿给矿流速的增大,同时产出中矿的浮选槽数相应地减少了(图12.36)。

图 12.35 自动控制泡沫输送盘

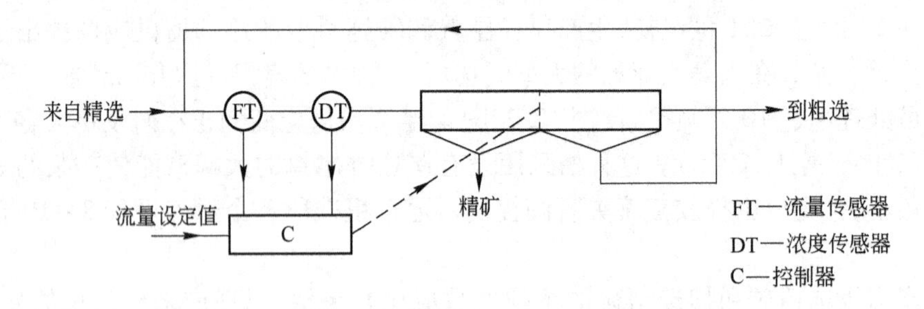

图 12.36 澳大利亚北布罗肯希尔的铅再精选回路

12.14 浮选机

虽然目前制造的浮选机多种多样,过去也已研制出的浮选机更多,而且许多已被淘汰,其清楚地表明,这些浮选机可分为两大类:充气式和机械式。浮选机的类型在设计浮选厂时是很重要的,而且经常引起诸多争论(Araujo 等,2005;Lelinski 等,2005)。

充气式浮选机或者借助湍流矿浆带入空气(泻落式浮选槽),或者更为普遍的是吹入或引入空气,在后一种情况下,空气必须由槽内的折流板或某种形式的透气板分散。一般充气式浮选机所得到的精矿品位低,但极易操作。空气不仅用来产生气泡而且实现充气,且可保持矿粒悬浮并使之循环,因此通常要通入过量空气,因为这一点以及其他原因,充气式浮选机很少使用。

充气式浮选机的前身之一是达夫克勒(Davcra)浮选槽(图 12.37),据称其浮选性能相当于或者优于一系列机械式浮选机。

达夫克勒(Davcra)浮选槽有一竖直折流板将槽子分隔开。空气和矿浆由一旋流器形状的扩散嘴引入槽内,到达竖直折流板处矿浆喷射流的能量被驱散。据称,空气的弥散和气泡捕收矿粒均发生在由折流板所形成的强扰动区内。矿浆流过折流板到达静态区域,在此矿浆与气泡分离。这种浮选槽可用于多种矿物的粗选及精选。虽然达夫克勒(Davcra)浮选槽的使用范围不广,但在赞比亚的谦比希铜矿取代了一部分机械式精选槽,降低了操作费用,减少了占地面积,并提高了冶炼性能。

近年来的一个重要发展是浮选柱越来越多地应用于工业生产。浮选柱的主要优点有分选性能好(尤其对于细粒物料)、基建投资及操作成本低、厂房占地少以及对自动化控制的适应性好。图 12.38 所示为浮选柱的典型构造。它由两个完全分开的部分组成。在给矿点以下的区域(回收区域),悬浮于下降水相中的矿粒与浮选柱底部一喷嘴(Murdock, Wyslouzil, 1991)所产生的大量泡沫相接触。可浮颗粒与气泡相撞并黏附于其上,然后被运送到给矿点以上的冲洗区。不浮物料作为尾矿由浮选柱底部排出。在气泡上黏附不牢或者被气泡流夹带的脉石颗粒被冲洗返回到回收区域,从而降低精矿的污染。洗水也会抑制矿浆流在浮选柱内的上升,防止其进入精矿出口。柱内各处均有下降液流,可防止大量给矿物料进入精矿。

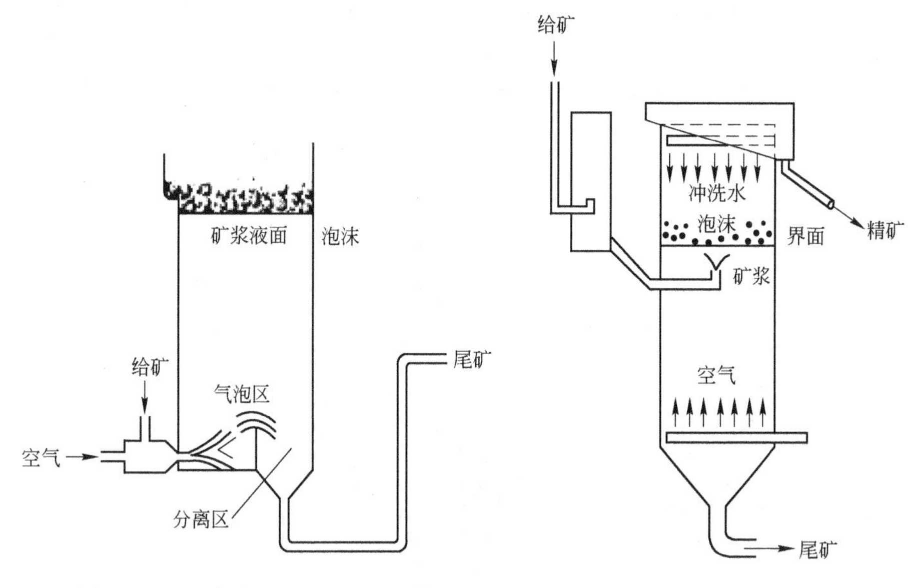

图 12.37 达夫克勒(Davcra)浮选槽　　图 12.38 浮选柱

浮选柱起源于加拿大,最先用于钼精矿的精选。1980 年在加拿大加斯佩矿业的钼回路中安装了双柱浮选单元,取得了很好的效果(Cienski, Coffin, 1981)。该浮选柱单元取代了精选系列中的机械式浮选机。自此以后,北美的很多家铜-钼生产厂安装了浮选柱用于钼精选,浮选柱已扩展到世界的很多地方,并可用于各种类型矿石的粗选及扫选。在三年的时间内,浮选柱已两次成为国际会议(Sastry,1988;Agar 等,1991)的主题,并已有一本教科书(Finch,Dobby,1990)及多篇论文(Araujo 等,2005)以其为题,这足以表明人们对浮选柱的感兴趣程度。

该矿业的美国分公司将柱浮选与传统浮选用于铬铁矿进行了比较,结果表明浮选柱的浮选分离效果更好(McKay 等,1986)。由于取得了良好的结果,已有研究者开始对含萤石、锰、铂、钯、钛及其他矿物的矿石进行进一步的柱浮选研究。美国的联合煤炭公司也已开始将浮选柱用于粉煤的浮选(Chironis,1986)。由于泡沫的洗涤作用,将来浮选柱可能更广泛地用于处理需要大量细磨之后进行脱泥并多段精选的矿石。

浮选柱操作中需要仪表检测以及一定程度的自动化控制。Moys 和 Finch (1988)对目前用于浮选柱控制的方法进行了总结。

浮选柱通常高 12 m,直径可达约 3. 5 m(圆形或方形,前者更为流行),高径比的重要性已由 Yianatos 等人(1988)进行了论述(1988)。已有研究者为开发较小高径比的柱形设备进行了一些尝试,詹姆森槽(Kennedy,1990;Cowburn 等,2005)是一个成功的例子(Harbort 等,2002,如图 12. 39 所示)。给矿与空气流的接触是在一竖直向下导管顶部的混匀器中完成的。气液混合物向下流到一矮圆柱体底部的浅型矿浆池中。气泡脱离上升到柱体顶部并溢流到精矿收集器中,而尾矿从导管底部排出。这种设备的主要优点是柱体的整体高度缩减到约为 1 m,这种浮选柱还可自发引入空气。

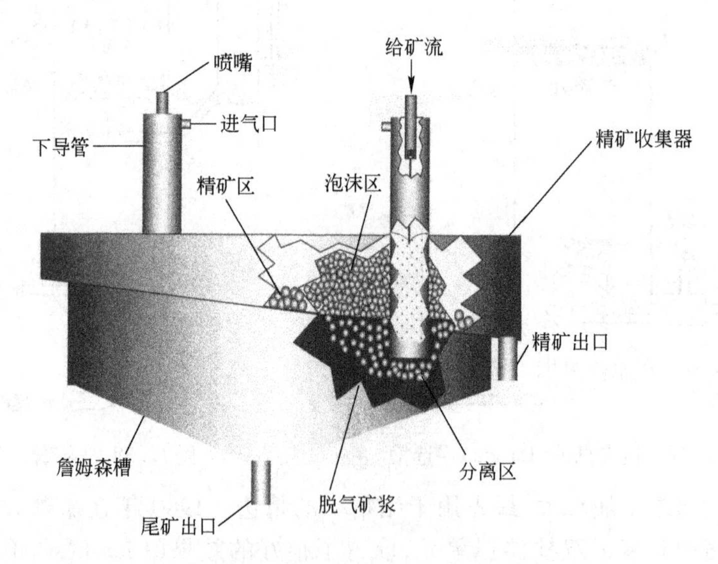

图 12. 39 詹姆森槽的工作原理(Courtesy Xstrata 科技)

詹姆森槽由澳大利亚依莎山矿业有限公司和澳大利亚纽卡斯尔大学联合研制。该槽首先应用于碱金属的精选作业(Clayton 等,1991;Harbort 等,1994),但它也用于包括粗选及预调浆等其他作业。这种槽的主要优点是它可经一步作业获得纯净精矿。在美国亚利桑那州和新墨西哥州以及墨西哥的很多铜浸出作业中,它还被创造性地应用于可溶性萃取－电解冶金,从富铜的电解液(Miller 和 Readett,1992)中回收夹带的有机物。

19 世纪末 20 世纪初,在澳大利亚,詹姆森槽还被广泛应用于煤工业。典型的槽布局见图 12.40,如图所示,细煤浆给入一个中心分配器,经分离后在下导管中进行处理。然后洁净煤作为精矿从分离室中溢出。

泡沫分离器于 1961 年在苏联研制而成,截至 1972 年已处理了 9Mt 各种不同类型矿石(Malinovskii 等,1973)。泡沫分离器的原理(图 12.41)为矿浆经调节后给到泡沫床的顶部,疏水性颗粒固定不动,而亲水性颗粒穿过其中从而实现分离。此法尤其适用于粗颗粒的分离。矿浆给入机器顶部然后沿着倾斜挡板下滑到通气槽中,在此矿浆被充分通气之后水平浮到泡沫床顶部。穿过泡沫床的水及固体颗粒在通气管之间穿行到达锥形槽。曝气器是每立方厘米有 40～60 个微孔的橡胶管,空气以 115 kPa 的压力穿透其中。这种机器有 1.6 m 长的两个排气嘴,每小时可处理固体浓度为 50%～70% 的矿浆 50 t。虽然在西方很少使用,但它具有十倍于机械搅拌式浮选机处理粗粒给矿速度的潜力。浮选的粒度上限可增大到约 3 mm,

图 12.40 煤浮选中的詹姆森槽,图示为下导管及洁净煤精矿的产出

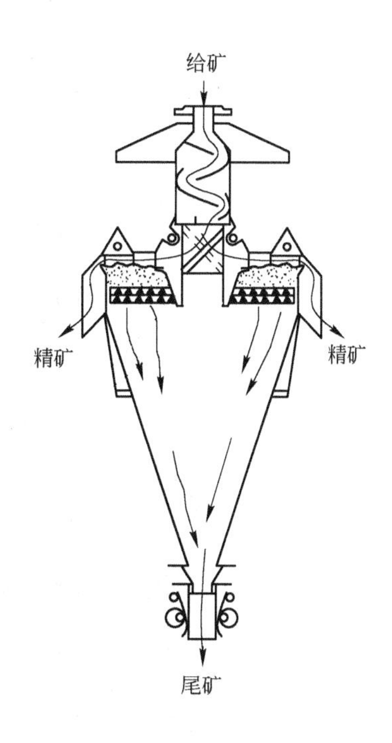

图 12.41 泡沫分离器

但它不适于处理细粒，适宜的给矿粒度范围为从 75 μm 到 2 mm，浮选时间的作用逆转了，浮选时间增长，回收率降低，精矿品位提高。

机械式浮选机使用最广泛，其特点是有一个机械驱动的叶轮，叶轮搅拌矿浆并将引入的空气打散成细小的气泡。这种浮选机或者可自充气，即由叶轮旋转形成负压吸入空气，或者增压充气，即通过外部的鼓风装置引入空气。典型的浮选系列由多台这种类型的浮选机串联形成“槽 - 槽”装置，并由叶轮间的堰将其分隔开，而“不限流”或者“自由流”设备可允许不限流量的矿浆。

近年来，尤其对于碱金属矿的浮选，最显著的发展趋势是研制更大容积的浮选槽，基建投资和操作成本可相应地降低，尤其在采用自动化控制时。20 世纪 60 年代中期，浮选槽的容积普遍为 5.7 m^3 (200 ft^3) 或者更小（图 12.42），在 20 世纪七八十年代，8.5 m^3 到 14.2 m^3 的浮选槽应用广泛（图 12.43），28.3 m^3 或者更大浮选槽的应用也越来越多。处于该行业前列的生产商 Denver 设备厂（36.1 m^3），Galigher (42.5 m^3)，Wemco (85 m^3)，奥托昆普 Oy (38 m^3) 以及 Sala (44 m^3)。但也生产多种其他类型的设备，Harris (1976) 和 Young (1982) 对各种不同类型的浮选机做了评论综述。

图 12.42　机械式浮选槽

图 12.43　14.2 m^3 丹佛 D - R 浮选机

如上所述，19 世纪末 20 世纪初，浮选机生产商提出了罐槽式设计（图 12.20b，图 12.44）。目前这种浮选机的容积可达 150 m^3，而且更大型的浮选槽正在设计中（Weber 等，2005）。这种槽的槽体是圆形的，配有气泡刮出器，多个气泡收集器以及排矿口，并装有高效液面控制系统。

图 12.44 160 m^3 的奥托昆普浮选槽
（Courtesy JKMRC 和 JK 科技股份有限公司）

20 世纪 70 年代期间，大多数浮选机是不限流量型的，因为它比“槽－槽”型更适于大生产量，更易于维护。丹佛 Sub-A 浮选槽可能是最著名的“槽－槽”型浮选机，以往它被广泛应用于小型选厂以及多段精选流程中，叶轮的吸入作用使得介质不需要外加泵即可流动。生产的槽体容积为 14.2 m^3，大多数用作煤精选设备，用户称这种槽与不限流量型相比，在选择性上有很大提高。浮选的机械搅拌机构悬吊在单个的方形槽中，相邻槽之间用可调堰隔开（图 12.45）。给矿管将矿浆流由前一个槽的堰导入后一个槽的搅拌机构，矿浆借助于叶轮的吸入作用流动。叶轮旋转产生负压，空气由围绕轴的中空竖管吸入。空气流由叶轮剪切成微泡，并立即与进入槽体落在旋转叶轮上的矿浆混合。叶轮之上有一固定盖板，用以防止浮选机停车时矿砂堵塞叶轮。有四个稳流叶片同盖板相连接，叶片几乎延伸到槽的四角。这些是为了防止矿浆在叶轮上形成搅拌和漩涡。从而形成一个稳定区，气泡可在该区载着矿粒上浮，不致因受到冲刷而使荷载的矿物掉落。载矿气泡在该区同脉石分离并上升形成泡沫。当泡沫上升到矿浆液面时，由于后继气泡的推挤作用而被涌向溢流唇，泡沫刮板促进溢流，将泡沫快速刮出。

矿浆由浮选槽流过可调尾矿溢流堰，并被吸到下一槽的叶轮上，在此再次收到强烈的搅拌和充气。太重而不能流过溢流堰的颗粒通过排砂口放出，以防止粗粒物料在浮选槽内沉积。

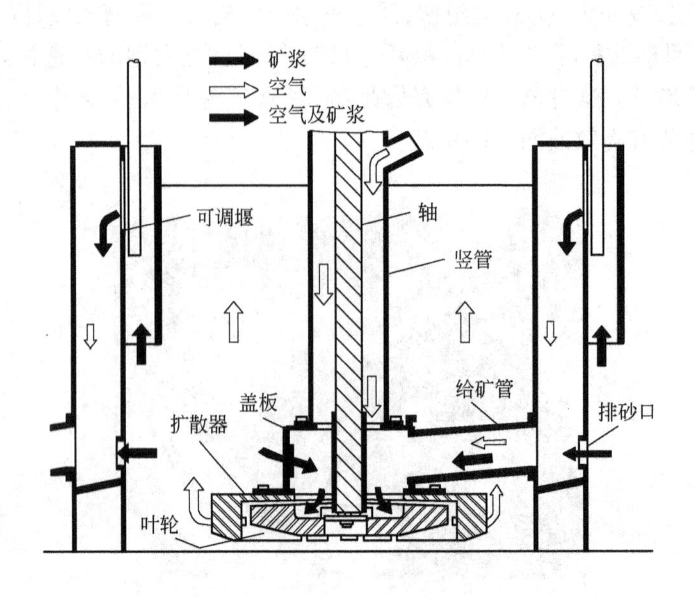

图 12.45 丹佛底吹式浮选槽

通入矿浆的空气量取决于叶轮的转速,叶轮的圆周转速通常为 7 ~ 10 m/s。提高叶轮速度可增大通气量,但这在某些情况下会使矿浆搅拌过度,并会增加叶轮的磨损及能耗。此时,可采用一台外部鼓风机向竖管内增压补充空气。

容积为 2.8 ~ 36.1 m^3 的丹佛 D-R 浮选机(图 12.43 和图 12.46)是为适应混合浮选流程中需要处理大量矿浆而研制的,容积范围为 2.8 ~ 36.1 m^3,这类浮选机需要增压充气。其特点是槽与槽之间没有中间分隔室及堰。取消了单个槽子的给矿管,矿浆可在浮选机内无阻碍地自由流动。矿浆液面仅由槽末端的一个尾矿堰控制。这种浮选机浮选效率高,操作简便,操作工的看管工作大为减轻。大多数大处理量的选厂采用自流型浮选机,并且很多都安装了矿浆液面及其他可变因素的自动控制装置。

一种广泛使用的浮选机为维姆科 - 法格古林型(图 12.47 及图 12.48),容积可达 85 m^3。1 + 1 设计模型是由一个转子 - 分散器组组成的,而不是使用叶轮。浮选机通常为长矩形槽,分成几个室,每室均安装一个转子 - 分散器组。给矿进入第一分隔室下部,尾矿流过分隔室,从一个室到下一个室,矿浆液面由末端尾矿堰调节。

转子旋转产生负压,将流过浮选槽或分隔室的矿浆向上吸入转子,同时转子将空气向下吸入竖管,不需借助外部吹气机。被吸入的空气与矿浆充分混合,之后被分散器(环绕转子的固定带棱纹多孔扁钢板)通过突然改变矿浆的涡旋运动方向而“剪碎”成细小稳固的气泡。

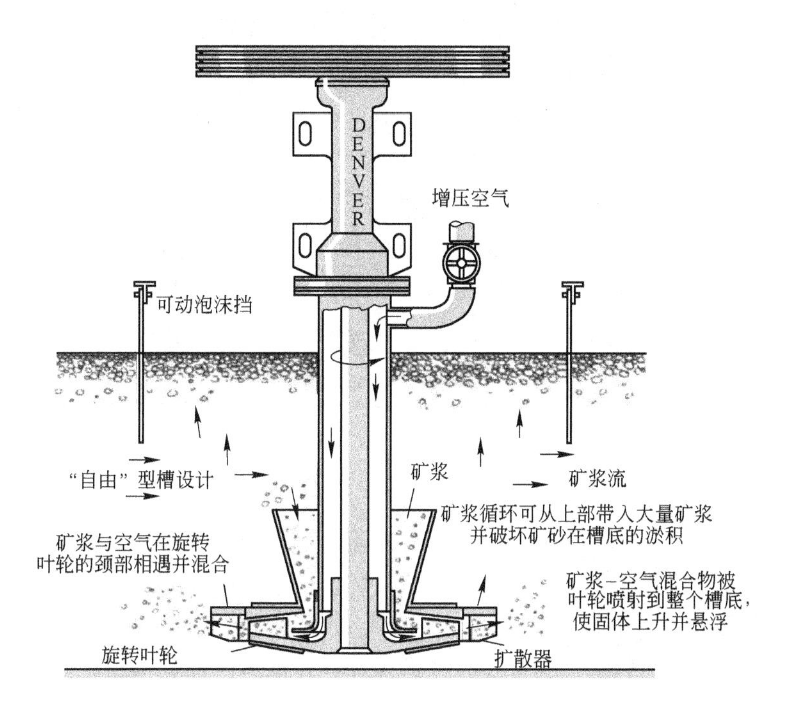

图 12.46 丹佛 D-R 浮选机

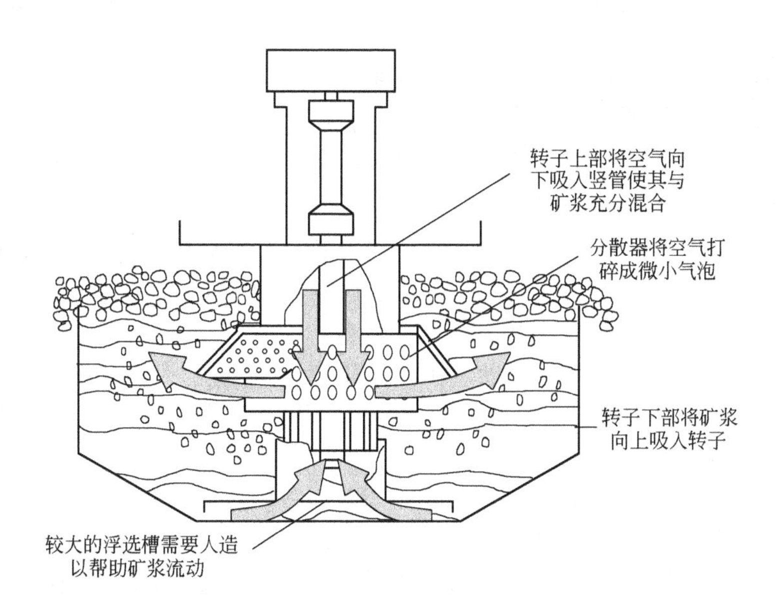

图 12.47 维姆科-法格古林浮选槽

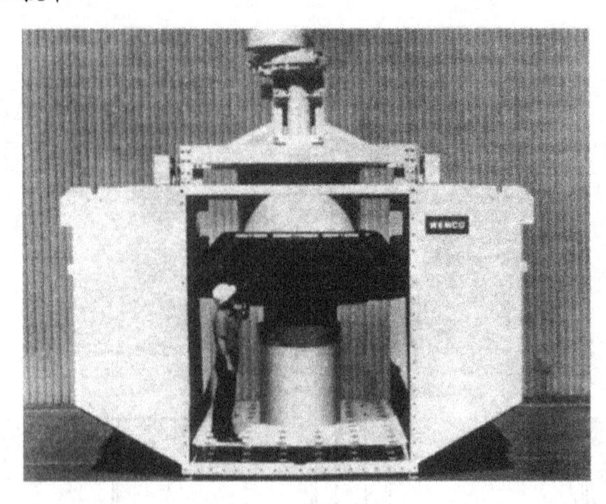

图 12.48 维姆科 42.5 m³ 浮选槽

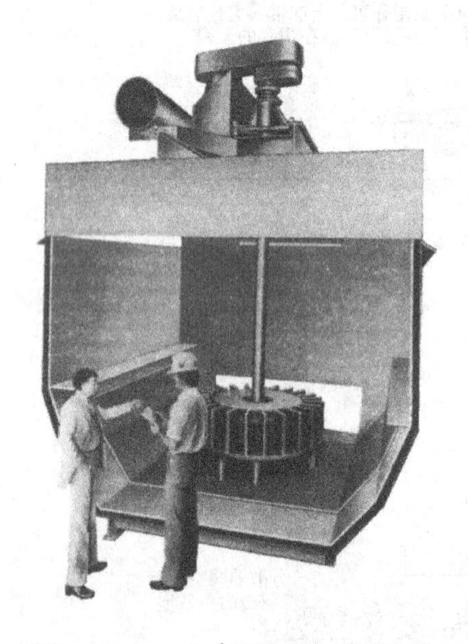

图 12.49 42.5 m³ 阿吉泰尔型浮选机

最著名的增压充气式浮选机可能是加利格－阿吉泰尔型(Sorensen,1982)(图12.49)。这种系统中矿浆也是自流的,矿浆靠重力高差流经配比适当的浮选槽组。阿吉泰尔型浮选机往往用于大处理量的选厂。每个单槽容积可达 42.5 m³,其中有一单独的叶轮及一个固定的挡板。空气通过环绕叶轮轴的中空竖管鼓入矿浆,并被剪碎成微细气泡。每槽的充气量单独控制。矿浆深度由浮选槽组末端的溢流杆或针阀来控制,而槽内的泡沫厚度可通过调整每个槽泡沫堰栏的个数及大小来控制。阿吉泰尔浮选机的泡沫丰富,并已证明适用于所处理矿石的可浮性较差的选厂,因为这类选厂需要高泡沫柱以使弱亲气性矿粒溢流。

20 世纪 90 年代末期到 21 世纪初,维姆科型浮选机的设计经历了重大变革。槽内仍然使用与维姆科－法格古林型相同的转子设计,但转子是在一种新的斯马特型槽的内部(图 12.50 及图 12.51)。

奥托昆普公司已在芬兰及其他地方经营了一些碱金属矿山及选厂,并以其包括 OK 系列浮选槽在内的选矿设备而出名。

OK 系列浮选机的叶轮与其他大多数浮选机都有很大区别,它由很多呈下锥形的竖直狭槽组成,叶轮顶端由一个水平盖板封闭(图 12.52)。叶轮旋转时,矿浆在狭槽内加速并在接近最大直径处被甩出。空气从轴的下部吹入,并与矿浆在转

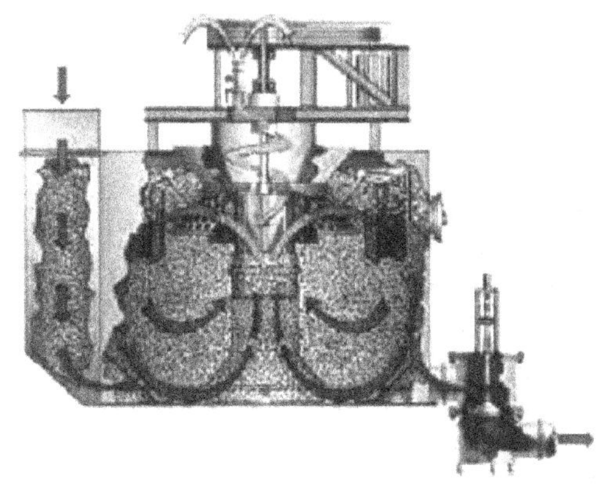

图 12.50 维姆科斯马特型槽外形

图 12.51 维姆科斯马特型圆形洗煤槽
(Courtesy Outokumou 工艺矿业公司)

子与定子的空隙内相接触,之后,被充气的矿浆离开机械搅拌区扩散到槽的周围,取而代之的是进入直径及圆周速度稍小一点的靠近狭槽底部处的新鲜矿浆。因而叶轮的作用如同泵一样,从槽底吸入矿浆并将其向四周喷射。这种罐槽设计及转子设计将短路程度降到最低,因矿浆是向槽底流动的,且由于转子的吸入作用新给矿是直接朝着机械搅拌部分进入的。正是因为这一点,目前世界上很多选矿厂采用仅由两个大型槽组成的浮选机组(Niitti和 Tarvainen,1982)。

图 12.52 奥托昆普浮选机转子部分
(Courtesy Outokumou 工艺矿业公司)

Sala AS 系列浮选机(容积 1.2 ~ 44 m^3)在设计上与之前所描述的浮选机都不同。大多数浮选机在设计时是为了促进最佳混合效果,竖直流使得固体保持悬浮。Sala 型设计(图 12.53)将竖直循环减到最小,生产厂家声称矿浆的自然分层有利于这一过程。叶轮置于一个固定盖板下面,盖板向外伸到固定分散器并对其起支撑作用。叶轮是一个平板,在其两个面上均有竖直放射状叶片,上方叶片将鼓入竖管的空气甩出,下方叶片将矿浆(从叶轮下部流入)从槽底中心区域甩出。之后,充气矿浆流过传统圆形定子。相对于浅槽型来说,虽然叶轮的直径非常之大(这样可防止边角淤砂),但是据称空气被分散成的细小气泡大小接近,因此尤其适用于细粒浮选。这种机器可用于处理各种物料,包括碱金属、铁矿、煤及非金属矿物。

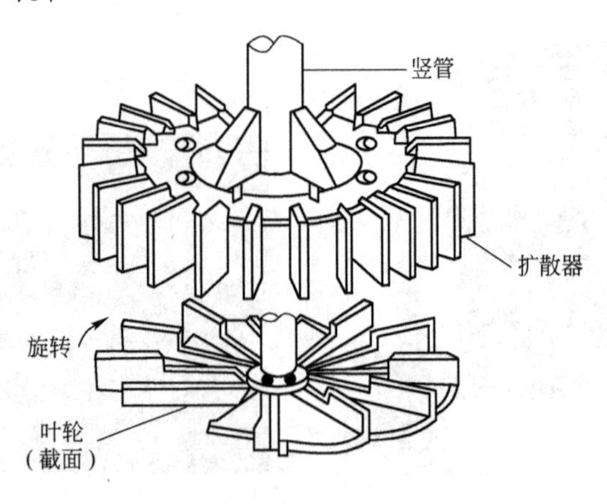

图 12.53 Sala 型浮选构造

浮选机的比较

为某一流程选择特定类型的浮选机,通常都是一个引起热烈争论的问题(Araujo 等,2005;Lelinski 等,2005)。

评价浮选槽性能的主要准则有:

(1) 选矿指标,即产品回收率及品位;

(2) 以单位容积处理吨量计的处理能力;

(3) 经济指标,如基建投资、运营及维修费用。

除上述因素之外,一些不确定的因素,如操作的难易度、以往设备操作工的经验,也可能有一定作用。

浮选机的直接比较决非易事。虽然不同浮选机类型的比较(如机械式与充气式),应以在平行系列中对同一矿浆进行试验的选矿指标为基础,但即使如此,结果仍然不可靠;很大程度上要取决于操作工的技能和偏见,因为受过某种类型浮选机培训的操作工会以为该种机型优于其他机型。

一般来说,不同类型机械式浮选机之间的差异较小,选择时很大程度上取决于个人偏好。影响浮选机比较的基本问题之一是,对浮选槽的要求不仅限于可进行选择性捕收作业,还要求将捕收到的固体矿粒排到精矿产品时尽可能少夹带矿浆。试验中观测到的回收速率可能取决于刮泡速率,而刮泡速率又会受到一些过程变量的影响,如药剂添加量、叶轮速度、矿浆 - 泡沫界面位置及充气量等。研究表明,所有设计类型的机械式浮选槽中的泡沫大小都介于 0.1 ~1 mm 之间,泡沫大小主要由起泡剂控制。机器的定子不改变泡沫的大小,只改变矿浆在槽内的流动曲线(Harris,1976)。设备供应商建议的叶轮速度是可维持矿粒悬浮并可将气泡分散到整个槽内。

机械式及传统充气式浮选机已沿用了很多年,而泡沫分离器及浮选柱是最近才发展起来的。机械式浮选机为主导类型,充气式(达夫克勒型除外)现在已很少使用,只有一些老的选矿厂还在应用。浮选柱已在浮选中占据了一定地位,迄今为止,泡沫分离器已被广泛接受。

虽然关于充气式浮选机的信息很少,但 Arbiter 和 Harris(1962)对大量机械式和充气式浮选机进行了对比试验,结果表明前者一般更优越。Gaudin(1957)指出机械式浮选机更适用于难选矿,尤其是当含有细粒时。叶轮还具有冲刷矿粒表面矿泥的功能。Clingan 和 McGregor(1987)在美国发表了一篇关于浮选柱的调查文章。所调查的浮选柱都用于精选或扫选。所有的操作工都表示选矿指标好是使用浮选柱的理由之一,大部分还表示节约了操作成本,且操作简便。

Young(1982)对各种不同类型浮选机的效率进行了一项分析,他论述了有关浮选基本目的和机械性能,浮选基本目的指的是疏水性物料进入泡沫产品的回收率,同时使尽可能多的亲水性物料留在矿浆中以实现高选择性。回收率取决于矿粒与气泡的黏附机理,可能是上升气泡与下降矿粒之间的"逐层气泡"接触,或是溶解的气体在矿粒表面析出,抑或是矿粒与初生的不稳定气泡之间在压力梯度下的接触。"逐层气泡"黏附要求稳定的环境,这在机械式或达夫克勒槽中是不可能实现的。机械叶轮可比作是一台产生涡穴的涡轮机,气泡在尾端(叶轮叶片的低压面),而矿浆流主要在前端(高压面)富集。这样空气和矿浆流就在一定程度上分离了,因而空气在矿粒上析出以及矿粒与初生成气泡之间接触的可能性降低了。因此,机械式叶轮不是实现矿粒与气泡接触的理想结构,达夫克勒槽采用喷嘴结构取得的效果会好得多,这可能就是当浮选机组中槽数较少时采用达夫克勒槽仍可达到相同回收率的原因。

在浮选柱中,矿粒与气泡仅仅通过逐泡作用实现接触,因此浮选柱是浮选机的理想替代设备,而机械式浮选槽是理想的混匀器。浮选柱中,矿粒与气泡黏附的条件更为有利,且黏附作用不容易受到破坏,这可能是其取得高回收率的原因。

矿浆产生紊流时,浮选的选择性会降低,显而易见,浮选柱比机械式浮选机更具优势,因其可通过泡沫的冲洗作用提高选择性。而泡沫分离器对于细粒给矿的选择性较差,因为亲水性的细颗粒必然会上升穿过整个泡沫床而进入到精矿中,而且这一点很难避免。

正如 Young 所得出的结论,机械式浮选机在西方工业中占主导地位,这可能更多地与商业有关,而不是设计上的优越性。西方的大部分生产厂家只生产这种类型,而且浮选工程师们对其他类型不熟悉。然而,在将来,机械式浮选机无疑会面临来自其他类型的愈来愈多的挑战,而且完全有理由相信为达到特定目标,选矿厂会配置很多不同类型的浮选单元。

12.15 电解浮选

工业浮选很难适用于粒度小于 10 μm 的颗粒,因为无法控制气泡的大小。对于超细颗粒,必须产生极其微小的泡沫以加强黏附作用。这种微泡可通过在改进的浮选槽内就地电解获得。电浮选用于废水处理利用已有一段时间了,用来从悬浮物中浮选固体颗粒。通过两个电极将直流电通入槽内矿浆中,从而产生氢气及氧气泡流。关于脱离电极的气泡大小的影响因素已做了大量研究工作,这些因素包括:电极电位、pH 值、表面张力及气泡在电极上的接触角。从电极上脱离时,大多数气泡的尺寸在 10 ~ 60 μm 范围内,可通过电流密度控制气泡的密集程度,以达到超细气泡的最佳分布和泡沫的恰当控制。传统的浮选过程产生的气泡尺寸直径介于 0.6 ~ 1 mm 之间,而且气泡尺寸的变化非常大。

除微细气泡之外,还有一些其他的因素。例如,应用电解氢可改善锡石的浮选。这可能是由于生成的氢使锡石表面还原为锡,从而气泡可附着其上。

虽然电解浮选目前主要应用于污水处理,但这项技术可实现选择性地浮游固体粒子,并已用于食品工业。在微细矿粒处理方面,电浮选可能有一定的发展前景(Venkatachalam,1992)。

12.16 凝聚 - 表层浮选

在凝聚浮选中,疏水性的矿物颗粒与相对较小的气泡松散地结合形成凝聚体,凝聚体比水重,但比水润湿的矿粒轻。凝聚的颗粒与未凝聚的颗粒可通过流膜重选法加以分离。当凝聚体到达自由水面时,它们被表层浮游的单个颗粒所取代。在表层浮选中,表面张力可使疏水性颗粒上浮,而亲水性颗粒下沉,从而实现分离。

在摇床浮选中,经药剂作用后的矿粒给到湿式摇床上。矿浆稀释至固体含量为 30% ~35% ,并由风嘴进行充气,风嘴装在床面上的一排钻孔风管上,风管与床面成直角,孔洞直接位于沿床条运动的物料之上。疏水性颗粒与气泡形成凝聚体,然后上浮到水表面,在此处经表层浮选达到摇床通常的“尾矿”端。已润湿的颗粒留在床条上,并由摇床尾端排出,通常该端是大多数摇床重选过程收集精矿的一端。

在摇床浮选或其他凝聚过程中,如有可能,总是希望以薄膜浮出含量最多的矿物,因为摇床的处理能力仅限于床条所能运载的物料量。这与泡沫浮选的理想条件相反,在泡沫浮选中,总是希望以薄膜浮出含量最少的物料,以使物料的夹带量降到最少。这种区别使得摇床浮选最适合于黄铁矿型锡精矿中脱除硫化矿物的脱除,或者萤石、重晶石及磷酸盐等非金属矿物的富集。这类矿物往往解离粒度太粗不适于传统浮选。凝聚浮选可适用于很宽的粒度范围,通常粒径可大至约为 1.5 mm,小至 150 μm。对于萤石等密度较小的矿物,分选粒度可达 3 mm。

直到最近摇床浮选才用于处理粗粒磷酸盐矿,但目前已被尖缩流槽及螺旋选矿机之类的流膜分选设备所取代(Moudgil 和 Barnett,1979)。

12.17 浮选厂生产实践

12.17.1 矿石与矿浆的准备

给入浮选回路中的矿石性质发生变化是不可避免的。因此,必须有可供观测并调整这种变化的方法。矿物晶体结构及共生关系的变化可能对解离度及最佳磨矿细度产生重要影响。共生矿物比例发生变化是很常见的现象,通过将破碎前后的矿石进行混合可在很大程度上加以调节。当给矿品位高时,生产出高矿化的泡沫产品和高品位的精矿是相对容易的;当给矿品位低时,就较难维持泡沫的稳定,此时如果浮选槽和溜槽具有适当的灵活性,可能需要将最终精选的其中一个浮选槽划入品位较低的作业。

当矿石不只采自一个地段时,给入选厂的矿石中不同矿物的性质和比例必然会有所波动,并且所观察到的这种变化还可能因矿石的局部氧化而加重。这可能是由地质变化所致或者是由于矿山采区破碎后的矿石未及时运往选矿厂。矿石在贮存场或矿仓储存时间过长时也常常会发生氧化,因此有必要确定某种特定矿石的氧化难易程度以确保储存时间要远小于氧化临界期限。被氧化后的矿石因晶格的分解而变软,变得更难以与捕收剂发生反应,且更易发生过磨。

湿式磨矿是影响浮选流程效率的最重要因素。因此,至关重要的是,磨矿流程应具有可靠的控制手段,以确保磨矿产品达到最大程度的单体解离。在选矿厂的碎磨阶段,若破碎效果差,在磨矿阶段可予以补偿,然而磨矿效果差是无法弥补的。因此在磨矿作业安排有经验的工人是明智的。

所需磨矿细度是由试验确定的,并且总是希望在尽可能粗的粒度下选出单体矿物。现代的浮选厂均考虑到这一点,整体趋势上均采用阶段磨矿和浮选:先粗后细。在尽可能粗的粒度下浮选矿物的好处包括:

(1) 磨矿费用较低;

(2) 因降低矿泥损失而提高回收率;

(3) 过磨矿粒较少;

(4) 选矿效率提高;

(5) 应用的浮选设备较少;

(6) 浓密及过滤阶段的效率提高。

试验室的磨矿控制必须按照例行程序进行:筛分并化验尾矿品位,以确定每一粒级中的损失,并找出原因。往往发现在最粗颗粒中损失最大,原因是解离不充分。如果全部矿石磨至较细的粒度能提高回收率,经济上也合算,则应取此磨矿细度。在极细的微粒级中往往也有损失,这可能是重矿物过磨所致。在这种情况下,可能必须“修整”磨矿流程,排出粒度低于最佳磨矿细度的重矿物,以免分级后返回磨矿。方法是在磨机排矿中添加浮选药剂,并在磨机排矿和分级之间设浮选单槽以浮选出已解离的细粒矿物(图 12.54)。除减少过磨这一优点外,控制磨矿机排矿浓度还可使浮选效率达到最佳。在传统磨矿流程中根据旋流器的要求来控制磨矿机排矿浓度,旋流器的溢流在给入浮选前往往需要预先脱水。

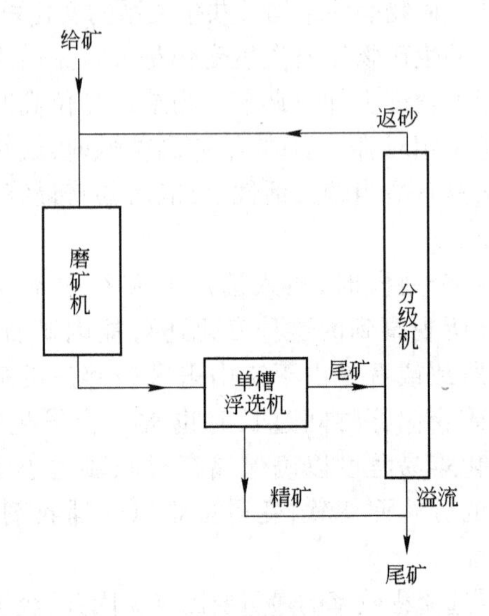

图 12.54 磨矿流程中单槽浮选排除细粒重矿物

磨矿流程中的浮选,尤其对于粗而重的铅矿物,是由几个精选槽实现的,奥托昆普闪速浮选法的目的就是回收那些通常应经分级返回磨矿流程的有用粗颗粒(Warder 和 McQuie,2005)。得到精矿为最终精矿,不需要再次精选,并且是在专门设计的 Skim-air 型浮选机中得到,这种浮选机可选出易浮的粗颗粒矿物,其他矿物则返回球磨机中再磨,因而可减少有用矿物在细粒级矿物中的损失并可增大最终精矿的平均粒度。在芬兰一些选矿厂已经安装了很多这种浮选机,并取得了相当可观的效益(Anon.,1986b)。

如前所述,如果有用矿物易浮,而与其共生的脉石矿物相对难浮,则比较经济的做法是产出粗粒级最终尾矿,并再磨所得到的低品位粗精矿,这种粗精矿几乎可看作中矿(图 12.29)。第二次磨矿,或称再磨作业,处理的产品仅占原细粒给矿的一小部分,因而能够将物料磨至单体解离的细度,后续的浮选作业在最经济回收每吨磨矿的条件下得到最佳的回收率-品位指标。当然,存在一个可进行有效浮选的粒度上限由于气泡载浮粗粒矿物有其物理限制。尽管可能有一些争论,认为颗粒形状、密度以及亲气性等因素对浮选可能有影响,但是实际上浮选粒度上限很少超过 0.5 mm,通常低于 0.3 mm。针对范围广泛的各种矿物、浮选药剂和浮选机械,取得最高回收率的粒度范围为 100 ~ 10 μm(Trahar 及 Warren,1976;Trahar,1981)。

粒度约低于 10 μm 时,回收率会显著地下降。但目前尚无证据表明,低于某个临界粒度时矿粒就变得不可浮。对于细颗粒的选择性浮选中遇到的各种困难,其原因至今还不十分清楚,并且会因矿石不同而异。相对于质量而言,极细颗粒的表面积相对较大,且易发生氧化,或者在到达调浆作业之前被矿泥罩盖,导致捕收剂很难在其上吸附。质量小的颗粒容易受到围绕快速上升气泡的滑流的排斥,因此,浮选细颗粒应提供慢速上升的微小气泡。另一方面,如果细颗粒悬浮于泡沫柱附近,无论其矿物组成如何,都会随泡沫柱溢流而出,这是因为气泡上浮产生的上升力抵消了重力向下的拉力。亲水的细颗粒也可以机械夹杂在气泡间上浮或者随泡沫层进入溢流(Kirjavainen 及 Laapas,1988)。泡沫洗涤可减少这种夹带(Kaya 及 Laplante,1991),浮选柱即采用此法。

当矿石的价值低时,往往采用脱泥旋流器将矿泥(可能对浮选有害的超细粒级颗粒)从矿砂部分脱除进入溢流。脱泥也可以在浮选部分进行;例如,脱泥与粗选作业相连,可提高扫选作业的回收率。如果矿泥中含有大量的有用矿物,有时可对其进行单独处理,以提高总回收率。

图 12.55 是美国密执安州白松铜公司(White Pine Copper Co. of Michigan)用于处理以细粒嵌布于页岩脉石中的辉铜矿和自然铜矿石的流程图(Tveter 和 McQuiston,1962)。先快速浮选出细粒辉铜矿和自然铜,再对粗选尾矿进行脱泥。消除这些脉石矿泥可加快中矿在扫选作业中的回收。

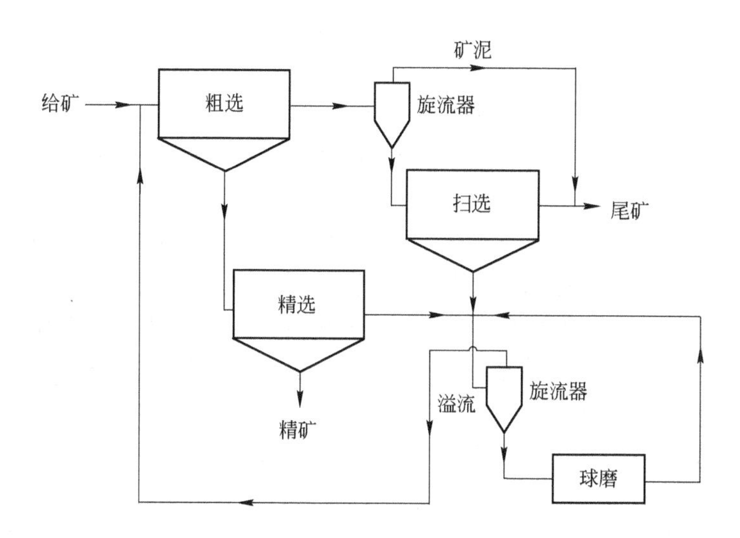

图 12.55 白松铜公司浮选流程

载体浮选法分选高岭土已有多年的历史,并获得了较好的效果。该法是以油酸为捕收剂,并在浮选体系中加入粒度 -60 μm 的方解石。在调浆过程中,黏土中细粒级的锐钛矿颗粒罩盖在粗粒级的方解石颗粒上,在浮选回收方解石的过程中可实现锐钛矿与黏土矿物的分离(Sivamohan,1990)。Fuerstenau 等人(1991)也证实载体浮选可自发进行,例如当采用同种矿物时,将一种赤铁矿分级为粗粒级部分和细粒级部分,粗粒的赤铁矿可作为细粒赤铁矿的载体。这是一种重要的剪切絮凝现象(参看第 1 章),中国的很多选厂已将该法成功地应用于赤铁矿浮选、氧化铜矿浮选、铅－锌矿矿泥浮选和锡矿矿泥浮选。在任何情况下,所得精矿返回到矿泥给矿中,粗颗粒矿物不仅充当载体,也起到促进细粒矿物絮凝的作用(Wang 等,1988)。Fuerstenau(1988)提出,这种多给矿流程有望成为难选矿石的分选流程中不可或缺的一部分。

矿浆的作业浓度是由试验工作确定的,并且会受到给矿颗粒平均粒度的影响。粗颗粒将在浮选槽中以相对较快的速率沉降下来,通过增大矿浆中颗粒所占的体积可大大减小沉降速率。一般的规律是,对于粒度越粗的颗粒,选用的矿浆浓度越高。在处理金属硫化矿石时,低品位的粗精矿来自于30%～50%浓度的矿浆,而再磨精选的精矿则来自于 10%～30%浓度的矿浆。

12.17.2 药剂与调浆

每种矿石都有其独特性,因此,虽然可通过类似作业的实例获得药剂选择方面的指导,但是每种矿石的药剂要求也必须通过认真试验来确定。从药剂制造厂可免费获得关于药剂的大量资料和经验。对捕收剂或起泡剂一项重要要求是在使用前使之完全乳化。如果乳化的条件明显不能得到满足,应采用适当的乳化剂进行乳化。

选择浮选药剂时必须仔细考虑在流程中的添加点。浮选药剂平稳而均匀的给入矿浆这一点很重要,这就要求严格控制药剂用量和矿浆的流速。只要可能,起泡剂总是在最后添加;这是因为它们不需要起化学反应只需要在矿浆中弥散即可,长时间的调浆没有必要。在调浆阶段,过早的加入起泡剂会在矿浆表面形成漂浮的矿化泡沫层。这是由于带入的空气引起捕收剂的不均匀弥散。

在浮选过程中,搅拌和随后的药剂弥散程度与发生物理和化学反应所需的时间密切相关。浮选前的调浆是现今普遍接受的一种标准作业,也是缩短浮选时间的一个重要因素。这或许是提高浮选流程处理量的最经济的方法。在理想的调浆结果下,矿物变得易浮,因此可以处理更多的矿量。尽管在浮选机中进行调浆是可以的,但这样做一般不经济,当前普遍的做法是将捕收剂分段添加到浮选槽中,尤其是从在粗选到扫选的过渡浮选槽内补加药剂。流程中的浮选机常常用作调浆机。在磨矿机和浮选作业之间往往安装搅拌槽,用来缓和矿石品位和来自磨矿机的矿浆流量的波动。浮选药剂也常常加到这些搅拌槽中进行调和。另外,浮选药剂也可以加到磨矿作业中以便确保最佳的分散。球磨机本身就是一个很好的调浆槽,当使用油类捕收剂,且需要乳化及长时间调浆时,往往将捕收剂添加到球磨机中。在球磨机中调浆的优点是矿物新鲜表面刚形成而未发生氧化时就有捕收剂存在。其缺点是添加药剂的速率难以控制,因为磨机的给矿品位可能发生连续的轻微波动,且磨机的循环负荷通常较高,因而循环料可能与药剂调和过度。在必须严格控制调浆时间的作业中,如复合矿石的优先浮选,就在流程中安设了专门的调浆槽(见图12.56)。矿浆和药剂给入槽内敞开的竖管内,落在下面的螺旋桨上,螺旋桨就会迫使由矿浆和药剂组成的混合物向下及向外流动。槽边的排出管的高度可以调节,而使矿浆在槽内停留足够的时间。

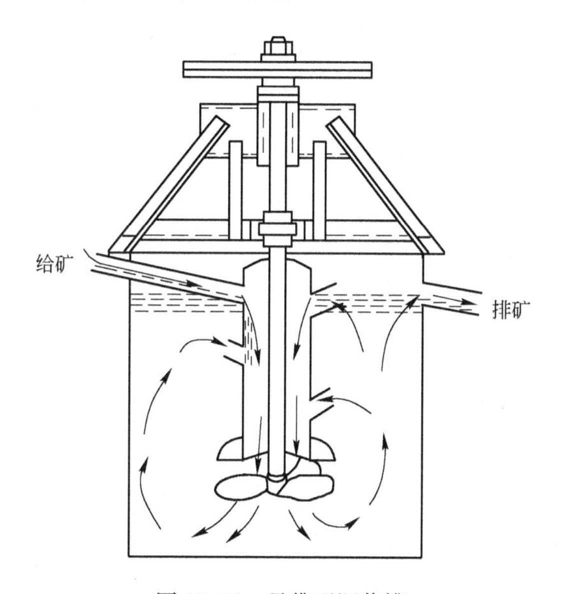

图12.56 丹佛型调浆槽

与浮选前将药剂一次性加入流程中同一地点相比,分段加药往往回收率较高,且所需费用也低得多。倘若达到最佳的磨矿细度,那么通常75%的有用矿物是易于上浮的。而剩余的其他有用矿物大多性质相当复杂,因而需要比较细心地用药剂调和,但是可能有15%的粒度相当粗或者富含大量的有价矿物,可以较容易地加以回收。剩余的10%,由于粒度细且有用矿物含量低,有可能会影响整个流程中的经济平衡。由于这部分矿物至关重要,所以必须非常认真且定期对此进行考察,同时也要细心并快速地控制药剂的添加。

如果很容易实现以上目的,通常最好在碱性或中性作业中进行浮选。而酸性作业中往往要求耐酸腐蚀的专门结构的设备。一般的情况是,浮选分离的pH值范围很窄,此时,成功的关键就是在整个流程中安装pH值控制系统。在分选两种以上矿物的优先浮选中,pH值可能会随分选阶段的不同而变化。因此,调整药剂达到所需分选条件并精确控制就显得十分重要了。

pH值控制的第一阶段通常是在粉矿仓中添加干石灰以减弱硫化矿表面的氧

化。最终 pH 值的严格控制是在分级机的溢流处添加石灰乳加以调节。石灰乳通常来自环形管道，倘若不保持流动，石灰乳就会快速沉淀，并在管道内结成硬块。

固体浮选药剂可以采用转盘、振动和带式给药机添加，但是药剂以液体形式添加更为常见，像松油之类不溶的液体药剂通常以原浓度进行添加，而水溶性的药剂通常在添加前配制成一定浓度的溶液，浓度一般为 10%。多数选厂的药剂是在严格的监视下由白班生混合，产出 24 小时的用量。液体药剂通常通过环形管路泵送，由管引入相应的给药机中。

现代浮选厂典型加药方式采用正压移动活塞式定量泵或者采用自动控制阀门来控制，来自主管或支管的药剂频繁快速添加。随着检测和控制的复杂性的增加，可以将药剂添加速率传送给远程监测器或者控制室内的计算机进行在线监测。微量加药可使用蠕动泵，其滚动挤压载管安装在曲轨上，这样药剂可沿着管道流出。很多建厂很久的浮选厂仍然采用克拉克逊(Clarkson)加药机加药，垂直转盘上安装有很多小杯，通过转盘的转动进行加药。

少量的起泡剂可以采用正压移动活塞式定量泵直接注入到浮选矿浆的管道中。

12.17.3 浮选厂的控制

自动控制的应用日益增多，控制策略几乎与选厂一样多。有效控制的关键在于在线化学分析(参看第 3 章)，以获得矿浆流中金属组成的实时分析。控制策略可通过分布式控制系统(DCS)或可编程逻辑控制器(PLC)实施，还有很多供应商提供的方法。

然而，尽管已经有不少成功应用的报道，而实际上几乎没有选厂敢宣称其在无人看管易出问题的操作环节中是全自动的，尽管其应用了稳定的检测设备、宽范围的控制算法和强大的计算仪器。McKee(1991)已经阐述了一些原因。主要的问题在于最初将复杂的工艺过程成功进行稳定化处理，然后建立过程模型，定义设定值和限定极限，以适应矿石类型、工艺矿物学、结构、矿井水化学成分以及给矿污染等的变化。由于设备维护不够，控制系统在某些情况下会失灵。例如，保持 pH 值电极洁净，定期维修和标定所有的在线检测设备是很重要的。在选矿厂设计阶段控制策略很少能够成功实行，因为大多数的重要控制变量只有在获得了一些选厂生产经验之后才能被确定。只有以这些变量为基础，并结合具体的目标，控制策略才能成功实施。另一个限制在于对选矿及冶炼工人所进行的控制的原理和应用的培训以及维持控制系统正常运行的控制工程师短缺的问题。最成功的系统是哪种，当有必要对设定值和极限值进行调整时，允许控制室操作工和选厂控制系统进行互动。考虑到这一点，在短期内自动控制能否获得比有经验且认真的操作者更好的选矿指标就值得怀疑了。然而，一个很大优势在于 DCS 通常是很灵敏的，不受轮班、休息以及其他中断等会影响到人的因素所干扰。

一个浮选控制系统由各种子系统组成,其中一些可能是人工控制的,其余的由电脑控制回路,但是所有的系统都要为整体控制目标服务(Paakkinen 和 Cooper,1979;Lynch 等,1981)。目标应是改善选冶效率,例如得到最好的品位 - 回收率曲线,并在精矿品位上实现工艺稳定,产量上获得最大经济利润(见图 12.57),尽管一些干扰进入了回路中。至今单独自动控制仍未实现。

如果磨矿流程实现有效控制,那么给矿速率、矿浆浓度以及粒度分布变化所引起的干扰应降到最低,这样浮选控制的主要功能就是补偿工艺矿物学和可浮性的变化。可通过手动或自动控制对其产生影响的变量有质量流量、药剂和通气速度、矿浆及泡沫液面、pH 值以及由在选定的浮选机组中每个槽控制时引起的循环负荷。

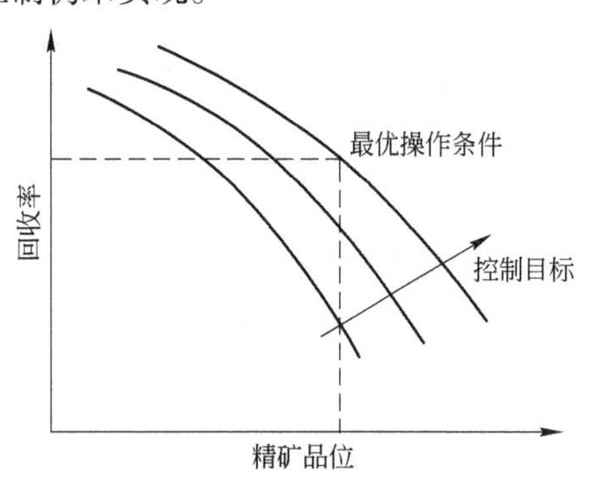

图 12.57 浮选控制目标

最佳做法是设定最初建立的基本控制目标,如矿浆及排污水平、空气流速以及药剂流速的稳定控制。然后对 pH 值、药剂添加比例(基于选厂给矿速率及品位)、矿浆流速、循环负荷、精矿品位、回收率等进行更为精确的控制。最后,才能实现真正的优化控制,如在目标品位下获得最大回收率。只有取得稳定操作,更高水平的优化控制才成为可能(McKee,1991)。

对于控制,关键的变量是浮选槽中的矿浆液面,这是因为一个恒定的矿浆液面对确保稳定和有效的浮选行为是非常重要的。矿浆的液面可用很多不同的方法测定。超声波仪器可测量矿浆液面或泡沫 - 矿浆界面浮选静止区的即时声波。浮标也可通过一个垂直运动传感器或水平控制杆与传感装置相连,以测定上浮物随矿浆液面变化移动的距离。电导率探针可记录泡沫和矿浆之间的电导率差异以确定矿浆液面。在浮选箱内安装不同的压力传感器,并测定上面矿浆施加给它们的压力。泡沫管也能测定矿浆液面,它是基于矿浆压力压缩管内的空气,但是现在很少应用。

矿浆液面的控制受带突板球阀或夹管阀的影响。早期的浮选厂也采用可动堰。一般而言每一个浮选槽中都有一个水平检测传感器(基于漂浮的设备),然后通过一个简单的给矿反馈 PI 回路来控制矿浆液面,该回路在由工人或高水平的控制策略所确定的设定值下在浮选机组排尾处调节,而控制策略则根据品位、回收率、泡沫状态以及其他的指标的变化作为反映。在反馈控制中同时要求有前馈以避免破坏不同浮选机组之间的相互作用。前馈控制是以对给矿检测或预测为基础的(例如来自变速泵或前级控制器)。

矿浆液面的控制可以如上所述一样简单，也可包括更复杂的相互作用（Kampjarvi 和 Jamsa-Jounela，2002）。由南非国家矿业技术研究院（Mintek）开发的“FloatStar™”是一个集成的软件包，可实现整个浮选流程的液面控制，另外还有一些附加的功能，例如计算最优液面设置值和充气率的算法，以优化矿浆浮选时间、产率和浮选流程中的循环负荷（Singh 等，2003）。

矿浆 pH 值的控制在很多选择性浮选流程中是一个很重要的要求，控制回路往往是独立的，尽管在一些情况下，根据浮选特性的变化其设定值是多样的。对石灰或酸的自动控制而言，将控制回路时间延迟降到最小是很重要的，要求药剂的添加尽可能地接近 pH 测定值。将石灰添加到磨矿中是为了减弱来自溶液的重金属离子的腐蚀和沉淀。如图 12.58 的流程所示，通过磨机的给料速率来控制石灰的添加量，并通过 pH 值控制器调整该速率设定值，带有设定 pH 值点操作器的 pH 值控制器测定浮选流程前期的 pH 值。要配备足够的衬板以使物料在磨机中充分混合。

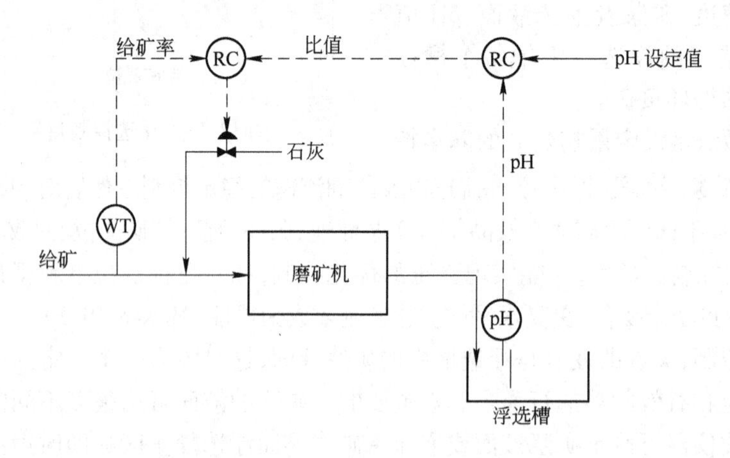

图 12.58　浮选流程中 pH 值的控制

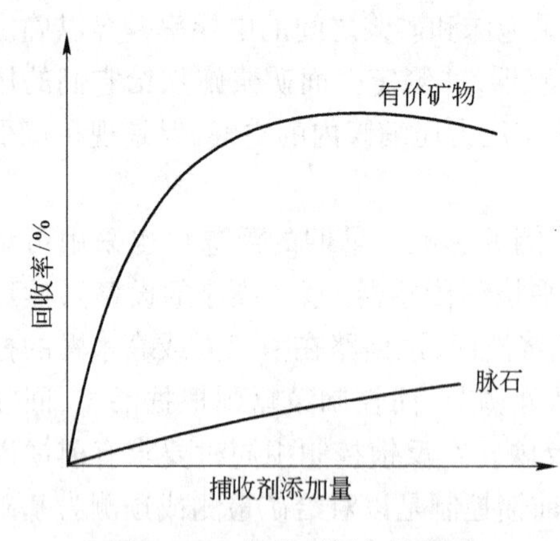

图 12.59　捕收剂添加的影响

捕收剂添加率的控制有时是由前馈比率的控制执行的，前馈比率控制是以对浮选给矿中有用金属的化验或重量的线性反应为基础的。典型的特点是，增加捕收剂用量增加矿物的回收率直到达到一个最高点，超过这个点在增加其用量也不会有实际的作用，或者回收率也许会轻微下降。随着捕收剂用量的增加脉石的回收率也会增加，这样超过最高点也降低了其选择性（见图 12.59）。操作者可改变设定值或偏差比来对变化的给矿条件做出响应。

捕收剂控制的最常见的目标就是将药剂添加率保持在最高点的附近，尤其是由于矿石类型发生变化或者和其他药剂相互作用其反应改变时，主要的难点是判定其最优点。由于这个原因使用前馈控制的自动控制在长期内是很少成功的。然而，有很多成功的半自动控制的选厂，在这些选厂中，操作者调整设定值来适应矿石类型的变化，而在相当窄的给矿品位限制范围内计算机可以控制药剂添加。例如，在加拿大玛塔加密湖矿山（Mattagami Lake）在控制策略中采用了硫酸铜活化剂和锌粗选的黄药的前馈控制（Konigsman 等，1976）。根据比/偏差的算子，在给矿品位上药剂量有多种成比例的变化。所有的 DCSs 或 PLCs 提供了一个标准的算子：

$$药剂速率 = A + (B \times 给矿中\ Zn\ 百分含量)$$

A 和 B 为不同的药剂。随着遇到矿石类型的不同，操作者可改变 A 药剂的基本用量。图 12.60 表示的该控制系统的逻辑。

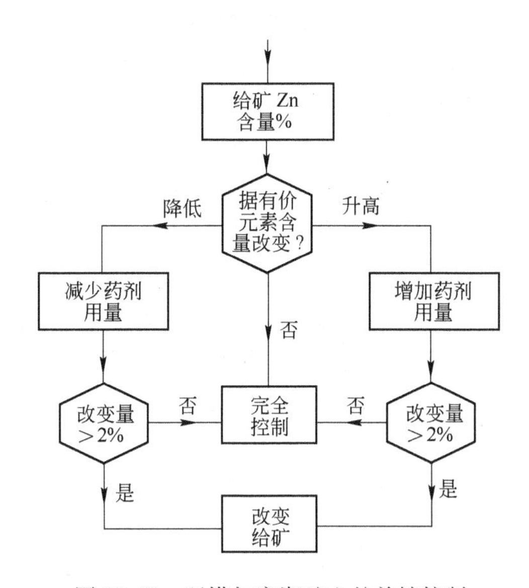

图 12.60 玛塔加密湖矿山的前馈控制

尽管前馈比率控制能提供一定程度的稳定性，但是用反馈数据其稳定会更有效。通过对尾矿进行分析，反馈回路中的位移速度滞后问题在一定程度上是可以克服的，根据浮选流程中矿石流进浮选机后立即就对浮选特性做出响应的事实，这能在前几个浮选槽中通过检测设备探测到。例如粗精矿品位的控制就是一个很有用的策略，因为其品位会对最终精选精矿品位有重大影响。

在澳大利亚芒特艾萨（Mount Isa），黄药添加到铜粗选的前馈控制并不令人满意，因为最优添加率与浮选给矿中铜的含量并非简单相关（Fewings 等，1979）。在浮选机前四个槽内得到的精矿化验结合尾矿化验和给矿化验结果可计算出这四个槽的回收率。研究发现在回收率和保持总回收率在最高点附近所需的捕收剂用量之间有线性关系。尽管在短期内该控制策略是相当成功的,但是最终因矿石类型发生了变化而失败。在该方法中单系列工艺回收率的计算由于生产分析数据本身的不准确的原因,也以失败告终(见实例3.13)。

尽管添加到浮选体系内的起泡剂的用量也是一个重要的变量,但是其自动控制在很多选厂已获得成功,这是由于在气泡剂的加入过程中,气泡的性质是依赖于只有很小的变化而受无形因素如给矿的污染、矿山水的成分等。在低的添加率下,气泡是不稳定的且矿物的回收率也较低,然而增加起泡剂的添加率对浮选率有显著的影响,会增加精矿重量,降低所得精矿的品位。通常的做法是人工调整起泡剂的设定值,或是降低起泡剂与固液给矿率的比值。

在一些控制系统中,精矿的流量是靠调节起泡剂的添加量来控制。虽然品位对起泡剂添加量变化是不敏感的,但是在品位和流速之间存在着极好的对应关系。为此就是采用了串级控制,在该控制中精矿品位控制精矿流量的设定值,反过来再去控制起泡剂添加量的设定值(见图12.61)。传统的柱状浮选槽的稳定控制,一般是用泡沫深度来操作的,相对简单(Finch 和 Dobby,1989)。流进浮选流程的空气和泡沫层厚度是影响参数,像起泡剂添加量会影响流进精矿中矿物的回收率、尾矿品位、或精矿质量流量。然而充气量和泡沫厚度不会影响后续的精选作业,这是因为剩余的起泡剂将从粗选中排出,并且它们往往被用作原始控制变量。一般来说浮选对充气的变化的反应要快于对泡沫厚度变化的反应。因此,尤其是流程循环负荷不得不被控制时,充气往往是更有效的控制变量。在起泡剂添加量、充其量与泡沫厚度之间有明显的相互作用。因此采用了计算机控制回路去控制这些变量就极为必要了,这样只会产生较小的变化。在预定的最优条件下通过只控制这些变量中一个而保持其他恒定即可实现,除非所有条件偏离到可接受的范围之外,其范围可能会随矿石类型而变化。在芬兰

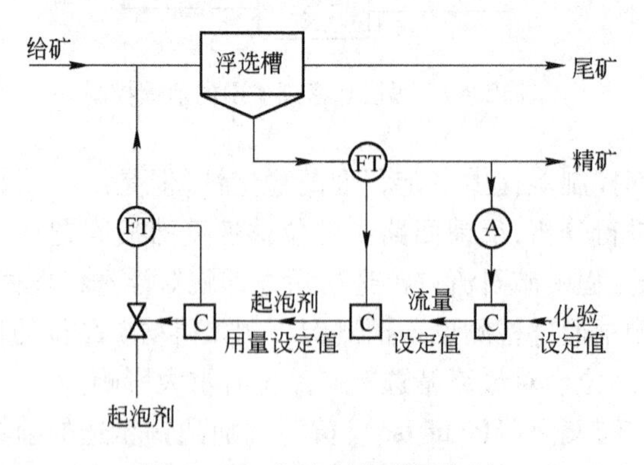

图12.61 起泡剂的串级控制

维汉蒂(见图12.71),采用混合铜－铅粗精矿中铜品位来控制充气率和添加到粗选和扫选的起泡剂。充气具有优先权,它是一种便宜的“药剂”并且如果过量使用也不会有剩余。然而,如果添加率达到了上限,那么将增加起泡剂的效率(Wills,1987)。

泡沫厚度的重要性主要取决于精矿中脉石含量的影响。通过机械夹杂单体脉石也会进入精矿中,并且泡沫层厚度越厚排入浮选内的脉石越多。往往采用泡沫厚度来控制精矿品位,随着厚度的增加其品位会增加,但是其回收率会略有下降。泡沫厚度通常被视为是矿浆液面和浮选机溢流口之间的差异。它是通过改变矿浆液面来控制的,而矿浆液面则靠前面提到的控制和检测方法来控制的。

泡沫层的设定值被联结到充气或起泡剂的设定值上以便维持所需的厚度。实际泡沫厚度的规格要求泡沫柱表面水平面的相关信息,可能与浮选机溢流口的高度不一致。图12.62表示的是玛塔加密湖矿山(Mattagami Lake)研制的设备来检测泡沫柱的界面,该界面控制着起泡剂用量的设定值(Kitzinger等,1979)。传感器由一套连接到电路中的纯净钢电极组成,它可检测与泡沫相关联的数据。七个电极在长度上逐渐变短,其中一个一直浸没在矿浆内,这样便于与泡沫相关的数据跟泡沫柱厚度成正比。

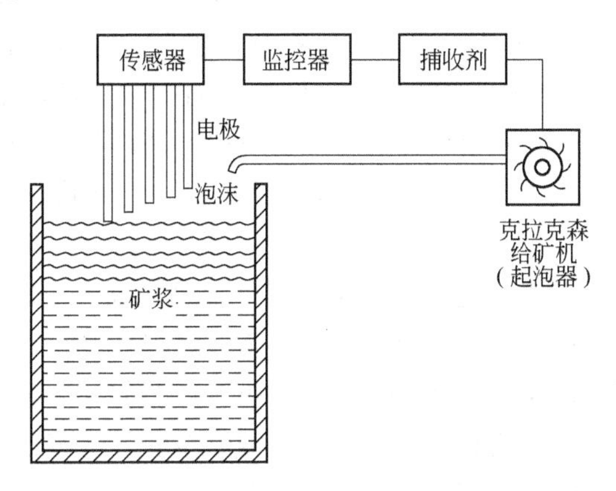

图12.62 泡沫检测设备

目前最常用的泡沫检测设备利用的是超声波。一个球形浮子位于泡沫－矿浆交界处并且连接到一个垂直杆上。目标盘位于垂直杆的上端,高于泡沫顶端。超声波发射器传递声波到目标盘上,从而根据声波返回声源所需的时间可计算出泡沫厚度。

在芬兰派哈萨尔米(Pyhasalmi)就使用了泡沫液位检测设备(见图12.70)。锌回路中硫酸铜活化剂的添加是由生产的分析数据来控制的,但是过量会抑制泡沫层。该回路包含有多个泡沫液位检测设备,表明硫酸铜过早不正确的添加可调节起泡剂和硫酸盐的添加来防止干扰。

控制的最终目标是通过寻求最优条件来增加工艺流程的经济效益，采用很多策略去实现这一目标。调优操作法（EVOP）（参看第 3 章）（Oberg，Deming，2000）虽然对于浮选优化很有潜能但是还未能被广泛使用。这种控制法根据预定的试验设计策略如一个因子的或单一的检索涉及到定期的调整控制变量的设定值，从而计算出在经济效益上的影响并反馈给操作系统。这样就轻微地改变并向最佳方向移动，其过程反复进行直到达到最优值。然而如此方法并非完全有效除非工厂的运营在长期均可获得满意的稳定。

Herbst 等谈到在浮选中使用基于模型的先进的控制策略就突出了这些现代方法好于传统控制方案的优点。McKee（1991）也在该领域论述该过程。

南非黑山选矿厂研发了自适应的最优控制来控制铅浮选（Twidle 等，1985）。最优控制在当前条件下计算了每处理单位吨矿石可能获得最高经济回报的金属回收率和精矿品位。评判选厂性能所采用的准则为经济效益的概念（见第 1 章）。此时定义的是在获得精矿品位和回收率上每吨矿石所获得收益与目标品位和回收率上每吨矿石所获得收益之间的比值。目标品位和回收率是从操作回收率 - 品位曲线上计算得到的，其值在 24 h 数据库基础上是不断更新的，并且允许矿石性质、磨矿质量等的变化。许多因素都会影响回收率和品位的组合，例如产品价格、药剂和处理的费用、运输的费用等等。自适应的最优法的基本原则是通过在线的多元线性回归模型可预测精矿品位和回收率，其模型的回归参数根据 24 h 的数据资料是不断更新的。决定品位和回收率的可靠变量可以是药剂条件、粗选精矿的品位、最终精矿和精选尾矿的品位、给矿品位以及其他条件。一些可靠变量是可控的而其他是不可控的。

派哈萨尔米（Pyhasalmi）选矿厂研发的最优控制是以多线性模型为基础来优化铜和锌的回收以及在每个精矿中金属量的平衡，从而提供最高的经济效益（精矿中金属的冶炼价值或给矿中金属的价值）（Miettunen，1983）。考虑到的因素有在铜精矿中存在锌而引起的处罚和日益增加的运输成本源于精矿中铜含量低。在铜回路中添加氰化物也是最具影响力的变量，而调整添加到锌粗选槽内的硫酸铜的用量以获得锌浮选回路中最大的经济回收。硫酸铜在粗精矿检测和扫选尾矿检测上的影响是确定的，而采用的方法是根据在工艺控制计算机中储存的前 3 h 的数应用多线性回归分析。通过这个程序硫酸铜在经济回收率上的影响可以被确定，因而就需要增加或减少硫酸铜来改进已知的经济回收率。通过最优控制系统通常每 6 ~ 30 min 绘制出硫酸铜的变化。

近些年来自适应控制（Thornton，1991）、专家系统（Kittel 等，2001）和神经网络（Cubillos 和 Lima，1997）都已被应用于浮选，具有不同程度的成功。浮选泡沫的形状、速率和颜色都是浮选条件的诊断特征且已被熟练的操作者应用来调整设定值，尤其是空气添加速率。现在该功能是在机器视觉系统中执行的，可测定出在线的这些特性(Van Olst 等,2000;Holtham 和 Nguyen,2002),在最优性能下允许控制系统使用泡沫的特点(Kittel 等,2001)。

对浮选厂的一种综合控制系统要求大量的检测仪器并涉及到相当大的基建投资。图 12.63 表示的是一个简单的正(前)馈系统中检测仪器的要求,能帮助硫化矿粗选槽的控制。图 12.64 表示的是澳大利亚昆士兰芒特艾萨铜浮选回路控制中所采用的检测仪器(Fewings 等,1979)。尽管在该回路中尝试了各种串级控制循环,但是由于给矿条件的变化在长期内它们是不成功的,并且循环中的设定值主要是由操作者来控制的。

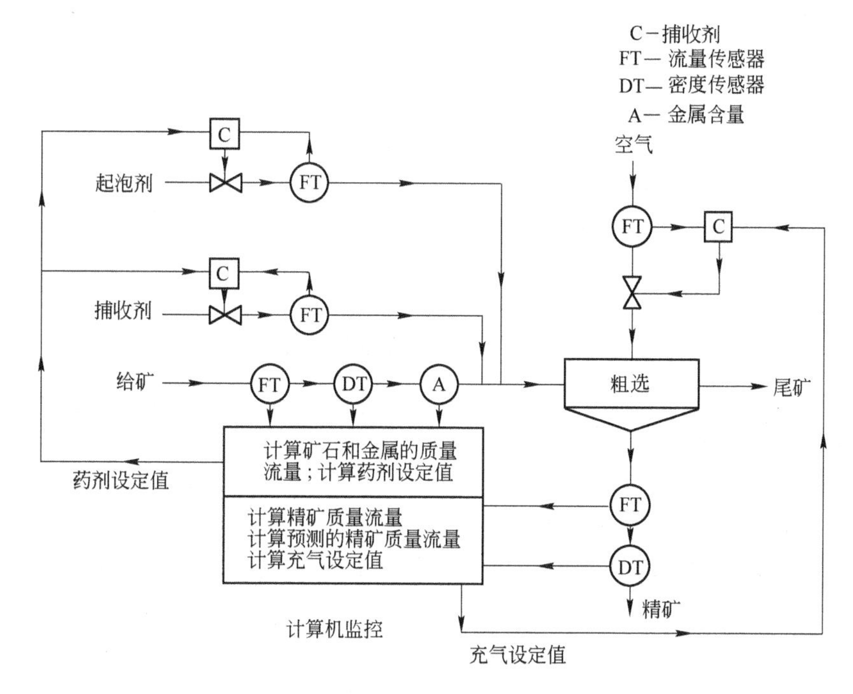

图 12.63 粗选回路控制的检测设备

Lynch 等人(1981)分析了这种装置的成本,提供了潜在的、重要的经济和冶金效益。大多数已安装人工或自动控制检测设备的选矿厂据报道可改进金属回收率,从 0.5% 到 3.0% 不等,有时也会增加精矿品位。有报道称药剂消耗可减少 10% ~20%。

典型矿石的浮选分离

通过下面的数据,可以看到浮选作为一种矿物分选方法的发展概况。根据美国矿山局的调查显示,在美国用浮选法处理的矿石,以百万吨计,在 1960 年是 180,1970 年是 368,1980 年 440,1985 年是 384;而就世界范围而言,每年采用泡沫浮选处理原料为 20 亿吨。在 1980 年,就在美国矿产行业衰退之前,美国矿石总量

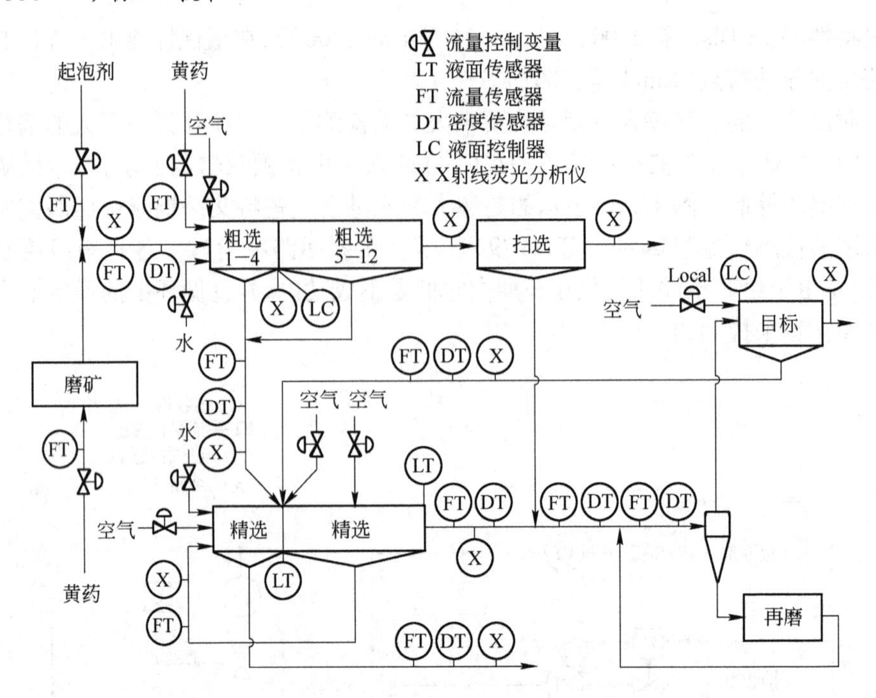

图 12.64 芒特艾萨(Mount Isa)铜浮选回路中的检测设备

的 55% 是金属硫化矿,27% 是磷酸盐矿,9% 是铁矿石,6% 是工业原料和 3% 的煤(Fuerstenau,1988)。

尽管浮选在非金属矿和氧化矿正在日益广泛的应用,但是目前主要处理的大量矿石为铜、铅和锌硫化矿石,它们往往共生在复杂的矿床之中。以这些矿石的处理为例来介绍生产实践中的流程。有关硫化矿、氧化矿和非金属矿浮选分离的全面概述可参看其他文献(Jordan 等,1986;Firth,1999;Meenan,1999),磷酸盐(Lawver 等,1984;Hsieh 和 Lehr,1985;Anon.,1986a;Moudgil,1986;Wiegel,1999),铁矿石(Houot,1983;Iwasaki,1983,1999;Nummela 和 Iwasaki,1986),锡矿石(Lepetic,1986;Senior 和 Poling,1986;Andrews,1990),白钨矿(Beyzavi,1985),铬和锰矿石(Fuerstenau 等,1986),金矿石(O'Connor 和 Dunne,1994)都有概述。

铜矿石的浮选

世界铜的产量每年超过 1.5 亿吨,2003 年 35% 的铜产自智利(Yianatos,2003)。其他著名的产铜国家有加拿大(11%),赞比亚(7.4%),扎伊尔(4.9%)和澳大利亚(4.5%)(Thomopson,1991)。九十年代,铜价格低导致很多铜采厂停产,尤其是在美国有很多采厂被迫倒闭或削减其产量。与非洲铜矿石平均含铜 2.2% 和南非铜矿石平均含铜 1.2% 相比,美国铜采厂矿石中平均含铜仅为 0.6%,为了将这些低品位的矿石转变为可出售的精矿,尤其是在当今金属价格低和高的生产成本的情况下，这就要求有高水平的处理技术和控制手段，同时也要在精矿回收率、品位与磨矿费用之间达到平衡。从2003年起铜价格的回升又造成了很多铜采厂的重新运营，并且在铜浮选处理能力方面也有显著地提高。

铜矿石是以含多种有经济价值的矿物为特点的（见附录1），它们均共生于同一矿床中，且据深度的不同其含量也在变化。在矿床上部的硫化铜往往在渗透于矿体表面的水中氧化和分解，黄铜矿典型的反应是：

$$2CuFeS_2 + 17O + 6H_2O + CO_2 \longrightarrow 2Fe(OH)_3 + 2CuSO_4 + 2H_2SO_4 + H_2CO_3$$

在上述的浸出区剩下的含铁的氢氧化物被称为“铁帽”，它的存在往往可以用来鉴定铜矿体。正是由于水的渗透，通过该区域的氧化硫化铜会生成次生矿物如孔雀石、蓝铜矿，从而在矿体的更深的部分形成氧化带。

然而大量分解的铜通常存在于溶液中直到它沉到水层下面，在这里来自溶液中分解的铜金属将做次生硫化矿沉淀下来：

$$CuFeS_2 + CuSO_4 \longrightarrow FeSO_4 + 2CuS\text{（铜蓝）}$$

$$5FeS_2 + 14\ CuSO_4 + 12H_2O \longrightarrow 5FeSO_4 + 12H_2SO_4 + 7Cu_2S\text{（辉铜矿）}$$

正是由于这些次生硫化矿物含铜量相对高，在这个超富集区域矿石品位比原始矿石的品位有所增加，并且这种超富集是广泛存在的，引人注目的就是形成了铜的富矿带。

早期铜矿的开采者只开采包含在矿体氧化区域的那些少量的含金属离子的铜矿。冶炼技术的出现使得高品位的氧化铜矿物也被开采和处理。随着铜冶炼技术的改进，例如冰铜冶炼和转变法，这些次生超富集的硫化铜矿也被开采和处理，它们的矿体通常很浅，含铜5%或更多。

泡沫浮选技术的发展对铜的开采产生了重大作用，使得大量原始铜矿、辉铜矿和其他硫化矿从相对低品位和细粒矿石中分离出来。另一巨大的发展是在铜业中引进了大型的露天开采方法，每天可开采数千吨矿石。这就使得巨大的低品位铜矿体如发现于美国和南非最重要的斑岩型铜矿在经济上均可处理。

通过美国1907年之前所有的铜矿，其平均含铜2.5%，均采自地下岩脉矿床可以看出泡沫浮选的重要性和巨大采矿量；然而目前美国铜矿石平均含铜仅为0.6%，世界上50%的铜均产自斑岩矿床，其余的则主要产自脉岩型和浸染型矿床。

斑岩型铜矿床的精确定义一直是地质学家争议的内容（Lacy，1974）。本质上是平均含14亿吨矿石的很大的椭圆形或管道形矿床，平均含铜约为0.8%，含钼约0.015%以及不同含量的黄铁矿（Soutolov，1974）。所有的斑岩铜矿至少均含有辉钼矿的痕迹，在大多数情况下辉钼矿是一种重要的副产品。斑岩型铜矿的矿物是分散的，尽管矿石在很大范围上分散着有价元素，但是硫化矿物主要分布在矿石的断裂带上。而在矿石表面分布的硫化矿物往往与石英云母页岩共生在一起，或者呈一条亮带分布(见图1.2b)。早期裂缝的亮带，表明已经由石英和长石充填和掩盖(Edward 和 Atkinson,1986)。

起初该类型的矿床在美国西南部被大规模的开采。它表明采用矿块崩落法和露采法可以大规模的、低成本的开采该类矿石。这是因为铜矿物在整个矿床中分布不固定以至于采用的高成本有选择的开采方法是没必要的，该法用于开采页岩或浸染型矿床。矿体的长度取决于铜含量而不是地质结构，远离矿体中心铜含量呈下降趋势。在矿石和废石间决定边界的开采品位因矿藏而异，同时也取决于现行的经济状况。

矿体的地质学对斑岩型铜矿的开采也会产生很大影响。有必要在矿体的上部先开始进行开采，其次可以转向品位富集的地方，在矿物学上允许能得到精矿产品的地方，精矿的铜最高回收率超过40%。经选冶厂的提炼可以获得高质量的铜产品。然而随着生产实践的成熟，较低品位的原生铜矿石，在矿物学上可应用的铜精矿品位临界值仅为25% ~30%。同时，需要生产更多的铜矿石来缓解同地的铜的产出，而当金属产出下降时，转而去维护工厂的生产量。此时，所采用的药剂和流程不得不去适应矿物学上的变化。经典的案例就是智利的 EI Teniente 采厂，是世界著名的最大的斑岩型铜矿之一(预计其有4.4亿吨含铜为0.99%或更多的铜矿石)。1979年，以每天57500 t 的速率开采和处理含铜1.54%的矿石，得到的精矿含铜40%(Dayton,1979)。到1984年，随着次生铜富集区开采殆尽，矿石铜品位降至1.4%，而开采速率升至68500 t/d，同时正面临着进一步将扩大到90000 t/d，到八十年代末，预测铜品位会降至1.2%，20世纪末降至1.0%(Burger,1984)。

尽管斑岩型铜矿的开采和处理独具规模，然而由于泡沫浮选的效率高和包含有硫化铜矿物的断裂带存在这一事实，使得该矿石的分选也在稳步向前发展。这就意味着相对的粗磨就可使有价矿物解离，从而利于粗选。

含铜的各种硫化矿是易浮的，易于和黄药－戊基、异丙基以及丁基黄药等阴离子捕收剂反应。回路中的pH值一般为8.5 ~12，采用石灰控制pH值并作为黄铁矿的抑制剂。起泡剂的应用近几年有着明显的变化，由松油和甲酚的天然药剂转为高级醇(MIBC)和聚乙二醇醚的合成起泡剂。粗精矿往往需要精选以达到冶炼品级(矿物学上要求铜为25% ~50%)，粗精矿和中矿往往必须再磨以保证获得最大的回收率，通常在80% ~90%之间。第一段磨矿的细度为－75 μm 50% ~60%，粗精矿再磨，磨至为－75 μm 90% ~100%以获得有用矿物的最佳解离度。药剂消耗的范围一般是：石灰1 ~5 kg/t，黄药0.002 ~0.3 kg/t，起泡剂0.02 ~0.15 kg/t。

世界上最大的铜选厂之一是印尼共和国在新几内亚岛上的自由港矿山(Freeport)，该矿山始建以来逐步扩大，从1972年建厂的7500 t/d 扩建到200000 t/d 以处理随矿井深度加深而遇到的较低品位的铜矿石。斑岩型矿床中主要的铜矿物为黄铜矿,伴生有金和银的存在。1997 年铜品位为 1.3%,金为 1.32 g/t,银为2.82 g/t(Coleman 和 Napitupulu,1997)。在世界金矿资源中需化验金的含量。

浮选流程很大(包含有四个浮选厂)但是很简单。一段磨矿后浮选给矿细度为 -212 μm 占 15%,在给入粗选回路前,用石灰,起泡剂和捕收剂对矿石进行调浆。粗选由 127 m^3 维姆科浮选机组成并排的 4 个系列,每个系列 9 个浮选槽。精选由 14 个浮选柱组成了一次精选和二次精选,而扫选由 12 个 85 m^3 的浮选槽。浮选柱得到的精矿为最终精矿,而扫选的精矿返回到精选。1996 年自由港选厂生产铜为 526000 t,金为 1760000 金衡盎司(Coleman,Napitupulu,1997)。铜和金的回收率分别为 86% 和 76%。矿石中的副产品对斑岩型铜矿的经济价值很重要,美国南方和北方的斑岩型铜矿中最重要的副产品为钼矿石,钼矿石中易浮矿物为辉钼矿,在再磨和铜粗选之后可以与铜矿物分离。为了获得最佳的解离度,再磨需要仔细的控制,这是因为辉钼矿很软而易泥化,并且细度越细其可浮性会下降。因而对粗精矿进行了分级,仅仅对旋流器产生的粗颗粒的沉砂构成闭路返回再磨。抑制铜矿物浮选辉钼矿,得到的辉钼矿再去精选,有时精选次数达 12 次,之后对铜矿物进行精选得到的铜精矿进行浓缩。对钼矿而言精选是很重要的,如果含有铜和其他杂质,钼精矿还要被冶炼。最后通过在氰化钠的浸出调整最终铜的含量,氰化钠很易溶解掉辉铜矿、铜蓝以及其他次生铜矿物。然而黄铜矿在氰化物中不能溶解,在一些情况下用热的氯化铁溶液可以浸出黄铜矿。

通过采用不同的药剂可完成铜的抑制,有时需要结合预先热处理。应用热处理是破坏先前吸附的浮选药剂,大多数是采用向矿浆中注入蒸气完成的。采用氰化钠可以有效的抑制黄铜矿,但是当存在辉铜矿和斑铜矿时,该药剂的抑制效果不显著,此时,可采用铁氰化物和亚铁的氰化物或使用诺克斯(Nokes)药剂进行抑制,诺克斯是氢氧化钠和五硫化二磷反应生成的一种产品。该药剂会对铜矿物瞬时发生抑制作用,因此在流程的各个阶段都添加该药剂。由于该药剂消耗量较大(每吨精矿消耗 2 ~5 kg),因此它是一种昂贵的抑制剂,有时会同氰化物联合使用。其他铜的抑制剂有砷诺克斯剂(As_2O_3 溶于 Na_2S)、硫化钠、硫氢化钠和巯基乙酸。Ye 等(1990)指出通入臭氧也能有效地抑制铜矿物。用轻油作为捕收剂浮选辉钼矿。

图 12.65 所示为世界上最大的铜生产厂——智利楚奇卡马塔(Chuquicamata)选厂钼回收的流程图(Sisselman,1978)。采用硫氢化钠抑制铜矿物后在粗选流程中对含有 0.8% ~3% MoS_2 铜精矿进行浮选(Shirley 和 Sutolov,1985)。在四到七阶段采用 2.5 kg/t 砷诺克斯剂对第一次精选的精矿再精选,并且对第一次和第四次精选的精矿再磨以生产出含 Mo55%,Cu1% ~2% 的精矿。然后再用氰化钠对该产品浸出以减少铜的含量,剩余的铜主要是黄铜矿,含量在 0.3% 以下。氰化钠也可以加在最后的两次精选中。选钼车间所有的浮选槽通入氮气操作,而不是空气,目的是减少抑制剂的消耗(Crizier,1986)。

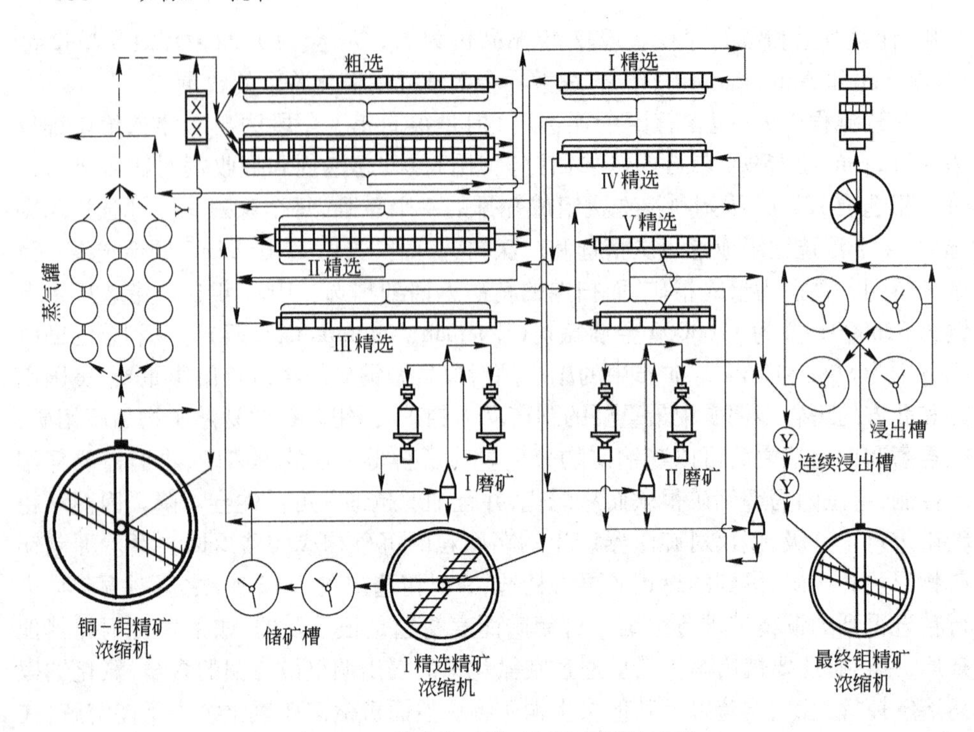

图 12.65 楚奇卡马塔选厂的钼浮选流程

副产品在南非帕拉博拉采矿公司(the Palabora Mining Co.)经济上也起着重要的角色,该公司处理的是一种复杂碳酸盐矿石,从中回收铜、磁性铁、铀和锆等有价矿物。矿石中铜含量约为0.5%,主要的铜矿物为黄铜矿和斑铜矿,少量存在辉铜矿、方黄铜矿($CuFe_2S_3$)和其他铜矿物。浮选给矿较粗(-300 μm 占 80%)的原因是由于矿石中存在的磁铁矿具有高耐磨性,如果磨到较细的细度,将会增加磨矿成本。基于此,对浮选尾矿进行弱磁选回收磁铁矿,并且采用圆锥选矿机重选回收铀矿和锆矿。

浮选由八个回路组成,最后两个浮选流程的给矿来自自磨矿流程。先前五个平行的作业是原先的帕拉博拉浮选流程,其给矿来自传统磨矿,每一个作业的给矿量为385 t/h(见图12.66)。浮选给矿在粗选之前,加入异丁基黄原酸钠(异丁基钠黄药)和起泡剂进行调浆。那些比较易浮的矿物,主要是已解离的黄铜矿和斑铜矿在前面的几个浮选槽中浮出,而在矿浆流入最后的扫选槽之前加入了更多的捕收剂以浮出像方黄铜矿之类的较不易浮的矿物,同时也是试图浮出像墨铜矿和晶格中含有 Mg 和 Al 基团的铜铁硫化矿之类的不易反应的铜矿物。墨铜矿往往和其他的硫化矿物共生在一起(见图12.67),由于它是一种很软的矿物,从而导致了低的浮选回收率。在碎磨过程中,破裂将会沿着那些软且易碎的墨铜矿发生,留下的是罩盖有墨铜矿其他铜的硫化矿物颗粒,从而阻碍了这些颗粒的浮选(见图12.68)。

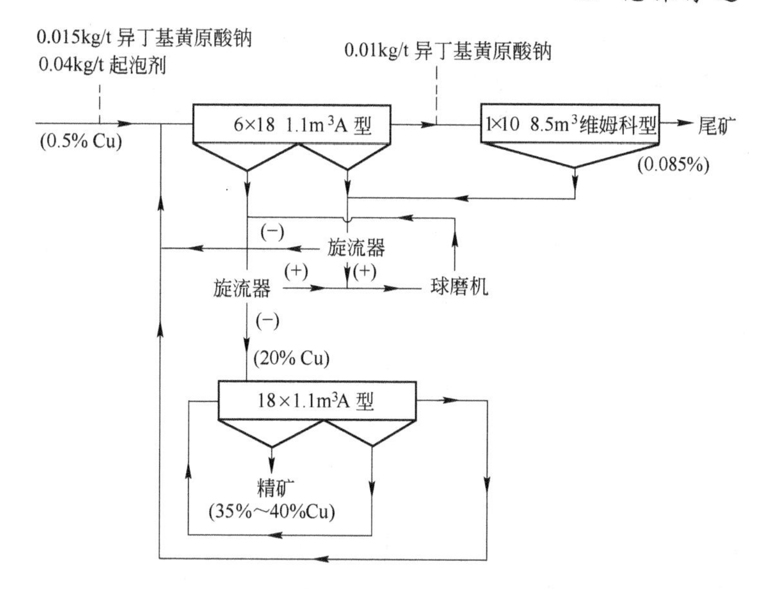

图 12.66 帕拉博拉选厂原浮选流程

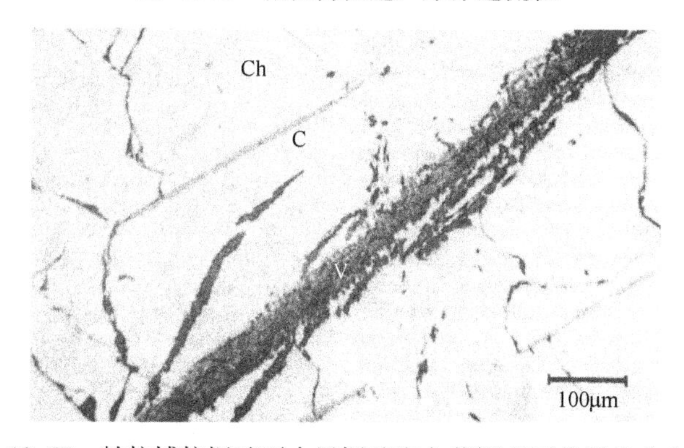

图 12.67 帕拉博拉铜矿石中墨铜矿和方黄铜矿同黄铜矿共生图

图 12.68 帕拉博拉浮选尾矿颗粒,表明墨铜矿(暗)在黄铜矿(亮)上形成了罩盖

将粗选和扫选的精矿再磨至 -45 μm 占 90% 后，给入精选作业，精选作业的矿浆浓度为 14% 固体，由于磁铁矿和其他重矿物已排入尾矿，并且再磨后颗粒的粒度变细，因此稀释矿浆到这个浓度是可能的。

12.17.4 氧化铜矿石浮选

由于铜矿床和矿物的性质，在矿床原生地带选择性地开采和处理氧化铜矿有时是可能的。像孔雀石和蓝铜矿之类的矿物在稀释的硫酸中是可溶的，因而在经济上先可采用酸浸处理该类矿石，以便为后续采用电解法沉积铜做准备。由于在冶炼厂生产低成本硫酸的实用性，也是作为一种减少向空气排放二氧化硫方法，因此这种氧化矿石的处理已经备受关注。

在中非有个大型的氧化矿石在浸出前用浮选富集，该矿石是含有硫化矿和氧化矿物的混合铜矿，首先是先浮选出硫化矿物得到的精矿以供熔炼。一个很好的例子就是赞比亚恩昌加（Nchanga）联合铜矿公司的钦戈拉（Chingola）分公司，在氧化回路中用硫氢化钠、异丙基黄药和起泡剂浮选硫化矿尾矿，得到的精矿再进行酸浸。

关于氧化铜矿物已公布的研究中关注较多的是孔雀石和硅孔雀石，一种铜的硅酸盐（Deng 和 Chen，1991）。后者是一种分布最广泛的铜矿物，在所有主要铜矿物中对其了解最少，是一种难以定性和浮选的矿物（Laskowski 等，1985）。浮选技术浮选孔雀石效果很好，在中非，孔雀石的浮选在硫化成功之后进行（Fuerstenau 和 Raghavan，1986）。黄药类捕收剂不易在氧化铜矿物上成键和形成覆盖而硫化会促进浮选。

现今浮选很少应用于氧化铜的回收。这类矿石一般是用硫酸浸出，再用溶剂萃取和电积回收金属铜。低品位矿石往往被堆浸处理（Witt 等，1999）。

12.17.5 铅锌矿石的浮选

世界的大部分铅和锌来自含有方铅矿、闪锌矿及不同量黄铁矿的细粒浸染矿床中，在不同的岩石中还有一些交代矿物，典型的有石灰石和白云石，这种带状矿体有时可在磨矿前采用重介质选矿法分选（见图 11.13）。

虽然方铅矿和闪锌矿往往共生有经济价值的矿床之中，但是也有例外，例如美国密苏里州东南部的铅矿石，方铅矿只同极微量的锌共生（Watson，1988），而由田纳西州和宾夕法尼亚州开采锌富集的阿帕拉契亚山脉，其铅的产量很少。

典型的原矿给矿中 Pb 品位 1% ~5%，Zn 品位 1% ~10%，虽然往往要求相对较细的磨矿细度（往往在 75 μm 以下），但是可以获得很高的浮选精矿品位和回收率。大多数情况下，为了从极细的颗粒中获得可接受的浮选效果，要求极细的磨矿细度下降到 10 μm 例如澳大利亚世纪矿山（Century）。一般而言，铅精矿中 Pb 品位

55% ~70%，含Zn2% ~7%；锌精矿中Zn品位50% ~60%，含Pb1% ~6%。虽然方铅矿和闪锌矿是主要的铅锌矿物，但是白钨矿（$PbCO_3$）、铅矾（$PbSO_4$）、铁闪锌矿（（Zn，Fe）S）和菱铁矿（$ZnCO_3$）可能也很多。在一些矿床中，共生金属的价值如银、镉、金和铋几乎和铅锌的价值相当，并且铅锌矿石也是银和镉的最主要来源。

从锌的硫化矿中分离方铅矿已制定了多种流程，但是到目前应用最广泛的方法是两段优先浮选法，先抑制锌和铁矿物，使方铅矿上浮，然后对铅尾矿中对锌矿物活化以对锌进行浮选。

重金属离子可活化在溶液中的闪锌矿（黄铁矿较小时），其是通过离子交换将矿物表面的锌离子替换而活化的（参看方程12.11）。已活化的矿物表面可吸附黄药并形成难溶的黄原酸金属盐从而使矿物表面形成了疏水膜。纯净的闪锌矿在黄药中疏水性不强，这是由于黄原酸锌具有相对较高的可溶性，因此不能形成一层稳定的疏水包裹膜。

矿浆中往往存在重金属离子，尤其是矿石存在轻微氧化时。向矿浆中添加石灰和苏打可形成不溶性的盐而使这些离子沉淀，这样在一定程度上可减少对闪锌矿的活化。在磨矿时通常向磨机中添加碱，这与向铅浮选调浆槽中加碱一样，这是因为在磨矿过程中有很多重金属离子进入溶液中。

铅浮选通常是在pH值为9 ~11之间进行，由于石灰较为便宜，往往应用其控制矿浆的碱性。由于石灰不仅仅可作为黄铁矿的一种强抑制剂，而且在某种程度上也会抑制方铅矿。正基于此有时添加苏打粉效果更好，尤其是当黄铁矿含量相对低时。

各种碱作为非活化剂的效果依赖于溶液中重金属离子的浓度，因为沉淀生成的金属盐虽然有极其有限的可溶性，但是能提供引起闪锌矿活化的足够多的重金属离子。因此在某些情况下，需要添加其他的抑制剂，最广泛使用的是氰化钠（达到0.15kg/t）和硫酸锌（达到0.2kg/t），它们或单独使用或联合使用。这些药剂通常添加到磨矿回路中和铅浮选中，并且其抑制效果取决于矿浆碱性的大小。

排除溶液中金属离子的作用，采用氰化物可溶解被活化后的闪锌矿表面的铜，并且可与铁和锌的黄原酸盐反应生成可溶的化合物，从而消除了吸附在这些金属矿物表面的黄药。这可抑制黄铁矿和闪锌矿，黄铁矿存在很多时，氰化物往往是更好的抑制剂而苏打粉则用来调节矿浆碱性。

抑制剂的效果也取决于捕收剂的浓度和它的选择性。黄药在铅－锌浮选中得到最广泛的使用，并且碳链越长，在氰化物溶液中金属黄原酸盐的稳定性越好，所抑制矿物的氰化物浓度也越高。如果方铅矿易浮，则可使用乙基黄原酸钠或黄原酸钾，再加上气泡性能良好的起泡剂如MIBC。如果方铅矿被污染或者使用了大量的石灰来促进黄铁矿的抑制，则需要使用异丙基黄原酸钠。如果闪锌矿很纯净并且疏水而方铅矿受到高度氧化且可浮性差，此时要求使用强捕收剂如戊基黄药。

尽管由于选择性较好，氰化物被广泛的应用，但是它也有一些特定的缺点。氰化物有剧毒且价钱昂贵以及会抑制和溶解存在于有经济价值的矿石中的金、银等贵金属，因此在很多浮选厂中使用硫酸锌来代替氰化物，从而减少了氰化物的消耗(往往在0.1kg/t以下)，而在美国很多选矿厂只单独使用硫酸锌进行抑制。

浮选出方铅矿后，其尾矿通常添加0.3～1kg/t的硫酸铜进行调节，它能使锌矿物表面再次活化(见方程12.11)，从而可浮选出锌矿物。使用石灰(0.5～2kg/t)抑制黄铁矿，而对已活化的锌矿物无抑制作用，锌浮选回路中要求高pH值(10～12)。尽管乙基、异丁基和戊基黄药，有时根据情况和黑药一起使用。作为捕收剂，但是异丙基黄药应是最常用的捕收剂。由于已活化的闪锌矿表现出的特性与黄铜矿类似，因此也通常使用如Z－200的硫代氨基甲酸酯类捕收剂，可以实现锌矿物和黄铁矿的选择性分离。

当硫酸铜和黄药一起使用时，由于黄药很易和铜离子反应，因此要控制药剂添加。理想情况下，单独使用活化剂调节矿物，以便于当已调节的矿浆流入捕收剂调节槽时，溶液中几乎没有硫酸铜。尽管在酸性或中性条件下活化的过程极为迅速，但是在实际中为了防止黄铁矿的活化，通常在碱性流程中进行活化，并且为了使药剂得到充分的利用，调浆的时间约10～15min。这是因为在碱性溶液中硫酸铜成为碱性化合物沉淀，其充分可溶可促进铜离子的活化反应。

英国哥伦比科明科(Cominc)有限责任公司的沙利文选厂的浮选流程很有趣，流程包含：铅精矿除锌和锌精矿除铅(Fairweather，2005)。该矿实质上是一种交代泥质石英岩矿床，矿体巨大且硫化矿嵌布粒度细，有时同围岩镶嵌在一起。具有经济价值的有用矿物为方铅矿和铁闪锌矿(7ZnS：FeS)，铁主要以磁黄铁矿的形式存在，还有少量的黄铁矿。银和方铅矿紧密共生，是一种主要的副产品。

浮选流程见图12.69。一段磨矿磨至－74μm占55%，加入氰化物、黄药和石灰后，矿石给入一组浮选槽中，向槽内添加MIBC和松油的混合物。pH值保持为8.5，浮出粗精矿，并精选一次。精矿，铅品位约为65%，作为重介质用于在磨矿之前的重介质分选流程中。粗铅浮选后的尾矿返回再磨，磨至－74μm占87%，在进行铅粗选之前，粗选pH值9.5，并用异丙基黄药、氰化物、石灰和MIBC进行调浆。在第一个扫选槽进一步添加氰化物和黄药，得到的精矿返回再磨。铅粗选的精矿进行精选，其尾矿返回再磨并给入铅粗选槽中。精选槽中的pH值为10.0，其精选的精矿在pH值10.5下再次精选得到含Zn10%～14%的精矿。铅浮选的最后阶段是第二次精选的精矿除锌。用硫酸铜活化锌矿物后，通过添加石灰并提高pH值至11.0来抑制方铅矿，并用蒸汽加热矿浆至30～40℃。得到除锌的精矿再精选一次，化验品位Pb约62%，Zn约4.5%。将铅扫选后的尾矿用0.7kg/t的硫酸铜调浆，再给入锌粗选回路进行粗选，并在浮选槽内添加黄药、石灰和起泡剂。粗精矿在pH值为10.6下浮选出，并在给入第一次精选之前返回再磨。精选的尾矿含Pb2.5%～5%泵送回铅浮选回路的头槽内以获得较好的铅回收率。而精选的精矿再次精选两次,最终得到的精矿连同重介质选锌的精矿作为最终锌精矿,其含 Zn50% ,Pb4% 。

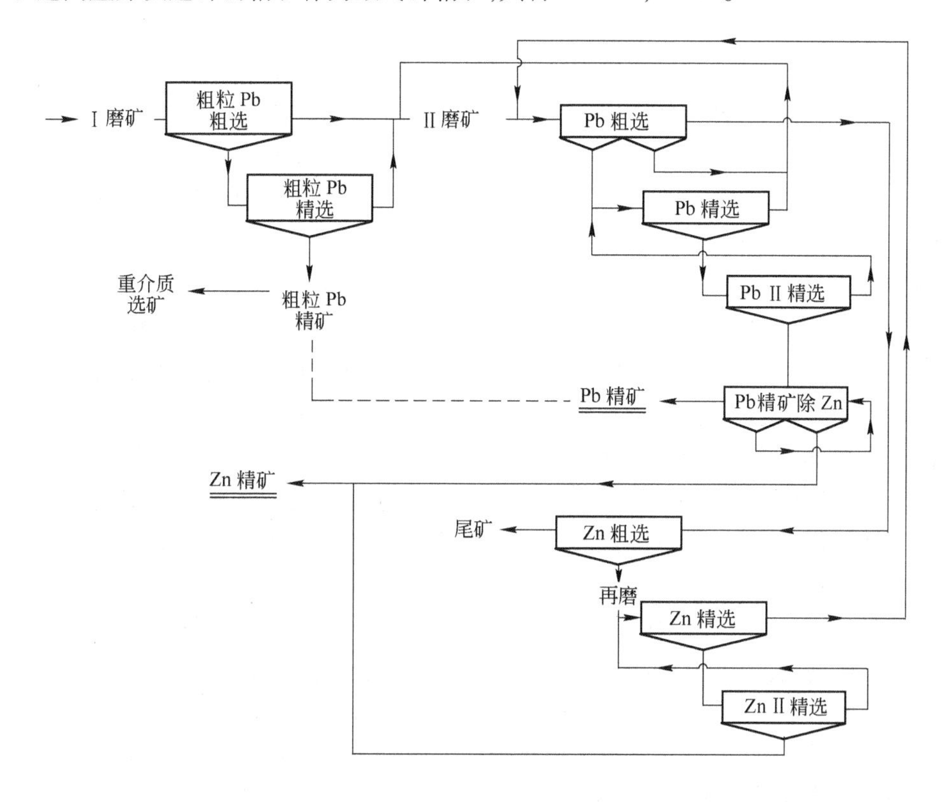

图 12.69 沙利文选厂的选矿工艺流程

铅-锌矿石自身嵌布粒度越来越细的特性和复杂性在某种情况下使得粗精矿返回需要再磨至极细。而矿石磨到微细粒时的浮选可以在澳大利麦克阿瑟河磨机中完成,在该磨机中可将粗精矿磨至 12 μm 从而浮选得到铅-锌的混合精矿。在芒特艾萨(Mount Isa)磨机可分别将铅和锌的粗精矿磨至 10 μm 和 15 μm 之后,再进行精选(Young 和 Gao,2000)。在世纪(Century)磨机中,可将锌精矿磨至10 μm 以下以实现与细粒级的硅颗粒的有效解离(Burgess 等,2003)。由于微细粒级磨矿的高强度,往往需使用惰性磨矿介质以防止矿物表面氧化。微细粒精矿产品导致了泡沫很黏,随之而来输送和产品的处理问题也很常见。

在方铅矿和闪锌矿之间细粒嵌布,不可采用优先浮选法进行分离,并且在某些情况下,即使采用最强的药剂组合,如硫酸锌和氰化物,矿石中铜离子会活化闪锌矿从而在一定程度使得闪锌矿的抑制失败。在这时,铅-锌矿物的混合浮选将表现出很多经济上的优势。在混合浮选中往往使用粗粒磨矿足已,因为有价矿物只需同脉石解离即可。而浮选流程的设计相对较为简单。相反,优先浮选则要求较细的磨矿细度,为的是不仅仅有用矿物铅锌与脉石解离,而且它们之间也需解离。这就增加了磨机细度和能量的要求;相对优先浮选的精矿数目,浮选体积将会成比例的扩大。

如果有冶炼厂且为铅-锌混合精矿配备了冶炼工序,进行铅-锌混合浮选是合理的。唯一适用的冶炼工艺为铅锌鼓风炉熔炼法,它是在当大部分铅-锌从低含量的黄铁矿矿床中回收时发明的一种工艺。然而近些年,不断增加从高黄铁矿含量的复杂矿石中回收铅—锌。在ISP中冶炼的混合精矿要求铁含量低,铁是在熔渣中回收的。铁含量的增加将增多熔渣产品,并且相应的会增加锌的损失,这是由于熔渣将会携带约5%的锌。而且,铁含量的增加也会增加冶炼厂的能量消耗。当对比冶炼厂的收益时,只熔炼优先浮选精矿时可获得最高的收益。即使将优先浮选精矿和混合浮选的精矿混在一起熔炼时也比正浮选得到的混合精矿熔炼所得的收益要高。这是因为最佳条件下在各非铁矿物和黄铁矿之间获得了较好的选择性,首先是方铅矿和黄铁矿间的分离,第二步是闪锌矿和黄铁矿间的分离。如果存在较高含量的黄铁矿,在混合浮选中不能通过调节化学条件以同时满足上述两个条件。研究表明虽然优先浮选的成本要高于混合浮选的成本,但是在利润收益方面的增加往往要比额外操作的费用高很多(Bergmann 和 Haidlen,1985)。

大多数情况下,混合精矿中的闪锌矿和黄铁矿表面覆盖有一层捕收剂,除非使用大量的抑制剂,否则很难抑制它们,尽管这样,混合浮选后分离两种矿物。尤其是在这种情况下,如果已经使用了硫酸铜对闪锌矿进行了活化;溶液中氰化物与剩余的铜离子反应时,需对混合精矿进行分离。如果在混合浮选厂中尝试着采用最少的捕收剂给入混合浮选回路中,那么会使回收率较低。瑞典的一座最大的锌矿山津克格鲁文(Zinkgruvan)采用的就是混合浮选(Anon.,1977)。用自磨机磨矿,磨矿时解离出的铅离子使闪锌矿活化以至于在这一阶段用碱非活化是不实际的。浮选车间由混合浮选和铅浮选阶段组成,每一回路均由粗选、扫选和精选作业组成。方铅矿和闪锌矿用0.12 kg/t的乙基黄原酸钾浮选出,不需要任何活化剂活化。经五次精选后,所得精矿用0.6 kg/t的$ZnSO_4$抑制闪锌矿,而方铅矿在pH = 10下用乙基黄原酸钾浮选出方铅矿。六次精选后,进一步添加$ZnSO_4$,分别得到了65%的铅精矿和55%的锌精矿。

日本Tochibora矿山采用的是很有趣的混合-优先浮选流程(Anon.,1984a)。该矿山每年矿石产量为960000 t,矿石品位Zn4.3%,Pb0.3%和Ag22 g/t。一定程度上在矿石中不存在黄铁矿,主要的脉石矿物是钙铁辉石($CaFeSi_2O_6$)、石英、方解石和绿帘石。破碎后的矿石磨至-75 μm占80%,在混合浮选前,pH值为9.4下用Na_2CO_3和$CuSO_4$进行调浆。分别使用乙基黄原酸钠和松油作为捕收剂和起泡剂。混合浮选精矿精选后,矿浆用NaCN和活性炭调节,之后浮选出方铅矿,尾矿即为锌精矿。铅精矿给入滚筒筛中,大粒度的精矿为副产品石墨精矿,而小粒度的铅精矿给入摇床。

将摇床的中矿和尾矿回收到不同的浮选作业中,精选的精矿为最终铅精矿。得到的精矿品位 Zn60.7%,Pb65.3%,回收率 Zn93.3%,Pb80.2%。

12.17.6 铜锌矿石和铜铅锌矿石的浮选

从有经济价值的铜铅锌矿石中单独分选精矿是一个复杂问题,因为黄铁矿的分选特性与其相近,而且锌矿物会将其活化。这类矿石往往矿物组成复杂,嵌布粒度细,并与脉石中的黄铜矿、方铅矿及闪锌矿紧密共生,通常脉石主要由黄铁矿、磁黄铁矿(常含 80%~90%)、石英及碳酸盐组成。由火山沉积岩形成的如此大量的硫化矿同时也是金银的主要来源。

复杂 Cu-Pb-Zn 矿占世界总产量的 15%,占世界铜矿总储量的 7.5%,对于锌来说,所占比例更大(Cases,1980)。采矿平均品位为 0.3%~3% Cu,0.3%~3% Pb,0.2%~10% Zn,3~100g/t 银及 0~10g/t 金。

生产中遇到的主要问题均与矿物组成有关。由于嵌布粒度极细,以及矿物间的共生,矿石往往需要磨得很细,通常远小于 75μm。值得注意的是,也有例外,例如在挪威的 Bleikvassli,粗磨粒度 240μm 占 80% 就已足够,而不需要再磨(Anon.,1980)。然而,对于加拿大纽省(New Brunswick)的矿床,有些地区需要磨到 40μm 占 80%,最佳矿物回收率在粒度范围 10~25μm 内取得。大量的细磨极其消耗能量(50kW·h/t),而且表面积大导致药剂大量消耗,金属离子溶解到溶液中,降低了浮选的选择性,另外,表面氧化的趋势也更大。方铅矿的氧化尤为严重,因其作为复杂矿石中最重矿物,在闭路磨矿中常会过磨。

大多数情况下,产出的精矿品位和回收率相对降低,典型的品位如下:

	%Cu	%Pb	%Zn
铜精矿	20~30	1~10	2~10
铅精矿	0.8~5	35~65	2~20
锌精矿	0.3~2	0.4~4	45~55

报道称纽省(New Brunswick)矿床的铜、铅、锌的回收率可分别达到 40%~60%,50%~60% 及 70%~80%(Stemerowicz,Leigh,1978)。因精矿受到污染,冶炼炉内炉料过量,由于精矿混杂,冶炼得到的金属很少,而且铜精矿中混有锌和铅往往导致熔炼损失。金银在铜及铅精矿中有回收价值,然而在锌精矿中通常无回收价值。如果矿体的规模不便于建设专门的熔炉组,则需要将精矿直接出售给冶炼客户,如瑞典布利登的 Ronnskar,为全部回收有价金属建有一整套冶金厂房,便于炉渣的运输及回收,也利于将副产品从一个作业运到另一个作业(Barbery 等,1980)。

与矿石中所含的相对较高的价值相比,开采该类矿床矿山的综合收益可能会很低。Gray(1984)通过比较澳大利亚两座矿山:北布罗肯希尔(North Broken Hill)

及 Woodlawn 的选厂工作情况，指出了处理复杂矿石时在经济上存在局限性。前一矿山回收了潜在有回收价值矿石的 56%，而 Woodlawn 仅回收了有回收价值的 27%。两者之间的差别几乎仅仅是由于回收率的差异，因为 Woodlawn 矿床的矿石性质要比前者复杂得多。矿石性质如此复杂的矿床世界上有很多，但现在几乎没有与北布罗肯希尔矿石性质类似的矿床。冶金学工作者们的任务就是系统而定量地描述每一座矿床，并选择与其特性相适应的经济上最合适的处理工艺组合。Imre 和 Castle(1984)也已对复杂 Cu－Pb－Zn 矿体的开发策略进行了综述，讨论了选矿与提炼冶金流程的相互影响及优化，以及处理含黄铁矿的复杂硫化矿的提炼冶金方法。Barbery(1986)也论述了很多有发展潜力的适用于复杂硫化矿的处理方法，得出结论：联合流程将在几年之内发展起来，即将物理分选过程与湿法冶金结合起来，以实现最大效率地回收精矿价值，得到的精矿将在现有的传统冶炼厂中找到很好的销路。要将如此综合的理念变成现实，所面临的一个基本问题是：某种包含一整套处理过程和基建及操作费用的流程是否优于投资成本及分选指标不同的另一套处理方法？此外，还需要对由此综合处理方法所得产品的品位差异对后续过程的影响进行评定。这个问题的答案很关键，但很可能非常复杂，McKee(1986)分析了计算机分析在解决这类问题中所起的作用。

目前，浮选是唯一可用于复杂硫化矿石分选的方法，已使用流程有多种多样，一些为优先浮选，另外一些先混合浮选铜、铅矿物然后再进行分离。也有关于将所有具有经济价值的硫化矿与黄铁矿分离的混合浮选的研究。虽然混合浮选有一定的优势，但是研究表明，在一个单独的混合流程中，很难满足方铅矿浮选以及闪锌矿与黄铁矿优先浮选的要求，而且先浮选再混合可取得更好的分选指标，分离出铜—铅精矿和锌精矿。然而，主要的不足之处在于生产了一种无市场前景的精矿，需要开发新的冶金工艺(Barbery，1986)。

在不含铅或者所含铅未达到经济上可利用含量的铜锌矿石的浮选中，通常要用石灰将碱度控制在 pH 值为 8～12，并通过重金属离子的沉淀来抑制锌矿物。某些情况下，将石灰添加到磨机及浮选作业中就足以达到抑制锌矿物的目的，但大多数情况下，需要额外补加抑制剂。往往需要在磨机及精选作业中添加少量的氰化钠(0.01～0.05 kg/t)；如果加入大量氰化钠，黄铜矿也会受到抑制。有时也将硫酸锌与氰化物联合使用，某些情况下会使用亚硫酸钠(或者亚硫酸氢钠)或者二氧化硫等抑制剂。美国的一些研究工作(Hoyack，Raghavan，1987)表明亚硫酸盐可抑制黄铁矿，但对于闪锌矿的抑制作用很弱。闪锌矿的抑制很可能是由于电化学反应生成了一种疏水的表面产物 $Fe_2(SO_4)_3 \cdot Fe(OH)_3$。

调浆之后，用黄药浮选铜矿物，如果矿物学特性合适，也可使用铜的选择性捕收剂，如异丙基硫氨酯。通常铜精矿含铜 20%～30%，含锌可达 5%。铜浮选尾矿用硫酸铜活化后浮选锌矿物(见以前的章节)。

由于铜锌分离中需要对药剂的添加进行严格控制,选厂矿浆流的在线 X 射线分析以及一些自动化控制的使用越来越多。芬兰的派哈萨尔米(Pyhasalmi)选矿厂(图 12.70)就是一个很好的例子,自动化程度高,包括浮选铜、锌及黄铁矿(Wills,

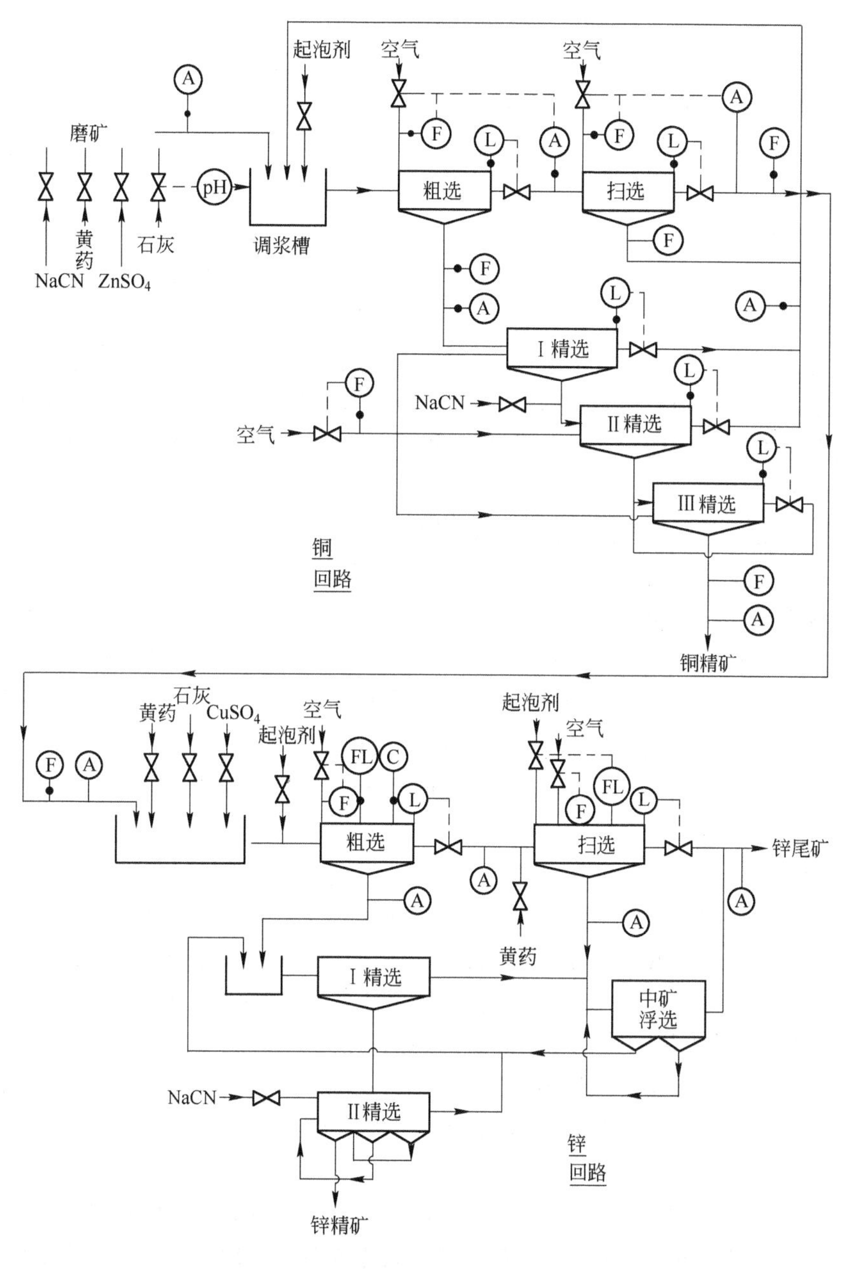

图 12.70 派哈萨尔米(Pyhasalmi)浮选回路

F—流量;L—液面;A—化验;FL—泡沫层面;C—电导率

1983)。选铜流程由传统粗选、扫选及三段精选组成,尾矿给入锌浮选流程。虽然加入了氰化物(0.025 kg/t)及硫酸锌(1.45 kg/t),铜浮选流程中仍然存在闪锌矿由水中所含铜自然活化的问题;因此为了获得满意的铜浮选回收率(约90%),浮选时间要求达到20 min,铜精矿中含铜约25%,含锌3.5%。通过对各矿浆流中铜、锌及铁含量的在线监测调整加药点,对药剂的添加进行自动控制。活性锌矿物含量波动导致矿石质量的变化,因此影响经济回收率的最重要的因素是氰化物的添加,通过加药点对其进行控制,在保持最佳铜回收率的同时使得铜精矿中的锌含量达到最低。

在处理含有经济上可利用的铅、铜及锌含量的矿石时用的最广泛的方法是先混合浮选铅－铜精矿,而抑制锌及铁矿物。而后对锌矿物进行活化浮选,而混合精矿可通过抑制铜矿物或者铅矿物来产出单独精矿。

混合浮选在碱性条件下进行,通常 pH 值为7.5～9.5,石灰与氰化物或硫酸锌等抑制剂一起加到磨机及混合浮选流程中。有时候为了抑制锌及铁的硫化矿,需要在精选作业段补加少量的亚硫酸钠或者二氧化硫,但这些药剂要慎用,因为它们也抑制方铅矿。

用于混合浮选的捕收剂的选择及用量不仅对混合浮选作业很重要,而且对于后续的分离作业也是很关键的。普遍使用黄药作为捕收剂,乙基黄药等短链捕收剂在方铅矿和黄铜矿的浮选中有很高的选择性,并且可使铜－铅达到有效分离,但混合精矿的回收率不高,尤其是方铅矿的回收率。未得到回收的大部分方铅矿会在后续的锌浮选作业中上浮,从而污染了锌精矿,并造成经济上的损失。因此,戊基或者异丁基黄药等强捕收剂得到普遍应用,但其用量需要严格控制。通常,用量较小,介于0.02 kg/t和0.06 kg/t之间,如果用量过大会使铜－铅分离困难,并需要加入大量的抑制剂,这可能会使已上浮的矿物受到抑制,污染铅和铜的精矿。

虽然长链的捕收剂可提高混合浮选回收率,但它们对抑制锌的选择性不强,有时候需要在选择性和回收率之间找到一个折中的方法,因此选择异丙基黄酸钠作为捕收剂。混合浮选捕收剂还可单独选用二硫代磷酸盐或者将其与黄药联合使用,也可能加入少量的硫氨酯以提高铜的回收率。

可否从铅矿物中分离铜取决于矿物之间的反应以及铜矿物和铅矿物的相对含量。较为可取的方法是浮选含量最少的矿物,当混合精矿中铅铜之比大于1的时候通常要抑制方铅矿。

如果矿石中辉铜矿或者铜蓝的含量可以实现经济利用,此时也要抑铅,因为氰化物不能有效抑制这类矿物,当方铅矿由氧化或锈蚀作用而不易上浮时,也应对铅进行抑制。如果溶液中铜离子的浓度很高,则此时也需要抑制铅矿物,因为混合精矿中存在次生铜矿物。铜的典型抑制剂氰化钠可与这些离子结合生成复合物氰亚铜酸盐(方程式 12.23),因而减少了可使铜受到抑制的游离氰离子。氰化物用量的增大仅仅会加速次生铜矿物的溶解。

通过将重铬酸钠、二氧化硫及淀粉以各种比例配合可对方铅矿进行抑制。而铜矿物用氰化物或者氰化物与锌的复合物来抑制。已报道了多种不同选矿厂的抑制方法(Wills,1984)。

很多选厂仍然采用在高碱条件下加入重铬酸钠来抑制方铅矿。由于生成水合铬酸铅,方铅矿表面的黄药层的疏水性受到抑制(Cecile 等,1980)。在维汉蒂(Vihanti)(图 12.71),通过在混合精矿中加入 0.01 kg/t 重铬酸钠来抑制方铅矿。铜浮选之后,分选尾矿进一步浮选以脱除残余铜,由精选尾矿产出最终铅精矿。虽然分选流程未实现自动化控制,但重铬酸钠的用量是很重要的,一旦过量会随精选尾矿一起返回粗选给矿,从而将铅抑制在选锌流程中。

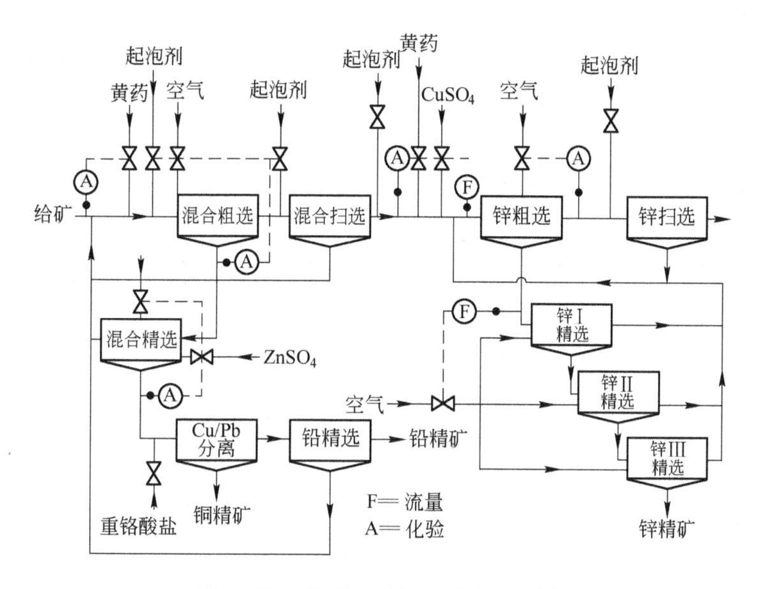

图 12.71 维汉蒂(Vihanti)浮选回路

虽然重铬酸盐的用量很小(0.01 ~0.2 kg/t),但铬酸根离子也会引起环境污染,因此有时候其他抑制方法更为可取。通过亚硫酸盐吸附抑制方铅矿是应用最为广泛的一种方法,即在混合精矿中添加二氧化硫(液态或者气态);通常亚硫酸钠的应用较少。在很多情况下,加入少量的苛性淀粉作为辅助抑制剂,如果二氧化硫不足,苛性淀粉会倾向于抑制铜。二氧化硫将 pH 值降到 4 ~5.5 之间,弱酸性条件可对铜矿物表面进行清洗,因而利于其浮游。可在回路中加入少量重铬酸盐以补充对铅的抑制。

在一些选厂,通过注入蒸气将矿浆加热到约 40℃ 以促进对方铅矿的抑制。Kubota 等人(1975)指出无需添加药剂,只要将矿浆加热到 60℃ 以上即可完全抑制方铅矿,这种方法已在日本的 Dowa 矿业公司得到应用(Anon.,1984b,1984c)。

可脱除吸附于方铅矿表面的黄药,但黄铜矿表面的黄药仍然存在。一般认为抑制机理是高温条件下方铅矿表面的优先氧化。在澳大利亚的 Woodlawn,原来铅精矿中含 30% Pb,12% Zn,4% Cu,0.03% Ag 及 20% Fe,对冶炼非常不利(Burns 等,1982)。将精矿在 85℃下加热 5 min,之后进行反浮选,得到的产品含 35% Pb,15% Zn,2.5% Cu,0.035Ag 及 15% Fe,改善了冶炼条件。

加拿大布伦瑞克(Brunswick)矿山选矿厂(McTavish,1980)(见图 12.72)的铜-铅混合精矿用 0.03 kg/t 的小麦糊精-单宁的提取物来抑制方铅矿,调浆 20 min后,加入 0.03 kg/t 活性炭以吸附过量的药剂和其他污染物,然后用液态 SO_2 将 pH 值降至 4.8。此矿浆在该 pH 值下再进一步调浆 20 min 后,添加 0.005 kg/t 的硫氨酯以浮选铜矿物。所得的粗精矿注入蒸气加热至 40℃后精选三次即得含 Cu23%,含 Pb6% 和含 Zn2% 的铜精矿。而对铜分选的尾矿进行再磨,并用蒸气加热至 85℃,调浆 40 min 后浮选提高其品位即得铅精矿。然后再添加捕收剂黄药和黑药浮选黄铁矿。所得的粗精矿加热至 70℃后再精选一次。而来自选铅尾矿矿浆约含 Pb32.5%,含 Zn13%,含铜 0.6%,将之冷却后进一步浮选的铅-锌精矿,使得最终铅精矿含 Pb36%,含 Zn8%。

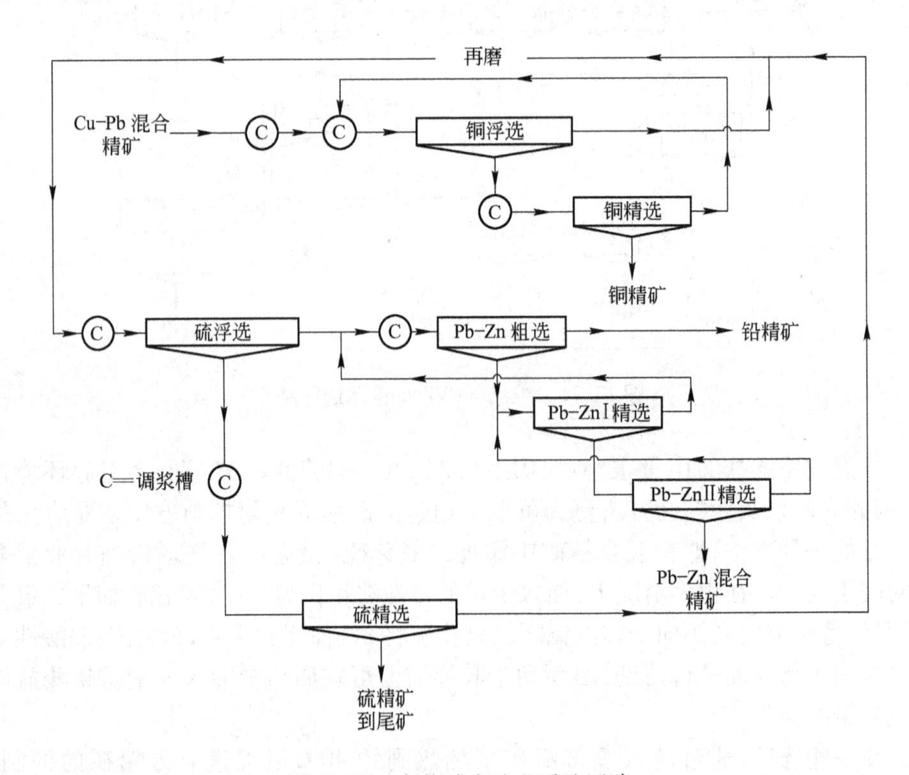

图 12.72 布伦瑞克矿山浮选回路

通常，混合精矿中铅铜比小于1，采用氰化钠对铜矿物的抑制效果会更好。然而标准的氰化物溶液会引起贵金属和少量次生铜矿物溶解，有时可采用一种氰化物－锌的混合物减少这些损失。秘鲁莫罗科哈（Morococha）采用了一种氰化物、氧化锌以及硫酸锌的混合物使得矿石中银（120 g/t）的回收率达到75%。

使用氰化物时有必要进行完全碱性控制，通常pH值在7.5和9.5之间，根据矿石的不同，其最佳值或可能会更高。倘若混合精矿中存在黄铜矿或铜蓝不采用氰化物进行抑制，这是因为对这些矿物抑制作用不强。由于氰化物是闪锌矿的有效抑制剂，因而大多混合精矿中将锌抑制到铜精矿中，这就引起对后续熔炼的处罚。然而氰化物对方铅矿抑制作用不大，可以有效的从黄铜矿中浮选方铅矿，因此可得含铅低的铜精矿。在铜精矿中铅没有回收价值，反而往往使Cu精矿折价。

在一些情况下，部分混合浮选不能满足后续的冶金作业的要求，因而必须进行顺序优先浮选。这势必增加了资金和操作成本，尽管由于该混合矿石－脉石矿物在分离每一阶段都有存在，但是它允许有选择地使用药剂去适合每一阶段的矿物学特性。顺序优先浮选通常的流程涉及到用SO_2调浆至低pH值（5～7），并且使用有选择性的药剂如乙基黄药、黑药或硫氨酯，能使铅低的铜精矿上浮。而对铜尾矿用石灰或苏打粉、黄药、氰化钠和硫酸锌进行调浆后浮选得到铅精矿，其尾矿再用硫酸铜活化进行锌浮选。

当铜矿物和铅矿物之间存在可浮性上存在明显差异时才可以进行不同矿物间的优先浮选，这就使混合粗选和不同矿物间的连续分离很难，例如南非黑山（Black Mountain）选矿厂（Beck 和 Chamart，1980）。澳大利亚科巴尔矿山有限责任公司也进行了优先浮选（Seaton，1980）。在澳大利亚的伍德劳恩矿山（Woodlawn）冶金发展是一个不断前进的过程。其原始设计的流程是采用重铬酸盐抑制铅，但是由于各种原因未起到作用。这样就使用了混合和优先浮选的结合分离方法（Roberts 等，1980；Burns 等，1982）。含Cu约1.3%、Pb约5.5%和Zn约13%的原矿给矿用SO_2、淀粉、焦亚硫酸钠和捕收剂黑药进行调浆后精选两次得到铜精矿。其铜尾矿用石灰、NaCN、淀粉和二丁基黄原酸钠调浆，浮选得到含有较少可浮铜矿物的铅精矿。该精矿在不用任何药剂下用蒸气加热至85℃后，应用反浮选浮选出铜矿物，并将其铜矿物泵送至起初的铜精选流程中去。而铅粗选的尾矿给入到锌粗选回路中浮锌。

12.17.7 镍矿石的浮选

镍通常产自两种主要的资源：硫化矿矿石和红土矿。虽然70%的陆基镍资源包含于红土矿矿床中，但是世界当今大部分镍产品仍来自硫化矿（Bacon 等，2000）。在这些矿床中主要的镍矿物为镍黄铁矿——$(NiFe)_9S_8$。然而很多矿石中也含有少量的针镍矿（NiS）和紫硫镍铁矿（Ni_2FeS_4）。在磁黄铁矿的红土矿中也会发现镍(铁的替代物)。在一些情况下加拿大的萨德伯里地区的矿床,大约10%的镍存在于磁黄铁矿内(Kerr,2002)。根据后续冶炼的要求,镍浮选有两种工艺:混合硫化矿浮选工艺(例如西澳大利亚的镍浮选厂)和分离磁黄铁矿浮选工艺(例如加拿大的萨德伯里地区)。除了铁的硫化矿外,镍还往往和铜(萨德伯里)、钴(澳大利亚西部)以及达到经济含量的贵金属如金、铂、钯、铑、钌、铱和锇(西伯利亚西北部诺尔里斯克和南非布什维尔德杂岩体)存在于一起。

Kerr(2002)对当前主要镍浮选操作进行了六章很好的概述,其中就涵盖了萨德伯里地区镍矿工艺以及澳大利亚西部(Mt Keith)和俄罗斯(诺尔里斯克)镍矿的工艺。

12.17.8 铂矿石的浮选

铂是铂族金属(PGMs)之一,还包含有钯、铱、锇、铑和钌。它们通常在经济矿石中一起产出。90%的铂族金属来源于南非和俄罗斯。在2004年,44%的铂用于机动车发动控制的催化剂,珠宝领域铂占33%。铂族金属同金和银作为珍贵金属进行分级。

铂族金属矿床主要有三种:铂族金属矿床(例如南非的布什维尔德火成杂岩体)、镍-铜矿床(例如加拿大的萨德铂里和俄罗斯的诺尔里斯克)和其他矿床。铂族金属往往用浮选得到低品位的硫化矿精矿而回收,随之对此进行熔炼和精炼。

已知的铂族金属矿物多达100种,包括有:硫化物、碲化物、锑化物、砷化物和合金。它们中的每一种都有独特的冶金学行为,并且根据产地其赋存状态和粒度会明显不同(Corrans 等,1982)。共生矿物和脉石是铂族金属浮选的实际难题,会影响后续的处理工艺。例如滑石(Shortridge 等,2000)和铬铁矿(Wesseldijk,1999)。典型的药剂组合包含有硫醇类捕收剂(黄药,在某些情况下与黑药或二硫代氨基甲酸酯组合),某些情况下添加硫酸铜作为活化剂,添加聚合物抑制剂如瓜尔胶或羧甲基纤维素来阻止自然可浮性好的滑石类脉石的上浮(Wiese 等,2005)。

在铂族金属中有价矿物密度范围很大在传统磨矿流程分级作业中也是难题,因此南非浮选厂中有时使用没有分级作业的磨矿和浮选结合流程(Snodgrass 等,1994)。闪速浮选和重介质或重选等预分选法也可以被采用。

12.17.9 铁矿石的浮选

铁矿石中矿物如针铁矿和赤铁矿通常采用胺类、油酸类、磺酸类或硫酸基类捕收剂浮选。得到精矿前处理工艺包含有重选或磁选,随之而来是浮选。由于市场要求更高品位的产品,因而铁矿石浮选的重要性日趋明显。这就要求从铁矿石中浮选硅杂质。在印度古德雷穆克(Kudremukh)铁矿有限责任公司和世界其他一些地区均采用了胺从磁铁矿石中将硅浮选出(Das 等,2005)。

在铁矿石处理中,对更高品位产品的需求见证了对浮选柱更广泛的应用。在巴西,所有铁矿石的精选回路从20世纪90年代只配置浮选柱组成粗选-精选-扫选(Araujo等,2005)。

12.17.10 煤炭的浮选

不像金属矿的浮选其所有产品均可用浮选处理,而在煤炭中仅有一部分可用浮选处理。通常是给矿量的10%~25%,且为细粒级煤,往往粒度在250 μm以下,但有时其粒度可达到1 mm。开采煤炭的方法,尤其是越来越多的采用长壁采煤法,已经导致细粒级煤产品在增加,从而使得细粒级煤浮选经济上可行。在很多国家环境法都已限制了排放到尾矿池中煤的含量,而采用浮选是唯一有效的回收这些煤的方法。

在煤炭处理工艺中浮选流程相对简单,只应用粗选和扫选。有时只单独采用粗选就足够了。煤浮选中其回收率也较高(达到了70%),且为保持气泡快速移动起泡剂用量率可以很高。很多浮选流程都使用机械刮板从浮选槽中去除那些重泡沫。油化学品往往用来做煤炭的捕收剂,最常采用的是柴油、液体石蜡和煤油。

根据所采煤炭的质量,煤炭浮选操作可得到两产品中的一个,它们或者是用于高温冶金工业的高价值的炼焦煤,或者是用于发电的低价值的电煤。焦煤产品要求有很少杂质且灰分含量(非可燃物含量)往往在5%~8%。焦煤也往往要求冲洗,这在浮选机械中如詹姆森型浮选机和广泛应用的浮选柱中均可表征这种情况。电煤浮选精矿的比例占8%~14%。不用泡沫冲洗即可完成且仍在普遍使用机械搅拌式浮选机(Nicol,2000)。

参考文献

[1] Ackerman, P. K., et al. (1984). Effect of alkyl substituents on performance of thionocarbamates as copper sulphide and pyrite collectors, in *Reagents in the Minerals Industry*, ed. M. J. Jones and R. Oblatt, IMM, London, 69.

[2] Ackerman, P. K., et al. (1986). Importance of reagent purity in evaluation of flotation collectors, *Trans. Insm. Min. Metall.*, 95 (Sept.), C165.

[3] Adam, K. and Iwasaki, I. (1984). Effects of polarisation on the surface properties of pyrrhotite, *Minerals and Metallurgical Processing*, 1 (Nov.), 246.

[4] Adkins, S. J. and Pearse, M. J. (1992). The influences of collector chemistry on kinetics and selectivity in base-metal sulphide flotation, *Minerals Engineering*, 5 (3-5), 295.

[5] Agar, G. E. (1984). Copper sulphide depression with thioglycollate and thiocarbonate, *CIM Bull.*, 77 (Dec.), 43.

[6] Agar, G. E. (1985). The optimization of flotation circuit design from laboratory rate data, in *Proc. XVth Int. Min. Proc. Cong.*, 2, Cannes, 100.

[7] Agar, G. E. and Kipkie, W. B. (1978). Predicting locked cycle flotation test results from batch da-

ta, *CIM Bull.*, 71 (Nov.), 119.

[8] Agar, G. E., et al. (1980). Optimising the design of flotation circuits, *CIM Bull.*, 73, 173.

[9] Agar, G. E., et al. (eds) (1991). *Column* '91 CANMET. Ahmed, N. and Jameson, G. J. (1989). Flotation kinetics, *Mineral Processing and Extractive Metallurgy Review*, 5(1 – 4), 77.

[10] Alexander, D. J., Runge, K. C., Franzidis, J. P., and Manlapig, E. V. (2000). The application of multicomponent floatability models to full scale flotation circuits, *7th Mill Operators Conference*, Aus. IMM Kalgoorlie, Australia (Oct.), 167 – 178.

[11] Andrews, P. R. A. (1990). Review of developments in cassiterite flotation in respect of physico-chemical considerations, *Minerals, Materials and Industry*, IMM, London, 345.

[12] Anon. (1977). Swedish mills-flowsheets, operating data, *World Mining*, 30(Oct.), 137.

[13] Anon. (1980). Bleikvassli and Mofjell, *Mining Mag.* (Nov.), 427.

[14] Anon. (1984a). Kamioka mine, *Mining Mag.* (Nov.), 387.

[15] Anon. (1984b). Kosaka mine and smelter, *Mining Mag.* (Nov.), 403.

[16] Anon. (1984c). Hanaoka mine, *Mining Mag.* (Nov.), 414.

[17] Anon. (1986a). Phosphates-a review of processing techniques, *World Mining Equip.*, 10(Apr.), 40.

[18] Anon. (1986b). Flash flotation, *Int. Mining*, 3(May), 14.

[19] Aplan, F. F. and Chander, S. (1987). Collectors for sulphide mineral flotation, in *Reagents in Mineral Technology*, ed. P. Somasundaran and B. Moudgil, Marcel Dekker, New York, 335.

[20] Araujo A. C., Vianna R. P. M., and Peres A. E. C. (2005). Flotation machines in Brazil-columns vs mechanical cells, in *Proc. Centenary of Flotation Symp.*, ed. Jameson G., Aus. IMM Brisbane (Jun.), 187 – 192.

[21] Arbiter, N. and Harris, C. C. (1962). Flotation machines, *Froth Flotation 50th Anniversary Volume*, AIMME, New York, 347.

[22] Arsentiev V. A., Dendyak T. V., and Korlovsky S. I. (1988). The effect of synergism to improve the efficiency of nonsulfide ores flotation, *Proc. 16th Int. Mineral Proc. Cong.*, ed. Forssberg K., Elsevier, Part B, 1439 – 1449.

[23] Avotins, P. V., Wang, S. S., and Nagaraj, D. R. (1994). Recent advances in sulfide collector development, in *Reagents for Better Metallurgy*, ed. P. S. Mulukutla, SME, Inc., Littleton.

[24] Bacon, W., Dalvi, A., and Parker, M. (2000). Nickel Outlook – 2000 to 2010, *Mining Millenium* 2000.

[25] Baldauf, H., et al. (1985). Alkane dicarboxylic acids and aminoaphthol sulphonic acids a new reagent regime for cassiterite flotation, *Int. J. Min. Proc.*, 15(Aug.), 117.

[26] Barbery, G. (1986). Complex sulphide ores: Processing options, in *Mineral Processing at a Crossroads-problemsand prospects*, ed. B. A. Wills and R. W. Barley, Martinus Nijoff Publishers, Dordrecht, 157.

[27] Barbery, G., et al. (1980). Exploitation of complex sulphide deposits: A review of processing options from ore to metals, in *Complex Sulphide Ores*, ed. M. J. Jones, IMM, 135.

[28] Barbian, N., Hadler, K., Ventura-Medina, E., and Cilliers, J. J. (2005). The froth stability column: Linking froth stability and flotation performance, *Minerals Engineering*, 18(3), Mar. 317 –

324.

[29] Beck, R. D. and Chamart, J. J. (1980). The Broken Hill concentrator of Black Mountain Mineral Development Co. (Pty) Ltd., South Africa, in *Complex Sulphide Ores*, ed. M. J. Jones, IMM, 88.

[30] Bergh, L. G. and Yianatos, J. B. (1993). Control alternatives for flotation columns, *Minerals Engineering*, 6(6), 631.

[31] Bergmann, A. and Haidlen, U. (1985). Economical aspects of bulk and selective flotation, in *Flotation of Sulphide Minerals*, ed. K. S. E. Forssberg, Elsevier, Amsterdam.

[32] Beyzavi, A. N. (1985). A contribution to scheelite flotation, taking particularly into account calcite-bearing scheelite ores, *Erzmetall*, 38(Nov.), 543.

[33] Bradshaw, D. J. (1997). *Synergistic Effect between Thiol Collectors used in the Flotation of Pyrite.* PhD Thesis, University of Cape Town, South Africa.

[34] Bradshaw, D. and O'Connor, C. (1996). Measurement of the sub-process of bubble loading in flotation, *Minerals Engineering*, 9 (4), 443 – 448.

[35] Bradshaw, D. J., Oostendorp, B., and Harris, P. J. (2005). Development of methodologies to improve the assessment of reagent behaviour in flotation with particular reference to collectors and depressants, *Minerals Engineering*, 18(2), 239 – 246.

[36] Broekaert, E., et al. (1984). New processes for cassiterite ore flotation, in *Mineral Processing and Extractive Metallurgy*, ed. M. J. Jones and P. Gill, IMM, London, 453.

[37] Broman, P. G., et al. (1985). Experience from the use of SO_2 to increase the selectivity in complex sulphide ore flotation, in *Flotation of Sulphide Minerals*, ed. K. S. E. Forssberg, Elsevier, Amsterdam, 277.

[38] Buckley, A. N. and Woods, R. (1997). Chemisorptionthe thermodynamically favoured process in the interaction of thiol collectors with sulphide, *International Journal of Mineral Processing*, 51, 15 – 26.

[39] Buckley, A. N., et al. (1985). Investigation of the surface oxidation of sulphide minerals by linear potential sweep voltammetry and X-ray photoelectron spectroscopy, *Flotation of Sulphide Minerals*, ed. K. S. E. Forssberg, Elsevier, Amsterdam, 41.

[40] Burger, J. R. (1984). Chile: World's largest copper producer is expanding, *Engng. Min. J.*, 185 (Nov.), 33.

[41] Burgess, F., Reemeyer, L., Spagnolo, M., Ashley, M., and Brennan, D. (2003). Ramp up of the Pasminco Century Concentrator to 500 000 tpa zinc metal production in concentrate, in *Proceedings of Aus. IMM Eighth Mill Operators Conference*, Aus. IMM: Melbourne Townsville, Australia, 22 – 23 (Jul.), 153 – 163.

[42] Burns, C. J., et al. (1982). Process development and control at Woodlawn Mines, 14*th Int. Min. Proc. Cong.*, Paper IV – 18, CIM, Toronto, Canada, Oct.

[43] Cases, J. M. (1980). Finely disseminated complex sulphide ores, in *Comple Sulphide Ores*, ed. M. J. Jones, IMM, 234.

[44] Cecile, J. L., et al. (1980). Galena depression with chromate ions after flotation with xanthates: A kinetic and spectrometry study, in *Complex Sulphide Ores*, ed. M. J. Jones, IMM, 159.

[45] Chander, S. (1985). Oxidation/reduction effects in depression of sulphides-a review, *Minerals and Metallurgical Processing*, 2 (Feb.), 26.

[46] Chander, S. (1988a). Electrochemistry of sulfide mineral flotation, *Minerals and Metallurgical Processing*, 5 (Aug.), 104.

[47] Chironis, N. P. (1986). Cell creates microbubbles to latch on to finer coal, *Coal Age*, 91 (Aug.), 62.

[48] Cienski, T. and Coffin, V. (1981). Column flotation operation at Mines Gasp6 molybdenum circuit, *Can. Min.* J., 102 (Mar.), 28.

[49] Clayton, R., Jameson, G. J., and Manlapig, E. V. (1991). The development and application of the Jameson cell, *Minerals Engineering*, 4 (7 - 11), 925.

[50] Clingan, B. V. and McGregor, D. R. (1987). Column flotation experience at Magma Copper Co. *Minerals and Metallurgical Processing*, 4 (Aug.), 121.

[51] Coleman, R. and Napitupulu, P. (1997). Freeport's fourth concentrator-a large step towards the 21st century, *Aus. IMM 6th Mill Operators Conference*, Madang, New Guinea (Oct.), 17 - 21.

[52] Collins, D. N., et al. (1984). Use of alkyl iminobis-methylene phosphonic acids as collectors for oxide and salt-type minerals, in *Reagents in the Minerals Industry*, ed. M. J. Jones and R. Oblatt, IMM, London, 1.

[53] Corrans, I. J., Brugman, C. F., Overbeek, P. W., and McRae, L. B. (1982). The recovery of platinum group metals from ore of the UG2 Reef in the Bushveld Complex, in *XII th CMMI Congress*, ed. H. W.

[54] Glen, SAIMM, Johannesburg, South Africa, 629 - 634.

[55] Cowburn, J. A., Stone, R., Bourke, S., and Hill, B. (2005). Design developments of the Jameson Cell, in *Proc. Centenary of Flotation Symp.*, ed. Jameson G., Aus. IMM Brisbane (Jun.), 193 - 200.

[56] Crawford, R. and Ralston, J. (1988). The influence of particle size and contact angle in mineral flotation, *Int. J. Min. Proc.*, 23, 1 - 24.

[57] Crozier, R. D. (1984). Plant reagents. Part 1: Changing pattern in the supply of flotation reagents, *Mining Mag.* (Sept.), 202.

[58] Crozier, R. D. (1986). Codelo's development plans for Chuquicamata and El Teniente, *Mining Mag.*, 155 (Nov.), 460.

[59] Crozier, R. D. (1990). Non-metallic mineral flotation, *Industrial Minerals*, (Feb.), 55.

[60] Crozier, R. D. (1991). Sulphide collector mineral bonding and the mechanism of flotation, *Minerals Engineering*, 4 (7 - 11), 839.

[61] Crozier, R. D. (1992). *Flotation: Theory, Reagents and Testing*, Pergamon Press, Oxford.

[62] Crozier, R. D. and Klimpel, R. R. (1989). Frothers: plant practice. *Mineral Processing and Extractive Metallurgy Review*, 5 (1 - 4), 257.

[63] Cubillos, F. A. and Lima, E. L. (1997). Identification and optimizing control of a rougher flotation circuit using an adaptable hybrid-neural model, *Minerals Engineering.*, 10 (7), Jul., 707 - 721.

[64] Das, B., Prakash, S., Biswal, S. K., Reddy, P. S. R., and Misra, V. N. (2005). Studies on the ben-

eficiation of iron ore slimes using the flotation technique, *Proceedings of Centenary of Flotation Symposium*, *Aus*. IMM: Melbourne Brisbane, Qld, 6 - 9 Jun. (CD ROM) 737 - 742.

[65] Dayton, S. (1979). Chile: Where major new copper output can materialise faster than any place else, *Engng. Min.* J., 180(Nov.), 68.

[66] Deng, T. and Chen, J. (1991). Treatment of oxidized copper ores with emphasis on refractory ores, *Mineral Processing and Extractive Metallurgy Review*, 7(3 - 4), 175.

[67] Dowling, E. C., et al. (1985). Model discrimination in the flotation of a porphyry copper ore, *Minerals and Metallurgical Processing*, 2(May), 87.

[68] Edwards, R. and Atkinson, K. (1986). *Ore Deposit Geology*, Chapman and Hall, London.

[69] Fairweather, M. J. (2005). The Sullivan concentrator the last (and best) 30 years, in *Proc. Centenary of Flotation Symp.*, ed. G. Jameson, Aus. IMM Brisbane (Jun.), 835 - 844.

[70] Fee, B. S. and Klimpel, R. R. (1986). pH regulators, in *Chemical Reagents in the Minerals Industry* ed. D. Malhotra and W. F. Riggs, SME Inc., Littleton, 119.

[71] Feteris, S. M., Frew, J. A., and Jowett, A., 1987. Modelling the effect of froth depth in flotation, *Int. J. Min. Proc.*, 20, 121 - 135.

[72] Fewings, J. H., Slaughter, P. J., Manlapig, E. V., and Lynch, A. J. (1979). The dynamic behaviour and automatic control of the chalcopyrite flotation circuit at Mount Isa Mines Ltd., *Proc. XIIIth Int. Min. Proc. Cong.*, Warsaw, 405.

[73] Finch, E. and Riggs, W. F. (1986). Fatty acids-a selection guide, in *Chemical Reagents in the Minerals Industry*, ed. D. Malhotra and W. F. Riggs, SME Inc., Littleton, 95.

[74] Finch, J. A. and Dobby, G. S. (1990). *Column Flotation*, Pergamon Press, Oxford.

[75] Finch, J. A., Kitching, R., and Robertson, K. S. (1979). Laboratory simulation of a closed-circuit grind for a heterogeneous ore, *CIM Bull.*, 72(Mar.), 198.

[76] Firth, B. A. (1999). Australian coal flotation practices, *Advances in flotation technology*, Parekh, B. K., Miller, J. D. (eds), SME.

[77] Fuerstenau, D. W. (1988). Flotation science and engineering advances and challenges, *Proc. XVI International Mineral Processing Congress*, Stockholm, ed. K. S. E. Forssberg, Vol. A, Elsevier, Amsterdam, 63.

[78] Fuerstenau, D. W. and Raghavan, S. (1986). Surface chemical properties of oxide copper minerals, in *Advances in Mineral Processing*, ed. P. Somasundaran, Chapter 23, SME Inc., Littleton, 395.

[79] Fuerstenau, M. C. and Somasundaran, S. (2003). Flotation, in *Principles of Mineral Processing*, ed. M. C.

[80] Fuerstenau and K. N. Han, Soc for Mining, Metallurgy and Exploration Inc., SME, Colorado, USA.

[81] Fuerstenau, D. W., Li, C., and Hanson, J. S. (1991). Enhancement of fine hematite flotation by shear flocculation and carrier flotation, *Proc. XVII Int. Min. Proc. Cong.*, Dresden, Vol. 2, 169.

[82] Fuerstenau, D. W., et al. (1985). Sulphidization and flotation behaviour of anglesite, cerussite and galena, in *Proc. XVth Int. Min. Proc. Cong.*, 2, Cannes, 74.

[83] Fuerstenau, M. C., et al. (1985). *Chemistry of Flotation*, AIMME, New York.

[84] Fuerstenau, M. C., et al. (1986). Flotation behaviour of chromium and manganese minerals, in *Advances in Mineral Processing*, ed. P. Somasundaran, Chapter 17, SME Inc., Littleton, 289.

[85] Gaudin, A. M. (1957). *Flotation*, McGraw-Hill, New York.

[86] Gefvert, D. L. (1986). Cationic flotation reagents for mineral beneficiation, in *Chemical Reagents in the Minerals Industry*, ed. D. Malhotra and W. F. Riggs, SME Inc., Littleton, 85.

[87] Glembotskii, V. A., Klassen, V. I., and Plaksin, I. N. (1972). *Flotation*, Primary Sources, New York.

[88] Goh, S. W., Buckley, A. N., Lamb, R. N., and Woods, R. (2005). Distinguishing monolayer and multilayer adsorption of thiol collectors with ToF-SIMS and XPS, in *Proc. Centenary of Flotation Symp.*, ed. G. Jameson, Aus. IMM Brisbane (Jun.), 439 – 448.

[89] Gorain, B. K., Franzidis, J. P., and Manlapig, E. V. (1996). Studies on impeller type, impeller speed and air flow rate in an industrial flotation cell-Part 3. Effect on superficial gas velocity, *Minerals Engineering*, 9, 639 – 654.

[90] Gorain, B. K., Franzidis, J. P., and Manlapig, E. V. (1997). Studies on impeller type, impeller speed and air flow rate in an industrial flotation cell-Part 4. Effect of bubble surface area flux on flotation performance, *Minerals Engineering*, 10, 367 – 379.

[91] Gorain, B. K., Franzidis, J. P, and Manlapig, E. V. (1999). The empirical prediction of bubble surface area flux in mechanical flotation cells from cell design and operating data, *Minerals Engineering*, 12, 309 – 322.

[92] Gray, P. M. J. (1984). Metallurgy of the complex sulphide ores, *Mining Mag.* (Oct.), 315.

[93] Greet, C. J., Kinal, J., and Steinier, P. (2005). Grinding media-its effect on pulp chemistry and flotation behaviour-fact or fiction, in *Proc. Centenary of Flotation Symp.*, ed. G. Jameson, Aus. IMM Brisbane (Jun.), 967 – 972.

[94] Guy, P. J. and Trahar, W. J. (1985). The effects of oxidation and mineral interaction on sulphide flotation, in *Flotation of Sulphide Minerals*, ed. K. S. E. Forssberg, Elsevier, Amsterdam, 91.

[95] Harbort, G. J., Manlapig, E. V., and DeBono, S. K. (2002). Particle collection within the Jameson Cell downcomer, *Trans IMM*, Sec. C 11 *l/Proc. Aus. IMM*, 307, Jan. – Apr., C 1 – C 10.

[96] Harbort, G. J., et al. (1994). Recent advances in Jameson flotation cell technology, *Minerals Engineering*, 7 (2/3), 319.

[97] Hardwicke, G. B., et al. (1978). Granby Mining Corporation, in *Milling Practice in Canada*, CIM Special Vol., 16.

[98] Harris, C. C. (1976). Flotation machines, in *Flotation: A. M. Gaudin Memorial Volume*, AIMME, New York, 753.

[99] Harris, P. J. (1982). Frothing phenomena and froths, in *Principles of Flotation*, ed. R. P. King., S. Afr. Inst. Min. Metall., Johannesburg.

[100] Harris, M. C., Runge, K. C., Whiten, W. J., and Morrison, R. D. (2002). JKSimFloat as a practical tool for flotation process design and optimisation, *SME Mineral Processing Plant Design, Practice and Control Conference*, Vancouver, Canada (Oct.), 461 – 478.

[101] Hart, B., Biesinger, M., and Smart, R. St. C. (2005). Improved statistical methods applied to surface chemistry in minerals flotation, in *Proc. Centenary of Flotation Symp.*, ed. Jameson, G., Aus. IMM Brisbane, (Jun.), 457 – 465.

[102] Hartarti, F., Mular, M., Stewart, A., and Gorken, A. (1997). Increased gold recovery at PT Freeport Indonesia using Aero 7249 promoter, *Proc. Sixth Mill Operators Conference*, Aus. IMM, Madang, PNG, 165 – 168.

[103] Hatfield, D., Robertson, C., Burdukova, L., Harris, P., and Bradshaw, D. (2004). Evaluation of the effect of depressants on froth structure and flotation performance of a platinum bearing ore, *2004 SME Annual Meeting*, Denver, 1, 23 – 25 Feb., Preprint no. 04 – 186.

[104] Heimala, S., et al. (1988). Flotation control with mineral electrodes, *Proc. XVI International Mineral Processing Congress*, Stockholm, ed. K. S. E. Forssberg, Vol. B, 1713, Elsevier, Amsterdam.

[105] Hemmings, C. E. (1980). An alternative viewpoint on flotation behaviour of ultrafine particles, *Trans. Inst. Min. Metall.*, 89 (Sept.), C113.

[106] Herbst, J. A., et al. (1986). Strategies for the control of flotation plants, in *Design and Installation of Concentration and Dewatering Circuits*, ed. A. L. Mular and M. A. Anderson, Chapter 36, SME Inc., Littleton, 548.

[107] Hernandez-Aguilar, J. R., Gomez, C. O., and Finch, J. A. (2002). A technique for the direct measurement of bubble size distributions in industrial flotation cells, *Proc. 34 th Annual Meeting of the Canadian Mineral Processors of CIM*, Ottawa, (Jan.), 389 – 402.

[108] Holme, R. N. (1986). Sulphonate-type flotation reagents. *Chemical Reagents in the Minerals Industry*, ed. D. Malhotra and W. F. Riggs, SME Inc., Littleton, 99.

[109] Holtham, P. N. and Nguyen, K. K. (2002). On-line analysis of froth surface in coal and mineral flotation using JKFrothCam, *Int. J. Min. Proc.*, 14 (2 – 3), Mar., 163 – 180.

[110] Hope, G. A., Woods, R., Parker, G. K., Watling, K. M., and Buckley, F. M. (2005). Spectroelectrochemical Raman studies of flotation-reagent-surface interaction, in *Proc. Centenary of Flotation Symp.*, ed. Jameson, G., Aus. IMM Brisbane (Jun.), 473 – 481.

[111] Houot, R. (1983). Beneficiation of iron ore by flotation, *Int. J. Min. Proc.*, 10, 183.

[112] Houot, R., et al. (1985). Selective flotation of phosphatic ores having a siliceous and/or a carbonated gangue, *Int. J. Min. Proc.*, 14 (Jun.), 245.

[113] Hoyack, M. E. and Raghavan, S. (1987). Interaction of aqueous sodium sulphite with pyrite and sphalerite, *Trans. Inst. Min. Metall.*, 96 (Dec.), C173.

[114] Hsieh, S. S. and Lehr, J. R. (1985). Beneficiation of dolomitic Idaho phosphate rock by the TVA diphosphonic acid depressant process, *Minerals and Metallurgical Processing*, 2 (Feb.), 10.

[115] Imre, U. and Castle, J. F. (1984). Exploitation strategies for complex Cu-Pb-Zn orebodies, in *Mineral Processing and Extractive Metallurgy*, ed. M. J. Jones and P. Gill, IMM, London, 473.

[116] Ives, K. J. (ed.) (1984). *The Scientific Basis of Flotation*, Martinus Nijoff Publishers, The Hague.

[117] Iwasaki, I. (1983). Iron ore flotation, theory and practice, *Mining Engng.*, 35 (Jun.), 622.

[118] Iwasaki, I. (1999). Iron ore flotation-Historical perspective, in *Advances in Flotation Technology*, ed.

[119] Parekh, B. K. and Miller, J. D. SME, Littleton, Colorado, 231 – 243.

[120] Jiwu, M., et al. (1984). Novel frother-collector for flotation of sulphide minerals-CEED, in *Reagents in the Minerals Industry*, ed. M. J. Jones and R. Oblatt, IMM, London, 287.

[121] Johnson, N. W. (1972). The flotation behaviour of some chalcopyrite ores, PhD Thesis, University of Queensland.

[122] Johnson, N. W. and Munro, P. D. (1988). Eh-pH measurements for problem solving in a zinc reverse flotation process, *The Aus. IMM Bulletin and Proceedings*, 293 (May), 53.

[123] Johnson, N. W. and Munro, P. D. (2002). Overview of Flotation Technology and Plant Practice for Complex Sulphide Ores, *SME Mineral Processing Plant Design, Practice and Control Conference*, Vancouver, Canada (Oct.), 1097 – 1123.

[124] Jones, M. H. and Woodcock, J. T. (1983). Decomposition of alkyl dixanthogens in aqueous solutions, *Int. J. Min. Proc.*, 10, 1.

[125] Jones, M. H. and Woodcock, J. T. (eds) (1984). *Principles of Mineral Flotation*, Australas. Inst. Min. Metall., Victoria.

[126] Jordan, T. S., et al. (1986). Non-sulphide flotation: Principles and practice, in *Design and Installation of Concentration and Dewatering Circuits*, ed. A. L. Mular and M. A. Anderson, Chapter 2, SME Inc., Littleton, 16.

[127] Jowett, A. (1966). Gangue mineral contamination of froth, *Brit. Chem. Eng.*, 2, 330 – 333.

[128] Kampjarvi, P. and Jamsa-Jounela, S-L. (2002). Level control strategies for flotation cells, *Proc. 15th Triennial Worm Cong.*, IFAC, Barcelona.

[129] Kaya, M. and Laplante, A. R. (1991). Froth washing technology in mechanical flotation machines, *Proc. XVII Int. Min. Proc. Cong. Dresden*, Vol. 2, 203.

[130] Kennedy, A. (1990). The Jameson flotation cell. *Mining Mag.*, 163 (Oct.), 281.

[131] Kerr, A. (2002). An Overview of recent developments in flotation technology and plant practice for Nickel ores, *SME Mineral Processing Plant Design, Practice and Control Conference*, Vancouver, Canada (Oct.), 1142 – 1158.

[132] King, R. P. (ed.) (1982). *The Principles of Flotation*, S. Afr. I. M. M.

[133] Kittel, S., Galleguillos, P., and Urtubia, H. (2001). Rougher automation in Escondida flotation plant, *Annual Meeting of SME*, SME Denver, Feb.

[134] Kirjavainen, V. M. and Laapas, H. R. (1988). A study of entrainment mechanism in flotation, *Proc. XVI Int. Mineral Processing Congress, Stockholm* ed. K. S. E.

[135] Forssberg Vol. A, Elsevier, Amsterdam, 665. Kitzinger, F., Rosenblum, F., and Spira, P. (1979). Continuous monitoring and control of froth level and pulp density, *Mining Engng.*, 31 (Apr.), 310.

[136] Klimpel, R. R. (1986). The industrial practice of sulphide mineral collectors. *Chemical Reagents in the Minerals Industry*, ed. D. Malhotra and W. F. Riggs, SME Inc., Littleton, 73.

[137] Konigsman, K. V. (1985). Flotation techniques for complex ores, in *Complex Sulphides*, ed. A. D. Zunkel et al., TMS-AIME, Pennslyvania, 5.

[138] Konigsman, K. V., Hendriks, D. W., and Daoust, C. (1976). Computer control of flotation at Mattagami Lake Mines, *CIM Bull.* (Mar.), 117.

[139] Kubota, T., et al. (1975). A new method for copper lead separation by raising pulp temperature of the bulk float, *Proc. Xlth Int. Min. Proc. Cong.*, Cagliari, Istituto di Arte Mineraria, Cagliari.

[140] Labonte, G. and Finch, J. A. (1988). Measurement of electrochemical potentials in flotation systems, *CIM Bull.*, 81 (Dec.), 78.

[141] Lacy, W. C. (1974). *Porphyry Copper Deposits*, Australian Mineral Foundation Inc.

[142] Lane, G., Brindley, S., Green, S., and Mcleod, D. (2005). Design and engineering of flotation circuits (in Australia), in *Proc. Centenary of Flotation Symp.*, ed. G., Jameson, Aus. IMM Brisbane (Jun.), 127 - 140.

[143] Laskowski, J. S. (1986). The relationship between flotability and hydrophobicity, in *Advances in Minerals Processing*, ed. P. Somarsundaran, SME, Littleton, Colorado, 189 - 208.

[144] Laskowski, J. S. and Poling, G. W. (1995). *Processing of Hydrophobic Minerals and Fine Coal* CIM, Montreal.

[145] Laskowski, J., et al. (1985). Studies on the flotation of chrysocolla, *Mineral Proc. & Tech. Review*, 2, 135.

[146] Lawver, J. E., et al. (1984). New techniques in beneficiation of the Florida phosphates of the future, *Minerals and Metallurgical Processing*, 1 (Aug.), 89.

[147] Learmont, M. E. and Iwasaki, I. (1984). Effect of grinding media on galena flotation, *Minerals and Metallurgical Processing*, 1 (Aug.), 136.

[148] Leja, J. (1982). *Surface Chemistry of Froth Flotation*, Plenum Press, New York.

[149] Lekki, J. and Laskowski, J. (1975). A new concept of frothing in flotation systems and general classification of flotation frothers, *Proc. 11th Int. Min.* Proc. Cong., Cagliari, 427.

[150] Lelinski, D., Redden, L. D., and Nelson, M. G. (2005). Important considerations in the design of mechanical flotation machines. *Proc. Centenary of Flotation Symp.*, ed. G. Jameson, Aus. IMM Brisbane (Jun.), 217 - 224.

[151] Lepetic, V. M. (1986). Cassiterite flotation: A review, in *Advances in Mineral Processing*, ed. P. Somasundaran, Chapter 19, SME Inc., Littleton, 343.

[152] Lindgren, E. and Broman, P. (1976). Aspects of flotation circuit design, *Concentrates*, 1, 6.

[153] Liu, Q. and Laskowski, J. S. (1989). The role of metalhydroxides at mineral surfaces in dextrin adsorption, II. Chalcopyrite-galena separations in the presence of dextrin, *Int. J. Min. Proc*, 27 (Sept.), 147.

[154] Liu, Q. and Laskowski, J. S. (1999). Adsorption of polysaccharides onto sulphides and their use in sulphide flotation, in Polymers in the Mineral Processing Industry, ed. J. S. Laskowski, MetSoc., Canada, 71 - 88.

[155] Luttrell, G. H. and Yoon, R. H. (1984). The collectorless flotation of chalcopyrite ores using sodium sulphide, *Int. J. Min. Proc.*, 13 (Nov.), 271.

[156] Lynch, A. J., Johnson, N. W., Manlapig, E. V., and Thorne, C. G. (1981). *Mineral and Coal Flotation Circuits*, Elsevier Scientific Publishing Co., Amsterdam.

[157] Mackenzie, M. (1986). Organic polymers as depressants, in *Chemical Reagents in the Minerals Industry*, ed. D. Malhotra and W. F. Riggs, SME Inc., Littleton, 139.

[158] Malghan, S. G. (1986). Role of sodium sulphide in the flotation of oxidised copper, lead, and zinc ores, *Minerals and Metallurgical Processing*, 3(Aug.) 158.

[159] Malhotra, D., et al. (1986). Plant practice in sulphide flotation, in *Chemical Reagents in the Minerals Industry*, ed. D. Malhotra and W. F. Riggs, SME Inc., Littleton 21.

[160] Malinovskii, V. A., et al. (1973). Technology of froth separation and its industrial applications, *Trans. l Oth Int. Min. Proc. Cong.*, Paper 43, London.

[161] Marabini, A. (1994). Advances in synthesis and use of chelating reagents in mineral flotation, in *Reagents for Better Metallurgy*, ed. P. S. Mulukutla, SME, Inc. , Littleton.

[162] Martin, C. J., et al. (1989). Complex sulphide ore processing with pyrite flotation by nitrogen, *Int. J. Min. Proc.*, 26(Jun.), 95.

[163] Martin, C. J., et al. (1991). Review of the effect of grinding media on flotation of sulphide minerals, *Minerals Engineering*, 4(2), 121.

[164] McKay, J. D., et al. (1986). Column flotation of Montana chromite ore, *Minerals and Metallurgical Processing*, 3(Aug.), 170.

[165] McKee, D. J. (1986). Future applications of computers in the design and control of mineral beneficiation circuits, *Automation for Mineral Resource Development*, Pergamon Press, Oxford, 175.

[166] McKee, D. J. (1991). Automatic flotation control-a review of the last 20 years of effort, *Minerals Engineering*, 4(7-11), 653-666.

[167] McTavish, S. (1980). Flotation practice at Brunswick Mining, *CIM Bull.* (Feb.), 115.

[168] Meenan, G. F. (1999). Modern coal flotation practices, Advances in Flotation Technology, ed. B. K. Parekh, and J. D. Miller, SME, Littleton, Colorado, 309-316.

[169] Melo, F. and Laskowski, J. S. (2005). Fundamental properties of flotation frothers and their effect on flotation, in *Proceedings Centenary of Flotation Symposium*, Aus. IMM, Brisbane (6-9 Jun.), 347-354.

[170] Mielczarski, J. A. and Mielczarski, E. (2005). Surface monitoring, understanding and modification at molecular level in mineral beneficiation by infrared external reflection spectroscopy, in *Proceedings Centenary of Flotation Symposium*, Aus. IMM, Brisbane (6-9 Jun.), 515-522.

[171] Miettunen, J. (1983). The Pyhasalmi Concentrator - 13 years of computer control, *Proc. 4th IFA C Symp. On Automation in Mining, Mineral and Metal Processing*, Finnish Soc. Aut. Control, Helsinki, 391.

[172] Miller, G. and Readett, D. J. (1992). The Mount Isa Mines Limited copper solvent extraction and electrowinning plant, *Minerals Engineering*, 5(10-12).

[173] Mingione, P. A. (1984). Use of dialkyl and diaryl dithiosulphate promotors as mineral flotation reagents, in *Reagents in the Minerals Industry*, ed. M. J. Jones and R. Oblatt, IMM, London, 19.

[174] Mori, S., et al. (1985). Kinetic studies of fluorite flotation. *Proc. XVth Int. Min. Proc. Cong.*, 3,

Cannes,154.

[175] Moudgil,B. M. (1986). Advances in phosphate flotation, in *Advances in Mineral Processing*, ed. P. Somasundaran, Chapter 25, SME Inc., Littleton, 426.

[176] Moudgil, B. M. and Barnett, D. H. (1979). Agglomeration-skin flotation of coarse phosphate rock, *Mining Engng.*, Mar., 283.

[177] Moys, M. H. and Finch, J. A. (1988). Developments in the control of flotation columns, *Int. J. Min. Proc.*, 23(Jul.) 265.

[178] Murdock, D. J. and Wyslouzil, H. E. (1991). Largediameter column flotation cells take hold, *Engng. Min. J.*, 192(Aug.), 40.

[179] Nagaraj, D. R. (1994). A critical assessment of flotation agents, in *Reagents for Better Metallurgy*, ed. P. S. Mulukutla, SME, Inc., Littleton.

[180] Nagaraj, D. R., et al. (1986). Structure-activity relationships for copper depressants, *Trans. Inst. Min. Metall.*, 95(Mar.), C 17.

[181] Nakazawa, H. and Iwasaki, I. (1985). Effect of pyritepyrrhotite contact on their flotabilities, *Minerals and Metallurgical Processing*, 2(Nov.), 206.

[182] Nicol, S. K. (2000). Fine coal beneficiation, in *Advanced Coal Preparation Monograph Series*, ed. A. R. Swanson, and A. C. Partridge, Vol IV, Part 9, Australian Coal Preparation Society.

[183] Niitti, T. and Tarvainen, M. (1982). Experiences with large Outokumpu flotation machines, *Proc. XIVth Int. Min. Cong.*, Paper No. Ⅵ-7, CIM, Toronto, Canada, Oct.

[184] Nummela, W. and Iwasaki, I. (1986). Iron ore flotation, in *Advances in Mineral Processing*, ed. P. Somasundaran, Chapter. 18, SME Inc., Littleton, 308.

[185] Nyamekye, G. A. and Laskowski, J. S. (1993). Adsorption and electrokinetic studies on the dextrin sulfide mineral interactions, *J. Coll. Interf. Sci.*, 157, 160-167.

[186] Oberg, T. G. and Deming, S. N. (2000). Find optimun operating conditions fast, *Chem. Eng. Rogrell*, 96(4), 53-60.

[187] O'Connor, C. T. and Dunne, R. C. (1994). The flotation of gold-bearing ores-a review, *Minerals Engineering*, 7(7), 839.

[188] Osborne, D. G. (1988). *Coal Preparation Technology*, Graham and Trotman Ltd., London.

[189] Paakkinen, E. and Cooper, H. R. (1979). Flotation process control, in *Computer Methods for the 80's in the Minerals Industry*, ed. A. Weiss, AIMME, New York.

[190] Parsonage, P. G. (1985). Effects of slime and colloidal particles on the flotation of galena, in *Flotation of Sulphide Minerals*, ed. K. S. E. Forssberg, Elsevier, Amsterdam, 111.

[191] Partidge, A. and Smith, G. (1971). Small-sample flotation testing: A new cell, *Transactions of the Institute of Mining and Metallurgy*, 80, C 199-C200.

[192] Pavlica, J., et al. (1986). Industrial application of ferrosulphate and sodium cyanide in depressing zinc minerals, in *Proc. 1st Int. Min. Proc. Symp.*, 1, Izmir, 183.

[193] Pazour, D. A. (1979). Morococha-five product mine shows no sign of dying, *World Mining*, 32 (Nov.), 56.

[194] Piantadosi, C., Jasieniak, M., Skinner, W. M., and Smart R., St. C. (2000). Statistical compari-

son of surface species in flotation concentrates and tails from TOFSIMS evidence, *Minerals Engineering*, 13(13), Nov., 1377 – 1394.

[195] Pradip (1988). Application of chelating reagents in mineral processing, *Minerals and Metallurgical Processing* 5(May), 80.

[196] Pugh, R. J. (1989). Macromolecular organic depressants in sulphide flotation-a review, 1. Principles, types and applications, *Int. J. Min. Proc.*, 25(Jan.), 101.

[197] Rahal, K. R., Franzidis, J. P., and Manlapig, E. V. (2000). Flotation plant modelling and simulation using the floatability characterisation test rig (FCTR), *Aus. IMM 7th Mill Operators Conference*, Kalgoorlie, Australia (Oct.).

[198] Ralston, J. (1991). E h and its consequences in sulphide mineral flotation, *Minerals Engineering*, 4(7 – 11), 859.

[199] Ralston, J. and Newcombe, G. (1992). Static and dynamic contact angle, in *Colloid Chemistry in Mineral Processing*, ed. J. S. Laskowski and J. Ralston, Chapter 5, Elsevier, Amsterdam.

[200] Ralston, J., Fornasiero, D., and Mishchuk (2001). The hydrophobic force in flotation-a critique, *Colloids and Surfaces A: Physicochemical and Engineering Aspects*, 192, 39 – 51.

[201] Ranney, M. W. (ed.) (1980). *Flotation Agents and Processes-Technology and Applications*, Noyes Data Corps., New Jersey.

[202] Rao, S. R. (1971). *Xanthates and Related Compounds*, Marcel Dekker, New York.

[203] Rao, S. R. (2004). *Surface Chemistry of Froth Flotation*, 2nd edition, Kluwer Academic/Plenum Publishers, New York.

[204] Rao, K. H., Kundu, T., Parker, S. C., and Forssberg, K. S. E. (2005). Molecular modelling of mineral surface structures and adsorption phenomena in flotation, *In Proceedings Centenary of Flotation Symposium*, Aus. IMM, Brisbane (6 – 9 Jun.), 557 – 572.

[205] Redeker, I. H. and Bentzen, E. H. (1986). Plant and laboratory practice in non-metallic mineral flotation, *Chemical Reagents in the Minerals Industry*, ed. D. Malhotra and W. F. Riggs, SME Inc., Littleton, 3.

[206] Riggs, W. F. (1986). Frothers-an operator's guide, in *Chemical Reagents in the Minerals Industry* ed. D. Malhotra and W. F. Riggs, SME Inc., Littleton, 113.

[207] Roberts, A. N., et al. (1980). Metallurgical development at Woodlawn Mines, Australia, in *Complex Sulphide Ores*, ed. M. J. Jones, IMM, 128.

[208] Sastry, K. V. S. (1988). *Column Flotation* '88 SME Inc., Littleton.

[209] Savassi, O. N., Alexander, D. J., Manlapig, E. V., and Franzidis, J. P. (1998). An empirical model for entrainment in industrial flotation plants, *Minerals Engineering*, 11, 243 – 256.

[210] Schulze, H. J. (1984). *Physio-chemical Elementary Processes in Flotation*, Elsevier Science Publishing Co., Amsterdam.

[211] Seaton, N. R. (1980). Copper-lead-zinc ore concentration at Cobar Mines Pty Ltd., Cobar, N. S. W., in *Mining and Metallurgical Practices in Australasia*, ed. J. T. Woodcock, Aust. IMM.

[212] Senior, G. D. and Poling, G. W. (1986). The chemistry of cassiterite flotation, in *Advances in Mineral Processing*, ed. P. Somasundaran, Chapter 13, SME Inc., Littleton, 229.

[213] Ser, F. and Nieto, J. M. (1985). Sphalerite separation from Cerro Colorado copper-zinc bulk concentrate, in *Proc. XVth Int. Min. Proc. Cong.*, 3, Cannes, 247.

[214] Shaw, D. R. (1981). Dodecyl mercaptan: A superior collector for sulphide ores, *Mining Engng*, 33 (Jun.), 686.

[215] Shergold, H. L. (1984). Flotation in mineral processing, in *The Scientific Basis of Flotation*, ed. K. J. Ives, Martinus Nijoff Publishers, The Hague, 229.

[216] Shortridge, P. G., Harris, P. J., Bradshaw, D. J., and Koopal, L. K. (2000). The effect of chemical composition and molecular weight of polysaccharide depressants on the flotation of talc, *International Journal of Mineral Processing*, 59, 215 - 224.

[217] Shin, B. S. and Choi, K. S. (1985). Adsorption of sodium metasilicate on calcium minerals, *Minerals and Metallurgical Processing*, 2 (Nov.), 223.

[218] Shirley, J. and Sutolov, A. (1985). Byproduct molybdenite, in *SME Mineral Processing Handbook*, ed. N. L. Weiss, Section 16 - 17 (2), AIMME.

[219] Singh, A., Louw, J. J., and Hulbert, D. G. (2003). Flotation stabilization and optimization, *J. South African Inst. Mining and Met.*, 103 (9), Nov., 581 - 588.

[220] Sisselman, R. (1978). Chile's Chuquicamata: Looking to stay no. 1 in copper output, *Engng. Min. J.*, 8 (Aug.), 59.

[221] Sivamohan, R. (1990). The problem of recovering very fine particles in mineral processing a review, *Int. J. Min. Proc.*, 28 (3/4) May, 247.

[222] Smeink, R. G., Leerdam van, G. C., and Mahy. J. W. G. (2005). Determination of preferential adsorption of Depramin l on mineral surfaces by ToF-SIMS, *Minerals Engineering*, 18 (2) Feb., 247 - 255.

[223] Smith, R. W. (1989). Structure-function relationships of long chain collectors, in *Challenges in Mineral Processing*, ed. K. V. S. Sastry and M. C. Fuerstenau, SME, Inc., Littleton, 51.

[224] Smith, P. G. and Warren, L. J. (1989). Entrainment of particles into flotation froths, in *Frothing in Flotation*, Gordon and Breach, New York, 123 - 145.

[225] Snodgrass, R. A., Hay, M. P., and Du Preez, P. J. (1994). Process development and design of the Northam Merensky concentrator, *XVth CMMI Congress*, SAIMM, Vol. 2, 341 - 357.

[226] Somasundaran, P. and Sivakumar, A. (1988). Advances in understanding flotation mechanisms, *Minerals and Metallurgical Processing*, 5 (Aug.), 97.

[227] Somasundaran, P., et al. (1993). Chelating agents for selective flotation of minerals, *XVIII IMPC, Sydney*, Aus. IMM, Vol. 3, 577.

[228] Sorensen, T. C. (1982). Large Agitair flotation design and operation, *XIVth Int. Min. Proc. Cong.*, Paper No. VI - 10, CIM, Toronto, Canada, Oct.

[229] Soto, H. and Iwasaki, I. (1985). Flotation of apatite from calcareous ores with primary amines, *Minerals and Metallurgical Processing*, 2 (Aug.), 160.

[230] Steane, H. A. (1976). Coarser grind may mean lower metal recovery but higher profits, *Can. Min. J.*, 97 (May), 44.

[231] Steenberg, E. and Harris, P. J. (1984). Adsorption of carbomethoxycellulose, guar gum and

starch onto talc, sulphides, oxides and salt-type minerals, *South African Journal of Chem.*, 37 (3), 85 – 90.

[232] Stemerowicz, A. I. and Leigh, G. W. (1978). Flotation techniques for producing high recovery bulk Zn – Pb – Cu – Ag concentrates from a New Brunswick massive sulphide ore, *CANMET Rep.* (Aug.), 79 – 8.

[233] Sutherland, K. L. and Wark, I. W. (1955). *Principles of Flotation*, Australian IMM.

[234] Sutolov, A. (1974). *Copper Porphyries*, University of Utah Printing Services.

[235] Thompson, M. Y. (1991). Copper, *Metals and Minerals Annual Review*, 43.

[236] Thornton, A. J. (1991). Cautious adaptive control of an industrial flotation circuit, *Minerals Engineering*, 4(12), 1227 – 1242.

[237] Trahar, W. J. (1981). A rational interpretation of the role of particle size in flotation, *Int. J. Min. Proc.*, 8, 289.

[238] Trahar, W. J. and Warren, L. J. (1976). The floatability of very fine particles-A review, *Int. J. Min. Pro.*, 3, 103 – 131.

[239] Tucker, J. P., Deglon, D. A. Franzidis, J. P. Harris, M. C. and O' Connor, C. T. (1994). An evaluation of a direct method of bubble size measurement in a laboratory batch flotation cell, *Minerals Engineering*, 7(5/6), 667 – 680.

[240] Tuteja, R. K. and Spottiswood, D. J. (1995). Recent progress in the understanding of column flotation-a review, *The Aus. IMM Proceedings*, 300(2), 23.

[241] Tveter, E. C. and McQuiston, F. W. (1962). Plant practice in sulphide mineral flotation, *Froth Flotation 50th Anniversary Volume*, AIMME, New York, 382.

[242] Twidle, T. R., et al. (1985). Optimising control of lead flotation at Black Mountain, *Proc. XVth Int. Min. Proc. Cong.*, 3, Cannes, 189.

[243] Van Olst, M., Brown, N., Bourke, P., and Ronkainen, S. (2000). Improving flotation plant performance at Cadia by controlling and optimising the rate of froth recovery using Outokumpu FrothMaster TM, 7*th Mill Operators Conf.*, Kalgoorlie (Oct.), 127 – 135.

[244] Venkatachalam, S. (1992). Electrogenerated gas bubbles in flotation, *Mineral Processing and Extractive Metallurgy Review*, 8, 47

[245] Vera, M. A., Manlapig, E. V., and Franzidis, J. P. (1999). Simultaneous determination of collection zone rate constant and froth zone recovery in a mechanical flotation environment, *Minerals Engineering*, 12, 1163 – 1176.

[246] Wang, D., et al. (1988). The effect of cartier-promoting aggregation of coarse particles in fine particle flotation, in *Production and Processing of Fine Particles*, ed. A. J. Plumpton, Pergamon Press, New York, 309.

[247] Wang, X., et al. (1989a). The aqueous and surface chemistry of activation in the flotation of sulphide minerals-a review. Part I: An electrochemical model, *Mineral Processing and Extractive Metallurgy Review*, 4(3 – 4), 135.

[248] Wang, X., et al. (1989b). The aqueous and surface chemistry of activation in the flotation of sulphide minerals-eview. Part II: A surface precipitation model, *Mineral Processing and Extrac-*

tive Metallurgy Review, 4(3 – 4) 167.

[249] Wang, J., Somasundaran, P., and Nagaraj, D. R. (2005). Adsorption mechanism of guar gum at solid-liquid interfaces, *Minerals Engineering*, 18(1), Jan., 77 – 81.

[250] Warder, J. and McQuie, J. (2005). The role of flash flotation in reducing overgrinding of nickel at WMC' s Leinster Nickel Operation, in *Proc. Centenary of Flotation Symp.*, ed. G. Jameson, Aus. IMM Brisbane (Jun.), 931 – 938.

[251] Watson, J. L. (1988). South East Missouri lead belt-a review 1987, *Minerals Engineering*, 1(2), 151.

[252] Weber, A., Meadows, D., Villaneuva, F., Paloma, R., and Prado, S. (2005). Development of the world' s largest flotation machine, *Proc. Centenary of Flotation Symp.*, ed. G. Jameson, Aus. IMM Brisbane (Jun.), 285 – 292.

[253] Wesseldijk, Q. I., Bradshaw, D. J., Harris, P. J., and Reuter, M. A. (1999). The flotation behaviour of chromite with respect to the beneficiation of UG2 ore, *Minerals Engineering*, 12(10), 1177 – 1184.

[254] Wiegel, R. L. (1999). Phosphate rock beneficiation practice, in Advances in Flotation Technology, ed. B. K. Parekh, and J. D. Miller, SME, Littleton, Colorado, 213 – 218.

[255] Wiese, J., Harris, P. J., and Bradshaw, D. J. (2005). The influence of the reagent suite on the flotation of ores from the Merensky reef, *Minerals Engineering* 18(2), 189 – 198. Williams, S. R. and Phelan, J. M. (1985). Process development at Woodlawn Mines, in *Complex Sulphides*, ed. A. D. Zunkel et al., TMS-AIME, Pennsylvania, 293.

[256] Wills, B. A. (1983). Pyhasalmi and Vihanti concentrators, *Min. Mag.* (Sept.), 176.

[257] Wills, B. A. (1984). The separation by flotation of copper-lead-zinc sulphides, *Mining Mag.* (Jan.), 36.

[258] Witt, J. K., Cantrell, P. E., and Neira, M. P. (1999). Heap leaching practices at San Manuel Oxide operations, *4th International Conference COPPER* 99 – *COBRE* 99, 4, 41 – 58.

[259] Woods, R. (1976). Electrochemistry of sulphide flotation, in Flotation: *A. M. Gaudin Memorial Volume*, ed.

[260] M. C. Fuerstenau, Vol. 1, AIMME, New York, 298.

[261] Woods, R. (1988). Flotation of sulphide minerals: Electrochemical perspectives, *Copper* '87 *Volume* 2 *Mineral Processing and Process Control*, ed. A. Mular et al., Universidad de Chile, 121.

[262] Woods, R. (1994). Chemisorption of thiols and its role in flotation, *Proceedings of IV Meeting of the Southern Hemisphere on Mineral Technology; and III Latin-American Congress on Froth Flotation.* Concepcion, Chile, 1 – 14.

[263] Woods, R. and Richardson, P. E. (1986). The flotation of sulphide minerals-electrochemical aspects, in *Advances in Mineral Processing*, ed. P. Somasundaran, Chapter 9, SME, Colorado.

[264] Wrobel, S. A. (1970). Economic flotation of minerals, *Min. Mag.*, 122(Apr.), 281.

[265] Ye, Y., et al. (1990). Molybdenite flotation from copper/molybdenum concentrates by ozone conditioning, *Minerals and Metallurgical Processing*, 7(Nov.), 173.

[266] Yianatos, J. B. (2003). Design, modelling and control of flotation equipment, in *XXII International Mineral Processing Congress*, ed. L. Lorenzen, et al., Cape Town, South Africa, 29 Sept. – 3 Oct. SAIMM, Johannesburg, 59 – 68.

[267] Yianatos, J. B., et al. (1988). Effect of column height on flotation column performance, *Minerals and Metallurgical Processing*, 5 (Feb.), 11.

[268] Yoon, R. H. and Basilio C. I. (1993). Adsorption of thiol collectors on sulphide minerals and precious metalsa new perspective, *Proceedings of XVIII Int. Miner. Process. Cong.*, Sydney, 611 – 617.

[269] Young, P. (1982). Flotation machines, *Min. Mag.*, 146 (Jan.), 35.

[270] Young, M. F. and Gao, M. (2000). Performance of the IsaMills in the George Fisher flowsheet, in *Proceedings of Aus. lMM Seventh Mill Operators Conference*, Aus. IMM, Melbourne, Kalgoorlie, Australia (Oct.), 12 – 14.

[271] Zachwieja, J. B. (1994). An overview of cationic reagents in mineral processing, In *Reagents for Better Metallurgy*, ed. P. S. Mulukutla, SME, Inc., Littleton.

[272] Zhang, W. and Poling, G. W. (1991). Sulphidizationpromoting effects of ammonium sulphate on sulphidized xanthate flotation of malachite, *Proc. XVII Int. Min. Proc. Cong.*, Dresden, Vol. IV, 187.

[273] Zhou, R. and Chander, S. (1991). Sulfidization-flotation of malachite with sodium tetrasulfide, *Proc. XVII Int. Min. Proc. Cong.*, Dresden, Vol. Ⅳ, 47.

13 磁选和电选

13.1 引言

由于磁选和电选在应用过程中可能常有很大程度的重叠，故将它们放在一个章节里加以讨论。例如，在本章讲到处理滨海砂矿床的不同阶段时，对磁选和电选选择哪种选矿方法最为合适，存在较大的争论。

13.2 磁选

磁选是利用不同矿物间的磁性差异来进行选别，并被用于从非磁性脉石矿物中分离出有用矿物，例如磁铁矿与石英的分离，磁性矿物或者其他有用矿物与非磁性有用矿物的分离。某种含锡矿物的锡石就是一例，该矿物常与磁铁矿和钨锰铁矿伴生，而这两种矿物均可用磁选方法除去。

当被置于磁场中时，所有的物质在一定的程度上都会受到影响，尽管对于大多数物质来说，影响很微小甚至检测不到。根据物料被磁场吸引还是排斥，可分为两大类：

（1）抗磁性物质。抗磁性物质被排斥到沿着磁场场强变小的位置上。此处的磁场力很小，抗磁性物质不能被吸引而富集到一起。

（2）顺磁性物质。顺磁性物质被吸引到沿着磁场场强变大的位置上。顺磁性物料在强磁场磁选机中能够被富集。工业上用磁选机分离的顺磁性矿物有钛铁矿、金红石、钨锰铁矿、独居石、菱铁矿、磁黄铁矿、铬铁矿、赤铁矿以及锰矿物等。

一些元素如 Ni，Co，Mn，Cr，Ce，Ti，O 和 Pt 系金属本身也是顺磁性物质，但是，大多数的情况下，矿物的顺磁性都是由于矿物中存在铁磁体。

铁磁性被认为是顺磁性的一种特殊状态，涉及的力很大。铁磁性物料具有非常高的磁化率，并且在脱离磁场后仍可保留一些磁性（剩磁），它们能够在弱磁场磁选机中富集。用于分选的主要铁磁性矿物是磁铁矿，而赤铁矿和菱铁矿经过焙烧后也可形成磁铁矿并具有很好的分选效果。从矿物中去除“杂”铁也可被看作是一种弱磁选的方法。

本书无意进行更深层次的磁理论的阐述，因为磁理论在其他教科书里已有大量论述。

磁通量和磁感应强度的测量单位（穿过单位面积物料的磁力线的数量）是特斯拉（T）。

诱导磁感应线通过某种物料的磁化力叫做磁场强度（H），按照惯例，磁场强度的单位为安培/米（$1\ A/m=4\pi\times10^{-7}T$）。

某种物料的磁化强度与该物料感应磁化强度的大小有关，并有如下公式：

$$B=\mu_0(H+M) \tag{13.1}$$

比例常数μ_0是真空磁导率，数值为$4\pi\times10^{-7}T\cdot m/A$。在真空中，$M=0$，所以式13.1就变为：

$$B=\mu_0 H \tag{13.2}$$

场强值实质上和磁通密度相等，因此磁场强度这一术语往往用得很不规范。然而，当考察材料内部磁场时，尤其是聚集磁力线的铁磁性材料的内磁场时，感应磁通密度值将会远远高于场强，因此必须清楚指出所使用的术语。

磁化率等于磁化强度M与磁场强度H的比值，即：

$$S=M/H \tag{13.3}$$

结合式13.1和式13.3可得：

$$B=\mu_0 H(1+S) \quad 或 \quad B=\mu\mu_0 H \tag{13.4}$$

这里$\mu=1+S$，表示相对磁导率，是一个无量纲数。

对于顺磁质，S为正数，其值是一个较小的常数，对于抗磁质，S是一个负常数。图13.1显示了外加磁场力对顺磁质（赤铁矿）和抗磁质（石英）的磁化强度的影响。两条直线直接反应了M和H的关系，各自的斜率表示材料的磁化率的大小，由图可得赤铁矿的磁化率约为0.01，石英约为-0.001。

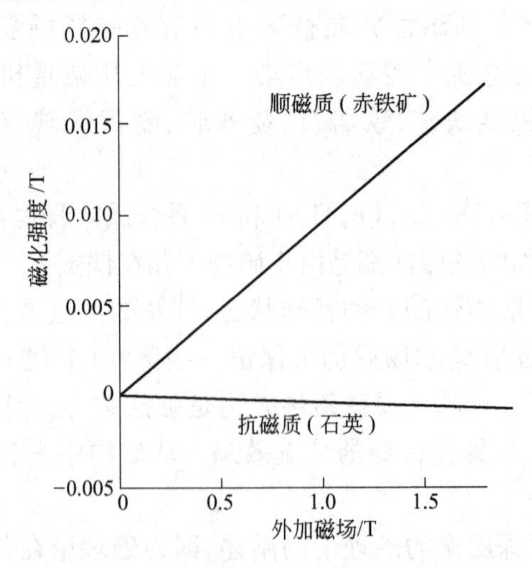

图13.1 顺磁质物料和抗磁质物料的磁化曲线

铁磁质的磁化率取决于磁场，随着场强增大，磁化率增加，直到物料磁化达到饱和状态。图13.2反映了磁铁矿 M 和 H 的关系，由图可以看出，在外加磁场1 T时，磁铁矿磁化率约为0.35，在外加磁场约为1.5 T时，达到磁化饱和状态。许多强磁机使用铁芯和线圈产生需要的磁通量和场强。使铁磁化饱和的磁场强度大约在2～2.5 T，感应磁场强度和磁化强度间的非线性变化关系要求线圈中通过大的电流，有时可以达到几百安培。

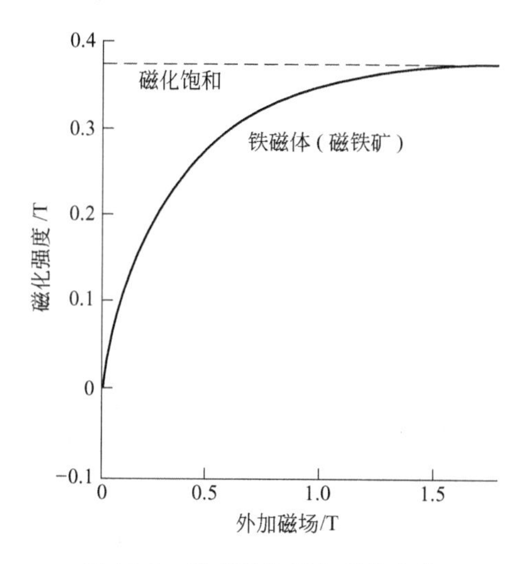

图13.2　铁磁性物料的磁化曲线

一块磁铁吸引某种特定矿粒的能力不仅取决于磁场强度的大小，而且还取决于磁场梯度，即磁场强度沿磁铁表面的增加速率。顺磁性矿物与周围的介质（通常是空气或水）相比有更高的磁导率，它们会聚集外加磁场的磁力线。磁化率越高，矿粒里的磁感应强度越大，并且沿着磁场强度增加的场强梯度方向的引力也越大。抗磁性矿物的磁化率与周围介质的相比相对较低，因此抵消了外加磁场的磁力线。这就使得沿着递减场强的磁场梯度方向外加磁场磁力线消除。抗磁质的反作用通常比顺磁质的正向引力小几个数量级。这个由以下公式13.5也可以得出，

$$F \propto H \frac{dH}{dl} \tag{13.5}$$

式中　F——作用在矿粒上的力；

H——磁场强度；

dH/dl——磁场梯度。

可见，为了获得一个给定吸引力，磁场强度和梯度有无限种的组合，而且每种均能获得相当的效果。所以，磁选机设计的一个重要的目标就是要保持高的磁场强度同时获得高的磁场梯度。

13.2.1 磁选机设计

所有的磁选机,不管是低场强还是高场强,湿式还是干式,都有一些设计要素。正如上文所述,最基本的一个要求就是要有一个高强度的磁场,而且磁场内场强梯度较大。如图13.3a所示,在一个均匀磁场中,磁性粒子会定向排列,但是不会沿着磁力线发生运动。要想产生一个聚合磁场最简单的方法就是将一个V形磁极置于平面磁极之上,如图13.3b所示。上面磁极的尖端将磁力线聚集到一个很小的区域上,从而产生了高的场强。下面的平面磁极也具有相同的磁通量,只是分布在较大的区域上。因此在这两个磁极之间由于磁场强度不同形成了一个陡的磁场梯度。

另一种获得高磁场梯度的方法是使用由磁性和非磁性极片相互交替构成的磁极,如图13.4所示。

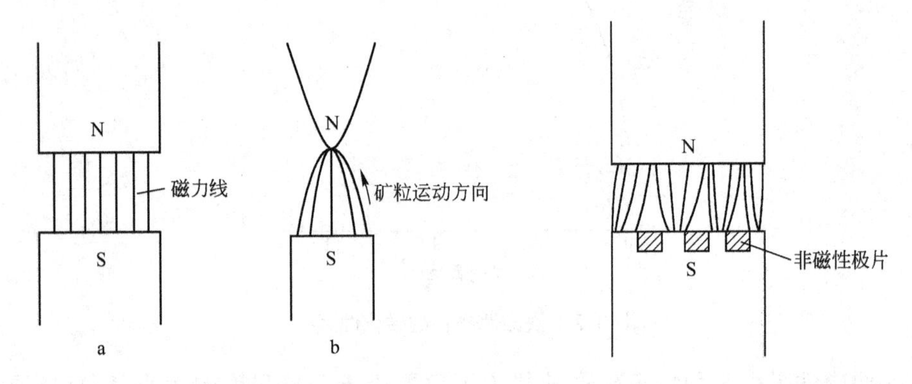

图13.3 均匀磁场(a)和聚合磁场(b)

图13.4 叠片磁极产生的高磁场梯度

为了处理不同类型物料,磁选机中必须要有可以调节磁场强度的设置。电磁磁选机通过改变电流就可以很容易达到这一目的,而永磁磁选机则可以通过改变极间距离来实现。

工业上使用的磁选机都是连续作业的设备,分选的对象也是那些进入并流过磁场的运动的矿浆。流经磁场的矿浆的速度必须要严格控制,以免出现自由降落的给矿方式。皮带或者圆鼓最常用来运送给矿,使之流经磁场的是皮带和圆鼓。

高磁化率的矿粒进入磁场,使磁力线聚集,从而矿粒便通过磁场,如图13.5所示。

因为磁力线聚集到矿粒上,所以形成了很高的磁场梯度,这使矿粒本身像磁铁一样,相互吸引。如果矿粒小,磁化率高并且磁场强度大,则可能产生矿粒的絮凝或团聚。这一点应当引起注意,因为这些磁"絮团"可以携带脉石矿物,连通磁极间的空隙,从而降低分选效率。当在干式磁选机上处理细粒物料时,絮凝现象会特别严重。如果矿石呈单层进入磁场,则絮凝效应会小很多,但是磁选机的处理量就会显著地下降。让物料通过串列的磁场,絮凝效应往往会显著降低,串列磁场的极性也通常交替变化。这样每一次极性的变化使得颗粒转动180°过程中,都会释放一些脉石颗粒。但这种方法的主要弊端是磁极间会漏磁,从而降低了有效的磁场强度。

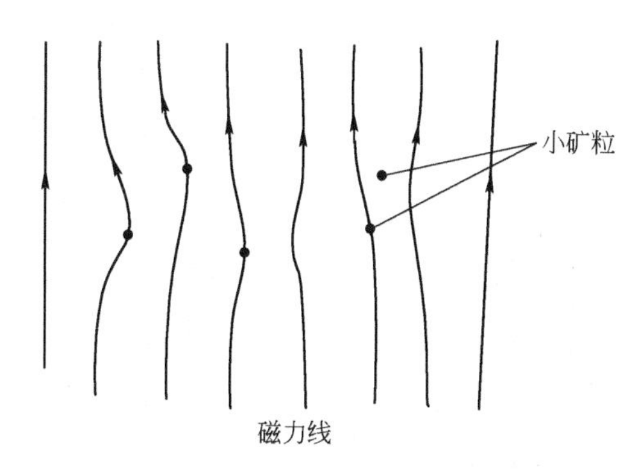

图13.5 磁力线在矿粒上的会聚

磁选机设计中必须要考虑磁性产品和非磁性产品的收集问题。为了防止磁性产品同磁极头相接触,因其一旦接触就会产生卸矿问题,因此大多数磁选机设计均使磁性颗粒被吸到极头方向,但是这会使其同某种形式的移动装置相接触,而这种装置能够携带颗粒脱离磁场区进入料斗或者到达皮带上。非磁性产品的处置很容易,可从运输装置上自由降落到料斗中。在去除强磁性产品后,使用较强的磁场强度就可以很容易获得中矿。

13.2.2 磁选机类型

磁选机可分为弱磁场和强磁场两种类型,进一步又可分为湿式和干式类型。

弱磁场磁选机被用于处理铁磁性物料和一些强顺磁性矿物。

13.2.2.1 *弱磁场磁选机*

干式弱磁场磁选主要用于富集强磁性粗粒矿砂,这一过程就称之为粗选,一般使用筒式磁选机。若分选粒级在0.05mm以下,湿式取代干式,另外湿选的粉尘损失也相对较少,并且通常还可以得到比较干净的产品。湿式弱磁场磁选现已广泛应用于重介质分选过程中提纯磁性介质(参见第11章),同时还广泛用于富集铁磁性矿砂。

筒式磁选机是目前重介质分选回路中清洗介质最常用的磁选机,该磁选机广泛用于富集细磨铁矿。这种磁选机主要由一个旋转的非磁性圆筒构成(如图13.6所示),筒内有3~6个极性交替的固定磁铁,但Permos磁选机使用了许多小的磁块,并且他们的磁化强度有着微小的变化。也就是说产生了一个非常均匀的磁场,要求的磁性材料更小。

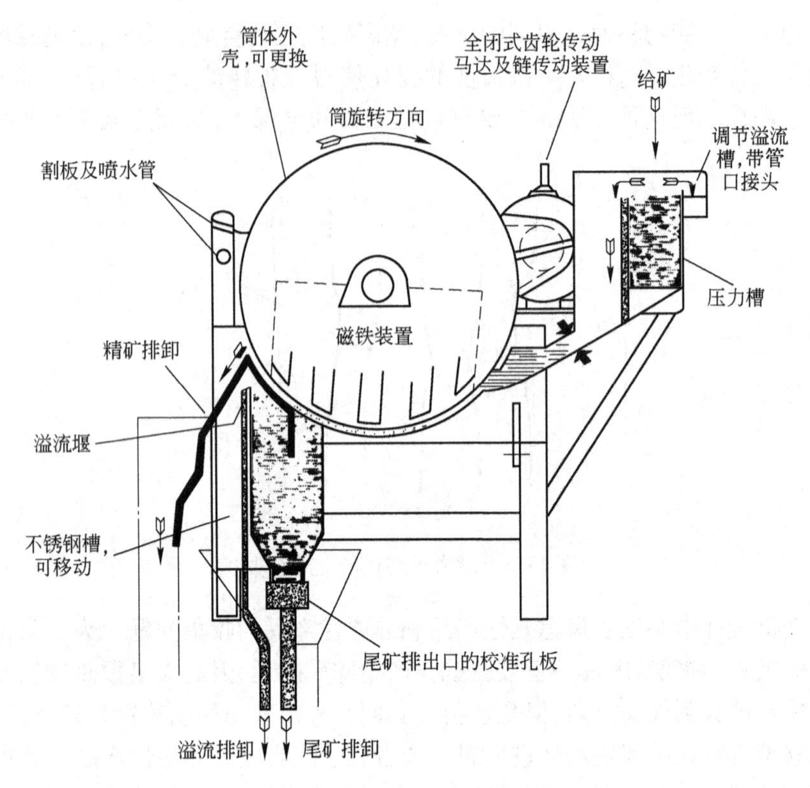

图 13.6 筒式磁选机

初始的筒式磁选机使用电磁铁,但现代的磁选机中都使用了由陶瓷或者稀土的磁性合金制成的永磁铁,因其磁场强度可以永久保持。分离的原理仍是“拣选”。磁性颗粒被磁场吸起并附着于圆筒,继而被运往磁场外,而脉石矿物则留在了尾矿室。磁选机内充水,水流使得矿浆悬浮起来。这种类型的磁选机的磁极表面的磁场强度可以达到 7000 高斯。

图 13.6 所示的筒式磁选机是顺流型磁选机,选别后的精矿由圆筒带动向前移动,并穿过一个空隙,经过压缩和脱水后排出磁选机。这种设计能够非常有效地从粗粒物料中选别出非常纯的磁性精矿,并已广泛使用于重介质回收系统中。

图 13.7 所示的筒式磁选机是逆转型磁选机,即给矿流方向和圆筒旋转方向相反。由于在粗选时给矿有时会有波动,而磁性物料的损失要控制在最小程度,同时也不要求有高纯精矿产品,而且矿浆的固体含量也相对较高,故这类磁选机主要用于粗选作业。

图 13.8 所示的磁选机是逆流型筒式磁选机,其内尾矿的运动方向与圆筒旋转方向相反,并被排到尾矿槽。

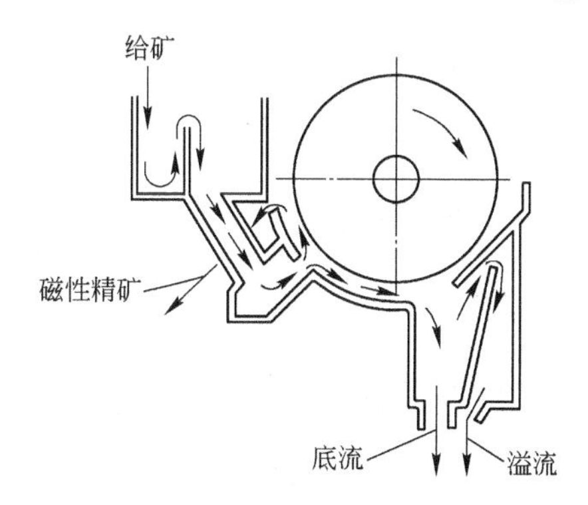

图 13.7 逆转型筒式磁选机

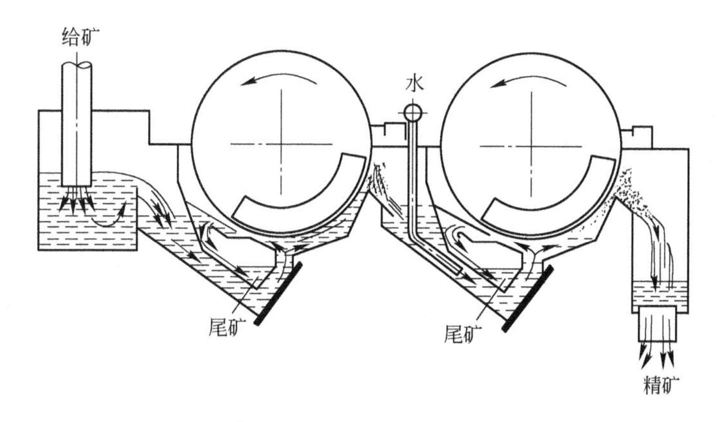

图 13.8 逆流型筒式磁选机

这种类型的磁选机主要用于精选作业，适用于处理粒度约为小于 250 μm 的物料。

筒式磁选机被广泛用于处理低品位的铁燧岩矿石，这种矿石含有 40% ~50% 的铁，主要以磁铁矿存在，但在一些矿区也含有赤铁矿，赤铁矿细粒嵌布于硬硅质岩石夹层中。为了使此类铁矿物解离，往往需要极细磨，产出的精矿在送入高炉熔炼前需要制成球团。

在典型的流程中，上述矿石是阶段磨选的，粗磨通常采用自磨或者棒磨，接下来用圆筒磁选机进行磁选。磁选精矿再磨后再用圆筒磁选机进行处理。所得的精矿可能经进一步磨矿后，进行第三阶段磁选。每一阶段磁选产生的尾矿，或者被废弃，或者在某些场合下可用螺旋选矿机或圆锥选矿机处理以回收其中的赤铁矿。

在南非帕拉博拉选矿厂，铜矿浮选后的尾矿经脱泥后（图 12.66），粒级在 105μm 以上的物料经 Sala 筒式磁选机处理后可得到回收率 95% 铁品位 62% 的磁铁矿。

交叉带式磁选机（图 13.9）和盘式磁选机先前广泛用于砂矿选矿，尤其用于从重砂中回收钛铁矿，但这类磁选机现已被淘汰，它们已渐渐被稀土辊式磁选机和稀土圆筒磁选机所取代。

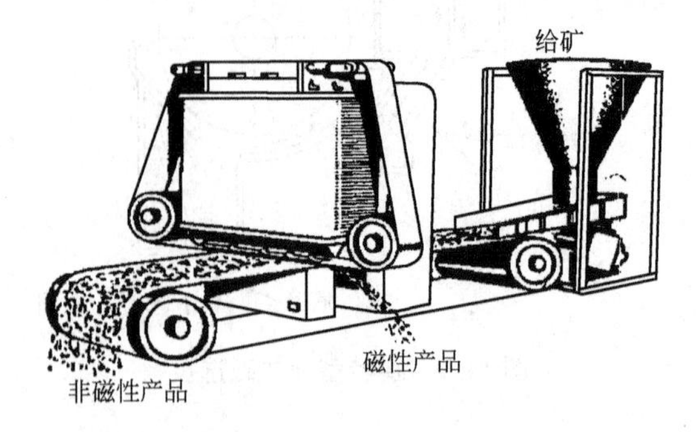

图 13.9　交叉带式磁选机

如图 13.4 所示，稀土辊式磁选机采用极性和非极性极片交替排列。如图 13.9 所示，给矿经由一条薄带运送到磁力辊，当物料进入磁场时它们就没有扬起，并且都以同一水平速度进入磁场区。这些因素有利于矿物实现有效的分离。为了让分选的精矿产品质量达到最优，可以在很大的范围内对辊筒速度进行调节。

干式稀土圆筒磁选机（图 13.10），可以分选出不同品位的磁性产品和非磁性尾矿。在一些砂矿的选别上，用含有一个或多个稀土辊筒的磁选机来处理圆筒内的中矿颗粒，如图 13.10 所示。

图 13.10　实验室稀土圆筒磁选机

13.2.2.2　强磁场磁选机

如果场强能够达到 2 T 或者更大，给矿中磁性很弱的顺磁质矿物也可以被有效的去除。

强磁场磁选的工业应用始于 1908 年，直到 20 世纪 60 年代，其分选的对象仅限于干矿石。

辊式感应磁选机,IRMs(图 13.11),被广泛用于处理海滩砂矿、钨锰铁矿、矿砂、高纯度石英砂和磷酸盐岩。同时,在欧洲它们也主要被用来处理弱磁性铁矿石。矿石给在感应辊上,感应辊是由经磷酸盐处理过的钢片压制在一个非磁性不锈钢轴上形成。钢片有两种不同的尺寸,外径略有差别,这些钢片组成的感应辊具有齿形剖面,因而形成了高的磁场强度和梯度。在给矿端,磁极和感应辊之间的工作间隙中的磁场强度可以达到 2.2 T。非磁性颗粒由感应辊被抛到尾矿室,而磁性颗粒则被感应辊吸引并带离磁场作用区进入磁性产品室。给矿磁极和转辊之间的间隙是可以调节的,通常间隙由前极到后极逐渐减小,可以选出磁性逐渐变弱的产品。

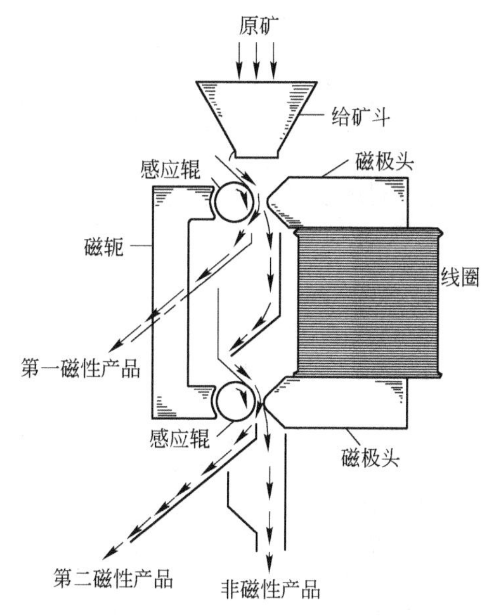

图 13.11 辊式感应磁选机

显然,插入排卸物料轨迹上的截矿板的位置也非常重要。

现在,在一些选矿厂辊式感应磁选机正被稀土筒式和辊式磁选机取代。

干式强磁磁选一般不适于处理 -75 μm 左右物料的矿石。-75 μm 细粒物料的分选效率,因受到气流、颗粒和颗粒间的黏附以及颗粒和转辊间的黏附等影响而急剧下降。

毫无疑问,连续操作的湿式强磁磁选机(WHIMS)的发展是磁选领域近年来最大的成就。因此,有效磁选的最小颗粒粒度已经大幅下降,从而可以通过磁选富集一些干式强磁机不能选别的矿石,因为该矿石中的磁性矿物需要细磨才能充分单体解离。在某些流程中湿式磁选系统可代替昂贵的干式磁选。

目前最出名的湿式强磁磁选机是琼斯(Jones)磁选机,它的设计原理已经用于当今多种类型的湿式磁选机中。

这种磁选机主要由一坚固的主体框架(如图 13.12)构成,框架由结构钢材制成,磁轭焊接于该框架上,电磁线圈被封闭于空气冷却的护壳内。有一个或两个转盘链接于中心转轴上,在转盘的周边有许多分选箱,而实际的分选过程就在分选箱中进行。充分混合的矿浆通过连接的管道和流水槽进入磁选机的分选箱中(如图 13.13),分选箱内安装有齿板,将磁场汇聚于齿尖上。由于转盘上的分选箱是旋转的,所以给矿是连续的,且给矿点位于磁场的前边缘。每一转盘都有两个对称设置的给矿点。

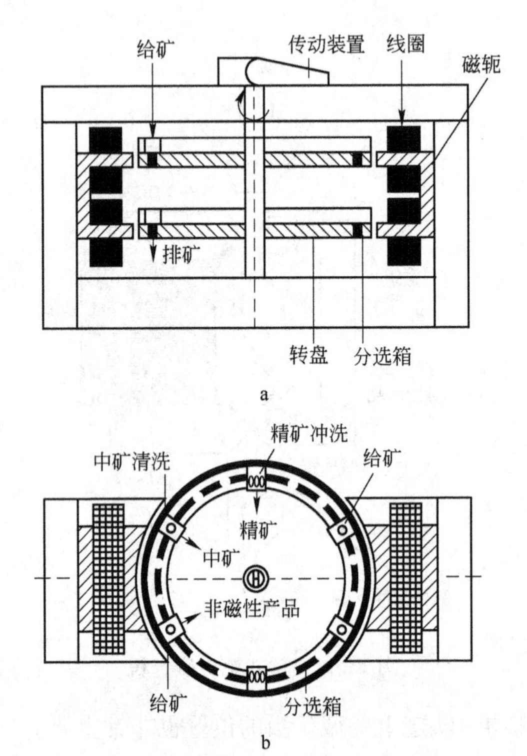

图 13.12 琼斯湿式强磁磁选机工作原理

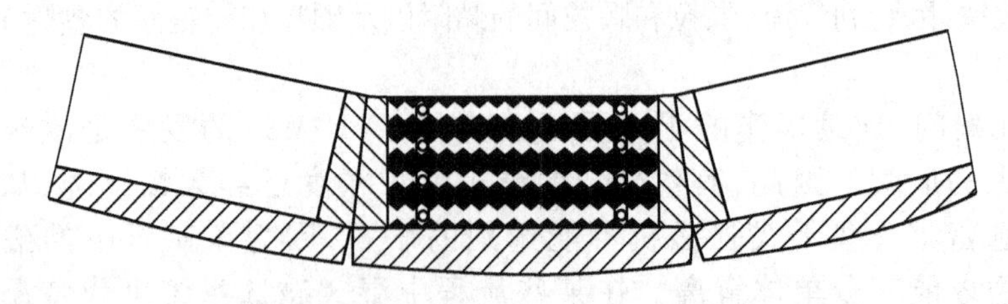

图 13.13 琼斯磁选机分选箱平面图(图上显示出齿板和隔条)

弱磁性颗粒被附着在齿板上，而其余的非磁性矿浆则直接流过分选箱，并被收集在尾矿槽中。在脱离磁场前，用低压水清洗除去夹带的非磁性颗粒，并作为中矿产品收集起来。

当分选箱介于两个磁极之间中点的某一点时，此时磁场强度几乎为零，磁性颗粒用压力高达5 bar的水冲洗下来（图13.14）。琼斯磁选机的磁场强度可以达到2 T以上。产生1.5T的磁场，所需消耗的功率需每一磁极配置16 kW的电磁线圈。每吨给矿需要4 t水，其中大约90%可以循环使用。

湿式强磁场磁选最大的用途是选别含有赤铁矿的低品位铁矿石，但是这种磁选机的投资成本太高导致其在北美的发展趋势逐渐减慢，然而这种方法仍常常取代浮选方法。研究显示，分选弱磁性矿石的浮选设备的投资费用约等于一台琼斯磁选机费用的20%，但是浮选的操作费用约高3倍。总的费用取决于资本折旧期限；若此期限为十年或十年以上，强磁场磁选可能会成为最引人注目的选别方法。因为对于一个浮选选矿厂来说，用于水处理的额外开销也会增加总成本。图13.15所示为一巴西的铁矿选厂，该厂采用的是琼斯磁选机。

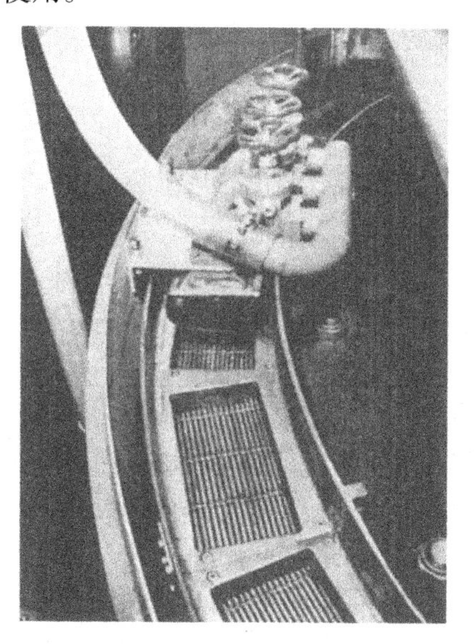

图13.14 琼斯磁选机磁性产品冲洗装置

现在已经生产的湿式强磁磁选机的设计类型多种多样，博克斯马格－拉皮德公司研制出了四极磁选机。这种机型的分选箱由一组不锈钢“楔形条”组成，它的结构类似于细筛的筛条（图13.16所示）。

图13.15 巴西处理赤铁矿的琼斯磁选机

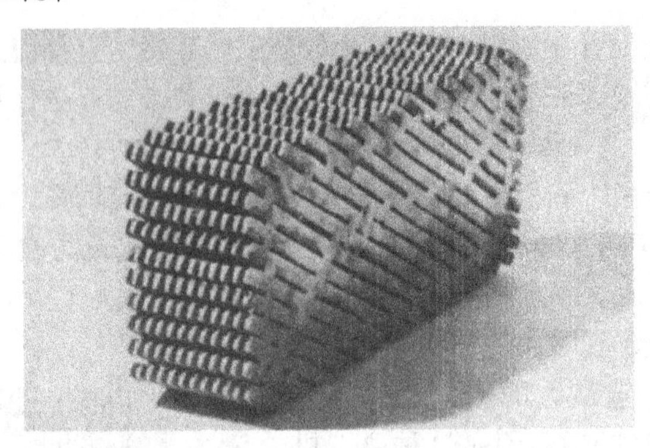

图 13.16　拉皮德磁选机格栅介质组件断面图

目前湿式强磁磁选机除了大规模用于回收赤铁矿外，还广泛用于其他多领域的工业生产，例如从锡石精矿中去除磁性杂质，从石棉中脱除细粒磁铁矿，从白钨矿精矿中脱除磁性杂质，滑石提纯，从浮选尾矿中回收黑钨矿和含钼的非硫化矿，处理重矿物海滨砂矿。在南非它们也被成功地用于从氰化尾渣中回收金和银，这些尾渣中含有一些游离金，而一些细粒金则被包裹在以黄铁矿为主的硫化矿和一些硅酸盐矿物中。进一步氰化，可以回收尾渣中的游离金，而采用浮选工艺可以回收黄铁矿中的细粒金。由于存在铁杂质和涂膜，磁选工艺可以用来回收一些游离金和硅酸盐包裹的大部分细粒金。

利用一些硫化矿如黄铜矿和铁闪锌矿的顺磁性，采用湿式强磁磁选，增加浮选工艺流程，可从弱磁性和非磁性硫化矿中分选这些顺磁性矿物。调查显示智利某选矿厂铜精矿中铜的品位从 23.8% 提高到 30.2%，并且回收率可以达到 87%。该选矿厂是在磁场强度为 2T 的场强下从黄铁矿中分离黄铜矿。在铜铅分选操作中，发现黄铜矿和方铅矿在磁场强度为 0.8T 时也可以有效地分离。当此工艺用于钼精矿脱铜时，可以将铜的品位从 0.8% 降至 0.5%，同时钼的回收率达到 97% 以上。

13.2.2.3　高梯度磁选机

极低磁化率的顺磁性矿物必须在强的磁力作用下才能分选。通过增加磁场强度，可以增强磁力作用，在传统的强磁磁选机里使用铁磁性铁芯产生一个强磁场，该磁场强度是外加磁场强度的几百倍，并且这个过程的电力消耗最低。但缺点是，需要的铁芯的体积要比分选区体积大好几倍。比如，琼斯磁选机里的钢毛占据了 60% 的分选空间。因此采用常规铁芯线圈的强磁场磁选机其处理能力往往较大。一台大型的磁选机用于导磁的铁芯可能达 200 t，因此基建和安装费用都极高。

铁芯磁化达到饱和时的磁场强度是 2 ~ 2.5 T，而常规的铁磁路很难产生超过 2 T的磁场。要想产生一个 2 T 以上的磁场，就必须要使用磁螺旋管产生磁场，但是能耗非常高，同时螺旋管的冷却也是问题。

另一种方法是通过增加磁场梯度，增强磁力作用。使用由螺线管线圈产生的均匀磁场,而不需在磁路间隙里的大的汇聚磁场(图 13.17)。铁芯或分选区里填充了感应磁极的介质,例如钢球或者钢毛,后者占据了 10% 的工作空间。每一个感应磁极,由于其磁导率高,都可以产生一个强的磁场,磁场强度在 2 T 左右,但是更重要的是在每一个磁极周围都可以产生一个磁场强度达到 14 T/mm 的磁场。因此在每一个副极周围的中心小区域内,都有一个高梯度磁场。

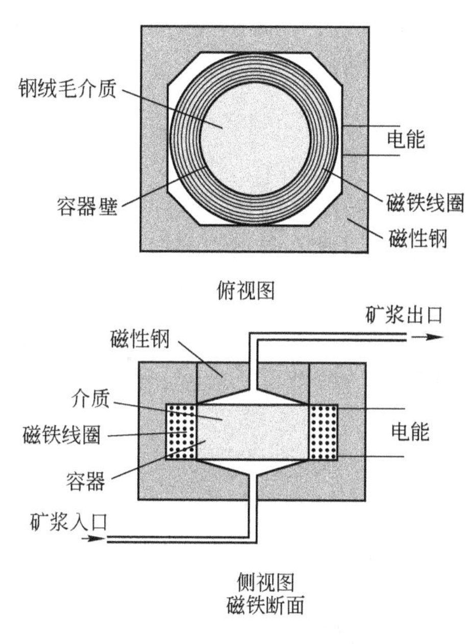

图 13.17 高梯度磁选机

螺线管外安装一个铁铠框架,从而形成了一个连续的磁通回路,因此可使驱动线圈消耗的能量降低 1/2。介质被安置在一个容器里,矿浆给入该容器。当磁性颗粒在磁场力的作用下被捕获时,介质回收矿粒的能力下降。磁场可以被周期性的切断,用高压水冲洗介质,将其中的磁性颗粒冲洗出去。

高梯度磁选机的一个固有缺陷是磁场梯度的增加必然导致感应磁极间的工作间隙减少,磁场力作用的范围很小,通常不超过 1 mm。因此磁极间只需要 2 mm 的间隙,而这种磁选机也非常适合处理细粒物料。他们主要用于高岭土工业,去除含铁的微米级颗粒。在美国和英国有几台这种型式的大型磁选机,其铁磁性介质安置在直径约 2 m 的笼型容器中。磁选机内场强为 2 T,处理量根据最终黏土质量而定,介于 10 ~ 80 t/h。

影响未来选煤行业政策的最重要因素之一是环境问题,如酸雨和化石燃料燃烧时硫化物排放。硫在煤中以三种形态赋存。一种是作为煤物质的一部分以有机硫赋存,一种以矿物形式赋存,如黄铁矿和白铁矿,再者硫酸盐的形式。煤中有机硫的脱除技术还不成熟,工程上最重要的是要考虑黄铁矿中的硫。如果黄铁矿能够被细碎到1 mm左右，那么通过泡沫浮选或重选的方法就可以除去。然而，如果黄铁矿单体解离需要细碎，那么可以选用高梯度磁选工艺。目前国际选煤行业对煤基液态混合物取代传统的碳氢燃料（如柴油和天然气）产生了广泛的兴趣。典型的煤水混合物由50 μm以下的粉煤颗粒和煤灰构成，分散在水浆体中灰的含量为2%～6%，而浆体中固体物质的含量为50%～80%。通过细磨和多次精选去除煤灰和硫化物得到高品质的煤，进而可获得煤水混合物。高梯度磁选可以从粉煤中脱除黄铁矿，目前利用此法开展了多项工作，分选多种不同类型的煤的工作均已在开展。

13.2.2.4 超导磁选机

未来磁选的发展和应用无疑是使用强磁力。与副极间场强达到磁饱和的磁选机相比具有高梯度和多重工作间隙的介质磁选机没有明显的优势。然而，这种“开放梯度”磁选机处理量大，粗粒物料在很大的工作间隙里发生偏移，而不是像在高梯度磁选机里将物料捕获，因此必须使用尽可能大的场强来产生强的磁力作用才能处理一些弱的顺磁质颗粒。从经济上考虑，只有使用超导磁铁可以产生高达2 T以上的磁场强度。

某些合金具有在极低温度下无电阻的特性。在4.2 K，即液氦温度下的铌钛合金即为一例。电流一经流过由此种超导材料制成的线圈，就继续流动无需接通电源，实际上，此时线圈就成了永久磁铁。超导磁铁可以产生高达15 T且均匀的磁场。当然，目前主要问题是如何维持极低温度，1986年Ba/La/Cu的氧化物复合材料在35 K时被制成超导材料，这促进了在较高温度下制备陶瓷氧化物超导材料的可能。但这些材料具有非常复杂的晶体结构，很难被制成导线，同时它们的载流能力也很低。因此可以预知，未来超导磁铁将由易延展的嵌入杂质铜的铌合金制成。

1986年美国艺利磁铁公司设计并制造了超导高梯度磁选机，并用于高岭土的处理。该磁选机仅消耗约0.007 kW的电能即产生了5 T的磁通量，辅助设备还需要20 kW的能量。相比而言，处理能力相近的传统2 T高梯度磁选机需要250 kW的电能才能产生相同的磁场，并且需要至少30 kW能量冷却磁铁线圈。

5 T超导磁选机的部件都是以同一根轴安装，如图13.18。分选室位于磁选机中间部位，室内安装一个可卸载的分选箱。它周围有双层真空隔热容器，里面放置作为超导磁铁的铌/钛－钽线圈和冷却剂液态氦。用液态氮冷却至77 K后，隔热屏可以把辐射屏蔽在制冷器里。运行中，间歇给矿，场强关闭后，用水流冲洗分选箱中累积的磁性物料。

自19世纪80年代后期带有超导磁铁系统的开放梯度筒式磁选机已经开始在工业上应用，如图13.19。虽然分选过程和传统筒式磁选机相同，但是由于筒内装有超导磁铁，筒表面的最高磁场可以超过4 T。

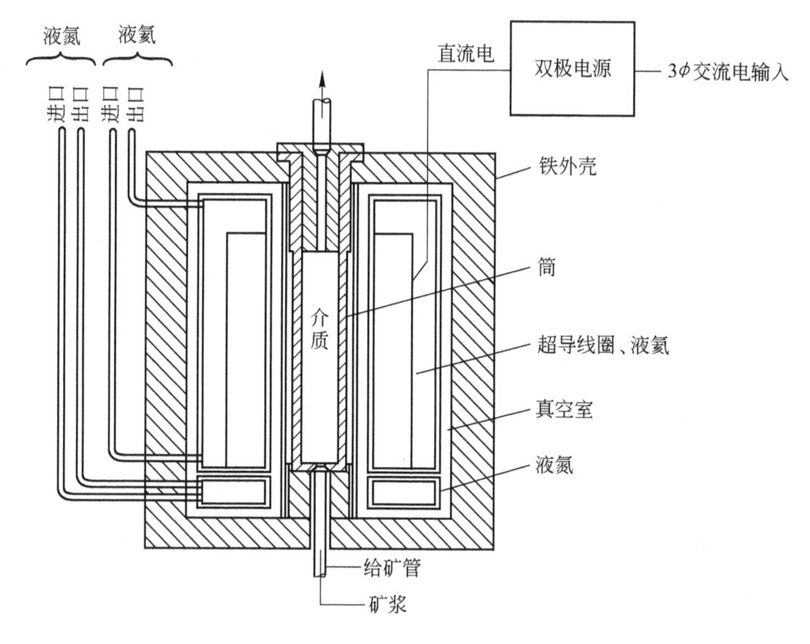

图 13.18　5 T 超导磁选机

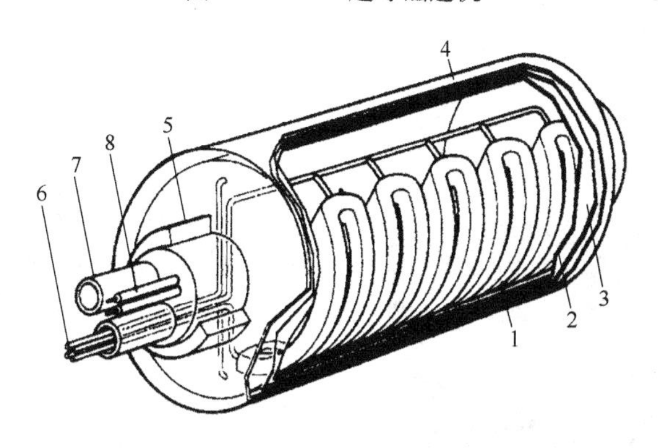

图 13.19　筒式超导磁选机

1—超导线圈；2—辐射屏；3—真空罐；4—分选圆筒；5—滑动轴承；6—氦源；7—真空管路；8—供电引线

13.3　电选

电选是利用给矿中不同矿物导电性的差异进行选别的一种方法。既然几乎每种矿物的电导率都有差别，那么电选法似乎可以看作一种万能的选别方法。然而，电选法在实际应用中却相当有限，它最大的用途在于分选一些海滨或者河床重砂矿中的一些矿物。电选的给矿必须完全干燥，这一点使其应用受限，而且它和干式磁选一样还有一个严重的缺点，即处理细粒物料的能力很低。对于大多数高效的作业，都是单层（为单个颗粒的厚度）给矿，如果颗粒粒度小至 75 μm，会严重限制电选机的处理量。

最初矿物分选过程其实是高压静电选矿，所使用的是电流很小或者没有电流的电场。然而，高压电选利用放电速率相对较大，产生的电子流和气体电离起到关键的作用。凯利、莫塔奇等人分别对静电场和高压电选理论做了详细的阐述。

带某种电荷的矿粒被吸引向带相反电荷的电极，这种现象称为“提升效应”，因为这类矿粒从分选表面被提升至电极的方向。带有一定极性电荷的物料，即使他们的电导率相似，利用提升效应，也可以实现分选。例如，石英非常容易带负电，在带正电荷的电极中它可以与其他导电性不是很好的导体实现分离。纯静电分选，即使在处理高品位的矿时，效率也很低，而且对于湿度和温度的变化也比较敏感。

大部分工业应用的高压电选均利用“吸引效应”，在分选中不导电的矿物颗粒从电极上接受表面电荷，并保留这种电荷，因正负吸引作用而被吸引到相反电荷的分选机表面。图 13.20 所示为实验室高压电选机，这种电选机很大程度上利用吸引效应，同时结合利用一些提升效应。图 13.21 展示了电选的原理。

图 13.20 实验室高压电选机

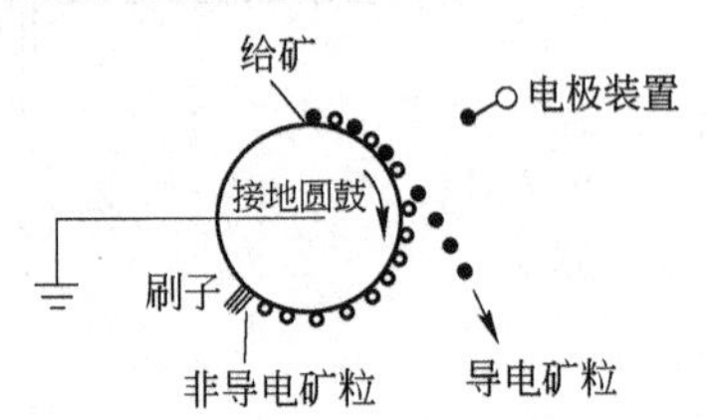

图 13.21 高压电选原理

将表面电荷敏感度不同的混合矿物给入旋转滚筒，该滚筒由低碳钢或一些电导材料制成，并通过其支撑轴承接地。电极装置由一根黄铜管以及管前连接的一条细导线构成，横跨整个滚筒，并通以高达 50 kV 的整流直流电，通常是负极。供给电极装置的电压可以使空气发生电离，肉眼可以观察到电晕放电现象。但必须避免电极与滚筒间产生电弧，因为它将破坏空气电离作用。当发生电离作用时，矿物接受放电，使不良导体表面获得很高的表面电荷，从而被吸引至滚筒表面。电导率相对高的颗粒不易快速充电，因为电荷通过矿粒传递给接地滚筒而消失。这些高电导率的颗粒按照近似矿粒未受到任何电荷作用时卸落的轨迹离开滚筒。

电极装置的设计有利于形成一个密集的高压放电。装置的细导线邻近并平行于大直径电极，不但在机械上相互接触，而且导电。细导线很容易放电，而粗的铜管则有一个短而密的非放电场。这种组合就形成了一个非常强的放电场,并在特定方向上形成“射线”,聚集成很窄的电弧。对于通过该射线的矿物的作用力非常强,这主要是高压梯度电场中产生的气体离子所致。

采用一个足够消除电晕放电的静电极以及与之对应的电离电极,可以获得吸引和提升的综合作用。由于排斥作用离开圆筒的导电颗粒被吸引到静电极上,这种复合过程可以实现对导电颗粒和非导电颗粒之间的有效分选。

表 13.1 显示了在高压电选时被吸向圆筒或者被斥离圆筒的典型矿物。

表 13.1 在高压电选机上矿物的典型行为

吸向圆筒的矿物	斥离圆筒的矿物	吸向圆筒的矿物	斥离圆筒的矿物
磷灰石	锡石	石英	褐铁矿
重晶石	铬铁矿	白钨矿	磁铁矿
方解石	金刚石	硅线石	黄铁矿
刚玉	萤石	尖晶石	金红石
石榴石	方铅矿	电气石	闪锌矿
石膏	黄金	锆石	辉锑矿
蓝晶石	赤铁矿		钽铁矿
独居石	钛铁矿		黑钨矿

为了适应多种矿物的分选,所有影响电选机分选的参数必须易于调节。这些变量包括圆筒转速、电极导线相对于电极铜管的位置、电极装置相对于圆筒的位置、直流电压和极性的变化、分离板的位置、给矿速度及其加热量。给矿加热很重要,因为,通常情况下处理非常干燥的物料时可以获得最佳的分选效果。这一点在高湿度地区非常难办到。电选一次通常不足以富集矿石;图 13.22 显示了电选的典型流程,上段电选排出的物料给入下段圆筒和电极,进行再选,直到达到了分选目的。

高压电选处理的给矿颗粒粒级为 60 ~ 500 μm。颗粒大小影响分选性能,因为与其质量相比粗颗粒表面电荷要小于细颗粒。因此粗颗粒更易被排离圆筒表面,从而导电部分往往含有少量非导电粗颗粒。同样,较细颗粒受表面电荷影响最大,非导电部分往往包含一些导电细颗粒。

上述产品的最终精选通常在只利用“提升效应”的单纯静电选矿机中进行。现代静电选矿机有板型和筛型两种,前者主要用来从导电给矿中脱除少量非导电物料,而后者则是从非导电给矿中脱除少量的导电物料。实际上两种电选机的操作原理相同。给矿颗粒沿一块倾斜的接地板自流入由一个大的椭圆形的高压电极感应的静电场(图 13.23 所示)。

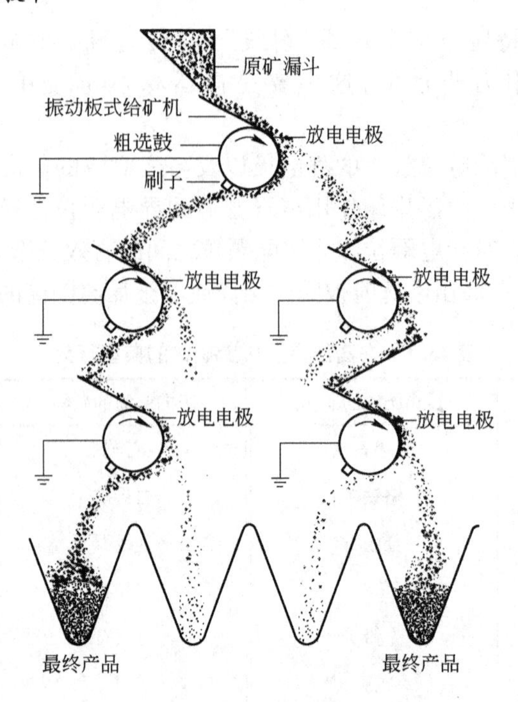

图 13.22　运转中电选机的配置

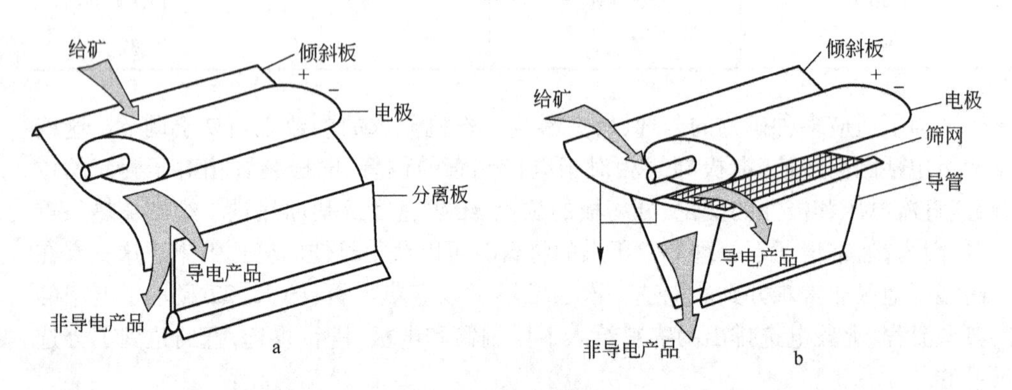

图 13.23　静电选矿机

a—板型;b—筛型

静电场通过导电颗粒而形成短路,导电颗粒向荷电电极方向上被提升,从而减少了系统能量。非导电颗粒受静电场的影响非常小。细颗粒受提升力的影响很大,因此导电细颗粒最先被提升至电极,而非导体粗颗粒被有效地排除。这与高压电选机中的分选情况相反,高压电选时可以从粗的导体颗粒中有效地脱除非导体细颗粒;因此在许多流程中将两者配合使用,高压电选作为粗选,静电分选作为精选。因为在静电分选时力非常小,因此静电分选机在分选非导体颗粒时均需要多次作业(如图 13.24 所示)。

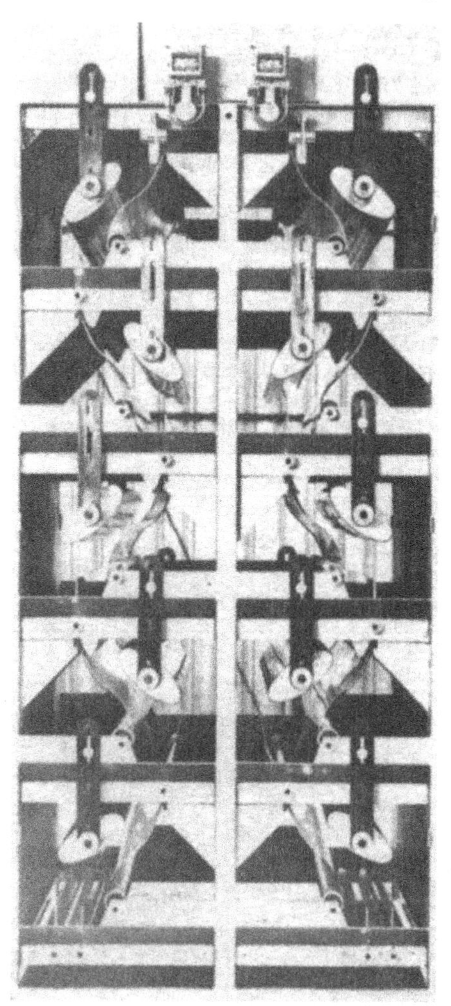

图 13.24 双头十极板型静电选矿机

在过去的50年里,高压筒式电选机和静电板式选矿机是分选砂矿的主要设备。那段时间,设备的发展速度非常缓慢,但可通过使用组合设备以及组合流程提高分选效率。然而,在过去几年里,出现了一些创新性设计,并已办厂生产。OreKinetics公司已经开发出了新的CoronaStat和UltraStat电选设备。这些设备采用附加的静态电极,极大地发展了高压筒式电选机和静电板式选矿机,并提高了分选效率。和当前的设备不同,新型设备的静电极没有暴露在外面,这样操作起来更安全。

现在一些生产厂商也引进了一些新的电选设备。Roche Mining公司已经开发了Carara高压筒式电选机,该设备采用了附加绝缘板式静态电极。奥托昆普技术已经研制了一种包含静电极的eForce高压筒式电选机和静电给矿分级机。

这些新一代设备将会改变重矿物选厂的设计。效率的提升将会减少分选的段数,因此选厂的成本也会降低。

前面已经提到,磁选机和高压电选机的应用范围有重叠,特别是在重砂矿物的处理中。表 13. 2 列出一些常见矿物,以及这些矿物的磁选和高压电选特性。砂矿通常用浮动挖掘船开采,采出的砂矿给至浮动精选机,给矿量达 2000 t/h 或者更多。图 13. 25 显示出在南非理查兹湾生产的典型挖掘船和浮动精选机。浮动精选机由洗矿槽、螺旋选矿机或赖克特圆锥选矿机综合回路构成。给矿的重矿物含量从 2% 到 20% 不等,精矿中重矿物含量提高至 90% 左右。重选精矿输送至指定选矿厂,再利用重选、磁选和高压电选联合流程进一步回收有用矿物。

表 13. 2　典型海滨砂矿物

磁 性 矿 物	非 磁 性 矿 物
磁铁矿(斥)	金红石(斥)
钛铁矿(斥)	锆石(吸)
石榴石(吸)	石英(吸)
独居石(吸)	

注:斥指由高压电选机表面被排斥的矿物;吸指被吸引于高压电选机表面的矿物。

图 13. 25　砂矿采掘和预选厂

根据有用矿物的不同性质,制定不同的流程,如在磁性钛铁矿为主要矿物时,湿式磁选通常位于高压电选之前。图 13. 26 所示为海滨砂矿分选的一个典型流程。采用弱磁场筒式磁选机去除给矿中的全部磁铁矿,然后用湿式强磁磁选机将独居石和钛铁矿同锆石和金红石分离。这两部分产品干燥后进行高压电选得到最终精矿,有时还用静电选矿机进一步精选。例如,筛型静电选矿机还用来精选锆石和独居石精矿,以去除导电细颗粒。同样用板型静电选矿机来排除金红石和钛铁矿精矿中非导电粗颗粒。

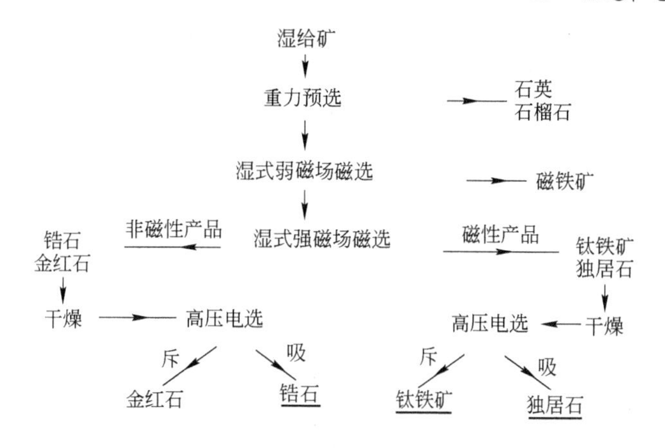

图 13.26 海滨砂矿处理典型流程

图 13.27 所示为澳大利亚西海岸 Tiwest 合资企业的选厂使用的简化流程。

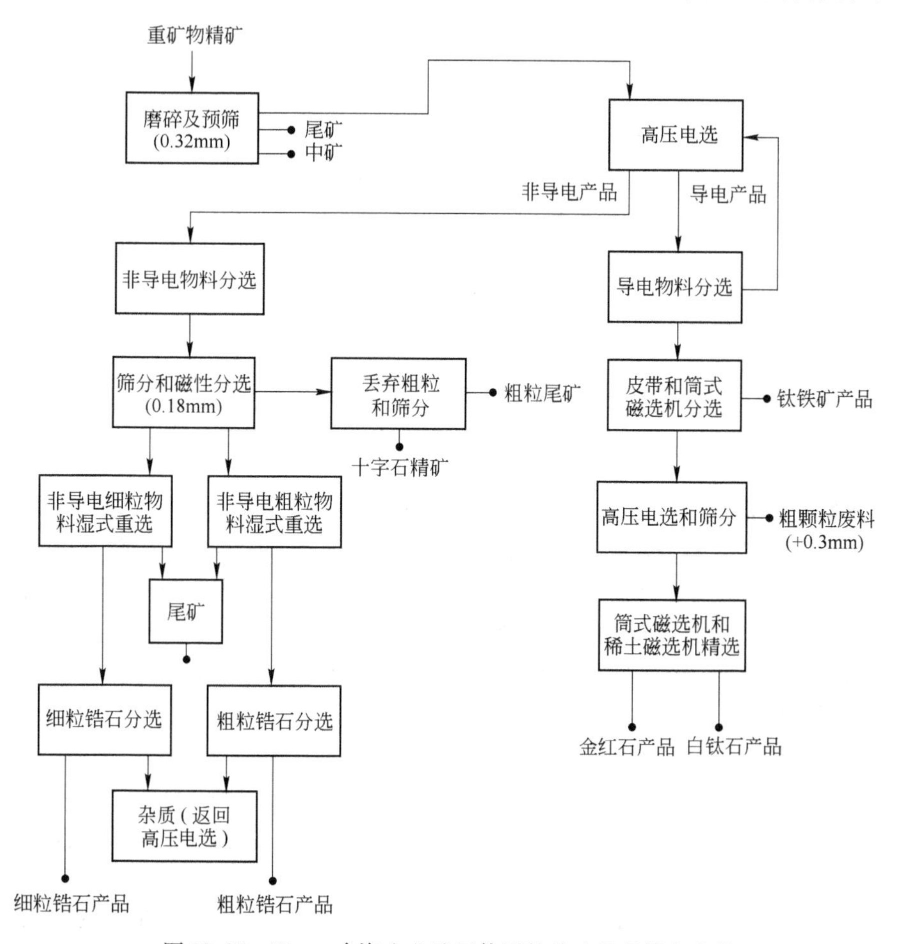

图 13.27 Tiwest 合资企业选厂使用的砂矿处理简化流程

用高压筒式电选机将重矿物精矿分成导电部分和非导电部分。导电部分用皮带和筒式磁选机除去钛铁矿作为磁性产品。为了从非磁性的金红石里除去弱磁性的白钛石,非磁性部分用强磁筒式磁选机和稀土磁选机加以精选。非导电部分先进行湿式重选脱除石英和其他低密度脉石矿物,在分级和精选前使用高压筒式电选机、静电板型选矿机和 UltraStat 分选机进行分选可以分别得到细粒和粗粒锆石产品。

在东南亚也使用类似的流程处理冲积层锡石矿石,该矿床包含钛铁矿、独居石和锆石等。

磁选机广泛用于富集低品位铁矿石,湿式强磁场分选往往取代赤铁矿浮选。加拿大的瓦布什矿业公司的斯卡利矿选厂采用磁选和高压电选联合流程。原矿 Fe 含量约为 35%,系石英 - 镜铁矿 - 磁铁矿片岩,矿石破碎并自磨至 -1 mm 后,给入几排粗选和精选的螺旋选矿机(图 13.28)。

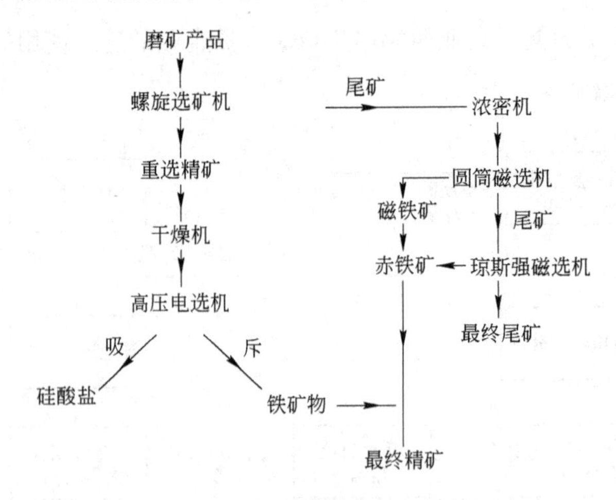

图 13.28 斯卡利选矿厂生产流程

螺旋选矿机精矿经过滤干燥后,用高压筒式电选机进行精选。螺旋选矿机尾矿浓密后,用筒式磁选机进一步处理以脱去残留的磁铁矿,继而用琼斯湿式强磁场磁选机处理,脱除残留的赤铁矿。磁选精矿经分级干燥后,与高压电选产品混配,得到的最终铁精矿品位约为 66%。优先采用磁选法处理重选尾矿,因为只需处理较少量的磁性精矿,大部分物料不受磁场的影响。同样,用高压电选处理重选精矿时只有少量物料吸附于圆筒,铁矿物不受离子场的影响。

参 考 文 献

[1] Anon. (1974). Canadian iron mines contending with changing politics, restrictive taxes, Engng. Min. J. (Dec.), 72.

[2] Arvidson, B. R. (2001). The many uses of rare earth magnetic separators for heavy mineral sands processing, Int. Heavy Minerals Conference, Aust. IMM, Perth, 131.

[3] Benson, S. , Showers, G. , Louden, P. , and Rothnie, C. (2001). Quantitative and process mineralogy at Tiwest, Int. Heavy Minerals Conference, Aust. IMM, Perth, 60.

[4] Cohen, H. E. (1986). Magnetic separation, in Mineral Processing at a Crossroads, ed. B. A. Wills and R. W. Barley, Martinus Nijhoff Publishers, Dordrecht, 287.

[5] Corrans, I. J. (1984). The performance of an industrial wet high-intensity magnetic separator for the recovery of gold and uranium, J. S. Afr. Inst. Min. Metall. , 84(Mar.), 57.

[6] Dance, A. D. and Morrison, R. D. (1992). Quantifying a black art: The electrostatic separation of mineral sands, Minerals Engng. , 5(7), 751.

[7] Elder, J. and Yan, E. (2003). eForce Newest generation of electrostatic separator for the minerals sands industry, Heavy Minerals 2003, S. Afr. Inst. Min. Metall. , Johannesburg, 63.

[8] Germain, M. , Lawson, T. , Henderson, D. K. , and MacHunter, D. M. (2003). The application of new design concepts in high tension electrostatic separation to the processing of mineral sands concentrates, Heavy Minerals 2003, S. Afr. Inst. Min. Metall. , Johannesburg, 100.

[9] Kelly, E. G. and Spottiswood, D. J. (1989a). The theory of electrostatic separations: A review, Part Ⅰ: Fundamentals, Minerals Engng. , 2(1), 33.

[10] Kelly, E. G. and Spottiswood, D. J. (1989b). The theory of electrostatic separations: A review, Part Ⅱ: Particle charging, Minerals Engng. , 2(2), 193.

[11] Kelly, E. G. and Spottiswood, D. J. (1989c). The theory of electrostatic separations: A review, Part Ⅲ: The separation of particles, Minerals Engng. , 2(3), 337.

[12] Kopp, J. (1991). Superconducting magnetic separators, Magnetic and Electrical Separation, 3(1), 17.

[13] Lawver, J. E. and Hopstock, D. M. (1974). Wet magnetic separation of weakly magnetic minerals, Minerals Sci. Engng. , 6, 154.

[14] Lua, A. C. and Boucher, R. F. (1990). Sulphur and ash reduction in coal by high gradient magnetic separation, Coal Preparation, 8(1/2), 61.

[15] Malati, M. A. (1990). Ceramic superconductors, Mining Mag. , 163(Dec.), 427.

[16] Manouchehri, H. R. , Rao, K. H. , and Forssberg, K. S. E. (2000). Review of electrical separation methods, Part 1: Fundamental aspects, Minerals and Metallurgical Processing, 17(1), 23.

[17] Norrgran, D. A. and Matin, J. A. (1994). Rare earth permanent magnet separators and their applications in mineral processing, Minerals and Metallurgical Processing, 11(1), 41.

[18] Stefanides, E. J. (1986). Superconducting magnets upgrade paramagnetic particle removal, Design News, May.

[19] Svoboda, J. (1987). Magnetic Methods for the Treatment of Minerals, Elsevier, Amsterdam.

[20] Svoboda, J. (1994). The effect of magnetic field strength on the efficiency of magnetic separation, Minerals Engng. , 7(5/6), 747.

[21] Tawil, M. M. E. and Morales, M. M. (1985). Application of wet high intensity magnetic separation to sulphide mineral beneficiation, in Complex Sulfides, ed. A. D. Zunkel, TMS-AIME, Pennsylvania, 507.

[22] Unkelbach, K. H. and Kellerwessel, H. (1985). A superconductive drum type magnetic separa-

tor for the beneficiation of ores and minerals, Proc. XV th Int. Min. Proc. Cong. , Cannes, 1, 371.

[23] Wasmuth, H. -D. and Unkelbach, K. -H. (1991). Recent developments in magnetic separation of feebly magnetic minerals, Minerals Engng. , 4(7 – 11), 825.

[24] Watson, J. H. P. (1994). Status of superconducting magnetic separation in the minerals industry, Minerals Engng. , 7(5/6), 737.

[25] White, L. (1978). Swedish symposium offers iron ore industry an overview of ore dressing developments, Engng. Min. J. , 179 (Apr.), 71.

14 拣　选

14.1 引言

拣选是一种原始的选矿方法,在几千年以前就已经在冶金方面得到应用。拣选包括鉴别单个矿块,废弃不值得进一步处理的矿粒。

由于大量低品位矿石需要极细磨矿处理,手选的重要性不断下降。但是,手选仍然在一些矿山有所应用,例如从原矿中去除一些大块木材,混入的铁料等。

电子矿石拣选机于20世纪40年代末问世,尽管其应用相当有限,但却是处理某些矿物的重要设备。

14.2 电子拣选原理

拣选可用于矿石的预选,通过去除一些脉石,减少下一步分选的给矿量,例如铀矿石和金矿石的拣选。同时,拣选在目标产品的最后一步分选方面也有所应用,例如石灰岩和金刚石的拣选。在较粗粒级下(5~10mm以上),矿石必须得到充分解离,才可以通过拣选去除一些脉石,减少精矿的损失。采用拣选方法作为预选,是提高矿石分选操作稳定性的常用方法。预选可以减少磨矿和分选中能量和水的消耗,提高尾矿的处理效率。

电子拣选是基于不同条件下岩石性质的差异,包括在可见光下的反射比和颜色的不同,如菱镁矿,石灰岩,普通金属和金矿,磷酸盐,滑石,煤矿;在紫外光下的性质差别,如白钨矿;在自然伽玛辐射下的性质差别,如铀矿;磁性差异,如铁矿;导电性的不同,如硫化矿;X射线冷光下的性质差异,如金刚石;在红外线、拉曼效应、微波衰减以及其他检测条件下性质的不同。

电子拣选机通过辨别颗粒间的某一性质如光反射系数差别的大小,除去那些符合特定标准的颗粒。排出的颗粒可能是有用矿物,也可能是脉石。因此,有用矿物和脉石之间某种物理性质必须有明显的差别才可能得以分选。

拣选前必须彻底洗涤颗粒表面,以免产生模糊的信号;实践表明,不宜向同一台拣选机输送粒度范围很广的矿石,所以给矿必须预先分级。矿石应以单层形式给入,因为拣选时必须要求单个颗粒暴露于拣选机中。

光电拣选是手选的一种机械化方式,手选时矿石根据肉眼观察而被分成价值不同的组分。

光电拣选机(图 14.1 所示)的基础是一个激光源和传感光电倍增器,用作扫描系统来探测通过分选区的矿石的表面反射光(图 14.2 所示)。电子系统分析光

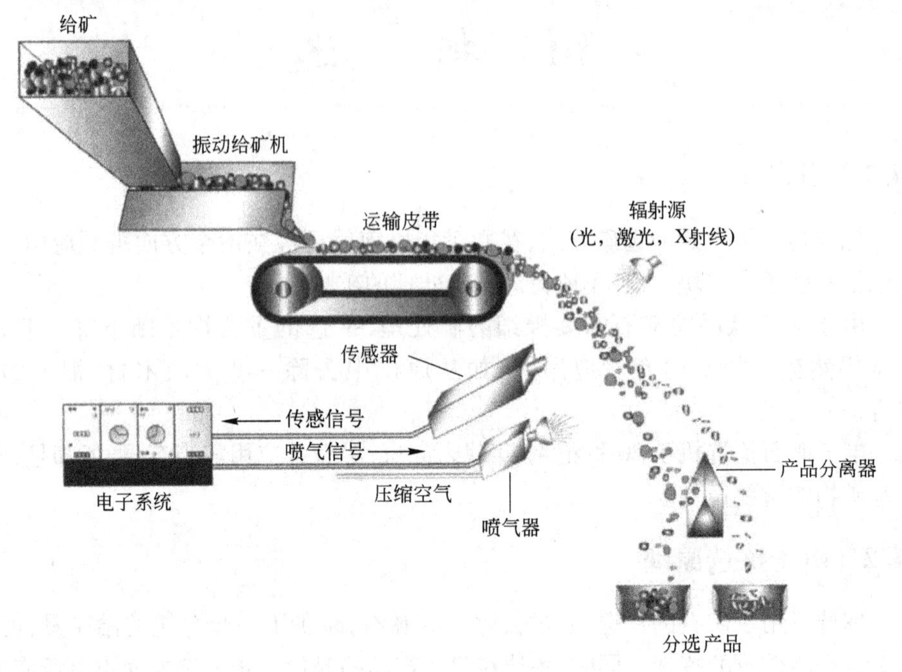

图 14.1 光电拣选原理

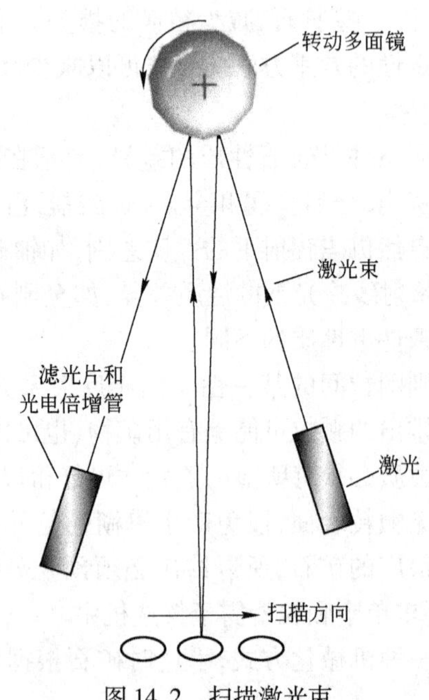

图 14.2 扫描激光束

电倍增器的信号,该信号随着反射光强度的变化而变化,并产生控制信号以启动喷气排矿装置上相应的阀门,排除按分析过程所选择的某些颗粒。这种光选机的处理量为25 t/h(给矿 -25 +5 mm)至300 t/h(给矿 -300 +80 mm),并且已全部实现自动化,减少了人力资源和时间的消耗。

14.3　应用实例

冈松 MP80 型光电拣选机可能是最早使用微处理技术的光电拣选机。这种光电拣选机处理的矿物粒度为10 ~150 mm,给矿量达150 t/h。

从1976年起,RTZ 16号光电矿石拣选机在工业上已经得到成功的应用,并且可用于处理多种类型的矿石。

在南非多尔枫腾矿有一台 RTZ 型光电拣选机用于处理选别金矿。赋存于黑色基岩中的白色或灰色石英卵石被截取,而颜色由浅绿、橄榄绿至黑色的石英岩则被废弃。大部分黄金赋存在被截取的岩石中。几台串联振动给矿机的应用可实现光选机给矿的均匀分布,同时,矿石可在第二台给矿机上得到洗涤,以去除影响光发射质量的矿泥。

UltraSort UFS 120 型拣选机是现代光电拣选机的典型代表,主要用于分选菱镁矿、长石、石灰岩、滑石。矿石通过振动给矿机到达高压水喷淋区以及平衡装置上,并在此脱除水分,使给入光电拣选机的矿石散布均匀,并呈单层给矿。给矿流过5 m/s 高速运行的胶带,自由落入一条运动速度为2 m/s 的短距离输送带上,进而形成有效分离。矿石料流层宽0.8 ~1.2 m,每秒钟被激光束扫描4000次,在0.25 μs之内,光电倍增管和超过80 MB/s 的高速并行处理机会分析矿石光发射质量。根据检测结果,启动一个或多个120喷气阀,转移有用矿物或者脉石至精矿槽或尾矿槽。由于矿石成分可以被准确鉴定,喷气阀工作持续时间只在1 ms之内,可见,拣选机分选的选择性很强。为了获得最佳的分选效果,可以使用紫外线和红外线之间不同范围波长的激光束。

使用扫描摄像机可以取代激光扫描和光电倍增管,得到矿粒图像后使用图像分析技术可以发现矿石间更加细微的性质差异。

电子拣选在20世纪60年代就已经用于金刚石的回收。起初靠简单的肉眼观察进行人工拣选,后来利用金刚石在 X 射线照射下发出荧光这一事实进行机器拣选。金刚石矿经过重介质分选法富集后(参见第11章),可以应用电子拣选法进行回收。电子拣选现已基本取代涂脂摇床(参见第12章),涂脂摇床法仅仅应用在不易发出荧光的金刚石分选或者电子拣选的尾矿扫选方面。相对于亲油性,金刚石具有很强的发光性,因而与电子拣选相比涂脂摇床可以提高安全性。图14.3所示为干式放射拣选系统的工作示意图,重介质分选后的精矿经传送带自由落入到 X 射线照射区,其发出的荧光由光电倍增器检测后,可使金刚石由喷气机构从矿流中拣选出。干式和湿式X射线拣选机均已被使用，选别过程中常采用多段分选以保证脉石的去除率和金刚石的高回收率。

图 14.3 早期拣选金刚石的拣选机

A—X射线发生器；B—光电倍增管；C—空气喷气阀；D—输送带

在南非、纳米比亚、澳大利亚、加拿大等国家，辐射分选已用于预选铀矿石。纳米比亚罗辛铀矿的分选机可以应用NaI闪烁探测器和安装在皮带下的光电倍增管检测到较高品位铀矿辐射出的γ射线，如图14.4所示。同时，在拣选机里安装铅屏板，从而提高测试分辨率。辐射分选与光电分选类似，运用激光摄像系统探测颗粒的位置以及颗粒需被喷出的粒度，同时也可以根据矿石其他光学性质进行调整。

利用矿石和矿物的一些其他物理性质，也成功开发出了一系列的拣选设备。

中子吸收分选法已经用于分选硼矿物。矿石给入运输皮带，并在慢中子源和闪烁中子探测器之间通过。矿石颗粒产生的中子通量衰减被检测，并作为拣选的依据。这种方法最适合拣选的粒度范围为25～150mm。硼矿物易于用中子吸收法拣选，因为硼原子的中子捕获截面要比常与其共生元素的中子捕获截面大，因此中子吸收量与颗粒中硼的含量成正比。

光激中子分选法已被推荐用于铍矿的拣选，因为当矿物中的铍同位素暴露在一定能量下的γ射线下时，就会释放出光激中子，并可用闪烁器或者气体闪烁计数器检测。

RTZ型矿石拣选机依据矿石颗粒的导电性和磁性进行拣选，已经用于多种类型的矿石拣选，例如硫化矿、氧化矿以及天然金属矿。该类型矿石拣选机拣选粒度范围为25～150mm，处理量达每小时120t。在拣选机运输皮带下安装有调谐线圈，该线圈可以受到附近矿石的导电性或矿石磁化率的影响，根据相移和振幅的大小决定颗粒选取还是废弃。图14.4所示为放射性拣选机，该拣选机通过使用40个电磁探测器取代了闪烁计数器，并且适合于电性和磁性拣选。

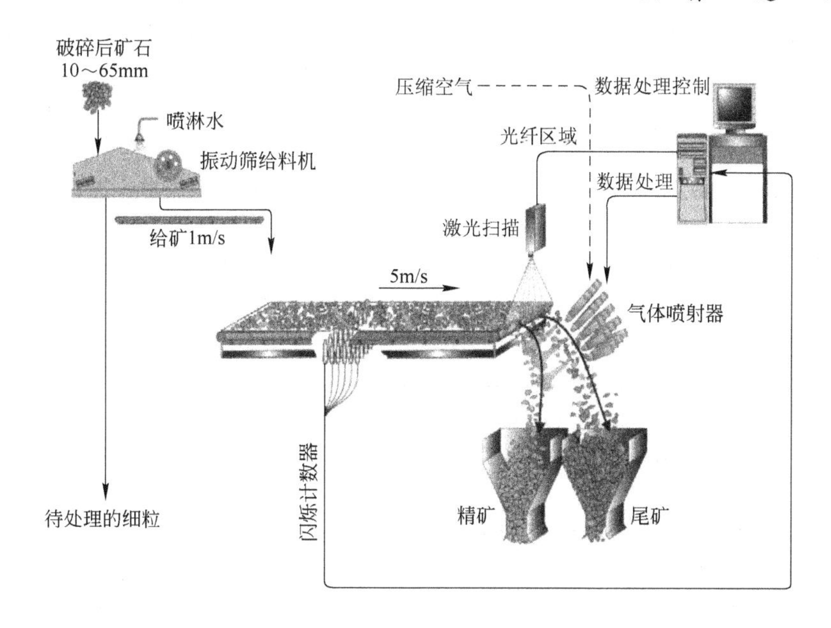

图 14.4　放射性拣选机

奥托昆普公司开发了一套“预浓缩”拣选机设备，并在汉马斯拉蒂铜矿关闭前安装使用过。该设备使用伽马射线散射分析来测定矿石中总的金属含量，处理量从 35 mm 的矿块每小时 7 t 到 150 mm 的矿块每小时 40 t。该设备预选了粗碎后的矿石，脱除了 25% 的废石，废石的铜品位 0.2%，而给矿的平均铜品位为 1.2%。

依据微波衰减可从废石中拣选含有金刚石的金伯利岩石。脉冲水流喷射器的第一次开发使用引起了极大的关注。

石棉矿拣选机也已经开发出来。其检测技术是以石棉纤维低导热性为基础的，采用顺次加热和红外线扫描来探测石棉矿。塔斯马尼亚的王岛白钨矿矿山已安装了一台类似的拣选机，利用在紫外线照射时白钨矿发荧光这一特性来进行检测。

参考文献

[1] Anon. (1971). New generation of diamond recovery machines developed in South Africa, S. A. Min. Eng. J., May, 17.

[2] Anon. (1980). Micro-processor speeds optical sorting of industrial minerals, Mine and Quarry, 9 (Mar.), 48.

[3] Anon. (1981a). New ore sorting system, Min. J., (11 Dec.), 446.

[4] Anon. (1981b). Photometric ore sorting, World Mining, 34 (Apr.), 42.

[5] Anon. (1981c). Radiometric sorters for Western Deep Levels gold mine, South Africa, Min. J., Aug., 132.

[6] Arvidson, B. (2002). Photometric ore sorting, in Mineral Processing Plant Design, Practice and Control, ed. A. L. Mular, D. N. Halbe, and D. J. Barratt, 1033 – 1048 (SME).

[7] Bibby, P. A. (1982). Preconcentration by radiometric ore sorting, Proc. First Mill Operators Conference, Mr. Isa, 193 – 201 (Aus. IMM).

[8] Collier, D., et al. (1973). Ore sorters for asbestos and scheelite, Proc. 10 th Int. Min. Proc. Cong., London.

[9] Collins, D. N. and Bonney, C. F. (1998). Separation of coarse particles (over 1 mm), Int. Min. Miner., 1, 2 (Apr.), 104 – 112.

[10] Cutmore, N. G. and Ebehardt, J. E. (2002). The future of ore sorting in sustainable processing, Proc. Green Processing, Cairns, May, 287 – 289 (Aus. IMM).

[11] Gordon, H. P. and Heuer, T. (2000). New age radiometric sorting-the elegant solution, in Proc. Uranium 2000, Saskatoon, ed. E. Ozberk, and A. J. Oliver, 323 – 337 (Can. Inst. Min. Met.).

[12] Kennedy, A. (1985). Mineral processing developments at Hammaslahti, Finland, Mining Mag. (Feb.), 122.

[13] Keys, N. J., et al. (1974). Photometric sorting of ore on a South African gold mine, J. S. Afr. IMM, 75 (Sept.), 13.

[14] Mokrousov, V. A., et al. (1975). Neutron-radiometric processes for ore beneficiation, Proc. XI th Int. Min. Proc. Cong, Cagliari, 1249.

[15] Rylatt, M. G. and Popplewell, G. M. (1999). The BHP NWT diamonds project: Diamond processing in the Canadian Arctic, Min. Engng., 51, 1 (37 – 43) and 2 (19 – 25), Jan. and Feb.

[16] Salter, J. D. and Wyatt, N. P. G. (1991). Sorting in the minerals industry: Past, present and future, Minerals Engng., 4 (7 – 11), 779.

[17] Salter, J. D. et al. (1989). Kimberlite-gabbro sorting by use of microwave attenuation: Development from the laboratory to a 100 t/h pilot plant, Proc. Mat. Min. Inst. Japan – Inst. Min. Met. Symp. "Today's Technology for the Mining and Metallurgical Industries", Kyoto (Oct.), 347 – 358 (Inst. Min. Met.).

[18] Sassos, M. P. (1985). Mineral sorters, Engng. Min. J., 185 (Jun.), 68.

[19] Sivamohan, R. and Forssberg, E. (1991). Electronic sorting and other preconcentration methods, Minerals Engng., 4 (7 – 11), 797.

15 脱　　水

15.1 引言

许多选矿过程需要使用大量的水,因此,最终精矿必须从固液比很高的矿浆中分离出来。

通过脱水,即固液分离,使精矿含水率降低从而便于运输。在选矿的不同阶段进行局部脱水,分别为后续作业准备给矿。

脱水方法可以大致分为以下三种:

(1) 沉降;

(2) 过滤;

(3) 热力干燥。

当固液密度差异很大时,沉降效率高。由于载矿介质为水,所以选矿过程都属于这种情况。然而,沉降往往不适用于湿法冶金过程,因为在一些情况下,载体液体的密度与固体的高品位浸出液密度接近,在这种情况下必须使用过滤方法。

选矿过程中的脱水通常是以上方法的操作单元的组合。通过沉降或浓缩去除大部分水,从而得到55% ~65%(质量分数)的浓缩料浆。在这个阶段,脱水率大约可达到80%。再经过过滤操作,可得到含固体80% ~90%湿滤饼。要得到固液比95%左右的最终产品就必须使用热力干燥方法。

15.2 沉降

溶液中固体颗粒快速重力沉降,澄清液体被倾析,得到浓缩料浆。所得产品需通过过滤进一步脱水。

流体中颗粒的沉降速率与颗粒直径有关,可通过斯托克斯 - 牛顿定律确定(参见第9章)。对于微米级的颗粒,重力沉降效果不好,需要采用离心沉降。另外,也可通过凝聚或者絮凝作用,使微小颗粒形成较大的絮团,从而加快沉降速度。

15.3 凝聚和絮凝

通过凝聚作用,使微小胶体颗粒直接相互团聚。在间距很小的范围内颗粒之间表现为引力,这种力称之为伦敦 - 范德华力。通常,颗粒表面带电使颗粒之间产生静电斥力,致使颗粒间不能充分靠近而黏附。因此,在任何固液界面体系中,均存在着吸引力和静电斥力的平衡(图 15.1)。

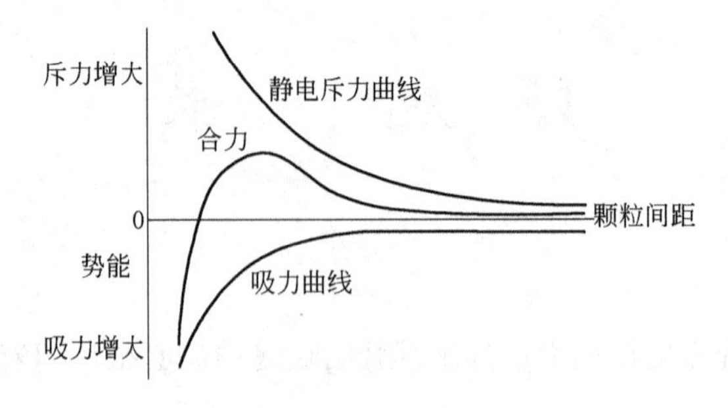

图 15.1 相互接近的两颗粒势能曲线

在任何体系中,矿粒表面带同种电荷。在 pH 值为 4 或 4 以上的水悬浮液中矿粒通常是带负电荷。带正电荷的情况主要出现在强酸溶液中。

颗粒间斥力不仅阻止颗粒的凝聚,并且使颗粒不断运动而不易于沉降。这种效应随着颗粒尺寸的减小显著增强。

凝聚剂是电性与颗粒所带电荷相反的电解质,因此当其分散在体系中时会发生电荷中和,从而颗粒在分子力的作用下相互碰撞而黏附。由于水悬浮液体系中抗衡离子通常都是带正电,所以无机盐(主要为高价态的 Al^{3+}, Fe^{3+}, Ca^{2+} 等阳离子形成的无机盐)一直以来就被广泛用作凝聚剂。根据颗粒表面带电情况,生石灰或者硫酸也可用作凝聚剂。当微粒相对于悬浮介质荷电为零时,即 ξ 电位为零时,凝聚作用最为明显。ξ 电位的性质见图 15.2,该图表示颗粒表面上的双电层模型。由图可以看出颗粒表面带负电荷,因此溶液中阳离子受到吸引靠近颗粒表面,形成正离子吸附层(斯特恩层)和抗衡离子扩散层,抗衡离子的浓度随着颗粒表面距离

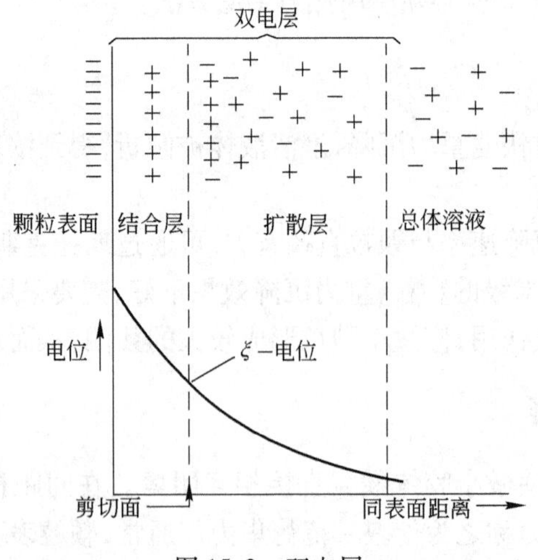

图 15.2 双电层

的增大而降低，直至达到溶液的平衡浓度。颗粒表面的这两个离子层组成了双电层结构。颗粒在液体中运动时，在吸附层和扩散层之间发生滑动剪切作用。滑动面与溶液主体之间的电位称为ξ电位。ξ电位的大小取决于颗粒表面电荷、抗衡离子的浓度及电荷。一般情况下，抗衡离子的电荷及浓度越高，ξ电位就越低，而一些高电荷离子可能会引起电荷反转。因此，在凝聚过程中确定电解质的最佳用量极其重要。

絮凝作用生成的絮凝体比凝聚体更为疏松，絮凝剂分子在分散悬浮颗粒之间形成架桥作用，而发生絮凝。用于形成架桥的絮凝剂为一些长链的有机聚合物，以前主要为淀粉、骨胶、明胶、瓜尔胶等天然有机物，而目前人工合成品得到广泛应用。这些絮凝剂都笼统的称为聚合电解质。聚合电解质大多都为阴离子型，还有一些为非离子型，部分为阳离子型，但是后两种类型的絮凝剂所占市场比重很小。离子型聚合电解质往往可以同时起到凝聚与絮凝作用，但是在一些情况下，虽然无机盐起不到架桥作用，但用无机盐进行电荷中和，配合高分子絮凝剂使用可以降低成本。

工业上应用最广的絮凝剂是聚丙烯酰胺，但它们的分子量与电荷密度相差悬殊。其中电荷密度是指带电荷的丙烯胺单体链段的百分数。例如，如果聚合物由n个相同的丙烯单体组成，且不带电，则该聚合物就是一种均聚物——聚丙烯酰胺。

化学式

如果丙烯酸单体在 NaOH 溶液中完全水解，产物中含n个丙烯酸钠（为阴离子聚合电解质）链段，则其电荷密度就为100%。

在实际工艺中，电荷密度可以在0～100%的范围内控制，按水解程度，生成或弱或强的聚丙烯酰胺。

通过类似的化学反应，可以产生阳离子聚合物。迄今为止，大多数聚丙烯酰胺系列产品朝着高分子量方向发展，同时也能维持固液分离所要求的高的溶解度。现在人们可以获得的水溶性高分子聚合物，其离子性变化范围较大，从100%阳离子经过非离子型到100%阴离子，同时其分子量也从几千到几千万不等。

人们可能认为，在选矿工业中所遇到的大多数悬浮液含有带负电的粒子，阳离子型聚电解质最适合，因为阳离子可以吸附于颗粒上。就电荷中和目的和聚合物在颗粒表面的吸引力而言，上述看法显然正确，但是就絮凝剂的“架桥”作用而言却未必正确。为了使架桥发生，聚合物必须强烈地被吸附，而具有良好性能的化学基团可以促进吸附，例如酰胺基团。商业利用的大多数聚电解质是阴离子，因为这些聚电解质有更高的相对分子质量而且价格低廉。

阴离子聚丙烯酰胺的作用方式取决于吸附于颗粒表面上的长分子链中的一定

量极性基,同时剩下的大部分自由地吸附于另一粒子上。因此,在颗粒之间形成实际分子键合或者架桥(图 15.3)。

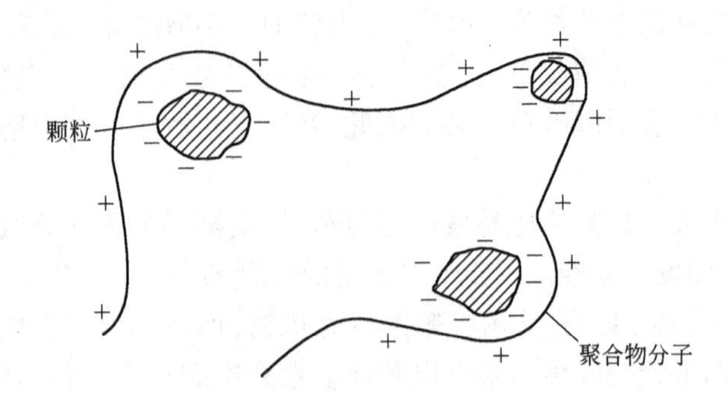

图 15.3 阴离子聚合电解质的作用

虽然,图 15.3 只显示一个架桥,但在实际中这样的粒子间架桥有很多,将很多颗粒连在一起。影响絮凝程度的因素是聚合物吸附于颗粒表面的效率或强度,絮凝时的搅拌强度和絮凝后的搅拌,后者能导致絮团破裂。

虽然向矿浆中添加絮凝剂沉降性能会明显改善,但它也会影响脱水行为,通常在沉积物压实时絮凝剂是不利的。但是,在过滤阶段通常是有利的,絮凝剂被广泛地用作助滤剂。然而起促进沉降作用的絮凝剂与起助滤作用的絮凝剂的具体要求不同,絮凝悬浮的特性和固液分离的效果由絮体的大小和它们的结构决定。大的絮体促进沉降,适宜澄清和浓缩。絮体密度在这些作业中的影响是次要的。密度大的絮体有利于沉积物的压实,在这一阶段尺寸不是很重要。因此,固液分离过程的优化需要严格控制絮体的大小和结构。絮凝剂在最佳添加量和适宜 pH 值条件下,沉降效率最高;过量的聚合物会由于絮体破裂而使颗粒分散。物理因素的影响也非常明显,絮体的生长会受到颗粒之间碰撞和水力间相互作用的影响。实验室常用连续油缸沉降试验来评估絮凝剂对沉降效率的影响。这种测试的缺点是重复性差,取决因素较多,如倒置油缸数和油缸的直径等。一种采用垂直安装同心旋转油缸的新方法(库埃特几何)已经解决这些问题,所得结果重复性高。

由于絮体的脆弱性,絮凝剂不能成功地应用于水力旋流器,而离心机只有采用特殊的技术才能适用,而且应用范围非常有限。即使用泵抽取絮凝矿浆也会由于长链分子的破坏而损坏絮体。

聚合电解质通常配制成 0.5% ~1% 左右的溶液贮存,在加入矿浆之前稀释至 0.01% 左右。加入矿浆的稀释溶液添加点必须足够,以保证同矿浆的每一部分充分接触。为实现此目的往往使用喷管(图 15.4)。

在添加点进行适当的搅拌,有助于絮凝剂在添加后较快分散于矿浆中。当絮团已经形成后,应避免剧烈搅拌。

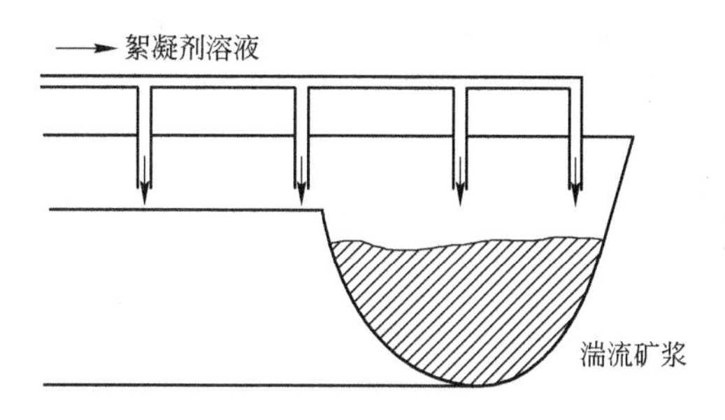

图 15.4 添加絮凝剂的典型方法

15.4 选择性絮凝

处理细粒嵌布矿石时往往导致极细颗粒或矿泥的生成,矿泥用常规分离技术处理效果差,而且往往损失于尾矿中。用选择性絮凝回收矿浆中有用矿物,然后从分散物料中分选出絮凝体,虽然目前在工业上的应用还很少,但未来这将会成为一种重要技术手段。尽管已有人做了一些研究以求将选择性絮凝应用于多种矿石类型,但主要研究仍只是用于处理黏土、铁矿、硝酸盐和钾矿。絮凝过程的先决条件是在添加只选择吸附于混合矿物中的一种矿物上的高分子量聚合物之前,必须充分分散混合矿物。选择性絮凝之后,从分散矿浆中脱去该矿物组分的絮团。

有关选择性絮凝所作的工作最多的是有关细粒非磁性氧化铁燧岩的处理,并且在美国已由克利夫兰－克里夫铁矿公司建成一座应用选择性絮凝法处理矿石的选矿厂,年处理量为 1 千万吨。细粒共生的矿石自磨至 85% －25 μm,磨矿时添加苛性钠和水玻璃以抑制细粒二氧化硅的产生。在磨后矿浆中添加淀粉使赤铁矿絮凝下沉,脱出细粒脉石。约三分之二的细粒二氧化硅在脱泥浓密机中被排除,同时约损失 10% 的铁矿物。剩余的大量粗粒二氧化硅,采用胺捕收剂通过反浮选由絮凝底流中排除。

15.5 重力沉降

重力沉降或浓缩是选矿中最常用的脱水技术,该技术成本相对较低,处理量大。由于重力沉降过程中剪切力很小,可为细颗粒的絮凝提供良好条件。

浓密机通过重力沉降浓缩浆体并产生澄清液,由于浆体浓度高,沉降过程一般为干涉沉降。浓密机可间断或连续作业,其主体是一个浅池子,澄清液由池子顶部排出,浓密后的浆体由底部排出。沉降池设计结构与浓密机类似,但结构较简单,适合处理固体含量少的浆体。

连续作业浓密机由一圆筒型浓缩池构成,池子直径 2 ~ 200 m,深 1 ~ 7 m。矿浆通过矿井给入池子中央，井深离池面 1 m，以尽量降低扰动（图 15.5）。澄清液从环形槽溢出，而沉降到池底的固体作为浓缩的矿浆从池底中央排出口排出。在池中有一个或多个旋转的径向耙臂，每一耙臂上均安装有一些耙齿，这样的构造有助于将沉降的固体耙向中央排出管。现在的大多数浓密机中，如果耙臂受到的转矩超过一定值就会自动提升，因此可以防止由于负荷过大而损毁。耙齿也有助于沉降的固体压实，并且可以获得比单纯沉降更稠的底流矿浆。浓密机中的固体连续向下流动，并向内流向浓密机底流排出口，而澄清液体则向上流动并径向排出。通常，浓密机中没有组成固定的区域。

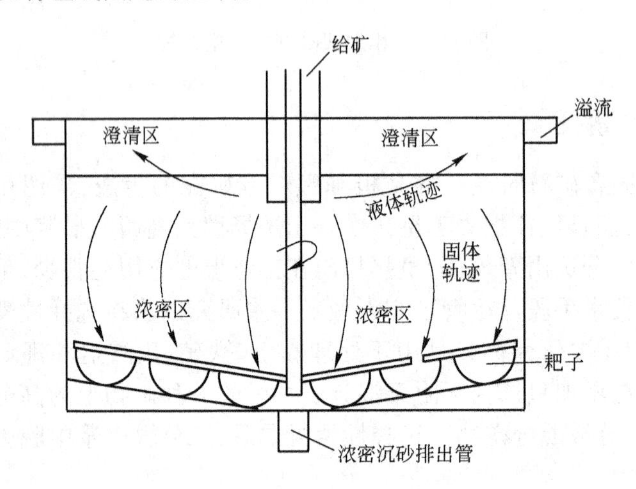

图 15.5　连续式浓密机中的料流

浓密池由钢材或混凝土制成，或者两者兼有，建造直径小于 25 m 的池子，使用钢材是最经济的。池底水平，但是耙臂却朝着中心排出口倾斜。由于这种设计，沉降固体必须“沉实”以形成一个倾斜的假底。由于成本较高，钢底很少倾斜成与耙臂相同的角度。大的浓密池基底和四周常用混凝土材料制成。大多数情况下，沉降固体由于颗粒粒度影响发生坍落，不会形成假底。这种情况下池底应该用混凝土建造并浇注成与耙臂相匹配的坡度。浓密池也可以用混凝土建造斜底，用钢材建造池壁，同时土底浓密机也投入使用，该类型浓密机一般认为是建造成本最低的。

支撑耙传动机构的方法主要取决于浓密池直径。在相对较小的浓密机里，一般指浓密池直径小于 45 m，传动装置一般支撑在横跨浓密池的桁架上，耙臂固定在传动轴上。这种类型的浓密机就被称为桥梁式浓密机（图 15.6）。底流通常由安装在斜底中央的锥形端口排出。

对于直径约 180 m 的大浓密机，常见的设计是将传动装置支撑在固定的中心钢柱或混凝土柱上。大多数情况下耙臂固定在环绕中心柱的传动轴承架上，并与

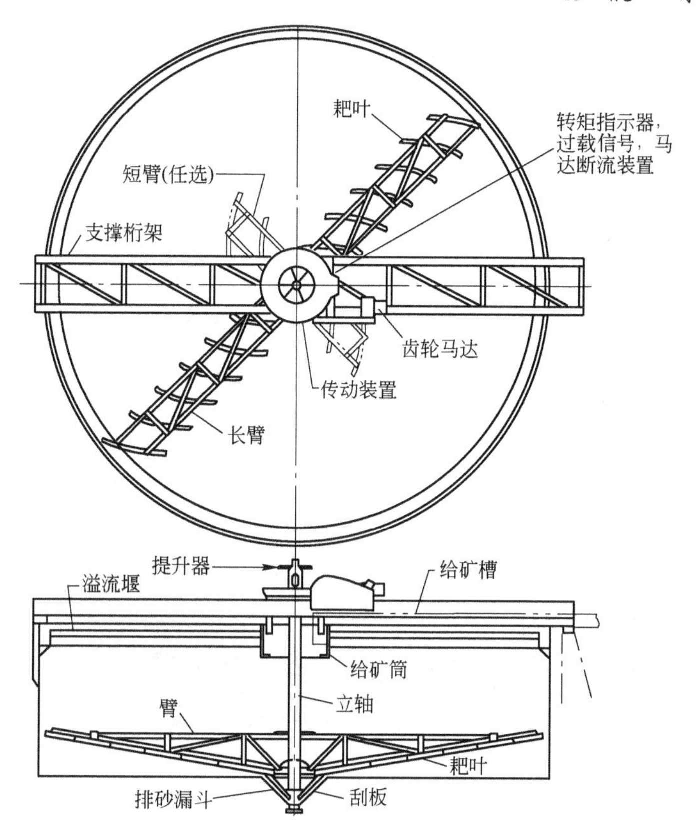

图 15.6 传动机构支撑在桁架上的浓密机

传动装置连接。浓密固体由环绕中心柱的环形沟槽排出(图 15.7)。如图 15.8 所示为该类型直径为 80 m 的浓密机。

周边传动式浓密机有一个耙臂,一端安装在中央支撑柱上,另一端固定驱动轮,轮子沿着浓密池池壁顶部轨道上运行。驱动轮由安装在耙臂一端的马达传动,因此它也与耙臂一起运动。因为转矩通过简单的传动装置传递给长杆耙臂,所以这种结构设计非常有效、经济。现在制造的该类型浓密机直径从 60 m 到 120 m 不等。

缆索式浓密机有一带铰链耙臂固定在传动架或中心轴的底端。铰链的作用主要是保证耙臂可以同时进行垂直和水平方向上的运动。耙臂由连接于转矩或者传动臂结构的缆索牵引,这种结构与中心轴刚性连接并恰好位于液面之下某点。当转矩由于泥浆运行增高时,耙子会自动提升。这种设计使得耙臂在泥浆中高效地运行,转矩可以平衡耙子重量。

一般浓密机中耙传动机构的圆周速度是 8 m/min,对于直径为 15 m 的浓密机,这约相当于 10 r/h,因此能耗相对较低,直径为 60 m 的浓密机也只需要安装 10 kW

的马达,同时磨损和维护费用也相对较低。

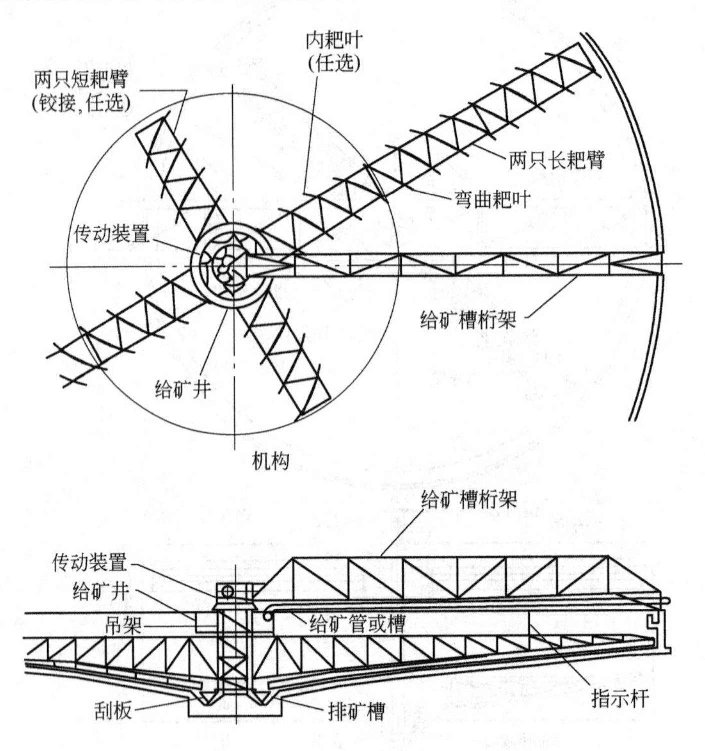

图 15.7　传动机构支撑于中心柱上的浓密机

图 15.8　直径 80 m 中心柱支撑式浓密机

底流通常由中央排出口用泵排出,而在澄清池中物料可在流体静压力作用下排出。底流在位于浓密池底部中央的排砂井处收集,并在此处用泵通过底流管排出。底流管应尽量短而直,以减少堵塞的几率。在大的浓密池中,可以通过以下措施达到这一目的：由排砂井通过中央柱向上铺设管道，顶部安装泵，或将泵置于柱底，从底部向上扬送。这种设计的优点是无需安装昂贵的底流管。箱式浓密机是由这种设计发展而来的，该浓密机中心柱足够大，可以容纳一个中心控制室；泵安装在中心柱底部，其内还安装有机构传动机头、马达、控制板、底流抽吸器以及排出管道。沉箱内部是一个大的加温室。沉箱设计已经消除了对于浓密机大小的最高限额，目前生产的浓密机直径已达到180 m。

沉砂泵一般采用隔膜泵，该泵处理的流体一般为中等水头和流量，适用于处理稠的黏性流体。它们由电动机通过曲柄机构传动，或者直接通过压缩空气的作用传动。一个柔性膜片产生脉动，并通过止逆阀产生抽吸和排出作用，通过改变脉动频率或者冲程就可以改变速度。在一些选厂，变速泵与浓密机底流管道上的密度计相连，密度计用于控制泵送速度，以保持一个稳定的底流密度。已经浓缩后的底流被泵送到过滤机进一步脱水。

浓密机具有很大的存储能力，因此如果过滤设备暂停维护，选矿厂还能继续向脱水作业输送物料。在这段时间里，浓缩后的底流务必返回到浓密机的给矿井。任何时候底流也不能停止泵送，否则排砂漏斗很快会堵塞。

因为浓密的主要成本是基建费用，因此在特定用途下选择合适尺寸的浓密机非常重要。

浓密机两个基本功能是得到澄清的溢流和规定浓度的浓缩底流。

在给定处理量下，澄清能力取决于浓密机的直径，因此其表面积应该足够大，使液体的上升速度在任何时候都低于待回收的沉降最慢的颗粒的下降速度。浓密程度受颗粒的停留时间影响，因此也取决于浓密机的深度。

浓密机内的固体浓度按区域变化，澄清的溢流稀，而排出的浓缩底流浓。虽然浓密机内固体浓度是不断变化的，但浓密机内不同深度的固体浓度可以分为四个区，如图15.9所示。

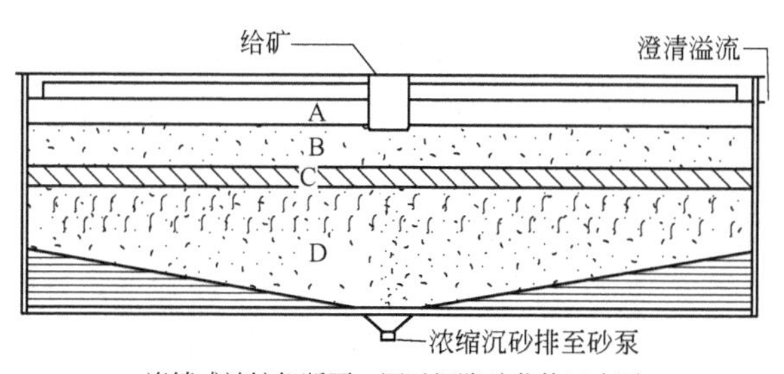

图15.9　浓密机内的浓度区

A区：澄清水或溶液；C区：矿浆浓度由B至D的过渡区；

B区：给矿浓度矿浆区；D区：矿浆压缩区

物料沉降时,悬浮液和澄清液之间有明显的分界面(在大多数絮凝矿浆中也是这种情况),固体转运能力决定着表面积。固体转运能力定义为一定浓度的物料达到下列条件的能力:离开某一区域固体质量流速等于或者大于进入该区域的固体质量流速。在一定浓度条件下能否达到该条件,取决于固体的沉降速度是等于还是大于排出液体相应的上升速度。浓密机处理的物料包含从给矿到底流固体等多种不同浓度的物料,型号恰当的浓密机应该有适当的表面积使得排出液体的上升速度在任何区域均不超过固体沉降速度。

浓密机的工作效果取决于顶部是否是澄清溢流。如果澄清区较浅,一些细小颗粒就会和溢流一起流失。溢流的体积流量等于矿浆给矿流量和底流的排出流量之差。因此底流中所要求固体浓度以及处理量取决于澄清区的条件。

当物料以一定界面沉降时,常采用科和克里文格的方法来确定表面积。

如果 F 代表浓密机内任一区域液固重量比,D 表示浓密机排砂的液固比,W 为每小时给入浓密机内干固体的吨数,则 $(F-D)W$ 表示从底流排出口上升至该区域的液体的重量(t/h)。

因此该液体流速为:

$$\frac{(F-D)W}{A-S} \tag{15.1}$$

式中 A——浓密机面积,m^2;

S——液体的比重,kg/L。

因为上升流速不能超过该区域固体沉降速度,得到一平衡式:

$$\frac{(F-D)W}{A-S}=R \tag{15.2}$$

式中 R——沉降速度,m/h。

因此所需浓密机面积为:

$$A=\frac{(F-D)W}{RS} \tag{15.3}$$

根据一系列 R 和 F 的值,以及通过记录浓度由给矿浓度到排矿浓度的不同物料初始沉降速度,就可以算出不同浓度物料所需的浓密机面积。与 A 最大值相对应的浓度代表了最低的固体转运能力,是个临界浓度。

利用该方法,通过试验可以求出初始恒定的沉降速度,在量筒中所取浓度从给矿浓度到底流浓度,在浓缩矿浆和澄清液间界面的下降速度由计时方法测得。

一旦所需的表面积确定后,需要将计算出来的面积乘一个安全系数。该安全系数不小于2。

科和克里文格的方法要求在任意矿浆浓度下进行多次批量试验,才能选出一个可取的单元面积。凯奇模型提供了一种由一条单一沉降曲线获得所需面积的方法,并且这是一些浓密理论的基础,皮尔斯对这些理论作了全面阐述。

在浓密机设计问题中塔尔梅奇和菲奇的方法应用了凯奇数学模型。将批量沉降试验的结果绘成线性图，表示已沉降矿浆和澄清液界面的高度和时间的关系(图15.10)。

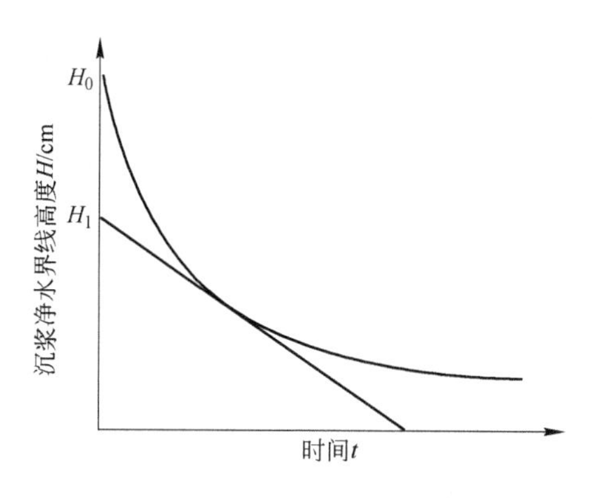

图 15.10　单元沉降曲线

塔尔梅奇和菲奇方法表示，在曲线上任一点作切线，若 H 表示切线在纵坐标上的截距，则

$$CH = C_0H_0 \tag{15.4}$$

式中　C_0——初始给矿浓度，kg/L；

H_0——初始沉降矿浆和澄清液界面的高度，cm；

H——在切线上通过一点上相当于均匀矿浆浓度 C kg/L 沉降矿浆和澄清液界面的高度。

因此对于沉降曲线上任一选定点，根据式 15.4 可以算出局部浓度，根据该点切线斜率可以求出沉降速度。因而从单一沉降曲线可以得到一系列浓度以及相应沉降速度的数据。

对于固体浓度为 C kg/L 的矿浆，1 L 矿浆中固体所占据的体积为 C/d，其中 d 是干固体的比重，kg/L。

因此 1 L 矿浆中液体的重量为：

$$1-\frac{C}{d}=\frac{d-C}{d}$$

因此液固重量比为：

$$\frac{d-C}{dC}$$

对于固体浓度为 C kg/L 以及 C_u kg/L 的两种矿浆，水固比差值为：

$$\frac{d-C}{dC}-\frac{d-C_u}{dC_u}=\frac{1}{C}-\frac{1}{C_u}$$

因此所得浓度值 C 以及沉降速度 R 可以代入科和克里文格公式 15.3，即：

$$A=\left(\frac{1}{C}-\frac{1}{C_u}\right)\frac{W}{RS} \tag{15.5}$$

式中 C_u——底流固体浓度。

根据塔尔梅奇和菲奇方法的简化形式可确定沉降曲线上固体变为压缩的一点。该点表示限制沉降条件和控制浓密机所需面积。如图15.11所示，C 就是压缩点，并过该点作曲线的一条切线，与纵坐标相交于 H。平行于横坐标画一条直线，与纵坐标相交的点同时也是过曲线上 C_u 点作一切线与纵坐标的交点，其中 C_u 为浓密机底流固体浓度。过曲线上 C 点作一切线与该直线相交的点对应的时间为 t_u。H_u 可以由式15.4求出。

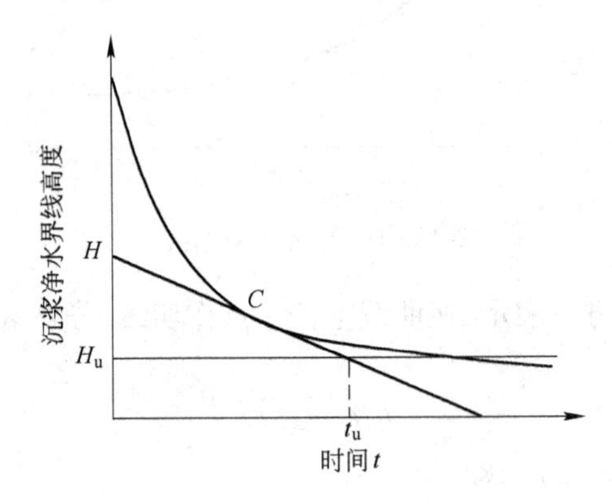

图15.11 塔尔梅奇和菲奇方法的简化图

所需浓密机的面积为：

$$\frac{W(1/C-1/C_u)}{(H-H_u)/t_u}$$

式中 $(H-H_u)/t_u$——过 C 点切线的斜率，也即在压缩点浓度下颗粒的沉降速度。

因 $CH=C_0H_0$，

$$A=\frac{W[(H/C_0H_0)-(H_u/C_0H_0)]}{(H-H_u)/t_u}$$

$$=W\frac{t_u}{C_0H_0} \tag{15.6}$$

大多数情况下，压缩点浓度会小于底流浓度。当情况并非如此时，没有必要画切线，t_u 点即为底流线与沉降曲线相交的点。在许多情况下，沉降曲线上的压缩点很明显，若不明显，也有许多方法来确定该点。

在冶金领域里，科和克里文格以及修正的塔尔梅奇和菲奇方法被广泛用来预测浓密机所需面积。两种方法应用中均有限制条件，塔尔梅奇和菲奇的方法关键是依赖于压缩点的确定，并且两种方法均需乘以一个经验安全系数。一般地，科和克里文格方法预测的浓密机的面积偏低,而塔尔梅奇和菲奇方法又估计偏高。通常在设计中估计偏高一些会更好,因为可以允许给矿的波动和产量的增大,由于这一原因以及相关试验较为简单,如果压缩点容易确定,塔尔梅奇和菲奇方法往往优先考虑。

最近研究表明,在颗粒沉降的唯象模型基础上,已经开发出了预测浓密机所需面积的软件。该模型与科和克里文格公式的模型类似。孔查和布尔格介绍了过去100年里浓密机模型的发展历程。

浓密机理的数学表达要远比相应澄清机理的数学表达难。因此浓密机的深度往往凭经验确定。浓密机直径相比深度通常要大得多,因此占地面积较大。为了节省占地面积,有时采用层式浓密机(图15.12)。实质上,层式浓密机是由若干浓密机垂直叠加安装而成。浓密机中各层单独工作,但是它们共用一个中心轴来驱动耙子。

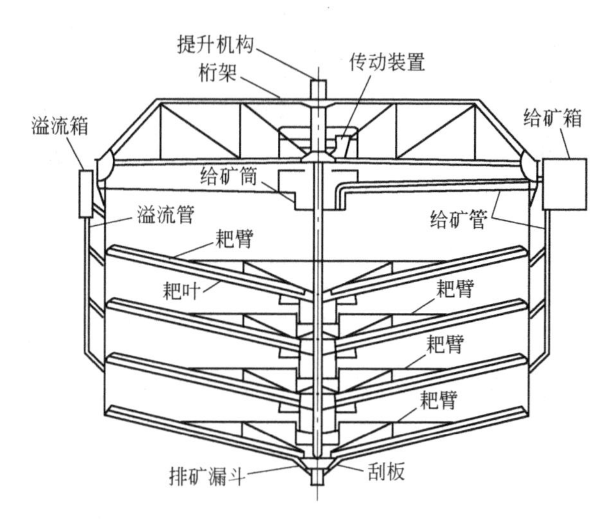

图15.12　层式浓密机

15.6　高效浓密机

传统浓密机的缺点主要是占地面积较大,因为浓密机处理量首先取决于其面积,而与其深度关系不大。

近年来,不同设备制造商已经生产出了称为“高能力”或“高速率”的浓密机。浓密机形式多样,其特点是与传统浓密机相比单位处理能力的投资减少。

环境技术公司开发的一种“高效”浓密机是一典型代表(图15.13)。

给矿通过空心驱动轴给入,并由此添加絮凝剂,矿浆因间歇机械搅拌而被迅速分散。由于间歇搅拌有效利用了絮凝剂,从而改善了浓密效果。已絮凝的矿浆离开混合室并被注入矿浆覆盖层,给矿中的固体通过接触之前絮凝的物料进一步絮凝。对于大多数浓密机来说上升水流和沉降固体的直接接触是很常见的,但通过物料注入矿浆覆盖层就可加以避免。径向安装的斜板部分浸没在矿浆覆盖层中,并且其中沉降的固体沿着斜板向下滑落,其浓密效果相比垂直下降要好,并且速度较快。通过使用液面传感器,矿浆覆盖层的高度可以自动调节。

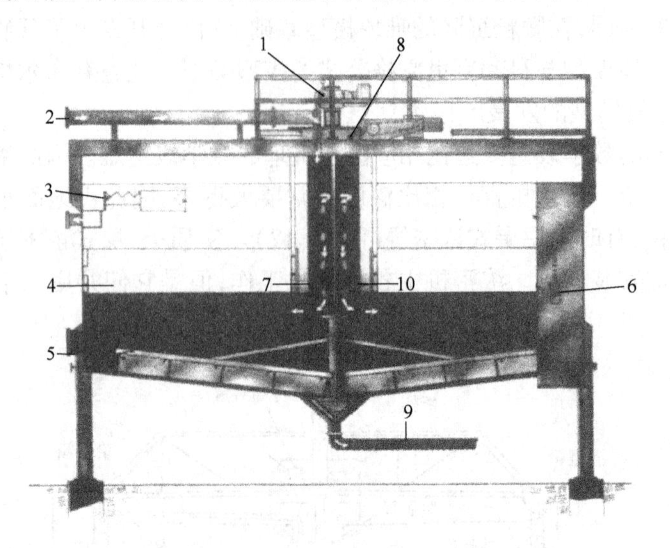

图 15.13 艾姆克高效浓密机

1—搅拌器传动装置;2—给矿管;3—溢流槽;4—倾斜沉降槽;5—耙壁;6—矿浆面传感器;
7—絮凝剂给入管;8—传动装置;9—沉砂排卸管;10—混合室

高密度浓密机是高能力浓密机的一个扩展,使用较深的泥床增加处理能力以及底流密度。高效无耙浓密机具有较大的桶高度和下部锥度,以增大底流密度,从而消除了耙以及耙驱动的影响。在这些应用中,高密度浓密机和无耙浓密机均产生了较稠的底流矿浆。然而针对底流矿浆一些厂家开发了深锥浓密机,但表面尾矿需要处理,一般进行湿堆或者地下膏体充填。桶的高径比通常为 1:1 或者更大。

15.7 离心沉降

离心分离可以看作是重力分离的一个扩展,在离心力的作用下,提高了颗粒的沉降速度。然而,它也可以用作分离在重力场中稳定的乳浊液。

离心分离可通过水力旋流器或者离心机实现。

水力旋流器操作简单,价格低廉,因而被更多人接受,但是所得到的固体浓度,并且给矿分离后在溢流和底流中的相对比例都受到很大的限制。通常在处理细颗粒时小直径旋流器的分离效率也显著降低,直径小于 10 μm 的颗粒总是进入溢流中,除非颗粒比重较大。这类颗粒也不太可能絮凝,因为旋流器内高的剪切力会破坏所有的絮团。因此旋流器更适合用来分级而非浓缩。

相比之下,离心机的成本较昂贵且较复杂,但是澄清能力较好,一般操作也较灵活。离心机所获得的固体浓度相比旋流器要高很多。

工业上使用多种类型的离心机,卧式螺旋离心机由于可以连续排卸固体,因而广泛应用在矿业领域。

图 15.14 所示为一种典型离心机的工作原理。它主要由一圆锥形的水平转筒组成,其内相同截面的螺旋运输机以相同方向旋转,速度略高或略低。给矿浆通过旋转式螺旋输送机的中心管给入转筒内。矿浆一离开给矿管就会立即受到高离心力的作用,使得固体沿着筒体内表面以一定速度沉降下来,沉降速度取决于筒体旋转速度,旋转速度通常为 1600 ~ 8500 r/min。分离出的固体由螺旋输送机运出液体区,并在筒体的锥端出口排出。当固体从液体区输送到排出口时,仍然在离心力作用下连续脱水。通过颗粒床层周边时夹带的过量液体可排入液池中。

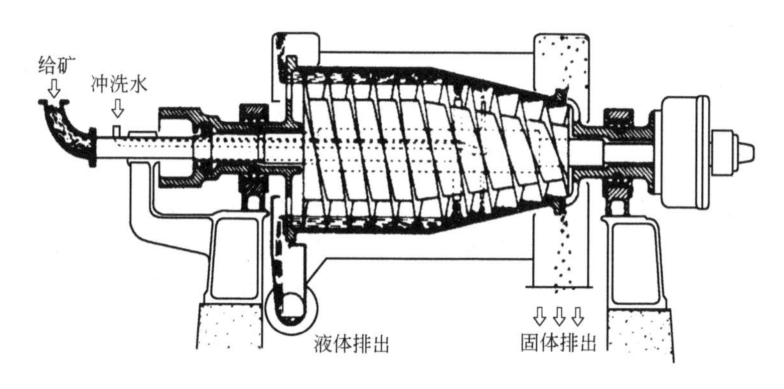

图 15.14 连续排矿卧式螺旋离心机

当液体达到预定溢流面时,就会通过筒体宽端排出口溢出。

根据要求的处理量和使用方式的不同,这些离心机的大小和几何形状各异。圆筒的长度很大程度上决定了澄清能力,因此当溢流澄清度至关重要时,筒长度取得最大值。圆锥的长度决定了固体的剩余含水量,所以当要求含水量最低时,就采用长而浅的圆锥。

现在制造的离心机筒体直径为 150 ~ 1500 mm,长度通常是直径的两倍。离心机的处理量取决于给矿浓度和颗粒粒度,一般为 0.5 ~ 50 m^3/h 液体,0.25 ~ 100 t/h 固体;给矿浓度变化较大,为 0.5% ~ 70%,颗粒粒度变化范围可在 12mm 到 2μm 间,如果采用絮凝,粒度会更小。因为漩涡作用会破坏絮团,使得细颗粒重新分散,因此絮凝的广泛应用受到限制。产品的含水量变化较大,通常介于 5% ~ 20%。

15.8 过滤

过滤是分离均相混合物的常用方法,它是借助于一种多孔介质构成的障碍场从流体中分离固体颗粒的过程。有关过滤的理论已经在其他文献中详细地论述了,这里不再重复。

进行过滤时需要考虑的条件有很多并且变化很大,适宜设备的选择也受许多因素决定。不管使用何种类型的设备,过滤时在介质上渐渐形成一层滤饼,而流动阻力也在整个过滤作业中逐渐增大。影响过滤速率的主要因素有:

(1) 从给矿到过滤介质另一端的压力降。为此,在压力过滤机中,给矿端给以正压;在真空过滤机中,过滤介质的另一端保持真空,给矿端在大气压下。

(2) 过滤表面的面积。

(3) 滤液黏度。

(4) 滤饼阻力。

(5) 过滤介质以及滤饼初始层的阻力。

在矿物加工处理中过滤作业通常在浓缩作业之后。浓缩后的矿浆给入搅拌池,并从该池中以均匀速度输送至过滤机。有时向搅拌池中添加一些絮凝剂,以提高过滤效率。矿泥在过滤中会产生一些不利的影响,因为矿泥会堵塞过滤介质;絮凝可减轻矿泥堵塞影响,增加颗粒间的孔隙,从而使滤液易于通过。在过滤中倾向于使用低分子量的絮凝剂,因为由高分子量絮凝剂产生的絮团体积相对较大,夹杂一些水分,这会增加滤饼的含水量。而使用小分子量的絮凝剂,产生的絮团耐剪切性能较好,所得滤饼呈均匀多孔结构,这有助于增加脱水速度,然而却阻碍了较细颗粒通过滤饼向介质上迁移。其他一些助滤剂主要用于降低液体表面张力,因此促进浆体通过介质。

15.8.1 过滤介质

为了保证过滤作业的效率,过滤介质的选择往往是最重要的考虑因素。过滤介质是滤饼的支承物,而初始滤饼层才真正起到过滤器的作用。过滤介质的选择首先考虑它阻流固体的能力,其次细孔要不容易被分离颗粒堵塞。过滤介质应有足够的机械强度,抗腐蚀,对滤液通过时的流体阻力要小。通常使用相对较粗的物料,直到初始滤饼层形成时才会得到澄清滤液,而初始的浑浊滤液需要返回处理。

制造过滤介质的材料有棉布、毛呢、亚麻布、黄麻纤维、尼龙、丝绸、玻璃纤维、多孔焦炭、金属、人造丝及其他合成纤维,以及如多孔橡胶类的其他各种材料。织物介质在工业上应用最为广泛,主要原因是初始投资成本低,并且可以获得各种编织式样。棉织物可用于过滤细至10 μm的固体物料。

15.8.2 过滤试验

产品过滤作业中,未经试验,通常不太可能预测其过滤效果,因此在设计大型工厂之前,必须选取代表性的矿浆式样进行初步试验。通常也对当前正在生产的工厂的矿浆进行试验,用以评估作业条件改变、助滤剂等的效果。图 15.15 显示了一个简单的真空过滤叶片试验回路。

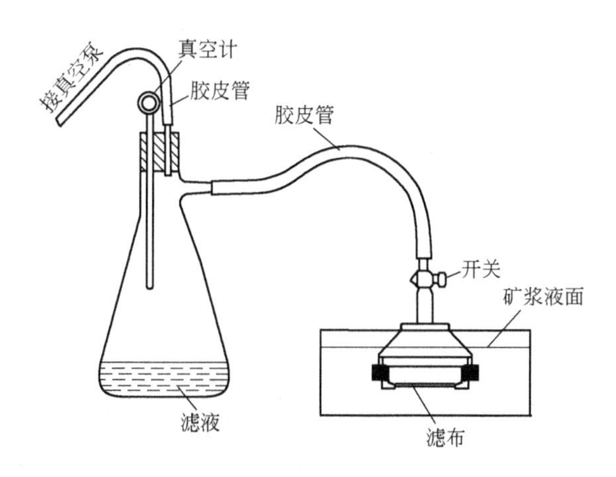

图 15.15 实验室过滤试验装置

过滤叶片上有一块工业用的滤布,并与滤液接收瓶相连,瓶上安装一真空计。滤液瓶与一真空泵相连。如果工业上使用的是连续给料真空过滤机,那么在试验中也必须模拟这种作业。过滤周期可以分成三个阶段,即成饼、疏干、排料。有时成饼后有一段洗涤,并在疏干时滤饼也可以被压实。在真空过滤时,过滤叶片在成饼阶段沉浸在待试验的搅拌矿浆中。接着提起过滤叶片,并使排水管朝下,保持一定的疏干时间。然后取下滤饼,称重并烘干。根据单位面积过滤叶片上烘干后滤饼重量以及每天过滤周期数和过滤叶片总面积就可以确定过滤机日处理量。

为对试样进行实验室规模试生产,史密斯和汤森 2002 年制定了过滤设备的技术要求。

15.8.3 过滤机形式

滤饼过滤机是选矿中广泛应用的过滤机,在选矿中最主要的要求是从浓的矿浆里回收大量固体。那些主要用于从相对稀的悬浮液中脱除少量固体的过滤机,被称之为筛分或者澄清过滤机。

滤饼过滤机有压力过滤机、真空过滤机、间歇排矿式或连续排矿式过滤机。考克斯等人对于不同形式的过滤机均作了介绍。

15.8.3.1 压力过滤机

由于固体的不可压缩性,压力过滤相比真空过滤具有明显优势。通过使用较大的压力,可以获得较高的流速,更好的洗涤和疏干效果。然而,从过滤机室内连续去除固体确实十分困难,因此,虽然也存在连续压力过滤机,但大部分是间歇作业的。

最常使用的过滤机为压滤机。压滤机有两种形式:板框式压滤机和箱式压滤机。

板框式压滤机(图 15.16)由滤板和滤框交错组成。滤板内侧有孔可排出滤液和吹气,滤室衬着滤布。压滤机用一螺钉或液压活塞装置密封,滤布在滤板和滤框之间被压实,这有助于防止渗漏。因此在每两块机板之间形成压滤室。矿浆给入中空框,并流过由板框角落里一些孔所形成的连续凹槽。滤液通过滤布,从机板表面沟槽中流下,经一连续沟槽排出。滤饼保留在滤框里,当滤框装满时,将滤饼冲洗下,之后压力被释放,滤框逐个分离。接着排出滤饼,压滤机重新闭合,开始另一周期。

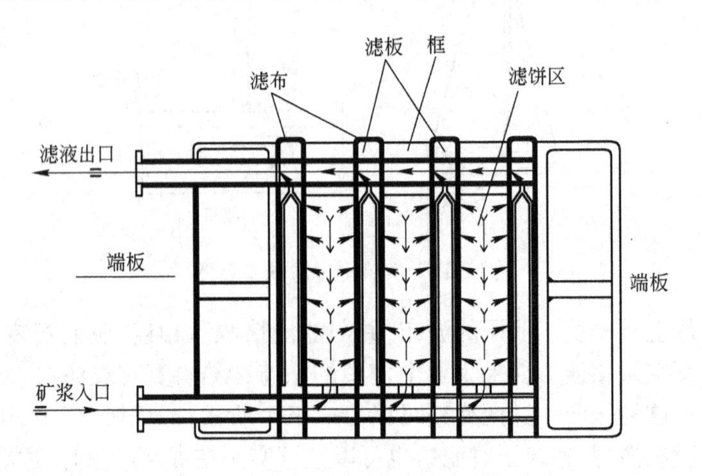

图 15.16　板框式压滤机

箱式压滤机(图 15.17)与板框式压滤机型式相似,但其过滤组件只有凹形过滤板。因此,在连续的过滤机板间形成了单个过滤室。所有过滤室均由位于每个机板中间相对较大的孔洞所连接。中间带孔的滤布覆盖机板,矿浆给入内部沟槽。通过滤布的清滤液由机板上的小孔排出,滤饼渐渐沉积在过滤室中。

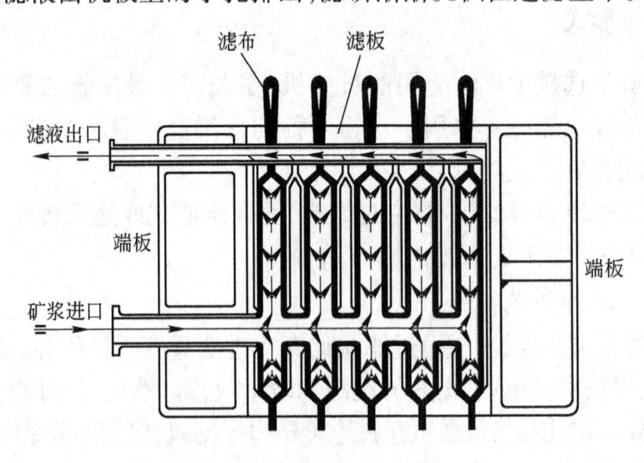

图 15.17　箱式压滤机

自动压力过滤机现在广泛应用于新建的浮选选矿厂。自动的意思是该形式过滤机板片的打开，泵和辅助设备的启动，阀门运行及滤饼排出都是自动化控制的。现代压力过滤机在处理铜精矿时每小时可以处理多达150 t的干固体，过滤面积达到144 m^2。在处理铁矿时甚至可以获得更大的处理量。残留滤饼的含水量取决于被过滤的物料，但一般含水量为7.5%～12.5%。

15.8.3.2　真空过滤机

真空过滤机有多种形式，但它们都是在排水系统上恰当地安装了过滤介质，通过与真空系统相连，其下部的压力被降低。真空过滤机又分为间歇式和连续式两种。

A　间歇式真空过滤机

叶片过滤机安设许多叶片，每一叶片均由金属框架或者沟槽板组成，其上固定滤布（图15.18）。

在管框上钻有许多孔，因此抽取真空时滤饼在叶片的两边沉积。许多叶片通常连接在一起，初始浸没在过滤机给矿槽中的矿浆里，接着移至滤饼接收槽，在这里通入风将滤饼排出（图15.19）。

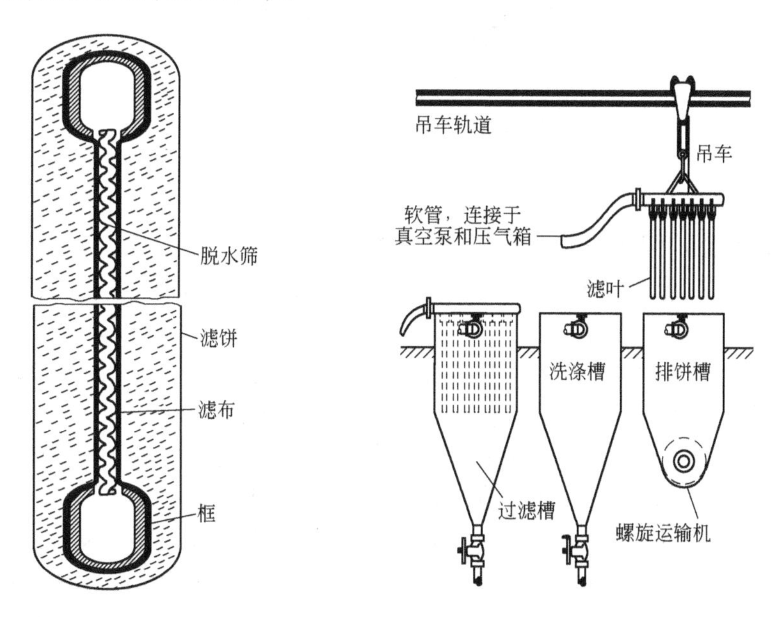

图15.18　过滤机典型叶片的剖面　　　　图15.19　典型叶片过滤机回路

尽管这些过滤机操作简单，但是占地面积大，而且在槽间运输时滤饼有可能从叶片上脱落下来。这种过滤机现在只用于净化，例如从液体中脱除少量悬浮固体。

卧式叶滤机与实验室布式过滤器工作原理基本相似，它由一些含有过滤介质假底的矩形盘组成。过滤机中充满矿浆，直到滤饼疏干后开始抽真空，当安装在枢轴上的矩形盘翻转时，停止抽真空，并在过滤介质下面通入低压空气以排除滤饼。

B 连续式真空过滤机

这种过滤机在选矿工业中应用最广泛，并分成三类：筒式、盘式和卧式。

转筒式过滤机（图 15.20）是工业上应用最广泛的一种，在滤饼需加以洗涤和不需要洗涤的两种情况下均得到广泛应用。

图 15.20 折带式排矿转筒过滤机

圆筒水平安装，部分浸没在料浆槽中，矿浆给入给矿槽，并由搅拌器搅拌使其保持悬浮状态。圆筒外表面用槽形格子板分隔成若干个过滤室。各室安装许多排水管道，这些管道通过圆筒内部，并连接于另一端，形成一圈排水孔，孔上安装旋转阀，并在阀上抽取真空。过滤介质紧紧地黏附在圆筒表面，圆筒以低的速度旋转，通常为 0.1 ~ 0.3 r/min，但是对于极易过滤的物料旋转速度可升至 3 r/min。

当圆筒旋转时，各室均经过同一作业循环，循环持续时间由圆筒转速、圆筒浸入矿浆的深度以及阀的布置决定。正常作业循环包括过滤、疏干和去饼，但是在基本循环中也有可能引入一些其他作业，例如滤饼洗涤以及滤布冲洗等。

从圆筒上排除固体可以使用不同种方法，采取的方法取决于被过滤物料的性质。最常用的方法是反向喷气，使得滤饼从滤布上松开继而可以被刮板排除，刮板实际上与介质并无接触。另一种方法是拉线排料，滤饼在传送带上沉积，传送带在过滤、洗涤和疏干区同滤布相接触。拉线排料法进一步发展就是折带式排矿，如图 15.20 所示，过滤介质本身脱离过滤机并通过外部滚轮来排料，然后返回圆筒。这种方法有许多优点：可以处理非常薄的滤饼，从而提高过滤和脱水速率；洗涤效果好，产品含水率较低。同时，在滤布返回圆筒表面之前可以利用喷水管两面清洗（图 15.21），从而可有效减轻滤布的堵塞。在圆筒顶部有限的区域安装喷水管，并对滤饼进行洗涤。

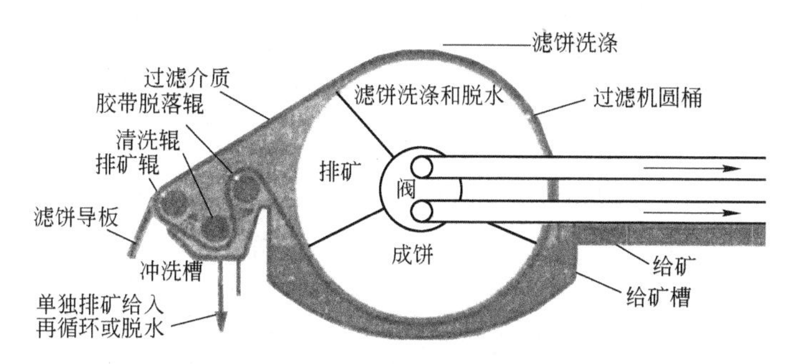

图 15.21 折带式排矿并带滤布洗涤的圆筒过滤机

真空泵的处理能力主要取决于在洗涤和疏干期间通过滤饼的抽气量，在此期间，大多数情况下，液体和气体会同时流动。图 15.22 所示是一个典型的布置，从图可以看出气体和液体是单独被排除的。

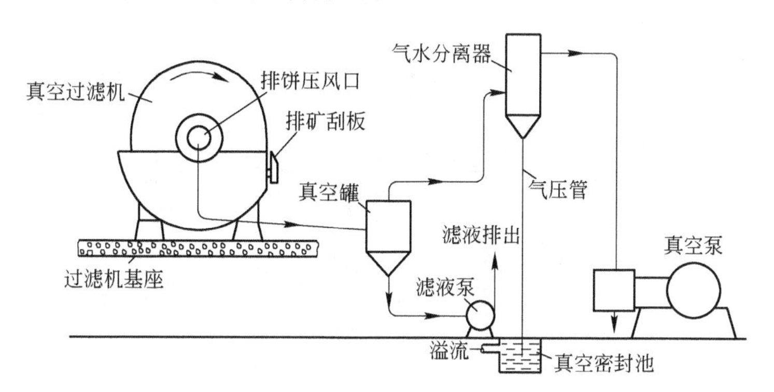

图 15.22 典型转筒过滤机系统

为防止液流被吸入真空泵，气压管高度至少需 10 m。

标准圆筒过滤机的变革形式可以处理易于脱水、快速沉淀的粗粒物料，包括顶部给矿过滤机，物料在与顶部给矿点成 90°～180°之间进行分配。已研制出高压过滤机来满足压力过滤及连续作业的需求。这些过滤机有些也包含了传统圆筒过滤机的作业方式，过滤机内部安装有压力容器。

盘式过滤机（图 15.23）的工作原理与转筒式过滤机的相似。固体滤饼沉积在圆盘的两侧，圆盘与过滤机的水平轴相连。圆盘旋转，并将滤饼带离给矿槽，于是滤饼被吸干，然后由脉动气流以及刮板排除。圆盘沿水平轴安装，盘间中心距离大约 300 mm，因此在较小的占地面积上可以获得较大的过滤面积。因此与圆筒过滤机相比圆盘过滤机单位面积的成本就较低，但是实际上滤饼洗涤不太容易，其可应用性比圆筒过滤机差。

图 15.23 转盘过滤机

水平带式过滤机(图 15.24)由一无极多孔橡胶脱水床及其支撑的一条适宜滤布制成的单独滤带构成。水平运动开始时,矿浆靠重力作用流到滤带之上。接着局部由于重力,局部由于抽吸箱抽取真空作用,过滤作业立即开始,并在脱水床运动过程中抽吸箱与其下床面相接触。

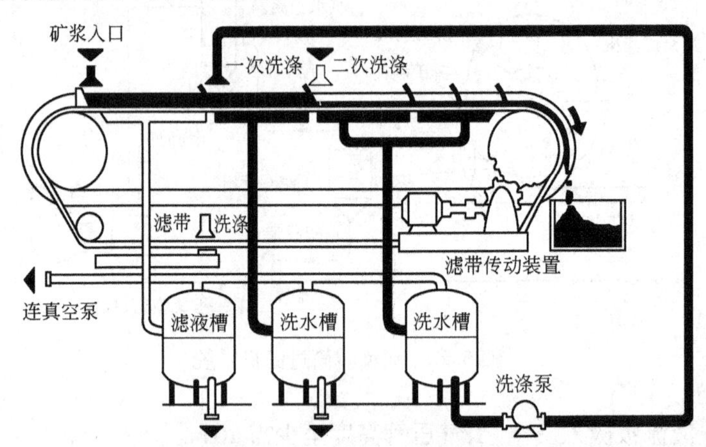

图 15.24 水平带式过滤机

形成的滤饼脱水,鼓入压缩空气进行疏干,然后当滤带在小直径的滚筒上翻转时排出滤饼。如果需要可以进行一次或多次洗涤。

水平带式过滤机的应用越来越多。他们最适合应用在有价金属溶解于酸或碱中的湿法冶金回路中。对浸出后矿浆进行过滤和逆流洗涤可以从固体废物中回收有价金属。大型带式过滤机已成功运行处理金矿氰化浸出溶液和铀矿酸浸溶液。带式过滤机也适用于产品快速沉淀的浓料浆中,并需要高效洗涤。与盘式、筒式以及压力过滤机相比,带式过滤机除了安装费用低之外,其运行成本也相对较低,这意味着对过滤问题,带式过滤机提供了节约可靠的解决办法,尤其是对于处理低价值的物料比如矿山尾矿。煤泥的过滤实践已经表明,与旋转真空过滤相比,水平带式真空过滤产生的滤饼含水量较低,并且处理每吨料浆的成本更低。

15.9 干燥

精矿的干燥是在运出选矿厂之前的最后一个作业。干燥的产品便于运输,同时也降低了运输成本。精矿干燥的目标是将其含水量降至约5%(重量)。如果含水量再低,往往会产生粉尘损失问题。

旋转热力干燥机是矿业中应用最普遍且广泛的一种干燥设备。它由一相对较长的圆筒体构成,安装在滚轴上并以25 r/min的速度旋转。筒体稍微倾斜,物料从转筒较高的一端送入,与热空气接触,随着圆筒的旋转,物料在重力作用下流向较低的一端被干燥而排出。热气体或者空气顺流从给矿端给入或者逆流从排矿口给入。

干燥可以采取直接加热法,即干燥介质与湿物料直接接触传递热量;也可以采用间接加热法,即干燥所需热量由筒壁间接传递给湿物料。直接干燥法在选矿中是最常用的,当物料不可与燃气接触时使用间接干燥法。(图15.25)在大多数选矿厂中使用顺流型干燥机,因为与逆流型相比,它们更加节能并且处理能力更大。因为热气体从给矿端给入,这样可避免湿物料在筒壁上黏结堆积,通常用此装置来干燥物料后含水量可低于1%。因为逆流干燥机从排矿端给入热气体,这样可以得到完全干燥的产品,但是逆流型干燥机的使用是有限的,因为干燥物料直接与加热介质接触,其温度是最高的。

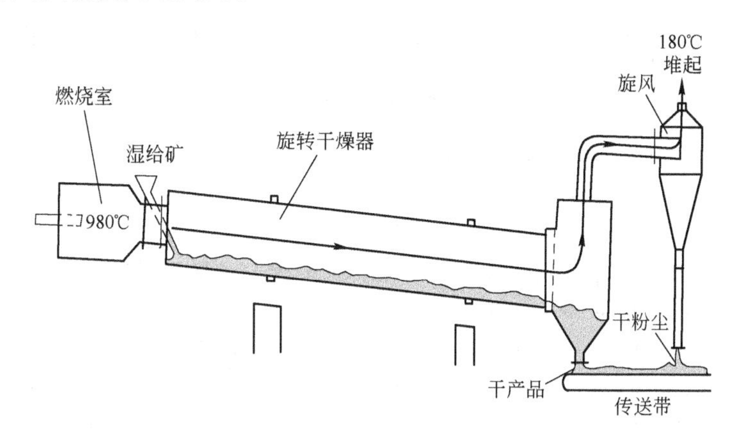

图15.25　直接加热式并流转筒干燥机

普罗克施介绍了可应用的不同种类的干燥装置,并阐述了基于实际负荷要求的选择方法。

矿浆直接干燥法的另一选择是管压法,该方法使用100bar的水压将水从矿浆中排出,进入过滤管和外管之间的环形空间(图15.26)。外管形成了通过管式膜应用于液压的操作压差,并通过膜孔将矿浆中的水排至过滤管。这是一个多孔钢管,表面附上一张支撑的细密金属丝网以及滤布。钢管中收集的滤液利用压缩空气通过滤布被排除。据报道,与有相当处理能力的热力干燥机相比,管压机可以节约 80% 的能量。

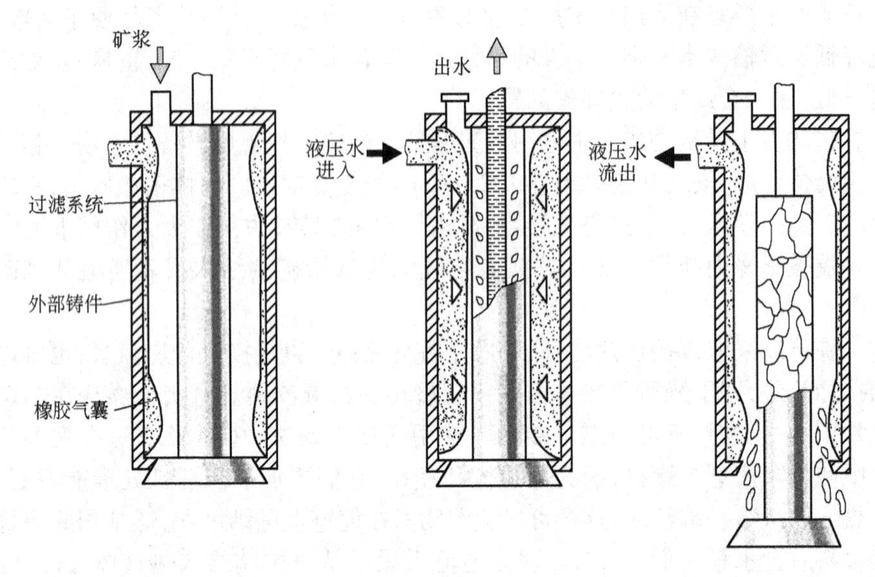

图 15.26　管压机作业

干燥后的产品往往先堆存起来,然后按运输要求装入卡车或火车外运。装精矿的容器应密封,或者在精矿表面布洒能形成表膜的溶液,以防止粉尘损失。

参考文献

[1] Anlauf, H. (1991). Development trends and new concepts for the improved solid-liquid separation of superfine suspensions in the mineral dressing industry, Proc. XVII Int. Min. Proc. Cong. Dresden, 3, 219.

[2] Anon. (1978). Pumps for the mining industry, Min. Mag. (Jun.), 569.

[3] Anon. (1987). Tube press saves on drying costs, Mining J. (17 Apr.), 296.

[4] Attia, Y. A. (1992). Flocculation, in Colloid Chemistry in Mineral Processing, ed. J. S. Laskowski and J. Ralston, Elsevier, Amsterdam, Chapter 9.

[5] Bershad, B. C., Chaffiotte, R. M., and Woon-Fong, L. (1990). Making centrifugation work for you, Chemical Engng., 97(Aug.), 84.

[6] Bott, R., Langeloh, T., and Meck, F. (2003). Recent developments and results in continuous pressure and steam-pressure filtration, Aufbereitungs Technik, 44(5), 5.

[7] Bragg, R. (1983). Filters and centrifuges, Min. Mag. (Aug.), 90.

[8] Cain, C. W. (1990). Filter-cake filtration, Chemical Engng., 97(Aug.), 72.

[9] Coe, H. S. and Clevenger, G. H. (1916). Methods for determining the capacities of slime-settling tanks, Trans. AIMME, 55, 356.

[10] Concha, F. and Burger, R. (2003). Thickening in the 20th century: A historical perspective, Minerals & Metallurgical Processing, 20(2), 57.

[11] Coulson, J. M. and Richardson, J. F. (1968). Chemical Engng., Vol. 2, Pergamon Press, Oxford.

[12] Cox, C. and Traczyk, F. (2002). Design features and types of filtration equipment, in Mineral Processing Plant Design, Practice and Control, ed. A. L. Mular, D. Halbe, and D. J. Barrratt, SME, Littleton, Colorado, 1343.

[13] Emmett, R. C. and Klepper, R. P. (1980). Technology and performance of the hi-capacity thickener, Mining Engng., 32(Aug.), 1264.

[14] Farrow, J. B. and Swift, J. D. (1996). A new procedure for assessing the performance of flocculants, Int. J. Min. Proc., 46, 263.

[15] Fitch, E. B. (1977). Gravity separation equipment - clarification and thickening, in Solid-Liquid Separation Equipment Scale-up, ed. D. B. Purchas, Uplands Press, Croydon.

[16] Green, D. (1995). High compression thickeners are gaining wider acceptance in minerals processing, Filtration & Separation (Nov./Dec.), 947.

[17] Hogg, R. (1987). Agglomerate structure in flocculated suspensions and its effect on sedimentation and dewatering, Minerals and Metallurgical Processing, 4(May), 108.

[18] Hogg, R. (2000). Flocculation and dewatering, Int. J. Min. Proc., 58, 223.

[19] Hsia, E. S. and Reinmiller, F. W. (1977). How to design and construct earth bottom thickeners, Trans. Soc. Min. Engrs. (Aug.), 36.

[20] Hunter, T. K. and Pearse, M. J. (1982). The use of flocculants and surfactants for dewatering in the mineral processing industry, Proc. IVth Int. Min. Proc. Cong., CIM, Toronto, Paper IX-11.

[21] Keane, J. M. (1982). Recent developments in solids/liquid separation, World Mining (Oct.), 110.

[22] Keleghan, W. T. H. (1986a). Vacuum filtration: Part 1, Mine and Quarry, 15 (Jan./Feb.), 51.

[23] Keleghan, W. T. H. (1986b). The practice of vacuum filtration, Mine and Quarry, 15(Mar.), 38.

[24] Kolthammer, K. W. (1978). Concentrate drying, handling and storage, in Mineral Processing Plant Design, ed. A. L. Mular and R. B. Bhappu, AIMME, New York, 601.

[25] Kram, D. J. (1980). Drying, calcining, and agglomeration, Engng. Min. J., 181(Jun.), 134.

[26] Kynch, C. J. (1952). A theory of sedimentation, Trans. Faraday Soc., 48, 166.

[27] Leung, W. (2002). Centrifugal sedimentation and filtering for mineral processing, in Mineral Processing Plant Design, Practice and Control, ed. A. L. Mular, D. Halbe, and D. J. Barrratt, SME, Littleton, Colorado, 1262.

[28] Lightfoot, J. (1981). Practical aspects of flocculation, Mine and Quarry, 10 (Jan./Feb.), 51.

[29] Moody, G. (1992). The use of polyacrylamides in mineral processing, Minerals Engng., 5(3-

5), 479.

[30] Mortimer, D. A. (1991). Synthetic polyelectrolytes - A review, Polym. Int., 25, 29.

[31] Moss, N. (1978). Theory of flocculation, Mine and Quarry, 7(May), 57.

[32] Owen, A. T., Fawell, P. D., Swift, J. D., and Farrow, J. B. (2002). The impact of polyacrylamide flocculant solution age on flocculation performance, Int. J. Min. Proc., 67, 123.

[33] Paananen, A. D. and Turcotte, W. A. (1980). Factors influencing selective flocculation-desliming practice at the Tilden Mine, Mining Engng., 32(Aug.), 1244.

[34] Pearse, M. J. (1977). Gravity Thickening Theories: A Review, Warren Springs Lab. Report LR 261 (MP).

[35] Pearse, M. J. (1978). Laboratory Procedures for the Choice and Sizing of Dewatering Equipment in the Mineral Processing Industry, Warren Springs Lab. Report LR 281 (MP).

[36] Pearse, M. J. (1984). Synthetic flocculants in the mineral industry-types available, their uses and disadvantages, in Reagents in the Minerals Industry, ed. M. J. Jones and R. Oblatt, IMM, London, 101.

[37] Prokesch, M. E. (2002). Selection and sizing of concentrate drying, handling and storage equipment, in Mineral Processing Plant Design, Practice and Control, ed. A. L. Mular, D. Halbe, and D. J. Barrratt, SME, Littleton, Colorado, 1463.

[38] Schoenbrunn, F. and Laros, T. (2002). Design features and types of sedimentation equipment, in Mineral Processing Plant Design, Practice and Control, ed. A. L. Mular, D. Halbe, and D. J. Barrratt, SME, Littleton, Colorado 1331.

[39] Seifert, J. A. and Bowersox, J. P. (1990). Getting the most out of thickeners and clarifiers, Chemical Engng., 97(Aug.), 80.

[40] Siirak, J. and Hancock, B. A. (1988). Progress in developing a flotation phosphorous reduction process at the Tilden iron ore mine, Proc. XVI Int. Min. Proc. Cong., Stockholm, ed. K. S. E. Forssberg, Elsevier, Amsterdam, B 1393.

[41] Smith, C. B. and Townsend, I. G. (2002). Testing, sizing and specifying of filtration equipment, in Mineral Processing Plant Design, Practice and Control, ed. A. L. Mular, D. Halbe, and D. J. Barrratt, SME, Littleton, Colorado, 1313.

[42] Suttill, K. R. (1991). The ubiquitous thickener, Engng. Min. J., 192(Feb.), 20.

[43] Talmage, W. P. and Fitch, E. B. (1955). Determining thickener unit areas, Ind. Engng. Chem., 47(Jan.), 38.

[44] Townsend, I. (2003). Automatic pressure filtration in mining and metallurgy, Minerals Engng., 16, 165.

[45] Vickers, F., et al. (1985). An alternative to rotary vacuum filtration for fine coal dewatering, Mine and Quarry, 14(Oct.), 25.

[46] Waters, A. G. and Galvin, K. P. (1991). Theory and application of thickener design, Filtration and Separation, 28(Mar./Apr.), 110.

16 尾矿处理

16.1 引言

尾矿处理是矿山生产的重要环节，也是选矿厂建设和运营的重要组成部分。近年来，选矿厂尾矿处理成为一个重大的环境保护问题，随着金属矿勘探和低品位矿床开采的不断扩大，这一问题变得日益严重。除了尾矿堆存对于自然景观的影响外，还存在着严重的生态影响，选矿厂排出的尾矿水中通常含有混杂固体、重金属、选矿药剂、含硫化合物等有害物质，这些有害物质达不到排放标准时会造成水质等的污染。因此对于尾矿的处理不仅要符合环境标准，而且应尽可能地在经济上要切实可行。在法律上，对于尾矿处理也作出了明确的要求。从长远来看，尾矿处理有利于现场生态环境的恢复。

尾矿的性质变化多样，尾矿通常是以含水量高的矿浆形式被外运并处理，但也有由较粗的干物料组成的，例如像重介质选矿后的浮矿。由于露天采矿成本较低，采出来的矿石品位也很低，从而导致许多细粒尾矿的产出。

16.2 尾矿处理方法

迫于环境保护的压力、选矿工艺的发展以及尾矿的再利用，尾矿处理方法已经有新的发展。早期的尾矿处理方法是将尾矿排入江河水系（目前某些矿山仍是这种做法）以及将脱水后的粗粒尾矿在地表堆存。英国康沃尔以及其他一些地方矿区残存的19世纪的尾矿堆就是利用这种方法的见证。由于这种处置方法对于环境造成损害，并且现代大多数矿石处理时所需的磨矿粒度要细得多，这都促进了其他的一些尾矿处理技术的新发展。尾矿处理中最令人满意的方法就是开展尾矿的综合利用，例如重新开发利用尾矿中其他有用组分，或者用作一些有用的材料，例如重介质选矿所排出的粒度在20～30 mm的粗粒浮矿可用作铁路道砟和混凝土集料。

在采矿方法要求充填采空区的地下矿山，通常都是将尾矿的粗粒物料返回井下用于充填。该方法自从20世纪初就已经在南非的一些金矿中使用。充填采空区可以减少堆存的尾矿量，但也并不是所有的尾矿都适合作为充填物料。充填前总是需要将尾矿脱泥，产生的矿泥量可能达到尾矿总重量的50%，仍需要地表堆存。有些尾矿在充填后会膨胀或收缩，有些尾矿则具有自行凝结的特性，这在尾矿充填中可免除添加水泥。尾矿充填会引起地表堆存问题，因为被用来充填的尾矿中的粗粒物料常常被用来构筑尾矿坝。

对于露天开采时产生的大量尾矿不运用充填法处理,因为在采场内堆存尾矿之前需要建立暂时的尾矿场供整个采场运营期内使用,所以最广泛使用的方法就是修筑尾矿坝,并在坝内堆存尾矿。构筑尾矿池时其体积必须很大,足够堆存产出的尾矿,并且安全、经济,同时安装和操作污染控制的设施。

对于靠近海边的选厂,如果政府相关规定允许,传统尾矿处理方法的另一选择是采用海底尾矿填埋。海底尾矿处置的基本设计主要是通往混合室的尾矿管路的设计,随着海水输入管路,在重力作用下尾矿流到最终堆存区域。这种处置方式将矿山尾矿放置在海底及深水混浊区,从而将尾矿对环境的影响抑制到了海底。然而作为最终尾矿处理的海底处置方法也引起了环保组织的广泛关注,它不是将尾矿排放到尾矿坝内而是直接排放到海洋里,因此这样会影响到海底的生态系统。在亚洲太平洋地区,由于陆上土地处理方面这些问题,越来越多的矿山选择海底处理。与将尾矿保留在陆地上相比,矿业公司的相关人士认为在亚洲太平洋地区采用海底处置方法对于当地居民和环境来说更安全,因为由于这些区域的自然地形,经常性的地震活动和多雨,陆地上不适合建造尾矿坝。对于尾矿海底处置的可行性需要反复论证,由于该决策过程的复杂性,现已经开发出了许多诸如专业系统分析工具来协助矿山项目开发人员进行尾矿海底处置的可行性分析。

16.3 尾矿坝

对于大多数新建矿山项目以及许多现在已运营的矿山项目,尾矿坝的设计、建造和运行都是最主要考虑的问题。

经济上来看,坝址的选择应当尽量靠近矿山,但这限制了坝址的选择。坝堤的类型通常由当地地震活动情况、水的澄清、尾矿性质和稳定性、尾矿的分布、地质和水文条件及环境条件等决定。位于坝址以下的土层必须结构上可靠,能承受坝体的重量。如果在矿山附近找不到合适的场址,就要以高浓度矿浆形式将尾矿扬送到合适的地点。

尾矿坝可横跨河谷修建,或在谷地侧边修建弧形的或者多边的坝墙,后一种有助于排水。在平的或者缓倾斜的地表,可修建各边均有坝墙的尾矿池。

尾矿堆存增加了生产费用,因此应当尽可能降低尾矿处理费用。山谷型尾矿库多采用上游筑坝法,该方法是一种经营费用较低的筑坝法;取名上游法,是因为坝的中心线朝上游向尾矿池内移动。

上游筑坝法中,初期坝建筑在最下游点(图 16.1),子坝在基坝之上向上游一侧按一定的坡度逐次增高。尾矿经管道进入初期坝的顶部,当初期坝形成的库容填满时,子坝则利用粗粒级尾矿堆成而使坝体高度增加,以增加新的库容,然后重复下一周期。增高坝体的方法有许多种:填坝物料可以取自先前堆存的表面干的尾矿,然后按照上述周期逐次增高坝体;或者更常见的一种方法是经旋流器分级得到尾矿中的粗砂来修筑坝墙,细粒物料则直接输送到尾矿池内(图 16.2 和图 16.3)。

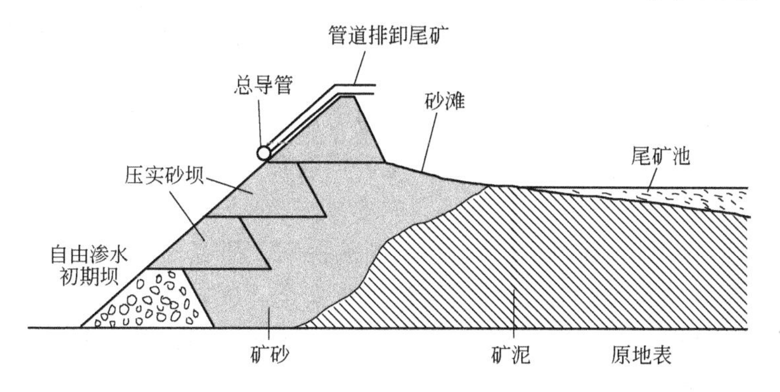

图 16.1 上游筑坝法

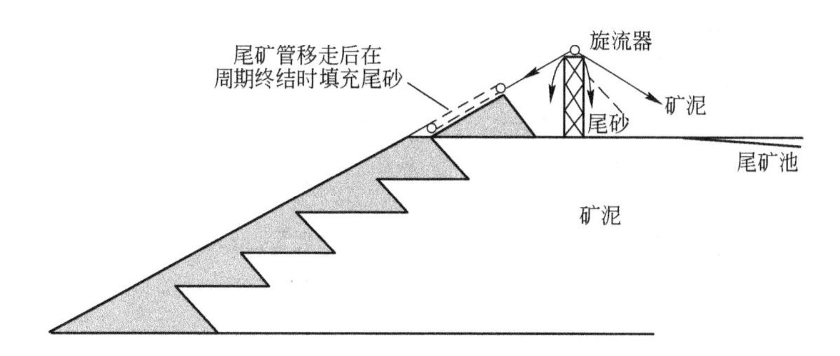

图 16.2 旋流器上游筑坝

图 16.3 利用旋流器沉砂修筑尾矿坝墙

上游筑坝法的主要优点是投资少，并且逐次添加坝体材料，坝体增高速度较快。

这种方法的缺点是坝墙是修筑在之前没有压实的矿泥顶部。因此这一形式的尾矿坝的高度有一极限，超过这一极限，尾矿坝就会发生坍塌，尾矿外流，所以这一方法现在很少使用。

为了建造更大更安全的尾矿坝，在不断的探索下研究出了下游筑坝法。在稳定性和地震荷载方面，该方法设计的尾矿坝更安全。该方法本质上是上游筑坝法的变换，是利用粗粒尾矿在初期坝的基础上中心线向下游方向移动来堆筑后期坝的方法，而坝体依然是建立在粗粒尾矿之上(图 16.4)。筑坝大多采用旋流器分级来得到粗粒尾砂。

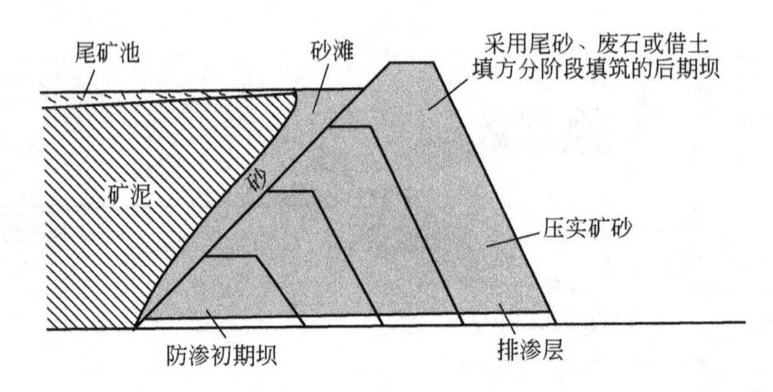

图 16.4 下游法筑尾矿坝

下游筑坝法是唯一一种尾矿坝设计和建造均符合工程标准的方法。地震区的尾矿坝，以及不论何地的大型尾矿坝都使用某种形式的下游筑坝法。该方法最大的缺点是需要大量的矿砂来增高坝墙。在选矿厂投产初期利用尾砂堆坝，尾矿量满足不了要求时，就需要先修建一个较高的初期坝，或者在附近取土以补充尾砂量，但这些举措均增加了尾矿处理的成本。

中线筑坝法(图 16.5)是下游筑坝法的一种变换，当坝墙增高时，坝顶保持在同一水平位置上。该方法的优点是将坝顶提高到任一给定高度所需要充填的矿砂量较少。因此尾矿坝可以被迅速抬高，在筑坝早期也可以很容易高于尾矿池液面。但是，在填高上游坝面时必须要确保不致产生临时不稳定的坡面。

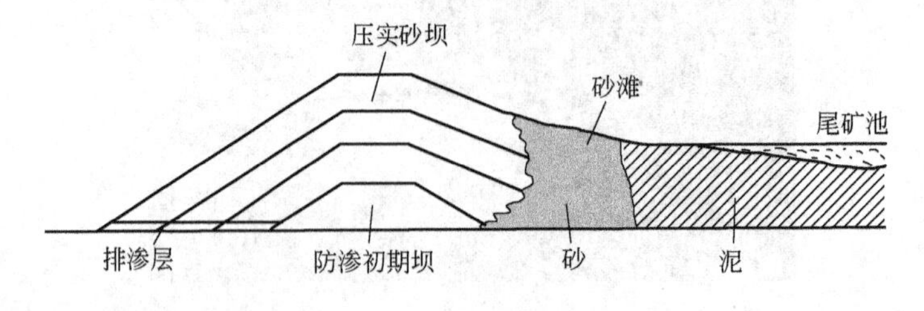

图 16.5 中线法筑尾矿坝

根据当地条件，可以取用露天矿的剥离岩石或者废石来构筑非常稳固的尾矿坝。图16.6为该应用的实例。由于此方法不需要尾矿砂筑坝，所以尾矿浆不需要分级就可直接排入尾矿池。在某些情况下，当剥离岩石量不足以构筑尾矿坝使得坝顶高于尾矿池液面时，就需要混合使用废石和尾矿砂一同构筑安全经济的尾矿坝。

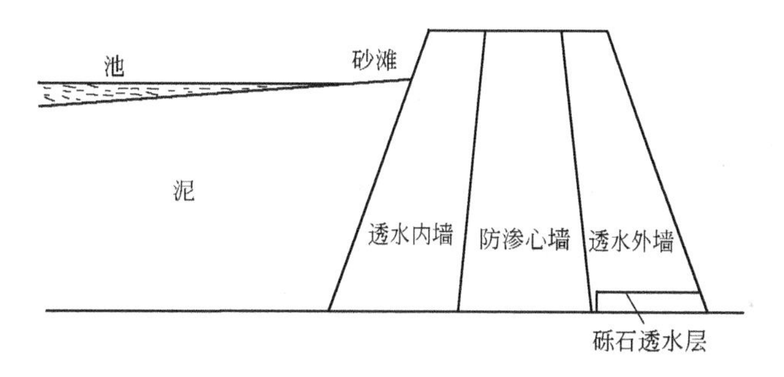

图16.6 用剥离废石构筑尾矿坝

加拿大得克萨斯湾公司（Texasgulf）基德克里克矿的埃克斯托（Ecstall）选矿厂采用了一种特殊的方法进行尾矿处理。构筑的尾矿场其面积达3000英亩，由一砾石坝环绕四周。选矿厂尾矿浓缩后用泵扬送至尾矿坝内的中心排出口。该尾矿设计系统主要目的是在坝中心区域堆存大量尾矿，因此使周边基坝的高度保持最低。

风雨对于尾矿坝的腐蚀能够影响坝的稳定性，并可能造成环境污染问题。为防止坝体受腐蚀，可采用多种方法，如坝面植被法，形成抗风、抗水防护层的化学稳定法等。

毫无疑问，构筑的尾矿坝对环境产生了不利的视觉效果。最明显的就是下游型尾矿坝，因其坝墙不断延伸，所以一直到停止排放尾矿后才可以进行植被。但是，不能否认尾矿坝墙在其服务年限内就一直不能被美化。目前，许多尾矿坝的设计保证在投入运营后的早期就与当地环境保持协调。美国威斯康星州弗拉姆博尾矿坝就是一个实例，该坝由废石构筑，高18 m，坝顶宽24 m，底宽111 m，设计目的在于尽量减轻外观和污染的影响（图16.7）。坝体中心由一黏土墙构成，下游面砌筑无黄铁矿岩层，为了保护环境，坝面覆盖表层土壤，可以种植草木，以减轻外观影响。

尾矿处理过程中最严重的问题是污水的排放，对污水的控制已做了大量的研究。主要污染的影响来自废水的pH值，它会引起生态的变化；溶解的如铜、铅、锌等重金属离子排入当地水域，会使鱼类致死；选矿药剂，虽然一般含量不高，但可能会有害；如果尾矿在尾矿池内储存时间较长，固体颗粒发生沉降，这样悬浮物的量显著降低，可以排出清水。另外比较受关注的问题是尾矿海底处置对于鱼类及其捕获物的潜在影响，这些影响的产生可能会改变这些生物的自然栖息地，也可能会导致重金属离子污染和选矿药剂污染的产生。在这些情况下，环境容易受到所排出的尾矿浆的破坏，而不仅仅是排出的上清液对环境的影响。

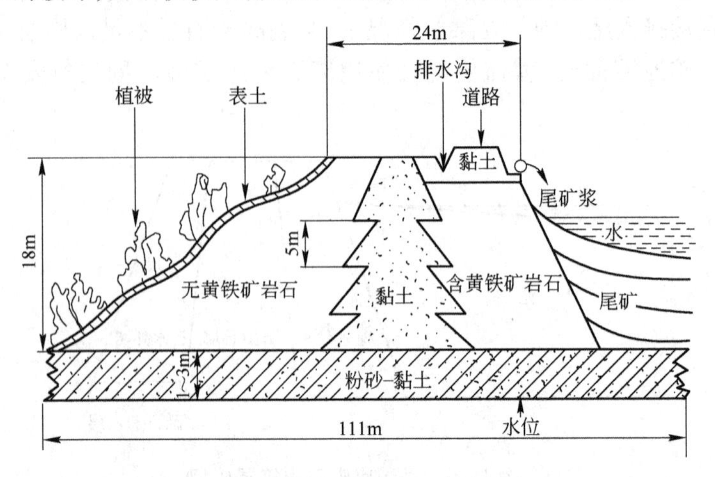

图 16.7　弗拉姆博尾矿坝

图 16.8 说明了尾矿坝内水增减的一般情况。除了天然降水和坝内水蒸发以外，水的流量能够在很大范围内进行控制。要力求避免雨水或溪水直接受到污染，而不是受污染后再净化处理；如果进入尾矿坝的地表径流量很大，就需要构筑山坡截洪沟或排水管路。尽管很难确定尾矿坝内水渗透到地下水中的量，但通过选择在一个防渗透的地基上筑坝或者铺设人工黏土堵漏层，可以最大限度地减少水的渗透量。在尾矿坝的上游面设一防渗矿泥层，这样透过坝墙渗出的水量可以降到最低，但由于这种方法成本过高，所以许多矿山企业宁可构筑初期自由渗漏坝墙。在一些上游法筑坝中，自由渗漏坝墙可以作为尾矿坝起始堤坝，然而在下游法和中线法筑坝中，可以铺设一自由渗漏碎石层。在主坝下游设有一个带有防渗墙和防渗层的小的渗水池，该池内的水可以用泵扬回至尾矿池。如果坝墙由含有金属的岩石或者硫化矿尾矿构筑，则渗出的水由于已经同固体尾矿相接触，往往污染很严重，可能需要单独加以处理。

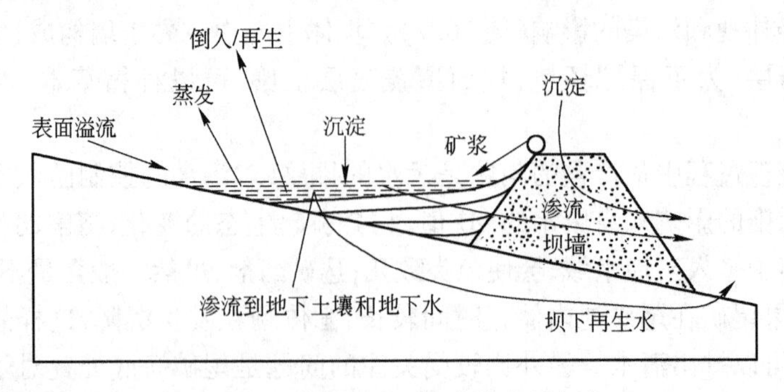

图 16.8　典型尾矿坝中水分的得与失

在尾矿浆排放到尾矿池前经常需往尾矿里添加石灰,以中和矿浆里的酸并使矿浆里的重金属离子以氢氧化物沉淀形式沉降。这样处理后的尾矿浓缩后,其溢流不含重金属离子,可返回选矿厂(如图 16.9),因此降低了排入尾矿坝内的水量和污染物量。

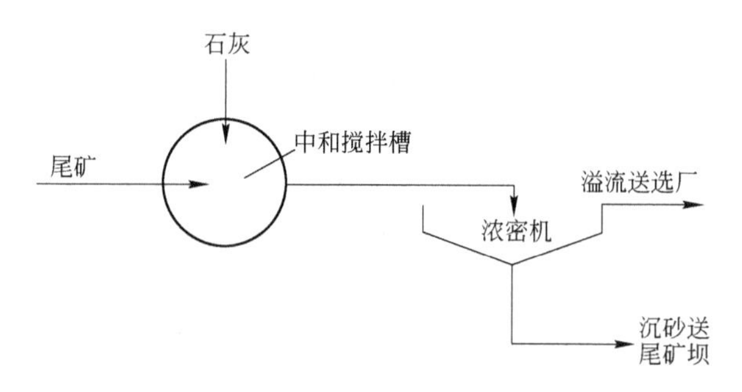

图 16.9 加石灰处理尾矿

假设上述尾矿水的进出得到了良好的控制,在实现污染控制上最重要的因素就是排出尾矿坝内过剩水的方法。所有尾矿坝均需要安装排水设施,用以排出过剩的澄清水。不恰当的排水设计已经导致了许多尾矿坝安全事故的发生。许多旧的尾矿坝使用排水井,与井相连的排水管穿过坝底到达下游的泵站。由于管道受到很大的压力,这样的结构也常常发生事故,导致水和尾矿在下游损失并且无法控制。现在常使用的方法是在尾矿池附近设立流动泵站。

由于来自政府和环境学家的压力,排水管道中水的循环变得尤为重要。从尾矿池中最大限度地回收水并输送回选矿厂进行二次利用,这样可以实现新水补充量保持最低的效果。进入尾矿池中的水量与回收利用的水量及蒸发散失量的差额水随同尾矿一起贮存在尾矿坝中。如果差额量超过了储存尾矿中空隙的容积,那么在矿山运营期间剩余自由水可以达到很大的量。图 16.10 所示的是一个典型的尾矿坝回水系统。

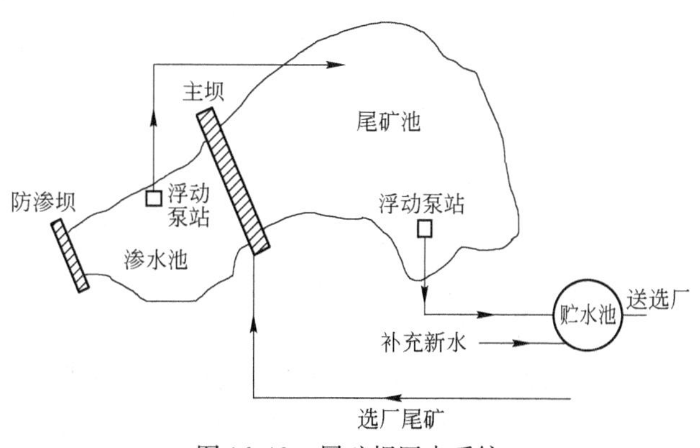

图 16.10 尾矿坝回水系统

废水回收的主要缺点是导致污染物回流到选矿厂，干扰浮选等选别过程。为克服这一缺点，在无额外成本或者成本极少条件下进行污水处理。在任何场合下，污水排放时均要求类似的水处理，以达到排放标准。因而开发了许多污水处理技术，例如使用活性炭、煤、膨润土或者矿泥的物理吸附法，有机物生物氧化法，离子交换树脂法，以及像反渗透、常压冷凝等较新的技术。

在尾矿处理中，半干或者干式处理技术要优于湿式处理技术。干式处理技术要求在处理之前对尾矿进行浓缩或脱水。干的尾矿可以采用干堆方式贮存，浓缩后的尾矿或膏体用于地下采矿充填。这些处理措施提高了水和药剂的回收量，减少了尾矿量及占地面积，十分有助于矿山的复垦。尽管半干或干式尾矿处理具有优势，但是这些技术与较传统的尾矿处理技术相比并不具有成本效益，因而需要详细地了解干尾矿的运输及其流变性能。

金属和氰化物以及氨的复合物特别容易在苛性碱溶液中趋于稳定和溶解，所以除了简单的石灰中和外还需要特殊的处理。尽管会发生一定程度的自然降解，可是在冬季尾矿池可能被冰覆盖，基本没有什么作用，但现在已经研究出了一些方法处理含氰污水。碱性氧化法，即将氰化物氧化成氰酸盐，已经引起了极大的关注，但是氰化物也可以在臭氧或过氧化氢的氧化作用下分解，在二氧化硫和空气的反应中分解，以及通过电化学处理、离子交换、氰化氢的挥发等发生分解。后一种方法在选矿业已经被证明非常有效，尾矿在酸化后会产生氰化氢。通入空气后可使氰化氢挥发，同时也回收了石灰液中溶解的气体，用于循环再利用。充气后的酸化氰化贫液加碱中和后使金属离子产生沉淀。

尾矿的矿物学性质往往具有天然的污染控制特性。例如，在碱性脉石矿物如石灰石的存在下，可以使金属较难溶解并中和氧化产物。因此这类矿石所带来的问题要比与中性、酸性脉石伴生的硫化矿少，这些脉石氧化后形成硫酸，除了使水酸化外，还消耗溶解氧。这种酸性污水必须经过化学处理，通常用石灰进行中和，使重金属离子形成沉淀，减弱酸性的同时促进颗粒絮凝。

为了从稀释的酸性污水中脱除重金属离子，需要不断地开发新的更加经济的方法，全世界的环保和选矿工程师们也正在进行大量的研究工作。除了研究一些像氧化还原反应、离子交换、电化学处理等化学方法外，也进行了生物方法的研究和开发。例如，已证明多种淡海水微藻种类可以从水溶液中提取重金属离子，因此这不仅有可能解决一些工业环境问题，而且还可能回收当前的一些废品。

已经表明，酸性矿山污水有作为市政污水凝结剂的可能性，尽管不经预先处理排放污水中的重金属离子污染妨碍了它的广泛使用。显而易见，该领域仍存在很大的研究潜能，并且选矿工程师所使用的处理方法在降低现代工业的环境影响方面发挥着日益重要的作用。为了减轻对环境的影响，需要特别注意矿物加工操作中的改进，为达到生产计划目的，也进行了一些工作——将矿山酸性排水的管理并入矿山的方块模型中。避免矿山污水对于环境影响的根本方法是进行矿石干式分选,这些方法在选矿设计时要给予考虑,尤其是对于干旱地区的矿山。

参考文献

[1] Amsden, M. P. (1974). The Ecstall concentrator, CIM Bull, 67(May), 105.

[2] Anon. (1980). Air and water pollution controls, Engng. Min. J., 181(Jun.), 156.

[3] Bennett, M. W., Kempton, H. J. and Maley, J. P. (1997). Applications of geological block models to environmental management. Proc. 4th Int. Conf. on Acid Rock Drainage (ICARD), Vancouver (June), 293-303.

[4] Chalkley, M. E., et al. (eds) (1989). Tailings and Effluent Management, Pergamon Press, New York.

[5] Down, C. G. and Stocks, J. (1977a). Methods of tailings disposal, Min. Mag. (May), 345.

[6] Down, C. G. and Stocks, J. (1977b). Environmental problems of tailings disposal, Min. Mag. (Jul.), 25.

[7] Down, C. G. and Stocks, J. (1977c). Environmental Impact of Mining, Applied Science Publishers, London.

[8] Eccles, A. G. (1977). Pollution control at Western Mines Myra Falls operations, CIM Bull. (Sept.), 141.

[9] Ellis, D. V., Poling, G. W., and Baer, R. L. (1995). Submarine tailings disposal (STD) for mines: An introduction, Int. J. Rock Mech. Min. Sci. & Geomech. Abstr., 33(6), 284A.

[10] Feasby, D. G. and Tremblay, G. A. (1995). Role of mineral processing in reducing environmental liability of mine wastes. Proc. 27th Ann. Meet Can. Mineral Processors, Ottawa, January (CIM), 217-234.

[11] Ganguli, R., Wilson, T. E., and Bandopadhyay, S. (2002) STADES: An expert system for marine disposal of mine tailings, Min. Engng. (Apr.), 29.

[12] Golab, Z. and Smith, R. W. (1992). Accumulation of lead in two fresh water algae, Minerals Engng., 5(9).

[13] Hill, J. R. C. and Nothard, W. F. (1973). The Rhodesian approach to the vegetating of slimes dams, J. S. Afr. IMM, 74, 197.

[14] Jeffries, L. F. and Tczap, A. (1978). Homestake's Grizzly Gulch tailings disposal project, Min. Cong. J. (Nov.), 23.

[15] Johnson, S. W., Rice, S. D., and Moles, D. A. (1998). Effects of submarine mine tailings disposal on juvenile Yellonfin Sole (Pleuronectes asper): A laboratory study, Marine Pollution Bulletin, 36(4), 278.

[16] Klohn, E. J. (1981). Current tailings dam design and construction methods, Min. Engng., 33 (Jul.), 798.

[17] Lewis, A. (1984). New Inco Tech process attacks toxic cyanides, Engng. Min. J., 185 (Jul.), 52.

[18] McKinnon, E. (2002). The environmental effects of mining waste disposal at Lihir Gold Mine,

Papua New Guinea, Journal of Rural and Remote Environmental Health, 1(2), 40.

[19] Mohd. Azizli, K., Tan Chee Yau, and Birrel, J. (1995). Technical note design of the Lohan tailings dam, Mamut Copper Mining Sdn. Bhd., Malaysia, Minerals Engng., 8(6), 705.

[20] Napier-Munn, T. J. and Morrison, R. D. (2003). The potential for the dry processing of ores. Proc. Conf. on Water in Mining, AusIMM, Brisbane (Oct.), 247-250.

[21] Nguyen, Q. D., and Boger, D. V. (1998). Application of rheology to solve tailings disposal problems, Int. J. Min. Proc., 54, 217.

[22] Rao, S. R. (1992). Acid mine drainage as a coagulant, Minerals Engng., 5(9).

[23] Rao, S. R. and Finch, J. A. (1989). A review of water re-use in flotation. Minerals Engng., 2 (1), 65.

[24] Scott, J. S. and Ingles, J. C. (1981). Removal of cyanide from gold mill effluents, Can. Min. J., 102(Mar.), 57.

[25] Shilling, R. W. and May, E. R. (1977). Case study of environmental Impact - Flambeau project, Min. Cong. J., 63, 39.

[26] Sofr, F. and Boger, D. V. (2002). Environmental rheology for waste minimisation in the minerals industry, Chemical Engineering Journal, 86, 319.

[27] Stradling, A. W. (1988). Backfill in South Africa: Developments to classification systems for plant residues, Minerals Engng., 1(1), 31.

[28] Vick, S. G. (1981). Siting and design of tailings impoundments, Min. Engng., 33(Jun.), 653.

[29] Waters, J. C., Santomartino, S., Cramer, M., Murphy, N. and Taylor, J. R. (2003). Acid rock drainage treatment technologies-Identifying appropriate solutions, in Proc. 6th ICARD, AusIMM, Cairns (July), 831-843.

附录Ⅰ 金属矿物

金属	主要用途	矿物	分子式	金属/%	比重	产状/共生
铝	用于需质轻、高导电和热导率、耐腐蚀和易加工处。可制成抗拉强度高的合金	铝土矿	AlO(OH)	—	3.2~3.5	呈块状产出的铝土矿是硬水铝石、三水铝石和勃姆石等矿物与氧化铁和二氧化硅的混合物。由于岩石在热带条件下的风化和侵蚀则呈残上状产出
		硬水铝石	$Al(OH)_3$		2.3~2.4	
		三水铝石	AlO(OH)		3.0~3.1	
		勃姆石				
锑	氧化锑的抗燃性质宜于用于纺织品、纤维和其他材料。与铅制成合金以增大蓄电池板、板材和管子的强度，是轴承和印刷合金的重要合金元素	辉锑矿	Sb_2S_3	71.8	4.5~4.6	为主要锑金属矿物，一般存在于石英颗粒和石灰石交代矿床中。与方铅矿、黄铁矿、雄黄、雌黄和辰砂共生
砷	工业用途不大，少量与铜和铅制成合金加强金属的韧性，共氧化物用作杀虫剂	砷黄铁矿	FeAsS	46.0	5.9~6.2	在矿脉中分布广泛，与锡矿石、钨、金和银、闪锌矿和黄铁矿共生。因金属产量大于需求，往往视作脉石
		雄黄	AsS	70.1	3.5	在矿脉中往往以很小数量处于连生体中
		雌黄	As_2S_3	61	3.4~3.5	
铍	高达4% Be与铜制成高拉力合金，抗疲劳、耐磨和耐腐蚀能力强，用于制造弹簧、轴承、阀门以及防火花工具。在核工业中用于中子吸收仪。在电子工业中用于扬声器和触针	绿柱石	$Be_3Al_2Si_6O_{18}$	5	2.6~2.8	铍金属的唯一来源。经常作为宝石—纯绿柱石和海蓝宝石开采。往往在粗粒花岗岩(伟晶岩)和其他类似岩石中呈副矿物产出。也出现在方解石矿脉和云母片岩中。因其比重与脉石矿物类似，除手选外难于分离

附录I续表

金属	主要用途	矿物	分子式	金属/%	比重	产状/共生
铋	药品，自动安全装置如喷淋灭火器用于低熔点合金。与锡和铅制成合金可以改进铸造性能	天然铋	Bi	100	9.7~9.8	在矿脉中以很小数量与银、铅、锌和锡石矿共生
		辉铋矿	Bi_2S_3	81.2	6.8	与磁铁矿、黄铁矿、黄铜矿、方铅矿和闪锌矿以及锡、钨矿石共生。大部分铋作为铅和铜的熔炼和精炼副产品产出
镉	通过电镀和喷涂防止钢、铜和黄铜生锈；制造颜料；碱性蓄电池负极板和塑料稳定剂	硫镉矿	CdS	77.7	4.9~5.0	与铅、锌矿石共生，极少量与其他许多矿物共生。由于其挥发性，金属镉主要是在锌熔炼和精炼过程中作为副产品产出
铯	电离势能低，用于光电管、光电倍增管、分光光度计、红外探测器，少量用于制药	铯榴石	$Cs_4Al_4Si_9O_{26} \cdot H_2O$	10.0	2.9	赋存于矿物性质复杂的伟晶岩中，为稀有矿物
		锂云母	$K(Li,Al)_3(Si,Al)_4O_{10}(OH,F)_2$	—	2.8~2.9	赋存于伟晶岩中，常与电气石和锂辉石共生。往往带有痕量铷和铯
铬	主要作为钢的合金元素，使其耐磨、耐热，并增加其硬度和韧性。用于铁和钢的电镀。铬铁矿可用作中性耐火材料。也用于生产重铬酸盐和用于鞣革、染色和颜料中的其他盐	铬铁矿	$FeCr_2O_4$	46.2	4.1~5.1	赋存于橄榄石和蛇纹石岩石中，常常富集在可开采的矿层和扁豆体中。由于其耐久性，有时冲击砂矿和砾石中也有发现
钴	作为生产高温钢和磁性合金的合金元素。在化学工业中作催化剂。钴粉在烧结碳化物切削工具中作黏结剂	砷钴矿	$CoAs_2$	28.2	5.7~6.8	砷钴矿与辉砷钴矿常与砷黄铁矿、银、方解石和镍矿物一起赋存于矿脉中。硫铜钴矿和硫钴矿有时少量地赋存于铜矿石中。在铅、铜、镍等矿石中，钴往往只是较小组分，并以副产品形式提取
		硫钴矿	CoAsS	35.5	6.0~6.3	
		硫铜钴矿	$CuCo_2S_4$	20.5	4.8~5.0	
		硫钴矿	Co_3S_4	58	4.8~5.0	

附录I续表

金属	主要用途	矿物	分子式	金属/%	比重	产状/共生
铜	用于很需要高的导电和热导率的地方。耐腐蚀性强，易加工。用于各种合金－黄铜，青铜，铝青铜等	黄铜矿	$CuFeS_2$	34.6	4.1～4.3	是主要铜矿物。大部分常与方铅矿、闪锌矿、磁黄铁矿、黄铁矿等硫化物以及锡石一起存在于脉矿中。共生的脉石矿物是石英、方解石、白云石。在斑岩铜矿矿床中，与斑铜矿及黄铁矿浸染共生
		辉铜矿	Cu_2S	79.8	5.5～5.8	常与赤铜矿和自然铜共生
		斑铜矿	Cu_5FeS_4	63.3	4.9～5.4	在矿脉中与黄铜矿和辉铜矿共生
		铜蓝	CuS	66.5	4.6	在矿脉中有时呈原生硫化物存在，但更常见的是与黄铜矿、辉铜矿和斑铜矿在一起的次生硫化物
		赤铜矿	Cu_2O	88.8	5.9～6.2	在矿床的氧化带，与孔雀石、蓝铜矿和辉铜矿共生
		孔雀石	$CuCO_3 \cdot Cu(OH)_2$	57.5	4.0	常与蓝铜矿、自然铜、赤铜矿共生于氧化带中
		自然铜	Cu	100	8.9	少量地与其他铜矿物共生
		砷黝铜矿	$Cu_8As_2S_7$	57.5	4.4～4.5	砷黝铜矿和黝铜矿与银、铜、铅和锌等一起发现在矿脉中
		砷黝铜矿	$4Cu_2S \cdot Sb_2S_3$	52.1	4.4～5.1	矿物共生。黝铜矿分布更广，常发现于铅－银矿脉中
		蓝铜矿	$2CuCO_3 \cdot Cu(OH)_2$	55	3.8～3.9	赋存于氧化矿带，不如孔雀石分布广
		硫砷铜矿	$Cu_3A_5S_4$	48.4	4.4	在近地表的矿床中与辉铜矿、斑铜矿、铜蓝、黄铁矿、闪锌矿、黝铜矿、重晶石和石英共生

附录Ⅰ续表

金属	主要用途	矿物	分子式	金属/%	比重	产状/共生
镓	在电子工业中生产发光二极管。用于计算机的电子存储器	赋存于某些锌矿石中，但无重要矿物	—	—	—	约90%的产量是氧化铝生产的直接副产品。煤炭和烟尘中也有所见
锗	电子工业	硫银锗矿	$3Ag_2S \cdot GeS_2$	8.3	6.1	与闪锌矿、菱铁矿、白铁矿共生。没有重要矿物。主要来源是锌精矿烧结的镉烟灰
金	用于首饰，货币，电子工业，牙医业，装饰镀金	自然金	Au	85～100	12～20	在石英颗粒中侵染，常与黄铁矿、黄铜矿、方铅矿、辉锑矿和砷黄铁矿共生。在河流冲积层或其他沉积层中也有发现。南非"班克特"就是一个固结的冲积矿床
		针碲金银矿	$(AuAg)Te_2$	24.5	7.9～8.3	赋存于澳大利亚西部卡尔古利金矿石中的碲化物
		碲金矿	$AuTe_2$	43.6	9.0	
铪	舰艇核反应堆，闪光灯泡、陶瓷、难熔合金和搪瓷	没有矿物	—	—	—	以海绵锆的副产品产出
铟	电子工业，低熔点合金和焊料的组分，银制品及珠宝的保护涂层	在很多矿石中呈痕量元素	—	—	—	从某些炼锌厂的残渣和烟灰中回收
铁	钢铁工业	赤铁矿	Fe_2O_3	70	5～6	最重要的铁矿物，赋存于火成岩和矿脉中。也有在沉积岩中呈鱼鲕石或胶结物料产出
		磁铁矿	Fe_3O_4	72.4	5.5～6.5	唯一的铁磁性矿物。广泛分布于包括火成岩和变质岩以及海滨砂矿床等环境中
		针铁矿	$Fe_2O_3 \cdot H_2O$	62.9	4.0～4.4	分布广泛，与赤铁矿和褐铁矿共生

附录Ⅰ续表

金属	主要用途	矿物	分子式	金属/%	比重	产状/共生
铁	钢铁工业	褐铁矿	含水氧化铁	波动于 48~63	3.6~4.0	天然锈蚀，主要组分是针铁矿。在分化矿床中常与赤铁矿共生
		菱铁矿	$FeCO_3$	48.3	3.7~3.9	在沉积岩中呈块状产出；在含黄铁矿、黄铜矿和方铅矿的矿脉中为脉石矿物
		雌黄铁矿	FeS	61.5（波动）	4.6	唯一的磁性硫化矿。侵染于火成岩中，一般与黄铁矿、黄铜矿和镍黄铁矿共生
		黄铁矿	FeS_2	46.7	4.9~5.2	最常见硫化矿之一。用于生产硫酸，但常被看作脉石矿物
铅	电池，防腐管道和衬里，合金，燃料，辐射屏	方铅矿	PbS	86.6	7.4~7.6	分布非常广，且是最重要的铅矿石。赋存于脉矿中，常与闪锌矿、黄铁矿、黄铜矿、黝铜矿共生，共生的脉石矿物有石英、方解石、白云石、重晶石和氟化物。伟晶岩中也有方铅矿，在石灰岩和白云岩中呈交代矿体，与石榴石、长石、透辉石、蔷薇辉石和黑云母共生。常含有高达0.5%的银，是金属银的主要来源
		白铅矿	$PbCO_3$	77.5	6.5~6.6	
		硫酸铅矿	$PbSO_4$	68.3	6.1~6.4	
		脆硫锑铅矿	$Pb_4FeSb_6S_{14}$	50.8	5.5~6.0	赋存于铅矿脉的氧化带中 与方铅矿、闪锌矿、黄铁矿、辉锑矿一起赋存于矿脉中
锂	最轻的金属。碳化锂用于生产铝。是多用途的润滑油的基本组分。用于生产锂电池，在陶瓷工业中应用很广。极少以金属态应用	锂辉石	$LiAlSi_2O_6$	3.7	3.0~3.2	与锂云母、电气石、绿柱石一起赋存于伟晶岩中
		锂磷铝石	$2LiF \cdot Al_2O_3 \cdot P_2O_5$	4.7	3.0~3.1	稀有矿物，与其他锂矿物一起赋存于伟晶岩中

附录 I 续表

金属	主要用途	矿物	分子式	金属/%	比重	产状/共生
锂	最轻的金属。碳化锂用于生产铝。是多用途的润滑油的基本组分。用于生产锂电池，在陶瓷工业中应用很广。极少以金属态应用	锂云母	$LiF \cdot KF \cdot Al_2O_3 \cdot SiO_2$	1.9	2.8~3.3	与其他锂矿物一起赋存于伟晶岩中的云母
		电气石	Al, Na, Mg, Fe, Li, Mn 的复合硼硅酸盐	—	3.0~3.2	不是金属的工业来源。某些晶体可用作宝石。赋存于花岗伟晶岩、片岩和片麻岩中
镁	少量用于铝合金以增大强度和防腐性。用于高炉生产铁的脱硫，加至铸铁中以生产球墨铸铁，用于阴极防护，在石油中作反应剂，在铁、锆生产中作还原剂。需要轻质处作结构件——镁压铸件	白云石	$MgCa(CO_3)_2$	13	2.8~2.9	大多数镁是从卤水中而不是从矿物中提取 用于制备耐火材料的矿物。作为脉石矿物在矿脉中与方铅矿和闪锌矿共生。也以造岩矿物广泛存在
		菱镁矿	$MgCO_3$	29	3.0~3.2	主要用于水泥和耐火砖。常与蛇纹石共生
		光卤石	$KMgCl_3 \cdot 6H_2O$	9	1.6	与食盐和钾盐共生
		水镁石	$Mg(OH)_2$	42	2.4	赋存于白云灰岩和矿脉中，与滑石、方解石和蛇纹石共生
锰	非常重要的铁合金组分。占产量95%用于钢铁和铸造工业。其余主要用于制造干电池和化学药剂	软锰矿	MnO_2	63.2	4.5~5.0	常见于含锰矿床的氧化带中。石英矿脉和锰瘤中也存在
		水锰矿	Mn_2O_3	62.5	4.2~4.4	与重晶石、软锰矿和针铁矿共生，并赋存于花岗岩矿脉中
		褐锰矿	$3Mn_2O_3 \cdot MnSiO_3$	78.3	4.7~4.8	与其他锰矿物共生于矿脉中
		硬锰矿	氧化锰混合矿	—	3.3~4.7	与软锰矿和褐铁矿一起存在于沉积岩或石英岩矿脉中
汞	用于电器、科学仪器，生产油漆，电解池，作金的溶剂，制造药物和化学试剂	辰砂	HgS	86.2	8.0~8.2	唯一的重要汞矿物，赋存于沉积岩的缝隙中，与黄铁矿、辉锑矿和雄黄铁矿共生。常见的脉石矿物有石英、方解石、重晶石和玉髓

附录I续表

金属	主要用途	矿物	分子式	金属/%	比重	产状/共生
钼	主要作铁合金使用,钼金属用于电极和制造冶炼炉部件。还用于催化防腐剂及润滑油添加剂	辉钼矿	MoS_2	60	4.7~4.8	分布广,数量少,赋存于花岗岩和伟晶岩中,与钨和锡石共生
		钼铅矿	$PbMoO_4$	26.2	6.5~7.0	发现于铅、钼矿床的氧化带中,常与硫酸铅矿、白铅矿和钒铅矿共生
镍	耐腐蚀性强,是一种非常重要的铁合金组分(不锈钢),也与铬、铝、锰等多种非铁金属炼成合金。用于电镀钢,作铬板的基底。纯金属耐腐蚀,而且也耐碱侵蚀。无毒,用于食品加工和制药设备	镍黄铁矿	(FeNi)S	22.0	4.6~5.0	总是与黄铜矿共生,常与磁黄铁矿、针镍矿、钴、硒、银和铂族金属连生
		硅镁镍矿	Hydrated Ni-Mg silicate	25~30	2.4	常呈块状或土状赋存于分解的蛇纹石中,往往与铬铁石共生,含这种矿物的矿床叫"红土矿"矿床
		红砷镍矿	NiAs	44.1	7.3~7.7	与黄铜矿、磁黄铁矿和硫化镍矿一起赋存于火成岩中。也与银、银-砷及钴矿物一同存在于脉矿中
		针镍矿	NiS	64.8	5.3~5.7	呈针状辐射形晶体赋存于空穴中,也交代其他镍矿物。还与其他镍矿物和硫化物一起产出于矿脉中
铌(钶)	重要的铁合金组分。加至奥氏体不锈钢中防止高温下产生粒间腐蚀	烧绿石(细晶石)	$(Ca,Na)_2(Nb,Ta)_2O_6(O,OH,F)$	—	4.2~6.4	赋存于伟晶岩中,与锆石和磷灰石共生。烧绿石指富铌矿物,细晶石指富钽矿物
		铌铁矿(钽铁矿)	$(Fe,Mn)(Nb,Ta)_2O_6$		5.0~8.0	与锡石、黑钨矿、铌辉石、电气石、长石和石英共生于花岗伟晶岩中。铌铁矿指富铌矿物,钽铁矿指富钽矿物

附录I续表

金属	主要用途	矿物	分子式	金属/%	比重	产状/共生
铂族金属（铂、钯、锇、铱、铑、钌）	铂、钯在珠宝及牙科医学中用途广泛，铂的熔点高，耐腐蚀，因而广泛用于通电材料和制造化工坩埚等。也作为催化剂广泛应用。铱也用于珠宝和牙齿合金以及电气工业中，长寿铂铱电极用于直升飞机的电花抽头。铑用于热电偶，而铂钯铑催化剂则用于控制汽车排气污染。锇是已知的最重金属，其熔点为2200℃，它和钌现今几乎无多大工业价值	自然铂	Pt	45～86	21.5（纯的）	铂族金属在自然界中呈天然金属或合金一起产出 与其他铂族金属、铁和铜组成合金。侵染产出于火成岩中，与铬铁矿和铜矿共生。发现于脉矿和砂矿矿床中
		砷铂矿	$PtAs_2$	56.6	10.6	产出于磁黄铁矿矿床及石英金脉矿中。也与铜蓝和褐铁矿共生
		铱锇矿	Os－Ir 合金	—	19.3～21.1	在某些金和铂矿石中有少量铁，作为副产品回收
镭	治疗癌，工业辐射照相，生产发光油漆	参见铀矿物	—			铀矿物组分
稀土金属	铈副族在工业上最重要。稀土金属在炼石油中作催化剂，铁铈合金用作香烟打火机的火石。还用于陶瓷、玻璃工业和生产彩色电视机	独居石	稀土和钍的磷酸盐			常见于伟晶岩，脉矿和碳酸盐岩深成岩体中
		氟碳铈矿	$(Ce,La)(CO_3)F$	—	4.9～5.2	
		磷钇矿	YPO_4	48.4（Y）	4.4～5.1	钇的来源。广泛呈副矿物产出。常见于伟晶岩和冲击矿床中，与独居石、锆石、金红石、钛铁矿和长石共生
铼	在生产低铅汽油中用作催化剂。与铂一起作催化剂。广泛用于热电偶、温度控制和加热元件。在电子器件中还用作灯丝	辉钼矿	MoS_2	—	4.7～4.8	铼与辉钼矿一起赋存于斑岩铜矿矿床中，作副产品回收
铷	铷和铯在性质和用途上的互换很大，然而往往愿用铯来满足目前少量的工业需要	参见铯				如呈少量组分广泛分散在主要铯矿物中

附录I续表

金属	主要用途	矿物	分子式	金属/%	比重	产状/共生
硅	用于炼钢工业,钢铁脱氧。以硅铁形式作重介质合金。硅金属用作半导体	石英	SiO_2	46.9	2.65	最普遍的矿物,占地壳的12%,是花岗岩、砂岩等多种岩石的主要组分,而且实际上是石英岩的唯一组分
硒	用于制造不褪色的颜料,光电仪表,生产玻璃和各种化工用途。与铜和钢制成合金以改善机械加工性能	锡银矿	Ag_2Se	26.8	8.0	硒化物与硫化物结合产出,大部分硒从硫化铜矿石中呈副产品产出
		硒铅矿	PbSe	27.6	8.0	
		硒铜银矿	$(AgCu)_2Se$	18.7	7.5	
		硒铜矿	Cu_2Se	38.3	6.7	
银	纯银制品,珠宝,货币,照相和电子产品,镜子,电镀品和电池	辉银矿	Ag_2S	87.1	7.2~7.4	与铅、锌和铜矿石紧密共生,大部分银在熔炼上述矿石时呈副产品产出
		自然银	Ag	100(最大) 75.3	10.1~11.1	常与铜、金等生成合金,赋存于硫化银矿床的上部
		角银矿	AgCl		5.8	与自然银和白铅矿一起赋存在银矿脉的上部
钽	因具有极强的耐腐蚀性能而用于某些化工及电气过程。制造医疗器具的特殊钢。用作电极,碳化钽用作切削刀具,制造电容器	烧绿石	参见铌			某些锡渣和矿物一样正在成为钽的重要来源
		钽铁矿				
碲	与铜制成合金,用于生产各种高速切削钢材;生产橡胶和在合成纤维生产中作催化剂	针碲金银矿	参见金			与硒一起以精炼铜的副产品形式产出 这些金属碲化物是重要的金属矿石,铋和铅的碲化物是碲的重要来源
		碲金矿				
铊	毒性极大。有限数量用于杀菌剂和毒鼠药。铊盐用于克拉利西溶液,是一种重要的重液	赋存于某些锌矿石中,但无矿物				锌精炼的副产品

附录I续表

金属	主要用途	矿物	分子式	金属/%	比重	产状/共生
钍	放射性金属,用于电气设备和制锰钍合金和其他钍合金。其氧化物在制造煤气灯罩中很重要,而且还在医药中应用	独居石	$(Ce,La,Th)PO_4$	—	4.9~5.4	虽然有的赋存于火成岩(如花岗岩)的脉矿床中,但主要矿床是冲积矿床。海滨砂矿床是钍最大的来源。与钛铁矿、金红石、锆石、石榴石等共生
		方钍石	$ThO_2 \cdot U_3O_8$	21	9.3	产出于某些海滨砂矿床中
锡	主要用途是制造供生产罐头等用的白铁皮,是生产焊锡、轴承金属、青铜、印刷合金、铅锡锑合金等的重要合金材料	锡石	SnO_2	78.6	6.8~7.1	发现于脉矿和冲积矿床中。在脉矿和冲击矿床中与其共生的有钨、砷黄铁矿、铜和铁矿物。在砂矿中常与钛铁矿、独居石、锆石等共生
钛	由于其强度高和耐腐蚀,产出的钛约有80%用于飞机和宇航工业。也用于发电站热交换器的蛇管以及化工和脱盐厂	钛铁矿	$FeTiO_3$	31.6	4.5~5.0	火成岩,尤其是辉长岩和苏长岩中的副矿物。有经济价值的富集矿见于冲击砂矿,与金红石、独居石和锆石共生
		金红石	TiO_2	60	4.2	火成岩中的副产物,但具有经济意义的常常是冲击海滨砂矿床
钨	生产碳化钨用于切削、钻探和耐磨材料。用于灯丝、电子部件、电插头等。是生产工具和高速钢的重要铁合金材料	黑钨矿	$(Fe,Mn)WO_4$	50	7.1~7.9	赋存于花岗岩矿脉中,与锡石、砷黄铁矿、电气石、方铅矿、闪锌矿、白钨矿和石英共生。也发现于某些冲击矿床中
		白钨矿	$CaWO_4$	63.9	5.9~6.1	与黑钨矿的赋存条件相同,也产出于接触变质矿床中
铀	核燃料	沥青铀矿	LO_2(可变的,部分氧化成U_3O_8)	80~90	8~10	最重要的铀和镭矿石。与锡、铜、铅、硫化砷以及镭一起赋存于脉矿中
		钒钾铀矿	$K_2(UO_2)_2(VO_4)_2 \cdot 3H_2O$(approx.)	波动值	4~5	发现在沉积岩中的次生矿物,也有的在沥青铀矿中,是镭的来源

附录I续表

金属	主要用途	矿物	分子式	金属/%	比重	产状/共生
铀	核燃料	钙铀云母	$Ca(UO_2)_2$	49	3.1	作为其他铀矿物的次生产品一起赋存于氧化带中
		铜铀云母	$(PO_4)_2\cdot(10\sim12)H_2O$	48	3.5	
			$Ca(UO_2)_2(PO_4)_2\cdot 12H_2O$			
钒	重要的钢铁合金组分。钒用于制造特殊钢，如高速工具钢。它能提高用于石油和天然气管道结构钢的强度。钒铝母合金用于制造某些钛基合金。钒化合物用于化工及石油工业作催化剂。也作玻璃着色剂，并用于陶瓷中	绿硫钒石	VS_4（近似）	28.5		与镍和钼的硫化物及沥青物料共生
		钒钾铀矿	参见铀	变量	4~5	（参见铀）
		钒云母	$HgK(MgFe)(AlV)_4$-$(SiO_3)_{12}$	变量	2.9	常与钒钾铀矿共生
		钒铅矿	$(PbCl)Pb_4(PO_4)_3$	变量	6.6~7.1	赋存于铅和铅锌矿床的氧化带，也与其他钒矿物产出于沉积岩中
锌	铁和钢的防腐涂层（“镀锌”）。黄铜和锌铸模中的重要合金金属。用于制造耐腐蚀涂料、颜料、填料等	闪锌矿	ZnS	67.1	3.9~4.1	最普遍的锌矿物，常与方铅矿和硫化铜矿共生于脉矿矿床中，也与黄铁矿、磁黄铁矿和磁铁矿共生于石灰岩交代矿床中
		菱锌矿（异极矿）	$ZnCO_3$	52	4.3~4.5	主要产出于含锌矿床的氧化带，常与闪锌矿、方铅矿和方解石共生
		异极矿	$Zn_4Si_2O_7$	54.3	3.4~3.5	与伴生锌、铁和铅硫化物的菱锌矿共生
		铁闪锌矿	(Zn,Fe)S	46.5~56.9	3.9~4.2	与方铅矿紧密共生
		锌铁尖晶石	Fe、Zn、Mn 的氧化物	变量	5.0~5.2	锌铁尖晶石、红锌矿和硅锌矿共生于美国新泽西州的富兰格林接触变质矿床的结晶石灰岩中，以锌、锰矿床开采
		红锌矿	ZnO	80.3	5.4~5.7	
		硅锌矿	Zn_2SiO_4	58.5	4.0~4.1	
锆	与铁、硅和钨制成合金用于核反应堆以及除去钢中的氧化物和氮化物。还用于化工厂的防腐设备	锆石	$ZrSiO_4$	49.8	4.6~4.7	广泛分布于火成岩中。是各种沉积岩残渣的常见组分，与钛铁矿、金红石和独居石共生于海滨砂矿

附录Ⅱ 常见非金属矿物

物 料	用 途	主要矿物	分子式	比 重	产 状
硬石膏	作为肥料以及在制造熟石膏、水泥、硫酸盐及硫酸中的重要性日益提高	硬石膏	$CaSO_4$	2.95	呈盐渣与石膏及石盐共生。也赋存于盐丘上的“冠岩”中以及作为热液金属矿脉中的少量脉石存在
磷灰石	见磺酸盐				
石 棉	耐火材料：如防火织物、闸衬，也用于石棉水泥产品，屋面板和涂层板，防火漆等	纤蛇纹石（蛇纹石石棉）	$MgSi_2O_5(OH)_4$	2.5～2.6	纤蛇纹石呈小矿脉赋存于层状泥铁矿中
		青石棉	$Na_2(Mg,Fe,Al)_5Si_8O_{22}(OH)_2$	3.4	纤钠闪石或青石棉呈矿脉赋存于层状泥铁矿中
		铁石棉	$(Mg,Fe)_7Si_8O_{22}(OH)_2$	3.2	纤直闪石，在某些变质岩中呈长纤维产出
		阳起石	$Ca_2(Mg,Fe)_5Si_8O_{22}(OH)_2$	3.0～3.4	真石棉，作为辉石的蚀变产品赋存于片岩和某些火成岩中
斜锆石	陶瓷、磨料、耐火材料、抛光粉以及制造含锆化学品	斜锆石	ZrO_2	5.4～6.0	主要发现于砾石中，与锆石、电气石、刚玉、钛铁矿和稀土矿物共生
重晶石	主要用于石油和天然气钻井工业，以细磨状态作钻探泥浆的加重剂。也用于制造钡化学制品以及作油漆和橡胶工业的填料和填充剂	重晶石	$BaSO_4$	4.5	最常见的钡矿物，赋存于脉石矿床中，与萤石、方解石和石英一起作为铅、铜、锌矿石的脉石矿物。也呈石灰岩的交代矿床，且有的在沉积矿床中

附录Ⅱ续表

物料	用途	主要矿物	分子式	比重	产状
硼酸盐	用于制造绝缘纤维玻璃，制造玻璃和搪瓷的助溶剂。硼砂用于肥皂和胶水工业，织布和制革；也用作各种防腐剂、杀菌剂和油漆干燥剂	硼砂	$Na_2B_4O_7 \cdot 10H_2O$	1.7	盐湖水蒸发沉淀生成的蒸发矿物，与石盐硫酸盐、碳酸盐和其他硼酸盐一起在干旱地区产出
		四水硼砂	$Na_2B_4O_7 \cdot 4H_2O$	1.95	是非常重要的硼酸盐来源，呈硼砂产出
		硬硼钙矿	$Ca_2B_6O_{11} \cdot 5H_2O$	2.4	与硼砂共生，但主要是在沉积岩中呈洞穴的衬里
		硼钠钙石	$NaCaB_5O_9 \cdot 8H_2O$	1.9	与硼砂一起产出于湖泊矿床中。也与石膏及岩盐共生
		天然硼酸	H_3BO_3	1.48	与硫一起存在于火山、热湖和泻湖中
		方硼石	$Mg_3B_7O_{13}Cl$	2.95	与岩盐、石膏和硬石膏一起产出于盐类沉积矿床中
碳酸钙	视纯度和性质不同有多种用途。泥质碳酸钙用于水泥，较纯的碳酸钙用于石灰。大理石作建筑及装饰用石。作冶炼熔剂并用于印刷过程。白垩和石灰用于土地修整。透明方解石（冰洲石）用于制造光学仪器	方解石	$CaCO_3$	2.7	方解石是常见的分布广泛的矿物，常产出于脉石矿中，或呈主要组分，或作为金属矿石的脉石矿物。它是造岩矿物，以沉积岩石灰石和白垩及变质岩大理石采出
瓷土	制造各种瓷器，制造纸张，橡胶和油漆的填充剂	高岭土	$Al_2Si_2O_5(OH)_4$	2.6	铝硅酸盐，尤其是碱性长石蚀变产出的次生矿物
铬铁矿	在炼钢炉中作耐火材料	铬铁矿	参见铬矿物（附录Ⅰ）		
刚玉	耐磨材料，仅次于金刚石，是极硬的矿物，彩色刚玉用作宝石	刚玉（刚玉砂）	Al_2O_3	3.9～4.1	以数种方式产出。是各种火成岩（如正长石）的原生组分，也存在于变质岩中，如大理石、片麻岩和片岩。还赋存于伟晶岩和冲积矿床中。不纯的刚玉砂含大量磁铁矿和赤铁矿

附录Ⅱ续表

物料	用途	主要矿物	分子式	比重	产状
冰晶石	点解制铝的熔剂	冰晶石	Na_3AlF_6	3.0	赋存于花岗岩的伟晶岩矿脉中，与菱铁矿、石英、方铅矿、闪锌矿、黄铜矿、萤石、锡石和其他矿物共生。唯一的真正矿床在格陵兰
金刚石	宝石，在工业中广泛用于耐磨和切削，是最硬的矿物，用于采矿和采油工业的钻头	金刚石（圆粒金刚石）	C	3.5	星点分散于筒状金伯利岩中，也有的在冲积海滩及河床沉积中。圆粒金刚石呈灰至黑色，且不透明，有工业应用
白云石	重要的建筑材料。也用作炉衬和炼钢的熔剂	白云石	$CaMg(CO_3)_2$	2.8～2.9	造岩矿物，作为脉石矿物存在于含方铅矿和闪锌矿矿脉中
刚玉砂	参见刚玉				
泻利盐	医药和制革	泻利散	$MgSO_4 \cdot 7H_2O$	1.7	往往呈洞穴或矿山巷道的介壳物料。也存在于干旱地区黄铁矿矿床的氧化带中
长石	用于制造陶瓷、陶器和玻璃。还用来制造陶器的釉瓷等。以及用作中等耐磨材料	正长石［同形矿物——微斜长石、透长石和冰洲石（钾长石）］	$KAlSi_3O_8$	2.6	蕴藏最富的矿物，最重要的造岩矿物。分布广，主要在火成岩中，也存在于变质岩和沉积岩中
		钠长石	$NaAlSi_3O_8$	2.6	
		钙长石（斜长石形成一系列矿物，其分子式为 $NaAlSi_3O_8$ 变化至 $CaAl_2Si_2O_8$，依次经奥长石、中长石、拉长石和倍长石变为钙长石）	$CaAl_2Si_2O_8$	2.74	

附录Ⅱ续表

物料	用途	主要矿物	分子式	比重	产状
萤石	主要用作炼钢熔剂，也用于制造专门的光学设备，生产氢氟酸和气溶胶用的氟碳化合物。称作氟石的彩条状萤石用作次等宝石	萤石	CaF_2	3.2	分布广，产自热液矿脉或交复矿床中，或单独存在，或与方铅矿、闪锌矿、重晶石、方解石和其他矿物共生
石榴石	主要用作飞机部件喷砂用的磨料及木材抛光用的磨料。也有几种用作宝石	镁铝榴石	$Mg_3Al_2(SiO_4)_3$	3.7	广泛分布于变质岩和某些火成岩中。也常见于海滩和河床沉积中
		铁铝榴石	$Fe_3Al_2(SiO_4)_3$	4.0	
		钙铝榴石	$Ca_3Al_2(SiO_4)_3$	3.5	
		钙铁榴石	$Ca_3Fe_2(SiO_4)_3$	3.8	
		锰铝榴石	$Mn_3Al_2(SiO_4)_3$	4.2	
		钙铬榴石	$Ca_3Cr_2(SiO_4)_3$	3.4	
石墨	制造铸磨、坩埚和油漆，用作润滑剂和电炉电极	石墨	C	2.1~2.3	呈鳞片状浸染于变质岩中，由含碳丰富的岩石演变而成。也有的呈矿脉产出于火成岩和伟晶岩中
石膏	用于制作水泥，做肥料及纸张、橡胶等各种材料的充填剂。还用于生产熟石膏	石膏	$CaSO_4 \cdot 2H_2O$	2.3	蒸发矿物，与石盐及硬石膏一起赋存于层状矿床中
钛铁矿	产出的钛铁矿有90%用于生产二氧化钛，它是陶器制造中的一种染料	钛铁矿	见钛矿物(附录Ⅰ)		
菱镁矿	用作炼钢炉衬的耐火材料以及生产二氧化碳和镁盐	菱镁矿	见煤矿物(附录Ⅰ)		
云母	在电气仪器中作绝缘材料。磨碎的云母用来制作屋面材料及用作润滑剂、墙壁精修涂层，人造石等等。云母粉可在贺年片及装饰品上着色	白云母	$KAl_2(AlSi_3O_{10})(OH,F)_2$	2.8~2.9	广泛分布于花岗岩和伟晶岩等火成岩中，也产出于片麻岩和片岩等变质岩中。沉积砂岩、黏土中也有云母

附录Ⅱ续表

物　料	用　途	主要矿物	分子式	比　重	产　状
云　母	在电气仪器中作绝缘材料。磨碎的云母用来制作屋面材料及用作润滑剂、墙壁精修涂层，人造石等等。云母粉可在贺年片及装饰品上着色	金云母	$KMg_3(AlSi_3O_{10})(OH,F)_2$	2.8～2.85	最常见于变质石灰岩中，也有的在含镁高的火成岩中
		黑云母	$K(Mg,Fe)_3(AlSi_3O_{10})$-$(OH,F)_2$	2.7～3.3	广泛分布于花岗岩、正长岩和闪长岩中。是片岩、片麻岩及接触变质岩的常见组分
磷酸盐	主要用途是作肥料。少量用于生产磷化学制品	磷灰石	$Ca_3(PO_4)_3(F,Cl,OH)$	3.1～3.3	作为副矿物赋存于类似伟晶岩的各种火成岩中。也存在于变质岩，尤其是变质石灰岩和矽卡岩中，是沉积岩中化石骨的主要成分
		磷盐岩	Ca、Fe、Al的复杂磷酸盐		大部分大型磷盐岩矿床与海洋沉积岩共生，典型的是含海绿石的砂岩、石灰岩和页岩。鸟粪石是海鸟粪便的聚积物，主要存在于海洋岛屿上
钾	作肥料和钾盐的原料。硝石也用于制造炸药（硝酸钾）	钾　盐	KCl	2.0	与石盐和光卤石共生于层状蒸发矿床中
		光卤石	$KMgCl_3 \cdot 6H_2O$	1.6	与钾盐和石盐一起存在于蒸发矿床中
		明矾石	$KAl_3(SO_4)_2(OH)_6$	2.6	发现于含钾长石的火山岩经酸溶液蚀变的地方是次生矿物
		硝　石	KNO_3	2.1	赋存于干旱地区的土壤中，与石膏、石盐和钠硝石共生
石　英	建筑材料，制造玻璃、陶瓷、砌砖即硅铁等。用作洗涤皂、砂纸、牙膏等的腐蚀剂。由于其压电性，石英晶体广泛用于电子工业	金硅矿物（附录Ⅰ）			

附录Ⅱ续表

物料	用途	主要矿物	分子式	比重	产状
盐岩	有营养和防腐用途。广泛用于化工制造过程	食盐	NaCl	2.2	赋存于大量成层蒸发矿床中，这些矿床是在过去的地质年代中被陆地包围的海洋蒸发而生成的。与其共生的有其他水溶性矿物，如钾盐、石膏和硬石膏
金红石	生产焊条涂层、二氧化钛和制造陶瓷用的颜料	见钛矿物(附录Ⅰ)			
蛇纹石	用作建筑石料及其他装饰制品。各种石棉纤维的来源(见石棉)	蛇纹石	$Mg_3Si_2O_5(OH)_4$	2.5~2.6	由像橄榄石、辉正长岩等生成的次生矿物。赋存于含上述矿物的火成岩中，一般赋存于由含橄榄石的岩石蚀变而生成的蛇纹石中
矽线石矿物(硅酸铝)	用于钢铁工业及其他金属冶炼厂作高氧化铝耐火材料的原料。也用于玻璃工业及作火花塞的绝缘陶瓷等等	蓝晶石	Al_2SiO_5	3.5~3.7	一般在局部变质片岩和片麻岩中，与石榴石，云母和石英在一起。也与片岩及片麻岩共生，存在于伟晶石
		红柱石	Al_2SiO_5	3.1~3.2	在黏土成分的变质岩中，在某些伟晶岩中也呈副矿物产出。与刚玉、电气石和黄玉共生
		矽线石	Al_2SiO_5	3.2~3.3	一般在高级区域性质生成的片岩和片麻岩中
		莫来石	$Al_6Si_2O_{13}$	3.2	在自然界中很少见，但许多国家生产人造莫来石
硫	化肥、硫酸、杀虫剂、火药、二氧化硫等产品	自然硫	S	2.0~2.1	产出于死火山的火山口和裂隙及沉积岩中，主要赋存于与石膏共生的石灰岩中，其次赋存于含硬石膏、石膏和方解石的盐丘盖岩中

附录Ⅱ续表

物　料	用　　途	主要矿物	分子式	比　重	产　　状
		黄铁矿	参见铁矿物(附录Ⅰ)		
滑　石	作为油漆、纸张、橡胶等的填充剂。用于石膏、润滑剂、厕纸、滑石粉等。大量用于水槽、实验室、台面、酸液缸等	滑　石	$Mg_3Si_4O_{10}(OH)_2$	2.6～2.8	橄榄石、辉石和角闪石
蛭　石	显著的热、声绝缘性能、光性能、防燃性和惰性——主要用于建筑业	蛭　石	$Mg_3(Al,Si)_4O_{10}$-$(OH)_2\cdot 4H_2O$	2.3～2.4	由与碳酸盐岩共生的镁云母变质而成
碳酸钡矿	钡盐原料，少量用于陶瓷工业	碳酸钡矿	$BaCO_3$	4.3	鲜有产出，有时在热矿脉及铅钒和重晶石中与方铅矿共生
锆　砂	用于铸造厂、耐火材料、陶瓷制品和研磨材料以及用于化工制品	锆　石	参见锆矿物(附录Ⅰ)		

附录Ⅲ　第3章中各公式对应的Excel电子表格

在网址为 http://www. min-eng. com 的矿物工程国际网可获得此电子表格和注解。下列注解将描述每个电子表格的性能。各电子表格的名称与此书早期版本中所使用的同一基本计算机程序的表格名称相同。

Gy:Gy 公式的样品粒度

公式 GYMass( )计算各作业取样的最小样品重量。给定的质量等于 Gy 公式乘以安全系数 2。对于常规取样,结果的置信区间在 95% 即可;而出于研究目的,或需要更高的取样精度,置信水平则需达到 99% 。

Gy:Gy 公式的样品误差

公式 GYError( )用于计算在各作业取样中样品质量的最大相对误差,也就是说,取得样品后所导致的基本误差。可由 Gy 公式计算相对误差。

RecVar:回收率计算误差的评估

RecVar 针对理论回收率计算双产品回收率公式的误差。在突出显示的单元格中输入给矿、精矿和尾矿的品位以及给矿、精矿和尾矿品位的相对误差。电子表格返回理论回收率和理论回收率的方差和标准差。

MassVar: 双产品质量流速的误差评估

MassVar 针对实际回收率计算双产品回收率公式的误差。在突出显示的单元格中输入给矿、精矿和尾矿品位和给矿、精矿和尾矿品位的相对误差。电子表格返回计算的实际回收率和实际回收率的方差和标准差。

Lagran:非加权最小二乘法调节附加数据

Lagran 应用最小二乘法和拉格朗日因子调节简单节点。将化验名称输入 B 列。针对化验列输入给矿、精矿和尾矿品位值。电子表格返回平衡给矿、精矿和尾矿品位以及平衡品位和实际回收率。

WeightRe:加权最小二乘法调节附加数据

WeightRe 应用加权剩余最小二乘法和拉格朗日因子估算最佳质量流量。输入化验名称和原矿、精矿和尾矿的品位。输入与给矿、精矿和尾矿品位值相关的相对标准差。电子表格返回平衡给矿、精矿和尾矿的品位以及平衡品位和实际回收率。

Wilman:质量方程的总体方差调节附加数据

Wilman 使用分量方程式中的总体方差评估最佳质量流量。使用拉格朗日因子调整数据。输入化验名称和给矿、精矿和尾矿的品位值。输入与给矿、精矿和尾矿品位值相关的相对标准差。电子表格返回给矿、精矿和尾矿品位以及平衡品位和实际回收率。

Wilman : Reconciliation of excess data by variances in mass equations
B.A.Wills (1985)
Updated to MS Excel, JKTech Pty Ltd (2005)

Assay Data Ranges:
Feed/Conc/Tail C16:E25

SDs Data Ranges:
Feed/Conc/Tail F16:H25

Balance Data Ranges:
Feed/Conc/Tail I16:L25

Click to Calculate the Weighted Recovery Balance

Mass Recovery: 42.2 %

	Measured Data			SDs Data (Relative %)			Balanced Data			
	Feed	Conc	Tail	Feed	Conc	Tail	Feed	Conc	Tail	Recovery
Tin	21.90	43.00	6.77	1	1	1	22.00	42.84	6.76	82.24
Iron	3.46	5.50	1.76	1	1	1	3.38	5.58	1.77	69.74
Silica	58.00	25.10	75.30	1	1	1	55.55	25.29	77.68	19.23
Sulphur	0.11	0.12	0.09	1	1	1	0.10	0.12	0.09	49.35
Arsenic	0.36	0.38	0.34	1	1	1	0.36	0.38	0.34	44.96
TiO2	4.91	9.24	2.07	1	1	1	5.02	9.07	2.06	76.32

Wilman estimates the best mass rate by using variances in the component equations. Data adjustment is by Lagrangian multipliers.

Enter the assay names into column B.

Enter the Feed, Concentrate, and Tail assay values for each assay (columns C to E).

Enter the relative standard deviations associated with the Feed, Concentrate, and Tail assay values for each assay (columns F to H).

The balanced assays for the Feed, Concentrate, and Tail are reported in columns I to K.

The balanced assay recovery is reported in column L.

The balanced mass recovery is reported in cell K12.

The number of assays can be extended beyond 10 by adjusting the maximum data ranges in cells C6, C9, and C12.

e : Reconciliation of excess data by weighted least squares

(1985)

to MS Excel, JKTech Pty Ltd (2005)

ence:	0.001	5.1E-04	actual convergence
ations:	100	2	number of iterations required

ata Ranges:	
onc/Tail	C19:E28

a Ranges:	
onc/Tail	F19:H28

Data Ranges:	
onc/Tail	I19:L28

Click to Calculate the Weighted Recovery Balance

Mass Recovery: 41.3 %

	Measured Data			SDs Data (Relative %)			Balanced Data			
	Feed	Conc	Tail	Feed	Conc	Tail	Feed	Conc	Tail	Recovery
n	21.90	43.00	6.77	1	1	1	21.80	43.16	6.78	81.75
n	3.46	5.50	1.76	1	1	1	3.36	5.61	1.78	68.96
ica	58.00	25.10	75.30	1	1	1	55.87	25.26	77.40	18.67
ılphur	0.11	0.12	0.09	1	1	1	0.10	0.12	0.09	48.36
senic	0.36	0.38	0.34	1	1	1	0.36	0.38	0.34	44.00
O2	4.91	9.24	2.07	1	1	1	4.98	9.13	2.06	75.70

WeightRe estimates the best ma
by using weighted residuals leas
followed by Lagrangian multiplier

Enter the assay names into colu

Enter the Feed, Concentrate, an
assay values for each assay (col
to E).

Enter the relative standard devia
associated with the Feed, Conce
and Tail assay values for each a
(columns F to H).

The balanced assays for the Fee
Concentrate, and Tail are report
columns I to K.

The balanced assay recovery is
in column L.

The balanced mass recovery is
in cell K15.

The number of assays can be ex
beyond 10 by adjusting the maxi
ranges in cells C9, C12, and C1

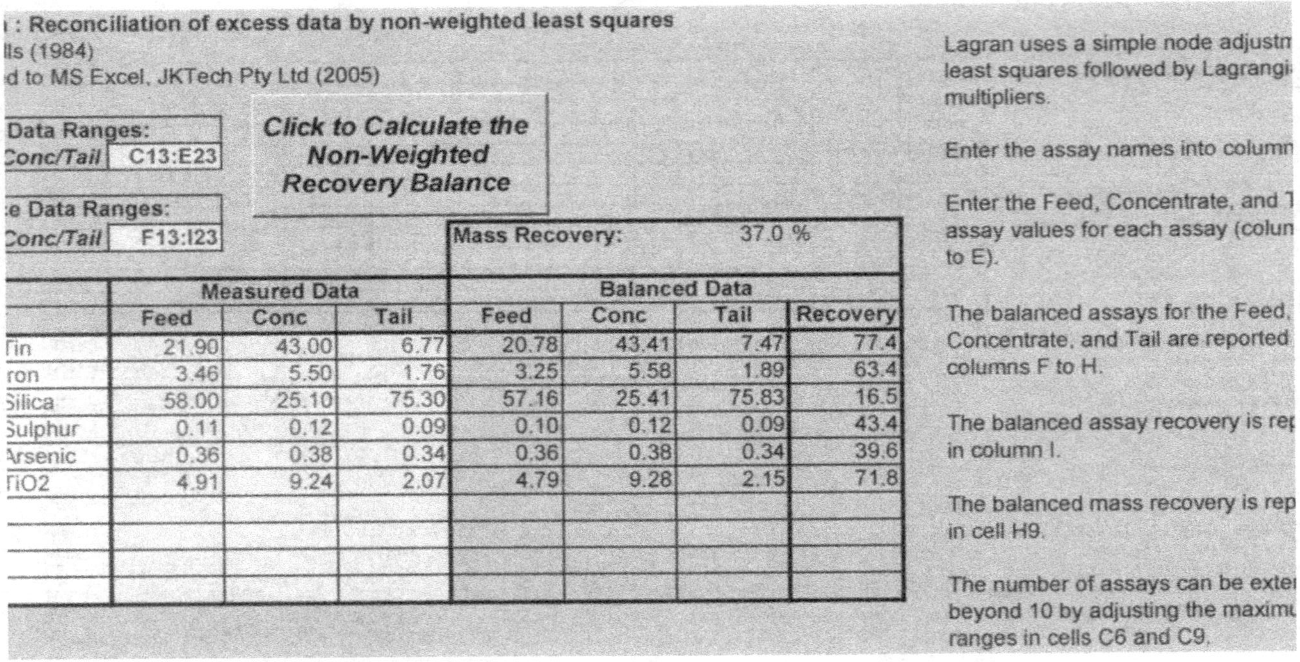

: Reconciliation of excess data by non-weighted least squares
lls (1984)
d to MS Excel, JKTech Pty Ltd (2005)

Data Ranges: Conc/Tail C13:E23

e Data Ranges: Conc/Tail F13:I23

Click to Calculate the Non-Weighted Recovery Balance

Mass Recovery: 37.0 %

	Measured Data			Balanced Data			
	Feed	Conc	Tail	Feed	Conc	Tail	Recovery
Tin	21.90	43.00	6.77	20.78	43.41	7.47	77.4
ron	3.46	5.50	1.76	3.25	5.58	1.89	63.4
Silica	58.00	25.10	75.30	57.16	25.41	75.83	16.5
Sulphur	0.11	0.12	0.09	0.10	0.12	0.09	43.4
Arsenic	0.36	0.38	0.34	0.36	0.38	0.34	39.6
TiO2	4.91	9.24	2.07	4.79	9.28	2.15	71.8

Lagran uses a simple node adjustm
least squares followed by Lagrangi
multipliers.

Enter the assay names into column

Enter the Feed, Concentrate, and T
assay values for each assay (colun
to E).

The balanced assays for the Feed,
Concentrate, and Tail are reported
columns F to H.

The balanced assay recovery is rep
in column I.

The balanced mass recovery is rep
in cell H9.

The number of assays can be exte
beyond 10 by adjusting the maximu
ranges in cells C6 and C9.

MassVar : Estimation of errors in two-product mass flowrate

B.A.Wills (1984)

Updated to MS Excel, JKTech Pty Ltd (2005)

MassVar calculates the error associated with the two-product recovery formula for the ***mass recovery***

Assay:		
Feed	0.92	%
Conc	0.99	%
Tail	0.69	%

Enter the Feed, Concentrate, and Tail assays in the highlighted cells.

SDs:	Relative %		Absolute
Feed	1	%	0.0092
Conc	1	%	0.0099
Tail	1.5	%	0.01035

Enter the relative error for the Feed, Concentrate, and Tail assays in the highlighted cells.

Calculation	
A	333
B	256
C	
D	78

Yield:	76.7	%	Calculated mass recovery
Variance:	16.5		Variance of the recovery
SDs:	4.1	%	Standard deviation of the recovery

RecVar : Estimation of errors in recovery calculations

B.A.Wills (1984)

Updated to MS Excel, JKTech Pty Ltd (2005)

RecVar calculates the error associated with the two-product recovery formula for the ***assay recovery***

Assay:		
Feed	3.5	%
Conc	18	%
Tail	1	%

Enter the Feed, Concentrate, and Tail assays in the highlighted cells.

SDs:	Relative %		Absolute
Feed	4	%	0.14
Conc	2	%	0.36
Tail	8	%	0.08

Enter the relative error for the Feed, Concentrate, and Tail assays in the highlighted cells.

Calculation	
A	3
B	26
C	0
D	236

Recovery:	75.6	%	Calculated assay recovery
Variance:	5.7		Variance of the assay recovery
SDs:	2.4	%	Standard deviation of the assay recovery

ımple error by Gy Formula

(1982)

d to MS Excel, JKTech Pty Ltd (2005)

ence Level	%	95%	95%, 97.5%, 99%, 99.5%, 99.9%			
ıtal Assay of Ore	%	5%	e.g. %Cu in Ore			
ıtal Assay of Mineral	%	86.6%	e.g. %Cu in Chalcopyrite			
ion Size	cm	0.015	Grain size of valuable mineral			
l Gold	y/n	N	Is the sample alluvial gold ore			
l Density	t/m^3	7.5				
e Density	t/m^3	2.65				
r of Sampling Stages		4				
ze Of Ore	cm	2.5	0.5	0.1	0.004	
5 Ratio		5	5	5	5	
e Mass	g	5000	500	100	10.00	
r	%	23.4%	9.9%	3.0%	0.1%	

The function GYError() will calculate the maximum relative e
a sample mass from each stage of sampling. The calculated
relative error is that obtained by Gy's formula.

ımple size by Gy Formula

(1982)

d to MS Excel, JKTech Pty Ltd (2005)

ence Level	%	95%	95%, 97.5%, 99%, 99.5%, 99.9%			
ıtal Assay of Ore	%	5%	e.g. %Cu in Ore			
ıtal Assay of Mineral	%	86.6%	e.g. %Cu in Chalcopyrite			
Relative Error	%	2%	Maximum acceptable relative error			
ion Size	cm	0.015	Grain size of valuable mineral			
l Gold	y/n	N	Is the sample alluvial gold ore			
l Density	t/m^3	7.5				
e Density	t/m^3	2.65				
r of Sampling Stages		4				
ze Of Ore	cm	2.5	0.5	0.1	0.004	
5 Ratio		5	5	5	5	
s	g	1369632	24501	438	0.07	
r	%	1.4%	1.4%	1.4%	1.4%	

The function GYMass() will calculate the minimum practical
sampling weights required at each stage of sampling. The n
given is that obtained by Gy's formula multiplied by a safety
of 2. For routine sampling, a confidence interval of 95% in th
results would be acceptable, but for research purposes, or w
greater sampling accuracy is required, 99% level of confiden
would be required.

The function GYError() will calculate the maximum relative e
a sample mass from each stage of sampling. The calculated
relative error is that obtained by Gy's formula.

索　引

A

螯合类药剂　336

B

耙传动机构　466
耙式分级机　189
巴马克破碎机　168
巴塔克跳汰机　284
坝　36
斑岩　6
板框　477
板式给矿机　42
棒磨机　78
编织金属丝　246
变形　115
并联　209
铂　1
博莱福型破选机　240
捕收剂　328
布莱克破碎机　147

C

财务模型　63
采矿　5
超导磁选机　444
超富集区域(前面为原文翻译,但应翻译为:次生富集区)　397
沉积岩　1
沉降　36
沉降法　121
衬板　133
衬套　153
冲击　3
冲击式破碎机　138
传输皮带　211
磁场强度　432
磁场梯度　300
磁化率　15
磁性金属　187
磁选(原文为磁选机)　12
粗选精矿　88
存储　21

D

代表性矿样　52
道奇破碎机　147
德鲁博(Drewboy)槽式重介选矿机　304
德瑞克再生矿浆筛　238
电浮选　382
电选　12
多段　12
多给矿流程　386

E

颚式破碎机　41
二硫代磷酸盐　332

F

(分选中的)概率误差　317
法尔肯(Falcon)SB 离心选矿机　294
反馈循环　65
非金属矿　7
分布曲线　46
分级　18
分级机的类型　252
分离　6
分配率　229
分配曲线的绘制　262
分批浮选试验,间歇式浮选试验(单槽浮选试验)　353
分析矿样　8
分选机　252
分选设备　250
粉碎　6
风力摇床　292
浮选　6
浮选厂生产实践　383
浮选工程　349
浮选机　63
复杂矿石　13
复杂流程　87
复杂流程的质量平衡　87
副产品　21
富集比　17

G

(过滤)叶片　477
干涉沉降　251
干涉沉降室　252
干燥　12
高频率　232
高梯度磁选机　442
高效浓密机　473
高压辊磨机　133
格筛　41
格条筛　235
给矿　34
给矿口　34
给矿速度　41
给料槽　38
工艺控制、过程控制　312
共振　236
鼓型重介质分选机　303
固定筛　239
管道　39
管压机　484
辊磨机　133
辊式破碎机　155
滚筒　38
滚筒碎煤机　170
过滤　56
过磨　20

H

哈茨　281
含水矿样　45
核密度计　277
弧形筛　241
化学方法　6
化学式　48
环板　153
黄药　332
黄原酸盐　332
回收率　8
回收率-品位曲线　293
活化剂　338

火成岩 1

I

IHC 放射状跳汰机 282

J

校正 59
积分 61
基本功能 64
基本流程 145
极性/非极性 328
计算机仿真 44
计算机模拟 46
尖缩溜槽和圆锥选矿机 285
尖缩螺旋衬板 187
拣选 3
剪切絮凝 386
检入-检出法 76
渐进优化 68
胶带 36
搅拌介质沉砂磨机 204
搅拌磨 133
截取器 48
解离 8
解离度 13
介质 10
介质回收 227
金矿 3
金矿选矿机 295
金属矿物 4
近筛孔物料 230
浸出 8
经济回收率 357
经验的,实验的 72
经验模型 72
精矿 6
静态 50

K

Knelson 重选机 293
卡尔曼滤波器 69
卡尼萨(Canica)垂直轴冲击式破碎机 169
开路 137
凯尔西(Kelsey)离心跳汰机 283
颗粒间的 149
颗粒间的磨碎作用 149
颗粒形状 39
可浮性 12
可磨性,可磨系数(邦德功指数) 73
可洗性曲线、可选性曲线 315
克拉 17
克莱克西(Clerici)溶液 300
库尔特粒度仪(库尔特计数器) 127
矿浆 12
矿浆电位 345
矿浆电位的重要性 345
矿浆流 41
矿泥 34
矿石拣选 455
矿石与矿浆制备(矿石与矿浆的准备) 383
矿物 1
矿物表面分析 352
矿物加工,选矿 6
扩散层 462

L

拉紧的 242
拉张橡胶垫和聚氨酯垫 244
缆索 467

离散单元法 140
离心泵 39
离心沉降 111
离心力型分选设备 305
离心选矿机 293
砾磨机 171
粒度 5
粒度分析 78
连续的 40
链 9
两产品公式 74
料荷的运动 179
溜槽和圆锥选矿机 285
流程的灵活性 210
流程设计 44
流程设计/优化 44
流砂 252
硫醇 332
硫化矿 5
滤饼 461
伦敦-范德华力 461
罗塔螺旋筛 240
螺栓固定的 243
螺旋溜槽 286

M

模糊逻辑 71
摩根森棒条筛 239
磨机 35
磨机的结构 182
磨矿 5
磨矿机 135
磨矿流程 63
末速 124
莫根桑筛 237

N

Norwalt 洗煤机 304
难选的 289
逆流型 436
逆转型 436
黏附功 328
黏性阻力 248
凝聚 123
凝聚-表层浮选 382
凝聚和絮凝 461
牛顿定律 250
浓密机 36

O

耦合行为 67

P

pH 值的重要性 343
潘泽坡(筛) 242
盘式旋回破碎机 159
泡沫分离器 373
泡沫浮选(见浮选部分) 9
喷嘴 36
破碎机 34

Q

起泡剂 328
气泡产生 327
铅锌鼓风炉熔炼法 406
前馈回路 67
强磁场磁选机 431
氢氧基 332
倾斜的 62
琼斯格槽缩样器 52

球磨机 35
巯基 332
驱动器 347

R

Rhodax 破碎机 161
弱磁选 12

S

“三明治”输送系统 39
Sala AS 浮选机 379
三溴甲烷 300
扫选精矿 356
筛出粗块 227
筛分 34
筛分性能 227
筛面 35
筛析 110
筛子类型 234
筛子倾角 230
筛子振动 232
闪速 295
闪速浮选 295
上游法 488
设计 16
湿磨 178
湿式 39
湿式强磁磁选机 439
石油 2
实验室浮选试验 350
实验室试验 16
实验室重液试验 312
试验的设计 103
试验方法 114
试验筛 111
疏水的 329
数学模型 60
双层选矿机 293
双电层 336
水介质旋流器 258
水力旋流器 36
水力旋流器效率 260
水平带式 482
水平流 252
水洗技术 158
顺流型 436
斯特恩层 462
斯托克斯等效直径 120
斯托克斯定律 120
四溴乙烷 300
梭式皮带 38
缩分方法 52

T

调浆 58
调优操作法 394
调整剂 328
塔式磨机 202
淘析 110
提升阀 50
跳汰机 277
跳汰作用 278
铁磁性 431
铁矿石的浮选 414
通用的破碎机 147
同质多晶 1
铜 1
铜矿 5
铜矿石 13
铜－铅－锌浮选 217

铜－锌浮选　217
统计工艺控制　70
筒式磁选机　435
涂脂摇床　312
团聚－表层(凝聚－表层浮选)　382
脱水　36
椭圆运动　149

W

微分项的作用　65
微量浮选试验(微泡浮选试验)　352
微筛分、微筛分技术　119
微筛分技术　119
维姆科圆锥型重介分选机　302
尾矿处理　7
尾矿再处理　204
紊流阻力,扰流阻力　248
涡旋溢流管　81
沃尔西尔分选机　307
卧式螺旋离心机　475
无机的　342
物料衡算方法,质量平衡(计算)方法　74

X

下游法　490
显微镜/图像分析　126
现象学模型　232
线性的　67
相对磁导率　432
香蕉/多重斜率　237
箱式　469
橡胶　36
效率　6
楔形金属丝筛网　208
卸料器　38
形状　8
絮凝　13
旋回破碎机　138
旋转热力　483
选厂的控制　388
选厂生产实践　283
选矿　2
选矿,精选,浓缩　309
选矿比　17
选择性的　331
选择性絮凝　13

Y

压力　36
压轧　135
岩石　1
阳离子捕收剂　336
阳离子的　331
氧化的　40
氧化矿　4
氧化铜矿石　402
摇床　276
药剂　12
冶金效率　6
液压的　483
移除废弃物　227
抑制剂　338
溢流　36
阴离子捕收剂　331
阴离子的　339
银　1
应用　8
影响因素　120
油团聚　13
有机效率　322
有效密度　250

有效筛分面积　230
预测　15
原矿　6
原理　13
原生矿　161
圆形的　39
圆运动　149
圆锥破碎机　154

Z

载体浮选　385
在线的　63
在线分析　53
在线灰分检测　56
在线检测　50
在线粒度分析　129
在线粒度检测　57
张弛　240
真空　248
真空过滤机　476
振动　35
振动的　231
振动磨机　200
中碎机　145
中线筑坝法　490
中心周边排矿式棒磨机　190
中央的　466
重介质分选　73
重介质选矿　10
重力　8
重力沉降　111
重力型分选设备　302
重悬浮液　299
重选　11
重选设备　12
重液　12
轴颈　182
专家系统　71
转筒磨机　178
转筒磨机内料荷的运动　179
转筒式　133
自动的　38
自动化控制　371
自动控制　53
自磨或半自磨作业　211
自磨机　71
自适应　68
自由沉降比　250
组装　243
钻孔　57
最佳磨矿粒度　351
最终产品　17
作业　7
…的浮选　305
…的效率　317
ξ电位　462